Forst- und Holzwirtschaft im Wandel

Hans Rudolf Heinimann · Alfred Teischinger

Forst- und Holzwirtschaft im Wandel

Pfade für eine zukunftsfähige Entwicklung

Springer Spektrum

Hans Rudolf Heinimann
Departement Umweltsystemwissenschaften,
ETH Zurich
Zürich, Schweiz

Alfred Teischinger
Institut für Holztechnologie und
Nachwachsende Rohstoffe – BOKU
University
Tulln, Wien, Österreich

ISBN 978-3-662-69163-2 ISBN 978-3-662-69164-9 (eBook)
https://doi.org/10.1007/978-3-662-69164-9

Die Deutsche Nationalbibliothek verzeichnet diese Publikation in der Deutschen Nationalbibliografie; detaillierte bibliografische Daten sind im Internet über https://portal.dnb.de abrufbar.

Planung/Lektorat: Simon Shah-Rohlfs
Springer Spektrum ist ein Imprint der eingetragenen Gesellschaft Springer-Verlag GmbH, DE und ist ein Teil von Springer Nature.
Die Anschrift der Gesellschaft ist: Heidelberger Platz 3, 14197 Berlin, Germany

Vorwort

Die Nutzung des Waldes und des Holzes begleitet die Menschheit seit dem Entstehen der ersten Siedlungen. Sie zeichnet sich dabei durch eine Entwicklung aus, die vor allem durch grössere Umbrüche geprägt war, worunter die Rodung zur Schaffung von Siedlungsräumen im Mittelalter, die Entstehung einer geregelten Forstwirtschaft zu Beginn des 19. Jahrhunderts sowie die ökologische Revolution um 1970 besonders zu erwähnen sind. Derzeit befindet sich die Wald- und Holznutzung wieder in einem Umbruch, den der Klimawandel und das Streben nach einer grünen Wirtschaft prägen. An Vorschlägen, wie mit diesem Umbruch umzugehen sei, mangelt es nicht, aber sie weisen der Forst-und Holzwirtschaft auf der einen Seite die Rolle des Sündenbocks zu, auf der anderen Seite eine Schlüsselrolle bei der Umwandlung unserer Lebens- und Wirtschaftssphären von einem fossilen in ein solares System, was auch mit dem „Green Deal“ umschrieben wird. In diesem Spannungsfeld erscheinen Vorstellungen, wie die Zukunft aussehen könnte, die zum einen durch Überzeugungen und Bekenntnisse geprägt sind, zum anderen sich auf einen begrenzten Ausschnitt aus dem Problemfeld des „Wende-Verbundes“ festlegen. Es entstehen dadurch unterschiedliche Weltanschauungen, Ideen und Überzeugungen, die unvereinbar scheinen und dazu beitragen, dass – wie es der amerikanische Politikwissenschaftler Francis Fukuyama nennt – ein rationales Ödland entsteht, in dem die Kraft der besten Argumente und wissenschaftlicher Belege an Bedeutung verliert.

Dieses Spannungsfeld liess die Idee entstehen, Licht in das rationale Ödland zu werfen, und näherte unsere Absicht, eine möglichst breite Auslegeordnung für den Forst- und Holzsektor vorzunehmen, welche Pfade erkennen liess, entlang derer eine zukünftige Entwicklung erfolgen könnte. Es gibt damit keinen Goldstandard für eine einzige Lösung. Wir verstehen die Pfade vielmehr als Optionen, welche die Vielfalt des Denkens und Handelns inspirieren sollen, und deren Sinnhaftigkeit und Wirksamkeit sich aus der experimentellen Umsetzung ergeben wird. Die Reise des Entwickelns und Schreibens dieses Buches war sowohl herausfordernd als auch bereichernd. Wir durften erleben, wie sich Ideen befruchten können, und wie die gemeinsame Auseinandersetzung mit den verschiedensten Problemfeldern einen Lernprozess in Gang setzt, der zu einem Ergebnis geführt hat, das im Alleingang nicht zu erreichen gewesen wäre.

Das Buch analysiert, was die Leitbilder und Konzepte, welche die Klima-, die Nachhaltigkeits- und die Sozialwende prägen, für den Forst- und Holzsektor bedeuten. Es widmet sich danach den Hindernissen, welche diese Wenden dämpfen oder behindern. Jeder Wandel geht von einem bestehenden Zustand aus, der in einem Folgekapitel aus einer systemischen Perspektive beleuchtet wird. Schliesslich entwickeln die Autoren „Pfade einer zukunftsfähigen Holznutzung und –Verwendung", welche das sektorspezifische Kohlenstoffmanagement, die Weiterentwicklung des institutionellen Arrangements, die Weiterentwicklung der Waldbausysteme und die zukünftige Nutzung und Verwendung von Holz beleuchtet. Die ganze Auslegeordnung legt den Fokus auf Mitteleuropa, wobei das Ganze in die globalen Probleme und Handlungsfelder eingebettet ist.

Das Buch spricht primär Entscheidungsträger der Politik und Wirtschaft, Praktiker und Wissenschafter an, die sich mit der Entwicklung des Forst- und Holzsektors befassen. Es wendet sich insbesondere auch an Lehrende und Studierende von Studiengängen an Universitäten und Fachhochschulen, die sich mit der Nutzung nachwachsender Ressourcen auseinandersetzen. Schliesslich möchte es Fachpersonen erreichen, die sich mit der Gestaltung einer Bioökonomie-basierten Landnutzung auseinandersetzen, die möglichst kohlenstoffneutral und ökoeffizient ist.

Bei der Entwicklung und Gestaltung des vorliegenden Buches durften wir auf vielfältige Unterstützung zählen. Wir danken den Fachkolleginnen und -kollegen sowie den verschiedenen Organisationen und Firmen, mit denen wir uns austauschen durften und die uns mit Daten- und Bildmaterial unterstützten. Ein besonderer Dank gebührt dem Springer-Verlag, insbesondere Herrn Simon Shah-Rolfs für die Aufnahme unseres Vorhabens in die Springer-Spektrum-Reihe sowie Frau Bettina Saglio, die uns als Projektmanagerin begleitete. Ein besonderer Dank geht schliesslich an unsere Ehepartnerinnen für ihre Geduld und ihr Verständnis, als wir unzählige Stunden an unseren Schreibtischen verbrachten, und so manches andere zurückstehen musste. Ihre fortwährende Unterstützung hat uns den Rücken freigehalten und es uns ermöglicht, uns auf das Buchprojekt zu fokussieren.

Zürich Hans Rudolf Heinimann
Wien Alfred Teischinger

Die Originalversion des Buchs wurde revidiert. Ein Erratum ist verfügbar unter https://doi.org/10.1007/978-3-662-69164-9_7

Inhaltsverzeichnis

Glossar

Das Glossar umschreibt Begriffe, denen in diesem Buch eine wichtige Rolle zukommt. Es orientiert sich dabei an der Anforderung, dass die Beschreibungen möglichst allgemeingültig sein sollten. Auch wenn Begriffe in Normen, Richtlinien und der Gesetzgebung umschrieben sind, so zeichnen sie sich oft dadurch aus, dass sie uneinheitlich und nicht immer kohärent sind.

Antiallmend-Regime	Nutzungsberechtigte sind mit einer grossen Zahl von Akteuren konfrontiert, die ein informelles oder formelles Vetorecht haben, mit dem sie die Nutzungshandlungen verzögern oder verhindern können. Führt zu einer Unternutzung, im Gegensatz zum Allmend-Regime, das zu Übernutzung tendiert.
Bestandeslebenszyklus	Abfolge von Entwicklungsphasen eines Waldbestandes, die mit der (1) Erneuerung beginnt, in das (2) Differenzieren der Zusammensetzung von Baumarten und Individuen durch Konkurrenzmechanismen übergeht, mit dem (3) Hauptwachstum Biomasse akkumuliert und (4) mit dem Zerfall und Abbau der Biomasse endet.
Bewirtschaftungsregime	Handlungsleitlinien, die besagen, ob und wie die Entwicklungsphasen eines Bestandeslebenszyklus beeinflusst oder modifiziert werden sollen. Dabei geht es insbesondere um die Bestandeserneuerung, die Ausdifferenzierung der Baumarten- und Individuenzusammensetzung, das Wachstum, die Ernte vor dem Zerfall und dem Abbau von Biomasse.
Biodiversität	Variabilität von Genpoolen, Arten, Ökosystemen und ihrer Wechselwirkungen.
Bioenergie	Kurzbezeichnung für «Energie aus Biomasse», wobei die Biomasse als Energieträger durch entsprechende Konversionstechniken in andere, universeller nutzbare Energieformen wie Wärme, elektrische Energie oder Kraftstoffe umgewandelt wird.
Biomasse	Organisches Material, das von Organismen synthetisiert und auch wieder abgebaut wird.
Bioökonomie	Wirtschaftssystem, das danach strebt, die Abhängigkeit von nicht erneuerbaren Ressourcen zu reduzieren mit dem Ersatz fossil-basierter Produkte – Kunststoff, Kunstfasern, Bitumen – mit Bioraffinerien, der Herstellung bio-basierter Produkte mit genetisch modifizierten Algen und Mikroorganismen sowie dem Ersatz von energie- und CO_2-intensiven Materialien mit bio-basierten Werkstoffen.

Brennwert	Der Brennwert (engl. gross calorific value, qgr) quantifiziert die bei der vollständigen Oxidation eines Brennstoffs freigesetzte Wärmemenge in MJ/kg Brennstoff, wenn auch die Kondensationswärme des bei der Verbrennung gebildeten Wasserdampfs durch technische Maßnahmen nutzbar gemacht wird. Die Bestimmung des Brennwertes erfolgt durch einschlägige Normen.
Climate-Smart Forestry	Erschliessung der Potenziale von Wäldern, um die Folgen des Klimawandels zu dämpfen, was durch verbessertes Management in Richtung resilienter Wälder, Erweiterung der Waldflächen, Substitution von fossiler Energie und die Einrichtung von Waldreservaten erfolgen soll.
Corporate Social Responsibility (CSR)	Verantwortung für die Folgen von Entscheidungen und Handlungen auf die Arbeitnehmenden, die Gesellschaft als Ganzes und die Interessenvertreter. Wird auch als gesellschaftliche Unternehmensverantwortung bezeichnet.
Entstaatlichung	Teilweise Übertragung staatlicher Verfügungsgewalt an Personen, soziale Gruppen oder Firmen.
Forstplantagen	Industrielle Forstökosysteme, die auf rasch wachsenden Baumarten mit hohem Zuwachs basieren, die durch klassische Züchtung und biotechnische Methoden genetisch weiterentwickelt werden. Die Umtriebszeiten sind massiv kürzer sind als in naturnahen Produktionssystemen, die Bestandeserneuerung (Baumartenwahl) erfolgt immer künstlich, und die Nährstoffversorgung wird mit Düngung verbessert.
Grüne Wirtschaft	Wirtschaftsweise, die danach strebt, das fossil-basierte, «braune» System in solar-basiertes, «grünes» System zu transformieren, was über eine Veränderung der politisch-ökonomischen Rahmenbedingungen erfolgen soll.
Heizwert	Der Heizwert (engl. net calorific value, qnet) quantifiziert die Wärmemenge in MJ/kg Brennstoff, die bei seiner vollständigen Oxidation, ohne Berücksichtigung der Kondensationswärme (Verdampfungswärme) des im Abgas befindlichen Wasserdampfes freigesetzt wird. Seine Bestimmung erfolgt nach einschlägigen Normen.
Holz	Struktur gebendes und vorwiegend längsorientiertes Gewebe des Stammes, der Äste und der Wurzeln von Pflanzen, das durch den Verbund von Zellulose, Hemizellulose und Lignin beim Aufbau von Zellwänden vor allem in seiner Längsachse hervorragende mechanische Eigenschaften im Vergleich zu seiner Dichte ermöglicht und damit ein wertvoller Rohstoff für ein breites Spektrum von Anwendungen ist ist. Der Holzbegriff wird in der Be- und Verarbeitung oft im Zusammenhang mit der Fertigungstiefe oder der Bestimmung verwendet, beispielsweise: Rohholz, Rundholz, Stammholz, Schnittholz, Industrieholz, Energieholz etc.
Holzaufschluss	Mechanische oder chemische Zerlegung von Holz in physische Teile (Hackschnitzel, Späne, Holzfasern) oder Strukturelemente wie mikrofibrillierte Zellulose, Zellstoff, Lignin usw., die zur Herstellung von Werkstoffen und Produkten sowie der energetischen Nutzung dienen.

Holzbau	Bauwerk, dessen Tragwerk zu einem überwiegenden Anteil aus Einzelteilen aus Schnittholz, stab- oder plattenförmigen Holzwerkstoffen in einfachen oder geometrisch komplexen Formen bzw. Zusammensetzungen besteht. Die nicht tragenden Strukturelemente wie Verkleidungen müssen dabei nicht aus Holz- und Holzwerkstoffen bestehen. Falls ein massgebender Anteil des Tragwerks aus metallischen oder mineralischen Baustoffen besteht, so spricht man von Holzmischbau bzw. Holzhybridbau.
Holzmodifikation	Verfahren, die das Holz in seiner Substanz durch mechanisch-physikalische und/oder chemische Verfahren derart verändern, dass erwartete Eigenschaften wie Härte, Widerstandsfähigkeit gegenüber holzzerstörenden Pilzen und Insekten, Brandwiderstand oder das Quell-Schwind-Verhalten verbessert werden.
Holzverarbeitung	Herstellung von festen Teilen aus Holz, die Anforderungen an die geometrischen Abmessungen, den Tragwiderstand und die Oberflächengüte erfüllen sowie die Herstellung von Schüttgütern wie Hackschnitzel (Hackgut) oder Holzfasern, für die andere Anforderungen gelten.
Holzwerkstoff	Stab-, balken- oder plattenförmige Elemente, die aus dem Fügen von mechanisch zerkleinertem Holz, das entweder geometrisch definiert (Furnierlagen, Holzlamellen, Schnittholz) oder undefiniert (Langspäne (engl. Strands), Späne, Fasern) ist, entsteht. Der innere Zusammenhalt entsteht in der Regel durch Klebstoff und Einsatz von Pressen.
Industrieller Stoffwechsel	Netz anthropogener Stoff- und Energieflüsse inklusive der Aufnahme-, Umwandlungs-, Ausscheidungs- und Speicherfunktionen.
Institutionen	Formelles und informelles Ordnungssystem, welches das soziale Verhalten von Individuen und Gruppen gestaltet und lenkt, was man auch als «soziale Spielregeln» bezeichnen könnte.
Interventionsregime	Handlungsleitlinien und –vorbereitungen, die darauf ausgerichtet sind, unmittelbar nach Störereignissen – Dürren, Stürme, Kalamitäten – zu intervenieren mit dem Ziel, die noch vorhandenen Strukturen und Funktionen zu stabilisieren, den CO_2-Ausstoss der Schadflächen zu minimieren sowie Diversität zu schaffen, die eine selbst-organisierende Rekonfiguration der Wälder auf der Ebene von Waldlandschaften ermöglichen.
Kambium	Zellteilungsschicht zwischen dem Holz- und Rindengewebe, die für das Dickenwachstum von Stämmen, Ästen und Wurzeln verantwortlich ist. Kambiumzellen teilen sich und produzieren Holzzellen (Xylem) nach innen und Rindenzellen (Phloem) nach aussen.
Klima-resilient	Fähigkeit eines Systems, bei unerwarteten, durch Klimaeffekte hervorgerufenen, akuten Störungen oder chronische Beanspruchungen – Dürren, Überschwemmungen, Stürme, etc. - essentielle Systemfunktionen, -strukturen und Feedbackschleifen derart zu erhalten, anzupassen oder zu rekonfigurieren, dass geforderte Systemleistungen mindestens so gut erbracht werden wie im Ausgangszustand.

Klimasystem	Besteht aus der Atmosphäre, der Landoberfläche, den von Schnee und Eis bedeckten Gebieten, den Ozeanen und anderen Gewässer sowie der Biosphäre und moduliert, was wir als Klima bezeichnen, insbesondere die Variabilität von Temperatur, Niederschlägen und Windverteilung.
Kohlenstoffkreislauf	Fluss von Kohlenstoff (C) in unterschiedlicher Form – Kohlenstoffdioxid (CO_2) in Gasen und Flüssigkeiten, Kohlenstoff, molekular gebunden in Biomasse, wassergelöst als Karbonat und Bikarbonat – zwischen Speichern der Atmosphäre, der Hydrosphäre, der Lithosphäre sowie der terrestrischen und marinen Biosphäre.
Kohlenstoffspeicher (Infrastruktur)	Von Menschen geschaffene Speicher in Infrastruktursystemen – Gebäude, Verkehrs- und Energieanlagen -, in denen Kohlenstoff in der Regel in Form von Biomasse-Festkörpern für längere Zeit (Jahrzehnte oder gar Jahrhunderte) verbleibt.
Kohlenstoffspeicher	Speicher der Atmosphäre, der Hydrosphäre, der Lithosphäre sowie der terrestrischen und marinen Biosphäre, in denen Kohlenstoff in unterschiedlicher Form für eine Zeitperiode verbleibt.
Kollektives Handeln	Handeln einer Gruppe von Personen in einem bestimmten Zusammenhang, das durch Hemmnisse gedämpft oder sogar verhindert wird. Bei der Bereitstellung von Gütern, von deren Nutzung niemand ausgeschlossen werden kann (Kollektivgüter), haben Individuen auch dann einen Nutzen, wenn sie nicht beitragen, was als «Trittbrettfahren» bezeichnet wird. Dieses Phänomen wird mit der Grösse einer Gruppe ausgeprägter und kann dazu führen, dass das gemeinsame Vorhaben fehlschlägt.
Kreislaufwirtschaft	System der Produktion und des Verbrauchs von Sachgütern, bei dem Produkte, Stoffe und Materialien am Ende ihres Lebenszyklus in Form von Wiederverwendung, Reparatur, Weiterverarbeitung in den Produktions- und Nutzungskreislauf möglichst lange zurückgeführt werden.
Leitbild	Handlungsleitende Idealvorstellungen, die eine Entwicklungsrichtung vorgeben, aber bei der Wahl des Weges viele Optionen offenlassen.
Massivholz (Vollholz)	Holz, das als Halbfabrikat oder Endprodukt noch den Charakter des natürlichen Holzes hat, d. h. Struktur, Farbe und Textur (Erscheinungsbild) des Holzes lassen sich noch deutlich erkennen und einer Holzart zuordnen.
Multifunktionalität	Simultane Bereitstellung von Ökosystemleistungen auf einer bestimmten Fläche, in der Regel eines Bestandes, wobei einzelne Leistungen unterschiedlich gewichtet sein können. Neuerdings unterscheidet man zwischen Ökosystemfunktions- und Ökosystemleistungs-Multifunktionalität.
Nachhaltigkeit (forstlich)	Umfasst zwei Anforderungen, «nach uns», d. h. auf die Zukunft gerichtet, und «Halten der Wälder in einem angestrebten Zustand». Dazu gehören insbesondere das Aufrechterhalten der räumlichen Ausdehnung und das Erhalten der Verjüngungs- und Wuchskraft. Diese Definition lehnt sich eng an die Sichtweise von Carlowitz an. Im Englischen wird dafür der Begriff «sustained yield» und im Französischen «production soutenu» verwendet, die sich vom Begriff der «Nachhaltigkeit nach Rio» klar unterscheiden.

Nachhaltigkeit nach Rio	Entwicklung, welche die Bedürfnisse heutiger Generationen befriedigt, ohne die Bedürfnisse zukünftiger Generationen zu gefährden (Brundtland-Bericht). Prozess des Wandels, bei dem die Nutzung von Ressourcen, Investititionen, die technologische Entwickung und die institutionellen Veränderungen auf einander abgestimmt sind und die derzeitigen und künftigen Potenziale, menschliche Bedürfnisse und Bestrebungen, erweitern (Brundtland-Bericht)
Narrativ	In Sprache fassbare Vorstellungen, Überzeugungen und Metaphern, die bestimmte Systemzustände und –veränderungen ohne Daten, Grafiken und quantitative Beschreibungen derart repräsentieren, dass ein Modell der Realität entsteht, das die Bedeutung herausstreicht und Sinn stiftet.
Netto-Null CO_2	Beschreibt einen Systemzustand der Atmosphäre, bei dem der anthropogene CO_2-Ausstoss und die anthropogene CO_2-Abscheidung über eine bestimmte Zeitdauer ausgeglichen sind. Wird auch als «klima-neutral» bezeichnet
Normalwaldmodell	Mechanistisches Modell, das die Waldentwicklung mit drei Parametern beschreibt: (1) der Umtriebszeit, (2) Anzahl gleichlanger Nutzungsperioden und (3) der betrachteten Nutzwaldfläche. Aus dem Verhältnis der Umtriebszeit und der Länge einer Nutzungsperiode ergibt sich der Waldanteil, der in einer Periode zu nutzen ist. Daraus ergibt sich ein Flächen-Fliessgleichgewicht, bei dem eine Teilfläche von der Bestandeserneuerung über die Nutzungsperioden wandert, bis sie in letzen Periode ankommt, in der sie verjüngt wird und wieder in der ersten Periode beginnt.
Ökoeffizienz	Verhältnis von produzierten Sachgütern und Dienstleistungen und verbrauchten Ressourcen sowie erzeugten Emissionen und Abfällen. Entsprechende Kennzahlen, beispielsweise «produzierte Masse an Zellulose im Verhältnis zu verbrauchtem Volumen an Wasser» illustrieren den Pfad der Verbesserung/Verschlechterung.
Ökosystemmanagement	Bewirtschaftungsregime, das Störungsmuster (Stürme, Brände, Kalamitäten) als treibende Kräfte der räumlichen Heterogenität und strukturellen Vielfalt über mehrere Raum-Zeitskalen – Waldlandschaften, Bestandeslücken, Baumindividuen - betrachtet. Die Beeinflussung der Waldentwicklung erfolgt durch das gleichzeitige Gestalten struktureller Vielfalt auf diesen Raum-Zeit-Skalen, wodurch sich eine grosse Vielfalt von Kombinationen ergibt, die das Rückgrat der Anpassungs- und Rekonfigurierbarkeit ist.
Phasenübergang	Übergang von einem Zustand eines komplexen Systems, auch Attraktorbassin genannt, in einen Zustand, der sich durch veränderte Strukturen und Funktionen sowie verändertes Systemverhalten auszeichnet. Diesem Verständnis folgend können Ökosysteme nicht sterben, sie begeben sich lediglich in ein anderes Attraktorbassin mit anderen Systemeigenschaften.
Pluralismus	Vielfalt von Weltanschauungen in einer Gesellschaft, die Ideen und Überzeugungen verkörpern, welche untereinander oft nicht kompatibel sind. Der öffentliche Wille geht dabei aus der Abstimmung und dem Streit partikulärer Interessen hervor, und nicht mehr aus dem Handeln von Staat und Verwaltung.

Prozessenergie	Energieinput, der erforderlich ist, um verfahrens-, fertigungs-, umschlags- und transporttechnische Prozesse eines Produktions- und Logistiksystems zu betreiben.
Recycling	Rückgewinnung von Materialien oder Werkstoffen aus Produkten am Ende ihres Lebenszyklus und aus Produktionsabfällen mit einer materialspezifischen Rückführungslogistik. Während die Anzahl der Rückgewinnungszyklen für Materialien wie Glas, Stahl oder Aluminium praktisch unbegrenzt ist, unterliegen Massivholz, Holzwerkstoffe und Papierfasern einer Degradierung, die mit der Anzahl der Zyklen zunimmt.
Resilienz	Fähigkeit eines Systems, bei unerwarteten, akuten Störungen oder chronischen Beanspruchungen essentielle Systemfunktionen, -strukturen und Feedbackschleifen derart anzupassen oder zu rekonfigurieren, dass geforderte Systemleistungen mindestens so gut erbracht werden wie im Ausgangszustand.
Ressource	Materielle oder immaterielle Güter, deren Nutzung das Potenzial hat, Güter zu erzeugen, Handlungen zu gestalten und umzusetzen oder Vorgänge zielkonform zu gestalten und zu lenken.
Rinde	In der äussersten Zone von Sprossachse und Wurzeln liegende Gewebeschichten, die nach innen durch die Zellteilungsschicht (Kambium) begrenzt ist, welche eine Barriere bilden, die nach aussen Pilze und Bakterien fernhält und nach innen den Wassertransport in den Gefässen schützt und zudem in der Bastschicht den Transport der Assimilate aus der Fotosynthese übernimmt.
Rohstoff	Aus der Natur durch die Urproduktion gewonnene Grundstoffe, die entweder sofort genutzt oder einem weiteren Verarbeitungsprozess zugeführt werden (Primärrohstoffe). Es lassen sich anorganische und organische Rohstoffe unterscheiden, die sich aufgrund des Ursprungs ergeben. Weiters werden Rohstoffe auch nach der Art der Gewinnung und Verwendung charakterisiert: Agrarrohstoffe, Industrierohstoffe, Energierohstoffe usw.
Sekundärrohstoffe	Rohstoffe, die durch Aufarbeitung von Produktionsrückständen, d.h. unbeabsichtigten, unvermeidlichen Kuppelprodukten und aus entsorgtem Material gewonnen werden. Sie können dadurch, je nach Aufbereitung und Eigenschaften, wieder in Materialkreisläufe eigebunden werden, um Primärkreisläufe zu entlasten.
Soft Law	Regeln und Verfahren, die von nichtstaatlichen Organisationen aufgestellt werden, die aus rechtsstaatlicher Sicht nicht bindend und nicht dursetzbar sind, durch ihre soziale Akzeptanz jedoch beträchtlichen Einfluss erlangen können. Beispiel dafür sind Waldzertifizierungsmechanismen wie PEFC oder FSC.
Soziale Bewegung	Locker organisierte Netzwerke von Personen und Gruppen, die einen gesellschaftlichen Wandel herbeiführen, rückgängig machen oder verhindern wollen.
Soziale Lizenz	Wahrnehmung von Interessenvertretern einer Gebietskörperschaft, innerhalb derer die Nutzung einer Ressource erfolgt, dass die Aktivitäten zur Erschliessung, Förderung/Ernte und Erstverarbeitung sozial akzeptierbar und legitim sind.

Stofffluss	Aufnahme, Umwandlung, Speicherung und Transport von Stoffen und Stoffgemischen in und zwischen den Sphären des Erdsystems – Lithosphäre, Hydrosphäre, Atmosphäre, Biosphäre und Anthroposphäre.
Störungen	Diskrete Ereignisse, welche Strukturen, Funktionen und Wechselwirkungen eines Systems verändern und damit einen Selstorganisationsprozess auslösen. Für Waldökosysteme sind Dürren, Stürme, Kalamitäten die wichtigsten exogenen Störungen.
Systemwissen	Verhalten eines bestimmten Systems unter normalen und extremen Bedingungen verstehen und im Idealfall quantitativ beschreiben.
Technologie	Wissen zur zielgerichteten Gestaltung und Nutzung technischer Systeme, die durch geschickte Umformung von Energie, Stoffen, Materialien und Information individuelle und gesellschaftliche Bedürfnisse befriedigen. Die Risiken, die sich aus den jeweiligen Prozessen und den hergestellten Produkten ergeben, sollen für den Menschen und die Umwelt innerhalb der gesellschaftlich anerkannten Toleranzgrenzen liegen.
Tragwerk	Gesamtheit der Bauteile und des Baugrunds, die für das Gleichgewicht und die Formerhaltung eines Bauwerks notwendig sind, um für die anzunehmenden Einwirkungen einen ausreichenden Tragwiderstand mit einer erforderlichen Zuverlässigkeit zu gewährleisten.
Transformationswissen	Prozesse und Mechanismen, die es ermöglichen, ein System von einem Ausgangszustand in einen angestrebten Folgezustand zu bringen.
Treibhauseffekt	Anreicherung von Treibhausgasen – Wasserdampf, Kohlendioxid, Methan – in der Atmosphäre, was einen massgebenden Anteil der von der Erdoberfläche ausgehenden langwelligen Strahlung zurückhält und zur Erwärmung der Erdoberfläche und der bodennahen Luftschichten führt.
Umwelt	Umgebung, die auf Lebewesen einwirkt und ihre Lebensbedingungen beeinflusst. Aus Sicht der Erdwissenschaften auch die Subsysteme, welche das Erdsystem als Ganzes ausmachen: (1) Feststoffmantel (Lithosphäre), (2) Wassersystem (Hydrosphäre), (3) gasförmige Hülle (Atmosphäre) sowie (4) die lebenden Organismen, Populationen, Gemeinschaften und Systeme (Biosphäre).
Umweltverträglichkeit	Zu erwartende Auswirkungen von Anlagen und Produkten auf die natürliche Umwelt – Pedo-, Hydro-, Atmo-, Biosphäre – und soziale Mitwelt – Sicherheit, Gesundheit, soziale Interaktion, kulturelles Erbe -, die innerhalb der sozial akzeptierten Toleranzgrenzen liegen. Der Begriff findet auch Verwendung für den Prozess, um biophysikalische und soziale Auswirkungen zu identifizieren, vorherzusagen, zu beurteilen und zu verhindern.
Wald	Mit Vegetation bedeckte Landfläche, bei der Bäume die dominierende Lebensform bilden und, in Wechselwirkung mit den Bodenorganismen, den Stoffumsatz, insbesondere den standortspezifischen Kohlenstoff- und Wasserkreislauf, und den Genfluss bestimmen. Juristische Definition legen zudem eine minimale Flächenausdehnung sowie einen minimalen Deckungsgrad der Bäume fest.

Waldökosystem	Lebensgemeinschaft von Organismen, in dem Bäume dominieren und die Ökosystemfunktionen – Aufbau, Speicherung und Abbau von Biomasse, Einbindung in biogeochemische Kreisläufe, Biodiversität - prägen
Werkstoff	Stoffliche Materialien, in der Regel Festkörper, die in Produktionsprozessen verarbeitet werden und in nutzbringende Produkte eingehen. Man unterscheidet fünf Gruppen: (1) Metalle, (2) Nichtmetalle, (3) organische Werkstoffe, (4) anorganische, nichtmetallische Werkstoffe sowie (5) Halbleiter.
Zeitenwende	Grundlegende Umwälzungen der Strukturen und Funktionen der sozialen und natürlichen Umwelt, die alle Lebensbereiche durchdringen.
Zielwissen	Anzustrebende Systemzustände identifizieren, deren Risiken gesellschaftlich akzeptierbar sind.

Kraftfelder des Wandels

1

Inhaltsverzeichnis

Wir leben in einem Zeitabschnitt, der durch einen grundlegenden Wandel geprägt ist. Neuerdings charakterisiert man diesen mit dem Begriff „Zeitenwende“, der wenig bekannt war, aber seit etwa 2018 fast inflationär gebraucht wird. Es geht dabei um grundlegende Änderungen der Strukturen und Funktionen der sozialen und natürlichen Umwelt, welche alle Lebensbereiche durchdringen. Schon Heraklit von Ephesos erwähnte vor rund 2500 Jahren: „Nichts ist so beständig wie der Wandel“, was nicht bedeutet, dass der gesellschaftlich-soziale Wandel kontinuierlich geschieht. Vielmehr passiert er diskontinuierlich, d. h., in kurzer Zeit geschieht eine grundlegende Veränderung, welche ein System von einem Ausgangszustand in einen Folgezustand mit grundlegend anderen Eigenschaften überführt. Einige der bedeutendsten Umbrüche in der Entwicklung der Menschheit waren die neolithische Revolution, die Aufklärung oder die industrielle Revolution, die sich als Epochenübergänge auszeichnen, die durch mehrere wechselwirkende Krisen und Wenden gekennzeichnet sind. Der derzeitige grundlegende Wandel ist somit das Resultat verschiedener Wenden: der Klimawende, der Nachhaltigkeitswende, der geopolitischen Wende, der Politikwende und der Gesellschaftswende, von denen jede ein Kraftfeld erzeugt, das auf Individuen und soziale Organisationen einwirkt und ihre Entwicklungsrichtung ändert.

Die geregelte Forstwirtschaft, welche die Exploitationswirtschaft ablöste, entstand an einem Phasenübergang, der aus grundlegenden Umwälzungen entstand:

H. R. Heinimann und A. Teischinger, *Forst- und Holzwirtschaft im Wandel*,
https://doi.org/10.1007/978-3-662-69164-9_1

der Aufklärung, der industriellen Revolution sowie der Krise des sächsischen Erzbergbaus (Anonymous o. J.). Dieser Phasenübergang bedeutete den Übergang vom „hölzernen Zeitalter“ zum Kohlezeitalter und von der „organischen“ zur „anorganischen“ Welt, in der Metalle und Kunststoffe eine große Rolle spielten (Radkau 2012). Der Historiker Timothy Mitchell geht in seinem Buch „Carbon Democracy“ noch einen Schritt weiter, indem er die Hypothese aufstellt, dass der Übergang von Holz zu Kohle als Energieträger die politischen und wirtschaftlichen Machtstrukturen maßgeblich verändert und schließlich auch die Entstehung demokratischer Staatsformen ermöglicht hätte (Mitchell 2011). Seiner Ansicht nach befreite der Umbruch die Gesellschaft von den Grenzen der biomechanischen Energie (Tiere, Menschen) und den Mengengrenzen der nachwachsenden Rohstoffe als Energieträger. Der Energieverbrauch orientierte sich damit nicht mehr an der Reproduktionskraft der Wälder, sondern nahm exponentiell zu. Bereits um 1840 wäre in England zur Deckung des Energiebedarfs eine Waldfläche nötig gewesen, die etwa dem Doppelten der ganzen Landesfläche entsprach, und um 1890 wäre bereits die achtfache Landesfläche erforderlich gewesen (Mitchell 2011). Die forstliche Sichtweise auf diesen Umbruch beschränkt sich auf das Entstehen des Nachhaltigkeitsprinzips, das im sächsischen Oberbergamt entstand. Carlowitz, sächsischer Oberberghauptmann, formulierte die Prinzipien einer Wirtschaftsweise, welche die Waldressourcen schützt und die Bewirtschaftung auf Dauerhaftigkeit ausrichtete (Carlowitz 1713). Und von Oppel, ebenfalls Oberberghauptmann in Sachsen, legte später eine Abhandlung vor, mit der er belegte, dass Dauerhaftigkeit dann gegeben ist, wenn die Nutzung gleich dem Zuwachs ist (von Oppel 1791). Das sächsische Oberbergamt als Wiege des forstlichen Nachhaltigkeitskonzepts leitete auch eine Erkundungskampagne für „brennbare Fossilien“ ein, deren Ergebnisse den Startschuss für die Ausbeutung der mitteldeutschen Braunkohlevorkommen gaben (Grober 2013). Der gesellschaftliche Umbruch bekam damit zwei Seiten, einerseits die Prinzipien für eine nachhaltige Waldbewirtschaftung und andererseits den Umbau des anthropogenen Stoffhaushalts- und Energiesystem in ein fossiles System mit exponentiellem Wachstum, aus dem ein beträchtlicher Teil der Probleme hervorging, die wir heute haben.

Die Wald- und Holzwirtschaft ist eingebettet in den gegenwärtigen, globalen Wandel, wobei drei Kraftfelder besonders prägend wirken:

- Die Minimierung des Ressourcenverbrauchs, der Emissionen und der Abfälle bei der Befriedigung menschlicher Bedürfnisse unter gleichzeitiger Erhaltung der Lebensgrundlagen, was auch mit „Nachhaltigkeitswende“ beschrieben wird.
- Die gesellschaftliche Rückwandlung der fossilbasierten in solarbasierte Material- und Energiesysteme, was auch mit „Klimawende“ umschrieben wird.
- Die Entwicklung effizienter und wirksamer Mechanismen des kollektiven Handelns, um Probleme, die Grenzen von Gebietskörperschaften überschreiten, zu lösen, was sich auch mit „kollektiver Handlungswende“ charakterisieren lässt.

Nachfolgend geht es darum, diese drei Kraftfelder aus dem Blickwinkel der Wald- und Holzwirtschaft eingehender zu beleuchten.

1.1 Nachhaltigkeitswende

Seit den 1960er-Jahren ist ein öffentliches Bewusstsein entstanden, dass der Entwicklungspfad, auf dem sich die Menschheit bewegt, zu beträchtlichen Umweltrisiken führen kann. Mit dem Buch „Our Common Future" (Brundtland und The World Commission on Environment and Development 1987) gelangte das „Sustainable-Development"-Konzept auf die internationale Agenda. Die Publikation war das Ergebnis der Weltkommission für Umwelt und Entwicklung (World Commission on Environment and Development), welche die UNO 1983 ins Leben rief, um ein Leitbild zu entwickeln, wie eine zukunftsfähige Entwicklung unserer Zivilisation zu gestalten sei. Sie verstand unter „Sustainable Development" eine Entwicklung, welche die Bedürfnisse heutiger Generationen befriedigt, ohne die Bedürfnisse kommender Generationen zu gefährden. Im Deutschen wird „Sustainable Development" oft mit Nachhaltigkeit übersetzt, was vor allem in der Forstwirtschaft zu Missverständnissen führte, da sich das Brundtland'sche Verständnis wesentlich vom forstlichen Nachhaltigkeitsbegriff unterscheidet. Die Kommission betonte, dass „Sustainable Development" ein Prozess des Wandels sei, bei dem die Exploration von Ressourcen, Investitionen, die technologische Entwicklung und die institutionellen Veränderungen harmonisiert sind und die derzeitigen und künftigen Potenziale erweitern, um Bedürfnisse und Bestrebungen zu befriedigen bzw. zu ermöglichen (Brundtland und The World Commission on Environment and Development 1987). Dies ist ein Grund, warum alternativ von „zukunftsfähiger Entwicklung" oder „Zukunftsfähigkeit" gesprochen wird, da diesen Begriffen ein Gedankenmodell zugrunde liegt, das über die umweltpolitischen Diskussionen hinausgeht (Bund und Misereor 1996). Die UN-Konferenz über Umwelt und Entwicklung des Jahres 1992, auch Erdgipfel genannt, entwickelte auf der Basis des Brundtland-Konzepts ein Aktionsprogramm, das vier Dimensionen umfasst: 1) soziale und wirtschaftliche Entwicklung, 2) Erhaltung und Bewirtschaftung der Ressourcen, 3) Stärkung wichtiger sozialer Gruppen und 4) Möglichkeiten der Umsetzung. Mittlerweile ist die Zeit einer Generation verstrichen, und das Konzept „Nachhaltigkeit" ist vieldeutiger geworden, indem es einerseits als Leitbild für eine zukünftige Entwicklung steht, andererseits aber zur Worthülse geworden ist. Ursprünglich glaubte man, das Leitbild „zukunftsfähige Entwicklung" ließe sich in etwa zwei Generationen realisieren. Seit den Arbeiten der Brundtland-Kommission hat die Weltbevölkerung von 5 auf 8 Mrd. Menschen zugenommen, was die Umwelt zusätzlich belastet. Man muss leider auch feststellen, dass der Wandel der Zivilisation und der Umweltsphären leider viel langsamer vor sich geht als ursprünglich angenommen. Es scheint deshalb sinnvoll, die Herausforderungen aus einem systemischen Blickwinkel zu betrachten, der die Wechselwirkungen zwischen einzelnen Komponenten – beispielsweise dem Verbrauch von Holz und den Waldökosystemen – explizit betrachtet und der die Brundtland'sche Leitidee eines Prozesses des Wandels und nicht des Konservierens wieder in den Vordergrund stellt. Abb. 1.1 dient als Bezugsrahmen für eine systemische, ganzheitliche Betrachtung des Wandels von Sozial- und Umweltsystemen, der die Wechselwirkungen zwischen dem menschlichen Lebensraum und den Umweltsphären ins Zentrum stellt.

Der Duden bezeichnet als Umwelt die Umgebung, die auf Lebewesen einwirkt und die ihre Lebensbedingungen beeinflusst. Die Erdsystemwissenschaften betrachten jene Subsysteme, welche das Erdsystem als Ganzes ausmachen. Es sind dies: 1) der Feststoffmantel (Lithosphäre), 2) das Wassersystem (Hydrosphäre), 3) die gasförmige Hülle (Atmosphäre) sowie 4) die lebenden Organismen, Populationen, Gemeinschaften und Systeme (Biosphäre). Mit der zunehmenden Entwicklung der Bevölkerungszahl und Zivilisation begannen die Menschen, die „natürlichen" Sphären unseres Planeten zu durchdringen. Ihre Infrastruktursysteme, Funktionen und Aktivitäten führten dabei dazu, dass die Stoffumsätze pro Flächeneinheit um Faktoren höher sind als in vom Menschen unbeeinflussten Zustand, womit die zivilisatorischen Kräfte der Entwicklung in diesen Räumen dominieren. Derartige menschliche Lebensräume bezeichnet man auch als Anthroposphäre, ein Begriff, der auf einen sowjetischen Geografen zurückgeht (Rodoman 1968). Die Wechselwirkungen zwischen den Sphären bestimmen das Verhalten des Erdsystems; sie sind somit essenzielle Kräfte des globalen Wandels, die zu betrachten sind, wenn es darum geht, den angestrebten Wandel zu initiieren.

Es stellt sich die Frage, welche Mechanismen einen Wandel derartiger Systeme bewirken, wobei Wandel den Übergang von einem Systemzustand in einen Folgezustand bedeutet. Erkenntnisse der Ökologie und der Theorie komplexer, adaptiver Systeme besagen, dass es Störungen sind, welche den Wandel auslösen. Unter

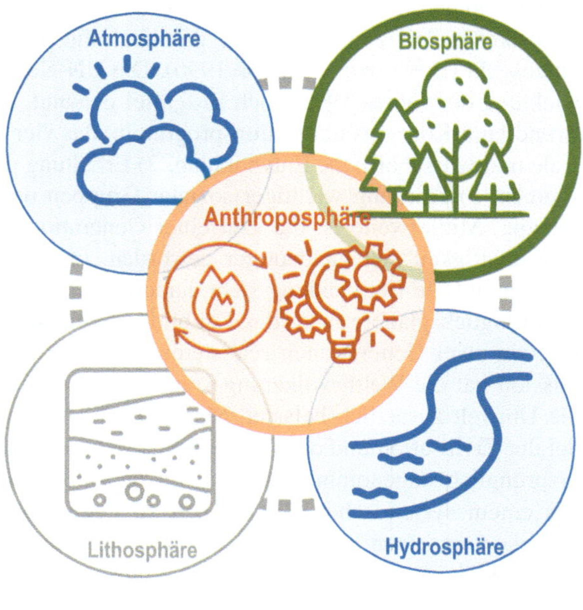

Abb. 1.1 Wechselwirkungen zwischen dem Lebensraum des Menschen und den Umweltsphären

Störungen versteht man diskrete Ereignisse, welche Strukturen, Funktionen und Wechselwirkungen eines Systems verändern und damit einen Selbstorganisationsprozess auslösen. Störungen sind Teil der Systemdynamik (White und Pickett 1985) und damit unbedingt Teil des Ganzen. Eine neuere Arbeit integriert das Störungskonzept in Supersysteme (Grimm et al. 2017), die soziale, ökologische und technische Systeme umfassen und die „sozioökologisch-technische“ Systeme genannt werden. Über Jahrhunderte dominierte das Gedankenmodell des Gleichgewichts der Natur (Simberloff 2014) und erst in den 1970er-Jahren begann man, die Störungsdynamik als Teil der Systemdynamik anzusehen. Es gibt verschiedene Kategorien von Störungen. Als Erstes sind Störungen zu nennen, die aus den Umweltsphären (Abb. 1.1) kommen. Für Waldökosysteme sind Stürme, Trockenperioden, Steinschlag, Lawinen und Kalamitäten von besonderer Bedeutung. Störungen von innen (Krisen) sind eine zweite Kategorie, worunter unter anderem Kriege, übermäßiger Ressourcenverbrauch, Emissionen oder Abfälle zu nennen sind. Eine dritte Kategorie sind Innovationen, die sich auch als technologische Störungen betrachten lassen und welche massive Wandel der Anthroposphäre nach sich gezogen haben. Schumpeter beschrieb dies mit dem Konzept der „schöpferischen Zerstörung“, die durch Innovationen ausgelöst werden (Schumpeter 2006). Zu nennen wären etwa die vier agrarischen Revolutionen, die vier industriellen Revolutionen, zu denen auch die digitale Transformation gehört, die wir derzeit erleben. Soziale Störungen sind eine vierte Kategorie, wozu soziale Innovationen wie die Aufklärung oder die Entstehung von neuen sozialen Bewegungen um 1960 gehören. Aus Störungsoptik lassen sich technische und soziale Innovationen nicht gestalten; man kann hingegen versuchen, Rahmenbedingungen zu schaffen, welche Innovationen emergent entstehen lassen. Aus der Störungsoptik lässt sich weiter ableiten, dass Störungen durch Innovation relativ massiv sein müssen, damit sich die Systeme wandeln und nicht „elastisch“ in ihren Ausgangszustand zurückkehren. Homöopathische Maßnahmen und vor allem die „Konservierungsmentalität“ dürften wenig hilfreich sein, um einen angestrebten Wandel einzuleiten.

Die angestrebte Wende hin zu einer zukunftsfähigen Entwicklung (Nachhaltigkeitswende) ist allgegenwärtig und der Begriff „nachhaltig“ durchdringt unsere Lebenswelt. Die ökologische Wende, welche Radkau in ein Zeitfenster um 1970 einordnet (Radkau 2011), bereitete das Keimbeet für das Nachhaltigkeitsleitbild vor. Sie ließ aber auch Kraftfelder entstehen, welche noch heute wirken, die jedoch oft ausgeblendet werden. Der Wandel von einer gefährlichen hin zu einer gefährdeten Natur ist dabei als Erstes zu nennen. Seit dem Altertum betrachtete die Menschheit die Umweltsphären (Atmo-, Hydro-, Litho-, Biosphäre) als Gefahrenpotenzial, das existenzbedrohend sein kann. Die ökologische Wende änderte die Perspektive, indem sie die Natur, d. h. die Umweltsphären, als bedroht darstellte. Aus der existenzbedrohenden Natur wurde somit die in ihrer Existenz bedrohte Natur. Dieser Wandel ließ die Umwelt, und darunter auch den Wald, zu einem öffentlichen Gut (Gemeingut) werden, das für die Nachfrager von geschützter Natur frei zugänglich ist. Waldbesitzer können somit Nachfrager nach geschützter Natur nicht ausschließen, was ihre Verfügungsrechte, die im Eigentum gebündelt sind, beschneidet und die Produktion von Holz einengt. Subventionen dürften diesen Effekt noch verstärken.

1.2 Klimawende

Die Klimawende ist das zweite Kraftfeld, welches den derzeitigen Wandel maßgeblich mitprägt. Es ist der Strahlungshaushalt, der den Zustand und die Veränderung des Klimasystems prägt. Die von der Sonne einwirkende Strahlung wird etwa zu einem Drittel durch Wolken und Aerosole (Partikel) reflektiert, während die Erdoberfläche den verbleibenden Teil absorbiert. Im Gleichgewichtszustand strahlt die Erde etwa die gleiche Menge Energie zurück ins All, was mit langwelliger Strahlung geschieht. Treibhausgase, insbesondere Wasserdampf, Kohlendioxid und Methan, bilden eine Hülle, welche einen Teil der ausgehenden Strahlung zurückhält und damit die Erdoberfläche warm hält (Le Treut et al. 2007). Seit der industriellen Revolution haben vom Menschen verursachte Emissionen dazu geführt, dass die Konzentration von Treibhausgasen um rund 35 % zugenommen hat, was zu einer verstärkten Zurückhaltung der ausgehenden Strahlung geführt hat. Dieser Effekt wird als Treibhauseffekt bezeichnet, aus dem das Risiko der Erwärmung der Erdoberfläche und der bodennahen Schichten der Atmosphäre resultiert. Während sich der Anstieg der Treibhausgaskonzentration seit etwa 1960 wissenschaftlich belegen lässt, war es wesentlich schwieriger, Belege für den Temperaturanstieg zu finden, da die Temperatur einer örtlich und zeitlich starken Variabilität unterliegt. Erst ab den 1990er-Jahren ließ sich deshalb ein Anstieg der Temperatur der Erdoberfläche nachvollziehbar belegen (Le Treut et al. 2007) und in den letzten Jahren waren Temperaturextreme auch für Laien spürbar.

Das Bewusstsein, dass Klimarisiken ein ernsthaftes Problem darstellen, gelangt erst Mitte der 1980er-Jahre ins politische Bewusstsein, worauf 1988 der Weltklimarat (Intergovernmental Panel on Climate Change, IPCC) gegründet wurde, der seit Jahren in regelmäßigen Abständen Sachstandsberichte veröffentlicht. Die internationale Gemeinschaft erklärte im Jahre 2015 im Übereinkommen von Paris die Absicht, den Temperaturanstieg auf 1,5 °C gegenüber dem Niveau von 1850–1900 zu begrenzen, um die Klimarisiken zu reduzieren. Der Weltklimarat veröffentlicht regelmäßig Sachstandsberichte und im Rahmen der jährlichen Klimakonferenzen werden Maßnahmen für den Klimaschutz beurteilt und festgesetzt. Damit ist der Klimaschutz fest auf der internationalen politischen Ebene verankert. Der 6. Sachstandsbericht (Lee et al. 2023) veröffentlichte eine Grafik (Abb. 1.2), welche die Entwicklungspfade für den globalen Treibhausgasausstoß für drei Szenarien illustriert: 1) Pfad mit den derzeit politisch festgesetzten Programmen, 2) Pfad, um die maximale Erwärmung auf 2 °C zu begrenzen, und 3) Pfad, um die Erwärmung auf 1,5 °C zu begrenzen, entsprechend dem Pariser Abkommen.

Zwischen dem aktuell eingeschlagenen Pfad und den Zielpfaden existiert eine gewaltige Lücke, die im Jahre 2040 etwa 40 Mt pro Jahr und im Jahre 2060 etwa 50 Gt pro Jahr beträgt. Der 6. Sachstandsbericht setzt einen Weckruf ab, dass sich die maximal tolerierbare Erwärmung von 1,5 °C nur erreichen ließe, falls unver-

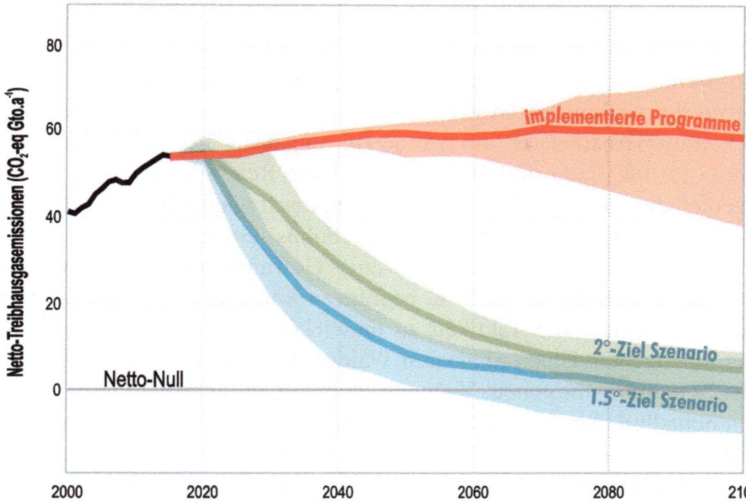

Abb. 1.2 Szenarien zur Begrenzung der globalen Erwärmung. Die derzeitig implementierten Programme stoppen die Zunahme der Treibhausgasemissionen. Eine Begrenzung der Erwärmung auf 1,5 °C erforderte drastische Maßnahmen zum Abbau der Emissionen, unter anderem die systematische Ablösung von Systemen, die auf fossilen Brennstoffen ohne CO_2-Abscheidung beruhen. (Nach Lee et al. (2023), verändert)

züglich ein Ausstieg aus fossilen Brennstoffen erfolge. Dabei sei ein Maßnahmenbündel notwendig, das erneuerbare Energien, Energie auf Verbrennungsbasis mit Kohlenstoffabscheidung und -speicherung – wozu auch Holz gehört – sowie Effizienzverbesserungen enthält. Während der IPCC-Sachstandsbericht vorsichtig optimistisch formuliert ist, spricht der „Lückenbericht" (SEI et al. 2023) Klartext. Er erwähnt, dass im Jahre 2030 immer noch doppelt so viele fossile Brennstoffe produziert würden, als mit einer Begrenzung der Erwärmung auf 1,5 °C kompatibel wären, und dass die globale Öl- und Gasproduktion bis mindestens ins Jahr 2050 weiter anstiege. Der Bericht erwähnt zudem, dass die Lücke zwischen 2019 und 2023 gleichgeblieben sei, obwohl die Verpflichtung auf das Ziel, die Erwärmung auf 1,5 °C zu begrenzen, vorhanden war.

Das Risiko, dass wir das Ziel, die Erwärmung auf 1,5 °C zu begrenzen, nicht erreichen, ist beträchtlich, und der IPCC-Sachstandsbericht erwähnt, dass der größere Teil der modellgestützt hergeleiteten Entwicklungspfade dieses Risiko bestätige. Damit entstehen zusätzliche Risiken für Mensch und Umwelt, insbesondere Dürren, Stürme und Kalamitäten, welche eine plangemäße Waldnutzung, die vielerorts noch immer im Vordergrund steht, unmöglich und obsolet machen. Der 6. Sachstandsbericht postuliert deshalb eine „klimaresiliente" Entwicklung, wobei nicht klar ist, was dies strategisch und operationell bedeutet. Im Windschatten einer „klimaresilienten" Entwicklung erschienen auch die Forderungen nach „Climate-Smart"-Landwirtschaft und -Forstwirtschaft, wobei die Vorstellung, was das bedeutet, sehr vage ist. Aus einer Resilienzperspektive geht es darum, Waldökosysteme mit derart zu gestalten und zu entwickeln, dass sie robust und rekonfigurierbar sind (Heinimann 2018). Robustheit ist eine Vorsorgestrategie, welche Systemkonfigurationen sucht, die möglichst unempfindlich gegenüber Abweichungen der wichtigsten Systemparameter von den ursprünglichen Annahmen sind. Rekonfigurierbarkeit ist eine Strategie, die nach Störereignissen zum Tragen kommt. Im Idealfall ermöglicht sie, durch ein Rearrangement der wichtigsten Komponenten die wichtigen Systemfunktionen rasch wieder bereitzustellen.

Die Anzeichen sind klar: Eine alleinige Fokussierung auf die Reduktion der Treibhausgasemissionen lässt derzeit wenig Hoffnung offen, dass wir die Erwärmung auf Maximum von 1,5 °C begrenzen können. Es ist deshalb dringend notwendig, Strategien und Taktiken zu entwickeln, um mit den Folgen der Erwärmung umzugehen. Einen planbaren Waldumbau, wie er teilweise beabsichtigt ist, dürfte es damit nicht geben. Vielmehr ist damit zu rechnen, dass wir mit Volumina von Schadholz konfrontiert sein werden, die wir bisher nicht gesehen haben. Des Weiteren werden Wälder als Folge der zunehmenden Störungen (Dürren, Stürme, Kalamitäten) zu CO_2-Quellen und ihre zugedachte Speicherfunktion von Kohlenstoff ist mit einem großen Unsicherheitsfaktor behaftet. Schließlich benötigen wir dringend ein ganzes Bündel von Anpassungs- und Schutzmaßnahmen und es scheint geradezu gefährlich, die Klimakrise lösen zu wollen, indem man einen einzigen Parameter (Treibhausgaskonzentration) zu beeinflussen sucht.

1.3 Soziale Wende

Das Entstehen neuer sozialer Bewegungen ist ein drittes Kraftfeld, das unsere sozialen Strukturen und Prozesse veränderte und noch heute beeinflusst. Es handelt sich dabei um kollektive Handlungssysteme, die eine kollektive Identität – im Extremfall eine Ideologie – zusammenhält, die aus locker organisierten Netzwerken von Personen und Gruppen bestehen und die einen gesellschaftlichen Wandel herbeiführen, verhindern oder rückgängig machen wollen (Rucht 1994). Typische derartige Bewegungen sind die Anti-Atomkraft-, die Friedens-, die Ökologie- und neuerdings auch die Klimabewegung. Die neuen sozialen Bewegungen sind in den 1960er-Jahren entstanden, und die Proteste von Studierenden 1968 und 1969 in Frankreich, Berlin und Italien waren so etwas wie eine Grundsteinlegung (Pichardo 1997). Zur gemeinsamen Identität gehörten Feindbilder: das Großkapital, die staatliche Bürokratie sowie wissenschaftliche Autoritäten (Radkau 2011). Allgemein stellen die neuen sozialen Bewegungen die Ziele der industrialisierten Gesellschaften infrage, die auf Wohlstand und materialistische Errungenschaften ausgerichtet sind. Zudem hinterfragen sie die Strukturen der repräsentativen Demokratie, welche die Beteiligung am Governancesystem stark limitieren (Pichardo 1997). Sie setzen sich für kooperative soziale Organisationen, Selbsthilfegruppen und direkte Demokratie ein.

Der Druck, den die neuen sozialen Bewegungen aufbauten, führte dazu, dass sich verschiedene Formen der Mitwirkung entwickelten. Vor der ökologischen Wende agierten Experten als Agenten der Gesellschaft, wobei die Bürger den

Experten volles Vertrauen schenkten. Waldfachleute waren überzeugt, dass sie im Sinne des öffentlichen Wohls dachten und handelten. Mit der ökologischen Wende verloren die Experten vielerorts das Vertrauen der Bürger, indem die neuen Bewegungen kritisierten, dass Regierung und Verwaltung viele Anliegen ihrer Bürger nicht einbezogen. Die Mitwirkung von Interessenvertretern in verschiedenen Planungs- und Entscheidungsverfahren erhielt einen formellen Status, der in einer schwachen Ausprägung Information, Konsultation und Beschwichtigung umfasst und Mitwirkung als „soziale Entwicklungslenkung" versteht (ARNSTEIN 1969), bei der Experten die Verantwortung tragen und Bürger in „schwacher Form mitwirken". Eine „starke Form der Mitwirkung" delegiert Macht von Behörden zu den Bürgern, was auch als „Planung als sozialer Wandel" bezeichnet wird (FRIEDMAN 1987). Die vielfältigen Mitwirkungsmöglichkeiten führten zu einer Entstaatlichung, worunter man die teilweise Übertragung staatlicher Verfügungsgewalt auf Personen, soziale Gruppen oder Firmen versteht. Die staatliche Verfügungsgewalt umfasst das Festlegen von Normen und Regeln und deren Durchsetzung sowie das kollektive, öffentliche Handeln. Die Forst- und Holzwirtschaft sind seit Mitte der 1990er-Jahre mit den Regeln des Forest Stewardship Councils (FSC) konfrontiert, die ein quasi legales Instrument bereitstellen, um eine Waldwirtschaft zu garantieren, die die biologische Vielfalt erhält, die für die lokale Bevölkerung und die Arbeiter Nutzen generiert und die die ökonomische Lebensfähigkeit dauerhaft sichert (FSC 2022b). Zehn Prinzipien, die länderspezifisch angepasst werden, umschreiben die Anforderungen an verantwortungsvolle, nachhaltige Waldwirtschaft. Sie gehören zum sogenannten „Soft Law", worunter Regeln und Verfahren zu verstehen sind, die aus rechtsstaatlicher Sicht nicht bindend und auch nicht durchsetzbar sind. Mittlerweile sind über 200 Mio. ha Wälder nach den FSC-Standards zertifiziert (FSC 2022c) und das Label ist international weit bekannt und akzeptiert, was auch das Verdienst international tätiger Umweltverbände (WWF, Greenpeace) ist. Das ursprüngliche, waldbezogene Label erhielt einen „Chain-of-Custody"-Zwilling, der für holzverarbeitende Betriebe nachweist, dass sie ihre Produktion auf nachhaltigen Holzversorgungsquellen aufbauen (FSC 2022a). Insbesondere in Ländern, die eine Tradition in nachhaltiger Forstwirtschaft haben, führten diese „Soft-Law-Regelungen" zu Doppelspurigkeiten, Konflikten und Unsicherheiten. Waldbesitzer, welche die Kriterien einer nachhaltigen Waldbewirtschaftung seit Langem erfüllen, aber keine FSC-Zertifizierung besitzen, konnten ihre Holzprodukte teilweise nicht mehr verkaufen, da Abnehmer das Zertifikat verlangten. Damit werden langjährige Anstrengungen, nachhaltige Waldwirtschaft zu betreiben, mancherorts durch ein privates Zertifikat ausgeblendet.

1.4 Veränderte Rahmenbedingungen

Die beschriebenen Kraftfelder veränderten die Rahmenbedingungen für die Holznutzung der Waldeigentümer. Dies insbesondere in folgender Hinsicht:

- In den entwickelten Industrieländern ist Wald zum Gemeingut geworden, auch wenn er im privaten oder öffentlichen Besitz ist. Verschiedenste Interessengruppen stellen Ansprüche an immaterielle Leistungen, welche die Wälder erbringen sollen. Eigentum bedeutet ein Bündel von Verfügungsrechten (ALCHIAN 1965), worunter dem Recht, andere von Nutzungsansprüchen – beispielsweise Schutz, Natur, Biodiversität, Kohlenstoffspeicherung – auszuschließen, sowie dem Recht, das Eigentum zu verändern – Änderung der Baumartenzusammensetzung, Erschließung –, eine besondere Bedeutung zukommt. In einem Gemeingutengagement entfallen diese beiden Rechte, womit die Waldeigentümer einen Teil ihrer Verfügungsrechte verloren haben.
- Im Sog der neuen sozialen Bewegungen wurden für verschiedenste Interessengruppen Mitwirkungsmöglichkeiten und -mechanismen eingeführt und auch formell verankert, welche faktisch „Vetorechte" verteilten, mit denen sich Handlungen von Waldeigentümern verzögern oder verhindern lassen.
- Es fand eine schleichende Entstaatlichung der formellen und informellen Regeln statt, welche die sozialen, politischen und ökonomischen Beziehungen organisieren. Dabei sind pseudolegale Regeln entstanden, die verschiedene Aspekte einer „guten" Waldbewirtschaftung umschreiben. Zu erwähnen sind etwa die FSC-Kriterien und -Zertifikate (FSC 2022b) für eine verantwortungsvolle, nachhaltige Waldbewirtschaftung oder die Grundsätze für naturgemäße Waldwirtschaft (ANW 2013). Damit entstand eine Mehrdeutigkeit, die für Außenstehende schwer zu verstehen ist und die etablierten staatlichen Regeln Konkurrenz machen oder diese sogar verdrängen.

Diese Kraftfelder führen tendenziell zu einer Veränderung der Baumartenzusammensetzung sowie zu einer Reduktion der Nutzung. Die Europäische Union (FRITSCHE et al. 2020) lancierte eine Bioökonomiestrategie, die ein Wirtschaftssystem anstrebt, das auf biologischen Ressourcen – Tiere, Pflanzen, Mikroorganismen, biologische Abfälle – basiert. Dabei geht es insbesondere darum, biologische Ressourcen effizienter zu nutzen, um die zunehmende Nachfrage nach Biomasse in Grenzen zu halten. Die beschriebenen Kraftfelder werden nicht mithelfen, eine derartige Strategie zu befördern. Ein effizienter Umgang mit Biomasse, wozu auch Holz gehört, macht es unausweichlich, den politisch-sozialen Rahmen, in dem die Nutzung- und Verarbeitungsaktivitäten stattfinden, an die Zielsetzung einer effizienteren Nutzung von Biomasse anzupassen.

Literatur

ALCHIAN, A.A. 1965. *Property Rights.* The Concise Encyclopedia of Economics. Accessed [Jun-18–2014]. Available from: [http://www.econlib.org/LIBRARY/Enc/PropertyRights.html]

ANONYMOUS. o. J. *Bergbaugeschichte.* In *Welterbe Montanregion Erzgebirge.* Welterbe Montanregion Erzgebirge e. V. Available from: [https://www.montanregion-erzgebirge.de/welterbe-erfahren/wissenswertes-montanregion/bergbaugeschichte.html]

ANW. 2013. *Grundsätze der ANW für Naturgemäße Waldwirtschaft.* [Accessed Dec-23–2022]. Arbeitsgemeinschaft Naturgemäße Waldwirtschaft. Available from: [https://www.

anw-deutschland.de/eip/eip_media.php?f=Grundsaetze+13+12+13.pdf&m=134&i=0&fl=27238212]

ARNSTEIN, S.R. 1969. *A ladder of citizen participation.* Journal of the American Institute of Planners. **35** (4): 216-224

BRUNDTLAND, G.H., UND THE WORLD COMMISSION ON ENVIRONMENT AND DEVELOPMENT. 1987. *Our Common Future*. Oxford, New York: Oxford University Press. 400 p

BUND, UND MISEREOR. 1996. *Zukunftsfähiges Deutschland. Ein Beitrag zu einer global nachhaltigen Entwicklung. Studie des Wuppertal Instituts für Klima, Umwelt, Energie*, Springer. 466 p

CARLOWITZ, H.C.v. 1713. *Sylvicultura Oeconomica, Oder, Haußwirthliche Nachricht und Naturmäßige Anweisung zur Wilden Baum-Zucht.* Leipzig: verlegts Johann Friedrich Braun. 414 p

FRIEDMAN, J. 1987. *Planning in the Public Domain: From Knowledge to Action.* Princeton NJ: Princeton University Press. 501 p

FRITSCHE, U., G. BRUNORI, D. CHIARAMONTI, C. GALANAKIS, S. HELLWEG, R. MATTHEWS, und C. PANOUTSOU. 2020. *Future transitions for the Bioeconomy towards Sustainable Development and a Climate-Neutral Economy – Knowledge Synthesis Final Report.* JRC121212. Publications Office of the European Union. Luxemburg. 103 p.

FSC. 2022a. *Chain of custody certification.* [Accessed Dec-22–2022]. Forest Stewardship Council® – FSC®. Available from: [https://connect.fsc.org/certification/chain-custody-certification]

FSC. 2022b. *Forest Management Certification.* [Accessed Dec-22–2022]. Forest Stewardship Council® – FSC®. Available from: [https://connect.fsc.org/certification/forest-management-certification]

FSC. 2022c. *Stewards by nature.* [Accessed Dec-22–2022]. Forest Stewardship Council® – FSC®. Available from: [https://fsc.org/en/about-us]

GRIMM, N.B., S.T.A. PICKETT, R.L. HALE, UND M.L. CADENASSO. 2017. *Does the ecological concept of disturbance have utility in urban social-ecological-technological systems?* Ecosystem Health and Sustainability. **3** (1): e01255. https://doi.org/10.1002/ehs2.1255.

GROBER, U. 2013. *Die Entdeckung der Nachhaltigkeit: Kulturgeschichte eines Begriffs.* München: Antje Kunstmann. 331 p

HEINIMANN, H.R. 2018. Robustness and reconfigurability -key concepts to build resilience. In IRGC Resource Guide on Resilience (vol. 2): Domains of resilience for complex interconnected systems, eds. B.D. TRUMP, M.V. FLORIN, AND I. LINKOV. [Accessed Nov-02-2016]. EPFL International Risk Governance Center. Available from: [https://irgc.org/wp-content/uploads/2018/12/Heinimann-for-IRGC-Resilience-Guide-Vol-2-2018.pdf

LE TREUT, H., et al. 2007. *Historical Overview of Climate Change Science.* In *Climate Change 2007: The Physical Science Basis. Contribution of Working Group I to the Fourth Assessment Report of the Intergovernmental Panel on Climate Change.*, S. SOLOMON, et al., Editors. Cambridge University Press: Cambridge, New York: p. 93–127

LEE, H., et al. 2023. *Synthesis Report | Summary for Policymakers.* In *Climate Change 2023 – Contribution of Working Groups I, II and III to the 6th Assessment Report of the Intergovernmental Panel on Climate Change*, eds. CORE WRITING TEAM, H. LEE, UND J. ROMERO. [Accessed Mar-24–3023]. Intergovernmental Panel on Climate Change (IPCC). Available from: [https://www.ipcc.ch/report/ar6/syr/downloads/report/IPCC_AR6_SYR_SPM.pdf]

MITCHELL, T. 2011. *Carbon democracy: political power in the age of oil.* London; New York: Verso. 278 p

PICHARDO, N.A. 1997. *New social movements: A critical review.* Annual Review of Sociology. **23**: 411-430

RADKAU, J. 2011. *Die Ära der Ökologie. Eine Weltgeschichte.* München: Beck. 782 p

RADKAU, J. 2012. *Holz. Wie ein Naturstoff Geschichte schreibt*, überarbeitete, erweiterte Ed. Stoffgeschichten. München: oekom Verlag. 364 p

RODOMAN, B. 1968. *The Organized Anthroposphere.* Soviet Geography. **9** (9): 784-796

RUCHT, D. 1994. *Modernisierung und neue soziale Bewegungen: Deutschland, Frankreich und USA im Vergleich.* Theorie und Gesellschaft, Vol. 32. Frankfurt, New York: Campus. 601 p

SCHUMPETER, J.A. 2006. *Theorie der wirtschaftlichen Entwicklung*, Nachdruck der 1. Auflage von 1912 Ed. Berlin: Duncker & Humblot. 548 p

SEI, CLIMATE ANALYTICS, E3G, IISD, UND UNEP. 2023. *The Production Gap: Phasing down or phasing up? Top fossil fuel producers plan even more extraction despite climate promises.* Stockholm Environment Institute, Climate Analytics, E3G, International Institute for Sustainable Development, United Nations Environment Programme. Stockholm. 117 p.

SIMBERLOFF, D. 2014. *The „Balance of Nature" – Evolution of a Panchreston.* PLOS Biology. **12** (10): e1001963. https://doi.org/10.1371/journal.pbio.1001963.

VON OPPEL, F.W. 1791. *Die Abtheilung der Gehölze in jährliche Gehaue: Eine Rechnungsaufgabe*, 2nd Ed. Dresden: Walther. 78 p

WHITE, P.S., UND S.T.A. PICKETT. 1985. *Chapter 1 – Natural Disturbance and Patch Dynamics: An Introduction.* In *The Ecology of Natural Disturbance and Patch Dynamics,* S.T.A. PICKETT UND P.S. WHITE, Editors. Academic Press: San Diego: p. 3–13. https://doi.org/10.1016/B978-0-12-554520-4.50006-X.

2 Leitbilder für eine zukunftsfähige Entwicklung

Inhaltsverzeichnis

Das Bewusstsein, dass es Prozesse gibt, welche verschiedene Strukturen und Funktionen unserer Umwelt bedrohen, ist zu einem festen Bestandteil unserer Wahrnehmung geworden. Aus einer Risikoperspektive sind es schleichende Veränderungen, die zu einer Beeinträchtigung oder Schädigung der Strukturen und Funktionen der Umweltsphären und der Anthroposphäre führen können

H. R. Heinimann und A. Teischinger, *Forst- und Holzwirtschaft im Wandel*,
https://doi.org/10.1007/978-3-662-69164-9_2

(Abb. 1.1). Der Umbruch der Moderne, der durch die industrielle Revolution, die Aufklärung und die Säkularisierung ausgelöst wurde, brachte eine neuartige Idee mit sich (Bernstein 1996): den aktiven Umgang mit Gefahren und Risiken. Vorher dominierte der „Schicksalsglaube" das Weltbild. Dies bedeutete, dass das Entstehen von Schadensereignissen in den Händen einer höheren Macht liegt, die sich nicht beeinflussen lässt, womit lediglich ein passives Hinnehmen und Akzeptieren bleibt. Oft prägen metaphysisch-religiöse Überzeugungen den Schicksalsglauben, die auf der Annahme beruhen, dass Schicksale mehr oder weniger genau festgelegt sind.

Aus einer Risikoperspektive stellt sich die Frage, wie sich der stattfindende, schleichende Wandel beeinflussen lässt, um die erwarteten Beeinträchtigungen und Schäden in einem tolerierbaren Rahmen zu halten, zu mindern oder zu bewältigen. Die Konferenz der schweizerischen wissenschaftlichen Akademien entwickelte ein Konzept für den „Nachhaltigkeitswandel" (CASS 1997), das auf drei Arten von Wissen basiert: Systemwissen, Zielwissen und Transformationswissen (Abb. 2.1).

Systemwissen bedeutet, dass man das Verhalten eines bestimmten Systems unter normalen und extremen Bedingungen versteht und im Idealfall quantitativ beschreiben kann. Umweltsysteme sind komplexe Systeme, die nicht nach dem Ursache-Wirkungs-Prinzip funktionieren. Feedbackmechanismen, nichtlineare Zusammenhänge sowie Wechselwirkungen zwischen Systemkomponenten resultieren in Phänomenen wie Emergenz, d. h. Verhaltensmustern, die man in der Vergangenheit nicht beobachten konnte, oder Regimewechsel. Die Abgrenzung des Systems hat aus einer Risikoperspektive bei den potenziell beeinträchtigten Strukturen und Funktionen zu beginnen. Das Klimasystem ist ein derartiger Beurteilungsendpunkt. In einem Folgeschritt geht es darum, die schädigenden Einwirkungen und die entsprechenden Wirkmechanismen zu identifizieren. CO_2-Emissionen sind eine Einwirkung auf das Klimasystem, die durch ganz unterschiedliche Mechanismen erzeugt werden können. Es finden sich nach wie vor, auch in der forst- und holzwirtschaftlichen Literatur, Beispiele, bei denen eine Silosichtweise dominiert. Die Kohlenstoffspeicherung der Wald- und Holzwirtschaft hat Wechselwirkungen mit Störungsregimes der Atmosphäre (Stürme, Waldbrände), mit der Ernte und Verarbeitung von Rohholz, der Speicherung von Holz im Gebäudepark oder mit der Biodiversität. Systemverständnis bedeutet,

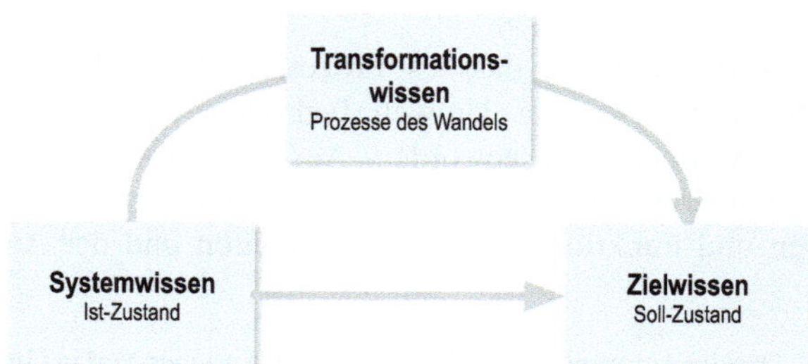

Abb. 2.1 Erforderliche Wissenskomponenten für einen gelenkten Wandel

die entsprechenden Wechselwirkungen mit in die Analyse und Beurteilung einzubeziehen, was allerdings analytisch anspruchsvoll ist.

Wenn man das interessierende System versteht, geht es darum, tolerierbare Systemzustände zu identifizieren, die mit Transformationsprozessen anzustreben sind. Die Konferenz der schweizerischen wissenschaftlichen Akademien bezeichnete dies mit „Zielwissen" (CASS 1997). Das Entwickeln von **Zielwissen** ist ein normativer Prozess, der von gesellschaftlich-politischen Strukturen getragen wird. Die Komplexität der Umweltsysteme bringt es mit sich, dass es sehr schwierig ist, Zielwissen zu identifizieren. Man begnügt sich deshalb mit der Formulierung von Leitbildern, worunter die Vorstellung eines verallgemeinerten Zustands zu verstehen ist, welche das Denken und Handeln leitet. Man könnte auch sagen, Leitbilder seien „Nordsterne", welche die Richtung für eine große Zahl von Personen angeben und kollektives Handeln auf der Basis von Selbstorganisation auslösen. Das IPCC schlug für die tolerierbare Erwärmung des Klimasystems einen Wert von 1,5 °C vor (Matthews et al. 2021), was einfach zu verstehen ist. Die Entwicklung zeigt allerdings, dass es sehr unwahrscheinlich ist, dass sich dieses Ziel einhalten lässt, womit sich die Frage stellt, ob es andere, wirksamere Zielgrößen gibt.

Transformationswissen umfasst Prozesse, welche ein System von einem Anfangs- in einen gewünschten Folgezustand bringen können. Es gibt drei grundsätzliche Möglichkeiten, wie derartige Prozesse ausgestaltet sind. Die erste und einfachste Möglichkeit besteht darin, einen Wandel mechanistisch nach dem Ursache-Wirkungs-Prinzip zu gestalten, was allerdings nur bei einfachen Systemen funktioniert und bei komplexen Umweltsystemen kaum Erfolg haben dürfte. Transformationsmaßnahmen werden aus dieser mechanistischen Perspektive identifiziert, so beispielsweise die Stabilisierung der Strahlenbilanz der Erde alleine mit einer CO_2-Reduktion. Eine zweite Transformationsoption besteht darin, Systeme zu lenken, d. h., auf einen zielführenden Entwicklungspfad zu bringen, und danach iterativ die Abweichung vom Soll-Zustand zu messen und korrigierend nachzulenken. Eine dritte Option umfasst das Ermöglichen einer zielgerichteten Selbstorganisation, welche das System in eine gewünschte Richtung bringt. Transformationsprozesse werden oft im Rahmen von politischen Prozessen ohne Berücksichtigung der Erkenntnisse der Steuerungs- und Regelungstechnik und der Theorie komplexer Netzwerke identifiziert. Aus Sicht der Steuerungs- und Regelungstechnik stellt sich die Kernfrage, ob ein System überhaupt steuerbar *(controllable)* ist und welche Voraussetzungen dafür gegeben sein müssen. Die Steuerbarkeit komplexer Systeme erfordert mehrere Voraussetzungen (Liu und Barabási 2016): 1) Kenntnis der Topologie, welche die Wechselwirkungen zwischen Systemkomponenten beschreibt, 2) dynamisch-quantitative Beschreibung des Verhaltens aller Systemkomponenten, 3) die Möglichkeit, den Zustand und das zeitliche Verhalten einer Teilmenge der Systemkomponenten zu beeinflussen. Wie in komplexen Systemen üblich, spielen die Interaktionen, d. h. die Topologie der Wechselwirkungen, abgebildet in einem Netzwerk, eine ganz zentrale Rolle. Der Zustand eines Systems lässt sich mit Zustandsvariablen in einem Zustandsvektor darstellen. Entsprechend lässt sich der Systemoutput mit Outputvariablen in einem Outputvektor charakterisieren. Schließlich geht es darum, Steuergrößen zu identifizieren, die in einem Steuervektor zusammengefasst sind. Die Länge des Zustandsvektors bestimmt die notwendige Länge des Steuervektors. Für komplexe Systeme wie das Klimasystem folgt aus dieser Logik, dass eine Beeinflussung nur möglich ist, wenn ein Steuervektor bekannt ist, der die Bedingungen der Steuerbarkeit erfüllt. Aus den Erkenntnissen der Steuerungs- und Regelungstechnik geht in jedem Fall hervor, dass eine Systembeeinflussung mit nur einer Steuergröße eine sehr geringe Erfolgswahrscheinlichkeit hat. Es besteht eine Lücke zwischen den Erkenntnissen zur Steuerbarkeit (Liu und Barabási 2016) und der umweltwissenschaftlichen Praxis, welche die Konferenz der schweizerischen wissenschaftlichen Akademien im Jahre 1997 umschrieb mit: „… muss deutlich mehr Gewicht auf die Erzeugung von Ziel- und Transformationswissen sowie von Geistes- und sozialwissenschaftlichen Systemwissen gelegt werden“ (CASS 1997).

Nachfolgend geht es darum, 1) die groben Entwicklungslinien vorsorgeorientierter, auf Dauer ausgerichteter Ressourcenmanagementregimes aus der Perspektive der Wald und Holzwirtschaft darzustellen, 2) Konzepte, welche das Leitbild einer nachhaltigen Entwicklung nach Rio 92 spezifizieren, zu besprechen, 3) Mitgestaltungsoptionen der Forst- und Holzwirtschaft bei der Umsetzung der Leitbilder „nachhaltige Entwicklung“ und „Klimawende“ in den Umweltsphären und in der Anthroposphäre zu diskutieren.

2.1 Vorläufer des Nachhaltigkeitskonzepts

Im Jahre 2013 feierte die Forstbranche Deutschlands „300 Jahre Nachhaltigkeit“ mit dem Slogan „Sylvicultura oeconomica als Wiege der Nachhaltigkeit“ (Roth 2014), was den Eindruck entstehen lässt, dass es vorher keine vorausschauenden, ressourcenschonenden Konzepte zur Bewirtschaftung natürlicher Ressourcen gegeben hat. Der Nachhaltigkeitsbegriff umfasst zwei Leitgedanken. Erstens beinhaltet er das Vorsorgedenken, d. h. auf die Zukunft gerichtete Bestrebungen, erwünschte Leistungen zu ermöglichen und unerwünschte Beeinträchtigungen und Schäden zu vermeiden oder zu dämpfen. Zweitens ist damit der Anspruch verbunden, diese Bestrebungen auf eine längere Dauer auszurichten, was sich auch mit „dauerhaft“ oder „beständig“ umschreiben lässt. Das dem Begriff der Nachhaltigkeit zugrunde liegende Denken ist allerdings viel älter (Grober 2013). In den inneralpinen Trockentälern (Stadler 2006) oder in Oasenstädten wie dem lybischen Ghadames war Wasser immer schon ein knappes Gut. Es entwickelten sich Managementregimes, welche einerseits technische Maßnahmen und andererseits institutionelle Arrangements umfassen, die in den Alpen möglicherweise bis in die Römerzeit und in Ghadames bis etwa ins 6. Jahrhundert (Abufuyed 2003) zurückgehen. Ähnliches gilt auch für die Alpbewirtschaftung, bei der die Gefahr der Übernutzung mit der Zuteilung von Nutzungsrechten (Kuhrechten) gebannt wurde (Bergier et al. 2013). Elinor Ostrom, ausgezeichnet mit dem Nobelpreis für Wirtschaft, beschrieb in ihrem Buch „Governing the Commons“ derartige

Beispiele (Ostrom 2015), aufgrund derer sie eine Theorie für das Management von Gemeingütern entwickelte. An dieser Stelle sollen drei Beispiele von historischen, auf dauerhaft ausgelegten Holzmanagementregimes eingehender betrachtet werden: die Holzbewirtschaftung 1) bei der Erneuerung des Ise-Schreins, 2) des mittelalterlichen Venedigs sowie 3) des mittelalterlichen Frankreichs.

2.1.1 Ise-Schrein (Japan)

Das höchste Shinto-Heiligtum, der Ise-Schrein, auch Ise-jingu genannt, ist eine religiöse Stätte Japans, die vollständig aus Massivholz gebaut ist. Als Shinto bezeichnet man ein Glaubenssystem, bei dem es eine Vielzahl von Gottheiten gibt, welche die Form von Menschen, Tieren, Gegenständen und abstrakten Wesen annehmen können und denen Schreine als Verehrungsstätten geweiht sind. Der Ise-Schrein wird seit dem 7. Jahrhundert alle 20 Jahre neu gebaut (Jingushicho 2015), wofür etwa 13.000 Bäume, entsprechend rund 10.000 m^3 Holz, benötigt werden (Jingushicho 2009). Der erste Nachbau fand im Jahre 690 statt und wiederholte sich seither 62-mal, das letzte Mal im Jahr 2013. Für Außenstehende ist nicht leicht zu verstehen, warum intakte Holzstrukturen ersetzt und rückgebaut werden. Es gibt jedoch zwei wichtige Gründe dafür (Daigo 2020). Erstens geht es darum, Schreine mit den Göttern, denen sie geweiht sind, unvergänglich und für die Ewigkeit weiterzugeben. Zweitens werden damit das Wissen und die Fertigkeiten der Handwerker generationenübergreifend übertragen. Der Neubau erfolgt im Rahmen eines Rituals (Sengu), das acht Jahre dauert, wovon vier Jahre benötigt werden, um das Holz bereitzustellen und haltbar zu machen (Daigo 2020). Rund 5500 ha Wald gehören zum Ise-Schrein, von wo das benötigte Holz bis ins Mittelalter beschafft wurde. Danach dienten andere Wälder der Holzversorgung und zu Beginn des 20. Jahrhunderts erfolgte eine Aufforstung im Umfang von rund 3500 ha, welche die Holzversorgung für die zukünftigen Wiedererneuerungen sicherstellen soll. Ein Jahr nach einer Wiedererneuerung werden die abgelösten heiligen Stätten systematisch rückgebaut, wobei das Holzmaterial für die Reparatur oder die Wiedererneuerung anderer Schreine Verwendung findet. Die Grundprinzipien, welche dem Nachhaltigkeitsleitbild zugrunde liegen, finden sich in der Praxis der Schreinwiedererneuerung wieder. Das Vorsorgedenken beinhaltet das Bewirtschaften der Wälder, um die nötigen Holzvolumina und auch die Abmessungen von Bäumen für wichtige Bauelemente für zukünftige Wiedererneuerungen der Schreinanlagen bereitzustellen. Das Ausrichten auf eine längere Dauer, Jahrhunderte, ist ein weiteres Prinzip, das zum Nachhaltigkeitsleitbild gehört. Schließlich finden wir ein drittes Prinzip – die Wiederverwendung des Holzmaterials –, das heute als „kaskadenartige Nutzung“ propagiert wird. Das japanische Nachhaltigkeitsdenken ist zwar auf die religiösen Shinto-Kultstätten beschränkt, aber durch das Ritual, mit dem die Wiedererneuerung der Schreinanlagen gelebt wird, tief in der japanischen Kultur verankert.

2.1.2 Republik Venedig

Die mittelalterliche Republik Venedig war ein Staat mit einem außerordentlich hohen Holzbedarf, der sich nicht mehr aus dem eigenen Hinterland decken ließ. Venedig wurde zur weltwirtschaftlichen Großmacht, als es um 1180 Konstantinopel erobern konnte. Damit begann eine Vormachtstellung im gesamten Mittelmeerraum, die erst 1571 mit der Niederlage gegen die Osmanen endete. Venedig benötigte große Mengen an Holz für folgende Aufgaben: 1) Schiffbau, 2) Sicherung der Kanäle, 3) Pfahlgründungen, 4) Bauholz und 5) Brennholz. Der Schiffbau nahm eine herausragende Rolle ein und das sogenannte Arsenal war ein vorindustrieller Produktionsbetrieb, der um 1420 rund 6000 Angestellte hatte. Zu jener Zeit bestand Venedigs Flotte aus 45 Galeeren, rund 300 Segelschiffen mit einer Tonnage von unter 12 t und rund 3000 Segelschiffen mit einer Tonnage bis zu 120 t. Der große Holzbedarf führte zu Versorgungsengpässen in der zweiten Hälfte des 14. Jahrhunderts (APPUHN 2000), worauf erste Regeln für den Handel der drei Schlüsselholzarten – Eiche, Buche, andere Harthölzer – eingeführt wurden. Da damals die Holzversorgung auf dem Handel basierte, war es eine logische Folge, der Holzknappheit mit dem Eingriff in den Handel zu begegnen. 1350 verabschiedete der Große Rat ein Gesetz, das dem Arsenal eine Art Vorkaufsrecht für Eichenholz zubilligte und das die Maximalpreise durch ein Kostendach begrenzen konnte (APPUHN 2000). Ende des 14. Jahrhunderts expandierte Venedig aufs Festland, wo die Wälder im Einzugsgebiet des Flusses Piave besonders wichtig waren, da sich das Holz direkt nach Venedig flößen ließ. Um 1470 stellte der Senat in diesem Einzugsgebiet große Waldgebiete unter Schutz, um das Arsenal mit Holz zu versorgen, und zugleich wurde das Nutzungsrecht dem Arsenal übertragen (APPUHN 2000). Der Senat erließ auch Vorschriften, welche die Waldweide, das Ernten von Brennholz und das Beseitigen der Buschunterschicht verboten. Zudem wurde ein Waldnutzungssystem vorgeschrieben, bei dem die Wälder in einem Zyklus von zehn Jahren genutzt werden durften. Parallel zum institutionellen Arrangement führte Venedig eine Art Wissenssystem für das Waldmanagement ein, indem es 1458 Waldamtsleiter *(provveditori ai boschi)* einführte. Es handelt sich dabei um hohe Verwaltungsbeamte, welche für die Aufsicht über den schiffsbasierten Holztransport und auch die Holzernte zuständig waren. Der Aufgabenbereich wurde später erweitert um die Oberaufsicht über sämtliche venezianische Wälder, gemeinsam mit den Amtsleitern des Arsenals (APPUHN, 2000). Ende des 15. Jahrhunderts zeigten sich trotzdem massive Knappheiten bei der Holzversorgung und um 1600 musste Venedig bereits ganze Schiffshüllen aus Nordeuropa importieren (OOSTHOEK 2005). Als Folge davon war die Stellung als Seemacht nicht mehr möglich und die Vormachtstellung ging verloren. Die Grundprinzipien einer nachhaltigen Bewirtschaftung finden sich auch im mittelalterlichen Venedig. Das Holzmanagementregime war ein Vorsorgesystem und über eine Zeitdauer von etwa 250 Jahren gelang es, dies dauerhaft zu betreiben. Die Venezianer kamen einem nachhaltigen System nahe, sie scheiterten allerdings bei der Dauerhaftigkeit, was möglicherweise damit zusammenhing, dass quantitative Methoden zur

Erfassung und Charakterisierung von Waldbeständen und Bäumen noch sehr rudimentär waren und die Ingenieurvermessung erst in der Renaissance entstand.

2.1.3 Mittelalterliches Frankreich

In Frankreich waren es Programme für den Ausbau der Marinestreitkräfte, welche als Auslöser für die Verbesserung der Waldnutzung gelten (Huffel 1925). 1376 erließ der König eine Verordnung, die verlangte, dass auf jeder Schlagfläche mindestens 16 Bäume pro Hektar stehengelassen werden mussten, um die Versorgung mit Nutzholzstämmen zu garantieren. Es scheint, dass damals die Brennholzgewinnung mit kurzen Umtriebszeiten im Vordergrund stand, womit Bauholz knapp war. 1597 erschien eine Verordnung, welche das Fundament für eine eigentliche forstliche Planung legte. Man war verpflichtet, die zur Nutzung vorgesehenen Holzschläge räumlich abzugrenzen, wozu auch die Bestimmung der Fläche gehörte. Zudem waren diese geplanten Schläge mit Karten und Skizzen zu dokumentieren und der Forstbehörde zur Ablage zu übergeben. Somit waren die Nutzungsabsichten zu dokumentieren, was es möglich machte zu überprüfen, ob die beabsichtigten und die realisierten Maßnahmen übereinstimmten. Der entsprechende Begriff *aménagement* (Einrichtung) stand auch Pate für den deutschen Begriff „Forsteinrichtung", der aus heutiger Sicht eher antiquiert scheint und für Laien schwer verständlich ist. Unter Minister Colbert wurden die Marinestreitkräfte ausgebaut. Damit einhergehend wurde 1669 eine Verordnung erlassen, welche ein Meilenstein einer geordneten, zielorientierten Waldwirtschaft war. Sie beruhte auf fünf Säulen: 1) der räumlich eindeutigen Abgrenzung von Waldbewirtschaftungseinheiten, 2) einer Anhebung des Erntealters, um Baumdimensionen, welche für den Schiffbau der Marine benötigt wurden, zu erzeugen, 3) dem Anlegen eine Reserve von Bäumen großer Dimension, 4) einem klar definierten Ordnungs- und Planungsverfahren für die Waldbewirtschaftung, 5) umfangreichen Aufforstungsmaßnahmen. Die vorausschauende, räumlich klar definierte Ordnung der Wälder und deren beabsichtigte Nutzung schuf die Voraussetzung für klar definierte, klar überprüfbare Nutzungsaktivitäten. Man hatte damit ein Kataster der Waldabteilungen, inklusive der Informationen über potenzielle Nutzungen und den Nutzungszeitraum, aufgrund dessen sich Nutzungsprogramme festlegen ließen. Colberts Verordnung ist von Vorsorgedenken geprägt und zudem mit dem räumlich expliziten Planungsverfahren auf eine lange Dauer ausgelegt. Man darf somit feststellen, dass das französische System ab 1669 die Kriterien der Nachhaltigkeit erfüllte. Carlowitz, der oft als „Erfinder" der forstlichen Nachhaltigkeit dargestellt wird, betonte die Vorbildfunktion Frankreichs, die sein Buchvorhaben vorzeichnete. Colbert gründete 1666 auch die „Académie des Sciences du Roi", die eine Keimzelle eines Wissens- und Innovationssystems für die neue, aufgeklärte Wissenschaft war. Es waren zwei Mitglieder der Académie, Duhamel du Monceau und Buffon, die grundlegende Beiträge zur Forst-und Holzwirtschaft leisteten (De Dinechin 1999). Duhamel schrieb später die ersten grundlegenden Lehrbücher über Forst- und Holzwirtschaft, die im Wesentlichen das Erfahrungswissen der damaligen Zeit wiedergeben (DUHAMEL DU MONCEAU 1758, 1760, 1761, 1764, 1788, DUHAMEL DU MONCEAU et al. 1767).

2.2 Wurzeln der forstlichen Nachhaltigkeit – Carlowitz

Der forstliche Nachhaltigkeitsbegriff geht zurück auf das Buch „Sylvicultura oeconomica, oder haußwirthliche Nachricht und naturmäßige Anweisung zur wilden Baum-Zucht/Nebst gründlicher Darstellung/Wie zu förderst durch göttliches Benedeyen dem allenthalben und insgemein einreissenden grossen Holtz-Mangel/ Vermittelst Säe- Pflantz- und Versetzung vielerhand Bäume zu prospiciren" (CARLOWITZ 1713), das der sächsische Bergbaubeamte von Carlowitz im Jahre 1713 publizierte. Der „einreissende grosse Holtz-Mangel" war – wie im zweiten Teil des Titels festgehalten – die Motivation für dieses Buch, das aus einer Krise des sächsischen Silberbergbaus entstanden ist. Der Dreißigjährige Krieg verursachte im Erzgebirge enorme Schäden und zahlreiche Förderstätten wurden zerstört oder verfielen, womit der Bergbau praktisch zum Erliegen kam (ANONYMOUS o. J.). Carlowitz erwähnt zudem, dass der Krieg auch viele Wälder „ausgereutet, ausgebrennet" hätte, was die Holzversorgung stark beeinträchtigte. Carlowitz beschreibt im vierten Kapitel des Abschnitts über die Wälder weitere Gründe des Holzmangels. Eine erste Gruppe von Gründen sah er bei den Haushalten, die offene Koch- und Feuerstellen sowie Stuben hatten, in denen „keine Wärme drinnen bleibt". Eine zweite Gruppe von Gründen betrifft die Waldbewirtschaftung. Er erwähnt einerseits die verschwenderische Ausbeutung, bei der nur das beste Holz verwendet wurde und viel zweit- und drittklassiges Holz liegen blieb. Zudem wurden die Wälder in reiner Exploitationswirtschaft genutzt, eine systematische Bestandserneuerung durch Säen und Pflanzen fehlte. Im Englischen bezeichnet man eine derartige Wirtschaftsweise auch als *timber mining*. Schließlich erwähnt er den großen Bedarf an Holz für Gebäude, der vermutlich auch durch den Wiederaufbau nach dem Dreißigjährigen Krieg begründet war. Bei der Schilderung von Holznotproblemen ist immer auch zu beachten, dass sie aus einer bestimmten Perspektive beschrieben werden, was zu Verzerrungen der geschilderten Zustände führen kann (RADKAU 1986).

Carlowitz' Absicht war, mit seinem Buch ein Programm vorzustellen, wie sich der Holzmangel auf lange Dauer überwinden ließe. Sein Nachhaltigkeitsleitbild wird an folgender Textstelle verortet (CARLOWITZ 1713): „Aber da der unterste Theil der Erden sich an Ertzten durch so viel Mühe und Unkosten hat offenbahr machen lassen/da will nun Mangel vorfallen an Holtz und Kohlen dieselbe gut zu machen; Wird derhalben die gröste Kunst/Wissenschafft/Fleiss/und Einrichtung hiesiger Lande darinnen beruhen***/wie eine sothane Conservation und Anbau des Holtzes anzustellen/dass es eine continuirliche beständige und nachhaltende Nutzung gebe/***weiln es eine unentberliche Sache ist/ohne welche das Land in seinem Esse nicht bleiben mag."

Die Begriffe „kontinuierlich", „beständig" und „nachhaltend" beschreiben die Anforderungen an eine Waldwirtschaft, welche die Exploitationswirtschaft ablösen sollte. „Kontinuierlich" bedeutet „ohne Unterbrechung fortführend", während „nachhaltend" zwei Charakteristiken beschreibt, erstens die Richtung einer zeitlichen Entwicklung im Sinne von „nach uns" und zweitens das Halten der Wälder in einem angestrebten Zustand. Die Textstelle gilt als Wiege des Nachhaltigkeitsbegriffs, der in Carlowitz' Buch aber nur einmal, eben an dieser Stelle, vorkommt, weshalb es erstaunlich ist, dass der Begriff eine derartige Karriere machen sollte. Die Begriffe „Conservation" und „Anbau" der Wälder („des Holtzes") umschreiben die Anforderungen an das Waldbaumanagement. „Conservation" bedeutet einerseits das Aufrechterhalten der räumlichen Ausdehnung, aber auch das Erhalten der Verjüngungs- und Wuchskraft. Bezüglich des Anbaus bemerkt Carlowitz an mehreren Stellen, dass die aktive Erneuerung der Wälder durch Saat und Pflanzung ein absolutes Muss sei. Im sechsten Kapitel, Abschn. 8, betont er zudem, dass die französische Waldbewirtschaftung unter Ludwig XIV. ein Vorbild sei, in dem fast das ganze „Summarium" seines Buchvorhabens zu finden sei. Im selben Kapitel, Abschn. 13, erwähnt er zudem ein Grundprinzip, dass die Forstwirtschaft lange leiten sollte. Vorsorgedenken besteht demnach darin, alle denkbaren Mittel zu ergreifen, um ein Gleichgewicht zwischen dem An- und Zuwachs und der Nutzung der Wälder zu erzielen.

Carlowitz schlug ein Maßnahmenbündel vor, um eine kontinuierliche, beständige Waldwirtschaft zu erreichen. Als Erstes ging es ihm darum, die Effizienz der Holzverwendung maßgeblich zu verbessern, was er als „Holz-Sparkünste" bezeichnete. Dabei ging es um das Einführen geschlossener Koch- und Feuerstellen („Oefen statt Camine") sowie um eine verbesserte Wärmedämmung der „Stuben". Interessant ist, dass der Brundtland-Bericht (Brundtland und The World Commission on Environment and Development 1987) fast 300 Jahre später das Prinzip der Effizienzrevolution wieder auf die Agenda setzte. Als Zweites propagierte er die Verwendung von Ersatzstoffen für Holz, worunter er dem Torf eine besondere Bedeutung zumaß. Carlowitz' Nachfolger bei der sächsischen Bergbaubehörde studierten den Steinkohleabbau in England und kamen zum Schluss, dass sich damit der Holzmangel überwinden ließe (Grober 2013). Die Bestrebungen waren Teil der fossilen Revolution, welche in der zweiten Hälfte des 17. Jahrhunderts von England ausging. Paradox ist dabei, dass man nach einem nachhaltigen Ressourcennutzungssystem suchte, dabei aber den Übergang von einer solaren zu einer fossilen Energieversorgung einleitete, der heute als Riesenproblem dasteht. Als Drittes stellte Carlowitz Regeln auf, um die Exploitationswirtschaft in eine geregelte Waldwirtschaft zu überführen. Er forderte eine sorgsame, pflegliche Nutzung, die ein Gleichgewicht zwischen An- und Zuwachs und dem Abtrieb anstrebt. Er verweist dabei auf ein Sprichwort, dass man keine alten Kleider wegwerfen soll, bevor man neue hat. Er fordert wiederholt, dass jede Nutzungsfläche wiederzubestocken sei, sei es durch Saat oder durch Pflanzung.

Carlowitz' Forderung nach einer „continuierlichen, beständigen und nachhaltenden Nutzung" war vorerst eine Forderung, aber auch ein zu lösendes Problem. Ein anderer sächsischer Bergbaubeamter, von Oppel, formulierte dieses Problem 1760 wie folgt: Wie groß ist die Nutzungsmenge, die sich aus einem gegebenen Anfangsbestand und einem gegebenen Zuwachs kontinuierlich ernten lässt (VON OPPEL 1791)? Von Oppel ging von einem Gedankenmodell aus, das auf einem Fließgleichgewicht beruht, das sich mit einem Wassertankmodell illustrieren lässt (Abb. 2.2). Die Menge des Wassers, das sich im Tank befindet, ist definiert durch die Grundfläche A des Tanks und seine Füllhöhe. Für ein forstliches Produktionssystem wird die Füllhöhe mit der Volumendichte V_{ha} (m^3 pro ha), die als Vorrat bezeichnet wird, charakterisiert. Und aus den beiden Größen A und V_{ha} lässt sich das Gesamtholzvolumen errechnen. Der Tank weist einen Volumenzufluss f_g und einen Volumenabfluss f_h aus. Mit diesen vier Größen – A, V_{ha}, f_g, f_h – lässt sich der quasistatische Zustand unter der Annahme beschreiben, dass der Volumenzufluss f_g und der Volumenabfluss f_h im betrachteten Zeitraum konstant bleiben.

Von Oppel (VON OPPEL 1791) analysierte das Wassertankmodell mit drei Variablen, dem Anfangsvorrat $A \cdot V_{ha}$, dem Zuwachsprozent (Verhältnis von Zuwachs f_g zum Anfangsvorrat $A \cdot V_{ha}$) und der Nutzung f_h, womit sich das Problem für mehrere Nutzungsperioden formulieren lässt. Die Gleichgewichtsbedingung lässt sich wie folgt formulieren (Gl. 2.1):

$$\Delta t \cdot f_g - \Delta t \cdot f_h = A \cdot V_{ha,1} - A \cdot V_{ha,2} \tag{2.1}$$

wobei

Δt = Zeitintervall zwischen zwei Beobachtungen
f_g = Volumenzufluss (Zuwachs)
f_h = Volumenabfluss (Ernte)
A = Fläche
V_{ha} = Volumendichte (Vorrat pro Flächeneinheit)

Der Volumenabfluss (kontinuierliche Nutzungsmenge) bei gegebenem Volumenzufluss (Zuwachs) sein kann. Löst man Gl. 2.1 nach f_h auf, so erhält man:

$$f_h = f_g + \frac{A \cdot \left(V_{ha,1} - V_{ha,2}\right)}{\Delta t} \tag{2.2}$$

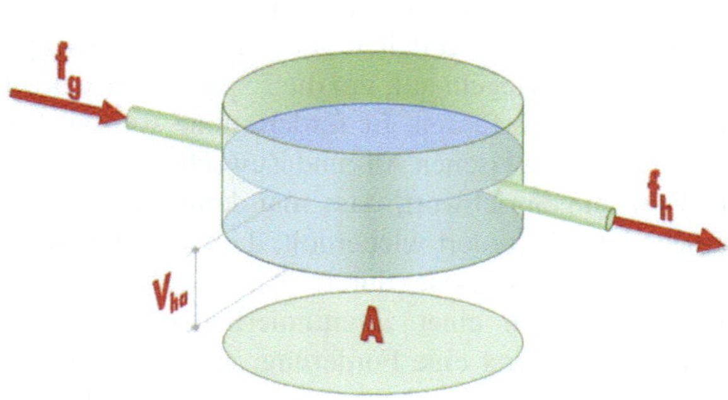

Abb. 2.2 Waldertragsregelung als Wassertankmodell mit vier Parametern. Grundfläche A, Volumendichte V_{ha}, Volumenzufluss f_g und Volumenabfluss f_h

Aus Gl. 2.2 geht hervor, dass der Volumenabfluss (Nutzungsmenge) gleich dem Volumenzufluss (Zuwachs) ist, sofern sich das System in einem Fließgleichgewicht befindet. Diese Aussage basiert auf folgenden Annahmen:

- Das stehende Holzvolumen (Vorrat) bleibt über die betrachtete Zeit konstant.
- Der Volumenzufluss (Zuwachs, f_g) bleibt über die betrachtete Zeit konstant.
- Die Volumendichte (Vorrat, V_{ha}) ist auf der gesamten Fläche konstant.
- Die Volumendichte (Vorrat, V_{ha}), die Fläche (A), der Volumenzufluss (Zuwachs, f_g) und der Volumenabfluss (Erntevolumenfluss, f_h) lassen sich mit genügender Genauigkeit messen.

Die Annahmen sind streng und waren um 1800 mehr oder weniger weit von der Realität entfernt. Laienförster entwickelten in der Mitte des 18. Jahrhunderts erste Waldregelungsverfahren mit dem Ziel, aus vorhandenen Waldbeständen einen möglichst gleichbleibenden Holzvolumenfluss sicherzustellen (Beckmann 1759, Däzel 1788). Sie verwendeten von Oppels Zuwachsprozent als Steuergröße, das nach Beckmann in einem Bereich von 1,5 und 2,5 % liegen sollte. Alexander von Humboldt, Bruder des bekannteren Wilhelm von Humboldt und damals preußischer Bergassessor, kam um 1790, rund 80 Jahre nach Carlowitz' Buch, zu dem Schluss, dass eine pflegliche Waldbewirtschaftung im besten Fall im Aufbau begriffen sei, dass jedoch eine Einteilung der Waldungen in Schläge und deren Vermessung noch gänzlich fehle, womit eine Balance zwischen Nachwuchs und Nutzung kaum zu erreichen sei (Grober 2013).

Von Humboldt bemängelte das Fehlen einer „Einrichtung" der Wälder, worunter das Schaffen einer räumlichen und zeitlichen Ordnung zu verstehen ist. Das Gestalten, Lenken und Entwickeln („managen") eine Ressource bedingt, dass diese klar definiert ist, d. h., jeder beteiligte Akteur muss unter den zu bewirtschaftenden Objekten genau dasselbe verstehen. Niemandsland oder frei zugängliche Ressourcen sind nicht eindeutig definiert. Das räumliche Abgrenzen von Waldobjekten ist somit eine erste Voraussetzung für eine pflegliche Waldwirtschaft. Die französischen Waldverordnungen von 1594 und vor allem von 1669 (Colbert) schufen eine hierarchische, räumliche Ordnung in Form von 1) Revieren, 2) Abteilungen und 3) Schlagtableaus, die vermessen und in Katastern dokumentiert wurden (Huffel 1927). Das französische System schuf den Rohbau für eine auf Nachhaltigkeit ausgerichtete Waldplanung, die in Anlehnung an den französischen Begriff *aménagement* als „Forsteinrichtung" bezeichnet wurde. Eine auf Langfristigkeit ausgerichtete Waldbewirtschaftung bedingt neben der räumlichen auch eine zeitliche Ordnung, deren Ziel es ist, eine Abfolge von Schlägen über verschiedene Zeitperioden zu finden, welche einen gleichmäßigen Holzvolumenfluss gewährleistet.

Um den Beginn des 19. Jahrhunderts entstand in Deutschland die Wiege der Forstwissenschaften, welche die forstlichen Klassiker – Hartwig, Cotta, Pfeil, Hundeshagen – begründeten (Bernhardt 1874). Man bezeichnet sie auch als Enzyklopädisten, da sie in der Lage waren, das gesamte forstliche Wissen ihrer Zeit zu erfassen und weiterzuentwickeln. Georg Ludwig Hartig war ein Vorreiter, der 1789 eine private Forstschule eröffnete und auch Lehrbücher schrieb, von denen die 1795 erschienene „Anweisung zur Taxation der Forsten“ das bedeutendste war, da es erstmals Einrichtungs- und Planungsverfahren für die Waldbewirtschaftung vorschlug, die auf einer strikten Methodik der Ertragsregelung basierten, die auf dem Volumen als Steuergröße basierte. Es war auch sein Verdienst, dass an der Universität Berlin eine Professur für Forstwissenschaften eingerichtet wurde, auf die 1821 Friedrich Wilhelm Leopold Pfeil berufen wurde (Bernhardt 1874). Heinrich Cotta war ein zweiter Vorreiter, der 1810 in den sächsischen Staatsdienst eintrat. Er begann, seine Gehilfen und Schüler ab 1795 in Vermessung und später auch in Forstwirtschaft auszubilden (Bernhardt, 1874), und aus seiner Meisterschule entstand im Jahre 1816 die Forstakademie in Tharandt, wo er seine Lehr- und Forschungstätigkeit ausübte. Wie Hartig schrieb auch Cotta Lehrbücher, von denen die 1817 erschienene „Anweisung zum Waldbau“ das bedeutendste war (Bernhardt 1874). Cotta bearbeitete ebenfalls die Waldplanungs- und -regelungsverfahren (Cotta 1804), die er anfänglich ebenfalls auf das Volumen als Steuerung- und Regelungsgröße abstellte („Volumenfachwerk“). Später empfahl er jedoch die Regelung aufgrund der Fläche („Flächenfachwerk“; Bernhardt 1874). Aus dem Blickwinkel der Optimierungsmathematik formulierten Hartig und Cotta Neben-bedingungen für den Volumenfluss, um einen auf lange Dauer aus-gelegter Holzfluss zu erreichen.

Johann Christian Hundeshagen kommt das Verdienst zu, das forstwissenschaftliche Wissen der damaligen Zeit naturwissenschaftlich, mathematisch und wirtschaftswissenschaftlich verankert zu haben. Während seine früheren Mitstreiter (Hartig, Cotta und Pfeil) sich von der Empirie und teilweise auch Spekulation leiten ließen, brachte Hundeshagen die wissenschaftliche Denkweise in die Forstwissenschaften ein (Bernhardt 1875). Er bekam 1818 eine forstwissenschaftliche Professur an der Universität Tübingen, wo er mehrere Bücher schrieb, darunter sein Hauptwerk „Forstabschätzung auf neuen wissenschaftlichen Grundlagen“, das 1826 erschien (Bernhardt 1875). Er beschrieb damit erstmals das „Normalwaldmodell“, das die Grundlage der Waldplanung und -einrichtung wurde (Hundeshagen 1848), weshalb Hundeshagens Arbeiten als Keimzelle der Waldplanung angesehen werden. Das Normalwaldmodell ist ein abstraktes, konzeptionelles Modell, das durch drei Größen definiert ist: 1) die Umtriebszeit, 2) die Anzahl gleichlanger Nutzungsperioden pro Umtriebszeit und 3) die betrachtete Nutzwaldfläche. Als Umtriebszeit gilt das Alter eines Waldbestands, in dem er durch Kahlschlag geerntet und anschließend wiederbestockt wird. Die gleichgroßen Waldflächen der einzelnen Nutzungsperioden folgen einer strikten zeitlichen Ordnung, indem das Bestandsalter von einer Periode zur nächsten um die Altersdifferenz zunimmt, die sich aus der Umtriebszeit dividiert durch die Anzahl Nutzungsperioden ergibt. Diese zeitliche Ordnung entspricht einem Flächenfließgleichgewicht, bei dem eine Teilfläche von der Bestandserneuerung über die Nutzungsperioden wandert, bis sie bei der letzten Nutzungsperiode ankommt, in der sie verjüngt wird und wieder mit der ersten Periode beginnt.

Das Normalwaldmodell ließ sich in konkreten Waldgebieten nie umsetzen, wofür es verschiedene Gründe gab. Erstens entsprachen die Startbedingungen, d. h. die räumlich-zeitliche Ordnung beim Einsetzen des Normalwaldmodells, nicht den Annahmen. Man benötigte eine volle Umtriebszeit, um ein Waldgebiet in den angestrebten Zustand zu bringen. Zweitens sind Wälder in der realen Welt Störungen durch Windwürfe und Kalamitäten gefährdet, welche die räumliche und zeitliche Ordnung immer wieder stören. Und drittens weicht die Volumendichte (Vorrat) räumlich und zeitlich von den Normwerten ab. Das Normalwaldmodell diente deshalb im 19. Jahrhundert primär als Zielvorstellung, als Referenz zur Beurteilung des Ist-Zustands von Waldungen sowie als Bezugsgröße für die Festlegung des zulässigen Erntevolumens (Heyer 1859). Das zulässige Erntevolumen wurde entweder mit einer Obergrenze für die Abtriebsfläche („Flächenhiebsatz" oder „Flächenetat") bzw. für die Nutzungsmenge („Volumenhiebsatz" oder „Volumenetat") festgelegt, eine Praxis, die sich bis in die heutige Zeit hielt. Die Palette der Leistungen, welche Wälder erbringen sollten, erfuhr in den 1950er-Jahren eine Erweiterung (Dieterich 1953), die mit dem Waldfunktionenbegriff charakterisiert wurde. Damit legte Dieterich das Fundament der multifunktionalen Waldbewirtschaftung (Speer 1972), indem er erkannte, dass es neben den eigenwirtschaftlichen Erwartungen der Waldbesitzer auch „allgemeine Volksbedürfnisse" gebe. Daraus entstand der Dreiklang von Funktionen, Schutz-, Wohlfahrts- und Nutzfunktion, der das Denken und Handeln der Forstleute bis ins 21. Jahrhundert prägte. Der „Millennium-Ecosystem-Assessment"-Prozess (Hassan et al. 2003) verhalf dem Konzept der „Ökosystemleistungen" zum Durchbruch, das umweltökonomisch begründet wird und das Waldfunktionenkonzept ablösen sollte. Es lassen sich fünf Ökosystemleistungsgruppen unterscheiden: 1) lebensermöglichende, 2) Versorgungs-, 3) Lebensqualitäts-, 4) Kultur- und 5) ästhetisch-spirituelle Leistungen. Jede dieser Gruppen besteht aus etwa vier Einzelleistungen, womit etwa 20 Leistungen definiert sind, welche Waldökosysteme erbringen können. Nachhaltige Bewirtschaftung von Ökosystemen bedingt, dass die Leistungen vorsorgend, auch in Zukunft erbracht werden und dass die Leistungserbringung dauerhaft ist. Während die Carlowitz'sche Nachhaltigkeit lediglich die Versorgungsleistung (Holz) umfasste, bedingt das Ökosystemleistungskonzept, dass das Nachhaltigkeitskonzept auf ein Portfolio von rund 20 Leistungen ausgerichtet wird. Eine Operationalisierung bedingt, dass sämtliche Leistungen klar definiert sind, d. h., jedes Individuum muss eindeutig feststellen können, wie eine Einheitsmenge einer Leistung festgelegt ist und wie sich diese Einheit messen lässt. Wir sind noch weit davon entfernt, die Ökosystemleistungen in eine räumlich-zeitliche Ordnung zu bringen, wie dies das Wassertankmodell (Abb. 2.2) vorsieht. Das Fehlen von Definitionen und Messgrößen dürfte ein Grund sein, warum die Diskussion, welche Leistungen ein bestimmter Wald prioritär erbringen soll, oft sehr kontrovers verläuft.

2.3 Nachhaltige Entwicklung – Brundlandt-Bericht und Rio 92

Das Konzept der nachhaltigen Entwicklung, wie wir es heute kennen, entstand auf dem Keimbeet der ökologischen Revolution, die Radkau um 1970 einordnet (Radkau 2011). Sie war eingebettet in die neuen sozialen Bewegungen, die aus der 1968er-Protestbewegung hervorgingen, und die unter anderem die Anti-Atomkraft-, die Friedens- und die ökologische Bewegung hervorbrachten. Es entstand ein breites öffentliches Umweltbewusstsein, das die Umwelt, d. h. die Lebensgrundlagen, durch den Menschen bedroht sah. Während sich die forstliche Nachhaltigkeit auf das Problem der Holznot in einem regionalen räumlichen Kontext fokussierte, war es nun ein ganzes Portfolio neuartiger Probleme – radioaktiver Fallout, Pflanzenschutzmittel, Abfälle, Abwässer, Emissionen, Ausbeutung der Ressourcen –, das sich überregional und multinational manifestierte. Es scheint offensichtlich, dass sich die neue Nachhaltigkeit grundlegend von der forstlichen Nachhaltigkeit unterscheidet, was sich im Englischen mit dem Begriffspaar *„sustainable development"* vs. *„sustained yield"* und im Französischen mit *„géstion durable"* oder *„durabilité"* vs. *„production soutenu"* zeigt. Im Deutschen findet der Begriff „Nachhaltigkeit" für das Carlowitz'sche und das neue ökologische Leitbild Verwendung, was suggeriert, dass das heutige Verständnis von nachhaltiger Entwicklung direkt aus dem forstlichen Nachhaltigkeitskonzept hervorgegangen ist. Damit verlor der Forstbereich die Definitionsmacht über das Nachhaltigkeitskonzept, da dies nun sektor- und disziplinübergreifend weiterentwickelt wurde.

2.3.1 Problemerfassung – Grenzen des Wachstums

Der Bericht „Die Grenzen des Wachstums" war ein wichtiger Teil des Phasenübergangs, den man als ökologische Revolution bezeichnet (Radkau 2011). Es handelte sich dabei um eine Studie, welche im Auftrag des Club of Rome am Massachusetts Institute of Technology (MIT) erstellt wurde (Meadows et al. 1972). Die Motivation für das Vorhaben bestand darin, das Verhalten des Systems Erde als Ergebnis der Wechselwirkungen zwischen ökonomischen, politischen, natürlichen und sozialen Komponenten zu verstehen und daraus neue Initiativen und Handlungsstoßrichtungen abzuleiten. Dieser Anspruch erforderte ein systemdynamisches Modell, das „World Model", mit dem sich diese Wechselwirkungen abbilden und analysieren ließen. Die Autoren identifizierten fünf Faktoren, welche das Wachstum auf dem Planeten Erde begrenzen: die Bevölkerung, die landwirtschaftliche Produktion, die natürlichen Ressourcen, die industrielle Produktion sowie die Umweltverschmutzung. Die Untersuchung resultierte in drei grundlegenden Folgerungen: 1) Die Grenzen des Wachstums werden etwa im Jahr 2070 erreicht sein. 2) Es ist möglich, die Wachstumstrends zu brechen und einen Systemzustand zu erreichen, in dem ökologische und ökonomische Stabilität herrscht. 3) Die Erfolgsaussichten, dass der stabile Systemzustand erreicht wird, hängen davon ab, wie rasch Maßnahmen ergriffen werden. Der angestrebte Systemzustand soll dabei dauerhaft sein, ohne plötzliche, unkontrollierbare Störungen, die zum Kollaps führen können. Er soll aber primär die Möglichkeiten bereitstellen, die grundlegenderen materiellen Bedürfnisse sämtlicher Menschen zu befriedigen. Der Bericht formulierte Grundsätze, welche das Erreichen des angestrebten Systemzustands ermöglichen, von denen die wichtigsten wie folgt lauten: Erstens sollte die Bevölkerung stabilisiert werden, indem die Geburtenrate auf das Niveau der Todesrate abgesenkt wird. Zweitens sollte der Ressourcenverbrauch pro ökonomische Leistungseinheit auf eine Viertel von 1970 reduziert werden, was eine Effizienzrevolution erfordert. Drittens sollte die Wirtschaft von einer Produktions- in eine Dienstleistungswirtschaft umgewandelt werden. Viertens sollten Emissionen und Abfälle pro ökonomische Leistungseinheit auf einen Viertel von 1970 reduziert werden. Der Bericht wurde auch kritisiert. Für das systemdynamische Modell musste eine große Zahl von Annahmen getroffen werden, die sich nicht alle empirisch überprüfen lassen. Zudem sind viele Wechselwirkungen zwischen Systemfunktionen und -komponenten nicht sichtbar oder sie lassen sich nicht genau genug quantitativ abbilden. Dies gilt insbesondere für negative und positive Feedbackmechanismen. Die Theorie komplexer, adaptiver Systeme (Holland 1992) entwickelte sich erst nach dem Erscheinen des Berichts. Sie zeigt, dass es nur sehr beschränkt möglich ist, das Verhalten komplexer Systeme vorherzusagen. Das Projizieren von Systemzuständen von Jahrzehnten in die Zukunft scheint aus dieser Optik sehr problematisch oder unzulässig.

Einstein sagte, man könne Probleme niemals mit derselben Denkweise lösen, durch die sie entstanden seien. Genau in dieser Hinsicht leistete die Studie des Club of Rome Pionierarbeit, indem sie die Umweltprobleme mit einem neuen mentalen Modell anging. Die Autoren betrachteten die Erde als Stoffwechselsystem, das alle Flüsse und Vorratslager von Energie und Materie zwischen den Quellen und Senken in unseren Umweltsystemen umfasst (Baccini und Brunner 2012). Diese Sichtweise ist verbunden mit der Überzeugung, dass es die Durchsatzmengen an Energie und Stoffen sind, welche die begrenzte Tragfähigkeit bestimmen, und nicht etwa die Größe der Weltbevölkerung oder die Anzahl von Infrastrukturanlagen (Meadows et al. 1992). Abb. 2.3 illustriert diese Sichtweise mit einem konzeptionellen Modell.

Die Anthroposphäre, d. h. die durch die menschliche Entwicklung durchdrungenen Teile unserer Umweltsphären, ist zum Motor des globalen Stoffwechselsystems geworden. Der Stoff- und Energiedurchsatz hat vor allem seit dem Zweiten Weltkrieg exponentiell zugenommen, einerseits bedingt durch die ebenfalls exponentiell wachsende Erdbevölkerung und andererseits durch Lebensstile, die materiell geprägt sind. Der Stoffwechsel der Anthroposphäre versorgt sich in den Umweltsphären, wobei einerseits erneuerbare und andererseits nichterneuerbare Ressourcen zur Verfügung stehen. Bis zur fossilen Revolution (Radkau 2011) in der zweiten Hälfte des 17. Jahrhunderts war der anthropogene Stoffwechsel primär solar geprägt, womit Holz als Ressource eine vorrangige Rolle zukam. Die fossilen Energieträger, die scheinbar unbeschränkt zur Verfügung stehen sollten,

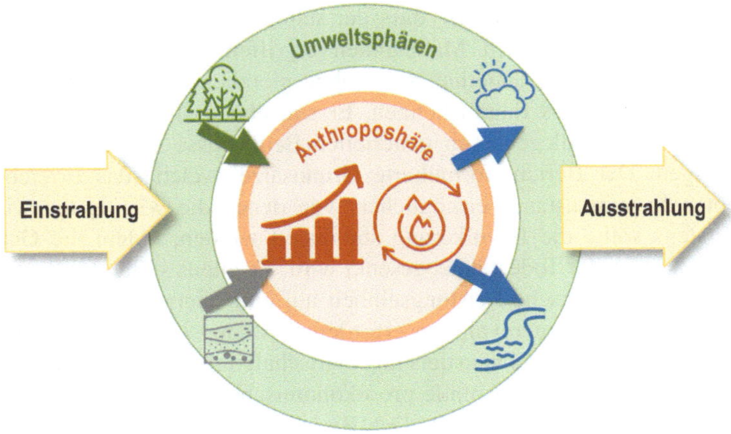

Abb. 2.3 Erde als Stoffwechselsystem. Umwandlung von Stoffen, die aus Quellen der Umweltsphären aufgenommen, um menschliche Bedürfnisse zu befriedigen, und deren Abfallprodukte, die in den Senken der Umweltsysteme abgelagert werden. Die Leistungsfähigkeit der Senken und die Aufnahmekapazität der Senken bestimmen die Grenzen der ökologischen Tragfähigkeit. In Anlehnung an Meadows et al. (1992), verändert

entkoppelten das physikalische Wachstum der Anthroposphäre von den traditionellen Grenzen der solaren Energiesysteme (Baccini und Brunner 2012), was ein Hauptgrund für die Umweltprobleme ist, denen wir heute gegenüberstehen. Die Abbauprodukte des Stoffwechsels gelangen einerseits in Form von Teilchen, Stoffen, Strahlung oder Wellen in die Atmosphäre (Emissionen), andererseits durch Ablagerung von festen oder flüssigen Stoffen in die Hydro-, Litho- und Biosphäre (Abfälle, Abwässer). Zudem greift der Mensch mit Pflanzenschutzmitteln in biologische Produktionssysteme ein, von wo sich Schadstoffe über Nahrungsketten verbreiten. Ein prominentes Beispiel dafür war DDT, das Rachel Carson mit ihrem Buch „Der stumme Frühling" (Carson 1962) im öffentlichen Bewusstsein verankerte.

Während sich die stoffliche und energetische Dynamik des Erdsystems über Zeiträume von Tausenden von Jahren nur unwesentlich veränderte, ist in der Anthroposphäre seit ca. 1800 ein exponentielles Wachstum des Energie- und Materieumsatzes festzustellen (Baccini und Bader 1996), das Abb. 2.4 für vier Materialkategorien illustriert (Krausmann et al. 2009).

Abb. 2.4 illustriert die Problematik des exponentiell wachsenden Stoffumsatzes mit vier Materialkategorien. Im Jahre 2005 wurden weltweit pro Jahr schätzungsweise 59 Gt Materialien gefördert, was pro Kopf der Erdbevölkerung knapp 10 t entspricht. Das stärkste Wachstum weisen die Baumaterialien auf, welche seit 1900 um einen Faktor 34 gewachsen sind. Danach folgen Erze und Mineralien mit einem Wachstumsfaktor von 27, Energieträger mit einem Faktor von 12 und Biomasse mit einem Faktor von 4. Interessant ist, dass während fast des gesamten 20. Jahrhunderts Biomasse das wichtigste aus natürlichen Ressourcen geförderte

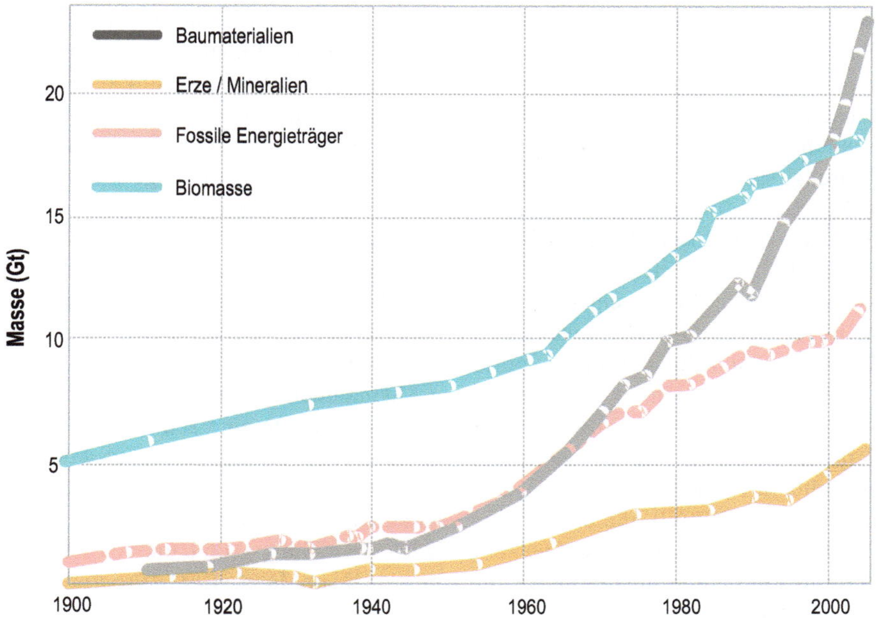

Abb. 2.4 Weltweiter Stoffumsatz für vier Materialkategorien. (Nach Krausmann et al. 2009)

Material war, das allerdings ab dem Jahr 2000 durch die Baumaterialien verdrängt wurde. Abb. 2.4 illustriert, dass es in Zukunft nicht möglich sein wird, eine zukunftsfähige Entwicklung anzustreben, ohne den globalen, anthropogenen Stoffwechsel grundlegend umzugestalten.

2.3.2 Entstehen von globalen Organisationsstrukturen und -prozessen

Die ökologische Wende führte dazu, dass die neuartigen Umweltrisiken als öffentliche, länderübergreifende Probleme anerkannt wurden. Es entstand auch die Überzeugung, dass es dringend notwendig war, diese Probleme aktiv anzugehen, was mit „vom Wissen zum Handeln" *(knowledge to action)* umschrieben wird. Dafür braucht es organisatorische Strukturen und Prozesse auf nationaler und internationaler Ebene. In Schweden entstand bereits 1967 eine nationale Umweltbehörde (Radkau 2011), welcher eine wichtige Rolle für das Entstehen internationaler Umweltorganisationen zukam.

Schweden machte den Vorschlag, eine UN-Umweltkonferenz durchzuführen, um eine grundlegende Diskussion über das Ausmaß der globalen Umweltprobleme zu führen und die Möglichkeiten der globalen Kooperation auszuloten (Chasek 2020). Die UN-Versammlung stimmte dem Vorschlag zu, die

Wechselwirkungen zwischen der Umwelt sowie der sozialen und wirtschaftlichen Entwicklung unter die Lupe zu nehmen. Die UN-Umweltkonferenz fand 1972 in Stockholm, Schweden, statt. Es zeigte sich, dass beträchtliche Konflikte zwischen Ländern des Nordens und des Südens bestanden, welche das kollektive Umwelthandeln beeinträchtigen könnten. Solange grundlegende Bedürfnisse wie Ernährung, sauberes Wasser oder die Sicherung der Existenzgrundlage nicht erfüllt sind, ist es schwierig oder unmöglich, über Umweltprobleme zu diskutieren oder diese sogar zu lösen. Man war sich auch einig, dass es auf UN-Ebene ein institutionelles Arrangement braucht, die internationalen Umweltanliegen längerfristig zu bearbeiten. Daraus entstand 1972 das UN-Umweltprogramm (UN Environment Programme, UNEP), welches das Mandat bekam, ein Monitoring über den Umweltzustand durchzuführen, politische Entscheidungsträger mit wissenschaftlichen Informationen zu versorgen sowie Maßnahmen zugunsten der Umwelt zu koordinieren. Das UN-Umweltprogramm spielt bis heute eine zentrale Rolle. Auf seine Initiative hin wurden wichtige Arbeitsgruppen eingesetzt, beispielsweise die Brundtland-Kommission und der Weltklimarat (Intergovernmental Panel on Climate Change, IPCC), die das heutige Verständnis der Umweltprobleme und ihrer Lösung stark prägen. Es entwickelte auch entwicklungs- und umweltpolitische Aktionsprogramme, insbesondere die Agenda 21 im Jahre 1992 (Programm für das 21. Jahrhundert) und die Agenda 2030, welche im Jahre 2015 verabschiedet wurde.

Die UN-Umweltkonferenz von 1972 war auch ein Türöffner für nichtstaatliche Organisationen (NGOs), bei internationalen politischen Prozessen mitzuwirken. NGOs sind private Organisationen, die kein kommerzielles Interesse haben, die nicht Interessen politischer Parteien vertreten, die nicht von staatlichen Organisationen ins Leben gerufen werden und welche die Ziele und Prozesse der Vereinten Nationen unterstützen (Willetts 1996). Es sind verschiedene Mechanismen, mit denen sie sich in die UN-Prozesse einbringen. In der Vorbereitungsphase geht es darum, mit Ideen, Informationen und Meinungen beizutragen. Während der Durchführung von Tagungen halten NGOs Foren ab, um spezifische Probleme tiefer zu beleuchten. Zudem können sie für die Dauer einer Konferenz den Status von Regierungsdelegierten erlangen. Schließlich verteilen sie Informationsmaterial, wozu beispielsweise tägliche Bulletins zu Tagungsergebnissen gehören (Willetts 1996). Eine der beiden wichtigsten NGOs im Umweltbereich ist der WWF (World Wildlife Fund), der 1961 gegründet wurde, der heute folgende Ziele verfolgt: 1) die biologische Diversität erhalten, 2) sicherstellen, dass die Nutzung erneuerbarer Ressourcen nachhaltig ist, 3) die Umweltverschmutzung reduzieren sowie 4) den verschwenderischen Konsum reduzieren. Greenpeace, 1971 gegründet, ist eine Trägerin von Kampagnen mit dem Ziel, Gewohnheiten und Verhalten zu verändern sowie die Umwelt zu erhalten und zu schützen. Die Einbeziehung von NGOs veränderte das kollektive Handeln, das traditionell staatlichen Behörden und Organen vorbehalten war.

Verbindlichkeit umweltrelevanten Handelns bedingt, dass Regeln und Verfahren institutionell verankert werden. Das Problem bestand darin, dass Behörden partielle Interessen verfolgen, die nicht auf die Harmonisierung von

Querschnittsaufgaben – Umweltanliegen – ausgerichtet waren (Caldwell 1963). Caldwell war der Hauptarchitekt der weltweit ersten Umweltgesetzgebung, der US National Environmental Policy Act (NEPA), die 1969 in Kraft trat. Dieses Gesetz war wegweisend, da es nicht nur Regeln, sondern auch Durchsetzungsmechanismen *(action-forcing mechanisms)* einführte, von denen die „Umweltverträglichkeitsprüfung" besonders zu erwähnen ist. Zudem entstanden Konzepte, welche umweltkonformes Handeln bis heute prägen, beispielsweise „Umweltverträglichkeit" *(environmental compliance)* oder „schädigende Handlungen" *(harmful actions)*. Bis zur Jahrtausendwende hatten rund 80 Länder die Prinzipien, welche die NEPA verankerte, in ihre Gesetzgebungen übertragen (Caldwell 1998). Dazu gehört unter anderem auch die „EU-Richtlinie des Rates über die Umweltverträglichkeitsprüfung bei bestimmten öffentlichen und privaten Projekten".

2.3.3 Leitbilder und Leitlinien für eine zukunftsfähige Entwicklung

Leitbilder sind handlungsleitende Idealvorstellungen, welche „Nordsterneigenschaften" haben, d. h. welche die Richtung vorgeben, aber bei der Wahl des Weges viele Optionen offenlassen. Die UN-Umweltkonferenz von 1972 definierte noch kein Leitbild für eine zukunftsfähige Entwicklung; sie hielt jedoch einige Grundprinzipien fest, die noch heute Gültigkeit haben. Sie betonte, dass es darum gehe, die Umwelt des Menschen für heutige und zukünftige Generationen zu erhalten und zu verbessern und mit der wirtschaftlichen und sozialen Entwicklung und dem Weltfrieden zu harmonisieren (UNEP 1972). Sie hielt weiter fest, dass Umweltanliegen ein internationales Problem seien, das die internationale Staatengemeinschaft gemeinsam angehen muss. Zu erwähnen ist auch, dass der Begriff „nachhaltige Entwicklung" *(sustainability, sustainable)* in der Deklaration nicht vorkommt.

Aus Anlass des zehnjährigen Bestehens des UN-Umweltprogramms nahm das Direktorium 1982 eine Beurteilung der Wirksamkeit des Programms vor. Es stellte fest, dass zwar einiges erreicht wurde, dass dies aber bei Weitem nicht genüge, um die anstehenden Probleme zu lösen. In einer Resolution empfahl es, eine langfristige Umweltstrategie zu entwickeln, um eine nachhaltige Entwicklung bis ins Jahr 2000 und danach zu erreichen (UNEP 1982). Die UN-Versammlung hieß diesen Vorschlag gut und formulierte den Auftrag an die einzusetzende Arbeitsgruppe. Dabei ging es darum, eine Strategie für das Erreichen einer nachhaltigen Entwicklung zu formulieren und dabei insbesondere zu berücksichtigen, dass es Abhängigkeiten zwischen Menschen, Ressourcen, der Umwelt und der Entwicklung gibt, sowie eine langfristig Agenda für die kommenden Jahrzehnte zu entwickeln (UNEP 1982). Damit war der Grundstein für die Weltkommission für Umwelt und Entwicklung – später auch Brundtland-Kommission genannt – gelegt. Die Kommission nahm ihre Arbeit unter Leitung der Norwegerin Gro Harlem Brundtland im Jahre 1984 auf (Brundtland und The World Commission on Environment and Development 1987). Ein wichtiger Beitrag der Kommission war eine Definition, was nachhaltige Entwicklung umfasst, die zu einem einheitlichen Verständnis beitragen sollte. Die Definition lautete:

> „Sustainable Development" ist eine Entwicklung, welche die Bedürfnisse heutiger Generationen befriedigt, ohne die Bedürfnisse zukünftiger Generationen zu gefährden (Brundtland und The World Commission on Environment and Development 1987).

Oder anders formuliert:

> „Sustainable Development" ist ein Prozess des Wandels, bei dem die Nutzung von Ressourcen, die Investitionen, die technologische Entwicklung und die institutionellen Veränderungen harmonisiert sind und die derzeitigen und künftigen Potenziale erweitern, um Bedürfnisse und Bestrebungen zu befriedigen bzw. zu ermöglichen (Brundtland und The World Commission on Environment and Development 1987).

„Sustainable Development" wird im Deutschen mit „nachhaltiger Entwicklung" oder „Nachhaltigkeit" übersetzt, was vor allem in forstlichen Kreisen zu Missverständnissen führte, da sich das Brundtland'sche Verständnis grundlegend vom forstlichen Nachhaltigkeitsbegriff unterscheidet. Es wurde auch vorgeschlagen, „Sustainable Development" mit „zukunftsfähige Entwicklung" oder „Zukunftsfähigkeit" zu übersetzen, da diese Begriffe weit über die umweltpolitischen Diskussionen hinausgehen (BUND und Misereor 1996). In eine ähnliche Richtung gingen die Autoren von „Die neuen Grenzen des Wachstums" (Meadows et al. 1992). Sie schlugen als Begriff „Aufrechterhaltbarkeit" vor, worunter sie Folgendes verstehen:

> Systemzustand, der über unbeschränkte Zeiträume ohne grundsätzliche oder unsteuerbare Veränderungen im Rahmen der gegebenen Umwelt existenzfähig bleibt und nicht in den Zustand der Grenzüberziehung gerät (Meadows et al. 1992).

1987 behandelte die UN-Versammlung den Brundtland-Bericht (UN-GA 1987). Sie übernahm die Brundtland-Definition und hielt fest, dass dieses Leitbild zur Leitidee der Vereinten Nationen, der Regierungen der Mitgliedstaaten, privater Institutionen, Organisationen und Unternehmen werden sollte. Damit sollte auch unterstrichen werden, dass die Hauptumweltprobleme von globaler Bedeutung waren. Das Leitbild einer nachhaltigen Entwicklung erhielt damit einen festen Platz auf den internationalen und nationalen Agenden.

Im Jahre 1992 fand in Rio de Janeiro die Konferenz für Umwelt und Entwicklung der Vereinten Nationen statt (UNEP 1992). Es ging darum, einen Aktionsplan für das 21. Jahrhundert zu entwickeln, der zur Leitlinie öffentlichen Handelns werden sollte. Die Ergebnisse wurden festgehalten in 1) der Rio-Deklaration über Umwelt und Entwicklung, 2) der Agenda 21, einem Aktionsplan, 3) der Rahmenkonvention über den Klimawandel, 4) der Biodiversitätskonvention sowie 5) der Deklaration über das Management, den Schutz und die Entwicklung aller Typen von Wäldern. Die Rio-Deklaration über Umwelt und Entwicklung hielt die Grundsätze für eine nachhaltige Entwicklung fest (UNEP 1992). Die

Brundtland-Definition galt dabei als Fundament, in dem es darum ging, den Entwicklungs- und Umweltbedürfnissen der heutigen und kommenden Generationen zu entsprechen (Grundsatz 3). Die Deklaration betont, dass sich ökonomische und soziale Entwicklung, Umweltschutz und Frieden gegenseitig bedingen und unteilbar sind und dass es insbesondere darum geht, die Unversehrtheit des Ökosystems der Erde zu erhalten, zu schützen und allenfalls wiederherzustellen. Das Vorsorgeprinzip soll das integrierte Handeln leiten und Umweltverträglichkeitsprüfungen (Grundsatz 17) sollen das Handeln von Behörden mit Umweltzielen abstimmen. Im Bereich der wirtschaftlichen Entwicklung geht es insbesondere darum, ein offenes Weltwirtschaftssystem zu garantieren sowie nicht nachhaltige Produktionsweisen und Konsumgewohnheiten abzubauen und zu beseitigen. Im Bereich der sozialen Entwicklung geht es prioritär darum, Armut zu beseitigen, Ungleichheiten im Lebensstandard zu verringern und den Bedürfnissen der Mehrheit der Menschen besser gerecht zu werden (Grundsatz 5). Die Nord-Süd-Problematik zeigte sich bereits bei der Stockholm-Konferenz im Jahre 1972 als große Herausforderung. Solange elementare menschliche Bedürfnisse nicht befriedigt sind, ist es schwierig oder unmöglich, die Menschen für Umweltprobleme zu sensibilisieren und zu umweltverträglichem Handeln zu bewegen.

Aus Sicht der Forst- und Holzwirtschaft sind die Biodiversitätskonvention und die Walddeklaration der Rio-92-Konferenz von besonderem Interesse. Die Walddeklaration ist eine nicht bindende Vereinbarung, welche eine geregelte Waldnutzung vorschlägt, bei der die Bewirtschaftung, der Schutz und die Entwicklung in Einklang stehen und die das Ziel hat, in Ländern, die nach wie vor Exploitationswirtschaft betreiben, eine geregelte Forstwirtschaft einzuführen. Da das Vorhaben nicht bindend war, war es zahnlos. Der WWF und andere Nichtregierungsorganisationen waren mit dieser Situation unzufrieden und entwickelten ein Zertifizierungsschema (Forest Stewardship Council, FSC), um diese Situation zu verbessern. Die Biodiversitätskonvention ist ein völkerrechtlicher Vertrag mit dem Ziel, nationale Strategien zu entwickeln, um biologische Ressourcen zu schützen sowie eine gerechte und dauerhafte Nutzung zu ermöglichen. Die Vertragsstaaten sind zwar völkerrechtlich zur Umsetzung verpflichtet, es besteht jedoch keine Möglichkeit, die Umsetzung durchzusetzen. Der Aktionsplan für das 21. Jahrhundert (Agenda 21) ist völkerrechtlich ebenfalls nicht verbindlich, sondern ist eine Selbstverpflichtung der Mitgliedstaaten, diesen umzusetzen. Die Agenda 21 umfasst 40 Ziele in den Bereichen soziale Entwicklung, wirtschaftliche Entwicklung, Schutz der Umwelt und kollektives Handeln. Bei 40 Zielen ist es schwierig, wenige Hauptstoßrichtungen zu erkennen, womit es für Nichtspezialisten schwierig ist, diesen Aktionsplan als Ganzes zu verstehen und einfach zu erklären.

Zwanzig Jahre nach Rio entstand ein kritischer Rückblick, welcher der Umsetzung der Agenda 21 wenig schmeichelhafte Noten erteilt (Dodds et al. 2012). Der Rückblick kommt zum Schluss, dass einige Bereiche der Agenda 21 weitgehend erfolglos gewesen und sogar als Misserfolge zu sehen seien. Insbesondere die Produktions- und Konsummuster werden als nicht nachhaltig eingestuft, während auch die Treibhausgasemissionen trotz gewisser Fortschritte ein großes

Problem darstellen. Man stellt fest, dass die Agenda 21 das Erdsystem eher statisch betrachtete, was sich auch darin zeigte, dass die Agenda in 40 voneinander unabhängige Zielbereiche aufgeteilt wurde, womit Wechselwirkungen, die ein komplexes System ausmachen, unberücksichtigt blieben. Gesamthaft war die Umsetzung der Agenda 21 weder wirksam noch weltweit leitend. Trotz einiger guter Ansatzpunkte waren die erwarteten Ergebnisse der Agenda 21 noch nicht realisiert (Dodds et al. 2012).

John Elkington, ein Wirtschaftsberater und -journalist, kam zur Überzeugung, dass die Wirtschaft und Unternehmen aktiv in die Gestaltung des Wandels in Richtung einer nachhaltigen Entwicklung einzubeziehen seien und dass die Anti-Industrie-, Anti-Gewinn- und Anti-Wachstum-Haltung der Umweltbewegungen zu überwinden seien (Elkington 1994). Er schlug einen Bezugsrahmen vor, der die wirtschaftliche, die soziale und die umweltbezogene Entwicklung als Ganzes betrachtet und damit eine „Win-win-win"-Situation schafft. Dieses „Drei-Säulen-Konzept" *(triple bottom line)* erlangte große Bekanntheit, da es einfach verständlich und kommunizierbar ist (Abb. 2.5).

Elkington kam zum Schluss, dass die soziale, die wirtschaftliche und die Umweltagenda einer nachhaltigen Entwicklung integriert werden müssen (Elkington 2004), um Fortschritte zu erzielen. Das Drei-Säulen-Konzept nimmt eine Firmen- und Wirtschaftsperspektive ein und will Firmen verpflichten, neben ihrer finanziellen Leistungsfähigkeit auch soziale und umweltbezogene Auswirkungen zu bewerten, anstatt sich lediglich auf das Generieren von Gewinn zu fokussieren, was als *„standard bottom line"* bezeichnet wird (Elkington 2004). Das Drei-Säulen-Konzept wird oft mit drei Ps charakterisiert: *profit, people, planet.* Die UNEP/SETAC-Initiative, die im Jahre 2002 lanciert wurde (Remmen et al. 2007), griff

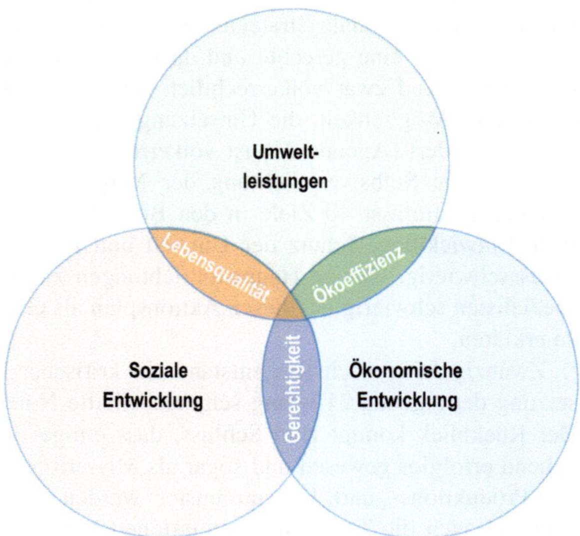

Abb. 2.5 Drei-Säulen-Prinzip der Nachhaltigkeit. In Anlehnung an Elkington (2004) und Remmen et al. (2007)

dieses Konzept auf und operationalisierte die Schnittmengen zwischen den drei Säulen (Abb. 2.5), welche die grundlegenden Wechselwirkungen charakterisieren:

- Ökoeffizienz, d. h. ein Kennzahlensystem, welches das Verhältnis zwischen produzierten Gütern/Dienstleistungen und der Umweltbelastung charakterisiert: In der Celluloseindustrie ist eine entsprechende Kennzahl das Verhältnis von produzierter Cellulose (Masse) zum Wasserverbrauch. Zeitreihen einer derartigen Kennzahl geben die Verbesserung/Verschlechterung an.
- Soziale Verantwortung: Man versteht darunter die Verantwortung von Organisationen für die Folgen ihrer Entscheidungen und Aktivitäten auf die Arbeitnehmenden, die Gesellschaft als Ganzes sowie Interessenvertreter. Die Prinzipien sind in der ISO-Norm 26.000 festgehalten (ISO 2010) und umfassen folgende Kernbereiche: 1) Unternehmensgovernance, 2) Menschenrechte, 3) Anstellungsbedingungen und Gesundheitsfürsorge, 4) Umwelt, 5) Geschäftspraktiken, 6) Verantwortung für Kunden und Konsumenten, 7) Einbeziehung der politischen Einheiten, in denen eine Firma produziert.
- Lebensqualität, d. h. die Rahmenbedingungen, die eine angemessene Existenzgrundlage sowie physisches und mentales Wohlbefinden für alle Einwohner einer Stadt, Region oder Nation gewährleisten: Das Konzept der Lebensqualität *(liveability)* spielt vor allem in der Stadt- und Raumentwicklung eine große Rolle, während es aus der Sicht einer Einzelfirma in der Regel vernachlässigt wird. Es existiert auch ein Ranking der 100 Städte mit der höchsten Lebensqualität.

Obwohl das Konzept einer nachhaltigen Entwicklung weit verbreitet und bekannt ist, gibt es auch Kritik (Dernbach und Cheever 2015). Erstens sei das Konzept so abstrakt und von der Lebenswelt entkoppelt, dass es nicht das Potenzial habe, öffentliche Begeisterung hervorzurufen, die benötigt würde, um den erforderlichen Wandel herbeizuführen. Zweitens sei es sehr vage, was man unter anderem auch darin sieht, dass es vielenorts als reine Worthülse Verwendung findet, die mit der ursprünglichen Absicht nur mehr wenig zu tun hat. Und drittens wirke das Nachhaltigkeitskonzept zu langsam, um die Umweltrisiken, denen wir ausgesetzt sind, präventiv abzumildern oder sogar zu vermeiden.

2.3.4 Leitbilder und Leitlinien für den Klimaschutz

Der Klimawandel ist eine der größten Herausforderungen der Menschheit, weshalb er auch zuoberst auf den nationalen und internationalen Agenden steht. Das Klimasystem besteht aus der Atmosphäre, der Landoberfläche, den von Schnee und Eis bedeckten Gebieten, den Ozeanen und anderen Gewässern sowie der Biosphäre (Le Treut et al. 2007). Mittelwert und Variabilität der Temperatur, der Niederschläge und der Windverteilung charakterisieren das, was wir als Klima bezeichnen, für einen bestimmten Zeitraum und eine geografische Region. Das Klimasystem verändert sich mit der Zeit als Folge natürlicher Phänomene wie

Vulkaneruptionen, Variationen der Sonneneinstrahlung oder die Änderung der Zusammensetzung der Atmosphäre (Le Treut et al. 2007). Die durch den Menschen verursachte Veränderung der Zusammensetzung der Atmosphäre ist die treibende Kraft des Phänomens, das wir als Klimawandel bezeichnen. Sie entsteht durch den Eintrag von Treibhausgasen – CO_2, Wasserdampf, Methan usw. – und vermindert die Menge der langwelligen Strahlung, die von der Erde zurück ins All fließt (Le Treut et al. 2007). 1958 begann man mit der systematischen Erforschung der CO_2-Konzentration in der Atmosphäre, womit die Veränderung seitdem quantitativ nachvollziehbar ist (Ell und Westram 2022). 1971 warnte die Deutsche Physikalische Gesellschaft erstmals davor, dass die fortschreitende Industrialisierung und die Bevölkerungsexplosion in zwei bis drei Generationen zu irreversiblen Folgen führen könnten. Aber erst Mitte der 1980er-Jahre erreicht der Klimawandel die Medien und die breite Öffentlichkeit, und im Jahre 1988 wird auf Initiative des UN-Umweltprogramms der Weltklimarat (Intergovernmental Panel on Climate Change, IPCC) gegründet, der seither in regelmäßigen Abständen Sachstandsberichte veröffentlichte.

Der 6. Sachstandsbericht erschien zwischen 2021 und 2023. Er hielt den derzeitigen Stand der Treibhausgasemissionen fest, der 2019 auf 59 Gt CO_2-Äquivalente pro Jahr geschätzt wird, was gegenüber 2010 einer Erhöhung von 12 % und gegenüber 1990 von 54 % entspricht (Canadell et al. 2021). Der erneute Anstieg der Treibhausgase geht einher mit beobachtbaren Veränderungen, insbesondere einer Zunahme extremer Wetterereignisse und Klimabedingungen, die sich in irreversiblen Verlusten von terrestrischen und aquatischen Ökosystemen sowie der Kryosphäre – sämtliche mit Schnee und Eis bedeckten Regionen der Erde – zeigt (Canadell et al. 2021). Die Ziele zur Stabilisierung des Klimasystems wurden im Übereinkommen von Paris von 2015 festgehalten, welche das Kyoto-Protokoll von 1997 ablöste. Das Hauptziel war, den Temperaturanstieg auf 1,5 °C gegenüber dem Niveau von 1850–1900 zu begrenzen, um die Risiken des Klimawandels zu reduzieren. Der Sachstandsbericht von 2023 kam zum Schluss, dass es unter den derzeitigen Bedingungen wahrscheinlich ist, dass der Temperaturanstieg im 21. Jahrhundert größer als 1,5 °C sein wird und dass es eine Herausforderung sein wird, den Temperaturanstieg unter 2 °C zu halten. Der Bericht betont auch, dass eine Beschränkung der Erwärmung der Atmosphäre Netto-Null-CO_2-Emissionen bedingt. Dies lässt sich nur erreichen, wenn neben der Reduktion des CO_2-Ausstoßes auch eine CO_2-Entnahme (Carbon Dioxide Removal, CDR) aus der Atmosphäre in großem Stil zur Anwendung kommt. Dafür stehen einerseits technische CDR-Methoden zur Verfügung, die CO_2 aus der Umgebungsluft abscheiden, in feste oder flüssige Stoffe umwandeln und speichern (Direct Air Carbon Capture and Storage, DACCS). Andererseits stehen naturbasierte Methoden zur CDR-Verfügung, insbesondere die Erhöhung der Abschöpfungskapazität von Ökosystemen (Aufforstung, erhöhte Einlagerung von Kohlenstoff in Böden, „blaues" Kohlenstoffmanagement in Küstengebieten).

Der Sachstandsbericht von 2023 gibt auch Hinweise zur Rolle der Forst- und Holzwirtschaft. Waldökosysteme haben die Kapazität, CO_2 aus der Atmosphäre abzuschöpfen und zu binden. Dies gilt, solange sie nicht durch extreme

Wetterereignisse, Brände und Kalamitäten gestört werden. Die Hitze- und Trockenheitswelle, welche Europa im Jahre 2003 heimsuchte, führte dazu, dass die Wälder zu einer CO_2-Quelle wurden (0,5 Pg CO_2 pro Jahr), was den Effekt von vier Jahren CO_2-Abschöpfung unter Normalbedingungen zunichtemachte (Ciais et al. 2005). Ähnliches geht auch aus der Borkenkäferkalamität (Mountain Pine Beetle) in Britisch-Kolumbien hervor, welche knapp 400.000 km^2 Wald von einer Kohlenstoffsenke zu einer Kohlenstoffquelle umwandelte (Kurz et al. 2008). Die Schätzungen gehen von einem Ausstoß von etwa 13 Mt Kohlenstoff pro Jahr für eine Zeitdauer von 20 Jahren aus. Die Diskussionen in der Forstwirtschaft drehen sich vor allem um die CO_2-Senken-Kapazität, während sie die Risiken, dass Wälder zu CO_2-Quellen werden können, meistens vernachlässigen. Hier ist eindeutig Handlungsbedarf angesagt und es geht darum, Risikomanagementstrategien für die Waldbewirtschaftung zu finden, welche das Risiko, dass Wälder zu CO_2-Quellen werden, minimieren. Der Sachstandsbericht betont auch, dass der Wandel des Energiesystems der Anthroposphäre ein Schlüssel zur Eindämmung der Klimarisiken ist. Er schlägt vor, Bioenergieanlagen mit CO_2-Abschöpfungs- und CO_2-Speicherungssystemen zu kombinieren. Der gespeicherte Kohlenstoff ließe sich dabei in Bioraffinerien zu verschiedenen Stoffen verarbeiten. Des Weiteren erwähnt er, dass Holz und Holzprodukte das Potenzial haben, andere treibhausgasintensive Werkstoffe und Produkte zu ersetzen und damit Kohlenstoff langfristig zu speichern.

2.4 Konzepte zur Umsetzung des Nachhaltigkeitsleitbilds

Ein Begriff wie „nachhaltige Entwicklung“ allein ist nicht hinreichend, um ein neues Feld des Denkens und Handelns zu begründen. Man ist heute der Auffassung, dass Konzepte grundlegende Bausteine unseres Denkens sind (Margilis und Laurence 2014), welche die Art, wie wir Probleme wahrnehmen und lösen, stark beeinflussen. Charakteristische Konzeptcluster bilden zudem das Fundament wissenschaftlicher Disziplinen. Es scheint deshalb sinnvoll, einige Konzepte, welche dem Leitbild einer nachhaltigen Entwicklung zugrunde liegen, eingehender zu beschreiben.

2.4.1 Wirtschaftssystem

Das Wirtschaftssystem ist der Motor des anthropogenen Stoffwechsels und seine Aufgabe ist es, Ressourcen zu erschließen und bereitzustellen, Güter und Dienstleistungen zu produzieren sowie diese an Unternehmen und Konsumenten zu verteilen, um deren Bedürfnisse bestmöglich zu befriedigen. Der Bericht des Club of Rome (Meadows et al. 1972) hat eindrücklich dokumentiert, dass die Wirtschaftssysteme auf verschiedenen räumlichen Skalen wachsen, und zwar exponentiell. Er kam auch zum Schluss, dass diese exponentiellen Wachstumsphänomene die treibenden Kräfte für die Umweltprobleme sind, denen wir gegenüberstehen. Damit stellt sich die Frage, ob es Möglichkeiten gibt, das Wirtschaftssystem von diesem exponentiellen Entwicklungspfad wegzubringen.

Gleichgewichtsökonomie

Herman Daly schlug das Konzept der **Gleichgewichtsökonomie *(economics of steady state)*** vor, das sich dadurch auszeichnet, dass die Bestände an Kapital, Kapitalgütern und der Bevölkerung konstant bleiben. Zudem forderte er, dass die Durchsatzraten – Geburtsraten, Produktionsraten, Extraktionsraten von Ressourcen – so tief wie möglich sein sollten (Daly 1974). Sein Vorschlag blieb bis heute eine Utopie, da das Wirtschaftssystem ein komplexes System ist, das sich nicht mit einfachen Ursache-Wirkungs-Prinzipien lenken lässt. Daly stellte selbst fest, dass ein derartiges technokratisches Projekt für ein Re-Design etwas überheblich sei und die Ohrmarke „Wachstumsmanie" erhalten habe. Er spricht denn auch von Spekulationen, was nötig sei, um das Wirtschaftssystem in diese Richtung zu entwickeln. Er nennt zu entwickelnde Regeln und Mechanismen: 1) für die Stabilisierung der Weltbevölkerung, 2) für die Stabilisierung des physischen Wohlstands sowie 3) die Begrenzung der Ungleichheiten zwischen Arm und Reich. Ein neuer Artikel kommt zum Schluss, dass Daly eine Schlüsselrolle bei der Kritik des ökonomischen Wachstums zukommt und dass er maßgeblich dazu beigetragen hat, das Feld der ökologischen Ökonomik zu begründen (Hayden 2022). Das Bevölkerungswachstum und höhere Lebensstandards generieren eine größere Nachfrage nach Gütern und Dienstleistungen. Eine Begrenzung im Sinne von Daly wäre somit eine Lenkungsmaßnahme, die ein beträchtliches Erfolgspotenzial hat. Wir sind jedoch weit davon entfernt, einen länderübergreifenden Konsens zu finden, um dies zu bewerkstelligen.

Grüne Wirtschaft

Das UN-Umweltprogramm lancierte im Jahre 2008 die **„Grüne Wirtschafts"initiative.** Diese ging von der Annahme aus, dass ein Wandel des Wirtschaftssystems der Schlüssel zur Erreichung einer nachhaltigen Entwicklung ist (UNEP 2011). Die Grundidee war dabei, die „braune Wirtschaft" (fossilbasiert) in eine „grüne Wirtschaft" (solarbasiert) zu transformieren, was primär über eine Veränderung der politisch-ökonomischen Rahmenbedingungen erfolgten sollte. Man stellte fest, dass der derzeitige politisch-ökonomische Ordnungsrahmen primär auf die braune Wirtschaft ausgerichtet sei und dass es darum gehe, ermöglichende Rahmenbedingungen zu schaffen, welche schädliche Subventionen reduzieren oder abschaffen, Investitionen in grüne Sektoren fördern sowie marktbasierte Instrumente einzuführen, welche umweltschädigendes Verhalten eindämmen. Die Initiative definiert die Handlungsstoßrichtungen: 1) Investitionen in ökologische Sektoren verlagern, die eine große, grüne Hebelwirkung haben, 2) Armut durch Aufwertung von grünen Wirtschaftssektoren wie Landwirtschaft, Forstwirtschaft, Fischerei und Energie vermindern, 3) schädliche Subventionen reduzieren oder eliminieren sowie Marktversagen aktiv korrigieren. Die Initiative hatte die Absicht, politische Entscheidungsträger zu motivieren, Rahmenbedingungen zu schaffen, welche den

Übergang in eine grüne Ökonomie ermöglichen. Die Initiative erlangte Popularität bei internationalen und nationalen Politikprogrammen. Ihre Wirksamkeit als Pfad zu einer nachhaltigen Entwicklung wird jedoch infrage gestellt (LOISEAU et al. 2016). Hauptgründe dafür sind einerseits die fehlende Operationalisierung und andererseits der fehlende Bezugsrahmen für eine Umsetzung und ein Monitoring. Caldwell, der Architekt der amerikanischen Umweltgesetzgebung, stellte bereits 1963 fest (CALDWELL 1963), dass Behörden partiellen „Silointeressen" verbunden sind, womit sich Querschnittsaufgaben wie Umweltanliegen nicht kohärent angehen lassen. Er realisierte, dass es nicht genügt, Handlungsstoßrichtungen *(policies)* zu definieren, sondern dass man Durchsetzungsmechanismen *(action-forcing mechanisms)* benötige, um das Umwelthandeln von Behörden kohärent zu gestalten (CALDWELL 1968). Die „Umweltverträglichkeitsprüfung" ist der bekannteste derartige Mechanismus, und analog hätte man einen Mechanismus zur ökologischen Folgenabschätzung von Subventionen und Investitionen entwickeln müssen, um die Wirkungen des Handeln auf die Ziele einer grünen Wirtschaft zu beurteilen.

Bioökonomie

Das Konzept der **Bioökonomie** wurde bekannt, nachdem die OECD im Jahre 2009 (OECD 2009) und die EU im Jahre 2012 (EC-RTD 2018) entsprechende Strategien und Aktionspläne vorlegten. Es geht dabei unter anderem darum, die Abhängigkeit von nicht erneuerbaren Ressourcen zu reduzieren und insbesondere Ersatzmöglichkeiten für fossilbasierte Produkte – Treibstoffe, Plastik, Kunstfasern, Bitumen usw. – zu finden. Dabei gilt es zu beachten, dass einerseits die Bedürfnisse nach derartigen Produkten als Folge der wachsenden Weltbevölkerung und der sich ändernden Lebensstandards immer noch zunehmen und dass andererseits die Fläche, auf denen sich Biomasse erzeugen lässt, konstant bleibt. Daraus ergibt sich, dass mit gleichbleibender Produktionsfläche wesentlich mehr Biomasse bereitgestellt werden muss, was sich nur über eine Steigerung der Produktivität erreichen lässt. Die Bioökonomie umfasst somit alle ökonomischen Sektoren, die biologische Ressourcen produzieren oder biologische Ressourcen verarbeiten, um Energie, biobasierte Produkte und Dienstleistungen zu produzieren. Abb. 2.6 illustriert das Bioökonomiekonzept, in dessen Zentrum neuere Erkenntnisse der Biotechnologie stehen, die in ökonomischen Sektoren zu integrieren sind, die biologische Ressourcen bereitstellen oder verarbeiten.

Die Biotechnologie stellt Methoden zur Verfügung, um DNA, Proteine und Enzyme zu analysieren, um Zellen, Gewebe, Organe und ganze Organismen zu modifizieren sowie mithilfe der Bioinformatik Genome und Proteine zu analysieren (OECD 2009). Die Primärproduktion (Abb. 2.6, oben) umfasst vier Bereiche: Landwirtschaft, Forstwirtschaft, Fischerei und Aquakultur. Der OECD-Bericht sieht das Potenzial darin, neue Varietäten für Pflanzenbestände (Nahrung, Futter, Fasern) und Mikroorganismen zu entwickeln, die erwünschte genetische Eigenschaften haben. Dabei stehen neuartige Züchtungsmethoden, die auf markergestützter Selektion (MAS) basieren, zur Verfügung. Man stützt sich dabei nicht auf den Phänotyp, sondern auf die genetische Information, um eine Kreuzung vorzunehmen. Die genetische Modifikation von Pflanzen ist in der Landwirtschaft

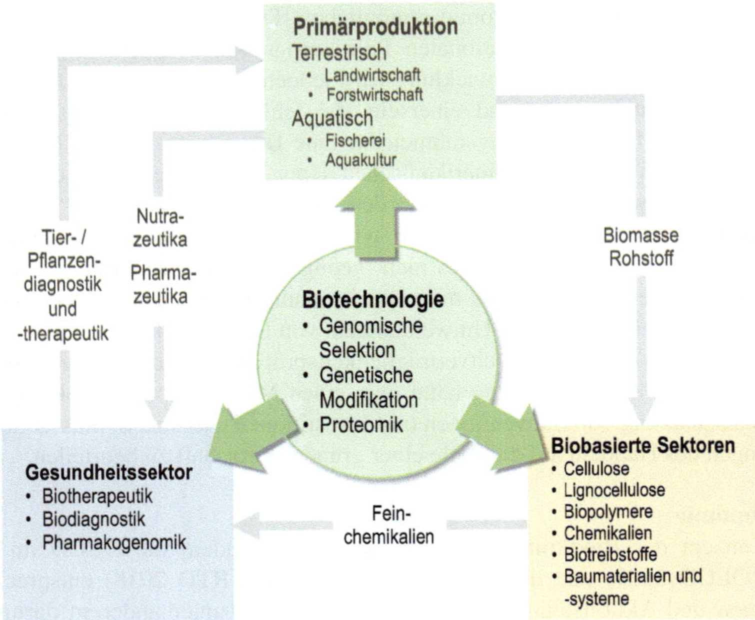

Abb. 2.6 Bereiche der Wirtschaft, die biologische Ressourcen bereitstellen oder verarbeiten. Methoden der Biotechnologie haben das Potenzial, in den biologischen und biobasierten Wirtschaftsbereichen Innovationen und Effizienzgewinne zu ermöglichen. In Anlehnung an EC-RTD (2018) und OECD (2009)

verbreitet, insbesondere in Nord- und Südamerika sowie in Indien und China. Der OECD-Bericht (OECD 2009) betont, dass es ein großes Potenzial für verbesserte Baumvarietäten gebe. Markergestützte Selektion, aber auch genetische Modifikation von Bäumen für Plantagen, die meist in den Subtropen liegen, finden sich bereits in mehreren Ländern. Diese Vision ist im Widerspruch mit mitteleuropäischen Vorstellungen, wie Waldökosysteme in Zukunft bewirtschaftet werden sollten. Derzeit dominieren Konzepte wie „naturnah“, „naturgemäß“ oder „naturbelassen“, aus deren Optik die Nutzung von Biotechnologie ein „No-Go“ ist. Die Haltung lässt sich mit der Ablehnung der Kernkraft vergleichen, die für die Reduktion des CO_2-Ausstoßes großes Potenzial hat, aber gesellschaftlich-politisch nicht opportun ist.

Biobasierte Sektoren (Abb. 2.6, rechts) verarbeiten erneuerbare Biomasse, um mit chemischen oder biologischen Prozessen eine ganze Reihe von Produkten zu erzeugen. Die Holzwirtschaft trägt mit traditionellen Produkten wie Cellulose und Baumaterialien dazu bei. Mikrofibrillierte Cellulose ist ein neuartiges Material, dem ein hohes Anwendungspotenzial zugeschrieben wird, das aber derzeit noch wenig genutzt wird. Viele Produkte wie Kunststoffe, Lösemittel, Rohstoffe für Waschmittel oder Vorprodukte für die Herstellung von chemischen Produkten werden aus Erdölderivaten hergestellt. Die Bioökonomie will diese fossilbasierten durch biobasierte Materialien ersetzen, die recycel- und biologisch abbaubar sind (EC-RTD 2018). Genetisch modifizierte Algen und Mikroorganismen können einige dieser Produkte direkt herstellen, d. h. ohne Pflanzenbestände (OECD 2009).

Der Agrifoodsektor (Abb. 2.6, links) ist der wichtigste biomassebezogene Wirtschaftssektor, der in der EU jährlich rund 950 Mt Biomasse umsetzt (EC-RTD 2018). Der EU-Bericht nimmt an, dass die Weltbevölkerung bis ins Jahr 2050 auf 9 Mrd. ansteigt, womit die Nachfrage nach Lebensmitteln um etwa 60 % zunehmen dürfte. Die verfügbare Landwirtschaftsfläche bleibt mehr oder weniger konstant, womit sich dieser Mehrbedarf nur durch eine massive Produktivitätssteigerung realisieren lässt. Dem steht der Trend nach extensiven Produktionssystemen („biologische Produktion") gegenüber, der mit geringeren Produktivitäten einhergeht und somit mehr Fläche beanspruchen würde. Der Agrifoodsektor ist ein großer Energiekonsument (etwa 17 % des EU-Bruttobedarfs) und auch die größte Emissionsquelle von Methan und Stickoxiden, die Treibhausgase sind. Der Agrifoodsektor wird in Zukunft mit genetisch modifizierten Algen und Mikroorganismen auch direkt Biopharmazeutika herstellen (OECD 2009). Daneben werden auch Nutrazeutika – Lebensmittel, die auch einen medizinischen oder gesundheitlichen Nutzen haben – mit ähnlichen Methoden erzeugt. Ein Agrifoodsektor, der einerseits den zunehmenden Bedarf an Lebensmitteln abdeckt und andererseits umweltverträglich ist, muss sich gegenüber heute grundlegend wandeln, was eine enorme Herausforderung ist.

Der OECD-Bericht (OECD 2009) schließt den Gesundheitssektor explizit ins Gesamtkonzept ein, während ihn der EU-Bericht (EC-RTD 2018) nicht explizit einschließt. Ein Grund für das Einbeziehen ist, dass der Gesundheitssektor eng mit dem Agrifoodsektor und mit den biobasierten Sektoren gekoppelt ist. Ein anderer Grund ist, dass der Sektor das Potenzial hat, mit neuartigen Technologien zur Gesundheit von Primärproduktionssystemen beizutragen. Es gibt drei Bereiche, die von besonderem Interesse sind: die Biotherapeutik, die Biodiagnostik sowie die Pharmakogenomik. Die Biotherapeutik stellt Arzneistoffe her, die mit Methoden der Biotechnik produziert werden, beispielsweise mithilfe von Mikroorganismen, Zelllinien höherer Organismen oder genetisch modifizierten Pflanzen und Tieren. Die Biodiagnostik stellt Methoden bereit, um auf Molekül- und Genomebene relevante Information aufzugreifen. Bei der Pharmakogenomik geht es schließlich darum, zu untersuchen und zu verstehen, inwiefern Gene und Medikamente interagieren. Die sogenannten Nutrazeutika, eine Mischform zwischen Lebens- und Arzneimitteln, koppeln den Agrifoodsektor mit dem Gesundheitssektor.

Es stellt sich die Frage, welche Relevanz das Konzept der Bioökonomie für die Forst- und Holzwirtschaft hat. Wenn wirklich der Wille vorhanden ist, dieses Konzept umzusetzen, so muss die Forst- und Holzwirtschaft im Bereich Primärproduktion und biobasierte Sektoren maßgebliche Beiträge leisten (Abb. 2.6). Der Bereich Primärproduktion steht vor der Herausforderung, mehr Biomasse bei gleichbleibender Projektionsfläche bereitzustellen. Der erhöhte Bedarf ergibt sich einerseits aus dem gezielten Ersatz von fossilbasierten Stoffen durch Stoffe, die aus erneuerbaren Ressourcen gewonnen werden. Andererseits sind das Wachstum der Weltbevölkerung auf 9 Mrd. im Jahre 2050 sowie erhöhte Lebensstandards in Entwicklungsländern wichtige treibende Kräfte. Es ergeben sich zwei Herausforderungen:

- die Züchtung und allenfalls genetische Modifikation von Bäumen, die in Plantagen angebaut werden
- das Überwinden der multifunktionalen Waldbewirtschaftungsdoktrin, bei der relativ wenig Fläche auszuscheiden ist, die der Produktion von Biomasse ohne einschneidende Nebenbedingungen vorbehalten ist

Es ist zu hoffen, dass es möglich wird, eine offene Debatte zu führen, was der mitteleuropäische Forstsektor zu einer erhöhten Bereitstellung von Biomasse beitragen kann und will, ohne auf dem Status quo zu beharren. Natürlich sind die langen Produktionszeiträume nicht innovationsfördernd. Vielleicht hilft der Gedanke, dass „Tradition nicht bedeutet, die Asche aufzubewahren, sondern die Flamme am Leben zu erhalten".

Die Holzwirtschaft hat das Potenzial, ein wichtiger biobasierter Wirtschaftssektor zu werden. Vorausgesetzt, der Holzrohstoff ließe sich in wesentlich größeren Mengen bereitstellen als heute, so kann sie einen beträchtlichen Teil der Produkte, die mit petrochemischen Verfahren hergestellt werden – Kunststoffe, synthetischer Kautschuk, Dämmstoffe (Polystyrol), Lösemittel, Waschrohstoffe usw. –, durch biobasierte Produkte ersetzen, die biologisch abbaubar sind, womit sich das „Plastikproblem" überwinden ließe. Dies bedingt den Bau von Bioraffinerien, wofür das Projekt von UPM-Kymmene in Sachsen-Anhalt Modellcharakter hat. Die Kapazität des Werks ist auf 220.000 t Biochemikalien pro Jahr ausgelegt, bei einem Investitionsvolumen von rund 2 Mrd. Euro. Der Ersatz von granularen Baumaterialien (Beton) mit Holz hat Potenzial, insbesondere im Bereich des mehrstöckigen Hausbaus, wird aber gemessen an der angestrebten Steigerung der Nutzung von Biomasse nicht eine Toppriorität haben.

Abschließend lässt sich feststellen, dass das Bioökonomiekonzept in der Forst- und Holzwirtschaft noch zu eng gesehen wird, indem vor allem die Rolle der Biotechnologie noch nicht voll erschlossen wurde.

2.4.2 Stoffwechsel der Anthroposphäre

Der Bericht „Die Grenzen des Wachstums" des Club of Rome legte eindrücklich dar, dass das exponentielle Wachstum der Stoff- und Energieumsätze unserer Lebenswelt eine der Hauptursachen für unsere Umweltprobleme ist. Ein gezieltes Beeinflussen dieser Umsätze bedingt, dass Methoden zur Verfügung stehen, um den Stoff- und Energiehaushalt zu beschreiben und zu verstehen. Biologische Organismen zeichnen sich dadurch aus, dass sie Stoffe und Energie aufnehmen, umwandeln, speichern und ausscheiden, was mit dem Konzept des Stoffwechsels (Metabolismus) umschrieben wird. Um 1970 entstand die Idee, das biologische Stoffwechselkonzept auf anthropogene Systeme zu übertragen (Ayres und Kneese

1969), was mit dem Begriff „industrieller Stoffwechsel“ charakterisiert wurde. Anthropogene Systeme lassen sich mit einer Menge von Aufnahme-, Umwandlungs-, Speicher- und Ausscheidungsfunktionen umschreiben, die durch ein Netzwerk von Stoff- und Energieflüssen gekoppelt sind. Mathematisch lässt sich ein derartiges System mit Flüssen auf einem Graphen abbilden, wobei die Knoten Funktionen und die Kanten Flüsse darstellen. Es können zusätzlich mehrere Quellen- und Senkenknoten existieren, die sich außerhalb der Systemgrenzen befinden. Ein derartiger Graph ist in der Betriebs- und Produktionstechnik auch als Gozintograph bekannt, hergeleitet aufgrund der Aussage *„the part that goes into“* (Vazsonyi 1954). Dies entspricht einem System linearer Gleichungen, für welche für gegebene Rahmenbedingungen eine Menge von Flüssen existiert, für die das Ganze in einem Gleichgewicht ist. Für eine detaillierte Beschreibung sei auf Baccini und Bader (1996) verwiesen, wo die physikalisch-mathematische Beschreibung von Stoffhaushaltssystemen für den statischen und den dynamischen Fall beschrieben ist, inklusive der Probleme der Fehlerschätzung und -fortpflanzung.

Es gibt verschiedene methodische Zugangsweisen, die sich im Wesentlichen durch unterschiedliche Systemabgrenzungen unterscheiden (Ayres 1997):

- **Firma,** d. h. eine juristische Geschäftseinheit, die bestimmte Produkte und Dienstleistungen bereitstellt. Firmen sind neben den Haushalten die Standardeinheiten der mikroökonomischen Analyse.
- **Produktsystem,** d. h. eine spezifische Menge von Aufnahme-, Umwandlungs-, Speicher-Ausscheidungsfunktionen, die durch ein Netzwerk von Energie-, Stoff- und Leistungsflüssen gekoppelt sind, das den gesamten Lebenszyklus eines Produkts abdeckt, was auch „von der Wiege bis zur Bahre“ bezeichnet wird. Die Produktsystemabgrenzung ist typisch für Ökobilanzierung (siehe ISO 2006).
- **Wirtschaftssektor,** d. h. eine Menge von Firmen mit gleichartigen Aktivitäten, Produkten oder Dienstleistungen. Eine Menge Firmen, die untereinander gewisse Abhängigkeiten haben, lässt sich mit der Analogie des Ökosystems beschreiben, womit sich der Begriff „industrielle Ökologie“ ergibt (Ayres 1997). Mit diesem Begriff ist ein eigenes wissenschaftliches Fachgebiet entstanden, das auch eigene Zeitschriften hat.
- **Region,** d. h. nach geografischen Kriterien abgegrenzte Räume der Erdoberfläche, die durch naturgegebene (Einzugsgebiete) oder administrative Grenzen definiert sind. Städte sind typische regionale Systeme, für welche Stoff- und Energieflüsse realisiert werden (Baccini und Bader 1996; Baccini und Brunner 2012).

Es existiert eine große Zahl von Umweltbelastungsstudien für Produktsysteme, die auch als Lebenszyklusanalysen oder Ökobilanzen (*life cycle assessments,* LCAs) bekannt sind. Es stehen umfangreiche Datenbanken zur Verfügung, worunter ecoinvent (ecoinvent 2022) eine der bekanntesten ist. Ecoinvent umfasst derzeit mehr als 18.000 Produktsysteme, welche die Umweltwirkungen von Produkten und Dienstleistungen mit einheitlichen Indikatoren beschreiben. Der Forst- und Holzsektor ist in der Datenbank mit mehreren Hundert Produktsystemen abgebildet, welche Aktivitäten von der Waldbewirtschaftung bis zur Holzverarbeitung abdecken. Für den Papier- und Cellulosesektor existieren zudem rund 200 Produktsysteme, die den Bereich von der Cellulose- über die Papier- und Kartonherstellung bis zum Recycling abdecken. Abb. 2.7 illustriert die Umweltbelastung von Roh-, Konstruktions- und Brettschichtholz für die Indikatoren „Energiebedarf" und „Treibhausgaspotenzial".

Die Daten entsprechen der Wirkungsabschätzung (LCIA), welche Ergebnisse der Sachbilanz (*life cycle inventory,* LCI) in Wirkungskategorien zusammenfasst. So werden beispielsweise sämtliche Treibhausgase in der Wirkungskategorie „CO_2-Äquivalente" zusammengefasst. Der fossile Energiebedarf für mitteleuropäische Nadelholz- und Buchen-Waldbewirtschaftungssysteme beträgt 160 bzw. 185 MJ m^{-3}. Für ein brasilianisches *Eucalyptus*-Plantagensystem weist ecoinvent 130 MJ m^{-3} aus. Sobald das Holz verarbeitet wird, steigt der Energiebedarf beträchtlich. Die Erstellung von Konstruktionsholz erfordert einen Energieaufwand von rund 1400 MJ m^{-3} und der entsprechende Wert für Brettschicht-holz beträgt rund 2700 MJ m^{-3}. Die Zahlen für das Treibhausgaspotenzial ergeben eine ähnliche Rangreihenfolge. Die Waldbewirtschaftungssysteme stoßen zwischen 12 und 18 kg CO_2-Äquivalente pro Kubikmeter aus, wobei das Plantagensystem rund 40 % über dem traditionellen Bewirtschaftungssystem liegt. Interessant ist, dass ecoinvent für das Buchen- gegenüber dem Fichtensystem rund 15 % höhere Werte ergibt. Die allgemein verbreitete Meinung, Laubholzsysteme seien umweltverträglicher als Nadelholzsysteme, ist aus dieser Perspektive klar zu hinterfragen. Ecoinvent weist zudem auch den Flächenbedarf aus, der erforderlich ist, um eine Produkteinheit (1 m^3) zu produzieren. Das Buchensystem erfordert rund 0,24 ha pro Jahr, während das Fichtensystem 0,14 ha pro Jahr erfordert, was einer verbesserten Flächeneffizienz von rund 40 % entspricht. Das *Eucalyptus*-System weist gegenüber dem Buchensystem eine verbesserte Flächeneffizienz von rund 80 % aus, was in mitteleuropäischen forstlichen Diskussionen meist völlig negiert wird. Der Umgang mit Fläche ist eine Schlüsselgröße für eine zukunftsfähige Entwicklung. Die einem Menschen zur Verfügung stehende Fläche (Biokapazität) wird als Folge der wachsenden Weltbevölkerung kleiner. Die Fläche, welche

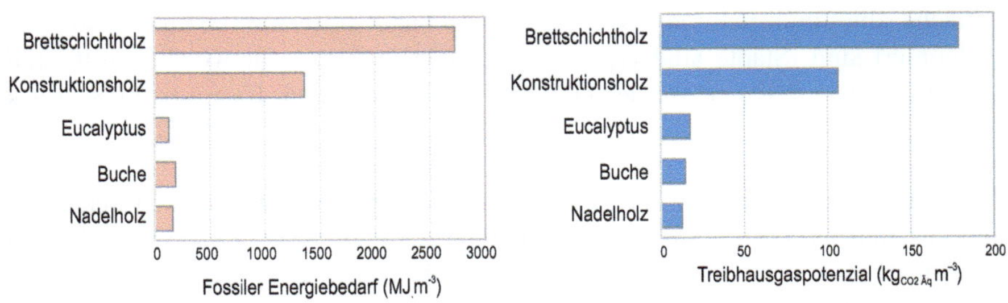

Abb. 2.7 Umweltbelastung von Roh-, Konstruktions- und Brettschichtholz. Daten für die Wirkungsabschätzung (*life cycle impact assessment,* LCIA). (Nach ECOINVENT 2022)

beansprucht wird, um die Bedürfnisse eines Menschen zu decken (ökologischer Fußabdruck), ist in den Industrieländern am höchsten und nimmt in den Entwicklungsländern als Folge der wirtschaftlichen Entwicklung zu. Abschätzungen kommen zum Schluss, dass der weltweite ökologische Fußabdruck rund 75 % höher ist als die Biokapazität (WWF 2022). In den mitteleuropäischen Ländern liegt dieser Wert wesentlich höher; er übersteigt die Biokapazität um 100–400 %. Diese Überlegungen unterstreichen, dass wir völlig neue Ansätze brauchen, um die Flächeneffizienz massiv zu steigern.

Die Methodik der Analyse von Umweltbelastungen für geografische Regionen ist gut dokumentiert (Baccini und Bader 1996; Baccini und Brunner 2012). Analysen aus der Perspektive der Forst- und Holzwirtschaft liegen allerdings nur wenige vor (Müller et al. 1995; Müller 1998). Abb. 2.8 illustriert den regionalen Kohlenstoffhaushalt für eine Modellregion des schweizerischen Mittellands (Müller et al. 1995). Das Regionalsystem besteht aus drei Funktionen – Landwirtschaft, Forstwirtschaft, Siedlung – sowie aus sechs Speichern – Biomasse der Landwirtschaft, Biomasse der Forstwirtschaft, Boden der Landwirtschaft, Boden der Forstwirtschaft, Gebäudepark, Atmosphäre. Elf Flüsse bestimmen die Struktur des Systems; sie sind das Herzstück einer systemorientierten Analyse. Die Region bezieht Kohlenstoff außerhalb der Systemgrenzen: 1) 1850 kg cap^{-1} a^{-1}

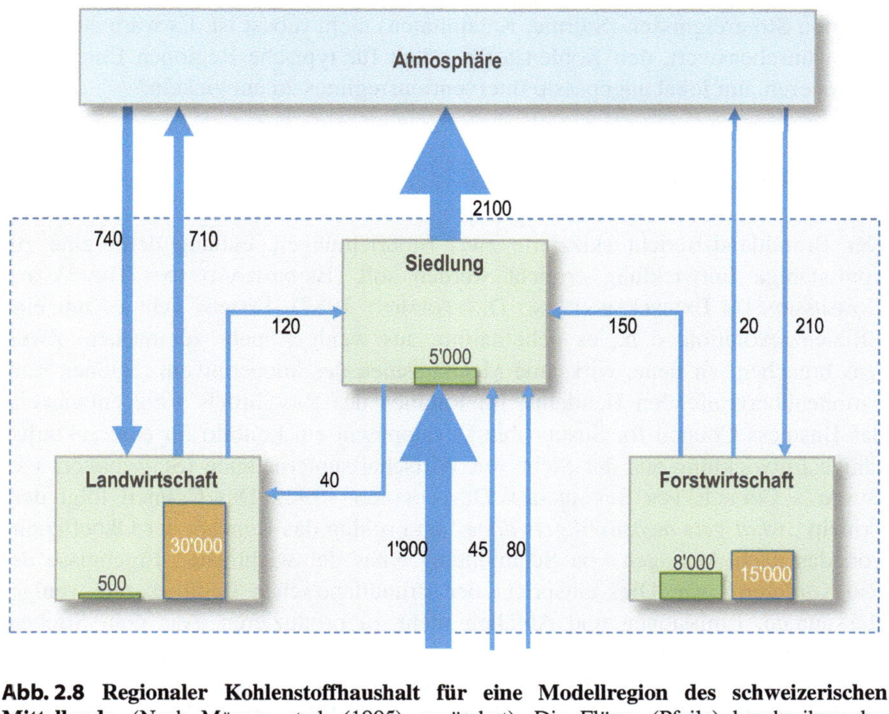

Abb. 2.8 Regionaler Kohlenstoffhaushalt für eine Modellregion des schweizerischen Mittellands. (Nach Müller et al. (1995), verändert). Die Flüsse (Pfeile) beschreiben den Massenfluss C in kg pro Einwohner pro Jahr ($kgcap^{-1}a^{-1}$), die Speicher die Masse C pro Einwohner pro Jahr.

über fossile Energieträger, 2) 80 kg cap^{-1} a^{-1} über Nahrungsmittel, 3) 45 kg cap^{-1} a^{-1} über Holz sowie 4) 950 kg cap^{-1} a^{-1} CO_2 aus der Atmosphäre. Sie scheidet Kohlenstoff in die Atmosphäre aus: 1) 2100 kg cap^{-1} a^{-1} von der Siedlung, 2) 710 kg cap^{-1} a^{-1} von der Landwirtschaft und 3) 20 kg cap^{-1} a^{-1} von der Forstwirtschaft. Die Böden sind die größten Kohlenstoffspeicher innerhalb des Systems mit 30.000 kg cap^{-1} a^{-1} in der Landwirtschaft und 15.000 kg cap^{-1} a^{-1} in der Forstwirtschaft. Die Landwirtschaft speichert 500 kg cap^{-1} a^{-1} in der oberirdischen Biomasse und die Forstwirtschaft 8000 kg cap^{-1} a^{-1}. Schließlich sind 5000 kg cap^{-1} a^{-1} im Gebäudepark gespeichert. Der Siedlungsprozess setzt rund 70 % des Kohlenstoffs um, während 23 % auf die Landwirtschaft und 7 % auf die Forstwirtschaft fallen. Der Import von fossilbasiertem Kohlenstoff beträgt 88 %, während die Eigenproduktion von biobasiertem, erneuerbarem Kohlenstoff lediglich 12 % beträgt. Der Forstwirtschaftsprozess speichert rund ein Drittel seines Kohlenstoffumsatzes, einerseits in der oberirdischen Biomasse (20 %), andererseits im Gebäudepark (14 %). Die systemische Betrachtungsweise der Abb. 2.8 ordnet die Rolle, welche die Forstwirtschaft im regionalen Kohlenstoffkreislauf haben kann, ein. Zwar lässt sich der Gebäudeparkspeicher durch den vermehrten Einsatz von Holz und Holzwerkstoffen sicherlich vergrößern, aber gemessen an den hohen fossilbasierten Kohlenstoffumsätzen kann die Forst- und Holzwirtschaft die Dekarbonisierung bei Weitem nicht alleine lösen. Zudem ist zu beachten, dass der beträchtliche oberirdische Biomassespeicher durch den Klimawandel mit vermehrten Störereignissen (Stürme, Kalamitäten) nicht robust ist. Es wäre auf jeden Fall wünschenswert, den Kohlenstoffhaushalt für typische Regionen Europas zu analysieren, um lokal angepasste Interventionsregimes zu entwickeln.

2.4.3 Ökoeffizienz

Der Brundtland-Bericht skizzierte zwei Stoßrichtungen, entlang derer eine zukunftsfähige Entwicklung erreicht werden soll (Brundtland und The World Commission on Environment and Development 1987). Erstens geht es um eine Effizienzrevolution, d. h., es geht darum, aus weniger mehr zu machen. Zweitens brauchen wir neue, wirksame Mechanismen des kooperativen, regionen- und nationenübergreifenden Handelns. Im Rahmen des Rio-Gipfels 1992 entwickelte das Business Council for Sustainable Development ein Leitbild für eine zukunftsfähige Entwicklung aus der Sicht von Wirtschaftsunternehmen (Schmidheiny und Business Council for Sustainable Development 1992). Das Council folgt dem Prinzip *„what gets measured gets done“* und schlug das Konzept der Ökoeffizienz vor, das nach Aussagen von Schmidheiny eines der wichtigsten Ergebnisse der Rio-Konferenz war. Dies entspricht der Brundtland'schen Leitidee, mit weniger Ressourcen, Emissionen und Abfällen mehr zu produzieren. Aus dem Streben, die Ideen ins Handeln umzusetzen, entstand eine Nachfolgepublikation über Ökoeffizienz (DeSimone et al. 1997). Unternehmen sind dann ökoeffizient, wenn sie wettbewerbsfähige Leistungen erstellen, die menschliche Bedürfnisse befriedigen, welche den Ressourcenverbrauch sowie Emissionen und Abfälle reduzieren. Dieses

Verständnis koppelt ökonomische Leistungen und Umweltwirkungen und etabliert das Verständnis, dass wirtschaftliche Entwicklung und der Erhalt von Ökosystemleistungen integriert zu betrachten sind. Das Ökoeffizienzkonzept entstand aus der Umgangssprache und eine genaue quantitative Definition fehlte (Heijungs 2007). Eine quantitative Charakterisierung soll die Nähe eines aktuellen Systemzustands zu einem angestrebten Systemzustand angeben, wobei sich eine Verhältniszahl von beabsichtigten Leistungen zu Umweltbelastungen aufdrängt, da damit größere Werte eine größere Ökoeffizienz darstellen. Streng genommen handelt es sich dabei nicht um eine Effizienz-, sondern um eine Produktivitätsmetrik (Heijungs 2007). Formell lassen sich Ökoeffizienzmetriken wie folgt darstellen (Gl. 2.3):

$$\eta_{eco,i} = \frac{s_j}{r_k} \quad \eta_{eco,i} = \frac{s_j}{e_m} \tag{2.3}$$

wobei

η_{eco},i = Ökoeffizienzindikator i
s_j = Leistungseinheit j
r_k = Ressourceneinheit k
e_m = Emissions-/Abfalleinheit m

Es gibt eine Menge S von Leistungseinheiten, eine Menge R von Ressourceneinheiten (Energie, Wasser, Material, Land usw.) sowie eine Menge E von Emissionen/Abfällen. Daraus ergibt sich, dass es eine Menge I verschiedener Ökoeffizienzindikatoren gibt. Die ISO-Norm 14.031 über die Beurteilung der Umweltleistungsfähigkeit (ISO 2021) setzt die Idee der Ökoeffizienzindikatoren um und definiert Umweltleistungsindikatoren (*operational performance indicators,* OPIs), die betriebliche Prozesse charakterisieren. Die Norm listet auch Beispiele für Umweltleistungsindikatoren für die Bereiche Material, Energie, Abfall und Emissionen auf, die jedoch für bestimmte Produktsysteme angepasst werden müssen.

Die Implementierung eines Umweltleistungsindikatorensystems auf Unternehmensebene geschieht im Rahmen eines Umweltmanagementsystems. Ziel eines derartigen Systems ist es, Organisationsstrukturen und -prozesse zu gestalten und kontinuierlich zu verbessern, um die Umweltleistungsfähigkeit transparent, zuverlässig und nachvollziehbar zu dokumentieren und zu kommunizieren und nachzuweisen, dass die gesetzlichen Anforderungen erfüllt sind. Die Gestaltung von Umweltmanagementsystemen folgt internationalen Normen, insbesondere der ISO 14001 „Umweltmanagementsysteme", die 1996 erstmals publiziert wurde, aber auch der „EU-Öko-Audit"-Verordnung, die bereits 1993 erschien. Abb. 2.9 illustriert exemplarisch zwei Umweltleistungsindikatoren eines großen Celluloseherstellers (UPM-Kymmene) für die Jahre 2014–2021.

Die beiden Leistungsindikatoren folgen der Definition Gl. 2.3, d. h., höhere Werte bedeuten eine größere Ökoeffizienz. Während dem die CO_2-Effizienz leicht zugenommen hat, blieb die Stromeffizienz mehr oder weniger konstant. Derartige Kennzahlen dienen als Motivation für ein Unternehmen, sich kontinuierlich zu verbessern. Sie sind aber auch wichtig im Vergleich mit anderen Unternehmen, bei dem sich eine Benchmark identifizieren lässt. Es gibt weitere Umweltleistungs-

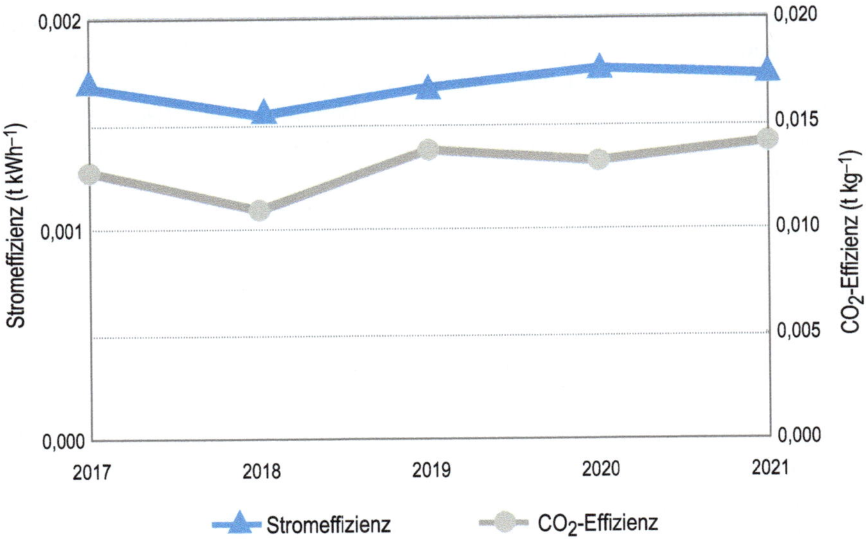

Abb. 2.9 Ökoeffizienzindikatoren für die Celluloseherstellung. Daten von UPM (2021)

indikatoren, beispielsweise die Wassereffizienz, die seit den 1960er-Jahren um etwa den Faktor 10 zugenommen hat, dies vor allem durch Wiederaufbereitung und -verwendung.

2.4.4 Corporate Social Responsibility (CSR)

Das Drei-Säulen-Konzept einer nachhaltigen Entwicklung (Abb. 2.5) betrachtet die Schnittmengen zwischen ökonomischer, ökologischer und sozialer Entwicklung, worunter „soziale Gerechtigkeit" Gemeinsamkeiten zwischen sozialer und ökonomischer Entwicklung charakterisiert. Auf Unternehmensebene entspricht dieser Aspekt der „Corporate Social Responsibility" (CSR), was sich mit gesellschaftlicher Unternehmensverantwortung oder auch unternehmerischer Sozialverantwortung übersetzen lässt. Dies umfasst die Verantwortung für die Folgen von Entscheidungen und Handlungen auf die Arbeitnehmenden, die Gesellschaft als Ganzes sowie die Interessenvertreter. Die Anforderungen der Gesellschaft und der Interessenvertreter hängen von der Kultur und vom politischen Kontext ab; sie sind einem zeitlichen Wandel unterworfen. Kriterien, mit denen gesellschaftliche Unternehmensverantwortung beurteilt wird, haben deshalb immer nur eine vorläufige Gültigkeit, was ein Monitoring über längere Zeit schwierig macht. Die ISO-Norm 26.000 definiert sieben Beurteilungskategorien, mit denen sich die Sozialverantwortung beurteilen lässt (ISO 2010):

- Unternehmensgovernance, d. h. ein System von formellen informellen Mechanismen, um eine Organisation zu gestalten, ihr Verhalten zielorientiert zu lenken und sich an verändernde Bedingungen anzupassen.
- Menschenrechte, d. h. individuelle Freiheit- und Autonomierechte, die jedem Individuum in gleicher Weise zu stehen.
- Anstellungsbedingungen und Gesundheitsfürsorge, d. h. alle Grundsätze und Verfahren der Personalrekrutierung, der Aus- und Weiterbildung, der Disziplinarverfahren, der Beendigung von Arbeitsverhältnissen, der Arbeitssicherheit, der Gesundheitsfürsorge usw.
- Umweltverantwortung, d. h. Verantwortung, mitgetragen von Mitarbeitenden, die über gesetzliche Vorschriften hinausgeht und die vom Vorsorgeprinzip getragen ist.
- Verantwortungsvolle Geschäftspraktiken, d. h. keine Korruption, faire Wettbewerbsbedingungen sowie das Teilen sozialer Verantwortung in den Versorgungsnetzwerken.
- Verantwortung für Kunden und Konsumenten, d. h. das Bereitstellen wahrheitsgetreuer Produktinformation und das Respektieren von Konsumentenrechten.
- Einbeziehung von Gebietskörperschaften, in denen ein Unternehmen produziert oder Ressourcen beschafft. Die Beziehung eines Unternehmens mit den Körperschaften sollte auf Mitwirkung basieren und sollte darauf ausgerichtet sein, demokratische Prozesse und Strukturen sowie Bildungs- und Gesundheitseinrichtungen zu fördern.

Die ISO 26000 ist eine Richtlinie und keine Norm im engeren Sinne, die ein umfassendes Konzept für soziale Verantwortung auf der Ebene von privaten und öffentlichen Organisationen vorschlägt. Es handelt sich dabei nicht um starre Vorgaben, sondern um eine Zusammenstellung der guten fachlichen Praxis, die sich in der Zeit ändern wird (ISO 2010).

Die Lebenszyklusanalyse (Ökobilanzierung) von Produktsystemen erlangte nach der Rio-92-Konferenz eine beachtliche Verbreitung und ihre Verankerung in der Norm ISO 14040 (ISO 2006) bietet einen Bezugsrahmen, der Transparenz und Nachvollziehbarkeit gewährt. Im Jahr 2003 entstand aus der UNEP-SETAC-Lebenszyklusinitiative der Bedarf, soziale Kriterien in die ökologische Lebenszyklusanalyse zu integrieren. 2009 lagen die ersten Richtlinien vor (UNEP und SETAC 2009), die 2020 in einer überarbeiteten Fassung publiziert wurden (UNEP und SETAC 2020). Das Konzept der sozialen Lebenszyklusanalyse betrachtet ähnliche Beurteilungskategorien wie die ISO-26.000-Richtlinie, die in Subkategorien und Indikatoren aufgegliedert sind.

Konzepte zur Beurteilung der sozialen Verantwortung und der sozialen Lebenszyklusanalyse scheinen bisher in der Forst- und Holzwirtschaft kaum bekannt zu sein. Interessant ist, dass fünf der zehn Prinzipien des FSC-Zertifizierungsschemas (FSC 2022) Aspekte der sozialen Verantwortung ansprechen, ohne dass sie auf die Konzepte von ISO 26000 und UNEP/SETAC abgestimmt sind.

2.4.5 Zertifizierungsschemata

Die Entwaldung ist, vor allem in den Ländern des Südens, ein brennendes Problem. Wald wird dabei anderen Landnutzungsformen zugeführt, worunter Palmölplantagen in Malaysia und Indonesien eine entscheidende Rolle spielen. Es entstand die Idee, Anreize für Entwicklungsländer zu schaffen, ihre Entwaldungsrate zu reduzieren oder gänzlich zu beseitigen (HUMPHREYS 2008). Die Problematik war auch Gegenstand der Verhandlungen auf dem Umweltgipfel von Rio 1992. Die Länder des Nordens drängten die Länder des Südens, griffige Mechanismen für den Schutz der Wälder zu implementieren. Dem hielten die G77-Länder entgegen, dass sie für den Waldschutz finanziell entschädigt werden sollten, da dies mit ökonomischen Nachteilen verbunden sei (HUMPHREYS 2008). Der kleinste gemeinsame Nenner, auf den man sich einigen konnte, waren nichtbindende Leitlinien, die in der „Walddeklaration" festgehalten wurden, die eine reine Absichtserklärung war.

Internationale Umweltorganisationen – WWF International, Greenpeace International, Friends of the Earth International, Rainforest Alliance – entwickelten einen länderübergreifenden, nichtstaatlichen Mechanismus, um nachzuweisen, ob die Waldbewirtschaftung einer verantwortungsvollen Praxis entspricht (MOOG et al. 2015). 1994 entstand das Forest Stewardship Council (FSC), ein Zertifizierungssystem, das die Konformitätsbeurteilung erbringt, dass spezifizierte Anforderungen an die Waldbewirtschaftung erfüllt sind. Zertifizierung bedeutet, in Anlehnung an ISO 17000 (ISO 2020), dass eine Drittpartei eine Konformitätsbeurteilung vornimmt, d. h. überprüft, ob explizit formulierte Anforderungen erfüllt sind. Eine erfolgreiche Zertifizierung wird mit einem Zertifikat oder Label bestätigt und kommuniziert. Es handelt sich um einen freiwilligen Mechanismus, für dessen Durchsetzung die beteiligten Firmen, Konsumenten und professionellen Auditoren zuständig sind, womit die Wirksamkeit begrenzt ist (BARTLEY 2007). Er funktioniert nur, wenn Markt- und Unternehmensakteure gleichzeitig Interesse bekunden.

FSC baut auf folgende Grundwerte: 1) keine Entwaldung, 2) Schutz alter und bedrohter Wälder, 3) faire Arbeits- und Lohnbedingungen, 4) Erhalt der Biodiversität, 5) Respektierung von Rechten der lokalen Gebietskörperschaften und indigenen Bevölkerungsgruppen. FSC definiert zehn Prinzipien, die für alle tropischen, temperierten und borealen Wälder gelten, wovon die Hälfte der Beurteilungskategorien der sozialen Verantwortung angehört. FSC sieht zudem vor, dass die generischen Standards an die lokalen Bedingungen angepasst werden können, um die vielfältigen ökologischen und sozioökonomischen Bedingungen zu berücksichtigen. Damit entsteht jedoch die Schwierigkeit, FSC-Standards länderübergreifend zu verstehen und zu vergleichen. FSC ist ein NGO-geführter Mechanismus, der damit dazu tendiert, Interessen der NGOs überdurchschnittlich zu berücksichtigen. Aus diesem Grund sind industriegeführte Mechanismen entstanden, worunter die Schemata der Canadian Standard Association (CSA), der Sustainable Forestry Initiative (SFI) und der Pan-European Forest Certification

(PEFC) besonders zu erwähnen sind (Moog et al. 2015). PEFC entstand 1999, um die Schwierigkeiten, welche Klein- und Gemeindewaldbesitzer hatten, sich unter dem FSC-Schema zertifizieren zu lassen, zu überwinden. Mittlerweile folgt die Mehrheit aller zertifizierten Wälder dem PEFC-Schema, was einer Gesamtfläche von etwa 280 Mio. ha entspricht (PEFC Council 2023). FSC weist eine Fläche von rund 190 Mio. ha aus (FSC 2022), wobei die FSC-Fläche seit 2021 wieder abnimmt. Das PEFC-Schema fokussiert, verglichen mit FSC, auf die nachhaltige Waldbewirtschaftung im engeren Sinne, indem es die Kriterien mit den verschiedenen Kategorien der Ökosystemleistungen verbindet, wie sie der Millennium-Ecosystem-Assessment-Bericht vorschlug (Reid et al. 2005). Dabei stehen die Erhaltung und Erweiterung von lebensermöglichenden Leistungen, Versorgungsleistungen und Lebensqualitätsleistungen im Vordergrund, was leichter verständlich und kommunizierbar ist als die FSC-Kriterien.

Forstliche Zertifizierungsschemata gerieten zunehmend in die Kritik. Zum einen wird geltend gemacht, dass nicht die verantwortungsvolle Waldbewirtschaftung im Vordergrund stehe, sondern dass eine Zertifizierung die Reputation der Firmen verbessere und schütze, den Konsumenten standardisierte, scheinbar vertrauenswürdige Information übermittle sowie einen Wettbewerbsvorteil erziele (Bartley 2007). Zum anderen entstand seit Mitte der 1990er-Jahre ein Riesenmarkt für Auditfirmen, welche bei der Konformitätsbeurteilung durchaus ein Auge zudrücken, um im attraktiven Markt bleiben zu können. Bereits um 2005 deckte die Presse Skandale auf, welche Umweltauditoren ihre Sorgfaltspflicht massiv verletzt hatten, was dazu führte, dass sich Firmen von FSC abwendeten (Moog et al. 2015). Ein Netzwerk investigativer Journalisten publizierte einen Bericht, der massives Fehlverhalten beim Umweltaudit im Rahmen forstlicher Zertifizierungen belegt (Alecci 2023). Der Bericht kommt zum Schluss, dass das System mit der Qualität der Auditoren steht und fällt. Schlechte Audits sind PR-Instrumente, welche die Realität „grünwaschen", während sie Entwaldung nicht stoppen, Menschenrechte missachten und illegale Praktiken tolerieren (Alecci 2023). Der Bericht betont weiter, dass Missbräuche vor allem in Ländern auftreten, in denen die öffentliche Governance schwach ist, d. h., Rechtsstaatlichkeit, Korruptionsfreiheit und der Wille, Regeln und Vereinbarungen durchzusetzen, nur teilweise ausgebildet sind. Damit wird eine Vermutung sichtbar, dass Länder mit starker Governance verantwortungsvolle Waldnutzung auch ohne Zertifizierung garantieren können, während eine Zertifizierung in Ländern mit schwach ausgebildeter Governance kein Garant für eine verantwortungsvolle, nachhaltige Waldbewirtschaftung ist.

2.4.6 Waldbewirtschaftung

Landnutzungssysteme können mit der Photosynthese große Mengen von CO_2 binden; sie können in der Folge von Störungen – Stürme, Brände, Kalamitäten – aber auch zu CO_2-Emittenten werden. Damit stellt sich die Frage, welche Bewirtschaftungsregimes am geeignetsten sind, um die Ziele einer nachhaltigen

Entwicklung und des Eindämmens der Klimakrise bestmöglich zu erreichen. Auf der Zielebene lassen sich die Anforderungen an nachhaltigkeits- und klimawirksame Landnutzungssysteme wie folgt beschreiben:

- lebensermöglichende Ökosystemleistungen – Kohlenstoff-, Wasser- und Nährstoffkreislauf sowie Photosynthese/Atmung und Genfluss (Biodiversität) – erhalten und erweitern
- zusätzliche biologische CO_2-Abschöpfungskapazitäten bereitstellen, um zum Carbon Dioxide Removal (CDR) beizutragen, wie es der 6. Sachstandsbericht des IPCC fordert
- zusätzliche Biomasse bereitstellen, um den Bedarf, der durch die wachsende Weltbevölkerung und die Substitution fossiler Stoffe im Rahmen des Bioökonomiekonzepts entsteht, zu ermöglichen
- Risiken, dass Wald- und Agrarökosysteme als Folge atmosphärischer und biologischer Störungen zu CO_2-Quellen werden, minimieren

Land- und Waldbewirtschaftungskonzepte, die wir kennen, sind aus der Erfahrung der Vergangenheit entstanden. Die lange Dauer forstlicher Produktionslebenszyklen erforderte auf der Zeitachse Jahrzehnte, um Daten zu erheben und daraus die wichtigsten Prozesse zu beschreiben und zu verstehen, und auch die bestehenden Unsicherheiten, wie sich die Ökosysteme und die Nebenwirkungen der Bewirtschaftung entwickeln (Kimmins 2004). Dieses Vorgehen ist solange zweckmäßig, wie sich die wichtigsten Parameter, die das Waldwachstum bestimmen, nicht wesentlich ändern. Der Klimawandel, den wir erleben, wird ganze Parametersets verändern, womit wir uns auf den reichen historischen Erfahrungsschatz nicht mehr verlassen können. Die einzige Möglichkeit, die uns zur Verfügung steht, ist adaptives Management, das Unsicherheiten und Risiken akzeptiert, bewusst eine breite Palette von Bewirtschaftungsstrategien und -taktiken umsetzt und wenn möglich ein Echtzeitmonitoring einsetzt, um Abweichungen zwischen beabsichtigten und wirklichen Ergebnissen festzustellen und daraus zu lernen (Kimmins 2004). Das bedeutet, dass der Anspruch, einen Goldstandard für die Bewirtschaftung zu haben, fallen gelassen werden muss und dass Ideenvielfalt aktiv zu suchen ist. Die Forderung der Diversifizierung der Managementregimes lässt sich auch mit der Portfoliotheorie von Markowitz begründen (Hakansson 2016). Aus seinen Arbeiten geht hervor, dass sich Diversifizierung positiv auf das Risiko und die Rendite eines Gesamtportfolios auswirkt, dies allerdings unter der Voraussetzung, dass die einzelnen Objekte des Gesamtportfolios nur wenig untereinander korreliert sind. Überträgt man diese Erkenntnis auf ein forstliches Bewirtschaftungsregimeportfolio, so sollten sich die einzelnen Regimes möglichst stark unterscheiden. Dies wiederum bedeutet, dass es durchaus Sinn macht, Plantagen-, schlagweise Hochwald- und Dauerwaldsysteme auf der Landschaftsebene zu kombinieren.

Die FAO-Konferenz „The Hague Conference on Agriculture, Food Security and Climate Change“ brachte das Konzept „Climate-Smart Agriculture (CSA)“ auf die internationale Agenda mit der Absicht, Rahmenbedingungen zu schaffen, um

Ernährungssicherheit unter den Unsicherheiten des Klimawandels zu ermöglichen (Faurès et al. 2013). Dies ist unter der Nebenbedingung zu sehen, dass das globale Landwirtschaftssystem seine Produktion bis ins Jahr 2050 um 60 % steigern muss, um die Ernährung der zusätzlichen Bevölkerung von etwa 2 Mrd. Menschen zu gewährleisten. Das CSA-Konzept soll dabei

- die Produktivität des Agrarsektors und des entsprechenden Einkommens steigern,
- die Produktionssysteme resilient gegen unerwartete Folgen des Klimawandels machen und
- Treibhausgasemissionen reduzieren oder abschöpfen.

Während für Produktivitätssteigerungen und die Reduktion/Abschöpfung von Treibhausgasen Ideen, Konzepte und auch Taktiken vorhanden sind, gibt es noch kein schlüssiges Konzept, wie man Produktionssysteme resilient macht. Resilienz, wie wir sie heute verstehen, entstand aus Arbeiten der Theorie dynamischer Systeme, die für ein bestimmtes System mehrere Gleichgewichtszustände annimmt. Stellt man das Verhalten auf der Zeitachse dar und beobachtet einen Systemleistungsindikator, so ergibt sich ein „Resilienzzyklus", der durch einen Abfallast und einen Wiederanstiegsast charakterisiert ist. Ein Zyklus lässt sich durch vier Funktionen beschreiben, wobei eine Funktion für eine bestimmte Änderung des Systemzustands steht. Unmittelbar nach einer starken Störung mobilisiert ein System Widerstand, um den Leistungsabfall innerhalb akzeptierbarer Grenzen der Schwächung zu halten. Danach geht es darum, die essenziellen Systemstrukturen und -funktionen derart zu stabilisieren, dass sie nicht zusammenbrechen und sich Schäden nicht weiter ausbreiten. Damit beginnt der Wiederanstiegsast mit dem Wiederherstellen essenzieller Systemfunktionen, beispielsweise die Verjüngungs- und Wachstumsfähigkeit von Ökosystemen, gefolgt von einer Rekonfiguration der Systemstrukturen und -flüsse. Der Schlüssel für die Bildung von Resilienz von Waldökosystemen dürfte die Rekonfiguration sein, die nicht auf Bestands-, sondern auf Landschaftsebene zu erfolgen hat. Das FAO-Sourcebook (Faurès et al. 2013) kommt zum Schluss, dass dem Management von Agrar-, Wald- und Fischökosystemen auf Landschaftsebene eine Schlüsselrolle zukommt. Allerdings bleibt offen, wie das konkret geschehen soll. Die Forderung deckt sich mit den Empfehlungen von Kimmins (Kimmins 2004), dass auf der Landschaftsebene das Management von Verjüngungslücken und Säumen zwischen jungen und älteren Beständen zentral ist, um ökologisch robuste Ökosysteme zu gestalten.

Im Jahr 2017 erschien ein Beitrag, der das „Climate-Smart-Forestry-(CSF-)"Konzept vorschlug, um Potenziale der Wälder zur Dämpfung des Klimawandels zu erschließen (Nabuurs et al. 2017). Der Vorschlag übernimmt die drei Hauptziele der Climate Smart Agriculture (CSA) unverändert und identifiziert vier wesentliche Bereiche, mit denen die Forstwirtschaft beitragen kann: 1) verbessertes Management, 2) Erweiterung der Waldfläche, 3) Substitution von fossiler Energie, 4) Einrichtung von Waldreservaten. Dem verbesserten Waldmanagement kommt dabei eine erstrangige Rolle zu durch Ersatz von

Stockausschlagwäldern, verbesserte Produktivität, verminderte Störungsrisiken sowie die Substitution von fossilbasierten Materialien durch Holzprodukte. Der Beitrag erwähnt auch, dass Störungen (Stürme, Brände, Kalamitäten) Wälder zu CO_2-Quellen machen können, was in Anbetracht der zu erwartenden extremen Wetter- und Klimabedingungen mit großer Wahrscheinlichkeit zu einem größeren Problem werden wird. Resilienz, das zweite Hauptziel der präsentierten Climate-Smart-Strategie, wäre ein Konzept, das Wälder fit machen soll, um mit jeglicher Art von unerwarteten Störungen umgehen zu können. Der Leser sucht allerdings vergebens, wie Resilienz für Wälder und Waldlandschaften ausgebildet werden soll. Es fehlen auch, wie weiter oben schon erwähnt, Überlegungen, wie Resilienz auf Landschaftsebene zu entwickeln wäre, was das landwirtschaftliche CSA-Sourcebook bereits früher forderte (Faurès et al. 2013). Während ein beträchtlicher Teil der landwirtschaftlichen Produktionssysteme einen Lebenszyklus von einem Jahr hat, sind die Zyklen für forstwirtschaftliche Produktionssysteme Jahrzehnte oder sogar mehr als ein Jahrhundert. Dies bedeutet, dass sich die Wälder und Waldlandschaften kurzfristig nicht wesentlich umgestalten lassen und dass ein gezielter Wandel mit großer Wahrscheinlichkeit viel zu langsam ist, um zusätzliche CO_2-Abschöpfungspotenziale zeitgerecht zu realisieren. Der 6. Sachstandsbericht des IPCC betont, wie dringend das unverzügliche Umsetzen von Maßnahmen ist, wozu die Forstwirtschaft durch ihre Langfristigkeit nur beschränkt beitragen kann. Diese Bedenken mag auch ein neuerer Beitrag (Verkerk et al. 2020) nicht auszuräumen. Er schärft jedoch die Leitidee von CSF, 1) Eindämmungs- und Adoptionsmaßnahmen des Klimawandels zu verbinden, 2) die Resilienz von Waldökosystemen zu erweitern, 3) die Bedürfnisse der zunehmenden Bevölkerung und eines erhöhten Lebensstandards zu befriedigen. Der Beitrag schlägt drei Stoßrichtungen vor. Erstens sollen die globalen Auffassungen zu- und die Entwaldung und Degradierung abnehmen. Zweitens sollen Eindämmungs- und Adaptionsmaßnahmen ins Waldmanagement integriert werden. Und drittens soll Holz nachhaltig genutzt werden, um nicht erneuerbare, fossilbasierte Materialien zu substituieren. Auch dieser Bericht diskutiert nicht weiter, wie Resilienz – eine entscheidende Eigenschaft für den Umgang mit Vieldeutigkeit und Unerwartetem – ausgebildet werden soll. Dazu gehört auch ein Risikomanagement, das die zu erwartenden Schäden minimiert, wozu eine gezielte Reduktion der den Risiken exponierten Werte anzustreben ist, was bedeutet, dass die Durchschnittsvorräte und Umtriebszeiten ganz massiv zu reduzieren wären (Maurer und Heinimann 2020). Risikomanagement bedingt auch Risikometriken, die sich analog zum Finanzsektor in Form eines angepassten „Value at Risk (VaR)“ (McNeil et al. 2015) quantifizieren ließen. Ohne eine quantifizierte, räumlich explizite Risikometrik dürfte es schwierig oder gar unmöglich sein, die Risiken von Wäldern als CO_2-Quelle zu minimieren und Resilienz zu entwickeln.

2.5 Integration der Herausforderungen

Es stellt sich die Frage, welche Optionen der Mitgestaltung die Forst- und Holzwirtschaft bei der Umsetzung der Leitbilder „nachhaltige Entwicklung" und „Klimawende" hat. Es gibt verschiedene Initiativen auf unterschiedlichen organisatorischen Ebenen, die schwierig zu überblicken sind. Die nachfolgenden Ausführungen stellen einen Versuch dar, die Herausforderungen und Gestaltungsmöglichkeiten aus einer systemischen Betrachtungsweise zu ordnen. Ausgangspunkt bildet die UN-Agenda 2030 „Transformation unserer Welt: die Agenda 2030 für eine nachhaltige Entwicklung", die von der UN-Generalversammlung im Jahre 2015 verabschiedet wurde (UN-GA 2015). Sie umfasst 17 Grobziele, die den Aktionsplan bestimmen, deren Wechselwirkungen nicht erkennbar sind. Eine Risikoperspektive geht von jenen Teilsystemen aus, die mit den 17 Zielen geschützt werden sollen, die in der ökologischen Risikoanalyse auch als Beurteilungsendpunkte bezeichnet werden. Die 17 Ziele lassen sich folgenden Schutzzielen zuordnen:

- Klimasystem (Ziel G13)
- Strukturen und Funktionen der Biosphäre (Ziel G15)
- Strukturen und Funktionen der Hydrosphäre (Ziel G 14)
- Soziale Strukturen und Funktionen der Anthroposphäre (Ziele G1–8, G10, G12, G16, G 17)
- Infrastruktur der Anthroposphäre (Ziele G9, G11)
- Stoffwechselsystem der Anthroposphäre (Ziele G6, G7)

Diese Auflistung zeigt, dass Gros der Ziele „soziale Strukturen und Funktionen der Anthroposphäre" betrifft, indem es rund zwei Drittel aller Ziele ausmacht. Ziel 15 betrifft auch Waldökosysteme. Es besagt lediglich, dass Wälder nachhaltig zu bewirtschaften und der Verlust der Biodiversität zu beenden sei. Es erwähnt zudem den Verlust von rund 13 Mio. ha pro Jahr, was vor allem die Länder des Südens betrifft. Ziel 12 betrifft auch die Forst- und Holzwirtschaft und zielt darauf ab, die Ressourcen- und Energieeffizienz zu fördern. Es betont auch, dass es darum gehe, „mit weniger mehr zu machen und besser zu werden", wobei immer der ganze Produktlebenszyklus in ganzen Versorgungsnetzwerken, d. h. von der Extraktion von Rohstoffen bis zur Entsorgung/Deponie, zu betrachten sei.

Abb. 2.10 illustriert das Gesamtsystem, bei dem die Anthroposphäre im Zentrum steht und mit den vier Umweltsphären (Atmo-, Litho-, Hydro-, Bio-) interagiert.

Das Ganze ist eingebettet ins Klimasystem, welches durch den Austausch von Strahlung mit der Sonne dominiert wird. Aus der Sicht der Wald- und Holzwirtschaft sind die Anthroposphäre und die Biosphäre von besonderer Bedeutung, für die jeweils Subsysteme betrachtet werden. Bei der Biosphäre sind dies Ökosystemleistungen und Bewirtschaftungsregimes, während es bei der

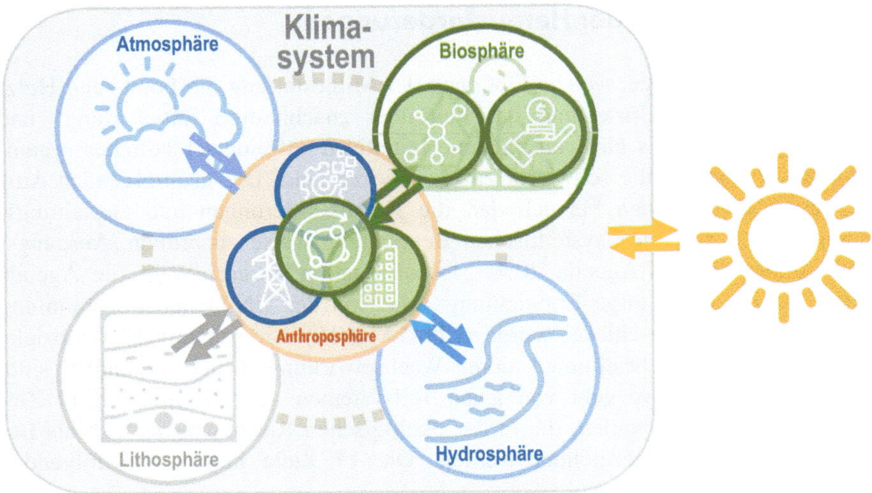

Abb. 2.10 Mitgestaltungsoptionen der Forst- und Holzwirtschaft zu den Zielen einer nachhaltigen Entwicklung und der Klimawende. Es gibt vier wichtige Handlungsfelder: 1) Ökosystemleistungen und 2) Bewirtschaftungsregimes in der Biosphäre sowie 3) anthropogener Stoffwechsel und Gebäudeinfrastruktur in der Anthroposphäre

Anthroposphäre um den anthropogenen Stoffwechsel, die Gebäudeinfrastruktur, die Energieinfrastruktur und die Industrieinfrastruktur geht.

Nachfolgend geht es darum, für die vier für die Forst- und Holzwirtschaft wesentlichen Handlungsfelder die wesentlichen Herausforderungen zusammenzufassen.

2.5.1 Handlungsfeld Ökosystemleistungen

Das Konzept der Ökosystemleistungen (Abb. 2.10, rechts oben) erlangte mit dem „Millennium-Ecosystem-Assessment"-Bericht Bekanntheit (Reid et al. 2005). Es basiert auf dem Konzept des Naturkapitals (Gómez-Baggethun et al. 2010), das – in Analogie zum Kapitalbegriff der Wirtschaftswissenschaften – akkumulierte Vorleistungen der Naturkräfte bedeutet, die in der Lage sind, für eine bestimmte Zeit in der Zukunft positive Wirkungen zu erzeugen, die Bedürfnisse befriedigen und Nutzen stiften. Es lassen sich fünf Kategorien von Ökosystemleistungen unterscheiden: 1) lebensermögliche Leistungen *(life-supporting services)*, 2) Versorgungsleistungen *(provisioning services)*, 3) Lebensqualitätsleistungen *(quality of life services)*, 4) Kulturleistungen *(cultural heritage services)* und 5) ästhetisch-spirituelle Leistungen. Diese Ökosystemleistungen bilden die Grundlage, ohne die eine Entwicklung nicht möglich ist. Wir stehen vor folgenden Herausforderungen:

- Verlust von Ökosystemleistungen, die durch Dürren, Kalamitäten und Stürme vorübergehend oder dauernd reduziert werden, minimieren
- lebensermöglichende und Versorgungsökosystemleistungen erhalten und erweitern, um die zusätzlichen Bedürfnisse, die durch das Bevölkerungswachstum und den steigenden Lebensstandard in den Ländern des Südens entstehen, zu befriedigen
- das Konzept der multifunktionalen Nutzung, welches die Bereitstellung von Ökosystemleistungen auf sämtlichen Waldflächen anstrebt, kritisch hinterfragen, um ein optimales Portfolio von Ökosystemleistungen bereitzustellen

Im Rahmen des 6. Sachstandsberichts erschien ein Spezialbeitrag über die Veränderung der Wetterextreme als Folge des Klimawandels (Seneviratne et al. 2021). Temperaturerhöhungen von 0,5 °C haben danach bereits massive Auswirkungen auf extreme Klimaereignisse. Dies trifft insbesondere für Temperaturextreme und die Intensivierung von Starkniederschlägen zu. Die Experten gehen davon aus, dass Hitzeextreme weiter zunehmen werden. Dies wird auch eintreffen, falls es gelingen sollte, die globale Erwärmung bei 1,5 °C zu stabilisieren. Eine Erhöhung der Erwärmung um 2 °C ließe gegenüber einer Erwärmung von 1,5 °C die Temperaturextreme verdoppeln und bei 3 °C wäre mit einer Vervierfachung zu rechnen (Seneviratne et al. 2021). Bei den Sturmereignissen lässt sich aufgrund des Stands des Wissens keine klare Aussage machen, dass die Sturmintensitäten zunehmen. Hingegen stellen die Experten fest, dass sich Sturmfelder vom Äquator Richtung Pol verschieben, was in gemäßigten Zonen zu höheren Sturmintensitäten führen kann. Es ist allgemein anerkannt, dass Waldökosysteme in der Folge von Störungen (Dürre, Kalamitäten, Stürme) zu massiven CO_2-Quellen werden können. Dieses Risiko wird in der mitteleuropäischen Forstwirtschaft noch zu wenig erkannt. Derartige Störungen bedeuten, dass die lebensermöglichenden Ökosystemleistungen – Kohlenstoffkreislauf, Wasserkreislauf, Stoffkreisläufe, Photosynthese/Atmung, Genfluss – in der Regel für einige Jahre schwer gestört sind. Es scheint deshalb dringend nötig, Strategien zu entwickeln, um derartige Risiken präventiv einzudämmen. Die einfachste Möglichkeit ist dabei, die exponierten Werte und die Expositionszeit zu minimieren, was eine deutliche Reduktion der Vorräte und der Umtriebszeiten bedingt. Aus einer Resilienzperspektive sind zudem Strategien und Taktiken zu identifizieren, um den CO_2-Ausstoß zu stoppen, um das Ausbreiten von Schäden zu verhindern. Es scheint, dass diese Problematik viel dringender ist als das Schaffen von zusätzlichen CO_2-Abschöpfungskapazitäten, was Einiges an Zeit in Anspruch nimmt.

2.5.2 Handlungsfeld Bewirtschaftungsregimes

Bewirtschaftungsregimes (Abb. 2.10, rechts oben) sind ein Hebel, um Waldökosysteme Wirkungen entwickeln zu lassen, welche zur Erreichung der Ziele einer nachhaltigen Entwicklung, der Eindämmung des Klimawandels und der Risikominimierung beitragen. Die heutigen Regimes entstanden aufgrund von

Erfahrungen und wissenschaftlichen Erkenntnissen der Vergangenheit. Die zu erwartenden, massiven Änderungen der klimatischen Parameter führen dazu, dass wir uns auf die historischen Daten und Erfahrungen nicht mehr verlassen können und dass wir nach Wegen suchen müssen, um vieldeutigen und unerwarteten Phänomenen begegnen zu können. Die wesentlichen Herausforderungen sind:

- Identifikation und kontinuierliche Entwicklung eines Portfolios von Bewirtschaftungsregimes, welches das Risiko, dass Waldökosysteme zu CO_2-Quellen werden, minimiert und gleichzeitig die Ökosystemleistungen erhält und erweitert
- Entwicklung von Resilienzeigenschaften auf verschiedenen ökologischen Raum-Zeit-Skalen, d. h. die Fähigkeit, kritische Systemfunktionen nach einem Schadensereignis zu stabilisieren, zurückzugewinnen und zu rekonfigurieren

„Trage nie alle Eier in einem Korb" ist eine Bauernregel zur Risikominimierung beim Transport von Eiern zu einem zentralen Markt, für deren Ursprung es widersprüchliche Angaben gibt. Markowitz formalisierte dieses Prinzip mit seiner Portfoliotheorie (Hakansson 2016), indem er belegte, dass ein diverses Portfolio mit Elementen, die untereinander wenig Ähnlichkeit haben, das Gesamtrisiko von Verlusten minimiert. Es ist eine große Herausforderung, unsere Bewirtschaftungsregimes zu differenzieren und zu einem tragfähigen Bewirtschaftungsportfolio zu entwickeln, da heutige Regimes stark an regionale Traditionen gebunden sind und für sich beanspruchen, dass sie die beste verfügbare Praxis darstellen. Es braucht aber nicht nur Bewirtschaftungs- sondern auch Interventionsregimes, um unmittelbar nach Schadensereignissen die CO_2-Emissionen zu stoppen oder mindestens einzudämmen und damit zu verhindern, dass Wälder zu CO_2-Quellen werden. Das Entwickeln von Interventionsregimes ist ein neues Handlungsfeld, das es zu entwickeln gilt, da die Problematik, dass Wälder zu CO_2-Quellen werden können, noch zu wenig bekannt ist.

Waldlandschaften sind komplexe Systeme, die sich auf mehreren Ebenen beobachten, analysieren und beeinflussen lassen. Ebenen der biologischen Organisation sind Gewebe, Organe (Wurzel-, Spross-, Blatt-, Blütensysteme), Organismen, Populationen, Lebensgemeinschaften, Ökosysteme und Landschaften. Ende der 1980er-Jahre setzte sich in der Ökologie die Überzeugung durch, dass Änderungen des Systemzustands sich immer aus Änderungen auf verschiedenen Raum-Zeit-Skalen ergeben, die sich gegenseitig beeinflussen, und dass ein Verständnis des Gesamtsystems auf dem Verstehen der Interaktionen von Phänomenen und Funktionen über verschiedene Raum-Zeit-Skalen beruhen muss (Levin 1992). Traditionelle Waldbaukonzepte betrachten die Ebene „Bestand" (Lebensgemeinschaft) und blenden höhergelegene Systemebenen (Ökosysteme, Landschaften) aus. Damit entsteht ein Filter, durch den wir das System sehen, was zu einer Wahrnehmungsverzerrung *(perceptual bias)* führt (Levin 1992). Störungen auf der Landschaftsebene in Form von Dürren, Stürmen oder Kalamitäten generieren ein Muster von Bestandslücken, das für das Generieren und die Erhaltung von Diversität von ganz entscheidender Bedeutung ist (Levin 1992). Aus diesen

Erkenntnissen geht hervor, dass künftige Bewirtschaftungsregimes verschiedene Raum-Zeit-Skalen und insbesondere Störungsmuster auf Landschaftsebene integrieren müssen. In den USA entstand die Ökosystemmanagementbewegung, welche die Ökosystemebene ins Zentrum stellt und diese mit der Lebensgemeinschaft- und Landschaftsebene integriert (Franklin et al. 1997). Es scheint allerdings, dass die Implementierung des Konzepts begrenzt und auch inkonsistent ist (Gresh und Courter 2021).

2.5.3 Handlungsfeld anthropogener Stoffwechsel

Der Bericht „Die Grenzen des Wachstums" (Meadows et al. 1972) machte klar, dass der kohlenstoffbasierte, exponentiell wachsende, anthropogene Stoffwechsel (Abb. 2.10, Mitte) die treibende Kraft für die Klima- und Umweltkrise ist. Seine Umgestaltung ist deshalb eine vorrangige Aufgabe, um „aus weniger mehr zu machen", d. h., eine Effizienzrevolution zu realisieren sowie das System von fossilbasiert in solarbasiert umzuwandeln. Aus Sicht der Forst- und Holzwirtschaft ergeben sich dabei folgende Herausforderungen:

- Netto-Null-CO_2-Bilanz erreichen durch Umgestaltung anthropogener Stoff- und Energieflüsse
- Bioenergiesysteme entwickeln und umsetzen, die das bei der Verbrennung entstehende CO_2 absondern und speichern
- fossilbasierte durch biobasierte Stoffe und Materialien im Rahmen von Bioökonomiestrategien ersetzen
- Produkte und Systeme aus Massivholz und Holzwerkstoffen gestalten, um eine hohe Wiederverwend- und Wiederverwertbarkeit zu erreichen.

Das Netto-Null-CO_2-Konzept – auch Klimaneutralität genannt – beschreibt einen Systemzustand der Atmosphäre, bei dem der anthropogene CO_2-Ausstoß und die anthropogene CO_2-Abscheidung über eine bestimmte Zeitperiode ausgeglichen sind (Matthews et al. 2021). Dieses Konzept berücksichtigt, dass eine Beschränkung des CO_2-Ausstoßes allein nicht ausreichend ist, um den Klimawandel zu begrenzen, sondern dass es um die Bilanz zwischen Emissionen und Abscheidung geht. Das Klimaübereinkommen von Paris im Jahre 2015 hielt erstmals fest, dass Netto-Null-CO_2 in der zweiten Hälfte des 21. Jahrhunderts erreicht werden soll. Der neueste Sachstandsbericht des IPCC betont, dass Netto-Null-CO_2 ein Minimalziel sei, das andere Treibhausgase nicht einschließt, womit Netto-negativ-CO_2 angestrebt werden sollte (IPCC 2018), d. h., die CO_2-Abscheidungen sollten größer als die CO_2-Emissionen sein. Der Sachstandsbericht betont auch, dass es aktive CO_2-Abscheidung und -Speicherung braucht, die auf biologischen oder technischen Prozessen beruhen können. Das Bewusstsein, dass diese aktive Abscheidung und Speicherung auch in der Forst- und Holzwirtschaft eine Handlungsoption darstellt, ist wenig ausgeprägt. Forst- und Holzwirtschaft stoßen bei ihren wirtschaftlichen Aktivitäten zwangsläufig CO_2 aus, das nach dem Netto-

Null-Konzept aktive Abscheidungsmaßnahmen bedingt. Abscheidung lässt sich technisch am einfachsten realisieren an Orten, an denen der CO_2-Ausstoß konzentriert anfällt, was primär bei der energetischen Verwertung von Biomasse zutrifft. Der neueste Sachstandsbericht des IPCC fordert deshalb explizit, dass Energieanlagen mit Einrichtungen zur Abscheidung und Speicherung von CO_2 zu integrieren sind (IPCC 2018). Dabei ließe sich gespeichertes CO_2 mit Bioraffinerien zu Stoffen und Produkten weiterverarbeiten.

Die Forst- und Holzwirtschaft kann, zusammen mit anderen biobasierten Sektoren, Stoffe und Werkstoffe substituieren, die heute fast ausschließlich auf der Basis von fossilen Ausgangsstoffen (Erdölderivaten) hergestellt werden, worunter Kunststoffe, Lösemittel und Vorprodukte für die Herstellung chemischer Produkte eine wichtige Rolle spielen. Bioraffinerien sind eine wichtige Komponente der Bioökonomie, um fossilbasierte durch biobasierte Rohmaterialien zu ersetzen, die recycel- und biologisch abbaubar sind.

Wiederverwend- und Wiederverwertbarkeit sind Konzepte, um Massivholz, Holzwerkstoffe und Holzfaserprodukte am Ende ihres Lebenszyklus wieder in anthropogene Stoffkreisläufe einzuspeisen. In der Forst- und Holzwirtschaft hat sich dafür der Begriff „Kaskadennutzung" eingebürgert (BUND UND Misereor 1996), der allerdings irreführend ist. Eine Kaskade beschreibt in der Biochemie oder in der chemischen Verfahrenstechnik eine hintereinander geordnete, lineare Abfolge einzelner Vorgänge. Die Realität der Wiederverwendung und Wiederverwertung sieht mit Sicherheit anders aus. Nimmt man die möglichen Verwendungen als Endpunkte, so ergibt sich eine hohe Anzahl möglicher Pfade, wie ein bestimmtes Bauteil oder Produkt weiterverwendet werden kann. Eine optimale Wiederverwend- und Wiederverwertbarkeit bedingt, dass Produkte und Systeme aus Massivholz und Holzwerkstoffen derart gestaltet werden, dass möglichst viele Pfade der Wiederverwertbarkeit offenbleiben.

2.5.4 Handlungsfeld Gebäudeinfrastruktur

Die Gebäudeinfrastruktur ist neben der Verkehrs-, Industrie- und Energieinfrastruktur ein wichtiges Subsystem der Anthroposphäre (Abb. 2.10, Mitte). Ihr Betrieb verursacht rund 70 % der CO_2-Emissionen, während Bau und Unterhalt rund 30 % ausmachen (Gauch et al. 2016). Der Großteil des gebäudespezifischen Materialflusses entfallen in Mitteleuropa auf Beton, während der Anteil an Holz relativ gering ist. Beton wird aus mineralischen Zuschlagstoffen, Wasser und Zement hergestellt. Die Zementindustrie gilt als einer der Hauptemittenten von Treibhausgasen, womit die Substitution von Beton zur Erreichung der Klimaziele beitragen kann. Aus Sicht der Forst- und Holzwirtschaft stellt sich folgende Herausforderung:

- treibhausgasintensive Werkstoffe – Beton, der aus mineralischen Zuschlagstoffen, Wasser und Zement besteht – durch Holz und Holzsysteme ersetzen

Der Holzbau wird vielerorts noch als eine Bauweise wahrgenommen, die für eher kleinmaßstäbliche Gebäude geeignet ist und die durch Bauelemente – Balken, Bretter, Latten – bestimmt ist, die sich aus den Dimensionen der verarbeiteten Bäume ergeben. Brettschichtholz, Brettsperrholz und Holzrahmenbau ermöglichen einerseits eine Industrialisierung der Herstellung, andererseits eine vielfältige Erweiterung der konstruktiven Möglichkeiten, so insbesondere mehrgeschossige Gebäude mit Holztragwerken. Mittlerweile entstanden vielgeschossige Hochbauprojekte mit über 80 m Höhe, worunter folgende Leuchtturmprojekte zu nennen sind: das Barentshus-Hochhaus in Norwegen mit 80 m, das HoHo-Hochhaus in Wien mit 84 m, das C.F.-Møller-Hochhaus in Schweden mit 112 m oder das MAG-Hochhaus in Paris mit 130 m. Diese Entwicklung steht erst am Anfang und bietet ein großes Potenzial, treibhausgasintensive Materialien zu ersetzen sowie Kohlenstoff in der Gebäudeinfrastruktur über Jahrzehnte oder eventuell sogar Jahrhunderte zu speichern.

Literatur

Abufuyed, A. 2003. *The Old City of Ghadames: an epitome of desert environment engineering.* WIT Transactions on The Built Environment. **66**: 23–34

Alecci, S. 2023. *Environmental auditors approve green labels for products linked to deforestation and authoritarian regimes.* ICIJ Stories that Rock the World. International Consortium of Investigative Journalists. Accessed [Mar-21-2023]. Available from: [https://www.icij.org/investigations/deforestation-inc/auditors-green-labels-sustainability-environmental-harm/]

Anonymous. o. J. *Bergbaugeschichte.* In *Welterbe Montanregion Erzgebirge.* Welterbe Montanregion Erzgebirge e. V. Available from: [https://www.montanregion-erzgebirge.de/welterbe-erfahren/wissenswertes-montanregion/bergbaugeschichte.html]

Appuhn, K. 2000. *Inventing Nature: Forests, Forestry, and State Power in Renaissance Venice*.* The Journal of Modern History. **72** (4): 861–889

Ayres, R.U. 1997. *Industrial Metabolism: Work in Progress.* INSEAD, Center for the Management of Environmental Resources. Fontainebleau, France. 36 p.

Ayres, R.U., and A.V. Kneese. 1969. *Production, consumption, and externalities.* The American Economic Review. **59** (3): 282–297

Baccini, P., and H.-P. Bader. 1996. *Regionaler Stoffhaushalt. Erfassung, Bewertung und Steuerung.* Heidelberg: Spektrum Akademischer Verlag. 420 p

Baccini, P., and P.H. Brunner. 2012. *Metabolism of the Anthroposphere. Analysis, Evaluation, Design*, 2nd Ed. Cambridge MA: MIT Press. 408 p

Bartley, T. 2007. *Institutional emergence in an era of globalization: The rise of transnational private regulation of labor and environmental conditions.* American Journal of Sociology. **113** (2): 297–351

Beckmann, J.G. 1759. *Johann Gottlieb Beckmanns Anweisung zu einer pfleglichen Forstwirthschaft. Gegründete Versuche und Erfahrungen von der zu unsern Zeiten höchst nöthigen Holzsaat.* Chemnitz: in der Stösselischen Buchhandlung. 274 p

Bergier, J.-F.I., Margrit, et al. 2013. *Alpen.* In *Historisches Lexikon der Schweiz (HLS).* [Accessed Oct-30-2012]. Stiftung HLS. Available from: [https://hls-dhs-dss.ch/de/articles/008569/2013-07-17/]

Bernhardt, A. 1874. *Geschichte des Waldeigenthums, der Waldwirtschaft und Forstwissenschaft in Deutschland von 1750 bis 1820.* Berlin: Julius Springer. 407 p

Bernhardt, A. 1875. *Geschichte des Waldeigenthums, der Waldwirtschaft und Forstwissenschaft in Deutschland von 1820 bis 1860.* Berlin, Heidelberg: Springer Verlag. 420 p

Bernstein, P.L. 1996. *Against the gods: the remarkable story of risk*. New York: John Wiley & Sons. 383 p

Brundtland, G.H., and The World Commission on Environment and Development. 1987. *Our Common Future*. Oxford, New York: Oxford University Press. 400 p

BUND, and Misereor. 1996. *Zukunftsfähiges Deutschland. Ein Beitrag zu einer global nachhaltigen Entwicklung. Studie des Wuppertal Instituts für Klima, Umwelt, Energie*, Springer. 466 p

Caldwell, L.K. 1963. *Environment: A New Focus for Public Policy?* Public Administration Review: 132–139

Caldwell, L.K. 1968. *Restructuring for coordinative policy and action*. Public Administration Review. **28** (4): 301–303

Caldwell, L.K. 1998. *Implementing policy through procedure: impact assessment and the National Environmental Policy Act (NEPA)*. Environmental Methods Review: Retooling Impact Assessment for the New Century. The Press Club, Fargo: 8–14

Canadell, J.G., et al. 2021. *Global Carbon and other Biogeochemical Cycles and Feedbacks*. In *Climate Change 2021: The Physical Science Basis. Contribution of Working Group I to the Sixth Assessment Report of the Intergovernmental Panel on Climate Change*, eds. V. Masson-Delmotte, et al. [Accessed Mar-24-2023]. Cambridge University Press. Available from: https://doi.org/10.1017/9781009157896.007]

Carlowitz, H.C.v. 1713. *Sylvicultura Oeconomica, Oder, Haußwirthliche Nachricht und Naturmäßige Anweisung zur Wilden Baum-Zucht*. Leipzig: verlegts Johann Friedrich Braun. 414 p

Carson, R. 1962. *Silent spring*. London: Houghton Mifflin. 400 p

CASS. 1997. *Forschung zu Nachhaltigkeit und Globalem Wandel – Wissenschaftspolitische Visionen der Schweizer Forschenden*. Konferenz der Schweizerischen Wissenschaftlichen Akademien (CASS), Forum für Klima und Global Change (ProClim). Bern. 31 p.

Chasek, P. 2020. *Stockholm and the Birth of Environmental Diplomacy*. Still Only One Earth Policy Brief Series. IISD Earth Negotiations Bulletin. 8 p.

Ciais, P., et al. 2005. *Europe-wide reduction in primary productivity caused by the heat and drought in 2003*. Nature. **437** (7058): 529–533. https://doi.org/10.1038/nature03972.

Cotta, H.V. 1804. Systematische Anleitung zur Taxation der Waldungen

Daigo. 2020. *Traditions | Shkinen Sengu*. [Accessed Jan-09-2023]. Japan Woodcraft Association. Available from: [https://japanwoodcraftassociation.com/2020/02/13/traditions-shikinen-sengu/]

Daly, H.E. 1974. *The economics of the steady state*. The American Economic Review. **64** (2): 15–21

Däzel, G.A. 1788. *Praktische Anleitung zur Forstwirthschaft, besonders zur Vermessung, Taxirung und Eintheilung der Wälder ein Handbuch für junge Förster*. München: bey Joseph Lentner. 474 p

De Dinechin, B. 1999. *Duhamel du Monceau. Un savant exemplaire au siècle des lumières*, CME Connaissance et Mémoires Européennes. 442 p

Dernbach, J.C., and F. Cheever. 2015. *Sustainable development and its discontents*. Transnational Environmental Law. **4** (2): 247–287

DeSimone, L.D., F. Popoff, and World Business Council for Sustainable Development. 1997. *Eco-efficiency the business link to sustainable development*. Cambridge, Massachusetts [etc.]: MIT Press. 280 p

Dieterich, V. 1953. *Forstwirtschaftspolitik eine Einführung*. Hamburg: Paul Parey. 398 p

Dodds, F., K. Schneeberger, and F. Ullah. 2012. *Review of implementation of Agenda 21 and the Rio Principles. Study prepared by the Stakeholder Forum for a Sustainable Future*. Sustainable Development in the 21st century (SD21). Division for Sustainable Development of the United Nations Department of Economic and Social Affairs (UNDESA). New York. 51 p.

Duhamel Du Monceau, H.-L. 1758. *La physique des arbres où il est traité de l›anatomie des plantes et de l›économie végétale: pour servir d›introduction au traité complet des bois & des forests avec une dissertation sur l›utilité des méthodes de botanique; & une explication des termes propres à cette science, & qui sont en usage pour l›exploitation des bois & des forêts.* Paris: chez H.L. Guerin & L.F. Delatour. 2 parties p

Duhamel Du Monceau, H.-L. 1760. *Des semis et plantations des arbres, et de leur culture ou méthodes pour multiplier et élever les arbres, les planter en massifs & en avenues, former les forêts & les bois; les entretenir, & rétablir ceux qui sont dégradés faisant partie du Traité complet des bois & des forêts.* Traité complet des bois & des forêts. Paris: H.L. Guerin & L.F. Delatour. 378 p

Duhamel Du Monceau, H.-L. 1761. *Art du charbonnier, ou Mannière de faire la charbon de bois.* Paris: Desaint & Saillant. 30 p

Duhamel Du Monceau, H.-L. 1764. *De l›exploitation des bois, ou Moyens de tirer un parti avantageux des taillis, demi-futaies et hautes-futaies, et d›en faire une juste estimation: avec la description des arts qui se pratiquent dans les forêts: faisant partie du Traité complet des bois & des forests.* Paris: chez H. L. Guerin & L. F. Delatour. 2 parties p

Duhamel Du Monceau, H.-L. 1788. *La physique des arbres où il est traité de l›anatomie des plantes et de l›économie végétale, pour servir d›introduction au traité complet des bois & des forests avec une dissertation sur l›utilité des méthodes de botanique, et une explication des termes propres à cette science.* A Paris: chez la veuve Desaint. 2 parties p

Duhamel Du Monceau, H.-L., and B.L. Prévost. 1767. Du transport, de la conservation et de la force des bois ou l'on trouvera des moyens d'attendrir les bois, de leur donner diverses courbures, sur-tout pour la construction des vaisseaux; et de former des pieces d'assemblage pour suppléer au défaut des pieces simples faisant la conclusion du Traité complet des bois et des forets. Paris: L.F. Delatour. 556, XXVII pp

EC-RTD. 2018. *A sustainable bioeconomy for Europe: strengthening the connection between, economy, society and the environment.* Brussels: Publications Office of the European Union. 103 p. Available from: [https://data.europa.eu/doi/https://doi.org/10.2777/792130]

ecoinvent. 2022. *ecoinvent Database V 3.9.* ecoinvent. Accessed [Mar-03-2023]. Available from: [https://ecoinvent.org/the-ecoinvent-database/]

Elkington, J. 1994. *Towards the Sustainable Corporation: Win-Win-Win Business Strategies for Sustainable Development.* California Management Review. **36** (2): 90–100. https://doi.org/10.2307/41165746.

Elkington, J. 2004. *Enter the Triple Bottom Line.* In *The Triple Bottom Line: Does It All Add Up? Assessing the Sustainability of Business and CSR*, A. Henriques und J. Richardson, Editors. Earthscan from Routledge: New York: p. 1–16

Ell, R., and H. Westram. 2022. *Der Klimawandel ist schon lange bekannt – Die Geschichte der Klimaforschung.* ARD alpha. Accessed [Mar-24-2023]. Available from: [https://www.ardalpha.de/wissen/umwelt/klima/klimawandel/klimawandel-klimaforschung-geschichte-historisch-100.html]

Faurès, J., D. Bartley, M. Bazza, J. Burke, J. Hoogeveen, D. Soto, and P. Steduto. 2013. *Climate smart agriculture sourcebook.* Food and Agriculture Organization of the United Nations (FAO). Rome. 557 p.

Franklin, J.F., D.R. Berg, D.A. Thornburgh, and J.C. Tappeiner. 1997. *Alternative Silvicultural Approaches to Timber Harvesting: Variable Retention Harvest Systems.* In *Creating a Forestry for the 21st Century: The Science of Ecosystem Management*, K.A. Kohm And J.F. Franklin, Editors. Island Press: Washington, DC, Covelo, CA: p. 475

FSC. 2022. *FSC Facts & Figures.* [Accessed Mar-21-2023]. FSC International. Available from: [https://connect.fsc.org/impact/facts-figures]

Gauch, M., C. Matasci, I. Hincapié, R. Hörler, and H. Böni. 2016. *Material- und Energieressourcen sowie Umweltauswirkungen der baulichen Infrastruktur der Schweiz [MatCH].* EMPA – Materials Science & Technology. St. Gallen. 79 p.

Gómez-Baggethun, E., R. De Groot, P.L. Lomas, and C. Montes. 2010. *The history of ecosystem services in economic theory and practice: from early notions to markets and payment schemes.* Ecological economics. **69** (6): 1209–1218

GRESH, J.M., AND J.R. COURTER. 2021. *In pursuit of ecological forestry: historical barriers and ecosystem implications.* Frontiers in Forests and Global Change. **4**: 571438

GROBER, U. 2013. *Die Entdeckung der Nachhaltigkeit: Kulturgeschichte eines Begriffs*. München: Antje Kunstmann. 331 p

HAKANSSON, N.H. 2016. *Portfolio Analysis.* In *The New Palgrave Dictionary of Economics*, M. VERNENGO, E. PEREZ CALDENTEY, AND B.J. ROSSER, Editors. Palgrave Macmillan UK: London: p. 1–7. https://doi.org/10.1057/978-1-349-95121-5_1852-1.

HASSAN, R., R. SCHOLES, AND N. ASH, eds. 2003. *Ecosystems and Human Well-being: Current State and Trends*. Vol. 1. Island Press: Washington, Covelo, London. 917 p

HAYDEN, A. 2022. *Reflections on Herman Daly's Economics for a Full World: His Life and Ideas.* Sustainability: Science, Practice and Policy. **18** (1): 630–635

HEIJUNGS, R. 2007. *From thermodynamic efficiency to eco-efficiency.* In *Quantified Eco-Efficiency – An Introduction with Applications*, G. HUPPES AND M. ISHIKAWA, Editors. Springer: Dordrecht: p. 79–103

HEYER, E. 1859. *Flächentheilung und Ertragsberechnungs-Formeln.* Gießen: Ricker'sche Buchhandlung. 123 p

HOLLAND, J.H. 1992. *Adaptation in natural and artificial systems: an introductory analysis with applications to biology, control, and artificial intelligence*, 1st Ed. Complex adaptive systems. Cambridge, Mass.: MIT Press. 211 p

HUFFEL, G. 1925. *Histoire des forêts françaises de l›origine jusqu›à la suppression des Maitrises des Eaux et Forêts.* Nancy: Ecole nationale des eaux et forêts

HUFFEL, G. 1927. *Les Méthodes de ‹Aménagement Forestier en France.* Annales de l'Ecole Nationale des Eaux et Forêts et de la Station de Recherches et Expériences, Vol. Tome I. Paris, Boulevard Saint-Germain. 229 p

HUMPHREYS, D. 2008. *The politics of Avoided Deforestation: Historical context and contemporary issues.* International Forestry Review. **10** (3): 433–442

HUNDESHAGEN, J.C. 1848. *Die Forstabschätzung auf neuen wissenschaftlichen Grundlagen*, 2nd, von J.L. Klauprecht bearbeitete Ed., Laupp und Siebeck. 483 p

IPC. 2018. *Summary for Policymakers.* In *Global Warming of 1.5° C. An IPCC Special Report on the impacts of global warming of 1.5 °C above pre-industrial levels and related global greenhouse gas emission pathways, in the context of strengthening the global response to the threat of climate change, sustainable development, and efforts to eradicate poverty*, V. MASSON-DELMOTTE, et al., Editors. Cambridge University Press: Cambridge, UK und New York: p. 24

ISO. 2006. *ISO 14040 – Environmental management – Life cycle assessment – Principles and framework.* Geneva: International Standard Organization. 20 p.

ISO. 2010. *ISO 26000 – Guidance on social responsibility*. Geneva: International Standard Organization. 106 p.

ISO. 2020. *ISO 17000 – Conformity assessment – Vocabulary and general principles*. Geneva: International Standard Organization.

ISO. 2021. *ISO 14031 – Environmental performance evaluation. Guidelines*. Geneva: International Standard Organization. 44 p.

JINGUSHICHO. 2009. *Jingu.* Jingu Administration Office. Ise City, Mie Prefecture, Japan. Leaflet. 4 p.

JINGUSHICHO. 2015. *Ise Jingu.* [Accessed Jan-09-2023]. Jingu Administration Office. Available from: [https://www.isejingu.or.jp/en/index.html]

KIMMINS, J.P. 2004. *Forest ecology: a foundation for sustainable forest management and environmental ethics in forestry*, 3rd Ed. Upper Saddle River, N.J.: Pearson Prentice Hall. 611+app p

KRAUSMANN, F., S. GINGRICH, N. EISENMENGER, K.H. ERB, H. HABERL, AND M. FISCHER-KOWALSKI. 2009. *Growth in global materials use, GDP and population during the 20th century.* Ecological Economics. **68** (10): 2696–2705

KURZ, W.A., et al. 2008. *Mountain pine beetle and forest carbon feedback to climate change.* Nature. **452** (7190): 987–990

Le Treut, H., et al. 2007. *Historical Overview of Climate Change Science.* In *Climate Change 2007: The Physical Science Basis. Contribution of Working Group I to the Fourth Assessment Report of the Intergovernmental Panel on Climate Change.*, S. Solomon, et al., Editors. Cambridge University Press: Cambridge, New York: p. 93–127

Levin, S.A. 1992. *The problem of pattern and scale in ecology: the Robert H. MacArthur award lecture.* Ecology. **73** (6): 1943–1967

Liu, Y.-Y., and A.-L. Barabási. 2016. *Control principles of complex systems.* Reviews of Modern Physics. **88** (3): 035006-1–035006-58

Loiseau, E., et al. 2016. *Green economy and related concepts: An overview.* Journal of Cleaner Production. **139**: 361–371

Margilis, E., and S. Laurence. 2014. *Concepts.* In *Stanford Encyclopedia of Philosophy*, eds. E.N. Zalta, et al. [Accessed Apr-15-2018]. The Metaphysica Research Lab. Stanford University. Available from: [http://plato.stanford.edu/archives/spr2014/entries/concepts/]

Matthews, J.B.R., et al. 2021. *Annex VII: Glossary.* In *Climate Change 2021: The Physical Science Basis. Contribution of Working Group I to the Sixth Assessment Report of the Intergovernmental Panel on Climate Change (IPCC)*, V. Masson-Delmotte, et al., Editors. Cambridge University Press: Cambridge, UK und New York: p. 2215–2256

Maurer, S., and H.R. Heinimann. 2020. *Framework for assessing the windthrow risk to Norway spruce forests in Switzerland.* European Journal of Forest Research. **139** (2): 259–272

McNeil, A.J., R.d. Frey, and P. Embrechts. 2015. *Quantitative risk management: concepts, techniques and tools*, revised Ed. Princeton series in finance. Princeton, NJ: Princeton University Press. 699 p

Meadows, D.H., D.L. Meadows, and J. Randers. 1992. *Die neuen Grenzen des Wachstums.* Stuttgart: Deutsche Verlags-Anstalt GmbH. 319 p

Meadows, D.H., D.L. Meadows, J. Randers, and W.W. Behrens. 1972. *The Limits to growth; a report for the Club of Rome›s project on the predicament of mankind.* Washington: Potomac Associated. 205 p

Moog, S., A. Spicer, and S. Böhm. 2015. *The politics of multi-stakeholder initiatives: The crisis of the Forest Stewardship Council.* Journal of Business Ethics. **128**: 469–493

Müller, D., D. Oehler, and P. Baccini. 1995. *Regionale Bewirtschaftung von Biomasse: Eine stoffliche und energetische Beurteilung der Nutzung von Agrarflächen mit Energiepflanzen.* Zürich: vdf. 67+A44 p

Müller, D.B. 1998. *Modellierung, Simulation und Bewertung des regionalen Holzhaushaltes*, ETH Zürich. Zürich. Dr sc techn. 134+a p. https://doi.org/10.3929/ethz-a-002056770

Nabuurs, G.-J., P. Delacote, D. Ellison, M. Hanewinkel, L. Hetemäki, and M. Lindner. 2017. *By 2050 the mitigation effects of EU forests could nearly double through climate smart forestry.* Forests. **8** (12): 484

OECD. 2009. *The Bioeconomy to 2030. Designing a Policy Agenda.* Paris: OECDpublishing. 323 p. Available from: [https://doi.org/10.1787/9789264056886-en]

Oosthoek, K.J.W. 2005. The Role of Wood in World History. Enviornmental History Resources. Accessed [Apr-08-2015]. Available from: http://www.eh-resources.org/wood.html

Ostrom, E. 2015. *Governing the commons: the evolution of institutions for collective action.* Canto classics. Cambridge, United Kingdom: Cambridge University Press. 280 p

PEFC Council. 2023. *Discover PEFC | Facts and figures.* [Accessed Mar-21-2023]. PEFC Council. Available from: [https://www.pefc.org/discover-pefc/facts-and-figures]

Radkau, J. 1986. *Zur angeblichen Energiekrise des 18. Jahrhunderts: Revisionistische Betrachtungen über die „Holznot".* VSWG: Vierteljahrschrift für Sozial-und Wirtschaftsgeschichte. **73** (H. 1): 1–37

Radkau, J. 2011. *Die Ära der Ökologie. Eine Weltgeschichte.* München: Beck. 782 p

Reid, W.V., J. Sarukhán, and Millennium Ecosystem Assessment. 2005. *Ecosystems and human well-being synthesis a report of the Millennium Ecosystem Assessment.* Millennium Ecosystem Assessment. Washington: Island Press. 137 S. p

Remmen, A., A.A. Jensen, and J. Frydendal. 2007. *Life Cycle Management. A Business Guide to Sustainability*. United Nations Environment Programme. Paris. 51 p.

Roth, S. 2014. *Jubiläumsjahr „300 Jahre Nachhaltigkeit"*. Deutscher Forstwirtschaftsrat e.V. Berlin. 51 p.

Schmidheiny, S., and Business Council for Sustainable Development. 1992. *Kurswechsel globale unternehmerische Perspektiven für Entwicklung und Umwelt*. München: Artemis & Winkler. 448 p

Seneviratne, S.I., et al. 2021. *Weather and Climate Extreme Events in a Changing Climate*. In *Climate Change 2021: The Physical Science Basis. Contribution of Working Group I to the Sixth Assessment Report of the Intergovernmental Panel on Climate Change*, eds. V. Masson-Delmotte, et al. Cambridge University Press. Available from: [https://www.ipcc.ch/report/ar6/wg1/downloads/report/IPCC_AR6_WGI_Chapter11.pdf]

Speer, J. 1972. *Das wissenschaftliche Werk Victor Dieterichs*. Forstwissenschaftliches Centralblatt. **91** (1): 120–124

Stadler, H. 2006. *Bewässerung*. In *Historisches Lexikon der Schweiz (HLS)*. [Accessed Jan-08-2023]. Stiftung HLS. Available from: [https://hls-dhs-dss.ch/de/articles/007955/2006-10-02/]

UN-GA. 1987. *Report of the World Commission on Environment and Development*. Resolutions, UN General Assembly. 102nd plenary meeting (42/187)

UN-GA. 2015. *Transforming our world: the 2030 Agenda for Sustainable Development | Resolution adopted by the General Assembly on 25 September 2015*. A/RES/7-/1. United Nations General Assembly. New York. 35 p.

UNEP. 1972. *Declaration on the Human Environment (Stockholm Declaration)*. Environmental Law Guidelines and Principles. 1. United Nations Environment Programme. Nairobi. 6 p.

UNEP. 1982. *United Nations Environment Programme: Report of the Governing Council on its Session of a Special Character (10–18 May 1982)*. United Nations. New York. 118 p.

UNEP. 1992. *Report of the United Nations Conference on Environment and Development*. In *United Nations Conference on Environment and Development,* Vol. Volume 1 | Resolutions Adopted by the Conference. 486 p. Rio de Janeiro. United Nations.

UNEP. 2011. *Towards a Green Economy: Pathways to Sustainable Development and Poverty Eradication – A Synthesis for Policy Makers*. Nairobi: United Nations Environment Programme. 44 p. Available from: [www.unep.org/greeneconomy]

UNEP, and SETAC. 2009. *Guidelines for Social Life Cycle Assessment of Products*. UNEP/SETAC Life Cycle Initiative. UNEP Division of Technology, Industry and Economics. Paris. 103 p.

UNEP, and SETAC. 2020. *Guidelines for Social Life Cycle Assessment of Products and Organizations*. Life Cycle Initiative and Social LC Alliance. Economy Division | United Nations Environment Programme. Paris. 137 p.

UPM. 2021. *Updated UPM Corporate Environmental and Societal Responsibility Statement 2021*. UPM-Kymmene. Accessed [Mar-16-2023]. Available from: [https://www.upm.com/siteassets/documents/responsibility/1-fundamentals/emas-reports/global-reports/upm_global_emas_2021_en.pdf]

Vazsonyi, A. 1954. *The Use of Mathematics in Production and Inventory Control*. Management Science. **1** (1): 70–85

Verkerk, P., et al. 2020. *Climate-smart forestry: the missing link*. Forest Policy and Economics. **115**: 102164

Von Oppel, F.W. 1791. *Die Abtheilung der Gehölze in jährliche Gehaue: Eine Rechnungsaufgabe*, 2nd Ed. Dresden: Walther. 78 p.

Willetts, P. 1996. *From Stockholm to Rio and beyond: the impact of the environmental movement on the United Nations consultative arrangements for NGOs*. Review of International Studies. **22** (1): 57–80

WWF. 2022. *Living Planet Report 2022 – Building a nature-positive society*. WWF World Wide Fund for Nature. Gland, Switzerland. 114 p.

Dilemmata einer zukunftsfähigen Entwicklung

3

Inhaltsverzeichnis

Die Leitbilder der Nachhaltigkeits- und der Klimawende sind aus mehreren Initiativen mit einer Vielzahl von Interessenvertretern entstanden, womit sie fragmentiert und nicht konsistent sind. Unsere integrierte Darstellung der Herausforderungen in Kap. 2 aus der Perspektive der Forst- und Holzwirtschaft ergibt zwar ein klareres Bild, vermag jedoch die Lücke, die zwischen angestrebtem Zustand und dem Initiieren von zielführenden Aktivitäten besteht, nicht zu überbrücken. Ein kritisches Review, das 20 Jahre nach der Rio-Konferenz durchgeführt wurde, kam zum Schluss, dass es eine beträchtliche Implementierungslücke gibt und dass die meisten Ziele der Agenda 21 nicht erreicht wurden (Dodds et al. 2012). Der Weltklimarat legte seit 1999 sechs Sachstandsberichte vor, die ebenfalls eine große Implementierungslücke offenlegen. Damit stellt sich die Frage,

H. R. Heinimann und A. Teischinger, *Forst- und Holzwirtschaft im Wandel*,
https://doi.org/10.1007/978-3-662-69164-9_3

welches die Hindernisse sind, welche den angestrebten Wandel dämpfen oder teilweise sogar verhindern.

Die Nachhaltigkeits- und die Klimawende sind Probleme des kollektiven Handelns, welche die Ökonomik spätestens seit dem Erscheinen des Buches „Die Logik des kollektiven Handelns" im Jahre 1965 untersucht (Olson 1965). Kollektives Handeln beschreibt Situationen, in denen Individuen oder Gruppen von Individuen ein gemeinsames Ziel verfolgen und sich zusammenschließen, um Maßnahmen zu definieren und umzusetzen, mit denen sie dieses Ziel erreichen können. Eng mit dem kollektiven Handeln ist das Konzept der Kollektivgüter verbunden, die sich dadurch auszeichnen, dass niemand davon ausgeschlossen werden kann, von ihrem Nutzen zu profitieren. Leistungen wie die Reduktion des CO_2-Anteils in der Atmosphäre oder die Erhaltung/Erweiterung der Biodiversität sind typische Beispiele von Kollektivgütern, mit denen insbesondere zwei Probleme verbunden sind. Erstens können Individuen oder Gruppen am Nutzen teilhaben, ohne selbst etwas beizutragen, was als „Trittbrettfahrerproblem" umschrieben wird. Zweitens können Individuen in ganz großen Gruppen davon profitieren, dass sie anonym bleiben und nicht erkannt werden, falls sie nicht beitragen, was dazu führen kann, dass es nicht gelingt, wirksame Maßnahmen umzusetzen, da die Zahl der aktiv Beitragenden zu klein ist. Der Grund für diese Phänomene liegt darin, dass individuelle Kosten und individueller Nutzen entkoppelt sind und dass Individuen ihre Handlungen auf der Basis des individuellen, privaten und nicht aufgrund des gesamtgesellschaftlichen Nutzens gestalten. Neuere Untersuchungen kommen zum Schluss, dass es robuste Lösungen für kollektives Handeln gibt, falls die privaten Kosten kleiner sind als der private Nutzen (Myatt 2016). Dies ist insbesondere auch dann zu beachten, wenn Kosten und Nutzen ungleichmäßig verteilt sind, was beispielsweise bei internationalen Umweltschutzmaßnahmen der Fall ist. Die UN-Vereinbarungen sind unter den über 190 Mitgliedstaaten getroffen worden. Diese Staatengruppe ist so groß, dass auch Staaten selbst Trittbrett fahren können, d. h., sie können profitieren, ohne selbst dazu beizutragen. Olson kommt zum Schluss, dass es nicht zu freiwilligem kollektivem Handeln kommt (Olson 2017), falls die Anzahl der Beteiligten sehr groß ist, was beim Handeln der UN-Staatengemeinschaft gegeben ist. In diesem Fall sind Anreizmechanismen erfolgversprechend, das Problem des kollektiven Nichthandelns zu überwinden.

Neben dem kollektiven Handeln gibt es weitere Phänomene, die rationale Problemlösungen behindern oder sogar unmöglich machen. Nichtrationales Verhalten lässt sich nicht mit dem Ziel-Mittel-Zusammenhang erklären. Agnes Heller, eine bekannte ungarische Philosophin, brachte es auf den Punkt, indem sie sagte: „Der Glaube an die Rationalität ist einfach schön in einer Welt, die von nichtrationalen Instinkten geprägt ist." Dazu gehören insbesondere unterschiedliche Weltanschauungen, persönliche Überzeugungen, affektiv-geleitetes Verhalten sowie Eigeninteressen der Verantwortungsträger in Politik und Verwaltung. Die Public-Choice-Theorie basiert auf der Annahme, dass die öffentlichen Verantwortungsträger nicht bestrebt sind, den gesellschaftlichen Gesamtnutzen zu maximieren, sondern ihre eigene Agenda haben, die sie zu realisieren suchen.

Abb. 3.1 ist ein Versuch, Phänomene, welche rationales kollektives Handeln verzerren, in einen Gesamtrahmen einzuordnen.

Der Bezugsrahmen besteht dabei aus drei Ebenen:

- der Ebene der Weltanschauungen und Narrative,
- der Ebene des gesellschaftlich-politischen Handelns,
- der Ebene des taktischen Handelns, bei dem der Ziel-Mittel-Zusammenhang im Vordergrund steht.

Weltanschauungen sind Vorstellungen (Abb. 3.1, oben) und Überzeugungen von Individuen, wie die Welt zu sehen und zu verstehen ist. Unter Überzeugungen versteht man den Glauben an ein Gebäude von Aussagen, das sich teilweise wissenschaftlich verifizieren lässt, das aber oft auf Annahmen beruht, die aus der Ideenwelt stammen und die nicht verifizierbar sind. Auf der Ebene des gesellschaftlich-politischen Handelns (Abb. 3.1, Mitte) gibt es eine Reihe von Phänomenen, die das Finden und Implementieren von Problemlösungen verzerren oder sogar

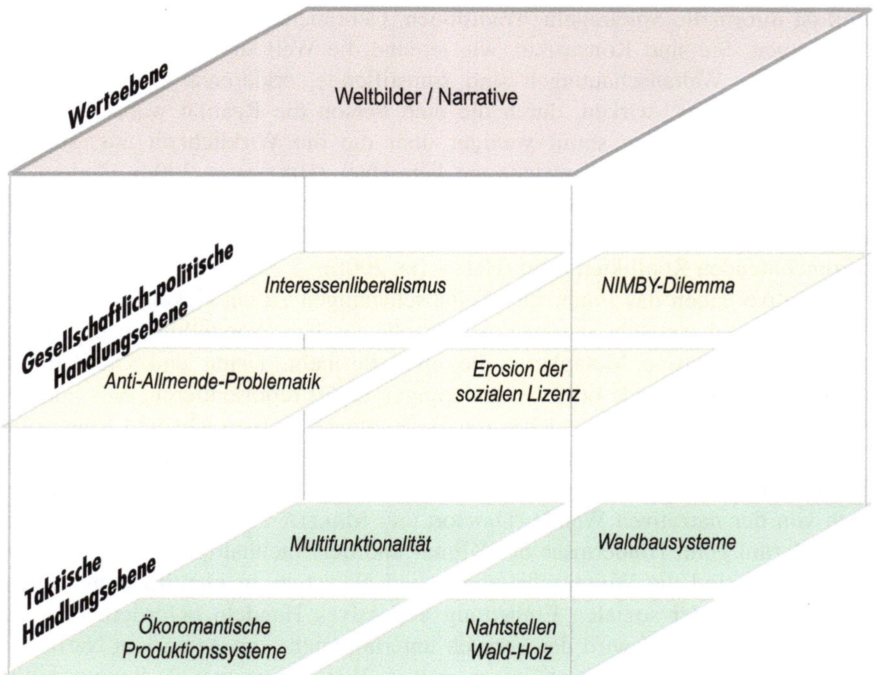

Abb. 3.1 Hindernisse, welche die Implementierungslücke der Nachhaltigkeits- und der Klimawende der Wald- und Holzwirtschaft mitverursachen könnten. Es sind drei Handlungsebenen, welche zu betrachten sind: 1) die Werteebene, 2) die gesellschaftlich-politische und 3) die taktische Handlungsebene

unmöglich machen. Es sind dies: 1) Interessenliberalismus, 2) das Not-in-my-Backyard-(NIMBY-)Phänomen, 3) die Problematik der Anti-Allmende, 4) der Verlust der sozialen Lizenz. Auf der taktischen Ebene geht es darum, mit knappen verfügbaren Mitteln die bestmögliche Zielerreichung zu finden. Diese Ebene ist branchenspezifisch, womit die nachfolgenden Ausführungen für die Forst- und Holzwirtschaft gelten. Phänomene, welche eine rationale Zielerreichung einschränken oder unmöglich machen, sind: 1) Konzept der multifunktionalen Waldnutzung, 2) konkurrierende Waldbausysteme, 3) das Ausblenden der Schnittstelle zwischen Forst- und Holzwirtschaft sowie 4) ökoromantische, nichteffektive Produktionssysteme. In den nachfolgenden Abschnitten geht es darum, die in Abb. 3.1 skizzierten Phänomene zu diskutieren.

3.1 Rivalisierende Weltanschauungen und Narrative

Während die neoklassische Ökonomik die optimale Ressourcenallokation ins Zentrum ihrer Überlegungen stellt, erweitert die neue institutionelle Ökonomik diese Sichtweise mit drei Ebenen (Williamson 2000): 1) Governance, 2) Institutionen (Spielregeln) sowie 3) soziale Einbettung. Die Ebene der sozialen Einbettung umfasst informelle Spielregeln, Traditionen, Gebräuche, Sitten und auch Weltanschauungen. Sie sind Konstrukte, wie jemand die Welt sieht und erklärt (Hellmann 2008). Weltanschauungen sind sinnstiftende, erklärende Überzeugungen, welche als „Filter“ wirken, durch die eine Person die Realität wahrnimmt und interpretiert. Sie sagen somit weniger über die die Wirklichkeit aus, sondern vielmehr über die Person, welche sie betrachtet (Hellmann 2008). Zudem hat eine Person nur eine Weltanschauung, obwohl es eine ganze Palette von Weltanschauungen gibt, welche durch den Prozess der Globalisierung größer wird, was zu zunehmenden Konflikten führt (Hellmann 2008).

Narrative haben das Potenzial, Weltanschauungen zu entwickeln und auch zu verändern. Man versteht darunter in Sprache fassbare Vorstellungen und Überzeugungen, inklusive Metaphern, die ohne Formeln, Daten und Grafiken bestimmte Systemzustände oder -veränderungen derart repräsentieren, dass ein Modell der Realität entsteht, welches die Bedeutung herausstreicht und Sinn stiftet (Ryan 2005). Die Bedeutung von Narrativen hat seit den Arbeiten von Roland Barthes in den 1970er-Jahren stark zugenommen und mittlerweile spricht man auch von der narrativen Wende (Dawson und Mäkelä 2022). Wenn es an dieser Stelle darum geht, Hindernisse der Klima- und der Nachhaltigkeitswende zu diskutieren, so sind die Weltanschauungen und Narrative zu identifizieren, welche auf der Ebene der sozialen Einbettung kollektives Handeln befördern oder behindern. Nachfolgend wird der Versuch unternommen, vier Arten von Narrativen eingehender zu beleuchten: 1) Naturnarrative, 2) Waldnarrative, 3) Baumnarrative und 4) Holznarrative.

Der Philosoph Michael Hampe schrieb „Auf die Natur ist kein Verlass“ (Hampe 2016). Er drückt damit aus, dass Menschen nicht in der Lage sind zu erkennen, was eine natürliche Ordnung ist, die wir als Vorbild unseres Handelns zugrunde legen könnten. Im Laufe der Geschichte sind somit unterschiedliche Anschauungen entstanden, von denen uns für die Wald- und Holzwirtschaft folgende Kategorien relevant scheinen.

3.1.1 Naturnarrative

Bedrohliche Natur
Im Mittelalter wurde die Natur als etwas Barbarisches wahrgenommen, was Thomas Hobbes in seinem Roman „Leviathan" wie folgt umschrieb: „..., no knowledge of the face of the earth; no account of time; no arts; no letters; no society; and which is worst of all, continual fear, and danger of violent death; and the life of man, solitary, poor, nasty, brutish, and short" (Hobbes 1651). Das Leben ohne soziale Organisation und ohne Kultur war demnach voll von Gefahren und Gewalt sowie von Armut, Gehässigkeit und Brutalität geprägt. Natur galt somit als Gegenbegriff zu Zivilisation und Humanität (Hampe, 2016) und eine zivilisierte Gesellschaft strebte in diesem Verständnis danach, einen möglichst großen Abstand zur Natur zu schaffen (von Matt 2002). Wälder waren mindestens teilweise „Niemandsland", die Gesetzlosen Zuflucht und Schutz boten. Die Erzählung von Robin Hood und seinen Gefährten illustriert die Vorstellung von Natur als etwas Minderwertiges, Barbarisches, das Gesetzlosen im Wald Schutz bot und das „Normale" meiden sollten.

Mechanistische Natur
Das mechanistische Weltbild entstand im Zuge der Aufklärung und entwickelte sich zur aufgeklärten, wissenschaftstheoretischen Methodik. Es geht davon aus, dass sich die Natur quantitativ mit Gesetzen beschreiben lässt, wofür Newtons Mechanik Vorbild war. Sie entwickelte sich schließlich zum Paradigma wissenschaftlicher Rationalität schlechthin, das wir zum Teil noch heute finden. Das mechanistische Naturverständnis bildete auch das Fundament, auf welchem die vier forstlichen Enzyklopädisten – Hartig, Cotta, Pfeil, Hundeshagen – den Rohbau der Forstwissenschaften entwickelten (Bernhardt 1874). Hundeshagen fundierte das damalige Wissen quantitativ und entwickelte ein grundlegendes mechanistisches Modell für die Waldbewirtschaftung, das sogenannte Normalwaldmodell (Hundeshagen, 1848). Faustmann präsentierte einen quantitativen Ansatz (Faustmann 1849), um die Bodenrente zu schätzen, womit es möglich wurde, jene Bewirtschaftungsregimes zu identifizieren, welche den höchsten Bodenreinertrag ermöglichten. Er legte somit den Grundstein für die Bodenreinertragstheorie, die an vielen Orten zum Anbau von Reinbeständen führte, die heute im Visier der Kritik sind. Die Grundzüge dieses mechanistischen forstlichen Weltbilds sollten das Grundverständnis vieler Generationen von Forstfachleuten prägen.

Romantische Natur
An der Wende zwischen dem 18. und 19. Jahrhundert entstand die Romantik, welche eine Gegenbewegung zur Aufklärung und damit zum mechanistischen

Weltbild war (Gorodeisky 2016). Sie ging von der Annahme aus, dass eine Fokussierung auf das rationale Denken zu eng sei und dass sich menschliche Erfahrung auch aus den affektiven und imaginativen Fähigkeiten ergebe, was auch als ästhetische Erfahrung bezeichnet wurde. Jean-Jacques Rousseau trug wesentlich zum Ideengebäude der Romantik bei. Seine Vorstellung vom Zustand der Natur vor jeder Kultur und Zivilisation war eine Kehrtwendung der hobbesschen Auffassung einer barbarischen Natur. Es war ein vorbildlicher Zustand, der erst durch die Gesellschaft entstellt und verdorben wurde (Christopher 2012), womit die Natur zum Ideal und Vorbild wurde. In seinen Träumereien *(rêveries),* die er auf der St. Petersinsel im Bieler See schrieb, hält er sein Naturempfinden und seine Naturanschauung eindrücklich fest. Mit Träumereien meinte er ein zweckfreies Meditieren, bei dem jedes Denken in vorgegebenen Strukturen überwunden und auf jede Analyse verzichtet wird (Appel 2021), was sich auch mit der Aussage zusammenfassen ließe: „Ich fühle, also bin ich." Er stellte auch das Bücherwissen infrage, da es lediglich Wissen aus zweiter Hand darstelle und die Natur selbst – das Buch der Natur – das Referenzwissen liefere. Das intuitive Erfassen, das durch Meditation (Träumerei, *„rêveries"*) und Gefühl geschehe, stehe seiner Auffassung nach dem analytischen Denken gegenüber. Rousseau war zudem ein Fortschrittskritiker, der vor den Gefahren und Illusionen des Fortschrittsdenkens warnte und der auch meinte, der Zustand der Reflexion sei wider die Natur und ein Mensch, der nachdenke, sei ein entartetes Tier (Appel 2021).

Die Ideen der Romantik fassten Ende des 19. Jahrhunderts auch in der Forstwirtschaft Fuß. Ein Waldbaulehrbuch charakterisierte das Spannungsfeld „Wald als Kulturobjekt " vs. „Wald als Naturobjekt" und betonte, dass die Forstwirtschaft auch das Ziel habe, die Kulturbefähigung und Bewohnbarkeit sicherzustellen, was eine staatswirtschaftliche Aufgabe sei (Gayer 1878). Kurz danach erschien ein Lehrbuch, das die Natur als eine über allem stehende Kraft der Waldbewirtschaftung betrachtete und das Urwälder als Vorbilder für die Waldbewirtschaftung postulierte (Mayr 1909). Aus dem Gefühl der romantischen Natursehnsucht entstanden in der Malerei Bilder über Waldlandschaften, insbesondere von Caspar David Friedrich, die wir noch heute als Idealzustände der Natur wahrnehmen, obwohl sie mit der damaligen Wirklichkeit wenig zu tun hatten. Es entstanden Waldbewirtschaftungskonzepte, welche sich die natürliche Ordnung zum Vorbild nehmen. Sie verwenden Adjektive – naturgetreu, naturgemäß, naturnah, naturgerecht, naturverträglich, naturgesetzlich –, um ihre Orientierung am „Vorbild der Natur" zu kommunizieren, wobei sie die Frage offenlassen „welche" Natur als Vorbild steht. Rousseaus Denkspuren finden sich immer noch bei Vertretern, die sich an der natürlichen Ordnung orientieren. Hans Leibundgut, einer der bedeutendsten deutschsprachigen Waldwissenschaftler des 20. Jahrhunderts, stellte in seiner Rektoratsrede fest, dass ein ETH-Schulratspräsident das Wesen der Forstwissenschaften mit der Bemerkung charakterisierte „ihr Förster seid alles Mystiker" (Leibundgut 1966b). Er widersprach nicht und stellte ganz im Gegenteil fest, dass sich Forstfachleute von der Eingebung lenken lassen müssten, die sich aus der Stille des Naturerlebnisses und der daraus entspringenden inneren Erkenntnisse ergebe. Diese Aussage ist praktisch deckungsgleich mit den Träumereien *(rêveries,*

Meditationen), wie sie Rousseau beschrieb. Eine neuere Publikation betont, dass es weder Lehrbücher noch Wissenschaft brauche, sondern Waldliebe und waldbauliche Empirie (Bode 2021). Sie spiegelt damit Rousseaus Infragestellung des Bücherwissens und seine Überzeugung, dass das „Buch der Natur“ die nötigen Antworten ohnehin liefere (Appel 2021).

Philosophen stellen das vorbildhafte Ordnungsmuster der Natur infrage (Hampe 2016), da Berge, Wälder, Meere, Wüsten, die Sonne und die Sterne einfach da seien und uns nicht verraten würden, wie wir leben und handeln sollten. Menschen sehen immer nur einen kleinen, subjektiven Ausschnitt des Kosmos. Es stellt sich beispielsweise die Frage, warum Waldfachleute Stürme, Dürren und Kalamitäten nicht als Teil des Ordnungsmusters der Natur betrachten, sondern als etwas Externes, dass wir nicht zulassen dürfen.

Bedrohte Natur

Die ökologische Revolution, die Radkau um 1970 einordnet (Radkau 2011), schuf ein breites, öffentliches Umweltbewusstsein, das die Lebensgrundlagen durch den Menschen bedroht sah. Er betont auch, dass man in der Ökoliteratur unschwer die Grundmuster der Tragödie und der Apokalypse erkennen könne, wie sie in der Geschichtsschreibung oft zu finden seien. Das neue Umweltbewusstsein war somit auch eingebettet in neuartige Narrative, von denen nachfolgend zwei eingehender beleuchtet werden.

Es entstanden verschiedene Narrative, welche apokalyptische Szenarien für die Menschheit erzählten, für die menschliche Gier, Verschwendungssucht und Ignoranz verantwortlich waren (Jepson 2019). Das Waldsterben liefert dafür ein prominentes Beispiel. „Erst stirbt der Wald, dann stirbt der Mensch“ war ein Aufschrei, der allerdings lediglich in einer apokalyptischen Fiktion wurzelte (Radkau 2011). Als Erstes ist anzumerken, dass es „den“ Wald schlichtweg nicht gibt, sondern lediglich eine unglaubliche Vielzahl von Wäldern mit ganz unterschiedlichen Erscheinungsformen und Baumartenzusammensetzungen. Mit der Aussage „der Wald“ wird zudem eine Sache personifiziert, womit ihr menschliche Charakteristiken zugeordnet werden, was auch einen emotionalen Bezug etabliert. Als Zweites ist anzufügen, dass Ökosysteme nicht sterben können. Störungen, und seien sie noch so groß, führen im Extremfall dazu, dass Ökosysteme einen neuen Gleichgewichtszustand einnehmen, der durch eine andere Zusammensetzung der Organismen charakterisiert ist, der im Extremfall lediglich aus Mikroorganismen bestehen mag. Das Waldsterbennarrativ ordnete einem komplexen Phänomen einfach verständliche Strukturen und Bedeutung zu und hatte die Kraft, die Allgemeinheit und Politik zu überzeugen. Ein weiteres Narrativ entstand, das besagte, dass der Menschheit nicht zu trauen sei, mit der Umwelt verantwortungsvoll umzugehen, und dass deshalb ganz Gebiete unter Schutz zu stellen seien, damit sie unbeeinflusst ihren Entwicklungspfaden folgen könnten (Jepson 2019). Es entstand ein Naturdenkmalschutzweltbild, das unsere Umweltsphären durchdringt und das oft einen bestimmten statischen Zustand im Auge hat. Es entwickelte sich eine große Zahl von Schutzhandlungsfeldern – Klimaschutz, Biodiversitätsschutz,

Biotopschutz, Artenschutz, Gewässerschutz usw. –, welche der dynamischen Entwicklung von Umweltsystemen teilweise entgegenstehen.

Die beiden genannten Narrative sind so kraftvoll, weil sie menschliche Emotionen auslösen. Apokalyptische Bilder lösen Furcht und Angst aus, was zu Vermeidungsverhalten führen kann. Schutzbilder sind Ausdruck von Misstrauen gegenüber den handelnden Organisationen und Individuen. In Publikationen wie „Der Holzweg" (LEINEN et al. 2021) schwingen beide Narrative mit. Das Apokalyptische entsteht dabei aus den Fichtenforsten, welche der Inbegriff des deutschen Waldes seien, und Misstrauen wird gegenüber den Forstverwaltungen geäußert, denen man nicht trauen könne.

3.1.2 Waldnarrative

Es waren zwei Narrative, welche das Entstehen einer geregelten Forstwirtschaft und eines verantwortungsvollen Umgangs mit dem Wald ermöglichten, das Holznot- und das Überschwemmungsnarrativ. Die Holznoterzählung besagt, dass Entwaldung und Ausbeutung der Wälder zu einer Holznot führen und dass es damit Regeln braucht, um Entwaldung und Ausbeutung zu vermeiden. Die Holzknappheit des 18. Jahrhunderts war in der Forstgeschichte unumstritten und diente somit als eine Begründung für eine geregelte Forstwirtschaft. Umwelthistoriker, insbesondere Radkau (RADKAU 1986), stellten diese strenge Sichtweise infrage. Sie konnten glaubhaft darlegen, dass der Holznotalarm auch als machtpolitisches Instrument Gebrauch fand, um Interessen durchzusetzen oder wie sie sagten „als Hebel zur Durchsetzung der Landesherrschaft". Im 19. Jahrhundert finden sich zudem Berichte, welche das Holznotargument zurückweisen, indem sie bemerken, dass der seit drei Jahrhunderten verkündete Holzmangel nicht eingetreten sei und dass, ganz im Gegenteil, ein schrecklicher Überfluss an Waldungen vorhanden sei, von denen man einen beträchtlichen Teil entbehren könne (RADKAU 1986). Radkau stellt weiter fest, dass die Holzmangelliteratur mit dem Anbruch des 19. Jahrhunderts mehr oder weniger verschwand. Die Holzmangelerzählung blieb aber weiter bestehen und lieferte eine logische Begründung für die im 19. Jahrhundert entstehenden gesetzlichen Regelungen.

Die Hochwassererzählung ist ein zweites Narrativ, das eine geregelte Forstwirtschaft im Alpenraum maßgeblich beeinflusste. Eine Häufung von Hochwassern in der ersten Hälfte des 19. Jahrhunderts ließ die Vermutung aufkommen, dass das Kahlschlagen von Wäldern in den Bergen verantwortlich war für Überschwemmungen in niedrigeren Lagen. Die ursprüngliche Vermutung wandelte sich mit der Zeit in eine Aussage, die suggerierte, dass dieser Zusammenhang sicher sei. Eine neuere Publikation kritisiert, dass der verallgemeinerte Zusammenhang zwischen Entwaldung/Kahlschlag und Überschwemmungen zu simpel sei (ALILA et al. 2009). Zwar sei in kleineren Einzugsgebieten durchaus ein Effekt festzustellen, der allerdings in größeren Einzugsgebieten stark abgeschwächt werde. Zudem nehme die Wirkung des Waldes mit zunehmender Niederschlagsintensität ab und bei Starkniederschlägen sei sie lediglich marginal.

Im Kielwasser der Umweltbewegung entstand eine ganze Reihe von Aussagen, welche als Erzählungen dastehen, d. h., sie kamen ohne wissenschaftliche Befunde zustande und lassen sich somit auch nicht unabhängig reproduzieren. Hamish Kimmins, ein bekannter kanadischer Waldökologie, charakterisierte dieses Phänomen mit dem Ausdruck „grüne Religion" (Kimmins 1993). Als typische Aussagen grüner Religion nennt er unter anderem:

- Kahlschlag zerstört forstliche Ökosysteme immer;
- Forstliche Monokulturen sind unnatürlich und somit instabil und nicht nachhaltig;
- Wälder, die durch Pflanzung verjüngt werden, sind keine Ökosysteme;
- Natürliche Störungen (Feuer, Wind) sind eine „Wiedergeburt" der Natur, während menschengemachte Störungen (Kahlschlag) die „Kreuzigung" der Natur bedeuten;
- Die einzige Art von Holzernte, die erlaubt sein sollte, ist die Einzelbaumnutzung.

Derartige Aussagen beeinflussen die Waldbewirtschaftungspraxis, da sie feste, einfach kommunizierbare Überzeugungen beinhalten, die größtenteils auch nicht diskutierbar sind. Kimmins kommt zudem zum Schluss, dass „grüne Religion" zwei wesentliche Aspekte ignoriere: einerseits 9 Mrd. Menschen und andererseits die ökologischen Bedürfnisse verschiedener Waldorganismen und Waldökosysteme (Kimmins 1993).

3.1.3 Baumnarrative

Mythen sind eine Form von Narrativen, welche Aussagen machen, die oft religiöse und ethische Werte verkörpern, die sich jedoch nicht rational verstehen und erklären lassen. Es existieren verschiedene Mythen, die aus Überlieferungen früherer Kulturen noch heute unser Waldbewusstsein prägen. Der rational geprägte Mensch mag dies zwar belächeln. Es lässt sich jedoch feststellen, dass heidnisch-germanische Mythen derzeit im Rahmen der Esoterikbewegung neue Aufmerksamkeit erlangen. Für Römer, Kelten und Germanen war der Wald etwas Geheimnisvolles, das mit einer mythischen Welt voller Dämonen verbunden war und einen Teil der Religion bildete (Lehmann 2001). Die Eiche galt für die Kelten als göttlicher Baum. Wer einen heiligen Baum oder Hain fällte, war dem Tode geweiht. Die germanische Kultur weihte die Eiche dem Donnergott Thor, dem für ertragreiche Ernten geopfert wurde. Sogar in der Bibel wurden Eichen als Orakelstätten erwähnt. Andere Baumarten hatten ähnliche Bedeutungen, beispielsweise die Linde, die als Gerichts- und Richtbaum, aber auch als Baum des Volkes und der Freude diente (Dorflinde, Tanzbaum). Es lässt sich feststellen, dass die Bäume, die in Mythen verkörpert waren, überwiegend mit positiven Werten belegt waren, wobei einzelnen Laubbäumen (Eiche, Linde) eine majestätische, göttliche Rolle zukam. Die Symbolkraft der Eiche ist auch in der heutigen Zeit noch zu spüren.

Eichenblätter zierten in Deutschland jede D-Mark-Münze, vom ein-Pfennig bis zur Mark. Dies mag ein Grund sein, warum wir einigen Baumarten – beispielsweise der Eiche und der Linde – einen größeren Wert beimessen. Wenn die Fichte heutzutage nur ein geringes Ansehen genießt, so mag auch dies in den überlieferten Baummythen begründet sein.

3.1.4 Holznarrative

Alte Regeln, welche Anweisungen für die Nutzung und Verwertung des Holzes geben, sind zahlreich und haben sich bis in die neue, aufgeklärte Zeit erhalten (Fellner und Teischinger 2001). Sie beschreiben insbesondere den „richtigen" Zeitpunkt für die Ernte und die Verarbeitung, um Eigenschaften wie Quell-/Schwindverhalten, Brennbarkeit, Dauerhaftigkeit gegen Pilzbefall usw. günstig zu beeinflussen. Eine Untersuchung, welche den Einfluss des Erntezeitpunkt auf die von den Regeln versprochenen Holzeigenschaften untersucht (Fellner und Teischinger 2001), kam zum Schluss, dass „Holzregeln" nicht grundsätzlich zu verwerfen sind, dass eine experimentelle Überprüfung allerdings falsche Interpretationen und Überlieferungsfehler ausschließen kann.

Die Erzählung, dass in bestimmten Mondphasen geschlagenes Holz die Holzeigenschaft günstig beeinflusst, hält sich seit rund 2300 Jahren. Theophrast beschreibt in seiner „Naturgeschichte der Gewächse", die ums Jahr 300 vor Christus entstand, dass Holzfällen bei Neumond zu bevorzugen sei, da dann das Holz härter und weniger der Fäulnis unterworfen sei (Theophrastus und Sprengel 1822). Der Übersetzer, Fellner, merkt an, dass die griechische Regel zwar das Fällen bei abnehmendem Monde empfahl, dass aber Untersuchungen von Duhamel du Monceau im 18. Jahrhundert gezeigt hätten, dass die Holzeigenschaften bei zunehmendem Monde günstig beeinflusst werden. Daten belegen jedoch, dass die Mondphase im Zeitpunkt der Fällung keinen Einfluss auf die normierte Rohdichte und somit die mechanischen Eigenschaften hat (Fellner und Teischinger 2001). Die Debatte, ob Mondholz vorteilhafte Eigenschaften aufweist, zieht sich bis in die heutige Zeit. Es existiert ein Markt für Mondholz und einige holzverarbeitende Betriebe haben dafür ein spezielles Geschäftsmodell entwickelt.

Holz galt im Mittelalter als Material für den Hausbau der einfachen Leute, ein Image, das sich bis weit ins 20. Jahrhundert hielt. Bei Profan- und Sakralbauten hatte Holz lediglich eine dienende Funktion als Gerüst für Gewölbe-und Kuppelbauten sowie für Dachstühle. Der Holzbau galt dabei als ein Gewerbe, das sich nicht industrialisieren ließ (Lissner und Rug 2018), womit ihm der Anstrich der Moderne vorenthalten blieb. Die Industrialisierung verstärkte diese Ansicht, indem mit Stahl und Beton „moderne" Baustoffe zur Verfügung standen, welche bisherige geometrische Restriktionen sprengten. In der zweiten Hälfte des 20. Jahrhunderts setzte die Industrialisierung des Holzbaus ein und neue Werkstoffe – Brettschichtträger, Brettsperrholzplatten und „Engineered Wood Products" – ermöglichten es, größere Tragwerke zu realisieren. Gleichzeitig entdeckte die Architektur Holz als Leitmaterial, was den Bau von Leuchtturmholzbauten ermöglichte, beispielsweise das HoHo-Hochhaus in Wien oder der Swatch-Hauptsitz mit einer geschwungenen Form von 240 m Länge und 25 m Breite.

3.2 Dilemmata auf sozialer und politischer Ebene

Auf der Ebene gesellschaftlich-politischen Handelns geht es darum, Handlungsstoßrichtungen festzulegen und die dafür erforderlichen Ressourcen bereitzustellen. Es war ein Anliegen der Politikwissenschaften in den 1950er-Jahren, diesen Entscheidungsprozess rationaler zu gestalten (Lasswell 1956). Das Streben nach Rationalität wird jedoch stark verzerrt durch Weltanschauungen, Überzeugungen, ausgedünnte Verfügungsrechte, Machtstrukturen sowie auch politische List, womit das Ideal eines rationalen politischen Prozesses stark zu relativieren ist. Bei der Implementierung von Lösungen sind wir zudem oft mit dem Auseinanderklaffen von privatem und gemeinschaftlichem Nutzen konfrontiert, was zu einer Implementierungslücke führt. Nachfolgend geht es darum, Phänomene, welche das Identifizieren und Umsetzen von Lösungen für die Klima- und Nachhaltigkeitswende hemmen oder sogar vor unmöglich machen, aus der Sicht der Wald- und Holzwirtschaft zu beschreiben.

3.2.1 Interessen-pluralismus

Seit dem Entstehen einer geregelten Forstwirtschaft waren Politik und Verwaltung für das kollektive forstliche Handeln verantwortlich, was auf der Annahme beruhte, sie seien in der Lage, im Sinne des „öffentlichen Willens“ und des „Gemeinwohls“ zu handeln. Mit dem Entstehen der neuen sozialen Bewegungen in den 1960er-Jahren entstand eine zunehmend pluralistische Gesellschaft, in der es eine Vielfalt von Weltanschauungen gibt, die unterschiedliche Ideen und Überzeugungen verkörpern, welche untereinander oft nicht kompatibel sind. Der „öffentliche Wille“ ging dabei nicht mehr aus dem Handeln von Staat und Verwaltung hervor, sondern aus der Abstimmung und dem Streit partikulärer Interessen (Noetzel 2008). Die Wald- und Holzwirtschaft liegt heute in einem Kraftfeld, das durch mehrere Politikfelder bestimmt ist, was in Abb. 3.2 illustriert ist.

Im Zentrum von Abb. 3.2 stehen zwei Politikfelder, die seit dem Entstehen einer geregelten Forstwirtschaft im 18. Jahrhundert die Entwicklung lenkten. Die Waldpolitik steht im Zentrum und beabsichtigte, den Wald in seiner Ausdehnung zu sichern und die Ökosystemleistungen zu erhalten und zu erweitern, wobei ursprünglich nur die Versorgungsleistung mit Holz und Schutzleistungen vor Naturgefahren von Interesse waren. Die Ressourcenpolitik ging Hand in Hand mit der Waldpolitik und bezweckte, Holz als wertvollen Rohstoff bereitzustellen und sinnvoll zu verwenden. Die französische Ressourcenpolitik hatte ursprünglich einen klaren Fokus auf das Bereitstellen von Holz für den Ausbau der Marine (Huffel 1925), während andernorts Bau- und Brennholz im Vordergrund standen.

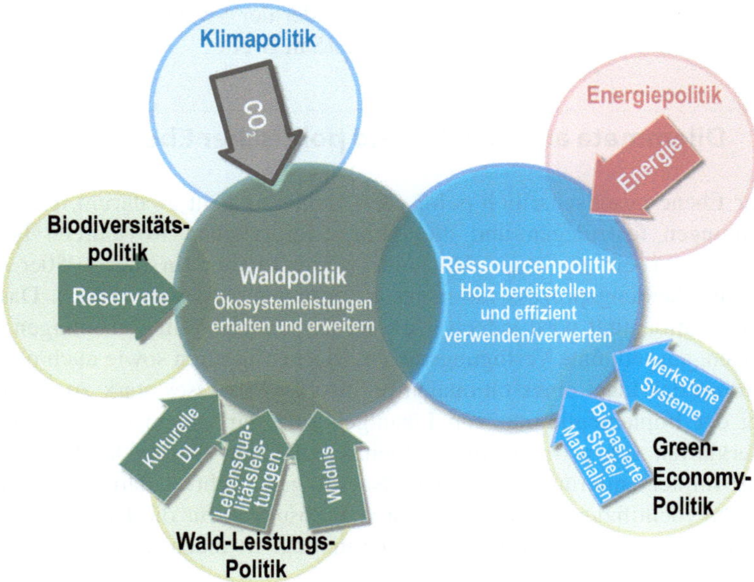

Abb. 3.2 **Wald im Kraftfeld verschiedener Politikfelder.** Während Wald- und Ressourcenpolitik die klassischen Politikfelder sind, die seit dem Entstehen einer geregelten Forstwirtschaft bestehen, kamen nach der ökologischen Revolution nach 1970 neue Felder hinzu. Die verschiedenen Politiken haben unterschiedliche Erwartungen und Ziele, die teilweise unvereinbar sind

Biodiversitätspolitik

Mit der ökologischen Wende um 1970 und der Rio-Konferenz 1992 gelangten der Biodiversitäts- und der Klimaschutz auf die internationale Agenda. Die Biodiversitätspolitik erreichte mit dem Biodiversitätsrahmen von Kunming und Montreal (UNEP 2022) einen neuen Meilenstein, der unter anderem folgende Hauptziele umfasst: 1) Erhaltung und Schutz von 30 % aller Land-, Binnengewässer-, Küsten- und Meeresgebiete, 2) Wiederherstellung von 30 % der geschädigten Land- und Meeresökosysteme, 3) nachhaltige Bewirtschaftung von Agrar-, Aquakultur-, Fischerei- und Forstwirtschaftsgebieten sowie 4) erhebliche Ausweitung von Agrarökologie und anderen biodiversitätsfreundlichen Verfahren. Das bedeutet, dass Vertreter der Biodiversitätsinteressen ein neues Machtmittel erhalten haben, mit dem sie auf etwa einem Drittel der Waldfläche ihre Anliegen geltend machen können. Die Zielsetzungen sind nicht unbestritten (Lo und Jang 2022) und es existieren ernsthafte Bedenken, dass man damit Eigentümer und Gemeinschaften entmündige, welche Wälder über Generationen verantwortungsvoll bewirtschaftet hätten. Des Weiteren spricht man von „Festungsnaturschutz", der völlig naturzentriert und von nutzungsorientierten Landnutzungsformen entkoppelt ist. Der „Festungsnaturschutz" ist mehr oder weniger deckungsgleich mit dem Konzept „Traum von der Wildnis“. Zu Beginn des 20. Jahrhunderts entstand eine Bewegung, welche Wildnis idealisierte. Wildnis verkörpert eine duale Weltanschauung: Menschheit auf der einen, Wildnis auf der anderen Seite (Cronon 1995). Damit wird jede Art von sinnvoller Nutzung *(use)* zu einer missbrauchenden Nutzung *(abuse)*. Vertreter, der Wildniscommunity sind der festen Überzeugung, dass unberührte Ökosysteme die besten und reichhaltigsten Verwahrungsorte von Arten seien, die es unbedingt zu schützen gelte (Cronon 1995). Eine Studie von 24 Wildnisgebieten, die alle eine Ausdehnung von mehr als 1 Mio. ha aufweisen und von weniger als fünf Personen pro Quadratkilometer besiedelt sind, untersuchte, ob sich die Hypothese, dass Wildnis mit hoher Biodiversität einhergeht, empirisch stützen lässt (Mittermeier et al. 2003). Ein überraschendes Ergebnis war, dass die meisten Wildnisgebiete nicht artenreich sind, indem nur 18 % der Pflanzen und 10 % der Wirbeltiere endemisch waren. Die Studie kommt zudem zum Schluss, dass die Erhaltung der Biodiversität und der Schutz der Wildnis zwei unterschiedliche Zielsetzungen verkörpern. Sie betont zudem, dass für eine effiziente Strategie zum Schutz der Biodiversität auf Gebiete mit hoher Biodiversität fokussieren sollte, wozu auch einige Wildnisgebiete gehören.

Klimapolitik

Die Kohlenstoffspeicherung in Waldökosystemen war ein Eckpfeiler, um die globale Erwärmung unter 1,5°C zu halten (IPCC 2018). Sie war aber immer nur als Ergänzung zur drastischen Reduktion des CO_2-Ausstoßes gedacht. Es gibt aber quantitative Untersuchungen, welchen Beitrag Wälder zur Reduktion des globalen Kohlenstoffumsatzes leisten können (Roebroek et al. 2023). Grundsätzlich gibt es zwei Möglichkeiten für die Kohlenstoffspeicherung, einerseits Managementregimes, um die ober- und unterirdischen Biomassespeicher zu erhöhen, und andererseits die Waldfläche mit Aufforstungsmaßnahmen massiv auszudehnen. Eine neue Studie (Roebroek et al. 2023) kommt zum Schluss, dass die heute vorhandenen Wälder nur ein beschränktes Potenzial haben, Kohlenstoffmengen zu speichern, die einen signifikanten Anstieg von CO_2 in der Atmosphäre abschwächen. Um mit zusätzlichen Aufforstungen ein Potenzial zu schaffen, das CO_2 wirksam speichert, wären über 7 Mio. km^2 zusätzliche Fläche notwendig, was etwa der Größe von Australien entspricht. Damit ist klar, dass diese Option unrealistisch ist, und zudem würde es Jahrzehnte dauern, bis die erwartete Wirkung vorhanden wäre, was für die angestrebte Klimawende viel zu lang ist. Die Untersuchung betont auch, dass Klimaveränderung zu einem erhöhten Störungsrisiko – Dürren, Kalamitäten, Stürme – und einer erhöhten Baummortalität führt. Damit ist der vorhandene Waldkohlenstoffspeicher einem großen Risiko ausgesetzt, womit Wälder zu CO_2-Quellen werden können. Eine vorrangige Aufgabe der Forstwirtschaft muss deshalb darin liegen, Interventionsstrategien zu entwickeln, um den CO_2-Ausstoß nach Störungen einzugrenzen oder ganz zu verhindern. Ungeachtet dieser neuesten wissenschaftlichen Erkenntnisse wird die waldbezogene Klimapolitik teilweise noch immer von Ideen und Vorstellungen geprägt, die von der biologisch-physischen Realität entkoppelt sind.

Energiepolitik

Die anthropogenen Energiesysteme sind die Hauptursache für den Treibhausgasausstoß, der zu einer globalen Erwärmung führt. Schätzungen in der EU gehen davon aus, dass rund 70 % der gesamten Treibhausgasemissionen auf die Energiesysteme entfallen (EEB 2022). Der Umbau der Energiesysteme ist somit ein Schlüssel auf dem Weg zu einem Netto-Null-CO_2-Zustand, der idealerweise auf erneuerbaren Energien basiert. Die Energiepolitik ist somit zu einem wichtigen öffentlichen Handlungsfeld geworden, das beispielsweise in der EU in Richtlinien über erneuerbare Energien Niederschlag fand, die auch unter dem Akronym RED (Renewable Energy Directive) bekannt sind. Die erste Richtlinie (RED I) stammt aus dem Jahr 2009 (EU 2009) und hielt unter anderem fest, dass eine verstärkte Mobilisierung bestehender Holzreserven und die Entwicklung neuer Waldbausysteme zu fördern sei, um das Biomassepotenzial voll auszunutzen. Diese Politik zeigte ihre Wirkung, indem sich die Energie, die aus Holzbiomasse erzeugt wurde, vom Jahr 2000 bis ins Jahr 2018 verdoppelte (Camia et al. 2021). Im Jahre 2016 stammten allerdings erst 17 % des Gesamtenergiebedarfs aus erneuerbaren Energien, wovon knapp 40 % holzbasiert war. Eine Hälfte der Holzbiomasse kam dabei aus sekundären Quellen (Restholz, Altholz), während die andere Hälfte aus direkt aus dem Wald bereitgestelltem Holz kam. Es entwickelte sich zudem ein Markt für Holzpellets, deren Menge zwischen 2009 und 2015 um einen Faktor von etwa 3,5 anstieg (Camia et al. 2021). Im Jahr 2018 erfolgte eine Neuauflage der Richtlinie (RED II) (EU 2018), welche weiterhin eine Förderung einer nachhaltigen Mobilisierung bestehender Holz- und Landwirtschaftsressourcen sowie die Entwicklung neuer Produktionssysteme forderte. Es erfolgte aber auch eine Präzisierung, dass das Rohholzmaterial ausschließlich aus Wäldern kommen sollte, in denen die Ernte im Einklang mit den Grundsätzen einer nachhaltigen Waldbewirtschaftung stehe. Bei der Vorbereitung für eine weitere Neuauflage der Richtlinie (RED III) (EEB 2022) wurden zwei wichtige Ziele festgehalten. Erstens soll bis im Jahr 2040 Klimaneutralität – Netto-Null-CO_2 – und zweitens sollen bis im Jahr 2030 50 % des gesamten Energiebedarfs durch erneuerbare Energien abgedeckt werden. Der Vorschlag beinhaltete zudem eine Neuorientierung der Bioenergiepolitik. Neu sollte holzbasierte Bioenergie zum größten Teil aus Rest- und Abfallholz erzeugt werden, während Biomasse aus speziellem Holzenergieanbau und aus der Ernte von Waldholz grundsätzlich nicht mehr verwendet werden soll. Zudem sollte es ab 2026 keine Unterstützung mehr geben für die Erzeugung von Elektrizität aus forstlicher Biomasse. Holzbiomasse sollte stattdessen als Rohmaterial für die Herstellung von chemischen Stoffen und Produkten dienen, wie es die Bioenergiestrategie vorsieht.

Die Frage, wie sinnvoll forstliche Bioenergie ist, beantworten Wissenschaft und Politik unterschiedlich (Norton et al. 2019). Es waren Wissenschaftler, welche die Verwendung von Waldholz für die Energiegewinnung infrage stellten. Als erstes Argument führten sie an, dass die Energiedichte von Holz geringer ist als jene fossiler Energieträger, was bedeutet, dass bei der holzbasierten Produktion von 1 kWh Energie rund 18 % mehr CO_2 ausgestoßen wird als bei der Verwendung von Kohle (Robinson 2023), eine Erkenntnis, welche das IPCC bereits

2006 in seinem Treibhausgasinventar publizierte. Das zweite Argument ist, dass zum Zeitpunkt der Verbrennung beträchtliche Mengen von CO_2 in die Atmosphäre ausgestoßen werden und dass die Abscheidung derselben Menge CO_2 durch nachwachsende Waldbestände beträchtlich Zeit braucht. Dies bedeutet, dass der CO_2-Anteil in der Atmosphäre beim Verbrennen von Holz kurzfristig ansteigt und dass die Paybackperiode der biologischen Abscheidung als Folge der zunehmenden Dürre-, Sturm- und Kalamitätenrisiken erst mit großer Zeitverzögerung erfolgt, was bei den angestrebten Netto-Null-CO_2-Klimazielen zu spät ist (Sterman et al. 2018). Die Sterman-Studie warnt deshalb (Sterman et al. 2018), dass Bioenergie das Risiko birgt, die CO_2-Konzentration in der kritischen Periode bis etwa 2100 zu erhöhen. Sie besagt zudem, dass die Annahme der CO_2-Neutralität der Bioenergie, wie den EU-Richtlinien RED I (EU, 2009) und RED II (EU 2018) zugrunde gelegt, nicht haltbar sei, da sie fälschlicherweise davon ausgehe, dass nachwachsende Waldbestände die CO_2-Emissionen sehr rasch abschneiden und ausgleichen können. Obwohl bei der Vorbereitung der Richtlinie zur Förderung unter Nutzung von Energie aus erneuerbaren Quellen (EEB 2022) ein Verzicht der Energiegewinnung aus Waldholz vorgeschlagen wurde, dürfte eine Implementierung schwierig sein, da damit Subventionsgelder verloren gingen und der Investitionswert von Heiz- und Kraftwerken weitgehend verloren ginge.

Die Verhandlungen im Europäischen Parlament ergaben zwar, dass die Energieerzeugung aus Waldholz noch besser an Nachhaltigkeitskriterien gebunden sein müsse, dass aber auf die direkte Verwertung von Waldholz nicht verzichtet werden könne, um das Ziel von 45 % Erneuerbaren am gesamten Energiemix bis 2030 zu erreichen.

Bioökonomiepolitik

Die Grundidee des Bioökonomiekonzepts ist es, die Abhängigkeit von nicht erneuerbaren Ressourcen zu reduzieren und insbesondere Ersatzmöglichkeiten für fossilbasierte Produkte wie Treibstoffe, Plastik, Kunstfasern, Bitumen usw. zu finden. Sie entwickelte sich zu einem Politikfeld, nachdem die OECD (OECD 2009) und die EU (EC-RTD 2018) entsprechende Handlungsstoßrichtungen definierten. Die traditionellen Forst- und Holzwirtschaftssektoren sind als Teil einer „Bioökonomie 1.0" zu sehen, die aus Biomasse verschiedene Produktkategorien herstellen, insbesondere Schnittholz, Schnittholzprodukte, Holzwerkstoffe, Cellulose und chemische Rohstoffe. Die Grundidee der OECD-Publikation war der Entwurf einer „Bioökonomie 2.0", welche die Potenziale der Biotechnologie systematisch nutzt. Dabei geht es darum, Zellen, Gewebe, Organe und Organismen gezielt zu verändern, aber auch Genome und Proteine zu analysieren, die mit neuartigen Züchtungsmethoden, die auf markergestützter Selektion (MAS) basieren, Varietäten von Pflanzenarten zu entdecken, die mit den Herausforderungen des Klimawandels besser umgehen können. In vielen europäischen Ländern ist ein derartiger Einsatz von Biotechnologie umstritten, während er in Ländern mit aufstrebenden Volkswirtschaften – BRICS-Länder: Brasilien, Russland, Indien, China, Südafrika – bereits breite Anwendung findet. Ein Ersatz fossilbasierter durch biobasierte Produkte bedingt in jedem Fall eine Erhöhung der Biomasseproduktion.

Bei gleichbleibender Waldfläche lässt sich das nur über eine Intensivierung realisieren, während eine Produktion in speziellen Plantagen zwar denkbar, aber in vielen mitteleuropäischen Ländern sehr schwierig ist. Bei der Vorbereitung der Neuauflage der EU-Richtlinie über erneuerbare Energien (EEB, 2022) erkannte man dieses Problem und versuchte, Druck wegzunehmen, indem man die direkte energetische Verwertung von Waldholz auslaufen lassen wollte, um die Biomasse als Rohmaterial für die Raffinerien freizuspielen. Wie bereits oben erwähnt, ließ sich diese Idee aber politisch nicht durchsetzen.

Ortsgebundene Interessen

Die oben besprochenen Politikfelder umfassen zwei Ökosystemleistungsgruppen (Reid et al. 2005), einerseits „lebensermöglichende Leistungen" *(life-support services)* mit dem Kohlenstoffkreislauf und der Biodiversität und andererseits „Versorgungsleistungen" *(provisioning services)* mit der Bereitstellung von Biomasse für Energie, Bau- und Werkstoffe sowie Cellulose und Chemierohstoffe. Zwei weitere Ökosystemleistungsgruppen – Lebensqualitätsleistungen *(quality of life services),* Kulturleistungen *(cultural heritage services)* – sind nicht explizit als Politikfelder etabliert. Sie sind Handlungsfelder, die durch regionale und lokale Interessen geformt und entwickelt werden.

Zur Gruppe der Lebensqualitätsleistungen gehören 1) der Schutz vor Naturgefahren, 2) Erholung und Vergnügen, 3) Wasserreinigung sowie 4) Forschung und Ausbildung, d. h. intellektuelle Stimulation. Sie sind mehr oder weniger ortsgebundenen, d. h., der räumliche Handlungsspielraum ist eng begrenzt. Die Leistungen dieser Gruppe sind auch unter „Schutz- und Wohlfahrtfunktionen" bekannt. Zu den Kulturleistungen gehören 1) historische Landnutzungsformen, beispielsweise Mittelwälder oder Kastanienselven, 2) historische Bauten und Anlagen, 3) Kultstätten. Sie sind immer ortsgebundenen, womit kein räumlicher Handlungsspielraum besteht.

Vor allem in der Nähe von Agglomerationen und Tourismusgebieten sind die Interessen an „Erholung und Vergnügen" im Wald stark gestiegen. Es gibt Gebiete, in denen der Mountainbikeverkehr so stark zugenommen hat, dass sich Maßnahmen aufdrängen, die Mountainbikenutzung zu regulieren. Es ist anzunehmen, dass sich dieser Trend tendenziell noch verstärken wird.

Fazit

Bis zur ökologischen Revolution um etwa 1970 waren Entscheide und Handlungen der forstlichen Landnutzung ein Zusammenspiel von Waldeigentümern und Forstbehörden, bei denen Interessengruppen eine untergeordnete Rolle spielten. Die offizielle Einbeziehung von Nichtregierungsorganisationen in die politischen Prozesse seit der UN-Konferenz über die Umwelt des Menschen im Jahre 1972 führte zu ihrer informellen und formellen Legitimierung und Mitwirkung bei der Formulierung von Grundsätzen und Handlungsstoßrichtungen für die Umwelt und damit auch für die Landnutzung. Die Forstwirtschaft geriet damit, wie es Abb. 3.2 illustriert, in ein Kraftfeld verschiedenster Interessengruppen und es fragt sich, welche Konsequenzen dies hat.

Die Theorie des Pluralismus geht von der Annahme aus, dass dem Staat beim kollektiven Handeln keine besondere Souveränität mehr zukommt und dass er nicht mehr über den Interessen verschiedenster Gruppen steht (Noetzel 2008). Diese Annahme resultiert auch in der Überzeugung, dass das, was als Allgemeinwohl anzustreben ist, aus dem Wettbewerb der verschiedenen Interessen hervorgeht und nicht aus Prozessen der Politik und der Verwaltung. Lowi, ein bekannter Politologe, kritisiert, diese Sichtweise sei mit wesentlichen Mängeln behaftet (Lowi 1979). Als Erstes beanstandet er, dass Verhandlungen zwischen Gruppeninteressen nicht selbstkorrigierend seien und nicht in einem öffentlichen Interesse resultierten. Zweitens führt er an, dass Behörden sich mit jenen Interessengruppen solidarisieren, für die sich entwickelnde Handlungsstoßrichtungen möglichst attraktiv sind, was er als Klientelpolitik bezeichnet. Damit reduziert sich die Anzahl der einflussreichen Interessengruppen und anstelle der freien Konkurrenz tritt eine Oligopolsituation. Drittens stellt er die idealisierte Konzeption von Gruppen infrage, die annimmt, dass Gruppen grundsätzlich positiv zu sehen seien, solange sie die öffentlichen Regeln einhalten. Lowi nennt seine Sichtweise „Interessengruppenliberalismus", der zu einem Schwund öffentlicher Autorität und öffentlichen Handelns, zum Erhalt und zur Einrichtung von Privilegstrukturen sowie zu Widerstand gegen Änderungen führt (Lowi 1979). Die von Lowi beschriebene Logik führte zu einer klaren Verschiebung von Machtstrukturen innerhalb der öffentlichen Verwaltung. Forstbehörden waren traditionell eigenständige Organisationseinheiten der Verwaltung, welche die Wald- und Ressourcenpolitik (Abb. 3.2) weitgehend eigenständig definierten und weiterentwickelten. Vor allem die neu entstehenden Umweltpolitikfelder entwickelten sich zu äußerst einflussreichen Verwaltungseinheiten, bei denen Umweltinteressengruppen und Verwaltung eng zusammenarbeiten und somit eine Win–win-Situation schaffen konnten. Die Machtstrukturen innerhalb der Verwaltung verschoben sich und Forstbehörden verloren an Einfluss oder wurden in „übergreifende" Umweltverwaltungseinheiten integriert.

3.2.2 Problem der Anti-Allmende

Mit der informellen und formellen Legitimierung von Nichtregierungsorganisationen und Interessengruppen, an politischen Beurteilungs- und Entscheidungsprozessen mitzuwirken, hat sich auch das Bündel von Verfügungsrechten, welche das Konzept des Eigentums verkörpern, verändert. Die ökonomische Theorie der Verfügungsrechte entstand in der „Neuen Institutionellen Ökonomik" und wurde durch den Beitrag „The Problem of Social Cost" (Coase 1960) breit bekannt. Verfügungsrechte sind Ermächtigungen, die mit der Nutzung einer Sache verbunden sind. Am einfachsten lässt sich das Konzept mit dem Beispiel des Wohneigentums illustrieren. Der Wohnungseigentümer ist ermächtigt, seine Wohnung 1) zu nutzen, 2) zu verändern, 3) zu vermieten und 4) zu verkaufen. Zudem hat er das Recht, 5) andere von der Nutzung auszuschließen sowie 6) seine Rechte auf dem Rechtsweg durchzusetzen. In einer „Robinsonwelt" hält der Eigentümer sämtliche Verfügungsrechte, während es bei der Landnutzung verschiedene Regimes gibt, bei denen die Verfügungsrechte auf mehrere Akteure verteilt sind. Aus der Sicht der forstlichen Landnutzung sind zwei Regimes von besonderem Interesse, das Allmende- und das Anti-Allmende-Regime (Abb. 3.3).

Was wir unter dem Abschnitt „Interessenpluralismus" beschrieben haben, ähnelt einem Regime des Gemeingutzugangs *(common access)*, das sich dadurch auszeichnet, dass eine große Anzahl von Akteuren das Recht hat, die Strukturen und Mechanismen des Politikprozesses zu nutzen, während niemand ein Recht besitzt, andere von diesem Recht auszuschließen (LUECK 2017). Zudem steht die Ausübung eines Rechts durch einen Akteur in Rivalität mit den anderen Akteuren. Dieses Regime wird Allmenderegime genannt, das mit dem Artikel von Hardin zur „Tragödie der Allmende" weit bekannt wurde (HARDIN 1968), und tendiert immer zu einer Übernutzung (Abb. 3.3, links). Die Rente (Nutzen), welche ein Akteur in einem derartigen Fall sichern kann, hängt primär davon ab, wie viel Aufwand er betreibt. Dies basiert auf der Annahme, dass die Rente proportional zum Aufwand ist, der für bestimmtes Anliegen betrieben wird (LUECK 2017). Der Aufwand, der betrieben werden kann, hängt auch mit dem zur Verfügung stehenden Budget zusammen. Internationale NGOs, beispielsweise der WWF, hat mittlerweile ein Jahresbudget von weit über 100 Mio. US-Dollar und somit eine große Macht, aus einem Politikfeld Nutzen zu ziehen. Dem gegenüber stehen Interessenverbände der Wald- und Holzwirtschaft, deren Budget bescheiden ist, was ein Grund sein mag, warum Forst- und Holzwirtschaft ihre Anliegen nicht besser politisch umsetzen konnten.

Die Nichtregierungsorganisationen und Interessengruppen erhielten schleichend ein zusätzliches Verfügungsrecht, das Vetorecht, mit dem ein Akteur ein Vorhaben eines Eigentümers stoppen kann. Mit Vetorechten können die Nutzung (Art von Holzschlägen), die Veränderung der Nutzung (Baumartenwahl, Waldbauregime, Ausstattung mit Infrastrukturanlagen) in konkreten Fällen gestoppt wer-

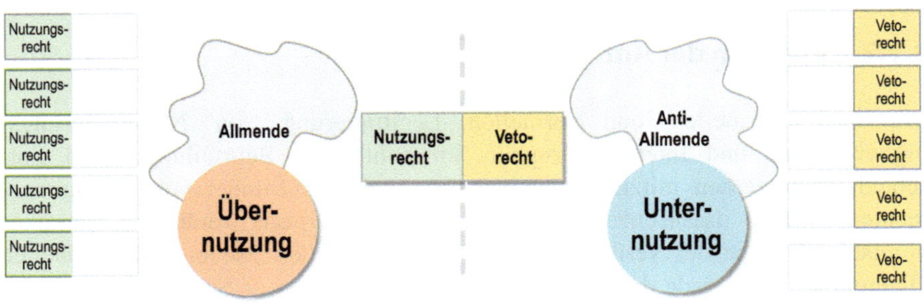

Abb. 3.3 Über- oder Unternutzung einer Ressource als Folge von Allmende- und Anti-Allmende-Regimes. Wenn eine große Zahl von Akteuren ein Nutzungsrecht hat, jedoch kein Recht, andere von der Nutzung auszuschließen, so führt dies zu Übernutzung („Tragik der Allmende"). Wenn viele Akteure ein Vetorecht haben, die Nutzung einer Ressource zu verhindern oder zu erschweren, und es kein Recht gibt, andere vom Gebrauch ihres Vetorechts auszuschließen, so führt dies zu Unternutzung („Tragik der Anti-Allmende")

den. Dieses Regime zeichnet sich dadurch aus, dass viele Akteure ein Vetorecht haben und dass es keinen Mechanismus gibt, sie davon auszuschließen, von ihrem Vetorecht Gebrauch zu machen (Abb. 3.3, rechts). In der Literatur ist dieses Regime als „Anti-Allmende" bekannt geworden (BUCHANAN UND YOON 2000; HELLER 1998). Ein Anti-Allmende-Regime tendiert immer zu Unternutzung, womit eine Symmetrie zum Allmenderegime vorliegt (BUCHANAN UND YOON 2000). Lueck formalisierte das Problem und Gl. 3.1 ist eine angepasste Version seiner Analyse.

$$E_R = \frac{f(x_t) \cdot (1 - p_t)}{(1 + i)^t} - p_t \cdot g(x_t) \tag{3.1}$$

wobei

E_R = Erwartungswert der Rente für Zeitpunkt t.
$f(x_t)$ = Nutzen im Zeitpunkt t.
x_t = Nutzungsmenge im Zeitpunkt t.
p_i = Wahrscheinlichkeit, dass im Zeitpunkt t Vetorechte eingelegt werden.
i = Zinssatz.
t = Zeitpunkt (Jahre).
$g(x_t)$ = Durchsetzungskosten, entweder Kauf der Vetorechte oder Rechtskosten.

Der Erwartungswert der Rente E_R für einen Zeitpunkt t ergibt sich aus einem erwarteten Nutzen $f(x_t)$ und einer erwarteten Wahrscheinlichkeit p_t, dass Vetos eingelegt werden, diskontiert mit einem Zinssatz i. Dieser Ausdruck nimmt den Wert 0 an, falls die Wahrscheinlichkeit p_t gleich 1 wird, d. h. dass es praktisch sicher ist, dass Vetos eingelegt werden. In diesem Fall wird der Erwartungswert der Rente 0, wobei der damit fehlende Anreiz das Kernproblem der Anti-Allmende ist (LUECK 2017). Wenn man Transaktionskosten berücksichtigt, so ist ein zweiter Ausdruck zu berücksichtigen, der den Erwartungswert der Durchsetzungskosten $g(x_t)$ repräsentiert. In einer idealen Welt, in der keine Transaktionskosten anfallen, ließe sich dieser Term vernachlässigen. In der Realität sind jedoch die Durchsetzungskosten zu berücksichtigen, die sich entweder aus einem Kauf der Vetorechte oder aus den Kosten für die Durchsetzung auf dem Rechtsweg ergeben. Gl. 3.1 illustriert auch das Geringfügigkeitsproblem, bei dem das Verhältnis zwischen erwartetem Nutzen und erwarteten Durchsetzungskosten mit einer kleiner werdenden Waldfläche abnimmt. Falls die Wahrscheinlichkeit, dass ein Vetorecht geltend gemacht wird, präsent ist, tendieren deshalb Kleinwaldeigentümer dazu, auf eine Nutzung ganz zu verzichten. Das Problem wurde ursprünglich für das Management von Aktiengesellschaften beschrieben (FRANK 2006).

Während die Übernutzung von Ressourcen als Folge von Allmenderegimes allgemein bekannt ist (HARDIN 1968), ist das duale Problem – Unternutzung als Folge von Anti-Allmende-Regimes – nur wenig geläufig. Es existieren deshalb auch keine Untersuchungen zu diesem Problem in der forstlichen Landnutzung, obwohl viele industrialisierte Länder eine Unternutzung ihrer Waldressourcen aufweisen. Die Problematik wurde deshalb auch kaum mit praktischen Beispielen illustriert und diskutiert und klare Konzepte, wie sich die Unternutzung korrigieren lässt, fehlen weitgehend (HELLER 2013). Heller sieht deshalb die große Herausforderung darin, Lösungen für die Tragödie der Anti-Allmende zu finden. Er ist überzeugt, dass der erste und wichtigste Schritt darin besteht, das Problem zu benennen und sichtbar zu machen.

3.2.3 Not-in-my-Backyard-Dilemma (NIMBY)

Viele Arten der Landnutzung zeichnen sich dadurch aus, dass sie Nutzen erzeugen, der diffus über ein größeres geografisches Gebiet verteilt ist, während die entsprechende Leistung an wenigen, punktförmigen Orten bereitgestellt wird (Abb. 3.4). An den Orten der Leistungserzeugung entstehen Auswirkungen, welche lokale Einwohner als Schäden wahrnehmen, was sie beispielsweise veranlasst, gegen die Lokalisierung und Erstellung von Windkraftanlagen ihr Veto einzulegen. Diese Problematik wurde ums Jahr 1980 als „not in my backyard (NIMBY)" (Tréguer 2018) beschrieben und illustriert, dass eine kleine Gruppe von lokal Betroffenen Einfluss hat auf die Lokalisierungs- und Bauentscheide, während die Nutzer von diesen Entscheiden ausgeschlossen sind (Foster und Warren 2022). Eine derartige Situation gleicht dem Anti-Allmende-Problem, bei dem eine beträchtliche Zahl Agenten ein Vetorecht hat, während es kein Recht gibt, jemanden vom Gebrauch seines Vetorechts auszuschließen. Die führt deshalb zu einer Unternutzung, bei der beispielsweise das Potenzial für Windkraft nicht ausgeschöpft werden kann.

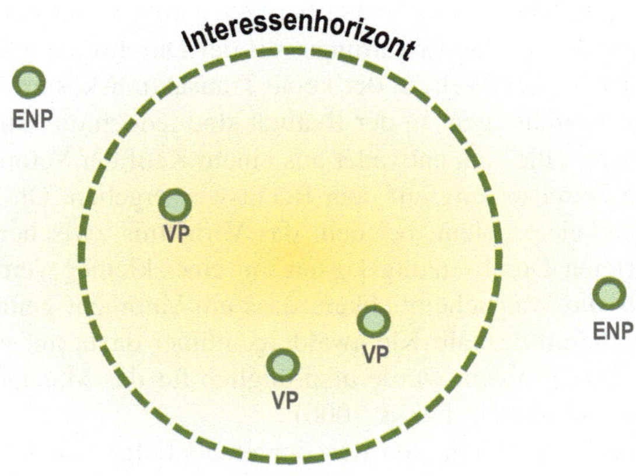

Abb. 3.4 Not-in-my-Backyard-(NIMBY-)Problem. Die Nutzung eines Raumes stellt Güter oder Dienstleistungen bereit, welche für sämtliche Bewohner einen Nutzen erzeugen. Die Bereitstellung geschieht jedoch nur an wenigen Orten, an denen lokale Bewohner ein Veto einlegen, da sie Beeinträchtigungen erfahren und wahrnehmen, die ihren privaten Nutzen schmälern. VP = lokale Vetopunkte; ENP = externe Nutzungspunkte außerhalb des Interessenhorizonts, bei denen kein Veto eingelegt wird

Die forstliche Landnutzung sieht sich vor allem im Umfeld von städtischen Gebieten dem NIMBY-Problem ausgesetzt. Es gibt kaum Personen, welche die Verwendung von Holz als schädlich oder sogar verwerflich bewerten. Die Nutzung erfolgt jedoch immer an bestimmten räumlichen Orten (Abb. 3.4), die sich als Vetopunkte (VP) bezeichnen lassen. Lokale Anwohner nehmen die Auswirkungen der forstlichen Nutzungsaktivitäten als Beeinträchtigungen und/oder Schäden wahr, wobei Auswirkungen auf Flora und Fauna, die Waldstruktur, Wald- und Landschaftsästhetik, Lärmeinwirkung sowie Freizeit- und Erholungsmobilität im Vordergrund stehen. Sie sehen sich oft als Fürsprecher zugunsten der Natur, wobei es keinen Referenzmaßstab gibt, welche Natur man vertritt. Es entsteht Widerstand, der über die klassischen und die neuen sozialen Medien in die öffentliche Wahrnehmung gelangt und die Kraft entwickeln kann, laufende Nutzungsaktivitäten zu stoppen und zukünftige Nutzungseingriffe zu verhindern. Die neuen sozialen Medien vergrößern die „Reichweite" der Bewohner, womit die „Sichtbarkeit" von Nutzungseingriffen zunimmt.

Lokale Einwohner haben einen Interessenhorizont (Abb. 3.4), außerhalb dessen die Wahrnehmung negativer Auswirkungen der Landnutzung marginal wird. Nutzungsaktivitäten, welche in großer Distanz stattfinden, verschwinden somit aus unserem Beurteilungskontext, was sich am Beispiel der Cellulose- und Papierherstellung illustrieren lässt. Viele Leute sind sich nicht bewusst, dass die Herstellung von Cellulose zunehmend mit Holz aus den Plantagen der Subtropen auf der Südhalbkugel (Brasilien, Chile, Uruguay, Südafrika) erfolgt, die wir bei uns in Form von Papier, Hygienepapier usw. verwenden. Dabei basiert der Waldbau auf der Basis von Klonforstwirtschaft und in wenigen Ländern sogar von genetisch modifizierten Bäumen. Derartige Praktiken würden bei uns mit Sicherheit eine große öffentliche Empörung auslösen, aber sie werden in der Form verarbeiteter Produkte stillschweigend toleriert. Ähnliches stellt man fest mit Schnittholz, das man in Baumärkten kauft, welches meist mit Waldbausystemen produziert wird, die für uns nicht akzeptierbar sind. Der internationale Handel ermöglicht es, unseren Bedarf an Holzprodukten zu decken, selbst wenn wir unsere eigene Nutzung „vor unserer Haustür" aussetzen. Die Abhängigkeit von der Ressourcenbasis und der Forstwirtschaft verliert damit stark an Sichtbarkeit und das gute Gefühl, dass die lokale Welt in Ordnung sei, dominiert.

Es stellt sich die Frage, welche Möglichkeiten es gibt, das NIMBY-Problem zu lösen oder zumindest abzuschwächen. Die dominante Stoßrichtung empfiehlt, das Problem durch staatliche Eingriffe zu lösen, welche die Vetorechte der lokal Betroffenen eingrenzen oder eliminieren. Ein alternativer Ansatz versucht, die Lokalisierungs- und Bauentscheide von den Einspruchsmöglichkeiten zu entkoppeln (Foster und Warren 2022), was auf der Annahme basiert, dass das NIMBY-Problem auf einem Verhandlungsversagen zwischen Projektentwicklern und lokalen Einwohnern beruht. Ziel von Verhandlungen müsse es sein, die lokalen Einwohner in einer sehr frühen Phase für ihre wahrgenommenen „Schäden" zu entschädigen, was gleichzeitig zu einer Reduktion der Transaktionskosten für die Entwickler führt. Das Modell basiert auf spieltheoretischen Überlegungen, aber eine Implementierung in der Praxis ist bis jetzt nicht bekannt.

3.2.4 Erosion der sozialen Lizenz

Es gibt Stimmen, die besagen, dass die soziale Lizenz für die Landnutzung vor allem in Industrieländern teilweise verloren gehe. Als soziale Lizenz bezeichnet man die Wahrnehmung von Interessenvertretern einer gegebenen Gebietskörperschaft, dass der Betrieb und die Produktion zur Nutzung einer Ressource sozial akzeptierbar und rechtmäßig ist (Raufflet et al. 2013). Während eine Lizenz im rechtlichen Sinne eine formelle Ermächtigung ist, ist eine soziale Lizenz eine stillschweigende Vereinbarung zwischen Landnutzungsakteuren und den Interessenvertretern der lokalen Gebietskörperschaft, die einen immateriellen Wert darstellt. Aus dieser Perspektive ist eine Lizenz im rechtlichen Sinne zwar notwendig, aber nicht hinreichend. Das Konzept der sozialen Lizenz wird vor allem im Zusammenhang mit der Ressourcenextraktion und -nutzung verwendet für die Forstwirtschaft, den Bergbau, die Ölindustrie sowie für die Wasserkraft (Raufflet et al. 2013). Der Begriff tauchte Ende 1990er-Jahre erstmals auf (Cooney 2017), um ein Problem zu beschreiben, das die Bergbauindustrie betraf. Kurz danach erschien ein erster wissenschaftlicher Artikel zur Thematik (Joyce und Thomson 2000) und das Konzept wandelte sich von einem beschreibenden zu einem präskriptiven Konstrukt.

Abb. 3.5 illustriert Komponenten eines Systems der sozialen Lizenz und ihre Wechselwirkungen in Anlehnung an quantitative Untersuchungen in Australien bei der Förderung von Kohleflözgas (Walton und McCrea 2018).

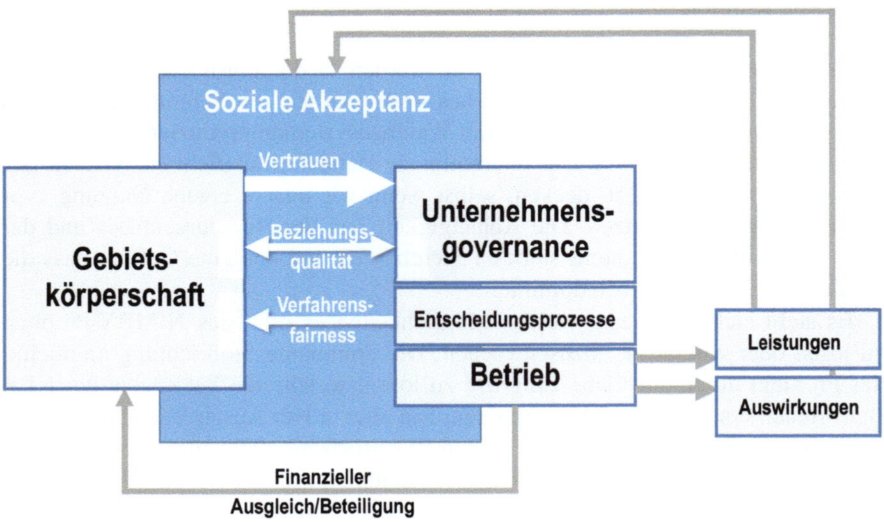

Abb. 3.5 Konzeptionelles Modell der sozialen Akzeptanz („soziale Lizenz"). Soziale Akzeptanz ist das Ergebnis des Zusammenspiels von Faktoren, worunter die wichtigsten sind: 1) wahrgenommene unerwünschte Auswirkungen, 2) Vertrauen in die Betreiberorganisation, 3) wahrgenommener Nutzen, 4) Unternehmensgovernance, 5) finanzieller Ausgleich/Beteiligung. In Anlehnung an Walton und McCrea (2018)

Das Problem der sozialen Lizenz entsteht in einem räumlichen Kontext, in dem eine Gebietskörperschaft die Hoheit über einen räumlich abgegrenzten Raum hat, in welchem ein Unternehmen natürliche Ressourcen extrahiert oder nutzt. Die soziale Akzeptanz, auch soziale Lizenz genannt, ergibt sich aus dem Wechselspiel von Gebietskörperschaft, Unternehmen, erbrachten Leistungen sowie unerwünschten Auswirkungen (Abb. 3.5). Eine Beobachtungsstudie untersuchte für die Kohleflözgasförderung, welche Faktoren zur sozialen Akzeptanz beitragen (Walton und McCrea 2018). Die mit den Förderaktivitäten verbundenen negativen Auswirkungen hatten dabei den größten Einfluss, wobei die Akzeptanz mit zunehmenden Auswirkungen abnimmt. Als zweitwichtigster Faktor resultierte das Vertrauen der Gebietskörperschaft in das Unternehmen, d. h. die Überzeugung, dass das Unternehmen offen und ehrlich handelt. Der wahrgenommene Nutzen resultierte als drittwichtigster Faktor, was insbesondere lokale Beschäftigungsmöglichkeiten sowie die Unterstützung von Aktivitäten der Gebietskörperschaft umfasst. Die Unternehmensgovernance war der viertwichtigste Faktor, worunter formelle – Konformität mit Regelungen, Durchsetzungskraft staatlicher Aufsichtsorganen – und informelle Aspekte – Information und Anhörung lokaler Gruppen – fallen. Als fünftwichtigster Faktor resultierte der finanzielle Ausgleich/Beteiligung, wozu einerseits die Entschädigung jener gehört, welche maßgebliche Nachteile zu tragen haben, und andererseits die Entschädigung einer Gebietskörperschaft als Ganzes. Das Modell ist empirisch und gilt somit nur für den Kontext und die Beobachtungsdaten der australischen Studie. Es ist jedoch zu vermuten, dass die wichtigsten Faktoren auch in anderen geografischen Bezugsrahmen relevant sind.

Das Problem der sozialen Lizenz wird auch in der Forstwirtschaft diskutiert (Edwards et al. 2016), wobei vor allem Stimmen aus Nordamerika, Australien und Neuseeland zu vernehmen sind. Dabei wird betont, dass die soziale Lizenz den zunehmenden Druck auf das öffentliche Ansehen und die Reputation der Forst- und Holzwirtschaft reflektiere und dass es eine große Herausforderung sei, die öffentliche Akzeptanz von Gebietskörperschaften und Interessengruppen zu gewinnen. Die Gründe für einen möglichen Verlust der sozialen Lizenz seien dabei in einem grundlegenden Wandel des Verhältnisses von Forstwirtschaft und Gesellschaft zu suchen. Es sind allerdings keine Beobachtungsstudien bekannt – analog zu Walton und McCrea (2018) –, welche die maßgebenden Faktoren, welche zur sozialen Akzeptanz beitragen, aus einem forstlichen Kontext beleuchten. Dabei scheint auf jeden Fall klar zu sein, dass sich die Legitimierung im Sinne eines Berechtigungsnachweises nicht mehr alleine aufgrund der Forstgesetzgebung ergibt, sondern auch aus einem offenen, aktiven Austausch mit den Gebietskörperschaften und Interessengruppen.

3.3 Dilemmata auf taktischer Ebene

Auf der taktischen Ebene geht es darum, Vorgehensweisen zu finden, welche es ermöglichen, die Ziele mit den vorhandenen Mitteln bestmöglich zu erreichen. Der Fokus auf Wald- und Holzwirtschaft ergibt zwei grundlegende Vorgehensweisen: Waldbausysteme und Produktionssysteme. Waldbausysteme bezwecken, Waldökosysteme in einen Zustand zu bringen oder in einem Zustand zu halten, in dem sie menschliche Bedürfnisse nach Gütern und Dienstleistungen bestmöglich befriedigen. Produktionssysteme dienen der Gewinnung von Rohholz, der Erzeugung von Holzprodukten und umfassen auch die zugehörenden Transport- und Logistiknetzwerken. Nachfolgend geht es darum, einige Hindernisse, welche das Handeln auf taktischer Ebene hemmen, eingehender zu betrachten.

3.3.1 Multifunktionalität

Multifunktional bedeutet, simultan mehrere Bedürfnisse zu befriedigen. Das Konzept der Multifunktionalität steht in der Forstwirtschaft für die simultane Befriedigung verschiedener Ökosystemleistungen. Es entstand nach dem Zweiten Weltkrieg mehr oder weniger gleichzeitig in den USA und in Europa, um Nutzungskonzepte zu beschreiben, die auf einer gegebenen Fläche einen Mix von Nutz-, Schutz- und Wohlfahrtsleistungen bereitstellen. Dabei entstanden unterschiedliche Ansichten, welche Leistungen unter dem Schirm der Multifunktionalität gemeint sind. Während man in Europa von Waldfunktionen sprach (Dieterich 1953), etablierte sich in den USA der Begriff Mehrfachnutzung *(multiple use)*, dem man Nutz- (Holz, Weide), Wasser-, Wildtier-und Erholungsleistungen zurechnete (Hall 1963). Nachfolgend geht es darum, die Leistungspalette aus der Perspektive der „Ökosystemfunktionen und -leistungen" (Hassan et al. 2003) darzustellen.

Costanza et al. verstehen unter Ökosystemfunktionen Systemeigenschaften und insbesondere Prozesse von Ökosystemen (Costanza et al. 1997). Die Prozesssichtweise versteht unter einer Funktion einen Vorgang, der Stoffe, Energie und Information umwandelt, für die sich in Ökosystemen fünf biophysikalische Prozesse identifizieren lassen. Eine erste Funktion umfasst das Gewinnen, Speichern, Umwandeln und Transferieren von Energie. Eine zweite und eine dritte Funktion umschreiben die Fertigkeit, Stoffe auf- (Zelle, Gewebe, Biomasse) respektive abzubauen. Eine vierte Funktion besteht darin, interne Stoffkreisläufe mit den globalen biochemischen Zyklen zu vernetzen, und eine fünfte Funktion schafft die Möglichkeit, dass sich ein System selbstorganisierend an die sich laufend veränderten Umweltbedingungen anpasst, wozu Mechanismen der Rekombination und Mutation entscheidend sind.

Die Forstleute verwenden den Begriff „Wald-(Ökosystem-)Funktionen" nicht im Sinne der Umwandlung von Stoffen, Energie und Information, sondern sehen darin die Wirkungen, die vom Wald ausgehen (Burschel 1994). Der **Waldfunktionenbegriff** geht auf Viktor Dieterich zurück (Dieterich 1953), der damit das Fundament der multifunktionalen Waldbewirtschaftung gelegt hat (Speer 1972). Er erkannte, dass es neben „örtlichen und eigenwirtschaftlichen Ansprüchen" auch „allgemeine Volksbedürfnisse" gebe, die Wälder befriedigen sollten. Er skizzierte die Bedeutung der Wohlfahrtsfunktion, zu der er auch die Schutzfunktion zählte, und die Rohstofffunktion, welche die Verflechtung der Forstwirtschaft mit dem Wirtschaftssystem umfasst. Des Weiteren beschrieb er die Arbeitsfunktion, die Einkommensfunktion und die Vermögensfunktion. Noch heute spricht man von **Schutz-, Wohlfahrts- und Nutzfunktion, jenem „Dreiklang von Funktionen", der das Rückgrat vieler Forstgesetze bildet.** Die Wohlfahrtsfunktion wird teilweise aufgegliedert, beispielsweise in Wohlfahrts- und Erholungsfunktion.

In den 1990er-Jahren gab es in Deutschland eine Debatte, die forderte, das Konzept der Waldfunktionen zu verlassen und systematisch nur noch von „Wirkungen des Waldes" und „Leistungen der Forstwirtschaft" zu sprechen (Blum et al. 1996). Die Autoren betonten, dass der Begriff den weitverbreiteten Mythos der faktischen Einheit von Wald- und Forstwirtschaft verstärke. In Anlehnung an Krott stellten sie zudem fest, dass das Konzept der Waldfunktionen den Forstleuten zwar „legitimatorische Rückendeckung" gewähre, dass die Waldgesetze inhaltlich noch immer in der Tradition der Waldfunktionenlehre stünden, was auf überkommenen Denkmustern beruhe (Blum et al. 1996). Diese Sichtweise geht einher mit der Forderung aus ökologischen Kreisen, die physikalischen, biologischen und chemischen Prozesse (Funktionen) von den nutzbringenden Leistungen zu unterscheiden und die Begriffe **„Ökosystemfunktionen" und „Ökosystemleistungen"** (Daily et al. 1997) zu verwenden.

Tab. 3.1 listet wichtige **Ökosystemgüter und -leistungen** auf und lehnt sich dabei an das Grundgerüst an, das Hassan et al. (2003) vorgeschlagen haben. Die Autoren definierten damals drei Klassen von Ökosystemleistungen, die sie in elf Gruppen aufteilten. Die drei Klassen – lebensermöglichende, Versorgung- und Kulturleistungen – wurden in Tab. 3.1 übernommen, ebenso die meisten Leistungen, die zugeordnet sind.

Tab. 3.1 erweitert das Grundgerüst von Hassan mit zwei Klassen – Lebensqualitäts- und ästhetisch-spirituelle Leistungen –, da diese sich von den drei vorigen Klassen grundlegend unterscheiden. Lebensqualitätsleistungen sind nicht absolut lebensnotwendig und vor allem auch nicht ortsgebunden. So kann eine menschliche Lebensgemeinschaft sich beispielsweise entscheiden, eine Siedlung aufzugeben und an einem Ort wiederaufzubauen, an dem sie vor Gefahren geschützt ist. Dasselbe gilt auch für Aktivitäten im Bereich Erholung und Vergnügen. Ästhetisch-spirituelle Leistungen unterscheiden sich von den Kulturleistungen, indem sie nicht an Vorleistungen früherer Generationen gebunden sind, sondern die menschliche Wahrnehmung in der kognitiven und affektiven Dimension stimulieren und Erlebnisse und Erfahrungen erzeugen. Zu den Ökosystemleistungen gehört aber immer auch die Unvollständigkeit, mit der immer wieder neue Leistungen erscheinen, die in die allgemeine Diskussion eingebracht werden. Ein Beispiel dafür ist die „Kühlleistung" tropischer Städte durch die pflanzliche Verdunstung, die beispielsweise in einem Forschungsprojekt „Cooling Singapore" untersucht wird.

Tab. 3.1 Ökosystemgüter und -leistungen. Fünf Gruppen: 1) grundlegende Stoffkreisläufe und Prozesse, die das Leben ermöglichen, 2) Versorgung und Rohstoffen und Energieträgern, 3) Kollektivleistungen, 4) Erhaltung des kulturellen Erbes, 5) ästhetische und kulturelle Leistungen

	Ökosystemleistungen	**Ökosystemleistungs-gruppen**
Ökosystemleistungen Nutzbringende Ergebnisse, die aufgrund der Struktur und Funktionsweise von Ökosystemen für den Menschen erzeugt werden. Entstehen erst, wenn eine Interaktion (Nutzung oder mindestens Bewusstsein) mit menschlichen Gesellschaften besteht	Grundlegende Stoffkreisläufe und Prozesse, die Leben erst ermöglichen • Kohlenstoffkreislauf • Wasserkreislauf • Nährstoffkreisläufe • Photosynthese, Atmung • Genfluss, Biodiversität	Lebensermöglichende Leistungen *(life-support services)*
	Mit Rohstoffen und Energieträgern versorgen (private [Verbrauchs-]Güter) • Wasser • Mineralische Stoffe • Fossile Kohlenstoffe • Biomasse	Versorgungsleistungen *(provisioning services)*
	Mit Kollektivleistungen versorgen (öffentliche Güter, Produktion und Konsum erfolgen gleichzeitig) • Wasserreinigung • Schutz vor Naturgefahren • Erholung, Vergnügen • Forschung, Ausbildung (intellektuelle Stimulation)	Lebensqualitätsleistungen *(quality of life services)*
	Kulturelles Erbe erhalten (öffentliche Güter, wurden durch den Einfluss früherer Generationen erzeugt) • Historische Landnutzungsformen • Historische Bauten und Anlagen • Kultstätten	Kulturleistungen *(cultural heritage services)*
	Ästhetische und spirituelle Werte erzeugen (öffentliche Güter) • Wildnis • Ästhetik (Landschaften, ...) • Spirituelle Stimulation	Ästhetisch-spirituelle Leistungen

Multifunktionalität, die simultane Bereitstellung von Ökosystemleistungen auf einer bestimmten Fläche (in der Regel eines Bestands), war und ist eine Vorstellung, wie Waldbewirtschaftung sein sollte. Damit ist aber die Frage noch nicht beantwortet, wie sich dieses Konzept operational umsetzen lässt. Eine amerikanische Studie warf in den 1960er-Jahren die Frage auf, ob Multifunktionalität Mythos oder Realität sei (Hall 1963). Hall kam zum Schluss, dass die Praxis der Multifunktionalität primär darin bestehe, die Charakteristiken der bereitgestellten Ökosystemleistungen zu beurteilen. Er sah jedoch ein wichtiges, ungelöstes Problem, die Identifikation von optimalen Leistungsportfolios für einen bestimmten Standort, wozu es Verfahren brauche, welche Kosten und Nutzen verschiedener Leistungsportfolios bewerten könnten. 1960 entstand im Rahmen eines Vortrags in Deutschland die „Kielwassertheorie", die behauptet, dass eine ordnungsgemäße, holzproduzierende Forstwirtschaft in ihrem Kielwasser automatisch sämtliche Ökosystemleistungen erbringt (Glück 1977). Diese Theorie, von Glück als Kielwasserideologie bezeichnet, basiert auf der strengen Annahme, dass die Erreichung sämtlicher Dienstleistungsziele komplementär ist, d. h., wenn der Erfüllungsgrad der Holzproduktion zunimmt, so nimmt der Erfüllungsgrad sämtlicher anderer Dienstleistungen ebenfalls zu. Diese Annahme ist nicht nur streng, sondern unrealistisch, da Zielkonflikte zwischen verschiedenen Ökosystemleistungen sehr wohl Realität sind. Nimmt man an, dass die Holzproduktion und die Bereitstellung von Nichtholzleistungen konkurrieren, so gibt es zwei Grenzzustände, Leistungen zu erbringen. Im einen Fall lässt sich die Holzproduktion maximieren, während die Bereitstellung von Nichtholzleistungen gleich Null wird, und im anderen Fall ist es genau umgekehrt. Zwischen diesen beiden Extremen gibt es eine Möglichkeitsgrenze, welche die maximalen Mengen der beiden Leistungskategorien beschreibt, die auch als Pareto-Grenze bekannt ist. Bei einem Leistungsmix, der auf der Pareto-Grenze liegt, lässt sich die Bereitstellung von Holz nicht verbessern, ohne dass gleichzeitig die Bereitstellung von Nichtholzleistungen abnimmt, und umgekehrt. Glück forderte deshalb, die Austauschbeziehungen zwischen sämtlichen Ökosystemleistungen zu untersuchen (Glück 1977), um die Möglichkeit der Bereitstellung von Ökosystemleistungsportfolios beurteilen und bewerten zu können. Allerdings ist festzustellen, dass diese Forderung bis heute mehr oder weniger unerfüllt dasteht.

In den 1990er-Jahren fand in den USA eine Debatte statt, wie eine „neue Forstwirtschaft" aussehen sollte. Dabei entstand die Forderung, die Waldbewirtschaftung derart zu verändern, dass Holz- und Nichtholzleistungen auf Bestandsebene, also multifunktional, bereitzustellen seien (Vincent und Binkley 1993). Eine Studie untersuchte, ob diese Forderung aus ökonomischer Sicht Sinn macht oder ob es besser ist, die Bewirtschaftung von Waldbeständen für jeweils eine bestimmte Ökosystemleistung zu optimieren und die Multifunktionalität auf der Landschaftsebene zu realisieren. Die Studie kam zum Schluss, dass Multifunktionalität auf der Bestandsebene ein nicht effizientes Konzept sei, um ein Portfolio von Ökosystemleistungen bereitzustellen, und dass sich die Bewirtschaftung für jeden Waldbestand auf eine bestimmte Leistung spezialisieren sollte, womit sich die Multifunktionalität aus der Gesamtheit der Bestände auf der Landschaftsebene ergebe (Vincent und

BINKLEY 1993). Diese Folgerung bestätigte eine frühere Untersuchung, welche zum selben Schluss kam (FRANKLIN UND FORMAN 1987).

Seit etwa dem Jahr 2000 ist eine starke Zunahme der Multifunktionalitätsforschung festzustellen (HÖLTING et al. 2019). Dabei lag das Interesse auf der Landnutzung generell, wobei forstliche Beiträge eine marginale Rolle einnahmen. Eine Übersichtsarbeit betonte, dass es rund um das Konzept der Multifunktionalität ungelöste, grundlegende Probleme gebe, insbesondere der konzeptionelle Rahmen sowie die Messung von Multifunktionalität (MANNING et al. 2018). Die Autoren schlugen vor, zwischen zwei grundlegenden Aspekten zu unterscheiden. Erstens geht es um die **Ökosystemfunktionsmultifunktionalität,** die biophysikalische Prozesse umfasst, insbesondere Energieumwandlungs-, Wachstums-, Recycling- und Nährstoff-, biogeochemische Kreislauf- sowie Biodiversitätsfunktionen. Zweitens geht es um **Ökosystemleistungsmultifunktionalität,** die Leistungen bereitstellt, welche menschliche Bedürfnisse befriedigen. Die Autoren folgen damit dem Konzept, das im Rahmen des „Millennium Ecosystem Assessments“ entstand (HASSAN et al. 2003). Es war die Absicht der Autoren, Multifunktionalität für Ökosysteme neu zu definieren. Neben der Unterscheidung von Ökosystemfunktions- und Ökosystemleistungsmultifunktionalität analysierten die Autoren auch die Daten, welche im Rahmen des EU-Projekts „Functional Significance of Forest Biodiversity in Europe“ (FunDivEUROPE) an sechs Standorten in Europa erhoben wurden. Gesamthaft standen Daten für 21 Ökosystemfunktionen und -leistungen von insgesamt 209 Stichprobenflächen zur Verfügung. Es gibt Kollinearitäten zwischen Ökosystemfunktionen, die sich mit vier Faktorgruppen charakterisieren lassen: 1) Bodenkohlenstoff, 2) oberirdische Biomasse, 3) unterirdische Biomasse (Wurzeln, Abbauprodukte) sowie 4) biologische Produktivität (Pflanzenfresser, Biomasseproduktivität, Bodenstickstoff). Die Studie überprüfte auch, ob sich die Ökosystemfunktionsmultifunktionalität mit dem Nadelholzanbau verändert. Dabei zeigte es sich, dass sich ein zunehmender Nadelholzanteil auf einigen Standorten (Polen, Rumänien) positiv auf die Multifunktionalität auswirkt, während auf anderen Standorten (Deutschland, Finnland) das Gegenteil zu beobachten war. Dies ist ein klarer Hinweis, dass sich Aussagen wie „ein erhöhter Nadelholzanteil verschlechtert die Multifunktionalität“ pauschal nicht halten lassen.

Die Bewertung der Ökosystemleistungsmultifunktionalität gestaltet sich wesentlich schwieriger. Die Festlegung, welche Ökosystemleistungen für einen bestimmten Standort maßgebend sind, erfolgt in der Regel durch eine Beurteilung von Interessenvertretern. Unterschiedliche Zusammensetzungen der Interessenvertreter resultieren in verschiedenen Leistungsportfolios, die sich zudem mit der Zeit verändern können. Für jede maßgebende Ökosystemleistung gilt es danach, eine „Nachfragemenge“ zu identifizieren, wofür es Indikatoren braucht. Der Erfüllungsgrad der Nachfragemenge ist eine Metrik für jede Ökosystemleistung, die gutachtlich einzuschätzen ist. Robuste Schätzmethoden für die effektiv erbrachten Ökosystemleistungen sind derzeit nicht vorhanden. Zudem gibt es einige grundlegende Probleme, welche nicht berücksichtigt sind, so beispielsweise räumliche Interaktionen zwischen Organismen und Systemqualitäten auf Ökosystem- und

Landschaftsebene. Zudem lassen sich einige Ökosystemleistungen nicht auf lokalen Stichprobenflächen beobachten, beispielsweise Landschaftsästhetik, Habitateignung für Arten mit einem großen räumlichen Aktionsradius oder auch Kohlenstoffspeicherung (Manning et al. 2018). Die Studie kommt zum Schluss, dass die Multifunktionalität zwar ein einfaches, aber nebulöses Konzept sei. Sie betont, dass wir unbedingt die räumlichen Muster der Ökosystemleistungen besser verstehen und quantifizieren müssen, bevor es möglich wird, Ökosystemleistungsmultifunktionalität mit einer gewissen Zuverlässigkeit zu quantifizieren.

Gesamthaft lässt sich feststellen, dass Multifunktionalität – wie von (Manning et al. 2018) erwähnt – ein nebulöses Konzept ist, das viele Fragen, die damit verbunden sind, offenlässt. In Mitteleuropa gilt sie als Goldstandard für die Landnutzung, obwohl es ökonomische Untersuchungen gibt (Vincent und Binkley 1993), welche eine Multifunktionalität auf Bestandsebene infrage stellen. Vertreter der Dauerwaldidee kritisieren, dass die Multifunktionalität ein Ersatz für die alte Kielwassertheorie sei, die sich als Allzweckwaffe einsetzen lasse (Maràz 2021), um die Holzproduktion weiterhin auf einem hohen Niveau fortzusetzen. Weiter erwähnen sie, dass das Modell einer multifunktionalen Forstwirtschaft einem naiven Wunschdenken entspreche, das von der Realität – der dominanten Holzproduktion – längst überholt worden sei (Panek 2021). Und an anderer Stelle wird erwähnt, dass nur der Dauerwald in der Lage sei, die multifunktionalen Ansprüche an den Wald langfristig, nachhaltig und optimal zu erfüllen (Straubinger, 1994). In der Sprache der Journalisten wäre dazu zu sagen, dass sich diese Aussagen nicht unabhängig verifizieren lassen, sondern als Aussagen aus der Welt der Ideen dastehen. Zumindest dürfte Einigkeit bestehen, dass Wälder komplexe Systeme sind, welche in die Ebenen der biologischen Organisation – Organismen, Populationen, Lebensgemeinschaften sowie Landschaftssysteme – eingebettet sind (Holling 2001). Man sagt: „Das Ganze ist mehr als die Summe seiner Teile", was bedeutet, dass die biologischen und ökologischen Phänomene rund um Wälder aus der Interaktion innerhalb und zwischen den biologischen Organisationsebenen entstehen, weshalb eine Fokussierung auf Waldbestände – das Objekt der klassischen Forstwirtschaft – viel zu kurz greift und die Gesamtheit nicht zu erfassen vermag. Aus diesem Verständnis ist Multifunktionalität das Ergebnis der Interaktion über verschiedene Raum-Zeit-Skalen, die wir kaum verstehen. Die Stoßrichtung, Multifunktionalität auf der Stufe von Landschaftssystemen zu begreifen und zu beurteilen (Hölting et al. 2020), ist deshalb erfolgversprechend. Es sind neue Wege zu suchen, um das Konzept operationell umzusetzen und nachvollziehbar zu machen. Künstliche Intelligenz bietet dazu auch neue methodische Zugangsweisen. Dazu wäre eine möglichst große Zahl von Stichprobenflächen in unterschiedlichen Gegenden zu identifizieren, die eine bestimmte Ökosystemleistung besonders gut befriedigen. Für die Stichproben wären danach möglichst viele Parameter, beispielsweise Baumartenzusammensetzung, Bestandsstruktur und -textur, räumliche Beziehungen zu Bestandslücken usw. zu erheben. Damit hätte man einen Datenbestand mit Labelling, aus dem sich die maßgebenden Merkmale extrahieren ließen *(feature extraction)*. Der Datenbestand ließe sich jederzeit laufend verbessern und ergänzen, womit die Modelle lernend besser würden. Derartige

Klassifikationsmodelle ließen sich anwenden, um die Multifunktionalität großflächig zu beurteilen.

3.3.2 Konkurrierende Waldbausysteme

Waldbausysteme verfolgen das Ziel, Waldökosysteme in einen Zustand zu bringen oder in einem Zustand zu halten, in dem sie menschliche Bedürfnisse nach Ökosystemleistungen bestmöglich und dauerhaft befriedigen (in Anlehnung an Steinlin 1984). Tab. 3.1 listet rund 20 Ökosystemleistungen auf, womit, der obigen Definition folgend, zu erwarten wäre, dass einzelne Waldbausysteme auf das Erbringen bestimmter Leistungen ausgerichtet sind und dass es ein ganzes Set braucht, um die Palette der Ökosystemleistungen bestmöglich bereitzustellen. Die Realität ist allerdings, dass Interessengruppen regions- und waldkulturspezifische Regimes als Goldstandard sehen und andere Waldbausysteme ablehnen oder sogar diskreditieren.

Waldbausysteme lassen sich auf einem Gradienten abbilden, der die Intensität der menschlichen Einflussnahme charakterisiert und der mit den Eckwerten „intensiv-extensiv“ oder „künstlich-natürlich“ verbunden wird. Abb. 3.6 ist eine vereinfachte Darstellung dieses Gradienten, welcher das schlagweise Hochwaldsystem und den Dauerwald als Endpunkte annimmt, was gleichbedeutend ist mit intensiver respektive extensiver menschlicher Beeinflussung. Dazwischen liegt das Femelschlagsystem schweizerischer Prägung, das auf Erkenntnissen der Urwalddynamik aufbaut und damit festlegt, welche „Natur“ als Referenzmaßstab zugrunde liegt.

Schlagweises Hochwaldsystem

Das **schlagweise Hochwaldsystem** ist ein Kind des mechanistischen Naturverständnisses des 19. Jahrhunderts (Abschn. 3.1.1), das, dem Ideal der Mechanik folgend, beabsichtigt, natürliche Systeme zu gestalten und zu lenken. Es lässt

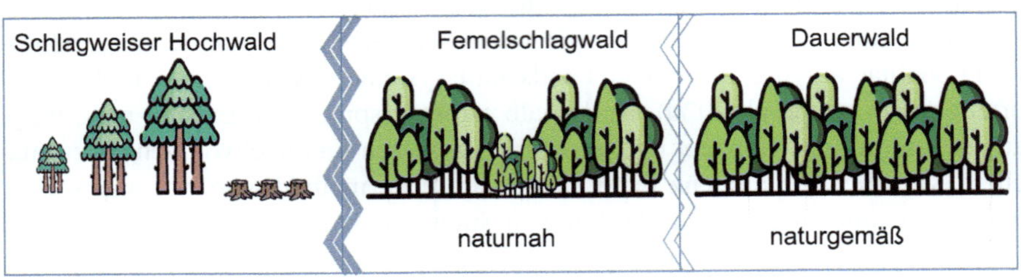

Abb. 3.6 Waldbausysteme auf dem Intensiv-extensiv-Gradienten. Das schlagweise Hochwaldsystem ist international weit verbreitet und ist typisch für eine hohe Intensität menschlicher Beeinflussung. Das Dauerwaldsystem wird derzeit in Mitteleuropa propagiert und ist typisch für eine extensive menschliche Beeinflussung. Dazwischen liegt das Femelschlagsystem schweizerischer Prägung, das eine eher extensive menschliche Beeinflussung aufweist und auf Erkenntnissen der Urwalddynamik aufbaut

sich nur auf der Landschaftsebene realisieren, auf der ein schachbrettartiges Muster von Beständen existiert, wobei sämtliche Altersklassen mit gleichen Flächenanteilen vertreten sind. Legt man eine Periodenlänge t_p und eine Umtriebszeit t_u zugrunde, so ist in jeder Periode der Anteil t_p/t_u an der Gesamtfläche zu verjüngen, womit man eine einfache Steuergröße hat, mit der sich das gesamte System lenken lässt. Das System funktioniert nur, wenn es keine Störungen (Stürme, Brände, Kalamitäten) gibt, was bei den langen Umtriebszeiten der Waldwirtschaft unmöglich ist. Die Walderneuerung (Verjüngung) erfolgt meist künstlich, und zwar erst nach dem Räumen der Altbestände. Der Vater der Dauerwaldidee, Möller, kritisierte, dass das Schlagwaldsystem das Ergebnis landwirtschaftlichen Denkens sei (Möller 1922), indem es das Konzept des landwirtschaftlichen Schlages, einer zusammenhängenden, mit nur einer Feldfrucht bestellten Ackerfläche, beispielsweise „Weizenschlag", auf den Wald übertragen habe. Mit dem Entstehen von Waldbaukonzepten, die sich am Vorbild der Natur orientierten (Gayer 1878; Mayr 1909; Möller 1922), erfuhr der Kahlschlag eine grundsätzliche Ablehnung, die Möller mit „Kahlschlag, diese Verwüstung des Waldwesens" umschrieb. Es gilt jedoch festzustellen, dass das schlagweise Hochwaldsystem in der Plantagenforstwirtschaft eine zentrale Rolle spielt und sich deshalb nicht einfach wegdiskutieren lässt.

Dauerwaldsystem

Das **Dauerwaldsystem** hat seine Wurzeln in den 1920er-Jahren und entstand als „Abwehrreaktion" auf die Kahlschlagwirtschaft (Möller 1922). Möllers Motivation war es, den Wald als einen Organismus zu verstehen, ein „tausendfach zusammengesetztes Ganzes, an welchem jedes Glied eine bestimmte Stelle einnimmt", das sich nicht in Abteilungen, Umtriebszeiten und Ertragstafeln zwängen lässt (Möller, 1922). Seine Vision war es, die Kontinuität der Waldentwicklung (Stetigkeit) anzustreben und Diskontinuitäten wie starke Durchforstung, schlagweise Verjüngung oder Bestandsränder völlig zu vermeiden. Zudem sah er anstelle einer zu einem bestimmten Zeitpunkt erfolgenden Verjüngung eine ununterbrochene Walderneuerung, was ebenfalls dem Prinzip der Kontinuität entspricht. Dauerwald ist ein Waldbausystem, das ohne räumliche und zeitliche Ordnung auskommt und somit dem Plenterwaldsystem ähnlich ist. Ein Plenterwaldsystem zeichnet sich durch folgende Merkmale aus (Leibundgut 1966a): 1) keine Umtriebszeit, 2) Holzvorrat mehr oder weniger gleichmäßig über die ganze Fläche verteilt, 3) kontinuierliche Verjüngung, 4) Höhen- und Durchmesserstufen überall vorhanden und bunt gemischt, 5) alle waldbaulichen Maßnahmen werden in einem Eingriff zusammengefasst. Möller (Möller 1922) betont, dass Dauerwald kein Plenterwald sei, da er keine strukturellen Anforderungen (Verteilung der Höhen- und Durchmesserstufen) verlange (Merkmal 4). Der klassische Plenterwald entstand in der Montanstufe mit schattenertragenden Baumarten (Tanne, Fichte, Buche), während die Dauerwaldidee in der kollinen Stufe auftauchte, die von Laubwäldern dominiert ist (Stocker 2008), in denen Halbschatten- und Lichtbaumarten vorherrschen. Plenterprinzipien lenken das Denken und Handeln im Dauerwald, insbesondere die Kontinuität des Waldaufbaus, die dauernde Selbsterneuerung des Waldes, die weitgehend biologische Produktionsautomatisierung, die einzelstammweise Nutzung sowie der Verzicht auf flächige Hiebe (schlagfreie Bewirtschaftung) (Brünig und Mayer 1980). Die Dauerwaldidee erlebte nach dem Zweiten Weltkrieg eine Renaissance, als in Deutschland die Arbeitsgemeinschaft naturgemäße Waldwirtschaft (ANW) gegründet wurde (Lang 1994) mit dem Ziel, die Dauerwaldwirtschaft zu fördern. Die Bewegung war Kritik und Ablehnung ausgesetzt, die vor allem aus der Wissenschaft kam, die bemängelte, dass das Dauerwaldsystem ein Ideengebäude sei, für das es keine wissenschaftlichen Belege gebe. Im Zuge der ökologischen Wende um 1970 entstand die Wahrnehmung, dass „naturnahe" Wälder Teil einer bedrohten Natur sind, womit das Keimbeet für die Verbreitung der Dauerwaldidee gegeben war. Die Umsetzung in die Praxis geschah aber nur langsam, da die Geisteshaltung der Forstleute als Folge ihrer Ausbildung vom Denken in Altersklassen geprägt war, die wenig Raum für alternative Konzepte ließ (Lang, 1994). Eine neuere Publikation erhebt das Dauerwaldsystem zum Goldstandard, während sie die klassische Altersklassenforstwirtschaft als „Holzweg" bezeichnet (Leinen et al., 2021).

Femelschlagsystem

Das **Femelschlagsystem schweizerischer Prägung** liegt auf der Intensitätsskala zwischen dem schlagweisen Hochwald- und dem Dauerwaldsystem (Abb. 3.6). Es basiert auf der Walderneuerung mit Kleinflächen, wie sie in der Urwalddynamik zu finden sind (Leibundgut 1993). Leibundgut, einer der bedeutendsten Waldbauwissenschaftler des 20. Jahrhunderts, stellte fest, dass sich das waldbauliche Wissen großteils auf praktische Erfahrungen und Forschungsergebnisse abstütze, welche in naturfremden und künstlichen Wirtschaftswäldern gewonnen wurden. Er war überzeugt, dass sich das waldbauliche Handeln aus dem Ausnützen und zielgerichteten Lenken der biologischen Prozesse ergeben müsse, wozu europäische Urwälder den Weg weisen (Leibundgut 1993). Er stellte dabei fest, dass die Walderneuerung in Urwäldern kleinflächig erfolgte, die er mit verschiedenen Typen von Kleinflächen charakterisierte: 1) Trupp (1–3 Ar), 2) Gruppe (3–10 Ar), 3) Kleinsaum, 4) Horst (10–50 Ar). Die Grenze zwischen Klein- und Großflächen legte er bei 50 Ar fest, da oberhalb dieser Flächengröße mikroklimatische Bedingungen auftreten, die freilandähnlich (Leibundgut 1981) und zu vermeiden sind. Großflächen entstehen meist durch Störungen – Stürme, Brände, Kalamitäten –, während sich Kleinflächen aus der Lebenszyklusdynamik von Beständen ergeben. Leibundgut stellt weiter fest, dass der Urwald sämtliche denkbaren Verjüngungsvorgänge kenne und dass die meisten waldbaulichen Betriebsarten Entwicklungsprozesse der Urwälder schematisieren und vereinfachen. Er plädierte weiter für eine freie Hiebführung in der Verjüngungstechnik, d. h. das Ausnützen der ganzen Palette von Verjüngungsflächengrößen vom Trupp bis zum Horst, die im Einzelfall zu wählen sind. Eine weitere Erkenntnis aus seinen Urwaldstudien war, dass Urwaldbestände höchst selten eine dauernde Plenterwaldstruktur aufweisen, was auch für Dauerwaldstrukturen gelten dürfte. Er betont, „dass auch der Plenterwald als ausgesprochene Kunstform des Waldes zu betrachten ist, denn seine Schaffung und dauernde Erhaltung verlangen fortwährende waldbauliche Eingriffe"

(LEIBUNDGUT 1993). Vor diesem Hintergrund erfüllen Dauerwald- und Plenterwaldsysteme die Ansprüche an „Natürlichkeit" nur teilweise, da sie den Erneuerungsprozess auf Einzelbäume reduzieren. Die Orientierung am Vorbild der Natur ist ein schwieriger, wenn nicht gar unmöglicher Anspruch, da Menschen immer nur einen kleinen, subjektiven Ausschnitt des Kosmos sehen (HAMPE 2016). Das schweizerische Femelschlagsystem erfüllt diesen Anspruch insofern, als dass es definiert, welche natürliche Ordnung als Messlatte herangezogen wird: Entwicklung und Erneuerungsprozesse in europäischen Urwäldern. Insofern ist das Adjektiv „naturnah" in diesem Fall zu rechtfertigen. Das bewusste Variieren der Größe der Verjüngungsflächen ist zudem eine Voraussetzung für das Entstehen von struktureller Vielfalt, was auch zur Risikominimierung beiträgt.

Ökosystemmanagementsystem

Im pazifischen Nordwesten der USA entwickelte sich in den späten 1980er-Jahren eine öffentliche, politische und rechtliche Debatte rund um den Schutz des Fleckenkauzes *(spotted owl)*, die schließlich in einer Anklage des Forest Service resultierte. Der Richter verlangte in seinem Urteil unter anderem, dass der Forest Service seine Standards und Richtlinien revidieren müsse, um die Lebensfähigkeit des Fleckenkauzes zu garantieren. Aus Sicht der amerikanischen Forstwirtschaft war diese Entwicklung ein Drama der unberührten Altbestände *(old-growth)* und des Fleckenkauzes (THOMAS 1997). Dabei wurde auch klar, dass es einen Paradigmenwechsel brauchte, weg vom Denken in Arten und Populationen, hinzu der Erhaltung und Erweiterung von Ökosystemfunktionen. Im Rahmen dieses Prozesses entstanden neue Sichtweisen und Strategien für die Waldbehandlung, die schließlich unter dem Begriff „Ökosystemmanagement" bekannt wurden. Man stützte sich dabei auf die neuesten Erkenntnisse der Ökologie und legte die folgenden Prinzipien zugrunde:

- Ökosysteme weisen eine **strukturelle Komplexität** auf, die Funktionen und Wechselbeziehungen innerhalb verschiedener Ebenen der biologischen Organisation – Arten, Populationen, Lebensgemeinschaften, Landschaften – sowie Wechselwirkungen zwischen diesen Ebenen umfasst. Jede Ebene der biologischen Organisation zeichnet sich dadurch aus, dass die Variablen, welche den Systemzustand charakterisieren, eine vergleichbare zeitliche Dynamik aufweisen (HOLLING 2001). Solange die Interaktion zwischen den Ebenen aufrechterhalten bleibt, bleibt das System robust, selbst wenn die Beziehungen innerhalb einer Ebene umgewandelt oder die Variablen verändert werden. Generell lässt sich zudem feststellen, dass Systeme auf größeren Raum-Zeit-Skalen die Systemdynamik auf kleineren Raum-Zeit-Skalen stabilisieren. Das Bestandslückenmuster *(patchiness)* auf der Ebene von Waldlebensgemeinschaften und -landschaften ist somit ein essenzielles Element für die Entwicklung und Erweiterung der strukturellen Vielfalt.
- **Störungsmuster** (Stürme, Brände, Kalamitäten) sind treibende Kräfte für das Aufrechterhalten der räumlichen Heterogenität und der strukturellen Vielfalt (LEVIN 1992). Dies bedingt ein Umdenken, weg von einzelnen Bestandslücken

hin zu makroskopischen, statistischen Eigenschaften des systemischen Ganzen. In diesem Sinne lässt sich ein Störungsmuster als ein räumlicher, stochastischer Prozess auf Landschaftsebene auffassen. Diese Sichtweise unterscheidet sich fundamental vom Prinzip „Gleichgewicht der Natur", das als Leitprinzip für das Verstehen und auch das Beeinflussen der Natur seit den griechischen Philosophen bis weit ins 20. Jahrhundert galt (SIMBERLOFF 2014). Dieses Leitprinzip, englisch auch als *„panchreston"* bezeichnet, erhebt den Anspruch, dass es allumfassend und allgemeingültig ist, obwohl es eine starke Vereinfachung darstellt. Die Dauerwaldidee basiert explizit auf dem „Gleichgewicht der Natur" und erhebt „Stetigkeit" und „Kontinuität" zum Leitprinzip. Auch das Modell des schlagweisen Hochwalds ist letztlich ein Gleichgewichtsmodell, allerdings nicht auf Bestands-, sondern auf der Ebene von Waldlandschaften. Dasselbe gilt für die forstliche Nachhaltigkeit, wie sie unter Abschn. 2.2 beschrieben ist, welche die Idee des Fließgleichgewichts verkörpert. Im Rahmen der Umweltbewegung entstand Mitte der 1970er-Jahre die „Gaia-Hypothese", welche die Erde als Superorganismus betrachtet, der sich in einem Gleichgewichtszustand befindet. Diese Hypothese wird heute generell verworfen (SIMBERLOFF 2014). Simberloff bemerkt, dass die Gleichgewichtsidee noch immer weiterlebt, insbesondere bei Naturschützern.

- Waldmanagement basiert auf einem **Denken und Handeln, das mehrere Raum-Zeit-Skalen umfasst,** von der Ebene der Baumteile (Blätter, Wurzeln) bis zur Landschaftsebene. Das traditionelle waldbauliche Denken betrachtet ein kleines Raum-Zeit-Fenster, das sich im Wesentlichen auf Kleinflächen *(patches)* und Bestände beschränkt (HEINIMANN 2010). Dabei geht es im Wesentlichen darum, die Prozesse des Bestandswachstums und der Bestandserneuerung zu beeinflussen. Obwohl das Ökosystemmanagementkonzept seit fast 30 Jahren bekannt ist, folgt das Gros der waldbaulichen Praxis immer noch dem kleinen „Waldbaufenster" auf der Raum-Zeit-Skala, ohne Störungsmuster auf der Landschaftsebene bewusst in die Bewirtschaftungskonzepte einzubeziehen und damit räumliche Vielfalt zu schaffen. Ein Grund dafür mag sein, dass es kaum Untersuchungen gibt, wie die Flächengrößen von Störungsereignissen in der Ausdehnung und der räumlichen Ausbreitung verteilt sind. Ein Gutachten über den Waldumbau als Folge des Klimawandels erwähnt immerhin, dass die Vernetzung von Habitatflächen bei Überführungs- und Umwandlungsmaßnahmen zu berücksichtigen sei (BAUHUS et al. 2021). Der Waldumbau als Folge des Klimawandels bietet eine große Chance, Störungsmuster auf der Landschaftsebene zu imitieren und damit räumliche strukturelle Vielfalt zu schaffen.

Während Störungen respektive die Imitation von Störungen strukturelle Vielfalt auf Landschaftsebene schaffen, gibt es auch strukturelle Vielfalt auf der Ebene von einzelnen Bestandslücken. Flächen, die durch Störereignisse entstanden sind, weisen immer Strukturelemente auf, die in eine nächste Bestandsgeneration übernommen werden (FRANKLIN et al. 1997). Es sind dies Altholztrupps, Baumstümpfe und abgebrochene Baumteile. Bestandslücken, auf denen sämtliche Strukturelemente eliminiert werden, vernichten wertvolle Strukturelemente, die für die Erhaltung und Erweiterung von Ökosystemfunktionen entscheidend sind. Jerry Franklin entwickelte eine neue Hiebart, die er „Rückhaltehieb“ oder „Retentionshieb“ *(retention felling)* nannte, die vorhandene Strukturelemente in mindestens einen weiteren Bestandslebenszyklus integriert. Die Palette der klassischen Hiebarten (Brünig und Mayer 1980) – Kahl-, Saum-, Schirm-, Femel-, Plenterhieb – wird damit erweitert. Retentionshiebe lassen sich leicht in das schlagweise Hochwald- und das Femelwaldsystem integrieren.

3.3.3 Vergessene Wald-Holz-Schnittstellen

Seit der Jahrtausendwende werden die Stimmen lauter, Wälder zu überführen oder umzuwandeln, um sie in Richtung „naturnahe, stabile und standortgerechte“ Systeme zu entwickeln. Der Fokus lag dabei auf Föhren- (Fischer et al. 2002) und Fichtenreinbeständen (Baumgarten und von Teuffel 2005), verschob sich jedoch in neuerer Zeit in Richtung Widerstandsfähigkeit gegen biotische und abiotische Störungen sowie der Erhaltung und Erweiterung der Biodiversität (Kudernatsch und Schauer 2022). Dabei lässt sich ein Trend ausmachen: weg von Fichte und Föhre, hin zu Laubholz. Es gibt auch Stimmen, welche fordern, mit einem Umbau einen Systemwechsel im öffentlichen Wald vorzunehmen, der die grundlegende Ökologisierung der Forstwirtschaft bilden könnte, der den „Gemeinwohlfunktionen“ in öffentlichen Wäldern einen eindeutigen Vorrang zumisst (Maràz 2021). Diese Stoßrichtung ist jedoch nicht abgeglichen mit den Herausforderungen, welche sich aus der Klimawende ergeben (vgl. Abschn. 2.5). Eine Umsetzung der Bioökonomiestrategien bedingt das zusätzliche Bereitstellen von Biomasse, um fossil- durch biobasierte Stoffe und Materialien zu ersetzen. Weiter geht es darum, treibhausgasintensive Werkstoffe durch Holz und Holzsysteme zu ersetzen, was die Herstellung von Brettschichtholz, Brettsperrholz und anderen holzbasierten Komponenten bedingt.

Damit stellt sich die Frage, welche Konsequenzen ein Waldumbau für die Holzverarbeitung hat. Ein einfaches analytisches Modell soll helfen, die Konsequenzen verschiedener Waldnutzungsregimes für die Versorgung von Holzverarbeitungswerken zu verstehen. Das Modell geht von der Annahme aus, dass es ein zentrales Werk gibt, das sich aus seinem Hinterland versorgt, welches die Form eines Kreises aufweist. Das Versorgungsgebiet weist einen Bewaldungsanteil c_f auf, womit auch der Anteil des offenen Landes, $1 - c_f$, definiert ist. Eine bestimmte Baumart i ist charakterisiert durch den Flächenanteil p_i, den Volumenzufluss (Zuwachs) $f_{g,i}$ sowie den Anteil eines bestimmten Sortiments s_{ij} am Baumvolumen. Charakterisiert man die Größe des Versorgungsgebiets mit seinem Radius r, so ergibt sich der Volumenfluss f_h (Gl. 3.2), mit dem sich ein Werk versorgt:

$$f_h = \frac{c_f \cdot p_i \cdot s_{ij} \cdot f_{g,i} \cdot \pi \cdot r^2}{10.000} \tag{3.2}$$

wobei

f_h = Volumenabfluss (Versorgung Sägewerk).
$f_{g,i}$ = Volumenzufluss (Zuwachs) der i-ten Baumart.
c_f = Bewaldungsanteil der Region.
p_i = Flächenanteil der i-ten Baumart.
s_{ij} = Anteil des j-ten Sortiments der i-ten Baumart.
r = Radius des Versorgungsgebiets.

Löst man Gl. 3.2 nach dem Radius r auf, dann ergibt sich Gl. 3.3:

$$r = 100 \cdot \sqrt{\frac{f_h}{c_f \cdot p_i \cdot s_{ij} \cdot f_{g,i} \cdot \pi}} \tag{3.3}$$

Gl. 3.3 ermöglicht es, für einen erforderlichen Volumenfluss f_h, den ein Werk benötigt, die Größe des erforderlichen Versorgungsgebiets zu schätzen. In Abb. 3.7 sind verschiedene Szenarien für die Versorgung eines Sägewerks mit f_h = 200.000 m^3 dargestellt.

In einem Gebiet ohne offenes Land, das voll mit Fichte bestockt ist (Abb. 3.7, links), ergibt sich ein Radius von 8,9 km. Reduziert man den Bewaldungsanteil auf 40 % (Abb. 3.7, zweite von links), was für Gebiete in Zentraleuropa typisch sein dürfte, so erhöht sich der Radius des Versorgungsgebiets auf 14,1 km. Diese Ergebnisse basieren auf der Annahme, dass der Sägerundholzanteil von Fichte 0,8 beträgt. Ersetzt man bei gleichbleibender Verteilung Land/Wald die Fichte durch eine Laubholzbaumart, so reduziert sich einerseits der Zuwachs um rund 20 %, während

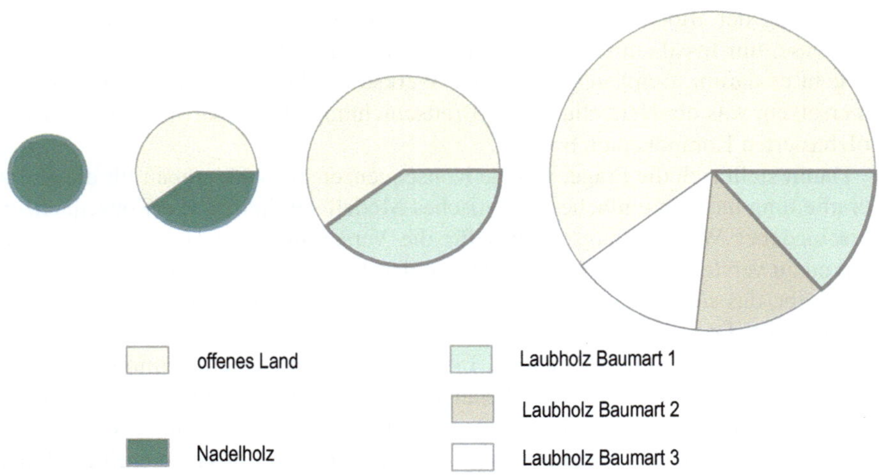

Abb. 3.7 Erforderliches Einzugsgebiet für ein Modellsägewerk für unterschiedliche Landnutzungskonfigurationen. Annahmen sind: 1) Sägewerkskapazität 200.000 m^3, 2) Zuwachs Nadelholz 10 $m^3\ ha^{-1}\ a^{-1}$, 3) Zuwachs Laubholz 8 $m^3\ ha^{-1}\ a^{-1}$, 4) Bewaldungsanteil 0,4, 5) Sägerundholzanteil am Erntevolumen Nadelholz 0,8, 6) Sägerundholzanteil am Erntevolumen Laubholz 0,4

der Sägerundholzanteil auf 0,4 absinkt (Abb. 3.7, dritte von links). Dies ist mit der Morphologie der Laubbäume begründet, welche einen beträchtlichen Anteil ihres Holzes in der Krone haben, das nicht als Sägerundholz verwendet werden kann. Daraus ergibt sich, dass sich ein Laubholzsägewerk aus einem Gebiet versorgen muss, das ein Radius von 22,3 km aufweist, womit die Transporteffizienz gegenüber der Fichte auf rund zwei Drittel absinkt. Besteht der Wald aus drei Laubholzarten (Abb. 3.7, rechts), so ergibt sich eine Größe des Versorgungsgebiets von 37,7 km, was einem Absinken der Versorgungseffizienz gegenüber dem Wald auf etwa 37 % entspricht. Dies basiert auf der Annahme, dass das Laubholzsägewerk lediglich eine Baumart verarbeiten kann. In einem kreisförmigen Versorgungsgebiet beträgt die durchschnittliche Transportdistanz zwei Drittel des Radius. Beim Übergang von einem Nadelholz- zum Laubholzregime (Abb. 3.7, Mitte) nimmt somit die durchschnittliche Transportdistanz um 5,4 km und beim Übergang auf eine Regime mit drei Laubholzarten (Abb. 3.7, rechts) um 15,7 km zu. Unter der Annahme von Transportkosten von 0,5 € pro Tonnenkilometer entsprechen diese Distanzen Mehrkosten von etwa 2,7 € pro Kubikmeter respektive 7,8 € pro Kubikmeter, was beim relativ geringen Wert von Rohholz doch ganz beträchtlich ist.

Bisherige Publikationen zum Waldumbau – beispielsweise Baumgarten und von Teuffel (2005), Kudernatsch und Schauer (2022) – betrachten das Problem aus dem Blickpunkt des klassischen Waldbaus, dessen Denken und Handeln sich auf den Waldbestand ausrichtet. Man gewinnt deshalb auch den Eindruck, dass Waldumbau sämtliche Bestände in Richtung mehr Laubholz und weniger Nadelholz entwickeln möchte. Die Klimawende bedingt, dass mehr Biomasse bereitgestellt wird (Bioraffinerien im Rahmen der Bioökonomie, Holzsystembau), was bei der Entwicklung von Waldumbaustrategien unbedingt zu berücksichtigen ist. Das Beispiel der Abb. 3.7 hat zudem gezeigt, dass der Umbau primär auf der Landschaftsebene – Ebene hydrologischer Einzugsgebiete – gestaltet werden sollte, wobei eine möglichst große Diversität zwischen Bestandstypen anzustreben wäre. In einer derartigen Palette hätten auch Bestandstypen Platz, welche primär auf Holzproduktion ausgerichtet sind. Das heißt nicht, dass lebensermöglichende und Lebensqualitätsökosystemleistungen in den Hintergrund gedrängt werden. Es geht auch auf dieser Ebene um ein ausbalanciertes Nebeneinander verschiedener Leistungen.

3.3.4 Ökoromantische Produktionssysteme

Bis zum Zweiten Weltkrieg basierten die meisten forstlichen Produktionssysteme auf biomechanischer Energie, die von arbeitenden Menschen und Tieren bereitgestellt wurde. Für den Menschen bedeuteten derartige Systeme Schwerstarbeit, indem Studien einen täglichen Energiebedarf von etwa 6000 kcal ergaben (Lundgren 1946). Arbeitsphysiologen sahen die Zumutbarkeitsgrenze bei etwa 4800 kcal (Astrand und Rodahl 1986), woraus sich eine klare „forstliche“ Zumutbarkeitslücke ergab. Neben der Arbeitsbelastung war die Forstwirtschaft auch als Wirtschaftssektor mit einer der höchsten Unfallraten bekannt. Noch heute liegt das Risiko für einen tödlichen Arbeitsunfall zwischen einem Todesfall pro 1000–4000 Arbeitenden. Im Durchschnitt liegt ist das Todesfallrisiko in der Forstwirtschaft rund 16-mal höher als im Durchschnitt aller Wirtschaftssektoren. Es wurden deshalb Programme initiiert, um die Waldarbeit humaner zu gestalten.

Ein wichtiger Handlungspfad war die Mechanisierung, um den Menschen vor Gefahren zu schützen und energieintensive Arbeitsvorgänge mechanisch zu erledigen. Der Zweite Weltkrieg brachte einen Entwicklungsschub im Bereich allradgetriebener Fahrzeuge, welcher die forst- und landwirtschaftliche Mechanisierung beflügelte. In Deutschland entwickelte man auf dieser Basis den Unimog, mit dem der Off-Road-Transport von Baumstämmen und Sortimentstücken vom Bestand an die Waldstraße mechanisiert wurde. Zu Beginn der 1950er-Jahre entstanden in Kanada forstliche Spezialfahrzeuge, die auf dem Prinzip der Knicklenkung basierten: Forwarder und Knickschlepper. Anfang der 1950er-Jahre erschien auch die erste, leichtgewichtige Einmannmotorsäge (McCulloch 3–25), deren Masse lediglich 11,5 kg betrug, was der Motorblock und der Zylinder aus einer Aluminiumlegierung, der Direktantrieb der Kette von der Kurbelwelle und der Membranvergaser möglich machten. Damit begann eine Teilmechanisierung der Baumbearbeitungsvorgänge, die heute nicht mehr wegzudenken ist. Zwischen 1970 und 1980 führten Entwicklungsanstrengungen zu vollmechanisierten Systemen, von denen sich in Europa und anderen Teilen der Welt das nordische „Forwarder-Harvester"-System durchsetzte. In Schweden und Finnland dürften heute nahezu 100 % der Holznutzungsarbeiten mechanisiert sein und auch in hügeligem Gelände mit dickeren Bäumen als in den nordischen Ländern sind voll mechanisierte Systeme heute weit verbreitet.

Bereits in den 1970er-Jahren waren kritische Stimmen gegen die Mechanisierung und weitere Rationalisierung der Waldwirtschaft zu hören. Horst Stern, ein renommierter Wissenschaftsjournalist, der in den Print- und audiovisuellen Medien sehr präsent war, schrieb bereits 1976: „Am Ende werden wir, wenn der noch immer virulente Gedanke der forstlichen Gewinnmaximierung nicht endlich stirbt, nicht den menschenfreundlichen, sondern den maschinenfreundlichen Wald haben … flurbereinigte Holzäcker zwischen Rückegassen" (Knapp 2021). Als Mitbegründer des BUND, Bund für Umwelt- und Naturschutz Deutschland, war er ein Vorkämpfer für einen zeitgemäßen Naturschutz. Seine Gedanken und Aussagen finden sich auch später wieder. Vor allem aus Naturschutzkreisen waren immer wieder Stimmen gegen die forstliche Mechanisierung zu hören, so beispielsweise der Aufruf „Zurück zum Pferd" (Anonymous 1994) oder „die Mechanisierung der Waldarbeit und die modernen Computersysteme fördern die Versuchung zum konzentrierten und schematischen Vorgehen im Wald" (Lang 1994). Die Problematik der Bodenschäden wurde ebenfalls diskutiert: „annähernd 60 % der deutschen Waldstandorte wurden in den letzten 50 Jahren mit schweren Maschinen befahren und die Bodenstruktur geschädigt, und dabei ist der ‚Rückeschaden' das häufigste Schadensmerkmal an älteren Bäumen" (Straubinger 1994). Des Weiteren finden sich Aussagen wie das Rückepferd sei derzeit die einzige ökologisch unbedenkliche Methode, selbst wenn der Einsatz mechanisierter Holzerntesysteme derzeit alternativlos erscheine (Leinen et al. 2021). Zudem ließen sich Pferde beim

Rückegassenabstand von 100 m einsetzen, während für mechanisierte Systeme ein Abstand von 20 m erforderlich ist, womit sich der Anteil direkt beanspruchter Böden um einen Faktor 5 reduzieren ließe (Leinen et al. 2021). Die Rückepferde haben es mittlerweile auch auf die Agenda der deutschen Bundesregierung geschafft (SPD et al., 2021), mit der schriftlich festgehaltenen Absicht, dass bodenfreundliche Arbeitssysteme zu fördern seien, beispielsweise mit Rückepferden. Glaubte man derartigen Aussagen, so wäre der Weg klar „zurück zum Pferd". Die Aussagen sind jedoch starke Vereinfachungen, die einige wichtige Aspekte ausblenden.

Forstliche Holzerntesysteme, die mit Pferden arbeiten, können nur einen Teil der Aufgaben erledigen, welche bei der Holzernte abzudecken sind. Die mobilisierbare Zugkraft beträgt im Dauerbetrieb etwa 4 bis maximal 7 kN (Abeels 1984), womit der Einsatzbereich auf Schwachholzbäume und kleinere Sortimentsstücke beschränkt ist. Muskeln ermüden – wie auch beim Menschen – bei hoher Beanspruchung und müssen sich immer wiederholen können, weshalb der Pferdeeinsatz am besten für kurze Distanzen geeignet ist. Damit ergeben sich zwei Einsatzprofile: 1) das Vorrücken vom Ort eines gefällten Baumes bis an eine Transportlinie (Rückegasse, Maschinenweg) sowie 2) das Vorrücken wie im ersten Fall, zusätzlich das Rücken des Holzes mit speziellen Pferdeanhängern von der Transportlinie bis zum Umschlagsplatz an der Waldstraße (Abeels 1984). Die Interessengemeinschaft Zugpferde nennt diese beiden Profile „Kölner Verfahren" respektive „Berliner Verfahren" (IGZ, 2023). Im ersten Fall erfolgt der Transport bis zum Umschlagsplatz mechanisiert, vorzugsweise mit einem Forwarder, und im zweiten Fall erfolgt der Rückevorgang auf der Transportlinie (Rückegasse, Maschinenweg) mit einem von einem Pferdegespann gezogenen Kurzholzwagen, der mit einem Hydraulikkran ausgestattet ist und der Sortimentlängen bis zu etwa 3 m aufnehmen kann. Die Masse des Wagens beträgt leer rund 0,8 t und beladen maximal etwa 2,2 t.

Eine massive Verbreitung pferdegestützter Holzerntesysteme bedingte die Züchtung eines Zugpferdbestands von mindestens 500 Pferden pro 1 Mio. m^3, was einerseits die Bereitstellung einer Pferdehaltungsinfrastruktur und andererseits die Ausbildung der Fuhrleute bedingte. In vielen industrialisierten Ländern besteht jedoch ein großes Problem, qualifizierte Kräfte für die Waldarbeit rekrutieren und längerfristig in der Forstwirtschaft halten zu können. Die Haltung und der Einsatz von Rückepferden sind personalintensiv und würden die Arbeitskräfteproblematik noch weiter verschärfen. Zudem sind Pferde 365 Tage pro Jahr zu versorgen und zu pflegen, was die Personalproblematik weiter verschärft.

Motormanuelle Waldarbeit ist, wie bereits dargelegt, Schwerarbeit, und entsprechend liegt die Beanspruchung meist im Bereich der Dauerleistungsgrenze. Zudem gehört die Forstwirtschaft zu den Branchen mit der höchsten Unfallrate. Die schweizerischen Forstarbeitenden erleiden im Durchschnitt alle drei Jahre einen Berufsunfall (SUVA 2023), wobei das Fällen und Aufarbeiten von Bäumen besonders gefährlich ist. Die Vollmechanisierung resultierte in einer Reduktion der Arbeitsunfälle von mindestens 75 % bei gleichzeitiger Reduktion der Unfallschwere (Erikson 1993). Damit stellt sich ein ethisches Problem, ob man arbeitende Menschen bewusst hohen Risiken aussetzen darf, wenn es mechanisierte Arbeitssysteme gibt, welche diese Risiken massiv reduzieren.

Man gewinnt den Eindruck, dass die Forderung nach dem Einsatz von Rückepferden aus der nostalgischen Überlieferung der Zeit vor dem Zweiten Weltkrieg entstanden ist. Seither hat sich der Umgang mit Nutztieren stark geändert, indem die Forderung nach dem Tierwohl auf die politischen Agenden gelangt ist. In Analogie zur menschlichen Ergonomie geht es dabei insbesondere darum, dass die Verrichtung von Zugarbeit schädigungsfrei und physiologisch über längere Zeit ohne Ermüdungserscheinungen sein muss. Die Zugarbeit ist für die Pferde Schwerarbeit und ist deshalb mit einer systematischen Pausengestaltung zu unterbrechen. Empfehlungen gehen dahin, dass 5–6 h täglich aktive Arbeit durch 1–2 h Pausen zu unterbrechen sind und dass nach 6–8 Wochen eine Pause von einer Woche einzulegen ist (Abeels 1984). Es scheint allerdings keine Untersuchungen zu geben, welche der Frage nachgehen, wo die physiologische Dauerleistungsgrenze für den Einsatz von Zugpferden liegt. Es gibt Untersuchungen zur Leistungsphysiologie von Pferden (Potard et al. 1998), auf deren Basis sich in Analogie zu Astrand und Rodahl (1986) die Dauer Leistungsgrenze festlegen ließe, die bei einem kardialen Beanspruchungsgrad von etwa 40 % liegen dürfte.

Kritiker machten wiederholt geltend, dass die schweren Forstmaschinen zu großflächigen Verdichtungen und Verformungen der Waldböden führen (Leinen et al. 2021). Die Beeinträchtigung der Böden ist sehr ernst zu nehmen, da es mehrere Jahrzehnte braucht, um Bodenstrukturen und -funktionen zu regenerieren. Die Problematik wird allerdings oft verzerrt dargestellt. Das beginnt mit der Aussage, Forstmaschinen hätten eine Gesamtmasse von bis zu 70 t (Leinen et al. 2021), was schlichtweg nicht der Realität entspricht. Zudem finden sich auch Angaben für den Kontaktflächendruck eines Schleppreifens (200 kPa), einer Harvesterraupe (500 kPa) oder eines Pferdehufs (170 kPa). Dazu ist festzustellen, dass der Kontaktflächendruck eines Reifens von der Radlast, vom Reifentyp und vom Reifeninnendruck abhängt, womit eine pauschale Aussage die wirklichen Verhältnisse nicht repräsentiert. Raupenfahrwerke wurden zudem entwickelt, um den Kontaktflächendruck gegenüber Radfahrwerken deutlich abzusenken. Ein typischer Doser (Caterpillar D6) weist bei einer Gesamtmasse von 22 t einen Kontaktflächendruck von etwas über 50 kPa auf, was ungefähr dem Wert eines menschlichen Fußes entspricht. Wenn für einen Harvester mit Raupenlaufwerke 500 kPa Kontaktflächendruck angegeben werden (Leinen et al. 2021), so ist der falsch. In der Landwirtschaft geht die Entwicklung dahin, Traktoren und Schlepper mit Raupenlaufwerken auszurüsten, wobei Gummiketten verwendet werden. Große Säugetiere (Pferd, Elefant) weisen Kontaktflächendrücke von etwa 250–300 kPa auf (Keller und Or 2022), was wesentlich höher liegt als von den Autoren des „Holzweg" angegeben (170 kPa). Grundsätzlich lässt sich feststellen, dass das Befahren von Böden ein „Hammerproblem" ist. Der Hammer wurde entwickelt, um positive, nutzbringende Arbeiten besser erledigen zu können, was allerdings nicht ausschließt, dass er mutwillig oder böswillig verwendet werden kann, um jemandem Schaden zuzufügen. Forstmaschinen folgen dieser Logik: Man kann sie sinnvoll einsetzen, aber man kann sie leider auch einsetzen unter Bedingungen, die jenseits des Tolerierbaren liegen. Die Verletzbarkeit eines Bodens hängt von der Kornzusammensetzung, den Plastizitätseigenschaften und dem aktuellen Wassergehalt ab. Die Verletzbarkeit eines Bodens lässt sich mit dem Matrixpotenzial charakterisieren. Aus einem umfangreichen Datenbestand (McNabb et al. 2001) geht hervor, dass die Verletzbarkeit unterhalb der Feldkapazität (–33 kPa) gering ist, jedoch oberhalb der Feldkapazität stark zunimmt und zu einer luftgefüllten Porosität von weniger als 10 % führt, was für die biologische Funktion des Bodens ungenügend ist. Als Feldkapazität bezeichnet man den Wassergehalt eines Bodens, welches das Wasser, das nicht durch die Gravitation drainiert wurde, zurückbehält, wofür ein Matrixpotenzial von –33 kPa angenommen wird. Der Bodenschutz der Zukunft könnte darin bestehen, dass einerseits für jeden Bestand der Wassergehalt bei Feldkapazität (Grenzwassergehalt) bestimmt und danach der Bodenwassergehalt halbtäglich gemessen wird. Sobald der wirkliche Wassergehalt größer wird als der Grenzwassergehalt, wäre somit die Maschinenarbeit einzustellen. Daneben ist sicherzustellen, dass die Fahrzeuge mit korrekten Reifendrücken betrieben werden, da der optimale Reifendruck fürs Gelände wesentlich tiefer liegt als für die Straße.

Literatur

Abeels, P.F.J. 1984. *Bunching Small Trees by Horse.* Report to IEA/FE/PGC/CPC7. Unitė du Gėnie Rural. Facultè des Sciences Agronomiques. Universitè Catholique de Louvain. Louvain-la-Neuve. 25 p.

Alila, Y., P.K. Kuraś, M. Schnorbus, und R. Hudson. 2009. *Forests and floods: A new paradigm sheds light on age-old controversies.* Water Resources Research. 45 (8)

Anonymous. 1994. *Zurück zum Pferd. Sanfte Betriebstechnik für einen naturnahen Waldbau.* Forst & Technik, (8): 18–20

Appel, S. 2021. *Unser Rousseau.* ed. C. Döring. Berlin: Die Andere Bibliothek. 381 p

Astrand, P.O., und K. Rodahl. 1986. *Textbook of work physiology physiological bases of exercise*, 3rd Ed. New York a.o.: McGraw-Hill. 756 p

Bauhus, J., et al. 2021. *Die Anpassung von Wäldern und Waldwirtschaft an den Klimawandel. Gutachten des Wissenschaftlichen Beirates für Waldpolitik.* Wissenschaftlicher Beirat für Waldpolitik beim Bundesministerium für Ernährung und Landwirtschaft (WBW). Berlin. 192 p.

Baumgarten, M., und K. von Teuffel. 2005. *Nachhaltige Waldwirtschaft in Deutschland.* In *Waldumbau: für eine zukunftsorientierte Waldwirtschaft Ergebnisse aus dem Südschwarzwald,* K.F. von Teuffel, et al., Editors. Springer Berlin Heidelberg: Berlin, Heidelberg: p. 1–10. https://doi.org/10.1007/3-540-27247-x_2.

Bernhardt, A. 1874. *Geschichte des Waldeigenthums, der Waldwirtschaft und Forstwissenschaft in Deutschland von 1750 bis 1820.* Berlin: Julius Springer. 407 p

Blum, A., H. Brandl, G. Oesten, T. Raetz, H. Schanz, S. Schmidt, und G. Vogel. 1996. *Wirkungen des Waldes und Leistungen der Forstwirtschaft.* AFZ DERWALD. **51**: 22–26

Bode, W. 2021. *Wie baut man einen Dauerwald?* In *Der Holzweg. Wald im Widerstreit der Interessen,* H.D. Knapp, S. Klaus, und L. Fähser, Editors. oekom verlag: München: p. 369–400

Brünig, E., und H. Mayer. 1980. *Waldbauliche Terminologie.* Wien: Institut für Waldbau, Universität für Bodenkultur. 207 p

Buchanan, J.M., und Y.J. Yoon. 2000. *Symmetric tragedies: Commons and anticommons.* JL & Econ. **43**: 1

Burschel, P. 1994. *Holzproduktion als ökologische Rechtfertigung des Forstberufes.* Allg Forst Z Waldwirtsch Umweltvorsorge. **49**: 622–631

Camia, A., et al. 2021. *The use of woody biomass for energy production in the EU.* EU Joint Research Centre (JRC) Science for Policy Report. Publication Office of the European Union. Luxembourg. 178 p, https://doi.org/10.2760/831621.

Christopher, B. 2012. *Jean Jacques Rousseau.* In *The Stanford Encyclopedia of Philosophy,* ed. E.N. Zalta. The Metaphysica Research Lab. Stanford University. Available from: [http://plato.stanford.edu/archives/win2012/entries/rousseau/]

Coase, R.H. 1960. *The Problem of Social Cost.* The Journal of Law and Economics. **3**: 1–44

Cooney, J. 2017. *Reflections on the 20th anniversary of the term 'social licence'.* Journal of Energy & Natural Resources Law. **35** (2): 197–200. https://doi.org/10.1080/02646811.2016.1269472.

Costanza, R., et al. 1997. *The value of the world's ecosystem services and natural capital.* Nature. **387**: 253

Cronon, W. 1995. *The Trouble with Wilderness or, Getting Back to the Wrong Nature.* In *Uncommon ground: toward reinventing nature,* W. Cronon, Editor, 1st Ed. W.W. Norton & Co.: New York: p. 7–28

Daily, G.C., et al. 1997. *Ecosystem Services: Benefits Supplied to Human Societies by Natural Ecosystems.* [Accessed Mar-26]. Ecological Society of America. Available from: [http://www.esa.org/sbi/sbi_issues/issues_pdfs/issue2.pdf]

Dawson, P., und M. Mäkelä. 2022. *Introduction – Narrative Today: Telling Stories in a Post-Truth World.* In *The Routledge Companion to Narrative Theory,* P. Dawson und M. Mäkelä, Editors, 1st Ed. Routledge: New York: p. 1–7. https://doi.org/10.4324/9781003100157.

Dieterich, V. 1953. *Forstwirtschaftspolitik eine Einführung.* Hamburg: Paul Parey. 398 p

Dodds, F., K. S chneeberger, und F. Ullah. 2012. *Review of implementation of Agenda 21 and the Rio Principles. Study prepared by the Stakeholder Forum for a Sustainable Future.* Sustainable Development in the 21st century (SD21). Division for Sustainable Development of the United Nations Department of Economic and Social Affairs (UNDESA). New York. 51 p.

EC-RTD. 2018. *A sustainable bioeconomy for Europe: strengthening the connection between, economy, society and the environment.* Brussels: Publications Office of the European Union. 103 p. Available from: [https://doi.org/10.2777/792130]

Edwards, P., J. Lacey, S. Wyatt, und K.J. Williams. 2016. *Social licence to operate and forestry – an introduction.* Forestry: An International Journal of Forest Research. 89 (5): 473–476

EEB. 2022. *RED III – EEB Policy Brief. Taking the Paris Agreement Compatible (PAC) energy scenario to the next level.* European Environmental Bureau (EEB). Brussels. 11 p.

Erikson, G. 1993. *Accidents and physical stress injuries can be avoided.* In *Efficient, sustainable and ecologically sound forestry. Conference and workshops at Elmia Wood 1993,* Vol. 11 p. Skogforsk.

EU. 2009. *Richtlinie 2009/28/EG des Europäischen Parlaments und des Rates vom 23. April 2009 zur Förderung der Nutzung von Energie aus erneuerbaren Quellen und zur anschließenden Aufhebung der Richtlinien 2001/77/EG und 2003/30/EG.* Amtsblatt der Europäischen Union. **L 140**: 16–62

EU. 2018. *Richtlinie (EU) 2018/2001 des Europäischen Parlaments und des Rates vom 11. Dezember 2018 zur Förderung der Nutzung von Energie aus erneuerbaren Quellen (Neufassung).* Amtsblatt der Europäischen Union. **L 328**: 82–209

Faustmann, M. 1849. *Berechnung des Werthes, welchen Waldboden, sowie noch nicht haubare Holzbestände für die Waldwirtschaft besitzen.* Allgemeine Forst- und Jagdzeitung. **15**: 441–455

Fellner, J., und A. Teischinger. 2001. *Alte Holzregeln: von Mythen und Brauchbarem über Fehlinterpretationen zu neuen Erkenntnissen.* Wien: Österreichischer Kunst- und Kulturverlag. 160 p

Fischer, H., O. Bens, und R. Hüttl. 2002. *Veränderung von Humusform, -vorrat und -verteilung im Zuge von Waldumbau-Maßnahmen im Nordostdeutschen Tiefland.* Forstwissenschaftliches Centralblatt. **121** (6): 322–334. https://doi.org/10.1046/j.1439-0337.2002.02037.x.

Foster, D., und J. Warren. 2022. *The NIMBY problem.* Journal of Theoretical Politics. **34** (1): 145–172

Frank, E. 2006. *Geringfügigkeitsproblem.* Personal communication. Dec-12–2006

Franklin, J.F., D.R. Berg, D.A. Thornburgh, und J.C. Tappeiner. 1997. *Alternative Silvicultural Approaches to Timber Harvesting: Variable Retention Harvest Systems.* In *Creating a Forestry for the 21st Century: The Science of Ecosystem Management,* K.A. Kohm und J.F. Franklin, Editors. Island Press: Washington, DC, Covelo, CA: p. 475

Franklin, J.F., und R.T. Forman. 1987. *Creating landscape patterns by forest cutting: ecological consequences and principles.* Landscape Ecology. **1**: 5–18

Gayer, K. 1878. *Der Waldbau.* Berlin: Wiegandt

Glück, P. 1977. *Was leistet eine moderne Forstpolitik-Wissenschaft?* Allgemeine Forstzeitschrift. **32** (20): 490–496

Gorodeisky, K. 2016. *19th Century Romantic Aesthetics.* In *Stanford Encyclopedia of Philosophy,* eds. E.N. Zalta, et al. [Accessed May-17–2023]. The Metaphysica Research Lab. Stanford University. Available from: [https://plato.stanford.edu/entries/aesthetics-19th-romantic/#EnliSturUndDran]

Hall, G.R. 1963. *The myth and reality of multiple use forestry.* Natural Resources Journal. **3** (2): 276–290

Hampe, M. 2016. *Auf die Natur ist kein Verlass.* In *Die Entdeckung der Natur. Grüne Ideen – von Humboldt bis heute,* C. Staas, Editor. Zeit Geschichte, Zeitverlag: Hamburg. Vol. 1/2016: p. 33–37

Hardin, G. 1968. *The tragedy of the commons.* Science. **162** (3859): 1243–1248

Hassan, R., R. Scholes, und N. Ash, eds. 2003. *Ecosystems and Human Well-being: Current State and Trends.* Vol. 1. Island Press: Washington, Covelo, London. 917 p

Heinimann, H.R. 2010. *A concept in adaptive ecosystem management – an engineering perspective.* Forest Ecology and Management. **259** (4): 848–856

Heller, M.A. 1998. *The tragedy of the anticommons: property in the transition from Marx to markets.* Harvard Law Review. **111** (3): 621–688

Heller, M.A. 2013. *The Tragedy of the Anticommons: A Concise Introduction and Lexicon.* The Modern Law Review. **76** (1): 6–25

Hellmann, K.-U. 2008. *Weltanschauung.* In *Metzler Lexikon Philosophie,* eds. P. Prechtl und F.-P. Burkhard. [Accessed May-16–2023]. Spektrum der Wissenschaft Verlagsgesellschaft mbH. Available from: [https://www.spektrum.de/lexikon/philosophie/weltanschauung/2205]

Hobbes, T. 1651. *Leviathan*, DSpace Repository. [‚Accessed' May-16–2023]. Available from: [https://openlibrary-repo.ecampusontario.ca/jspui/handle/123456789/1245]

Holling, C.S. 2001. *Understanding the complexity of economic, ecological, and social systems.* Ecosystems. **4** (5): 390–405

Hölting, L., M. Beckmann, M. Volk, und A.F. Cord. 2019. *Multifunctionality assessments – More than assessing multiple ecosystem functions and services? A quantitative literature review.* Ecological Indicators. **103**: 226–235

Hölting, L., M.R. Felipe-Lucia, und A.F. Cord. 2020. *Multifunctional Landscapes.* In *Encyclopedia of the World's Biomes,* M.I. Goldstein und D. DellaSala, A., Editors. Elsevier Inc. Vol. 5: p. 128–134

Huffel, G. 1925. *Histoire des forêts françaises de l'origine jusqu'à la suppression des Maitrises des Eaux et Forêts.* Nancy: Ecole nationale des eaux et forêts

Hundeshagen, J.C. 1848. *Die Forstabschätzung auf neuen wissenschaftlichen Grundlagen,* 2nd, von J.L. Klauprecht bearbeitete Ed., Laupp und Siebeck. 483 p

IGZ. 2023. *Interessengemeinschaft Zugpferde e.V.* [Accessed Jul-01–2023]. Bundesgeschäftsstelle IG Zugpferde. Available from: [https://www.ig-zugpferde.de]

IPCC. 2018. *Global Warming of 1.5° C. An IPCC Special Report on the impacts of global warming of 1.5°C above pre-industrial levels and related global greenhouse gas emission pathways, in the context of strengthening the global response to the threat of climate change, sustainable development, and efforts to eradicate poverty.* Intergovernmental Panel on Climate Change. Geneva. 616 p.

Jepson, P. 2019. *Recoverable Earth: a twenty-first century environmental narrative.* Ambio. **48** (2): 123–130

Joyce, S., und I. Thomson. 2000. *Earning a social licence to operate: Social acceptability and resource development in Latin America.* CIM Bulletin. 93 (1037):

Keller, T., und D. Or. 2022. *Farm vehicles approaching weights of sauropods exceed safe mechanical limits for soil functioning.* Proceedings of the National Academy of Sciences. **119** (21): e2117699119

Kimmins, J. 1993. *Ecology, environmentalism and green religion.* The Forestry Chronicle. **69** (3): 285–289

Knapp, H.D. 2021. *Der Holzweg.* In *Der Holzweg. Wald im Widerstreit der Interessen,* H.D. Knapp, S. Klaus, und L. Fähser, Editors. oekom verlag: München: p. 16–32

Kudernatsch, T., und B. Schauer. 2022. *Mehr Vielfalt durch Waldumbau.* LFW aktuell. **2022** (1): 15–17

Lang, P. 1994. *Streifzug durch die Forstgeschichte.* In *Ökologische Waldwirtschaft. Grundlagen – Aspekte – Beispiele,* H. Graf Hatzfeld, Editor. Stiftung Ökologie und Landbau; C.F. Müller: Bad Dürkheim, Heidelberg: p. 15–36

Lasswell, H.D. 1956. *The decision process; seven categories of functional analysis.* Bureau of Governmental Research, Studies in Government. College Park, Maryland: College of Business and Public Administration, University of Maryland. 23 p

Lehmann, A. 2001. *Mythos Deutscher Wald.* Der Bürger im Staat. **51** (1): 4–9

Leibundgut, H. 1966a. *Die Waldpflege. Mit einer Neubearbeitug von Auslesedurchforstung als Erziehungsbetrieb höchster Wertleistung von Walter Schädelin.* Bern: Verlag Paul Haupt. 192 p

Leibundgut, H. 1966b. *Waldgesinnung.* Schweizerische Zeitschrift für Forstwesen. **117** (3/4): 155–167

Leibundgut, H. 1981. *Die natürliche Waldverjüngung.* Bern, Stuttgart: Verlag Paul Haupt. 107 p

Leibundgut, H. 1993. *Europäische Urwälder. Wegweiser zur naturnahen Waldwirtschaft.* Bern, Stuttgart: Verlag Paul Haupt. 260 p

Leinen, L., Y.E.-M. Bohr, und T. Welle. 2021. *Die Waldböden – unter Druck gesetzt.* In *Der Holzweg. Wald im Widerstreit der Interessen,* H.D. Knapp, S. Klaus, und L. Fähser, Editors. oekom verlag: München: p. 103–112

Levin, S.A. 1992. *The problem of pattern and scale in ecology: the Robert H. MacArthur award lecture.* Ecology. **73** (6): 1943–1967

Lissner, K., und W. Rug. 2018. *Holzbau – Eine Geschichte innovativer Bautechnik.* In *Holzbausanierung beim Bauen im Bestand.* Springer Berlin Heidelberg: Berlin, Heidelberg: p. 5–21. https://doi.org/10.1007/978-3-662-50377-5_2.

Lo, V., und N. Jang. 2022. *The Global Biodiversity Framework's "30 x 30" Target: Catchy slogan or effecitve conservation goal?* Insight. International Institute for Sustainable Development (IISD). Accessed [May-25–2023]. Available from: [https://www.iisd.org/articles/insight/global-biodiversity-framework-30x30-target]

Lowi, T.J. 1979. *The End of Liberalism. The Second Republic of the United States,* 2nd Ed. New York: W W Norton & Co Inc. 331 p

Lueck, D. 2017. *Property Law, Economics and.* In *The New Palgrave Dictionary of Economics.* Palgrave Macmillan UK: London: p. 1–9. https://doi.org/10.1057/978-1-349-95121-5_2225-1.

Lundgren, N.P.V. 1946. *The Physiological Effects of Time Schedule Work on Lumber-Workers.* Acta Physiologica Scandinavica. **13**: 1–138

Manning, P., et al. 2018. *Redefining ecosystem multifunctionality.* Nature Ecology & Evolution. **2** (3): 427–436

Maràz, L. 2021. *Forst versus Wald. Ein Konflikt eskaliert.* In *Der Holzweg. Wald im Widerstreit der Interessen*, H.D. Knapp, S. Klaus, und L. Fähser, Editors. oekom verlag: München: p. 33–46

Mayr, H. 1909. *Waldbau auf naturgesetzlicher Grundlage. Ein Lehr-und Handbuch.*

McNabb, D., A. Startsev, und H. Nguyen. 2001. *Soil wetness and traffic level effects on bulk density and air-filled porosity of compacted boreal forest soils.* Soil Science Society of America Journal. **65** (4): 1238–1247

Mittermeier, R.A., C.G. Mittermeier, T.M. Brooks, J.D. Pilgrim, W.R. Konstant, G.A. Da Fonseca, und C. Kormos. 2003. *Wilderness and biodiversity conservation.* Proceedings of the National Academy of Sciences. **100** (18): 10309–10313

Möller, A. 1922. *Der Dauerwaldgedanke: sein Sinn und seine Bedeutung.* Berlin: Springer. 84 p

Myatt, D.P. 2016. *Collective Action (New Perspectives).* In *The New Palgrave Dictionary of Economics,* M. Vernengo, E. Perez Caldentey, und B.J. Rosser Jr, Editors. Palgrave Macmillan UK: London: p. 1–8. https://doi.org/10.1057/978-1-349-95121-5_2580-1.

Noetzel, T. 2008. *Pluralismus.* In *Metzler Lexikon Philosophie,* eds. P. Prechtl und F.-P. Burkhard. [Accessed May-16–2023]. Spektrum der Wissenschaft Verlagsgesellschaft mbH. Available from: [https://www.spektrum.de/lexikon/philosophie/pluralismus/1588]

Norton, M., et al. 2019. *Serious mismatches continue between science and policy in forest bioenergy.* GCB Bioenergy. **11** (11): 1256–1263. https://doi.org/10.1111/gcbb.12643.

OECD. 2009. *The Bioeconomy to 2030. Designing a Policy Agenda.* Paris: OECDpublishing. 322 p. Available from: [https://doi.org/10.1787/9789264056886-en]

Olson, M. 1965. *The logic of collective action public goods and the theory of groups.* Harvard economic studies. Cambridge, MA: Harvard University Press. 176 p

Olson, M. 2017. *Collective Action.* In *The New Palgrave Dictionary of Economics,* M. Vernengo, E. Perez Caldentey, und B.J. Rosser Jr, Editors. Palgrave Macmillan UK: London: p. 1–7. https://doi.org/10.1057/978-1-349-95121-5_280-2.

Panek, N. 2021. *Holzfabrik in der Krise.* In *Der Holzweg. Wald im Widerstreit der Interessen,* H.D. Knapp, S. Klaus, und L. Fähser, Editors. oekom verlag: München: p. 163-

Potard, U.S.B., D.E. Leith, und M.R. Fedde. 1998. *Force, speed, and oxygen consumption in Thoroughbred and draft horses.* Journal of Applied Physiology. **84** (6): 2052–2059

Radkau, J. 1986. *Zur angeblichen Energiekrise des 18. Jahrhunderts: Revisionistische Betrachtungen über die „Holznot".* VSWG: Vierteljahrschrift für Sozial-und Wirtschaftsgeschichte. 73 (H. 1): 1–37

Radkau, J. 2011. *Die Ära der Ökologie. Eine Weltgeschichte.* München: Beck. 782 p

Raufflet, E., S. Baba, C. Perras, und N. Delannon. 2013. *Social License.* In *Encyclopedia of Corporate Social Responsibility,* S.O. Idowu, et al., Editors. Springer Berlin Heidelberg: Berlin, Heidelberg: p. 2223–2230. https://doi.org/10.1007/978-3-642-28036-8_77.

Reid, W.V., J. Sarukhán, und Millennium Ecosystem Assessment. 2005. *Ecosystems and human well-being synthesis a report of the Millennium Ecosystem Assessment.* Millennium Ecosystem Assessment. Washington: Island Press. 137 S. p

Robinson, E. 2023. *The scientific case against burning biomass for energy. Briefing Note.* Land & Climate Review. Accessed [May-30–2023]. Available from: [https://www.landclimate.org/the-problem-of-bioenergy-in-the-eu/]

Roebroek, C.T.J., G. Duveiller, S.I. Seneviratne, E.L. Davin, und A. Cescatti. 2023. *Releasing global forests from human management: How much more carbon could be stored?* Science. **380** (6646): 749–753. https://doi.org/10.1126/science.add5878.

Ryan, M.-L. 2005. *Narrative.* In *Routledge Encyclopedia of Narrative Theory,* D. Herman, M. Jahn, und M.-L. Ryan, Editors, 1st Ed. Routledge: London, New York: p. 344–348. https://doi.org/10.4324/9780203932896.

Simberloff, D. 2014. *The "balance of nature" — evolution of a panchreston.* PLoS Biology. **12** (10): 1–4

SPD, Bündnis 90 / Die Grünen, und FDP. 2021. *Mehr Fortschritt Wagen. Bündnis für Freiheit, Gerechtigkeit und Nachhaltigkeit. Koalitionsvertrag 2021–2025 zwischen der Sozialdemokratischen Partei Deutschlands (SPD), Bündnis 90 / Die Grünen und den Freien Demokraten (FDP).* Sozialdemokratische Partei Deutschlands (SPD), Bündnis 90 / Die Grünen, Freie Demokratische Partei (FDP). Berlin. 141 p.

Speer, J. 1972. *Das wissenschaftliche Werk Victor Dieterichs.* Forstwissenschaftliches Centralblatt. **91** (1): 120–124

Steinlin, H. 1984. *Forstwirtschaft und Naturschutz – Spannung oder Ausgleich.* Schweiz. Z. Forstwesen. **135** (2): 81–98

Sterman, J.D., L. Siegel, und J.N. Rooney-Varga. 2018. *Does replacing coal with wood lower CO_2 emissions? Dynamic lifecycle analysis of wood bioenergy.* Environmental Research Letters. **13** (1): 015007. https://doi.org/10.1088/1748-9326/aaa512.

Stocker, R. 2008. *Gedanken zur Anzeichnung im Dauerwald. Lenken, nicht steuern in der Halbschattenwirtschaft.* Wald und Holz. 89 (6): 2–29

vtraubinger, F. 1994. *Naturgemäßer Waldbau.* In *Ökologische Waldwirtschaft. Grundlagen – Aspekte – Beispiele,* H. Graf Hatzfeld, Editor. Stiftung Ökologie und Landbau; C.F. Müller: Bad Dürkheim, Heidelberg: p. 107–114

SUVA. 2023. *Sicherheit im Forst: Unfälle vermeiden bei Waldarbeiten.* [Accessed Jul-01–2023]. Schweizerische Unfallversicherungsanstalt (SUVA). Available from: [https://www.suva.ch/de-ch/praevention/nach-branchen/forstunfaelle-vermeiden-bei-waldarbeiten]

Theophrastus, und K. Sprengel. 1822. *Theophrast's Naturgeschichte der Gewächse. Übersetzt und erläutert von K. Sprengel.* Altona: Johann Friedrich Hammerich. 427 p

Thomas, J.W. 1997. *Foreword.* In *Creating a Forestry for the 21st Century: The Science of Ecosystem Management,* K.A. Kohm und J.F. Franklin, Editors. Island Press: Washington, DC, Covelo, CA

Tréguer, P. 2018. *Pejorative Origin of „NIMBY" (Opposition to a Project in one's Vicinity).* [Accessed Jun-07–2023]. Online Blog. Available from: [https://wordhistories.net/2018/08/02/nimby-origin/]

UNEP. 2022. *Post-2020 Global Biodiversity Framework.* UN Environment Programme (UNEP). Nairobi. 12 p.

Vincent, J.R., und C.S. Binkley. 1993. *Efficient multiple-use forestry may require land-use specialization.* Land Economics. **69** (4): 370–376

von Matt, P. 2002. *Voltaire gegen Rousseau – in uns selbst.* NZZ am Sonntag, (1. Nov. 2002): 78

Walton, A., und R. McCrea. 2018. *Trend in community wellbeing and local attitudes to local coal seam gas development, 2014–201–2018. Western Downs and eastern Maranoa regions, Queensland.* CISRO. Canberra. 121 p.

Williamson, O.E. 2000. *The new institutional economics: taking stock, looking ahead.* Journal of Economic Literature. **38** (3): 595–613

Systemrealitäten

4

Inhaltsverzeichnis

4.1 Geschichtliche Pfade der Wald- und Holznutzung

Das Erscheinungsbild der Wälder sowie der Forst- und Holzwirtschaft, wie wir sie heute wahrnehmen, wurde durch vergangene Vorgänge und Entscheidungen mitbeeinflusst. Waldwirtschaft verändert sich lediglich auf größeren Zeitskalen, was den Effekt der Pfadabhängigkeit zusätzlich verstärkt und insbesondere mit der Rohstoffbasis die Entwicklung der Holzwirtschaft prägt. Um die heutigen

H. R. Heinimann und A. Teischinger, *Forst- und Holzwirtschaft im Wandel*,
https://doi.org/10.1007/978-3-662-69164-9_4

Wald- und Holzwirtschaftssysteme zu verstehen, ist es deshalb notwendig, ihre geschichtlichen Pfade und die Frage „Woher kommen sie?“ zu verstehen. Nachfolgend geht es darum, die großen geschichtlichen Linien der Bedeutung von Holz als Ressource und als Bau- und Werkstoff sowie der Technologien zur Rohholzbereitstellung und -verarbeitung zu skizzieren. Für einen detaillierteren Einblick zur Rolle des Waldes bei der gesellschaftlichen Entwicklung und zur Nutzung des Rohstoffs Holz als Bau- und Werkstoff sowie als Energieträger sei auf Arbeiten von Historikern verwiesen (Perlin 2022, Radkau 2012).

4.1.1 Geschichtliche Bedeutung von Holz als Ressource

Frühgeschichte

Holz wurde zur Ressource, als es als Bau- und Werkstoff einen ökonomischen Nutzen erlangte. Dies dürfte mit der neolithischen Revolution der Fall gewesen sein, als um etwa 11.000 vor Christus im „Fruchtbaren Halbmond“ des Nahen Ostens Landwirtschaft und Siedlungen entstanden (Diamond und Bellwood 2003). Holz fand Verwendung für Gebäude, aber auch für die Stiele von Werkzeugen, Waffen und Geräten, welche für die Holzbearbeitung, die Jagd und für die Verarbeitung von landwirtschaftlichen Rohstoffen eingesetzt wurden. Die Siedlungen versorgten sich dabei lokal, in der unmittelbaren Umgebung, was bei der geringen Siedlungsdichte und dem geringen Stoffumsatz problemlos möglich war. Mit dem Entstehen von Hochkulturen im 4. Jahrtausend vor Christus änderte sich diese Situation grundlegend. Es entstanden Städte, welche ihren Stoffwechsel nicht mehr lokal versorgen konnten und die somit auf ein „Hinterland“ angewiesen waren. Als Hinterland bezeichnet man das eine Stadt umgebende Einzugsgebiet, aus dem sie sich mit Ressourcen versorgt. Die Erstellung von Sakral- und Profanbauten verschlang eine große Menge von Baumaterialien, worunter Holz, das leicht bearbeitbar war, eine besondere Rolle einnahm. Uruk, im heutigen Irak gelegen, wird als erste Großstadt der Menschheit bezeichnet und soll zur Blütezeit etwa 50.000–80.000 Einwohner umfasst haben. Die Holzversorgung erfolgte aus den Gebirgszügen Syriens und der Türkei, von wo das Holz über größere Distanzen zu den Ufern des Euphrats gebracht werden musste, auf dem es ans Ziel geflößt wurde (Perlin 2022).

Die Zedernwälder, die am Westabhang des Libanongebirges in Höhenlagen zwischen 1400 und 2200 m ü. M. vorkamen, sind Teil eines Zederngürtels, der sich bis ins Taurusgebirge der Türkei erstreckt (Mikesell 1969). Die Phönizier besiedelten um 3000 vor Christus die Küste im Bereich des heutigen Libanons und bereits um 2600 vor Christus sollen 40 Schiffsladungen Zedern nach Ägypten transportiert worden sein, das keine eigenen Nutzholzwälder besaß, um das Holz für Sakral- und Profanbauten bereitzustellen. Seit jener Zeit beschafften die Ägypter regelmäßig Holz in Phönizien und es liegen auch Berichte vor, dass 300 Mann für das Fällen der Bäume sowie 300 Ochsen für das Schleifen des Holzes in den Hafen Byblos eingesetzt wurden. Um etwa 950 vor Christus begann Salomon, in Jerusalem seinen großen Tempel zu bauen, wofür er ebenfalls Zedernholz aus dem Libanon verwendete, das von den Bergen an die phönizische Küste geschleift wurde, dann auf Flößen nach Joppa (Jaffa) gelangte, von wo es nach Jerusalem transportiert wurde (Mikesell 1969). Zur Römerzeit müssen die Zedernwälder bereits ziemlich ausgeplündert gewesen sein, da die Römer um rund 100 vor Christus die verbleibenden Wälder abgrenzten und mit Grenzsteinen und Grenzzeichen sicherten. Heute sind leider nur noch einige kleine Inseln der ehemaligen Zedernwälder übrig geblieben, während viele Gebiete als Ödland zurückgeblieben sind. Die Erschöpfung der Holzressourcen im sogenannten Fruchtbaren Halbmond, welcher einen Bogen von Ägypten über Phönizien bis nach Mesopotamien abdeckt, zu Beginn des 2. Jahrtausends vor Christus ließ ein Fundament der damaligen Zivilisationen wegbrechen (Perlin 2022). Perlin glaubt, darin einen Grund zu finden, dass sich das Zentrum des Handels und der Macht nach Kreta und Griechenland verschob. Kreta verfügte damals über reichliche Holzvorkommen, welche für die Herstellung von Kupfer und Bronze und für den Export verwendet wurden. Die kretische Zivilisation kollabierte allerdings um 1400 vor Christus als Folge eines massiven Vulkanausbruchs (Oosthoek 2005), wonach Griechenland im 1. Jahrtausend vor Christus zum politischen und kulturellen Zentrum des Mittelmeerraums wurde.

Antike

Das antike Griechenland umfasste einen Zeitraum von etwa 800–30 vor Christus. Es konnte den für die damalige Zeit hohen zivilisatorischen Entwicklungsstand unter anderem nur aufrechterhalten, indem es sich aus dem Hinterland mit Holz versorgen konnte (Oosthoek 2005). Aus der damaligen Zeit stammt auch eine umfassende Darstellung der „Naturgeschichte der Gewächse“ von Theophrast (Theophrastus und Sprengel 1822). Aus seinen Aufzeichnungen geht hervor, dass das Gebiet, aus dem das Holz kam, einem geografischen Gürtel entsprach, der sich vom heutigen Albanien über Bulgarien ans Schwarze Meer und ans Marmarameer erstreckte, von wo er sich nach Anatolien hineinzog. Theophrast betonte auch, dass Holz für den Schiffbau eine erstrangige Rolle einnahm, wofür die Fichte, die Tanne, die Föhre und die Zeder das erforderliche Rohmaterial lieferten. Er befand auch, dass die Fichte und die Tanne, verglichen mit anderen Baumarten, den größten Nutzen aufweisen. Der antike Bergbau verbrauchte große Mengen von Holzkohle, so unter anderem für die Verhüttung von Silber in den Bergwerken von Laurion, die Herstellung und -verarbeitung von Kupfer und Bronze sowie die damals noch junge Erzeugung von Eisen. Der Aufstieg des Römischen Reiches zur Großmacht war ebenfalls mit einer Versorgung mit Holz aus dem Hinterland verbunden. Plinius berichtete in seiner Naturgeschichte, dass die italienische Halbinsel zu damaliger Zeit praktisch völlig entwaldet war, womit Holz aus allen Teilen importiert werden musste (Oosthoek 2005). Plinius' Schilderungen (Plinius 1764) belegen, dass die Römer bereits ein umfangreiches Wissen über die Verwendung von Bäumen für Holz- und Nichtholzprodukte hatten. Harz und Pech waren damals wichtige Stoffe und auch Schindeln, mit denen die Häuser Roms während über 400 Jahren gedeckt worden seien, spielten eine essenzielle Rolle. Plinius erwähnt die besondere Bedeutung von Tanne und Fichte, insbesondere für den Schiffbau, wobei besonders wertvolles Holz für Mastbäume aus dem Apennin, den Alpen, aus Gallien (Jura, Vogesen), aus Mazedonien und Korsika gekommen sein soll. Zedern sollen aus Kreta, aus Syrien und aus Afrika beschafft worden sein. Plinius äußert sich überschwänglich über die Wälder Germaniens (heute Deutschland), insbesondere über das Harzgebiet mit „ungeheuer großen Eichen". Während die Eiche in der Zeit des französischen Absolutismus eine bevorzugte Holzart für den Schiffbau war, so waren es für die Römer die Tanne und die Fichte. Plinius erwähnt, dass die Eiche eine derartige Härte aufweise, dass sich das Holz nur bohren ließe, wenn es vorher in Wasser gelagert hätte. Es scheint, dass die Werkzeuge, welche den Römern zur Verfügung standen, nicht geeignet waren, um Eichenholz in einem größeren Ausmaß zu verarbeiten. Mit dem Untergang des Römischen Reiches im 5. Jahrhundert nach Christus waren die Wälder im Mittelmeerraum stark ausgebeutet und dezimiert. Vertreter von Ländern, deren Waldfläche sich noch heute aktiv mindert, bringen die Entwaldung der Antike oft als Argument in die heutige Diskussion ein, um die heutige Entwaldungspolitik zu rechtfertigen.

Mittelalter

Im Mittelalter veränderte sich die mitteleuropäische Landschaft grundlegend und der Waldanteil fiel von etwa 90 auf rund 20 % ab (Abb. 4.1). Historiker bezeichnen diese Entwicklung als „Landesausbau" (Meyer 2008), worunter ein Prozess verstanden wird, bei dem durch Rodung und Urbanisierung neue Siedlungs- und Landwirtschaftsräume geschaffen wurden. Ein Versuch, diese Entwicklung quantitativ zu untermauern (Abb. 4.1), identifiziert den Umkehrpunkt im Hochmittelalter, bei dem Landwirtschafts- gegenüber Waldflächen die Oberhand gewannen (Bork et al. 1998b). Die niedrigsten Anteile nahm der Wald im Hochmittelalter ein und in der Neuzeit pendelte sich der Waldanteil bei rund 30 % ein, was in etwa dem heutigen Niveau entspricht. Abb. 4.1 ist allerdings eher als eine Darstellung von allgemeinen Trends zu verstehen, als das präzise numerische Abbilden einer Entwicklung. Auffallend ist die Diskontinuität im 14. Jahrhundert, bei der die Waldfläche wieder zunahm. Die Autoren erklären das wie folgt (Bork et al. 1998a): Erstens waren die Witterungsverhältnisse zu Beginn des 14. Jahrhunderts äußerst ungünstig und im Jahre 1342 waren die vermutlich größten Überschwemmungen des 2. Jahrtausends zu verzeichnen, welche das Bevölkerungswachstum zu einem Stillstand oder sogar Rückgang brachten. Zweitens folgte die Pestepidemie, bei der rund ein Drittel der Bevölkerung ihr Leben verlor. Der Waldanteil stieg bis etwa 1430 wieder an, aber im 15. und 16. Jahrhundert erfolgten weitere Rodungen, mit denen sich die Verteilung von Wald und Landwirtschaftsland etwa auf dem heutigen Niveau einpendelte.

Der Landesausbau begann ungefähr im 7./8. und verebbte im 14./15. Jahrhundert (Meyer 2008). Verschiedene Stämme migrierten und erschlossen siedlungsleere oder -arme Räume innerhalb Mitteleuropas. Es waren vor allem alemannische, bajuwarische, slawische und ungarische Stämme, welche diesen Ausbau vorantrieben. Es entstanden dadurch Siedlungen, welche die Rodungstätigkeit, auch Schwenden genannt, in Orts- und Flurnamen wie „Schwand", „Schwendi", „Gschwendt", „Schlag", „Reuthe" widerspiegeln. Neben Dörfern

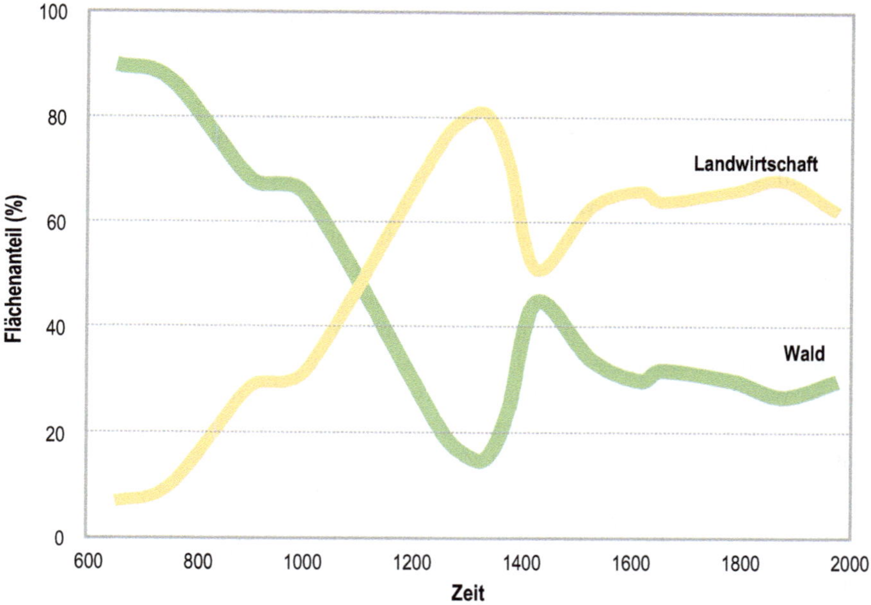

Abb. 4.1 **Entwicklung der Bodenbedeckung in Deutschland.** Die Daten sind mit großen Unsicherheiten behaftet und als Trend zu verstehen. Das 14. Jahrhundert war durch Katastrophen geprägt – Witterungsextreme, Hungersnöte, Pestpandemie –, wodurch der Waldanteil beträchtlich zunahm. (Nach Daten von Bork et al. (1998a))

entstanden vor allem auch im Spätmittelalter neue Städte, für deren Bau und Betrieb viel Holz erforderlich war. Allgemein wird angenommen, dass sich die Bevölkerung Europas von 1000 bis etwa 1350 von rund 38 auf rund 75 Mio. entwickelte (Edwards und Frassetto online), was einer Verdoppelung entspricht. Neben dem Holzbedarf für die Bevölkerung und die Siedlungen entwickelte vor allem das sogenannte Großgewerbe – Salinen, Eisenhütten, Glashütten – einen enormen Holzhunger, um 1800 vor allem im Erzgebirge und in Tirol (Radkau 2012). Gemäß Radkau gehörten Klagen über die Verwüstung der Wälder und eine angebliche Holznot schon im 16. Jahrhundert „zum guten Ton", dies jedoch vor allem mit der Absicht, das Eingreifen der Obrigkeit im Wald zu legitimieren.

Zeitalter der Absolutismus

Vom 16. bis ins 18. Jahrhundert entwickelte sich der Absolutismus, eine Herrschaftsform, bei der alle Macht dem Herrscher zugeordnet ist. Zu den Machtstrukturen gehörten unter anderem ein Beamtenapparat, ein stehendes Heer sowie eine Wirtschaftspolitik, die dem Wohl der Staatsfinanzen dienen sollte. Diese Strukturen wirkten sich auch auf die Wirtschaft der Ressource Holz aus, was sich am Beispiel Frankreichs ausdrücklich zeigte (siehe auch Abschn. 2.1.3). Minister Colbert, der Logik der Wirtschaftspolitik des Merkantilismus folgend, schuf 1669 ein zentral gesteuertes Waldbewirtschaftungssystem, um den Aufbau der Marine zu sichern. Der Holzbedarf war enorm, es liegen Berichte vor, dass in einem Zeitraum von sieben Jahren rund 250.000 100-jährige Eichen erforderlich waren, um etwa 120 Kriegsschiffe zu bauen (de Dinechin 1999). Das System basierte auf vier Säulen (Huffel 1925): 1) der räumlich eindeutigen, nachvollziehbaren Abgrenzung von Waldbewirtschaftungseinheiten, 2) einer Anhebung des Erntealters, um die Baumdimensionen, welche für den Schiffbau der Marine benötigt wurden, bereitzustellen, 3) dem Anlegen einer Reserve von Bäumen großer Dimensionen, 4) einem klar definierten Ordnungs- und Planungsverfahren für die Bewirtschaftung. Colbert legte damit das Fundament für die Schrift „Silvicultura Oeconomica" (Carlowitz 1713), die meist als Ursprung des Konzepts „nachhaltige Waldbewirtschaftung" angesehen wird. Carlowitz selbst betonte, dass die Reform von Colbert alle Komponenten umfasste, die er in seinem Buch „Silvicultura Oeconomica" niederschrieb. Zu seiner Zeit führte Kurfürst Friedrich August I. im Kurfürstentum Sachsen den Absolutismus mit einem Beamtenapparat ein, in welchem Carlowitz als Berghauptmann eine hohe Stellung einnahm. Die Bestrebungen, das Fürstentum nach dem Dreißigjährigen Krieg wiederaufzubauen und den Einfluss des Adels zurückzudrängen, gehörten zur Wirtschaftspolitik des Kameralismus, der deutschen Variante des Merkantilismus. Es lässt sich somit sagen, dass Merkantilismus/Kameralismus das Keimbeet für eine geregelte Forstwirtschaft vorbereitete. Die Bestrebungen des Absolutismus, Rechte des Adels zu beschneiden, stützt Radkaus Argumentation, dass die Holznot auch als Herrschaftsinstrument diente (Radkau 2012).

Zeitalter demokratisch legitimierter Nationalstaaten

Die Aufklärung stellte die Leitidee des Absolutismus – einen „von Gott legitimierten Herrscher" – infrage. Mit der Französischen Revolution begann in Europa eine neue politische Epoche der demokratisch legitimierten Nationalstaaten. Das Grundprinzip, dass sämtliche Menschen die gleichen Rechte haben, führte dazu, dass die Ständeordnung abgeschafft wurde. Der Klerus und die Adligen verloren ihre Privilegien, während die Bauern und Bürger frei wurden, d. h., ihre Pflichten gegenüber den Grundherren verschwanden.

Der Umbruch zeigte sich auch in der Entwicklung der wirtschaftspolitischen Konzeption, bei der liberale Ideen den Merkantilismus und die Kameralistik verdrängten und bei der man an die Kraft der „unsichtbaren Hand" im Sinne von Adam Smith glaubte. Damit begann der Aufstieg des Kapitalismus, der zu einer raschen Kommerzialisierung des Holzes führte (Radkau 2012). Es gab Stimmen, welche bemängelten, dass der Holzhandel zu Holzknappheit und erhöhten Holzpreisen führe und Anreiz für Frevel und Holzdiebstähle sei. Radkau bezeichnete dies allerdings als Rückzugsgefechte, da die freie Konkurrenz dazu führte, Holz so effizient wie möglich zu nutzen (Radkau 2012). Dies führte auch zu einer Debatte rund um die Frage, ob den Kräften des Marktes zu trauen sei oder ob dem Staat eine zentrale Rolle im Forstwesen zukomme.

Die Ideen der Aufklärung, insbesondere das rationale, mechanistische Weltbild, ebneten den Weg für formal ausgebildete Wissens- und Innovationssysteme, d. h. Forstwissenschaft und forstliche Ausbildung als eigenständige Bereiche. Vier deutsche Forstfachleute, auch forstliche Enzyklopädisten genannt, legten den Grundstein, auf dem sich Forstwissenschaft als eigenständige Disziplin entwickeln sollte: Hartig, Cotta, Pfeil und Hundeshagen (BERNHARDT 1874). Cotta gründete eine private forstliche Lehranstalt, die ab 1811 in Tharandt (Sachsen) angesiedelt war und die 1816 zur königlich-sächsischen Forstakademie wurde. Er prägte auch das Konzept des „Waldbaus", das die frühere Idee der „Holzzucht" ablöste. Etwa zur gleichen Zeit entstand 1813 in Österreich-Ungarn die k.k. Forst-Lehranstalt, die 1867 zur Akademie wurde. Diese Stätten wurden zum Vorbild für die Gründung akademischer Ausbildungsgänge in vielen Ländern. Damit standen Forstfachleute zur Verfügung, welche fundierte, wissenschaftlich abgestützte Kenntnisse und Fertigkeiten hatten, womit eine wichtige Voraussetzung für die Verbesserung der Wälder und der Forstwirtschaft gegeben war.

Institutionelles Umfeld

Institutionen umschreiben das Ordnungssystem, welches das soziale Verhalten und Handeln von Individuen und Gruppen gestaltet und lenkt. Es sind zwei Institutionen, welche für die Entwicklung der Forst- und Holzwirtschaft wichtig waren, erstens das Konzept des Eigentums und zweitens die formalen Regeln in Form von Gesetzen und Verordnungen, welche die Waldbewirtschaftung leiteten.

Eigentum als Konzept, wie wir es heute wahrnehmen und verstehen, entstand erst mit der Französischen Revolution. 1789 erklärte die französische Nationalversammlung die Menschen- und Bürgerrechte (Déclaration des Droits de l'Homme et du Citoyen), die als Grundstein der Grund- und Menschenrechte gilt. Eigentum als Grundrecht war darin explizit festgeschrieben. Das Konzept des Eigentums ist ein Schirmbegriff für Regeln, welche den Zugang und den Umgang mit Land und anderen materiellen Ressourcen regeln (WALDRON 2023). Privateigentum ist dabei ein System, das Objekte bestimmten Individuen zuordnet, die berechtigt sind, diese Objekte ihrem freien Willen folgend zu nutzen sowie andere Individuen von der Nutzung auszuschließen. Ein Standpunkt geht davon aus, dass die wirtschaftliche Selbstorganisation, wie sie der Preismechanismus sicherstellt, klar definierte Eigentums- und Verfügungsrechte voraussetzt (RYAN 1987). Andere Sichtweisen hingegen betonen, dass insbesondere das Recht, andere von der Nutzung auszuschließen, sozial ungerecht sei. Die neue institutionelle Ökonomik versteht unter Eigentum ein Bündel von Verfügungsrechten (LUECK 2017), welche den Eigentümer ermächtigen, ein Objekt 1) zu nutzen, 2) zu verändern, 3) zu vermieten/verpachten, 4) zu veräußern sowie 5) andere von der Nutzung auszuschließen und 6) seine Rechte auf dem Rechtsweg durchzusetzen. Die aufgeklärte Eigentumskonzeption durchdrang in Europa im 19. Jahrhundert auch den Waldbesitz. Sie bedeutete eine völlige Neuausrichtung, indem sie die personenabhängige Wirtschafts- und Herrschaftsorganisation des Mittelalters abschaffte und das Prinzip der Rechtsstaatlichkeit einführte, mit dem das Handeln des Staates und des Beamtenapparats durch das Gesetz definiert war.

Die Verhältnisse des Mittelalters lassen sich mit dem heutigen Eigentumskonzept nicht treffend umschreiben. Das ist der Grund, warum Historiker das Geflecht von Nutzungs- und Herrschaftsrechten sowie die sich daraus ergebenden Pflichten für Bauern und Bürger mit dem Begriff „Grundherrschaft“ beschreiben. Dabei steht die Herrschaft über Menschen im Vordergrund, bei welcher der Geltungsbereich der Herrschaftsrechte über ein Territorium des Grundherrn definiert wird (Zangger et al. 2013). Die Nutzungsrechte des königlichen Reichsguts wurden dabei pyramidenförmig übertragen. Die höchste Hierarchiestufe übertrug Kronlehen an den hohen Adel (geistliche und weltliche Fürsten). Als Gegenleistung hatten die Lehensempfänger Treue zu schwören und bestimmte Dienstleistungen zu erbringen, beispielsweise militärische Gefolgschaft. In der mittleren Hierarchiestufe wurden die Lehen weiter übertragen auf den niedrigen Adel (Grafen, Ritter, Äbte), welche ihrem Lehnsherrn Treue zu schwören sowie Amts- und Kriegsdienste zu erbringen hatten. In der untersten Hierarchiestufe wurden die Lehen der mittleren Stufe auf Bauern und Hörigen übertragen. Als Gegenleistung für das Nutzungsrecht hatten sie Abgaben zu erbringen, insbesondere den Zehnten, welcher ursprünglich ein Zehntel sämtlicher wirtschaftlicher Erträge und Einkünfte umfasste, sowie Frondienste zu leisten. Aus diesem System entstand ein Geflecht von Beziehungen zwischen Personen, welches die Wirtschaft- und Herrschaftsorganisation bestimmte. Dieses Geflecht wurde überlagert von Hoheitsrechten (Regalien), worunter königliche Ermächtigungen zu verstehen sind, bestehende Rechte und Freiheiten einzuschränken oder die Inhaber dieser Rechte zu bestimmten Leistungen zu zwingen, d. h., dem Zwang zum „Unterlassen oder Tun“ zu folgen. Zu den grundherrschaftlichen Regalien gehörten insbesondere das Wasserregal, das Bergregal, das Jagd- und Fischereiregal sowie das Forstregal, welche die ausschließliche Ermächtigung bedeuteten, diese Ressourcen zu nutzen (Anonymous, 1859) und „Ordnungen“ zu erlassen. Es scheint offensichtlich, dass es schwierig, wenn nicht unmöglich war, mit einem derartigen System übergeordnete Ziele zu erreichen, da es sich durch einen Kampf der Partikularinteressen auszeichnete.

Die grundherrschaftliche Ordnung wird oft als das dominierende System des Mittelalters wahrgenommen. Rechtshistorische Untersuchungen (Bader 1957) ergaben jedoch, dass es daneben auch genossenschaftliche Strukturen gab, welche eng mit den Strukturen des mittelalterlichen Dorfes und der Grundherrschaft verbunden waren (Dubler 2012, Radkau 2012). Der Rechtsbereich eines Dorfes war durch die sogenannte „Dorfmark“ definiert, die von feudalen Grundherren „eingebannt“ wurde. Das Gesamtgebiet besteht aus vier Rechtsbereichen: 1) dem eigentlichen Dorf, in der Regel „Dorfetter“ genannt, 2) der „Ehhofstatt“, 3) der „Feldmark“ und 4) dem „Gemeinland“. Gebiete außerhalb der Dorfmark waren bis ins 14. Jahrhundert eine Art „Niemandsland“, das von den Dörfern als Weide genutzt wurde (Dubler 2012), und die aus ökonomischer Sicht Ressource mit freiem Zugang waren. Das Wesen des mittelalterlichen Dorfes besteht darin, dass die Rechte „verdinglicht“ wurden (Bader 1957), d. h. an die räumlichen Rechtsbereiche und nicht an Personen gebunden waren, für welche folgende Rechte galten:

- Die **Ehhofstatt** war mit folgenden Nutzungsrechten verbunden: Nutzungsrecht an der Feldmark, Nutzungsrecht am Gemeindeland, Dorfrecht als Voraussetzung für das Stimm- und Wahlrecht. Zur Ehhofstatt gehörten 1) das Haus, 2) die Hofstatt im engeren Sinne, die Platz für Gebäude bot, sowie 3) der Gemüse- und Baumgarten.
- An den **Dorfetter** waren vor allem Pflichten gebunden, insbesondere die Leistungspflicht gegenüber der Herrschaft (Steuern), gemeinsamer Gerichtszwang sowie das Recht innerhalb des Etters bauen zu dürfen, was eine frühe Form der Raumordnung war.
- Die **Feldmark** umfasst Nutzungsrechte, die an die Ehhofstatt gebunden waren, in Form von ausschließlich Nutzungsrechten (Eigen). Daneben galt die Pflicht zur kollektiv-genossenschaftlichen Feldbestellung sowie der Flurzwang.
- Das **Gemeinland** hieß im alemannischen Bereich auch „Allmende", im bajuwarischen Bereich „Gemein" (auch „Gemain" oder „Gmain") und in Salzburg „gemeine Frei" (Johann 1994). Es war somit ein räumlich klar abgegrenztes Gebiet von weiteren Wäldern, die als ein unteilbares Ganzes bewirtschaftet wurden. Die Nutzungsrechte waren an die Ehhofstatt gebunden, wurden in Form von Nutzungskontingenten (Kuhrechte, Holzlose ...) zugeordnet und kollektiv-genossenschaftlich realisiert.

Allmendenutzungsregimes tendieren zur Übernutzung, da niemand von den Nutzungsberechtigten ermächtigt ist, andere von der Nutzung auszuschließen (Hardin 1968). Radkau erwähnt, dass es sogenannte „Holzgerichte" gab, welche die Wald- und Weidenutzung beschränkten und durchsetzten (Radkau 2012). Die Wahrnehmung, dass Nutzungsbeschränkungen im Mittelalter nur aufgrund von Hoheitsrechten erlassen werden konnten, ist damit zu relativieren.

Die Französische Revolution stürzte die absolutistische Herrschaft des Ancien Régime und schaffte die herrschaftlichen Nutzungsrechte und Pflichten ab. Die mit der Landnutzung verbundenen Verfügungsrechte – Nutzung, Veränderung, Verpachtung, Veräußerung, Nutzungsausschluss, Rechtsdurchsetzung – waren neu im Konzept des Eigentums gebündelt, das seinerseits für jedes klar identifizierbare Stück Land gilt. Das Eigentumsrecht, gekoppelt mit einem Stück Land, ist das Grundeigentum, das sich auf öffentliche Körperschaften und Privatpersonen übertragen lässt. Im Rahmen der Neuordnung des Besitzes im späten 18. und im 19. Jahrhundert mussten die alten Hoheits-(Regalien) und Nutzungsrechte in Einheiten der räumlichen Bodennutzung zusammengeführt werden. Im deutschsprachigen Raum konnten einerseits öffentliche Gebietskörperschaften – Bund, Länder/Kantone, Gemeinden – und andererseits natürliche und juristische Personen Grundeigentümer werden. Da sich das Netzwerk von Nutzungsrechten und Herrschaftspflichten räumlich sehr stark ausdifferenziert hatte, resultierte die Neuordnung in unterschiedlichen Anteilen verschiedener Besitzerkategorien. Während in Österreich rund 80 % der Waldfläche Privaten gehört, liegt der entsprechende Anteil in Deutschland und in der Schweiz bei 48 respektive 44 %. In der Schweiz gibt es zudem eine Besonderheit, die sich daraus ergab, dass es einen sehr hohen Anteil an genossenschaftlichen Wäldern der mittelalterlichen Dörfer gab. In der neuen Ordnung galt auf Stufe der

Gemeinde das Territorialprinzip, d. h., sämtliche Einwohner erhielten genau dieselben Rechte und Pflichten, ungeachtet dessen, ob sie früher Inhaber spezieller Nutzungsrechte waren. Personen, die in der alten Ordnung besondere Nutzungsrechte an Wald, Allmende und anderen Gemeingütern besaßen, wollten diese nicht mit den „Neubürgern" teilen (Sieber 2005). Man fand deshalb eine Kompromisslösung, die im Prinzip bis heute gilt: Die politische Gemeinde ist die Körperschaft, die politische Hoheitsrechte hat und in der die Angehörigen politische Rechte ausüben können, während die Nutzung des Gemeinguts den alteingesessenen Nutzungsberechtigten vorbehalten blieb, die sich in Bürgergemeinden und Korporationen organisierten. 30 % der Waldfläche sind deshalb als „Genossenschaftswald" erhalten, was ein Sondermerkmal des schweizerischen Waldbesitzers ist.

Forstordnungen waren in grundherrschaftlichen Systemen die Regelwerke, mit denen Nutzungsansprüche und -beschränkungen formell festgehalten wurden. Ihr Erlass war ursprünglich an das Forstregal gebunden, das ein königliches Recht war (Tremp 2011). Später wurden die Regalien auf Fürsten und Städte übertragen und im Hoch- und Spätmittelalter auch auf den niedrigen Adel. In Gebieten des Alpenraums, in denen der Bergbau eine wichtige Rolle spielte, wurden zwischen dem 14. und 16. Jahrhundert Waldordnungen erlassen, welche die Nutzungsrechte weitgehend beschränkten und eine strenge Aufsicht einführten (Johann 1994). Wälder wurden auch mit Verboten belegt, was mit dem Begriff „Bann" beschrieben wurde, einem zentralen Begriff des mittelalterlichen Rechtes, der „Befehl, Verbot oder Gebot unter Strafandrohung" bedeutete (DWDS 1993). In Deutschland und Österreich erfolgte die Bannung von Wäldern, um dem Adel die Jagd vorzubehalten, während der Bann in der Schweiz für die Regelung der Nutzung und den Schutz vor Naturgefahren diente (Schuler et al. 2000). Das Netzwerk der Inhaber des Forstregals wurde mit der zunehmenden Dezentralisierung immer unübersichtlicher und führte zu örtlich sehr differenzierten Regelungen, mit denen sich übergeordnete Ziele kaum realisieren ließen. Napoleons Kriege gaben in vielen Bereichen den Anstoß zu Reformen, so auch im Forstwesen (Radkau 2012). Es entstanden verschiedene Forstgesetze, welche den Grundstein für eine geregelte Forstwirtschaft legten. Zu erwähnen sind insbesondere (Anonymous, 1906): 1) das Forstgesetz für das Großherzogtum Baden von 1833, 2) das Forstgesetz für das Königreich Bayern von 1852, 3) das Reichsforstgesetz für das Kaisertum Österreich von 1852, 4) das eidgenössische Forstpolizeigesetz von 1876, 5) das Forstpolizeigesetz des Königreichs Württemberg von 1879, 6) das Feld- und Forstpolizeigesetz des Königreichs Preußen von 1880. Eine erste Leitidee dieser Gesetze war die Walderhaltung, bei der es darum geht, die Wälder vor potenziell schädigenden Handlungen und Unterlassungen zu schützen, was eine Polizeiaufgabe des Staates darstellt, inklusive der entsprechenden Strafen und Sanktionen. Die Ausführungen des badischen Forstgesetzes lassen erahnen, dass insbesondere der Frevel und die Waldweide große Probleme darstellten. Eine zweite Leitidee war die nachhaltige Waldbewirtschaftung, die in § 31 des Badischen Gesetzes explizit erwähnt war und wofür verlangt wurde, dass jeder Wald vermarkt und vermessen werden musste. Diese Gesetze nahmen die Grundsätze wieder auf, welche die französische Waldordnung von 1669 festlegte. Das schweizerische Forstpolizeigesetz schied zudem das Berggebiet als Schutzwald aus, um die Schutzwirkung gegen Naturgefahren sicherzustellen. Damit war ein Fundament gelegt, das bis in die 1950er-Jahre mehr oder weniger unverändert blieb, bis Dieterich mit der Waldfunktionenlehre den Grundstein für die multifunktionale Waldwirtschaft legte (Dieterich 1953; Speer 1972).

4.1.2 Holz als Baustoff, Werkstoff und Energieträger

Über die Jahrhunderte gesellschaftlicher und technischer Entwicklungen änderte sich auch die Nutzung des Rohstoffs Holz. Bis zum 19. Jahrhundert überwog die Nutzung als Brennstoff bzw. Energieträger, sowohl für den häuslichen Bedarf wie auch für die verschiedensten Gewerbe. Allen voran standen dabei die Metallverhüttung mit Holzkohle und die Beheizung der Sudpfannen in den Salinen mit Scheitholz. Die Energiekosten in Form von Holzkohle betrugen um 1828 zur Herstellung von Roheisen in einem französischen Département 60 % der Gesamtkosten, während der Kostenanteil für das Eisenerz bei 15 % lag und der Lohnkostenanteil nur 4 % betrug (Pfister 2013).

Neben der Köhlerei für die Eisenproduktion und dem Brennstoffbedarf für die Salinen war die Glasherstellung der dritte große gewerbliche Holzverbraucher. Dafür wurde Brennstoff in Form von Holzkohle oder Scheitholz benötigt und große Mengen an Pottasche als Flussmittel zur Herabsenkung des Schmelzpunkts der Glasmasse. Im Durchschnitt waren nach J. Blau (Radkau 2012) je nach Holzart etwa 1000 kg Holz zur Gewinnung von 1 kg Pottasche nötig, die neben der Glasherstellung auch für die Seifensiederei benötigt wurde. In der frühen Neuzeit wurden zudem auch die Herstellung von Holzteer (Teerschwelerei) und die Pechbrennerei im Zusammenhang mit dem Aufschwung im Schiffsbau zur Abdichtung der Schiffsplanken immer bedeutender. Die Verkohlung von harzreichem Nadelholz wurde dabei oft mit der Gewinnung von Holzteer kombiniert (Radkau 2012) und dennoch waren Köhlerei, Teerschwelerei und die Herstellung von Pottasche alles andere als ressourceneffizient.

Mengenmäßig hingegen war die Nutzung von Holz als Bau- und Werkstoff deutlich geringer als für die energetische Nutzung, wie die Entwicklung des Pro-Kopf-Bedarfs an Nutzholz und Brennholz für Deutschland in Abb. 4.2 zeigt.

Radkau (2012) analysiert alle die damit verbundenen Nutzungsansprüche an Rohholz in Verbindung mit den sich über die Jahrhunderte verändernden Nutzungsrechten aus der Sicht eines Sozial- und Umwelthistorikers. Es ergeben sich daraus Einblicke zur regionalen Holzverknappung und zu einer überregional angeblich vorhandenen Holznot. Ebenso gibt Radkau auch Hinweise zu bevorzugten Holzarten und Qualitäten für die einzelnen Verwendungszwecke sowie zu verschiedenen Technologieentwicklungen, sowohl beim Holztransport als auch bei der Holzverarbeitung.

Der heutige Pro-Kopf-Bedarf an Holz inklusive des Holzes für energetische Zwecke liegt in Deutschland aktuell bei 1,35 m^3 pro Jahr und Einwohner, während und der globale Pro-Kopf-Verbrauch über die letzten Jahrzehnte hinweg weitgehend konstant bis leicht fallend bei 0,5 m^3 pro Jahr lag (Abb. 4.3).

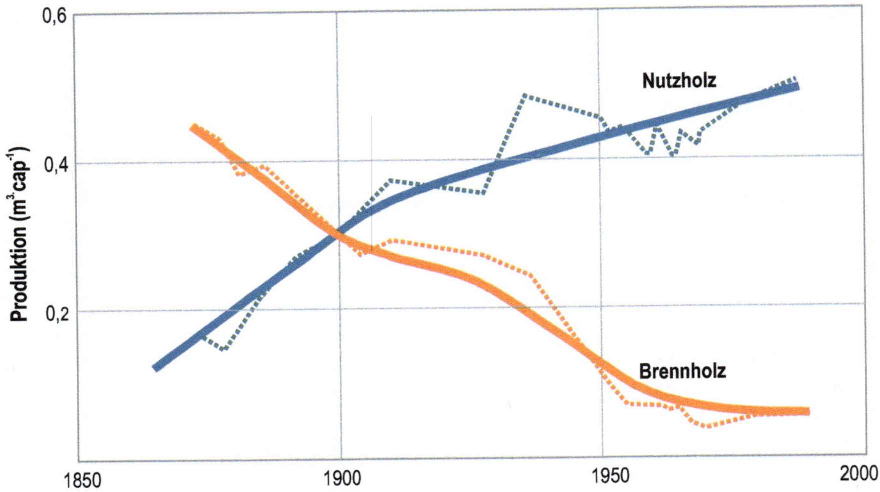

Abb. 4.2 **Entwicklung der Produktion von Nutz- und Brennholz in Deutschland pro Kopf.** (Nach Schulz (1993), verändert)

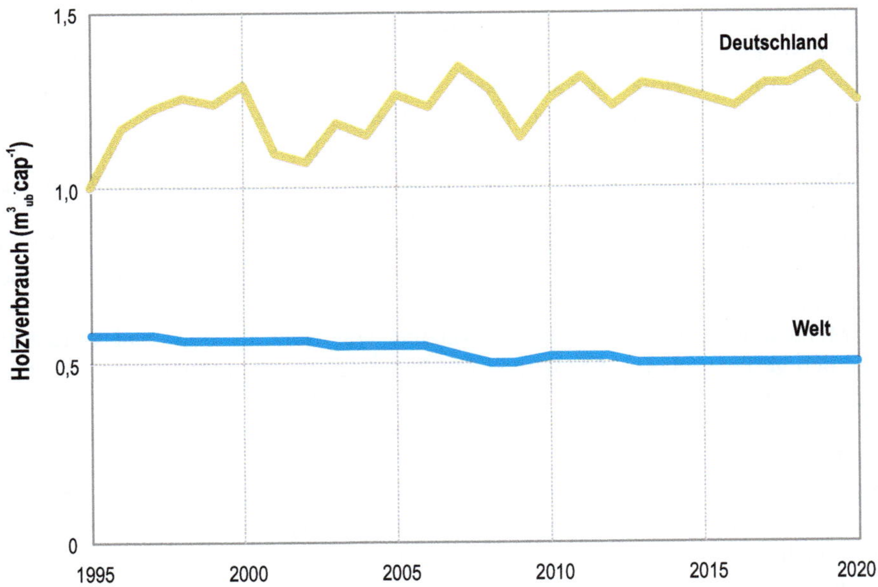

Abb. 4.3 **Pro-Kopf-Holzverbrauch Deutschlands verglichen mit dem durchschnittlichen Weltholzverbrauch.** Rundholzäquivalente unter Rinde. (Nach Beck-O'Brien et al. (2022))

Die rasante technische und wirtschaftliche Entwicklung von Stahl und Stahlbeton im ausgehenden 19. und beginnenden 20. Jahrhundert (KURRER 2001; PASTERNAK et al. 2010) und die langsame Entwicklung holzbasierter Tragelemente (Holzleimbau, Patent von Otto Hetzer 1906 [RUG 2006]) führten dazu, dass Holz im Einsatz für tragende Konstruktionen anteilsmäßig kontinuierlich an Bedeutung verlor. Diese Entwicklung ist übersichtsmäßig in Abb. 4.4 dargestellt.

Dabei fällt vor allem der Siegeszug des Stahlbetons auf, der vor 1900 keine Rolle spielte, danach aber eine dominierende Rolle bei Tragkonstruktionen einnahm. Bis etwa 1800 war Holz für die Ausbildung von Tragwerken dominierend,

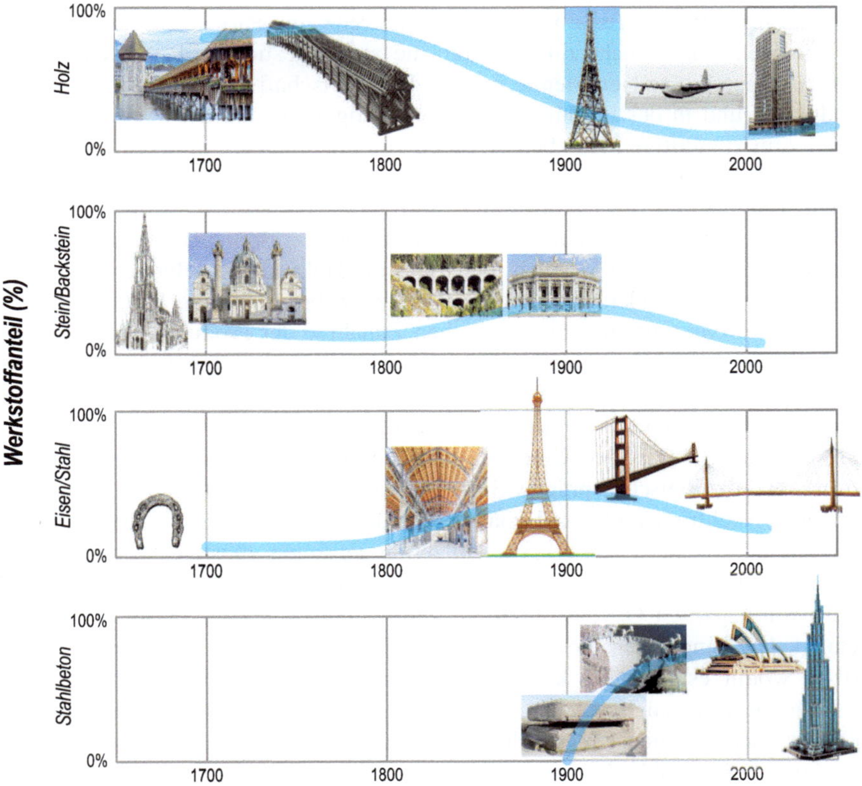

Abb. 4.4 Relative Bedeutung verschiedener Baustoffe für Tragwerke. Ikonen besonderer Holzbauten sind unter anderem: Kapellbrücke in Luzern, die überdachte Rheinbrücke in Schaffhausen von Ulrich Grubenmann, Sendetürme aus Holz mit bis zu 190 m Höhe, die Spruce Goose (Fichtenholzgans), ein Flugzeug mit 98 m Flügelspannweite sowie das Holzhochhaus HoHo in Wien mit 84 m Höhe. Ikonen aus Stein: Ulmer Münster (Turm bei Fertigstellung 1890 mit 162 m höchster Kirchturm der Welt) sowie Gebäude aus Ziegel, Eisen, Stahl und Stahlbeton. Basierend auf WINTER (1994), erweitert von TEISCHINGER (2009). (Bilder: Wikimedia Commons, bearbeitet)

verlor jedoch in den folgenden zwei Jahrhunderten kontinuierlich an Bedeutung, um kurz vor der Jahrtausendwende wieder an Bedeutung zu gewinnen.

Andere Anwendungen von Holz – im Schiffbau, bei Werkzeugen und Maschinen, in der Wagnerei (Herstellung von Rädern, Wagen und landwirtschaftlichen Geräten aus Holz, auch Stellmacherei genannt) und der Automobilindustrie – gingen ebenfalls zurück. Stahl und andere metallische Werkstoffe, insbesondere Leichtmetalle wie Aluminium sowie Kunststoffe, haben dabei das Holz substituiert und vielfach gänzlich verdrängt.

Für die im Möbel- und Innenausbau prädestinierte Anwendung von Massivholz hat sich durch die Entwicklung moderner Holzwerkstoffe (Abschn. 5.5) innerhalb der Holzbranche eine starke Substitution ergeben, aber auch durch andere Werkstoffe wie Kunststoff, Glas, Metall und Textilien. So wurden beispielsweise neue Bodenbeläge wie das Linoleum (ab zweite Hälfte des 19. Jahrhunderts) und in der Folge Kunststoff- und Textilbeläge zur Konkurrenz zum Parkett. Insgesamt hat der globale Holzbedarf, nicht zuletzt durch die rasant gestiegene Bevölkerungszahl, aber auch durch eine Neuorientierung der Holzwirtschaft mit Innovationen bei der Produktion und in der Produktentwicklung stetig zugenommen (Abb. 4.5). Prognosen zum zukünftigen Holzbedarf gehen von signifikanten Steigerungsraten aus (Peng et al. 2023a).

Die Entwicklung der industriellen Fertigung von kostengünstigen Holzbauteilen und Holzbaukomponenten wie Brettschichtholz, Brettsperrholz für tragende Zwecke (vgl. Abschn. 5.5) macht den Baustoff Holz für den Bereich des Hochbaus zunehmend wieder wettbewerbsfähig gegenüber Stahl und Stahlbeton. Dies spiegelt sich einerseits in einer deutlichen Zunahme der Produktionsmengen dieser Holzbauprodukte in aktuellen Produktionsstatistiken und andererseits auch in einer dokumentierten Zunahme des Holzbauanteils am gesamten Hochbau in entsprechenden Marktanalysen für Deutschland (Purkus et al. 2020) und Österreich (Stingl et al. 2011) wider. Unterstützt wird diese Entwicklung zudem durch ein zunehmend ökologisch geprägtes Bewusstsein der Gesellschaft und der damit verbundenen Nachfrage und gesellschaftlichen Akzeptanz von Holzbauten.

Es besteht oft der Eindruck, die Holzernte weise ein günstiges Verhältnis zwischen emittiertem und abgeschiedenem CO_2 aus, im Idealfall sogar netto-Null oder netto-negativ. CO_2, das durch die Verbrennung von Holz in die Atmosphäre gelangt, hat genau dieselbe Wirkung wie CO_2 aus fossiler Verbrennung (EASAC 2018), womit es als nicht kohlenstoffneutral einzustufen ist. Eine Strategie ist deshalb, Holz in möglichst langlebige (LLP) mit einem Lebenszyklus von Jahrzehnten oder zumindest in kurzlebige Produkte (SLP) mit einem Lebenszyklus von etwa einem Jahrzehnt umzuwandeln und bei der Produktgestaltung bereits mögliche Rückführungsschleifen (Design for Reuse, Design for Recycling) vorzusehen (Piccardo und Hughes 2022). Aus Abb. 4.5 geht hervor, dass die Gesamtnutzung von 2010–2050 von jährlich etwa 3,7 Mrd. auf rund 5,7 Mrd. m^3 ansteigen dürfte. Die Prognose besagt, dass dabei lediglich etwa 25 % in langlebige Produkte und rund 63 % in sehr kurzlebige Produkte fließen. Diese Zahlen illustrieren, dass in einer kohlenstofffreundlichen Bioökonomie der Anteil Holz, der direkt verbrannt wird, drastisch zu reduzieren oder mit einer aktiven Kohlenstoff-

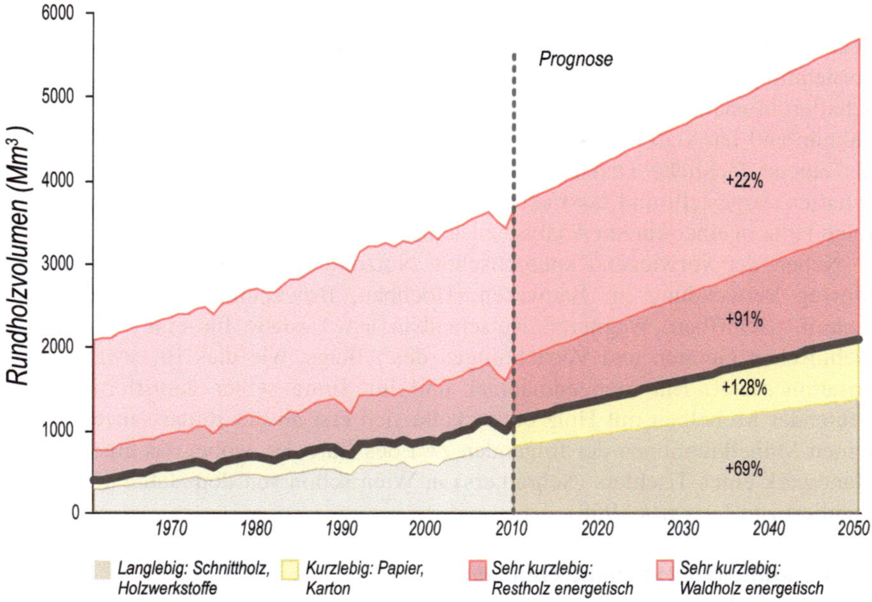

Abb. 4.5 Globale Rundholzvolumina seit 1960 und prognostiziert bis 2050 nach Hauptverwendung. LLP = Rundholz und Rundholzäquivalente aus dem Sägeprozess für langlebige, massivholznahe Holzprodukte und Holzwerkstoffe; KLP = Rundholz und Rundholzäquivalente für die Herstellung von kurzlebigem Zellstoff und Papier; SKL-IH = sehr kurzlebige Nebenprodukte wie Hackgut, Sägespäne usw. aus Prozessen der Holzverarbeitung, die energetisch genutzt werden; SKL-FH = sehr kurzlebiges Rundholz direkt für die energetische Nutzung. (Nach Peng et al. (2023a))

abscheidung zu versehen wäre. Es ist auf jeden Fall eine sinnvolle Strategie, den Anteil des geernteten Holzes, der in langlebige Produkte geht, massiv zu erhöhen.

4.1.3 Entwicklung der Technologie des Holzes

Technologiebegriff

Unter Technologie soll im Folgenden das Wissen zur zielgerichteten Nutzung und Gestaltung technischer Systeme verstanden werden, um dabei mit geschickter Nutzung der Umformung von Energie, Stoffen, Materialien und Information individuelle und gesellschaftliche Bedürfnisse zu befriedigen. Die Risiken, die sich aus den jeweiligen Prozessen und den hergestellten Produkten ergeben, sollen für den Menschen und die Umwelt innerhalb der jeweils gesellschaftlich anerkannten Toleranzgrenzen liegen.

Historisch hat sich der Begriff der Technologie als Lehre von der Entwicklung und Anwendung von Technik im jeweiligen gesellschaftlichen Kontext gewandelt, wie man aus einer der ersten Schriften zur Technologie, der „Anleitung zur Technologie, oder zur Kenntnis der Handwerke, Fabriken und Manufakturen, vornehmlich derer, welche mit der Landwirtschaft, Polizei und Kameralwissenschaften in nächster Verbindung stehen" (Beckmann 1780), erkennen kann. Daran anknüpfend hat Teischinger (2010) die Entwicklung der Technologie des Holzes als eigene fachliche Disziplin im Rahmen der Ingenieur- und Technikwissenschaften dargestellt und fasst aktuelle Fragen der Technologieentwicklung im Bereich Holz in einer kurzen Analyse zusammen.

Neben der vorwiegend energetischen Nutzung fand Holz über Jahrhunderte hinweg Verwendung im Bauwesen (Hochbau, Brückenbau), in der Verkehrstechnik (Schiffbau, Wagnerei, Kutschenbau usw.) sowie für eine Vielzahl von technischen Geräten und Vorrichtungen des Alltags, wie dies Bramwell (1976) zusammenfasst. Ein mengenmäßiger und im Sinne seiner Kunstfertigkeit bedeutender Möbelbau mit Holz entwickelte sich erst ab der Renaissance mit opulenten Möbelkreationen der folgenden Zeit des Barocks, wobei das eigenständige Handwerk eines Tischlers (Schreiners) in Wien schon seit dem Jahre 1380 dokumentiert ist (Zatschek 1958).

Entwicklung der Holzbautechnologie

Mit der zunehmenden Entwicklung von Städten im Mittelalter und der damit verbundenen Spezialisierung von Handwerken zur Bereitstellung von Nahrungsmittel und Gütern, entwickelten sich fachbezogene Körperschaften von Handwerkern, die im deutschen Sprachraum als Zünfte oder Zechen bezeichnet wurden. Neben der Wahrung gemeinsamer Interessen bildeten sie ein soziales und ökonomisches System zur Regelung von Rohstofflieferungen, Beschäftigungszahlen, Löhnen, Preisen, Absatzmengen bis hin zur Witwenversorgung. Zünfte waren zudem durch die Vorschreibung und Überprüfung von Produktionsmethoden sowie durch die Strukturierung der Ausbildung und die Weitergabe des Fachwissens ein wesentliches Element der Qualitätssicherung.

Die Geschichte des Holzbaus und des Schiffbaus reicht bis in die Antike zurück, wobei die eindrucksvollen Bauwerke aus Holz und die mit höchstem handwerklichen Können gebauten Schiffe aufgrund der begrenzten Dauerhaftigkeit von Holz nur unter ganz besonderen Umständen, beispielsweise als Schiffswracks, für die Nachwelt als Beispiele der damaligen Holzbaukunst erhalten blieben. Nicht zu übersehen dabei ist auch die dienende Funktion des Holzbaus in Form von atemberaubenden standsicheren Lehrgerüsten aus Holz für den Kuppel-, Gewölbe- und Brückenbau aus Stein. Lißner und Rug dokumentieren und rekonstruieren in ihrem kurzen Streifzug durch die Geschichte des Holzbaus besonders innovative Bauwerke und Techniken von der Antike bis zu den modernen geleimten Holzbauelementen (Lissner und Rug 2018).

Die Geschichte des Bauens und damit auch des Holzbaus, war bis zur Entwicklung analytischer Berechnungsverfahren von Versuch und Irrtum geprägt. Versagte ein errichtetes Tragwerk oder verlor es kurz nach der Inbetriebnahme seine Funktionsfähigkeit, so lernten die Menschen daraus, dass sie das Material- oder Tragverhalten falsch eingeschätzt hatten und sie die Konstruktion verbessern müssen (Lissner und Rug 2018). Dass dies für den Baumeister unter Umständen mit harten Strafen verbunden war, regelten schon sehr früh entsprechende Gesetze wie beispielsweise die Gesetzessammlung von König Hammurapi im 18. Jahrhundert vor Christus in Babylon.

Mit seinem zweibändigen Werk zur Zimmermannskunst legte, zumindest für den deutschsprachigen Raum, der international weit gereiste Mathematiker, Architekt und Bildhauer Johann Jakob Schübler den Grundstein für einen ingenieurmäßigen Holzbau durch die Anwendung von Mathematik, Geometrie, Statik und Mechanik (Schübler 1998). Weiter soll auch auf das noch ältere Werk „Architectura civilis" von Johann Wilhelm verwiesen werden (Wilhelm 1977), das zu den ersten Werken in Deutschland zählt, in dem Holzbaukonstruktionen, insbesondere Dach- und Gebäudekonstruktionen, aber auch Geräte und Maschinen in Holzbauweise in hoher Detailliertheit dargestellt sind.

Verfahrenstechnik der Holzverarbeitung

Waren alle Techniken zur Herstellung von Holzprodukten durch handwerkliche Spezialisierungen geprägt, wie Zimmermeister, Tischler und Schreiner, Wagner usw., so führte auch in der Holznutzung die ab 1760 von England ausgehende industrielle Revolution zu gravierenden Umwälzungen in der Maschinen- und Produktionstechnik. An folgenden ausgewählten Beispielen werden wichtige technologische Entwicklungen dargestellt, die für die Holznutzung jeweils einen wichtigen Innovationsimpuls darstellen (vgl. Bramwell 1976; Teischinger et al. 2023).

Als Gattersäge bezeichnet man eine Maschine mit einem hubartig auf- und abwärts bewegten, mit Sägeblättern bestückten Gatterrahmen, durch den das Rundholz in seiner Längsrichtung mithilfe einer Vorschubeinrichtung bewegt wird. Urformen der nur mit einem Sägeblatt bestücken Gattersäge, die über Wasserräder angetrieben wurden, lassen sich bereits bis in das 13. Jahrhundert zurückverfolgen. Ab ca. 1750 erfolgte eine Weiterentwicklung der einfachen Gattersäge zum leistungsfähigen Vollgatter. Dabei erlaubt ein steifer Gatterrahmen das Einhängen von mehreren Sägeblättern und die dadurch wesentlich erhöhte Schnittkraft wird über ein Zwischengetriebe beim Maschinenantrieb erreicht. Die Gattermaschine wurde damit für über 200 Jahre zur dominierenden Einschnittmaschine für Sägerundholz in Europa und damit auch Basis für die Aufbereitung von Bauholz unterschiedlichster Dimensionen.

1799 wurde die Langsiebmaschine für die Papierproduktion und 1864 bzw. 1867 das Sulfat- und das Sulfitverfahren zur Herstellung von Zellstoff aus Holz als Basis für die Papierherstellung erfunden. Diese Entwicklungen waren die Grundlage für die Erzeugung von kostengünstigem Massenpapier. Zusammen mit Verbesserungen in der Drucktechnik befeuerte dies die Verbreitung von Massenschriften und die Herausgabe von billigen Tageszeitungen – eine Revolution im Informationswesen.

Obwohl bereits 1777 und 1799 verschiedentlich patentiert, benötigte die Kreissäge einige Zeit, um zu einer brauchbaren Maschine für unterschiedlichste Anwendungen in der Holztechnik zu werden. Ab ca. 1850 löste in Nordamerika die

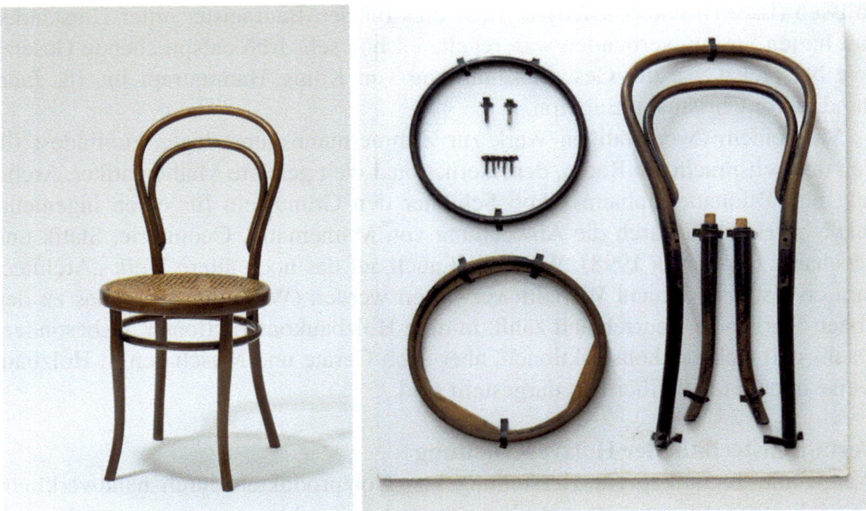

Abb. 4.6 Neue Produkte, ermöglicht durch neue Umformtechnologien für Massivholz und Logistikkonzepte. Links: Stuhl Nr. 14 von Michael Thonet. Rechts: Der Stuhl zerlegt in seine Einzelteile. (Links: © MAK/Georg Mayer; rechts: © MAK)

Einschnitttechnik von Rundholz mit Kreissägen die aus Europa übernommene Gattersägentechnik ab – eine wichtige Voraussetzung für die sehr leistungsfähige Sägeindustrie zur Bereitstellung von Two-by-four-(2-auf-4-Zoll-)Bauholzriegeln für die typische amerikanische Holzrahmenbauweise. Diese ermöglichte einen vergleichsweise einfachen, raschen und auch materialsparenden Holzbau für die schnell wachsenden Städte und Siedlungen.

Um 1860 entwickelte Michael Thonet mit dem Dampfbiegen von Holz und seinen Bugholzmöbeln nicht nur eine neue Art von Sitzmöbeln, sondern auch ein neues Technologie- und Logistikkonzept. Der als Wiener Kaffeehausstuhl berühmt gewordene Stuhl Nummer 14 besteht aus nur sechs Einzelteilen, die erst vor Ort zusammengebaut werden. Eine Transportbox von 1 m^3 Volumen reicht für die Verpackung von 36 Stühlen. So konnten Thonetstühle einfach und kostengünstig in die ganze Welt exportiert werden (Abb. 4.6). Die Idee wurde 100 Jahre später zum Vorbild für die von IKEA seit 1956 gelieferten Bausatzmöbel.

Eine neue Sägetechnik der 1970er-Jahre in einer Kombination von Parallelspaner und Kreissägen sowie die erfolgreiche Weiterentwicklung zur Profiliertechnik zu Beginn der 1980er-Jahre, primär durch Anbieter der deutschen Maschinen- und Anlagentechnik (Abb. 4.7), senkten die Einschnittkosten für Rundholz und machten damit das Schnittholz deutlich kostengünstiger. Diese Innovation führte zusammen mit einer zunehmenden Mechanisierung und Automatisierung der Weiterverarbeitung zur Erhöhung der Wettbewerbsfähigkeit von auf Schnittholz basierenden Holzbauprodukten wie Brettschichtholz und Brettsperrholz. Ein wesentlicher Innovationsschritt war in diesem Zusammenhang auch die

Abb. 4.7 Einschnitt von Rundholz mit Profilier- und Kreissägentechnik. Links: Einschnittbild in einer Kreissägeneinheit. Rechts: Gesamte Sägelinie mit mehreren aufeinanderfolgenden Spaner-, Fräs- und Sägeaggregaten, weitgehend automatisch gesteuert von nur einer Bedienungs- und Überwachungsperson. © LINCK Holzverarbeitungs GmbH

Einführung der maschinellen Festigkeitssortierung von Schnittholz und damit die wesentlich trennschärfere Zuordnung von Bauholz bzw. Brettlamellen in einzelne Güteklassen im Hinblick auf deren Festigkeit.

Holzwerkstofftechnologie

Die Idee der Absperrung durch kreuzweises Verleimen von Furnierlagen mit den damit verbundenen spezifischen Eigenschaften von Sperrholz war schon lange bekannt. Um 1860 wurde dieses Prinzip jedoch mit der weltweit ersten Sperrholzfabrik in Thüringen (Deutschland) industriell umgesetzt. Durch die industrielle Fertigung wurde Sperrholz ein wichtiger Werkstoff für das Holzhandwerk, die Möbelherstellung und – als Bausperrholz – für den Bausektor. Spezialsperrhölzer mit besonderen Eigenschaften wurden für den Fahrzeug- und Flugzeugbau entwickelt und erleben heute eine Renaissance im technischen Leichtbau.

Mit dem Sperrholz wurde die Ära der Holzwerkstoffe eingeleitet, in der Rohholz in kleinere Einheiten wie Furniere, später auch in Holzspäne und Holzfasern zerlegt und durch gezielte Verklebung mit einem klar definierten Werkstoffprofil zusammengesetzt wird. Dem Sperrholz folgten die Holzfaserplatte (1924), die Spanplatte (1950er-Jahre) und davon abgeleitete Holzwerkstoffvarianten, die den Holzeinsatz im Möbelbau, aber auch bei vielen technischen Anwendungen revolutionierten.

Mit der Entwicklung von Holzwerkstoffen wurden zwei wesentliche Probleme bzw. Herausforderungen der Holzverwendung gelöst. Balken, Kanthölzer und Bretter konnten bis dahin nur stabförmig, also orthotrop, eingesetzt werden. Zudem ist Schnittholz in Bauholzdimensionen durch die Morphologie der Bäume bedingten Äste und Astansammlungen sowie durch andere Wuchsunregelmäßigkeiten sehr inhomogen und daher mit den großen Streubreiten seiner Kennwerte in technischen Anwendungen schwer beherrschbar. Durch Zerkleinern des Holzes in kleinere Einheiten und das gezielte und produktionsüberwachte Wiederzusammenfügen mit Klebstoffen zu einem neuen Werkstoff wurde dieser zu einem homogenen und, wenn gewollt, auch isotropen und damit technisch sehr gut beschreibbaren Flächenwerkstoff.

Obwohl, wie zuvor beschrieben, die Entwicklung der Holzwerkstoffe schon sehr lange zurückreicht, erlebten die modernen Holzwerkstoffe ab den 1960er-Jahren einen enormen Aufschwung. Die Spanplatte wurde dabei neben den klassischen Holzwerkstoffen wie dem Sperrholz und der Holzfaserplatte zum dominierenden Produkt, das vor allem im Design von Korpusmöbeln wie auch in der Fertigungstechnik für Korpusmöbel zu völlig neuen Ansätzen führte. Über etwa ein Jahrzehnt lag die jährliche Steigerung der Produktionskapazität in Mitteleuropa im zweistelligen Prozentbereich (vgl. Abb. 4.8). Eine derart rasante Marktentwicklung für ein industriell hergestelltes Holzprodukt gab es in der Folge nur mehr bei der Markteinführung des Laminatbodens.

Wesentliches Merkmal der Spanplatte war und ist die Entwicklung äußerst leistungsfähiger Produktionsanlagen auf Basis eines vergleichsweise günstigen

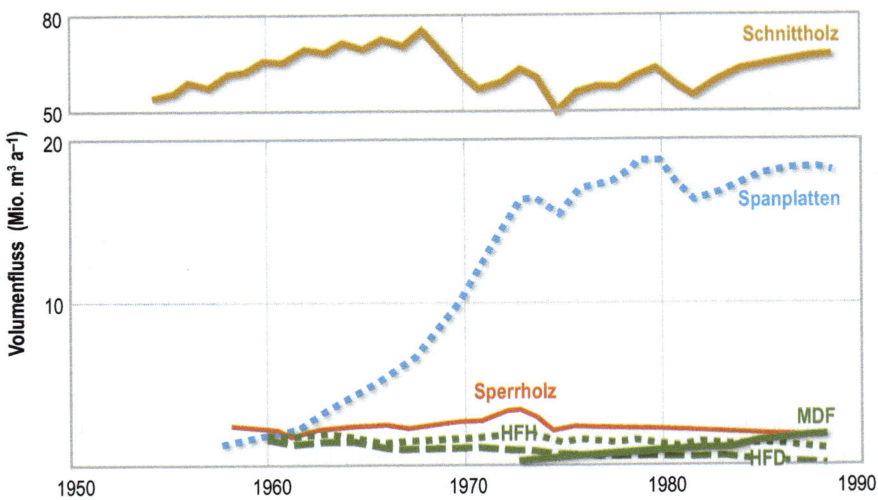

Abb. 4.8 Entwicklung des Marktes für Schnittholz und Holzwerkstoffe in Ländern der Europäischen Gemeinschaft (EG) für den Zeitraum 1955–1995. HFH = harte Holzfaserplatte; HFD = Holzfaserdämmplatten; MDF = mitteldichte Faserplatten. Nach Deppe (1987), nach Paulitsch (1989). Hinweis: Eine zeitliche Weiterführung des Diagramms für globale Daten findet sich bei Teischinger (2023)

Rohstoffeinsatzes. Die Entwicklung der Spanplattenproduktion war dabei durch mehrere technische Innovationen geprägt:

- Übergang von der Mehretagenheißpresse zur Einetagenpresse mit Presslängen bis 50 m und länger (1970er-Jahre).
- Entwicklung der kontinuierlich arbeitenden Heißpresse und damit einer weitgehend kontinuierlichen Produktion von Holzwerkstoffplatten (um 1985).
- Verbesserung der Leimsysteme und der Steuerung der Prozessparameter zur Reduktion des freien Formaldehyds in den Platten sowie die Einführung von entsprechenden Emissionsgrenzwerten.
- Neue Anlagen und Systeme der Flüssigbeschichtung und Beschichtung mit harzimprägnierten Dekorpapieren mit einer Vielzahl von Dekoren bis hin zu neuen Drucktechniken für Oberflächendekore (Stichwort Digitaldruck).
- Die Weiterentwicklung der Beschichtung von imprägnierten Dekorpapieren zu einer äußerst abriebfesten Laminatbeschichtung eröffnete die Entwicklung des Laminatbodens mit speziellen, höher verdichteten Dünnspan- oder Faserplatten als Trägermaterial für die Laminatbeschichtung (Markteinführung ab 1980, Produktion auf Basis mehrerer Patente).
- Zunehmender Einsatz von aufbereitetem Altholz für die Produktion von Spanplatten (ab Ende der 1990er-Jahre).

Es ist wichtig, darauf hinzuweisen, dass Span- und Faserplatten aus nicht sägefähigem Industrierundholz und aus Koppelprodukten der Sägeindustrie wie Holzhackgut produziert werden (vgl. Abschn. 5.5). Von großer Bedeutung ist, dass heute vor allem in der Spanplattenindustrie erhebliche Mengen an entsprechend aufbereitetem Altholz eingesetzt werden. Neben dem schon viel früher sehr konsequent umgesetzten Papierrecycling wurde die Spanplatte zu einem zweiten Pfeiler einer holzbasierten Kreislaufwirtschaft, auch wenn es sich in beiden Fällen immer um ein Downcycling handelt. Konkret bedeutet dies, dass immer ein gewisser Anteil von frischem Material, also aufbereitetem Rohholz, in den Kreislauf eingeschleust werden muss.

Mit dem Einsatz der Holzwerkstoffe entwickelte sich nicht nur ein neues Möbeldesign, sondern es konnten auch hergestellt werden, die sich breite Bevölkerungsschichten leisten konnten. Modernste Fabriken der Küchen- oder Büromöbelbranche produzieren heute fast unvorstellbare Mengen von mehreren Tausend Möbeleinheiten pro Tag, um die Nachfrage zu bedienen.

Fertigungstechnik für die Herstellung von Holzbausystemen

Die traditionelle Fertigungstechnik war auf die Herstellung von Tragelementen (Stäbe, Kanthölzer, Balken) und Verkleidungselementen (Bretter, Profilholz, Platten) ausgerichtet. Die industrielle Fertigung ganzer Systeme und von Systemkomponenten war und ist ein wichtiger Innovationsschritt, der im Holzbau Einzug gehalten hat. Es geht dabei darum, Trageelemente, Verkleidungselemente, Wand- und Deckenelemente sowie teilweise auch Komponenten der Gebäudetechnik

Abb. 4.9 Die Neue Messe Karlsruhe als Beispiel für Systemholzbauten. Die Hallenbreite von 80 m ist stützenfrei mit einer gebogenen Dachkonstruktion aus Holz überspannt, die durch taillenförmige Lichtfugen in Querrichtung rhythmisiert ist. WIEHAG Holding GmbH

industriell vorzufertigen und den folgenden Montageprozess auf der Baustelle wesentlich effizienter zu gestalten.

Das von Zimmermeister Otto Hetzer bereits 1906 patentierte und von ihm und auch nachfolgend sehr erfolgreich in spektakulären Ingenieurholzbauten eingesetzte Brettschichtholz überwand durch die erreichbare Dimension und Formgestalt der Bauteile endgültig die Dimension des Baumes (Abb. 4.9). Dennoch setzte sich der aus längsverleimten Lamellen zusammengesetzte Brettschichtholzträger im individuellen, projektbezogenen Ingenieurholzbau und in der industriellen Massenproduktion als standardisierter Bauteil erst in den 1980er-Jahren als wettbewerbsfähige und ökologische Alternative zu Stahl und Stahlbeton durch. Wesentliche Gründe dafür waren die Schaffung genormter Kennwerte, unterstützt durch maschinelle Sortierverfahren für Schnittholz, sowie die Kostenreduktion der Produktion durch die zunehmende Automatisierung der Produktionsanlagen mit Qualitätssicherung.

Der verfahrenstechnische Fortschritt der 1970er-Jahre in Form einer Kombination von Parallelspanern und Kreissägen sowie die erfolgreiche Weiterentwicklung zur Profiliertechnik zu Beginn der 1980er-Jahre senkten die Einschnittkosten für Rundholz und machten damit das Schnittholz deutlich billiger. Diese Innovation führte zusammen mit einer zunehmenden Mechanisierung und Automatisierung der Weiterverarbeitung zur Erhöhung der Wettbewerbsfähigkeit von auf Schnittholz basierenden Holzbauprodukten wie Brettschichtholz und Brettsperrholz. Ein wesentlicher Innovationsschritt war in diesem Zusammenhang auch die Einführung der maschinellen Festigkeitssortierung von Schnittholz und damit die wesentlich trennschärfere Zuordnung von Bauholz bzw. Brettlamellen in einzelne Güteklassen im Hinblick auf deren Festigkeit.

Abb. 4.10 Mehrgeschossiger Holzbau aus Rippendeckenelementen. Raster von 9 auf 6 m in einer Kombination von Brettschichtholz und Brettsperrholz. Foto: © Stora Enso

Eine weitere Innovation Anfang der 1990er-Jahre war die Entwicklung des aus dem Furniersperrholz abgeleiteten Brettsperrholzes aus kreuzweise verleimten Brettlamellen zu einem fertigen, plattenförmigen Bauelement (Abb. 4.10). Ab etwa 2000 hat sich Brettsperrholz als Bauelement am Markt etabliert. Zusammen mit Stützen aus Brettschichtholz ermöglichte dies eine sehr kostengünstige und schnelle Bauweise von mehrgeschossigen Holzbauten, die mittlerweile bis zu 100 m Höhe erreichen. Die Entwicklung und Produktion von Brettschichtholz und Brettsperrholz wurde und wird sehr stark von Betrieben aus Österreich und Deutschland dominiert. Die beiden Länder zeichnen derzeit für ca. zwei Drittel der europäischen Produktion verantwortlich und gelten auch global als Marktführer in Technik, Produktion und Ausführung.

Die Entwicklung der in Abb. 4.7 dargestellten, neuen Sägetechnik zur rationellen Erzeugung von Schnittholz und die darauffolgende weitgehende Automatisierung der Weiterverarbeitung von Schnittholz zu Bauprodukten wie Konstruktionsvollholz, Brettschichtholz und Brettsperrholz sowie zu vorgefertigten Bauelementen machten den Holzbau wieder konkurrenzfähig gegenüber anderen Baustoffen. Ein wesentlicher Innovationsschritt war dabei die Entwicklung computergesteuerter Abbundmaschinen (CNC-Maschinen) zu Beginn der 1980er-Jahre (Abb. 4.11), die den arbeitsintensiven Abbund von Bauteilen weitgehend automatisieren und über entsprechende Programme mit der Planungssoftware verknüpfen (Abb. 4.12). Damit eröffneten sich sowohl im industriellen als auch im gewerblichen Bereich neue Perspektiven der Fertigung, der Tragwerkgestaltung und der Formgebung von Holzbauteilen.

Abb. 4.11 **Das Holz wird in die „Zange" genommen.** Der moderne, CNC-gesteuerte Abbund von Holzbauteilen ermöglicht eine präzise Vorfertigung im Werk und eine Wiederbelebung von traditionellen Handwerkstechniken (traditionelle Holzverbindungen) durch eine automatisierte, äußerst präzise und kostengünstige Fertigung. © Hans Hundegger AG

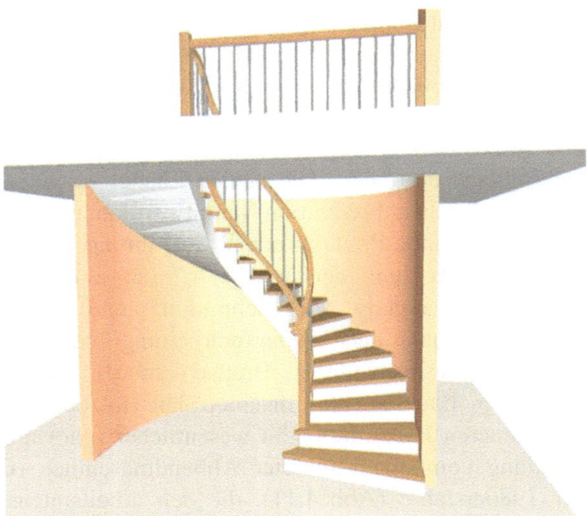

Abb. 4.12 **Die digitalisierte Planung und die Vorfertigung von Holztreppen auf computergesteuerten Maschinen (CNC-Maschinen) ermöglichen einen rationellen Zusammenbau vor Ort.** © Tischlerei Walter Hörmann

4.1.4 Verfahrenstechnik der Holzernte

Die Holzernte umfasst Bearbeitungs- und Transportvorgänge, die dem Langstreckentransport des Holzes vorgelagert sind. Das Fällen, Entasten und Einschneiden sind Trennvorgänge, die über Jahrhunderte mit der Axt als Werkzeug vorgenommen wurden. Für das Trennen von Stämmen in Sortimentstücke (Einschneiden) fanden Sägen seit etwa dem 16. Jahrhundert Verwendung (Miller 2003). Der Einsatz von Sägen für die Fällarbeit erfolgte schätzungsweise erst im 19. Jahrhundert und blieb bis etwa 1960, als er von Motorsägen abgelöst wurden (Holzwieser 1998). Seit dem Mittelalter waren Holzerntearbeiten vor allem Nebentätigkeiten der Bauern während der Winterzeit, mit denen sie ihren Eigenbedarf, aber auch Bauholz für die Grundherren deckten (Schuler et al. 2000). Es gibt aber auch Hinweise, dass es Spezialisten gab – Holzschröter, Spalter, Holzknechte, Flößer –, welche die Arbeiten erledigten. Waldarbeit war aber kein eigenes Gewerbe und beim Einführen von obligatorischen Unfallversicherungen zu Beginn des 20. Jahrhunderts wurde die Waldarbeit ausgeschlossen, da ihr die „Gewerblichkeit" fehle. Manuelle und motormanuelle Waldarbeit gehört noch heute zu den Tätigkeiten mit der höchsten Unfallrate. Das Todesfallrisiko liegt noch heute rund 16-mal höher als im Durchschnitt aller Wirtschaftssektoren. Berücksichtigt man, dass das Unfallrisiko seit Beginn des 20. Jahrhunderts beträchtlich reduziert werden konnte, so lässt sich erahnen, wie viele Menschen bei der Waldarbeit im Mittelalter einen Unfall erlitten haben mussten.

Off-Road-Transportfunktionen

Mit der Verbreitung der Eisenbahnen ab etwa 1830, welche für den Verkehr zwischen Städten ausgelegt waren, entstanden auch einfachere Bauformen, die als Feld- oder Rollbahnen bezeichnet wurden. Sie fuhren auf Schmalspurgleisen, welche aus kurzen, vorgefertigten Schienen-Schwellen-Elementen bestanden, die auf eine temporäre Anlage ausgerichtet waren, die sich leicht verlegen ließ. Auch in der Forstwirtschaft fanden derartige Rollbahnen unter dem Begriff „Waldeisenbahnen" Verwendung, wobei der Begriff irreführend sein kann (Landolt 1886; Runnebaum 1886), da Lokomotiven und größere Wagen fehlten. Sie dienten für den Transport aus den Schlagflächen bis zu den Umschlagspunkten der Haupttransportlinien (Straßen, Seilbahnen, Wasserwege) und waren so angelegt, dass die Lasten immer abwärts transportiert werden konnten, was mit der Wirkung der Schwerkraft geschah und mit Bremsen unter Kontrolle gehalten wurde. Der Aufwärtstransport der leeren Rollwagen (Transportloren, Güterloren) geschah mit menschlicher Muskelkraft oder mit Pferden und der Vorteil dieses Systems bestand darin, dass bei geringer Neigung etwa 16-mal weniger Zug-/Stoßkraft erforderlich war als bei einem Wagen auf einem Erdweg (Runnebaum 1886). Runnebaum berichtet von Rollbahnsystemen in Wäldern der Stadt Zürich (Schweiz) und Rollbahnen waren auch im Einsatz, um Holz an die Bergstation einer der ersten Seilbahnen zu transportieren (Fankhauser 1872).

Die Mechanisierung des Geländetransports hatte ihren Ursprung in Raupenlaufwerken, welche von Mitte der 1920er-Jahre bis Ende der 1950er-Jahre das Rückgrat der Geländefahrzeuge für die Forstwirtschaft bildeten, bevor sie durch luftbereifte Fahrzeuge abgelöst wurden. Ausgangspunkt war eine mit Dampf angetriebene Holzschleppmaschine (Log Hauler), die im Jahre 1901 entwickelt wurde, die zwei Kettenlaufwerke aufwies, welche die heutige Bauweise vorbestimmen sollte (ROGERS UND SCRIBNER 1982). Es ist interessant, dass es sich dabei um eine Maschine handelte, die speziell für forstliche Bedürfnisse entwickelt wurde und von der über 80 Exemplare gebaut wurden. Die Entwicklung war so grundlegend, dass die Vereinigung amerikanischer Maschineningenieure sie 1982 als Meilenstein der technischen Entwicklung deklarierte (ROGERS UND SCRIBNER 1982). Zwei amerikanische Firmen – Holt und Best – begannen, Zugmaschinen (Traktoren) auf Kettenlaufwerkbasis zu entwickeln, und im Jahre 1925 fusionierten sie zur Firma „Caterpillar", die noch heute eine dominierende Rolle für Maschinen mit Kettenlaufwerken spielt. Nach dem Ersten Weltkrieg begann in Deutschland die Firma Hanomag, Raupenschlepper zu entwickeln, die auch mit Winden ausgestattet wurden und in der Forstwirtschaft Verwendung fanden. 1931 nahm in Japan auch die Firma Komatsu den Bau von Raupenschleppern auf. Am Anfang waren diese Raupenschlepper, wie es der Name sagt, reine Zugmaschinen, und erst im Laufe der Zeit entstanden verschiedene Zusatzgeräte wie Planierschilder, Ladeschaufeln, Winden usw., womit spezifische Maschinentypen wie „Dozer", „Raupenladeschaufel" oder „Raupenschlepper" entstanden.

Im Zweiten Weltkrieg entstanden radgestützte Geländefahrzeuge, insbesondere der mit Allradantrieb ausgestattete Jeep, ein Meilenstein des Maschinenbaus (ANONYMOUS 1991), aus dessen Konzeption gleichartige Fahrzeuge wie der Unimog und der Landrover entstanden. Ihre Konstruktion lehnte sich aber an die Straßenfahrzeuge an und der UNIMOG (Abb. 4.13) ist ein Fahrzeug, das zu dieser Art gehört und das den Beginn der Mechanisierung der deutschen Forstwirtschaft geprägt hat. Um die speziellen Anforderungen zu erfüllen, welche der reine

Abb. 4.13 Rückefahrzeuge um 1960: Unimog U401 (links) und Timberjack-200er-Serie (rechts). Der Unimog mit Achsschenkellenkung wurde oft mit Winden ausgestattet und fand vor allem in Deutschland als erstes mechanisiertes Rückefahrzeug weite Verbreitung. Der Timberjack steht für den Beginn der kommerziellen Nutzung der Knicklenkungstechnologie in den 1960er-Jahren in Nordamerika und den nordischen Ländern.

Off-Road-Betrieb erforderte, entstanden schon bald forstliche Spezialfahrzeuge, worunter der erste Forwarder, der kanadische Bonnard Prehauler von 1951 (Silversides 1997) und die Patentierung der Knicklenkung (Mc Coll 1956) besonders zu erwähnen sind. Auf dieser Basis entstanden die Knickschlepper, die in den 1960er-Jahren vor allem in den USA, Kanada und den nordischen Ländern große Verbreitung fanden. Zur Bewältigung der Sturmschäden von 1967 schafften die Österreichischen Bundesforste 26 Kockums-Knickschlepper an (Holzwieser 1998) und kurz danach folgte bei Mayr-Melnhof eine Timberjack-Maschine (Abb. 4.13), womit die Knickschleppertechnologie auch in den Gebirgsgegenden Mitteleuropas Einzug hielt.

Generell lässt sich feststellen, dass Katastrophenereignisse oft zu Mechanisierungsschüben führten. Die Knicklenkung entwickelte sich zum Goldstandard für forstliche Spezialfahrzeuge; heutige vollmechanisierte Systeme sind auf Fahrzeugchassis aufgebaut, die alle auf diesem Prinzip beruhen. Die Chassis wurden zudem mit Tandemachsen (Boogieachsen) ausgestattet, was den Vorteil bietet, dass die statische Achslast von hintereinanderliegenden Rädern gleich bleibt, dies auch bei größeren Unebenheiten der Fahrspur, die durch Steine oder Stöcke verursacht werden.

In Hanglagen, die nicht befahrbar und auch nicht mit Pferden begehbar sind, ist der Transport von Stämmen und Stammabschnitten eine besondere Herausforderung. Die einfachste Möglichkeit besteht darin, das Holz mit der Schwerkraft auf dem natürlich gewachsenen Untergrund gleiten zu lassen, was sich mit dem Gleiten eines Festkörpers auf einer schiefen Ebene beschreiben lässt. Ob und wie das Gleiten stattfindet, hängt von zwei Faktoren ab, einerseits der Hangneigung und andererseits dem Reibungskoeffizienten. Auf nassem Untergrund liegt das Grenzgefälle, bei dem ein Gleiten eintritt, bei etwa 25–40 % Neigung für entrindetes und bei etwa 35–50 % für nicht entrindetes Holz (Hauska 1933). Bei trockenem Untergrund liegt diese Grenze um etwa 8–15 % höher. Die einfachste Technik besteht darin, jeden Stammabschnitt auf einem individuellen Gleitpfad auf dem gewachsenen Gelände bis an einen Umschlagsort zu bringen, was als „Reisten“ (schweizerisch), „Treiben“ (bayerisch) oder „händisches Liefern“ (österreichisch) bezeichnet wird. Diese Vorgehensweise ist insbesondere in stark gegliedertem Gelände schwierig und verursacht große Schäden am verbleibenden Bestand, weshalb sie lediglich für das Konzentrieren des Holzes an bestimmten Sammelpunkten zu empfehlen war.

Für größere Distanzen konzentrierte man das Fortbewegen des Holzes auf festgelegte Transportlinien, die als Gleitschalen ausgebildet waren. Als Gleitbahn nutzte man einerseits natürliche Gerinne oder Lawinenzüge, die als „Reistzüge“ (schweizerisch) oder „Erdgefährten“ (österreichisch) bekannt waren. Damit waren allerdings erhebliche Risiken verbunden. Es fanden Bodenverwundungen statt, die erhebliche Erosionsschäden nach sich zogen. Zudem führten ausspringende Stammabschnitte zu beträchtlichen Schäden an den verbleibenden Beständen und auch am transportierten Holz, woraus sich ein Qualitätsverlust von 5–15 % ergab (Hauska 1933). Andererseits erstellte man künstliche Gleitbahnen, die vollständig in Holz ausgehalten und als „Holzriesen“ bezeichnet wurden. Holzriesen sind Tragwerke, die aus verschiedenen Bauteilen bestehen und die nach definierten Bemessungskriterien gestaltet werden. Die Längsneigung zwischen dem Beschickungs- und dem Ablageort soll möglichst konstant sein, vorzugsweise in einem Bereich von 15–20 % (HAUSKA 1933), was einem Reibungskoeffizienten „Holz auf Holz" von 0,15–0,20 entspricht. Die Längselemente einer Riese waren zwischen 6 und 8 m lang und bestanden aus einer Gleitschale, die aus etwa acht Hölzern geformt ist. Die Stützelemente, Joche genannt, sind bis zu 6 m hoch, manchmal auch höher (HAUSKA 1933). Die ersten Holzriesen dienten vermutlich zur Versorgung der Saline von Hall im Tirol und aus dem 13. Jahrhundert ist eine Anlage aus Paznaun dokumentiert (ANONYMOUS o. J.-a). Der Bau von Holzriesen erforderte sehr viel Holz als Baumaterial, gut ausgebildete Riesenbauer sowie ein großes zu transportierendes Holzvolumen, um die Fixkosten pro Volumeneinheit wirtschaftlich tief zu halten. Ein Bericht aus den schweizerischen Südalpen erwähnt, dass in einem Seitental ein größerer Holzschlag ausgeführt wurde und dass man aus den gefällten Stämmen eine Holzriese baute. Die Stämme des ganzen Schlages sollen dabei aber lediglich für etwa ein Drittel der Riese ausgereicht haben, womit es erforderlich war, die Riese bergseits kontinuierlich abzubrechen und talseits zu erweitern (SEUTTER 1897). Dieses Beispiel illustriert, wie materialintensiv der Transport mit Riesen war. Dies war ein Grund, warum Riesen seit Längerem keine Rolle mehr spielen.

Holzriesen sind Tragwerke aus Stützen und Balken, welche den Tragwiderstand durch Druck- und Biegefestigkeit erzeugen. Der hohe Material- und Personalaufwand war der Auslöser, nach Alternativen zu suchen, worunter Seiltragwerke, welche den Tragwiderstand durch die Zugfestigkeit des Materials erzeugen, in den Vordergrund rückten und die „Flucht zum Luftweg" (FRANKENHAUSER 1903) beschritten. Die erste dokumentierte Anlage stammt aus einem Gebiet, das östlich von Trento in Italien liegt (VON PERIBONI 1858). Das Tragsystem bestand aus zwei Ankern und einem Eisendraht von etwa 8 mm Durchmesser, an dem leichte Brennholzlasten (Faschinen) durch die Schwerkraft ins Tal glitten. Dieses System ist der Ursprung der forstlichen Seilbahn- und Seilkrantechnik, die heute in der Gebirgswaldbewirtschaftung nicht mehr wegzudenken ist. Drähte von mehreren Millimetern Durchmesser sind empfindlich auf Biegewechsel, was zu Brüchen mit aufwendigen Reparaturarbeiten führte (HOHENSTEIN 1869). Bereits im Jahre 1835 wurde das biegeschlaffe Drahtseil erfunden, es sollte jedoch bis in die 1860er-Jahre dauern, bis man es auch im Forstbereich anwendete. Die Weiterentwicklung der Seilanlagen geschah am Nordabhang der Schweizer Alpen, wo ein Säger – König aus dem Emmental – ein System entwickelte, mit dem sich ganze Stammabschnitte transportieren ließen (FANKHAUSER 1872). Das Tragwerk bestand aus einem 25-mm-Tragseil von etwa 950 m Länge, das an der Bergstation verankert und an der Talstation gespannt wurde. Die Verbindung einer Last (Stammabschnitt) mit dem Tragseil erfolgte über Rollen und erforderte eine Bremseinrichtung, um ein unkontrolliertes Talwärtsfahren zu verhindern. Ein Bremsseil führte von der Last zu einer Walze an der Bergstation, um die das Bremsseil in mehreren Lagen wickelte wurde und die sich bremsen ließ. Dieser Mechanismus erlaubte es, mit der Kraft des Hangabtriebs die Rollen mit dem leeren Teil des Bremsseils wieder an die Bergstation zu transportieren, wofür ein zweites Tragseil mit geringerer Tragkraft eingerichtet wurde. Damit war der Grundstein gelegt für die kontrollierte Bewegung von Holzlasten auf einem Tragseil, was sich auch mit dem Übergang **von der „Seilriese" zur „Seilbahn"** umschreiben lässt. König baute später im kleinen Schlierental eine Bahn mit einer Tragseillänge von 2100 m und einem Seildurchmesser von 30 mm, bei der auch Stützen verwendet wurden. Eine weitere Verbesserung bestand darin, ein endloses Zugseil einzuführen, welches an der Berg- und Talstation über Seilscheiben läuft und somit kontinuierlich die zu Tal fahrenden Lasten bremst und gleichzeitig die leeren Gehänge an die Bergstation zurückbringt. Berichte aus den schweizerischen Südalpen erwähnen, dass das Grundprinzip dieser Seilanlage aus den Bergamasker Alpen eingeführt worden sei (Seutter 1897). Aufgrund der Tessiner Erfahrung erfolgte eine laufende Verbesserung dieses Seilbahntyps, der später unter dem Namen „Valtellina-Seilbahn" bekannt wurde, obwohl es Stimmen gibt, welche die Entwicklung einem Mann aus dem Misox zuschreiben.

Während des Ersten Weltkriegs entstand an der Hochgebirgsfront zwischen Österreich-Ungarn und Italien ein ausgedehntes System von insgesamt ungefähr 4000 Transportseilbahnen (Anonymous, o. J.-b), mit dem eine wesentliche Weiterentwicklung der Seilbahntechnik vor sich ging. Nach dem Krieg wurde eine größere Anzahl Personenseilbahnen gebaut und auch die landwirtschaftlichen Seilsysteme erfuhren eine beträchtliche Entwicklung (Pestal 1961). Aber erst um 1940 war bei den forstlichen Seilanlagen ein wichtiger Entwicklungsschritt zu verzeichnen, den man mit dem Übergang **von der „Seilbahn" zum „Seilkran"** charakterisieren kann. Seilbahnen zeichnen sich dadurch aus, dass sie Lasten an einem Punkt, der Bergstation, aufnehmen und an einem zweiten Punkt, der Talstation, entladen können. Ein Seilkran ist in der Lage, an jedem Punkt entlang des Tragseils Lasten aufzunehmen und abzugeben. Der Schweizer Jakob Wyssen erfand im Jahre 1939 ein System, das lediglich mit zwei Seilen auskam, einem Tragseil und einem Zugseil, welches gleichzeitig die Funktion des Hubseils übernahm (Wyssen 1940). Eine bergseitig positionierte Winde zog das Zugseil ein, während das Ausspulen mit der Schwerkraft geschah. Eine manuell betätigte Vorrichtung ließ sich an einem beliebigen Punkt des Tragseils fixieren und beim Auffahren des Laufwagens klemmte dieser am Tragseil fest, während das Zugseil im Laufwagen freigegeben wurde und sich absenken ließ, um eine Last aufzunehmen. Damit ließen sich einzelne Stammabschnitte schonend aus Waldbeständen abtransportieren, welche im Rahmen von Durchforstungen anfallen. Das Seilkranprinzip, die Möglichkeit, an jedem Punkt entlang eines Tragseils Lasten aufzunehmen oder abzusenken, bildet bis heute das Rückgrat mitteleuropäischer Seilkransysteme. Es folgte jedoch eine systematische Weiterentwicklung, die sich mit **„von unabhängigen Systemkomponenten zu integrierten Gesamtsystemen"** beschreiben lässt. Die ersten forstlichen Seilkräne bestanden im Wesentlichen aus folgenden Komponenten: 1) Tragseil, berg- und talseitig verankert, 2) örtliche Bäume als Stützen, 3) Zugseil, 4) am Tragseil klemmbarer Laufwagen, 5) Winde (Abb. 4.14, links).

Abb. 4.14 Entwicklung der Seilkrantechnik von Systemkomponenten zu integrierten Systemen. Systeme der 1950er-Jahre bestanden aus Winden (links), Laufwagen und Seilen, die separat transportiert und installiert werden mussten. Mobil-integrierte Systeme (rechts) integrieren 1) Antriebseinheit, 2) Winden, 3) Seile und 4) einen künstlichen Mast auf einem Trägerfahrzeug (rechts). Oft erfolgt eine weitere Integration mit 5) einem hydraulischen Ausleger, an dem entweder ein 6) Greifer oder ein Prozessorkopf für die Entastung, das Einschneiden und die Stapelung gekoppelt ist

Die Entwicklung der Seiltechnik an der Westküste Nordamerikas folgte einem anderen Pfad, da die Nutzungen in Form von Großkahlschlägen erfolgten. Es entstand ein Seilsystem, das aus einem Zug- und einem Rückholseil bestand, die bis etwa 1935 mit Dampfmaschinen ein- und ausgezogen wurden, bevor Benzin- und Dieselmotoren die mechanische Kraft bereitstellten. Am Umschlagsort an einer Bahnlinie, einem Gewässer oder einer Straße diente ein Mastbaum, bei dem die Äste und die Krone abgetrennt wurden, als Tragelement, an dem Zug- und Rückholseil „hoch oben" über Rollen geführt wurden, was sich im englischen Ausdruck „High-Lead-System" wiederfindet. Ein Gehänge aus Ketten, Schäkeln und Drehringen diente dazu, das Zugseil und das Rückholseil kraftschlüssig zu verbinden und die Last zu befestigen. Das „Bremsen" des einziehenden Zugseils mit dem Rückholseil erzeugte eine Hubkraft, womit sich die Stämme und die Stammabschnitte anhoben und sich wesentlich leichter und mit höherer Geschwindigkeit bewegen ließen als beim schleifenden Zuziehen auf dem Boden. Derartige Systeme waren als „Overhead-Systems" (Merill 1911) bekannt, worunter das „High-Lead-System" bis in die 1950er-Jahre das dominierende Seilsystem Nordamerikas war. Um 1950 entstand in British Columbia die Idee, die Mastbäume, die sehr aufwendig hergerichtet werden mussten, durch einen transportierbaren Stahlmast zu ersetzen, der auf einem Fahrzeug aufgebaut war (Brunet 2018). Die Firma Madill nahm die Idee auf und präsentierte 1955 einen Prototyp mit einem 70-Fuß-Mast, Winden und Antriebseinheit, die auf einem Lastwagenchassis aufgebaut waren. Das Modell, bekannt als „Madill 009", wurde ein voller Erfolg, und erlebte eine hohe Popularität mit schätzungsweise 900 produzierten Einheiten (Visser und

Harrill 2017), was für Seilsysteme aus heutiger Sicht fast unvorstellbar scheint. Das Konzept überzeugte und führte auch bei anderen Herstellern (Skagit, Washington, Berger, Thunderbird) zu vergleichbaren Systemen.

In Mitteleuropa nahm Kurt Vyplel des Forstbetriebs Mayr-Melnhof die Ideen der Integration auf. Bereits Ende der 1950er-Jahre integrierte er eine Winde mit Tragseil und eine Winde mit Zugseil auf einem Raupenschlepper (Motormuli) als Trägerfahrzeug. Es folgte die Integration einer Rückholseilwinde und eines Stahlgittermasts, womit im Jahre 1963 der europäische Urmobilseilkran, der sogenannte „Gösser Seilkran" geboren war. Die Praxis nahm das neue Konzept nur zögerlich auf und erst Mitte der 1970er-Jahre begann sich die Idee des „Mobilseilkrans" durchzusetzen. Im Jahre 1979 erfolgte ein zweiter Integrationsschritt, diesmal durch die österreichischen Bundesforste. Sie integrierten Handhabungs- und Bearbeitungsfunktionen, indem sie auf das Trägerfahrzeug zusätzlich einen hydraulischen Kranausleger aufbauten, der wahlweise mit einem Greifer oder einem Prozessorkopf ausgestattet werden konnte. Damit ließen sich auch im Seilgelände die Funktionen „Entasten", „Einschneiden" und „Stapeln" mechanisieren. Diese Entwicklungen ließen in Österreich ein „Seilkraninnovationsökosystem" entstehen, mit dem Österreich heute die Technologieführerschaft einnimmt. Seit den grundlegenden Entwicklungen in den 1960er- und 1970er-Jahren ging die Entwicklung kontinuierlich weiter. Der Stand der Technik (Abb. 4.14, rechts) besteht darin, dass Mast, Kranausleger und Kabine auf einem einzigen Drehkranz montiert sind, dass sich Leer- und Lastfahrt automatisch ausführen lassen (Fahr- und Stoppautomatik) und dass sich die Arbeitsseile durch Funk fernsteuern lassen.

Bearbeitungsfunktionen

Während die Mechanisierung der Transportfunktionen schon früh einsetzte, gestaltete sich die Mechanisierung der Bearbeitungsfunktionen – Fällen, Entasten, Einschneiden, Entrinden – wesentlich schwieriger. Bereits in den 1920er-Jahren wurden Motorsägen entwickelt, die sich allerdings nicht durchsetzen konnten, da sie sehr schwer, schwierig zu handhaben und unzuverlässig waren. Der Durchbruch gelang der Firma McCulloch im Jahre 1949, als sie eine Einmannmotorsäge vorstellte, die lediglich eine Masse von 11,3 kg (McCulloch 2013; Abb. 4.15). Es waren drei technische Innovationen, die diesen Schritt ermöglichen: erstens das Herstellen des Motorblocks und Zylinders aus einer Aluminiumlegierung, zweitens ein Membranvergaser, der es ermöglichte, Motoren jeder beliebigen räumlichen Orientierung voll funktionsfähig zu betreiben, und drittens der Direktantrieb der Kette von der Kurbelwelle.

Das Modell wurde ein voller Erfolg und bis 1953 ließen sich mehr als 110.000 Exemplare absetzen. Europäische Hersteller folgten erst Ende der 1950er-Jahre mit entsprechenden Modellen: Dolmar 1957 mit der CF, Solo 1958 mit der REX, Stihl 1959 mit der Contra und Husqvarna 1959 mit dem Typ 90. Die Motorsäge ist heute nicht mehr wegzudenken und es ist heute kaum mehr vorstellbar, dass noch ums Jahr 1960 in Europa Handsägen im Einsatz waren, um Bäume zu fällen.

Die Motorsäge ermöglichte eine Teilmechanisierung der Baumbearbeitungsfunktionen und die entsprechenden Produktionssysteme werden als „motormanuell" bezeichnet. Die Bestrebungen für eine vollständige Mechanisierung der

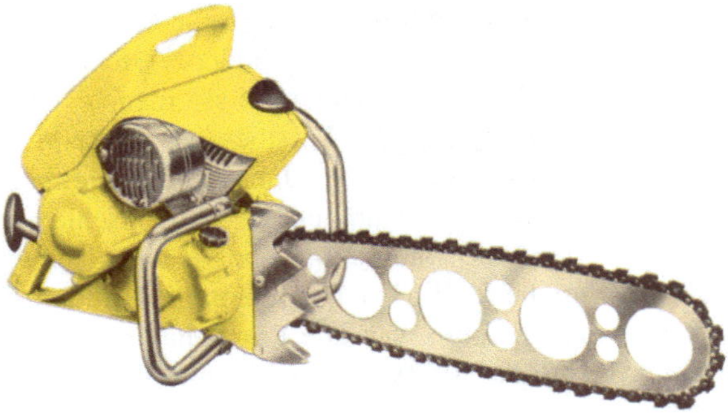

Abb. 4.15 Erste Einmannmotorsäge: McCulloch 3–25 (1949). Mit einer Leistung von 5 PS und einer Masse von lediglich 25 lb (11,3 kg) war sie das erste handgeführte Gerät, das eine Person handhaben und bedienen konnte. Es waren drei Innovationen, welche diesen Entwicklungsschritt ermöglichten: 1) Motorblock und Zylinder aus einer Aluminiumlegierung, 2) Membranvergaser, 3) Direktantrieb der Kette von der Kurbelwelle. © McCulloch Motors Corp

Baumbearbeitung zeigten 1968 erste Erfolge, als in den USA der sogenannte Beloit Harvester in der Praxis eingesetzt wurde. 1970 erschien in Kanada der Koehring-KH3B-Harvester, von dem zwischen 1970 und 1977 rund 170 Exemplare verkauft wurden, was als Erfolg bezeichnet werden muss (Silversides 1997). Allerdings ließ die Zuverlässigkeit der Maschinen zu wünschen übrig. Die Finnen entwickelten die ersten europäischen Harvester: 1974 die Pika 75 und kurz danach die Lokomo 960/961. Die schwedische ÖSA 705/260 folgte 1978 und 1980 erschien der erste Harvesterkopf, der die Funktionen „Fällen", „Entasten" und „Einschneiden" in einem Aggregat integrierte, das sich mit einem Ausleger zum zu fällenden Baum ausschwenken ließ. Damit waren die Voraussetzungen für die heutigen Erntemaschinen geschaffen. Es sind zwei Harvestertypen, aus deren Konzeption auch die heutigen Maschinen hervorgingen: die ÖSA Eva und die Valmet 901 (Abb. 4.16).

Die Orkane Vivian und Wibke im Jahr 1990 führten zu einem Mechanisierungsschub, indem Vollernter (Harvester) auf breiter Basis in Mitteleuropa eingesetzt wurden, was unter anderem mit Maschinen aus Schweden realisiert wurde. Etwa zur gleichen Zeit erfolgte eine Konzentration der Hersteller vollmechanisierter Erntesysteme bei vier Hauptherstellern: 1) John Deere, 2) Komatsu, 3) Ponsse, 4) Tigercat. In Gebirgsregionen waren es österreichische Waldbesitzer (Bundesforste, Mayr-Melnhof, Stift Admont usw.), die ab Mitte der 1970er-Jahre systematisch mit der Mechanisierung der Holzerntearbeiten begannen (Holzwieser 1998). Diese Anstrengungen resultierten in der Technologieführerschaft Österreichs für die Holzernte in Hanglagen.

Entrindung

Die Entrindung ist ein Trennvorgang, bei dem die Rinde vom Holzkörper abgetrennt wird. Bereits in den 1960er-Jahren setzte sich die Überzeugung durch,

Abb. 4.16 Meilensteine der Harvesterentwicklung. Links: Die ÖSA E-va erschien 1985 und zeichnete sich dadurch aus, dass der Ausleger mit Harvesteraggregat und die Kabine auf dem Vorderteil des knickgelenkten Chassis aufgebaut waren, was die Ergonomie und die Produktionseffizienz wesentlich verbesserte. Rechts: Der Valmet 901 kam 1994 auf den Markt und ging noch einen Schritt weiter, indem die Kabine und der Ausleger auf demselben Drehkranz aufgebaut waren, der rotier- und nivellierbar war, was die Ergonomie des Fahrers und die Effizienz weiter verbesserte. Links: © ÖSA Historiska Förening; rechts: © Komatsu Forest Global

dass Stammholz grundsätzlich in der Rinde belassen werden sollte (Knigge und Schulz 1966), womit sich die Frage stellt, welche Gründe dafür- und dagegensprechen. Die Entrindung im Wald bewirkt eine Trocknung des Stammholzes, aber auch eine Reduktion des zu transportierenden Gewichts, was einer Einsparung von ungefähr 30 % entspricht (Holzwieser 1998). Weiter ist sie eine wirksame Maßnahme, um die gefällten Stämme vor Borkenkäferbefall zu schützen. Dem stehen wesentliche Nachteile gegenüber, insbesondere Lagerschäden in Form von Schwindrissen, Pilz-(Bläue-) und Insektenbefall. Die Entrindung im Werk hat wesentliche produktionsökonomische Vorteile. In Holzerntesystemen, die vollständig auf manueller Arbeit beruhten, entfielen rund 50 % des Bearbeitungsaufwands (Holzwieser 1998) auf die Entrindung, was mit den steigenden Personalkosten ab etwa 1960 besonders stark ins Gewicht fiel. Zudem gehörte die Handentrindung zu den schwersten Vorgängen der Waldarbeit, was es zunehmend schwierig machte, Waldarbeiter zu finden, welche bereit waren, diese hoch beanspruchende Arbeit auszuführen. Schließlich entstand mit der Werksentrindung aus dem Rindenreststoff ein Wertstoff, der sich als Energieträger, meist zur innerbetrieblichen Nutzung in der Säge- und Zellstoffindustrie, verwenden ließ. Zudem diente er auch als Nischenprodukt wie Dekor- oder Abdeckrinde.

Entrindung ist ein mechanischer Vorgang, der mit der gezielten Einwirkung von Kräften vor sich geht. Dabei stehen drei Mechanismen im Vordergrund: 1) Abtragen durch Schneiden, 2) Abtragen durch Abscheren, 3) Abtragen durch Spanen. Die manuelle Entrindung im Wald erfolgte während langer Zeit durch schneidendes Abtragen, wobei eine Klinge gezogen oder gestoßen wurde. Das Hauptwerkzeug im Wald war das Schäleisen, ausgebildet als eine gestoßene Klinge. Man versuchte, das Prinzip des schneidenden Abtrags zu mechanisieren, aber die Erfahrung zeigte, dass eine vollständige Entrindung mit Holzverlusten von 10–20 % verbunden war (Juštšuk 1952), was die Anforderungen an eine effektive Entrindung nicht erfüllte. Die Entwicklung suchte nach Lösungen, die auf anderen Mechanismen beruhen, worunter das Abtragen durch Abscheren in den Vordergrund rückte. Dabei wird auf der Rinde eine Schubkraft eingeleitet, die so groß sein muss, dass es zu einem Gleitbruch zwischen Rinde und Splintholz kommt, da das dazwischenliegende Kambiumgewebe den geringsten Schubwiderstand aufweist. Dieser Mechanismus ermöglicht es, dass das Abtragen der Rinde auch bei Unebenheiten der Stammoberfläche zwischen Rinde und Splintholz erfolgt, während das Abtrennen durch Schneiden durch die mechanische Führung der Messer bestimmt wird. In der Zellstoffindustrie erschienen seit etwa dem Ersten Weltkrieg „Entrindungstrommeln“ (Juštšuk 1952), bei denen sich Kurzhölzer in einer rotierenden Trommel von 3–6 m Durchmesser aneinander und am unteren Teil der Trommel reiben, wodurch eine Schubspannung entsteht, welche die Rinde abtrennt. Entrindungstrommeln waren wenig geeignet für Stammholz. Ein wesentlicher Entwicklungsschritt bestand darin, einen Stammabschnitt gegen seine Bewegung um die Längsachse zu fixieren und eine Schubkraft auf die Rinde einzuleiten, indem ein Aggregat um die Längsachse rotiert. Dieses Prinzip ist noch heute bekannt als „Lochrotor“ und beschreibt das Durchführen eines Stammabschnitts durch einen Hohlraum (Loch), in dem ein rotierendes Aggregat die Rinde abtrennt. Der „Aström“-Mechanismus (Aström 1944) verwendete gespannte Ketten, um die Schubkraft einzuleiten, war jedoch mit dem Nachteil verbunden, dass ein 10–15 cm breiter Rindenring stehen bleibt, bevor die Ketten den Stammabschnitt voll umfassen, und dass sich Holz mit gefrorener oder stark getrockneter Rinde nur ungenügend entrinden ließ (Juštšuk 1952). Er leitete jedoch die Entwicklung der mechanischen Entrindung in eine neue Richtung, die sich zum Industriestandard entwickeln sollte. Der „Andersson“-Mechanismus (Andersson 1949) brachte eine massive Verbesserung, indem er die Ketten durch pneumatisch bediente Entrindungswerkzeuge ersetzte, welche mit einer Normalkraft auf den Stamm einwirkten, die durch die Drehung mit dem Rotor eine Schubkraft erzeugten. Die Firma Söderhamns Verkstäder – heute Teil von USNR – kaufte das Andersson-Patent und brachte 1955 unter dem Namen „Cambio“ eine Maschine auf den Markt, die zu einem Synonym für Entrindungsmaschinen in der Sägereiindustrie wurde (USNR online). In Österreich erfolgte die Ausstattung der Sägewerke mit Entrindungsmaschinen in den 1960er-Jahren (Holzwieser 1998) und auch die halbstationären Holzerntezüge der österreichischen Bundesforste verwendeten dieselbe Technologie von 1969–1988. In Deutschland verbreitete sich in den 1970er-Jahren die mechanisierte, mobile Stammholzentrindung, aber heute dürfte die größte Menge des Stammholzes in den Werken entrindet werden.

Die Entrindung steht aber auch vor neuen Herausforderungen. Als Erstes sind die zunehmenden Zwangsnutzungen als Folge von Kalamitäts- und Sturmschäden zu nennen, wie sie in den letzten Jahren vor allem bei Fichtenbeständen zu beobachten waren. Dabei fällt ein Holzvolumen an, das um ein Vielfaches über dem langjährigen Durchschnitt liegen kann, womit ein kontinuierlicher Abtransport und eine zeitnahe Entrindung unmöglich werden, da die Kapazitäten bei Weitem nicht ausreichen. Die Ausbreitungsgefahr, welche von vom Borkenkäfer befallenen Bäumen ausgeht, lässt sich drastisch minimieren, wenn die Stämme entrindet und damit die Larven- und Puppenstadien der Käfer vernichtet werden. Es gibt Vollernteaggregate (Harvesterköpfe), die neben den Funktionen „Fällen“, „Entasten“, „Einschneiden“ auch die Funktion „Entrinden“ ausführen können. Sie sind als „Debarking Heads“ bekannt und wurden für den Einsatz in *Eucalyptus*-Plantagen entwickelt. Die Modifikation des Vollernteaggregats besteht darin, dass einerseits die Vorschubwalzen und andererseits die Entastungsmesser modifiziert werden. Die Vorschubwalzen übertragen dabei die Zugkraft nur auf die Rinde und nicht wie beim traditionellen Betrieb auch auf das Splintholz, womit es im Idealfall zwischen Rinde und Splintholz zu einem Gleitbruch kommt. Die derart gelöste Rinde wird danach beim Entastungsvorgang entfernt. Aus diesem Mechanismus ergibt sich, dass die Modifikation der Vorschubwalzen und der Messer auf die Baumart und die Abmessungen der Stammquerschnitte abgestimmt sein muss, um ein optimales Ergebnis zu erzielen. Versuche ergaben, dass beim dreimaligen Durchzug eines Stammes ein Entrindungsgrad von rund 80 % resultierte, der außerhalb der Saftzeit auf etwa 55 % absank (Bennemann et al. 2020). Eine österreichische Studie (Holzleitner et al. 2020) kam zu dem zum Schluss, dass die Produktivität des Harvesters mit Entrindung um rund 25 % abfiel. Obwohl diese Versuche erfolgversprechend waren, ist weitere Entwicklungsarbeit nötig, um das System auf einer breiten Basis einführen zu können. Die zweite Entrindungsherausforderung besteht in einem ökologischen Anliegen, den Nährstoffhaushalt mit der Ernte von Holz möglichst wenig zu stören. Betrachtet man nur den Bestand im Zeitpunkt des Ernteeingriffs, so sind die Hauptnährstoffe Stickstoff, Phosphor und Kalium (NPK) zu etwa 55–70 % in Nadeln, Feinreisig und Trockenästen und zu 15–20 % in der Rinde gespeichert (Lick 1989). Aus diesen Zahlen erfolgt die Begründung, dass eine Entrindung im Bestand ökologisch vorteilhaft wäre. Das Fokussieren auf den Zeitpunkt des Ernteeingriffs vermag die Gesamtsituation allerdings nicht abzubilden und vernachlässigt auch den Nährstoffeintrag über abgestorbenes Gewebe in den Boden über den ganzen Lebenszyklus eines Bestands. Der Nährstoffeintrag in den Boden erfolgt kontinuierlich über die Zersetzung von abgestorbenem Nadel-/Laub- und Feinwurzelgewebe, welche den Hauptmechanismus für das Recycling von Nährstoffen darstellt. Eine Nährstoffbilanzierung über den ganzen Lebenszyklus müsste diesen Eintrag in den Boden den mit der Rinde entnommenen Nährstoffen gegenüberstellen, wofür allerdings keine Daten vorliegen. Letztlich muss die Frage, auf welchen Standorten mit welchen Baumarten eine Entnahme der Rinde nicht tolerierbar ist, durch eine Güter- und Übelabwägung erfolgen.

Ausformung

Der Schaft eines gefällten Baumes lässt sich verschiedenen Verwendungszwecken zuführen. Bei der Ausformung geht es darum, einen Stamm derart in Stammabschnitte zu teilen, dass entweder ein maximaler Verkaufserlös oder eine bestmögliche Befriedigung von Käuferbedürfnissen resultiert. Die Ausformung bedingt, dass die geometrischen Abmessungen eines Stammabschnitts bekannt sind, was durch Vermessung erfolgt. Lange Zeit geschah sie manuell, wobei die Länge des Stammabschnitts und der Durchmesser, entweder am Zopf – dem Ende eines

Stammabschnitts mit dem kleineren Durchmesser – oder in der Mitte gemessen, die Abmessungen eines Zylinders definieren, aufgrund dessen sich das Volumen schätzen lässt. Es existieren regional unterschiedliche Gebräuche, bei denen der Durchmesser entweder unter oder über der Rinde gemessen wird, was vor allem bei Schwachholz zu unterschiedlichen Volumenschätzungen führt. In den USA herrscht noch immer das „Board-Foot"-Maß vor, was einem Körper von einem 1 Fuß × 1 Fuß × 1 Zoll entspricht. Dabei erfolgt die Charakterisierung einzelner Stammabschnitte nicht mit ihrem effektiven Holzvolumen, sondern mit dem Volumen des Schnittholzes, das sich daraus erzeugen lässt. Diese Schätzung basiert auf standardisierten Einschnittmustern und Sägekerfen. Die „Board-Foot"-Regeln machen es schwierig, Board-Foot-Angaben mit Volumenschätzungen zu vergleichen. Zu Beginn der 1970er-Jahre erfolgte der Einsatz der ersten Scanner für die automatische Bestimmung der Durchmesser in schwedischen Sägewerken (Froome 2006) und für die Verarbeitung der Signale eines Lichtvorhangs waren Kleincomputer erforderlich, die damals in den Kinderschuhen waren. In den folgenden Jahrzehnten waren enorme Fortschritte zu verzeichnen und heute stehen Systeme zur Verfügung, welche einen Stamm in 3D erfassen, d. h. Krümmungen der Stammachse mit abbilden. Zudem lässt sich das optische Scannen der Abmessungen mit Röntgenscannern verbinden, welche innere Eigenschaften eines Stammabschnitts wie eingewachsene Äste, Harztaschen oder Fremdkörper erkennen und lokalisieren können.

Das Ausformen eines gefällten Baumstamms ist ein Entscheidungsproblem, bei dem die Trennpunkte festgelegt werden, an denen der Stamm in Stammabschnitte zerteilt wird. Diese Entscheidung geschah während langer Zeit gutachtlich aufgrund von Regeln, die sich aus formellen und informellen Normen (Holzhandelsgebräuchen) ergaben. Schon im Altertum lagen verwendungsorientierte Regeln vor, um Bauholz, Schiffbauholz, Werkholz und Brennholz nach Baumarten, Abmessungen und Holzqualität bereitzustellen (Knigge und Schulz 1966), und im 20. Jahrhundert entstanden Normen, welche „Holzsorten" definierten, welche drei Kriterien berücksichtigten: Durchmesser, Qualität, spezielle Verwendungszwecke. Mit dem Erscheinen von Computern in den 1950er-Jahren, die sich auch für kommerzielle Probleme nutzen ließen, entstand das Gebiet der Optimierungsmathematik, das Möglichkeiten eröffnete, das forstliche Aushaltungsproblem mathematisch zu lösen.

Die Lösung eines Optimierungsproblems bedingt eine quantitative Repräsentation des Problems. Beim Ausformungsproblem definiert man auf der Stammachse Punkte in gleichbleibenden Abständen, wobei für jeden Punkt der Durchmesser und Distanz vom Stammfuß bekannt sein muss. Die Menge dieser Punkte bildet einerseits die Starttrennpunkte und andererseits die Endtrennpunkte. Von jedem Starttrennpunkt werden dann jene Endtrennpunkte bestimmt, welche Stammabschnitte ergeben, die sich vermarkten lassen und wofür ein Marktpreis bekannt ist. Die ersten Arbeiten, die sich mit der mathematisch optimalen Ausformung eines Baumstamms befassten, basierten alle auf der dynamischen Programmierung (Clemmons 1966; Pnevmaticos und Mann 1972; Strand 1967, 1968). Es geht dabei darum, ein kompliziertes Gesamtproblem mit einer rekursiven

Vorgehensweise in Teilprobleme aufzuteilen und so eine Lösung zu finden. 1973 wurde das Problem auch für mitteleuropäische Verhältnisse gelöst (Glück und Koch 1973), womit – wie es die Autoren bemerkten – ein alter Traum in Erfüllung ging. Allerdings ließ sich das Optimierungsproblem damals nur auf Großrechnern in Rechenzentren lösen, womit sich jedoch optimale Ausformungsrichtlinien formulieren ließen. Die Autoren stellten aber auch fest, dass sich das Potenzial nur ausschöpfen ließe, wenn die Vermessung der Baumschäfte (Länge, Form, Durchmesser entlang der Stammachse mit guter Auflösung) automatisiert erfolgen könne und sich direkt in den Rechner übertragen ließe. Um diesen Ausformungsvorteil zu realisieren, entstanden in den 1970er-Jahren vor allem in Süddeutschland sogenannte „Holzhöfe", in denen ganze Baumschäfte ab den 1980er-Jahren mit mathematischen Methoden optimal in Sortimentstücke geteilt und kundengerecht vermarktet werden. Die technische Entwicklung, insbesondere die Mechanisierung der Holzernte, ließ allerdings diesen Vorteil zunehmend schwinden und bis etwa 2015 verschwanden diese Holzhöfe wieder.

Mit der Einführung der Mechanisierung mit Harvestern auf der Bestandsfläche änderte sich die Situation, indem man das Potenzial erkannte, eine mathematische optimale Ausformung auf jedem Harvester realisieren zu können. Es brauchte drei Voraussetzungen, um diese Lösung zu realisieren: 1) eine kontinuierliche Vermessung der Stammform während des Entastungsvorgangs, 2) ein gutes Prognosemodell für jenen Teil der Schaftform, der noch nicht vermessen ist, sowie 3) einen Bordcomputer mit Optimierungssoftware und Onlineverbindung zu einem zentralen Leitstand. Damit verbunden war ein sehr effizienter Algorithmus zur Lösung des Ausformungsproblems, der auf dem Prinzip des längsten Pfads in einem Graphen beruht und der auf eine schwedische Studie zurückgeht (Näsberg 1985). 1986 stand ein erstes Bordcomputersystem zur Verfügung und Mitte der 1990er-Jahre erschien eine zweite Generation von Bordcomputern, die sich unter anderem durch eine adaptive Schaftformprognose auszeichnete (Bergmann 1997). Obwohl heute sämtliche Harvester mit Optimierungssystemen ausgerüstet sind, lässt sich das Optimierungspotenzial nur ausschöpfen, wenn es auf der Stufe der Versorgungsnetzwerke ein System gibt, das ganze Kohorten von Harvestern entsprechend koordinieren und lenken kann. In den kleinbetrieblichen Strukturen sind diese Voraussetzungen heute leider oft nicht gegeben, womit man einen wesentlichen Wertvorteil verschenkt.

4.1.5 Transporttechnik

Wassertransport war vom Mittelalter bis in die zweite Hälfte des 19. Jahrhunderts die wichtigste und effizienteste Transportart für Stamm- und Brennholz (Dubler 2009). Die Transportflüsse richteten sich naturgegeben nach den Flussnetzwerken und die Flößerei breitete sich mit dem Aufblühen des Bergbaus und dem Entstehen von Städten ab etwa 1200 maßgeblich aus, um den großen Bedarf an Nutz- und Brennholz sicherzustellen. Flößerei und Trift erlebten seit dem 16. Jahrhundert einen raschen Aufschwung und wurden zur Triebkraft einer eigentlichen

Holzwirtschaft (Radkau 2012). Die Erschließung von Regionen für den Holztransport mit Flößerei und Trift bedeuteten einen massiven Entwicklungsschub, der erst durch das Entstehen von Eisenbahnnetzen abgelöst werden sollte (Radkau 2012). Nachdem der Holzhandel in den 1830er-Jahren liberalisiert wurde, erlebte die Flößerei einen ungeahnten Aufschwung (Dubler 2009), unter anderem ausgelöst durch die entstehenden Eisenwerke sowie den boomenden Schiffsbau in den Niederlanden. Holland war auf die Holzversorgung, vor allem für den Schiffsbau und für Rammpfähle, aus dem Gebiet des Oberrheins, vor allem des Schwarzwalds, angewiesen (Windirschs 1955). Der Sekundärtransport – vom Wald an die Wasserstraßen – geschah über Holzriesen (natürlich oder künstlich angelegte „Holzrutschen") in die Gerinne, von wo die Stämme durch Trift (Fluten in Gebirgsgewässern) oder Klusen (Ausschwemmen mit durch Stauen ausgelösten Wasserwellen) an die Umschlagsorte gelangte. Der „Holländer"-Holzhandel aus dem Schwarzwald, den der schier unermessliche Holzbedarf der Niederlande antrieb, ist das vielleicht bekannteste Beispiel dafür.

Um etwa 1830 setzte die Entwicklung des Eisenbahntransports ein und bis 1880 entstand ein Netz von rund 450.000 km, was die Kosten für den Landtransport beträchtlich senkte und den Güteraustausch über größere Distanzen auslöste. Mit der Eisenbahn begann auch der Siegeszug der Steinkohle; sie ließ sich einerseits über größere Distanzen in kohlearme Regionen transportieren, war andererseits aber der Energieträger für die Eisenbahn selbst. In Sachsen hatte man bereits um etwa 1740 damit begonnen, anstelle von Holz Steinkohle für die Verhüttung einzusetzen, womit sozusagen das Zeitalter der fossilen Brennstoffe einsetzte (Greber, online). Eisenbahntransport bedeutete auch den „Niedergang der Brennholz- und Kohleholzwirtschaft" (Radkau 2012), was einerseits Druck von der Waldnutzung wegnahm, andererseits jedoch einen wesentlichen Teil der solaren Energieerzeugung aufgab. In den 1860er-Jahren begann auch der Niedergang der Flößerei, ebenfalls ausgelöst durch den Eisenbahntransport.

Die „Holländer"-Flöße ließen sich rheinabwärts transportieren, die Länge der Stämme verhinderte jedoch den Wassertransport in den Seitengerinnen. Dies war um etwa 1800 der Auslöser, die Wälder Baden-Württembergs mit einem Forststraßennetz zu erschließen, das die Keimzelle des forstlichen Landtransports wurde. Bereits im Jahre 1827 erschien ein erstes Lehrbuch (Jägerschmid 1827), das die Praktiken der Walderschließung der damaligen Zeit umfassend umschrieb. Ein Jahr später folgte ein zweiter Band über den Wassertransport, insbesondere das Floßwesen (Jägerschmid 1828). Der landgestützte Transport mit Pferdefuhrwerken war früher auf den Transport von Holzkohle und Brennholz begrenzt, da die Tragkraft eines damaligen Wagens maximal etwa 2 t betrug (Duhamel du Monceau und Prévost 1767). Das bedeutete auch, dass sogenanntes „Zimmermannsholz" sich nicht mit Karren und Wagen transportieren ließ. Im Schwarzwald entstanden neue Techniken, da „Bauernwagen" schwere Sortimente wie Eichen- und Tannenschiffbauholz nicht transportieren konnten (Jägerschmid 1827). Es wurden spezielle „Schiffbauholzwagen" und Schlitten entwickelt, die auf dem Vorläufer-/Nachläuferprinzip beruhten, d. h., der Beginn und das Ende eines Stammes wurden mit einer Radachse, respektive einem Schlitten verbunden, womit sich der Fortbewegungswiderstand beträchtlich reduzieren ließ. 1842 schrieb von Thünen ein bahnbrechendes Buch mit dem Titel „Der isolierte Staat" (THÜNEN 1842), welches sozusagen die Wiege für das Entstehen einer Standorttheorie sowie einer Theorie der Transportökonomik war. Thünen untersuchte, wie sich die Anordnung verschiedener Landnutzungsklassen um eine Stadt bestmöglich gestalten ließ unter der Annahme, dass diese Stadt mit anderen Städten und Dörfern keinen Warenaustausch hat. Er untersuchte auch, wo die bestmögliche räumliche Anordnung der Holznutzung liegt, und kam zum Schluss, dass diese sehr nahe am Stadtzentrum zu geschehen hätte. Seine Untersuchungen ergaben eine äußere Grenze der Holznutzung etwa acht Meilen vom Stadtzentrum entfernt, außerhalb derer der Landtransport teurer wurde als der Holzerlös, womit die Holzproduktion keinen Sinn mehr machte. In der damaligen Zeit ließen sich mit einem Pferdefuhrwerk etwa 2 m^3 Holz transportieren, wobei pro Tag eine Distanz von etwa 20–30 km überwunden werden konnte. Diese Zahlen illustrieren, wie aufwendig und teuer der Holztransport und wie groß der Effizienzgewinn mit der technischen Entwicklung im Landtransport bis heute war.

Der Erste Weltkrieg führte zur Entwicklung verschiedener Fahrzeuge, die mit einem Verbrennungsmotor angetrieben wurden, was noch Ende des Krieges ab etwa 1920 zu einem massiven Anstieg des motorwagengestützten Straßentransports führte. Bis zum Zweiten Weltkrieg dominierten beim Holztransport allerdings mit tierischer Kraft gezogene Fuhrwerke und erst nach dem Zweiten Weltkrieg begann sich der Lastwagentransport durchzusetzen. Für die zulässige Gesamtmasse von Last- und Sattelzügen gilt in der Europäischen Union ebenso wie in der Schweiz derzeit eine Obergrenze von 40 t, wobei die Gesamtlänge auf 18,75 m begrenzt ist. Dies ist das Ergebnis einer längeren Entwicklung, welche die Vereinten Nationen 1949 mit einer ersten Harmonisierung koordinierten (UN-CRM 1949). Sie legten damals die zulässige Gesamtbreite auf 2,50 m, die zulässige Gesamtmasse von Lastzügen auf 32 t und die zulässige Länge auf 18 m fest. 1965 erließ die Europäische Wirtschaftsgemeinschaft eine Richtlinie, in der die zulässige Gesamtmasse für Last- und Sattelzüge auf 38 t angehoben wurde. 1995 erließ die Europäische Union die noch heute gültige Richtlinie EU 96/53 (EU 1996), in der die noch gültige Grenze von 40 t festgeschrieben wurde. Diese Richtlinie erlaubt es den einzelnen Ländern, Last- und Sattelzüge mit einer wesentlich höheren Gesamtmasse zuzulassen, falls dies keine wesentlichen Nachteile für die anderen Länder hat. Der Grund für diese Regelung ist die Tatsache, dass Schweden und Finnland bereits seit 1972 Lastzüge mit einer Gesamtmasse von 60 t und einer Länge von 25,25 m im Einsatz hatten (RAMBERG 2004), und dies insbesondere für den Holztransport. Die Option der Erhöhung der Gesamtmasse führte auch zum Konzept des sogenannten „Eurocombi"-Konzepts mit Lastzug- und Sattelzugkombinationen, die auf 60 t ausgerichtet sind. Diese „Giga"-Lastzüge sind allerdings nicht unumstritten; vor allem Umweltkreise machen geltend, dass damit dem Schienentransport Konkurrenz gemacht und die Straßeninfrastruktur übermäßig beansprucht werde, was grundlegend falsch ist, da die maximale Achslast für die Beanspruchung der Straßen maßgebend ist und nicht die Gesamtmasse. Ganz anders verläuft die Entwicklung in Schweden, wo 2007 ein

Versuch mit einem Holztransportlastzug gestartet wurde, der eine Gesamtmasse von 90 t und eine Gesamtlänge von 30 m aufweist (Löfroth et al. 2012). Der dreijährige Versuch verlief positiv: Gegenüber der 60-t-Konfiguration resultierten eine Kosteneinsparung und eine CO_2-Senkung von 20 % pro Kubikmeter. Im Juli 2017 passte Schweden die zulässige Gesamtmasse auf 74 t an. Diese Beispiele sollen zeigen, dass die geltende 40-t-Grenze nicht unverrückbar ist, dass in Zukunft in verschiedenen Ländern 60-t-Last- und Sattelzüge verwendet werden und dass dies Forderungen nach Anpassungen in allen Ländern nach sich ziehen wird.

4.2 Holznutzung und -verwendung

Die stoffliche Welt, in der wir leben und die uns das Leben erleichtert bzw. überhaupt erst ermöglicht, ist durch eine Vielzahl von Roh- und Werkstoffen geprägt. Materialien und Werkstoffe sowie deren kontinuierliche technische Entwicklung ermöglichen die Gestaltung menschlicher Systeme, beispielsweise Siedlungen, Transportanlagen, Fahrzeuge, aber auch die Produktion von Sachgütern und Lebensmitteln. Die Beurteilung und Nutzung von Holz als Werkstoff für bestimmte Anwendungen bedingt, dass sich das grundsätzliche Anwendungsspektrum der Werkstoffe beschreiben lässt. Ebenso ist bei einem mengenmäßigen Vergleich zur Bedeutung einzelner Werkstoffe immer auch eine Gesamtsicht über die Werkstoffgruppen wie Eisenmetalle, Nichteisenmetalle, Glas, Keramiken, biobasierte Werkstoffe wie Holz und Papier sowie deren Anwendungsspektren angebracht.

4.2.1 Weltweiter Rohstoffhaushalt

Die Gewinnung von Rohstoffen für die Güter-, Futtermittel- und Nahrungsmittelproduktion, die Errichtung von Gebäuden und Infrastrukturen usw. bedingen einen enormen Materialeinsatz. Alle damit verbundenen Prozesse führen zu Produktionsrückständen und Verpackungen sowie nach deren Nutzung zu Altprodukten, Altgebäuden und Anlagen. Diese fallen überwiegend als Feststoffe an, aber auch als Abfalllösungen, Abwässer und Abgase, die jeweils unterschiedlich zu behandeln sind. Allen Abfällen und Altprodukten ist jedoch gemeinsam, dass deren Entsorgung zunehmend zu einer Herausforderung hinsichtlich Ressourcenverbrauch und Umweltbelastung wurde. Die globale Gewinnung von Rohstoffen wächst seit 1900 exponentiell (Abb. 4.17) und alleine seit 1990 hat sich der jährliche Umsatz mehr als verdoppelt, was einem jährlichen Wachstum von knapp 3 % entspricht.

Ohne konzertierte Maßnahmen werden der weltweite Ressourcenverbrauch, die Abfallströme und der Anfall von Altprodukten weiter anwachsen. Treiber für diese Entwicklung sind das Bevölkerungs- und Wirtschaftswachstum, aber insbesondere eine lineare Wirtschaftsweise, bei der die Rohstoffgewinnung, die Güterproduktion und Entsorgung von der Tragfähigkeit der Litho-, der Öko-, der

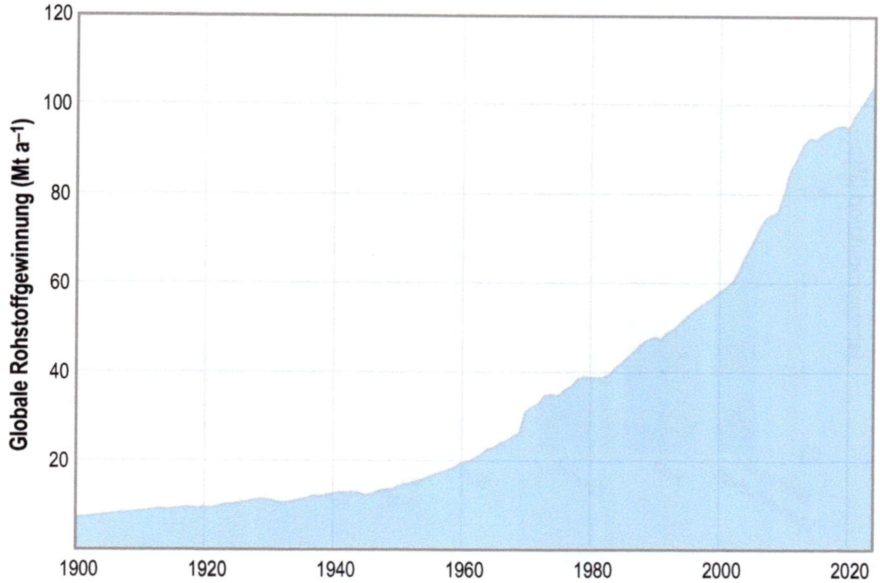

Abb. 4.17 Entwicklung der globalen Rohstoffgewinnung von 1900–2017. Die planetare Tragfähigkeitsgrenze wird auf 50 Mrd. t geschätzt. Bis 1969 nach KRAUSMANN et al. (2009), danach nach IRP (online)

Hydro- und der Atmosphäre entkoppelt sind. Demgegenüber hat sich in den letzten Jahren das Prinzip einer Kreislaufwirtschaft entwickelt, bei dem bestehende Materialien und Produkte so lange wie möglich geteilt, geleast, wiederverwendet, repariert, aufgearbeitet und recycelt werden (EP, 2023). Die Kreislaufwirtschaft steht damit im Gegensatz zum traditionellen, linearen Wirtschaftsmodell, für das sich alltagssprachlich der Begriff der „Wegwerfwirtschaft" eingebürgert hat.

4.2.2 Werkstoffgruppen und ihr Anwendungsspektrum

Als Werkstoff bezeichnet man ein aus Rohstoffen gewonnenes Material, das zur Herstellung von Produkten dient. Die nachfolgenden Ausführungen geben einen kurzen Überblick über die weltweite und europäische Werkstoffwirtschaft, inklusive der möglichen Veränderungen durch technische, wirtschaftliche und ökologische Triebkräfte.

Abb. 4.18 gibt einen Überblick zur Produktion der wichtigsten Massenwerkstoffe, einschließlich des Rohstoffs Holz, aufgeteilt nach dem weltweiten und europäischen Umsatz.

Tab. 4.1 präsentiert eine detaillierte Aufschlüsselung von Abb. 4.18.

Der Umsatz der in Abb. 4.18 illustrierten Massenwerkstoffe liegt weltweit bei rund 1 t pro Einwohner und Jahr und für das Gebiet der Europäischen Union bei

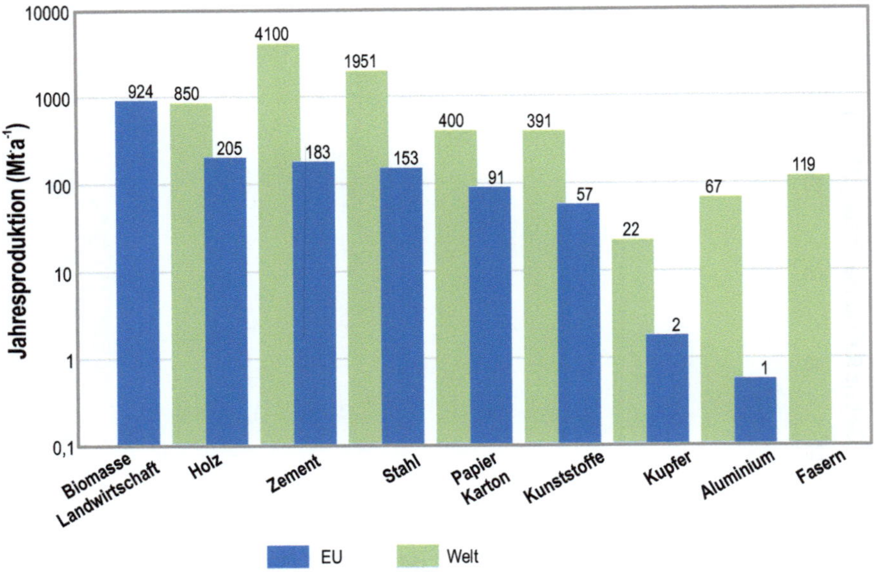

Abb. 4.18 Jahresproduktion der wichtigsten Massenwerkstoffe. Weltweit dominiert die Zementproduktion, gefolgt von Stahl und Rohholz. In Europa dominiert die Produktion von Rohholz, gefolgt von Zement und Stahl. Rohholz umfasst die Masse (t) sämtlichen geernteten Holzes. Nach diversen Quellen (Statista, Branchenverbände usw.)

rund 1,6 t pro Einwohner und Jahr. Diese Zahlen bilden das Faktum ab, dass entwickelte Gesellschaften, die einen hohen Wohlstand aufweisen, einen wesentlich höheren Stoffumsatz haben als wenig entwickelte Länder. Während der Faktor für den vorliegenden Vergleich bei 1,6 liegt, beträgt er im Verhältnis zu wenig entwickelten Ländern mindestens etwa das Doppelte. Dies ist ein klarer Hinweis dafür, dass die zukünftigen nationalen Stoffhaushaltsysteme grundlegend umzugestalten sind, wobei das Schwergewicht auf Wiederverwendung, Wiederverwertung und Recycling liegt. Diese Herausforderung gilt auch für den Werkstoff Holz. Weltweit ist Zement der wichtigste Werkstoff, gefolgt von Stahl und Holz, die zusammen knapp 80 % des gesamten Werkstoffumsatzes ausmachen. Innerhalb der Europäischen Union sind es dieselben drei Werkstoffe wie weltweit, welche knapp 80 % des Umsatzes ausmachen, allerdings in einer anderen Reihenfolge. An der Spitze steht Holz, gefolgt von Zement und Stahl. Diese Zahlen belegen die herausragende Rolle von Holzbiomasse, wobei dieser Wert die stoffliche und energetische Nutzung einschließt. Zudem ist zu betonen, dass Holz von den abgebildeten Massenwerkstoffen der einzige Stoff ist, der erneuerbar ist, womit seine Bedeutung für eine Entwicklung, die den Verbrauch nichterneuerbaren Ressourcen minimiert, zunehmen wird.

Zusätzlich führt Abb. 4.18 noch den jährlichen Umsatz von Biomasse aus der landwirtschaftlichen Produktion an, wobei nach Avitabile V. et al. (2023) davon 54 % wirtschaftlich, vorwiegend als Lebens- und Futtermittel, genutzt werden und 46 % als

Tab. 4.1 Jahresproduktion der wichtigsten Massenwerkstoffe. Nach diversen Quellen (Statista, Branchenverbände usw.). Weltweit dominiert die Zementproduktion, gefolgt von Stahl und Rohholz. In Europa dominiert die Produktion von Rohholz, gefolgt von Zement und Stahl. Rohholz umfasst die Masse (t) sämtlichen geernteten Holzes

Werkstoff	Global (Mt a^{-1})	Jahr	Europa/EU (Mt a^{-1})	Jahr	Bemerkung
Stahl	1951	2021	153	2021	Global werden ca. 570 Mio. t recycelt
Aluminium (primär)	67,2	2021	0,23 + 0,34	2022	Geteilt in „Westeuropa" und „Osteuropa + Russland"
Kupfer	22	2022	1,8	2022	
Zement	~4100[1]	2022	183	2022	
Kunststoffe	391	2021	57	2022	In EU ca. 10 % Recyclinganteil
Glas	130	2021	39,5	2022	
Faserproduktion	119	2021	k.A		
Naturfaser	31	2021	k.A		33 Mio. t für 2022
Synthetische Faser	88	2021	2,24	2018	Textilfaser und technische Gewebe
Holzernte	1721	2010	250[2]	2022	Umgerechnet auf der Basis 1 m^3 Holz ~ 480 kg
Stoffliche Nutzung von Holz	~850	2010	205[3]	2022	Mit großen regionalen Unterschieden
Papier/Karton	~400	2018	90,5	2021	Hoher Recyclinganteil
Landwirtschaftliche Biomasse (Gras, Futtermittel, Lebensmittel, inkl. Ernterückstand wie Stroh)			924[4]	2016–2020	

[1] Entspricht rund 15 Mrd. t Beton.

[2] Quelle: Avitabile, V. et al. 2023. *Biomass production, supply, uses and flows in the European Union*. Publications Office of the European Union. Luxemburg. 281 p, https://doi.org/10.2760/811744., Mittelwert der Trockenmasse für den angegebenen Zeitraum.

[3] 23 % des geernteten Rohholzes sind direkt „Energieholz", ein weiterer Anteil des als „*industrial roundwood*" geführten Rohholzes wird in den einzelnen Prozessen der Verarbeitung energetisch genutzt (als Pellets, Ligninablauge usw.). Zum Waldholz kommt weitere verholzte Biomasse wie Landschaftspflegeholz oder Altholz dazu, was nach ibid. einem Gesamtumsatz von rund 370 Mt ergibt.

[4] Quelle: ibid.

Ernterückstände gelten. Etwa 1 Mio. t der agrarischen Biomasse werden stofflich und 12 Mio. t energetisch genutzt. Für die stoffliche Nutzung von nachwachsenden Rohstoffen ist damit der Rohstoff Holz die mit Abstand wichtigste Ressource!

Verschiedene Werkstoffgruppen stehen in besonderem Maß für bestimmte Eigenschaften und einen davon abgeleiteten Einsatz, wie in den folgenden Beispielen kurz zusammengefasst ist:

- Stahl und Stahlbeton wurden im 20. Jahrhundert zu den dominierenden Werkstoffen für den Hoch- und Tiefbau. Eisenmetalle stehen generell für gut formbare und dennoch hochfeste Materialien und decken ein breites Einsatzspektrum ab, das vom einfachen Baustahl über geformte Autobleche bis zu Hochleistungsstrukturen im Maschinenbau reicht. Die Errichtung des Eiffelturms im Jahr 1889 läutete das Zeitalter des Stahlbaus ein und praktisch gleichzeitig erfolgte die Einführung des Stahlbetons, der ein Verbundwerkstoff aus Beton und Bewehrungsstahl ist, der als Monierbauweise bekannt war. Ab 1900, nach Ablauf verschiedener Patente zur Eisenbetonbauweise, begann durch den Wegfall von Lizenzgebühren ein erster großer Aufschwung dieser Bauweise und in der Folge der weitere Durchbruch der Stahlbetonbauweise zur weltweit wichtigsten Bautechnik.
- Kupfer und Aluminium eignen sich als elektrische Leiter vor allem für Kabel und Anschlüsse, die uns mit elektrischem Strom versorgen. Aluminium wurde ab den 1950er-Jahren zum dominierenden Material für den Leichtbau, speziell auch im Verkehrswesen. Nach langen Entwicklungs- und Vorlaufphasen wurden spezielle Aluminiumlegierungen zum Leitwerkstoff für den Flugzeugbau, wo erst im letzten Jahrzehnt ein verstärkter Trend zu Faserverbundwerkstoffen für die Ausführung bestimmter Bauteile zu erkennen ist.
- Glas steht für Lichtdurchlässigkeit bei Fenstern im Bauwesen und bei Windschutzscheiben im Fahrzeugbau. Es ist zudem ein wichtiges Material für Behälter von Flüssigkeiten bis hin zu den vielfältigsten Formen des Trinkglases. Im Hochbau wird es zunehmend als Fassadenelement eingesetzt und das Glasfaserkabel wurde zum Träger des Lichtwellenleiters. Die Entwicklung der Chemie als exakte Naturwissenschaft war sehr stark durch die Erfindung des transparenten und temperaturbeständigen Glases getrieben, wodurch man chemische Reaktionen in Reagenzgläsern und Kolben unter bestimmten Umgebungsbedingungen mitverfolgen konnte.
- Keramikwerkstoffe bestehen weitgehend aus anorganischen, feinkörnigen Rohstoffen, die unter Wasserzugabe bei Raumtemperatur geformt, getrocknet und in einem Brennprozess zu harten, dauerhafteren Werkstoffen gesintert werden. Dazu gehören Baukeramiken (Ziegel, Fliesen), Faserverbundwerkstoffe sowie Gebrauchs- und Zierkeramik.
- Kunststoffe sind eine vergleichsweise junge Werkstoffgruppe, die ein breites Eigenschaftsspektrum abdeckt. Mit der Wahl der molekularen Ausgangsstoffe und der Zugabe von Additiven lassen sich wichtige Werkstoffeigenschaften wie Formbarkeit, Härte, Elastizität, Festigkeit, Temperatur- und Wärmeformbeständigkeit sowie chemische Beständigkeit in weiten Grenzen variieren und

für eine bestimmte Anwendung als fertiges Produkt optimieren. Kunststoffe eignen sich zudem neben ihrer Formbarkeit bei der Verarbeitung durch Extrusion, Spritzgusstechnik, Gießen, Rotationsformen, Spinntechniken usw. sehr gut für die Herstellung einer breiten Palette von Strukturen, beispielsweise dünnen Folien, Fäden, dickeren Schichten, komplizierten Werkstückformen oder Schäumen.

Für eine detailliertere Beschreibung wichtiger Werkstoffe sei auf Braun (2017), Hassler (2010), Köthe (2011), Marschall (2008) sowie Schaeffer und Langfeld (2020) verwiesen. Die beispielhaft beschriebenen Entwicklungen von Werkstoffen ermöglichten einerseits, neue Produkte und Systeme zu entwickeln, führten aber andererseits auch zu einer teilweisen Substitution der traditionellen Holzverwendung. Dennoch sind Holz, Holzwerkstoffe, Papier und Karton sowie cellulosebasierte Regeneratfasern bis heute ein mengenmäßig bedeutender und stetig wachsender Teil des Massenwerkstoffumsatzes (Abb. 4.18). In der Materialwahl für eine bestimmte Anwendung stehen jedoch die einzelnen und zahlreicher gewordenen Werkstoffgruppen in einem permanenten Wettbewerb zueinander. Ein definiertes Einsatzgebiet für einen Werkstoff ist im Wesentlichen durch sein Leistungsspektrum und die Kosten geprägt, wobei in den letzten Jahren auch die ökologische Komponente in der Materialwahl eine zunehmende Rolle spielt.

4.2.3 Materialeigenschaften

Bei der Gestaltung von Vor- und Endprodukten sowie von ganzen (Bau)Systemen stellt sich die Frage, welche Werkstoffe am besten geeignet sind, um die Anforderungen, die gestellt werden, bestmöglich zu befriedigen. Anforderungen sind Bedürfnisse und Erwartungen, die entweder explizit formuliert oder durch Normen und Richtlinien vorgegeben oder durch die beste verfügbare Praxis gegeben sind. Seit der industriellen Revolution ist die Palette der verfügbaren Werkstoffe laufend größer geworden, woraus sich das Bedürfnis ergibt, Anforderungen und Eigenschaften von Werkstoffen in strukturierter Form zu beschreiben (Ashby und Johnson 2014). Ashby definiert sechs Klassen von Werkstoffanforderungen: 1) technische, 2) ökonomische, 3) nachhaltigkeitsbezogene, 4) ästhetische, 5) wahrnehmungsbezogene sowie 6) gestaltungsvisionsbezogene Kriterien. Abb. 4.19 illustriert die Ashby-Eigenschaften in leicht veränderter Form.

Die physikalisch-mechanischen Eigenschaften bestimmen die Leistungsfähigkeit eines Werkstoffs, wozu die Steifigkeit (E-Modul), die Druck- und Zugfestigkeit, die Härte, die Wärmeleitfähigkeit und die Entflammbarkeit gehören. Die fertigungstechnischen Eigenschaften beschreiben, wie leicht sich ein Werkstoff umformen, bearbeiten und an seinen Oberflächen vergüten lässt. Bei Werkstoffbauteilen spielt zudem eine Rolle, wie leicht sie sich verbinden lassen. Die ökonomischen Eigenschaften umfassen erstens die Beschaffungskosten, zweitens die Herstellungs- und Baukosten, drittens die Erhaltungskosten über den gesamten Nutzungszyklus sowie viertens die Rückbau- und Entsorgungskosten. Die

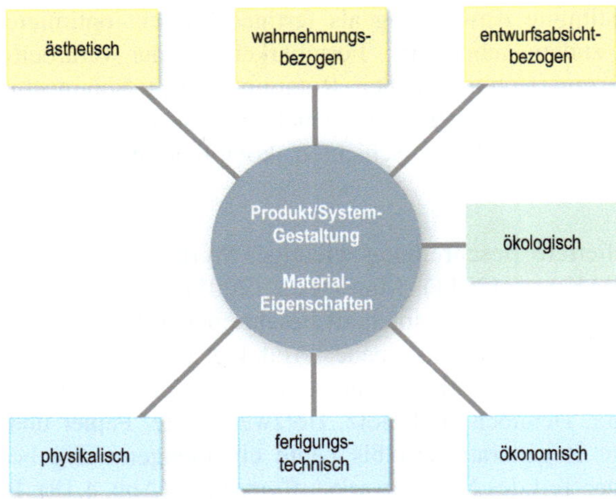

Abb. 4.19 Eigenschaften, welche die Materialwahl bei der Gestaltung eines Produkts oder Systems bestimmen. Physikalische, fertigungstechnische und ökonomische Eigenschaften bestimmen die Machbarkeit, während ökologische Kriterien die Wirkungen auf die Umwelt charakterisieren. Daneben gibt es „weiche“ Eigenschaften, die die ästhetische Wirkung und die positive/negative Wahrnehmung beeinflussen, sowie entwurfsbezogene Eigenschaften, die sich aus den Absichten und Vorlieben der Entwurfspersonen ergeben. (Nach Ashby und Johnson (2014), verändert)

ökologischen Eigenschaften eines Werkstoffs umfassen Indikatoren zu seiner Ökoeffizienz sowie seine Recycelbarkeit. Bei der Ökoeffizienz gilt es zu beachten, dass die Effizienzkriterien sich auf die bereitgestellte Systemleistung beziehen, d. h. bei Wohnbauten beispielsweise auf die Geschossfläche, womit der Energieverbrauch oder der CO_2-Ausstoß mit der Fläche normiert werden. Die ästhetischen Eigenschaften beschreiben, wie wir einen Werkstoff mit unseren Sinnen wahrnehmen. Das visuelle Erscheinungsbild sowie haptische und olfaktorische Eigenschaften stehen dabei im Vordergrund. Eine Arvenstube (Zirbe) empfinden wir ästhetisch als angenehm, da sich das Holz beim Berühren als Folge der geringen Wärmeleitfähigkeit warm anfühlt, da die meisten Personen die Textur des Holzes als ansprechend empfinden und da der sanfte Arvenholzduft angenehm empfunden wird. Die Wahrnehmungseigenschaften beschreiben soziale Wertschätzungen eines Werkstoffs. Ashby beschreibt sie mit Gegensätzen: „modern vs. klassisch“, „elegant vs. plump“, „dauerhaft vs. kurzlebig“ oder „modisch vs. altmodisch“. Entwurfsabsichtsbezogene Eigenschaften sind eng damit verbunden; sie verkörpern die Prioritäten in der Vorstellung der entwerfenden Person (Ashby und Johnson 2014). Dazu gehören Vorlieben für Materialien, aber auch Identitäten, die mit einem Produkt oder System geschaffen werden sollen, die auch mit Symboleigenschaften umschrieben werden könnten und die über das rein Funktionale hinausgehen. In der Architektur sind es oft Stararchitekten, welche die zeitgenössischen Materialpräferenzen definieren.

Die Gebäudehülle für ein mehrgeschossiges Haus kann beispielsweise aus Mauerziegeln, Fertigelementen aus Stahlbeton oder in verschiedenen Holzbauweisen erstellt werden. Als Material für Fensterrahmen kommen Kunststoff, Aluminium, Holz oder auch Materialverbunde aus Holz und Aluminium infrage. Ein Fußbodenbelag kann wiederum ein Parkettboden aus Holz, ein Laminatboden, ein Textil-, Kunststoff- oder Linoleumbelag sein sowie auch aus Keramikfliesen bestehen. Jede Materialkombination hat bestimmte Eigenschaften mit Vor- und Nachteilen bei einer bestimmten Anwendung und einen material- bzw. produktionsbedingten Kostenrahmen, der auch die Instandhaltung und Instandsetzung einschließt. Die Wahl des Materials für ein Produkt bzw. eine Produktgruppe erfolgt aufgrund der Werkstoffeigenschaftsklassen (Abb. 4.19 bzw. Abb. 4.20). Eine Werkstoffauswahl sollte jedenfalls auch unter Einbeziehung ökologischer Indikatoren (z.B. Bewertung externalisierter Kosten) erfolgen. Der Kostenrahmen und die Verfügbarkeit durch Marktveränderungen kann die Priorisierung eines Werkstoffs aber auch schnell wieder ändern.

Die physikalischen Materialeigenschaften bestimmen die Grenzen der technischen Leistungsfähigkeit. Aus Sicht der technischen Mechanik sind es primär die Steifigkeit (Elastizitätsmodul), die Zug- und Druckfestigkeit, die Risszähigkeit und die Duktilität, welche für die Bemessung von Bauteilen und Tragwerken maßgebend sind. Bei der Bemessung geht es zudem darum, Werkstoffe effizient zu verwenden, d. h., mit dem Einsatz einer Werkstoffmasse eine möglichst große technische Wirkung zu erreichen. Die große Palette von Werkstoffgruppen und Werkstoffvarietäten stellt für die Auswahl effizienter Werkstoffe eine große Herausforderung dar. Ashby, ein britischer Werkstoffwissenschaftler, löste dieses Problem auf elegante Weise, indem er Grafiken entwickelte, welche die Informationsvielfalt von Werkstoffeigenschaften in kompakter und leicht verständlicher Form wiedergeben (Ashby und Johnson 2014; Ashby 2021). Stellvertretend für die 18 Grafiken, die Ashby in seinem Buch präsentiert (Ashby 2021), präsentiert Abb. 4.20 den Zusammenhang zwischen Materialdichte und Elastizitätsmodul, bei dem das Elastizitätsmodul mit zunehmender Dichte ansteigt.

Zudem zeigen die verschiedenen Werkstoffe unterschiedliche Dichte-Elastizitätsmodul-Profile, die sich nicht deutlich voneinander abgrenzen. Aus Sicht der Materialeffizienz besteht das Interesse darin, einen Werkstoff derart auszuwählen, dass das Verhältnis zwischen Elastizitätsmodul und Dichte möglichst groß wird. Dieses Verhältnis beschreibt zudem die Ausbreitungsgeschwindigkeit von Schallwellen in einem Material, was sich mit dem Zusammenhang in Gl. 4.1) beschreiben lässt (Ashby 2021).

$$\frac{E}{\rho} = v^2 \tag{4.1}$$

Wobei

E = Elastizitätsmodul
R = Dichte
v = Geschwindigkeit der Schallausbreitung

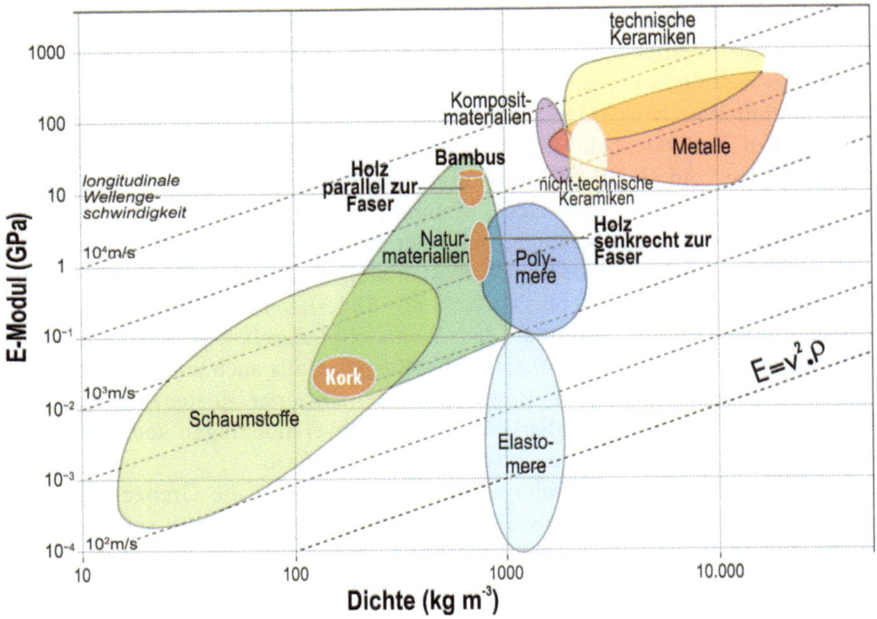

Abb. 4.20 E-Modul-Dichte-Diagramm zur Werkstoffauswahl nach Steifigkeit und minimalem Eigengewicht. Das Verhältnis zwischen E-Modul und Dichte ist ein Maß für Steifigkeitseffizienz eines Werkstoffs. Es lässt sich im Diagramm als Geradenschar darstellen, wobei die Effizienz höherliegender Geraden größer ist. Die longitudinale Wellenausbreitungsgeschwindigkeit in einem Werkstoff ist eine Größe zur Charakterisierung der Festigkeit. (Nach Ashby (2021), verändert)

Für eine gegebene Schallausbreitungsgeschwindigkeit ergibt sich daraus in der doppelt logarithmischen Darstellung eine Gerade, welche eine konstante Steifigkeitseffizienz repräsentiert. Für verschiedene Geschwindigkeiten ergibt sich eine Geradenschar, welche Iso-Linien konstanter Steifigkeitseffizienz darstellen, wobei höherliegende Geraden eine größere Effizienz bedeuten. Das Diagramm zeigt, dass Holz parallel zur Faser zu den Werkstoffen mit der größten Steifigkeitseffizienz gehört, wie beispielsweise Stahl, technische Keramiken oder Kompositmaterialien. Der Zusammenhang in Gl. 4.1) lässt sich nutzen, um Bretter oder Balken maschinell nach Festigkeit zu sortieren (Sandoz 1996). Das Verfahren der maschinellen Festigkeitssortierung ist heute – nach einem längeren Forschungs- und Entwicklungsprozess – in der industriellen Anwendung verbreitet und mit Normen in die Bemessung von Tragwerken integriert (Sandberg et al. 2023). Dies ermöglicht, Bretter für Brettschichtholz und Brettsperrholz usw. derart zu sortieren, dass eine möglichst homogene Werkstoffeigenschaft resultiert, die auf gemessenen Daten basiert und verlässliche Bemessungswerte liefert.

Direkte Material- und Werkstoffvergleiche für eine spezifische Anwendung sind schwierig, da die einzelnen Werkstoffe zum einen unterschiedliche Anwendungsbereiche haben und zum anderen bei überlappenden Anwendungsbereichen ein unterschiedliches Verhältnis von Masse und beispielsweise mechanischer Leistung haben. Die Konsequenzen des Einsatzes unterschiedlicher Werkstoffe lassen sich am besten anhand einer standardisierten Gebäudehülle vergleichen. Eine deutsche Studie (Siebers und Hauke 2015) nahm eine Hallenkonstruktion mit einer Spannweite von 15 m, einer Länge von 60 m, einer Traufhöhe von 5 m und einem Binderabstand von 6 m als Grundlage für die Schätzung des Werkstoffbedarfs bei Stahl-, Stahlbeton- und Holzbauweise. Das Stahltragwerk basiert auf einem Zweigelenkrahmen mit biegesteifen Rahmenecken und Blockfundamenten, während das Stahlbeton- und das Stahlbeton-Holz-Tragwerk aus eingespannten Stützen mit gelenkig angeschlossenen Binder und Köcherfundamenten besteht. Abb. 4.21 illustriert den Bedarf an Beton, Stahl und Holz.

Gesamthaft schneidet die Stahlkonstruktion mit einem erforderlichen Materialbedarf von 64 t am günstigsten ab, da Stahl wegen seiner hohen Festigkeit und Steifigkeit besonders schlanke und somit materialeffiziente Konstruktionen ermöglicht. Die Stahlbetonbauweise erfordert über 200 t Material, was mehr als dem Dreifachen der Stahlvariante entspricht. Die Stahlbeton-Holz-Konstruktion liegt dazwischen, wobei zu beachten ist, dass lediglich die Binder des Daches aus Holz bestehen. Die Studie beleuchtet zudem auch die Ökoeffizienz der drei Bauweisen. Die Stahlbeton- und Stahlbeton-Holz-Bauweise sind bezüglich des CO_2-Ausstoßes über den ganzen Lebenszyklus ähnlich zu bewerten und wesentlich günstiger als die Stahlbauweise. Holzkonstruktionen sind in einer Hybridbauweise deutlich leichter

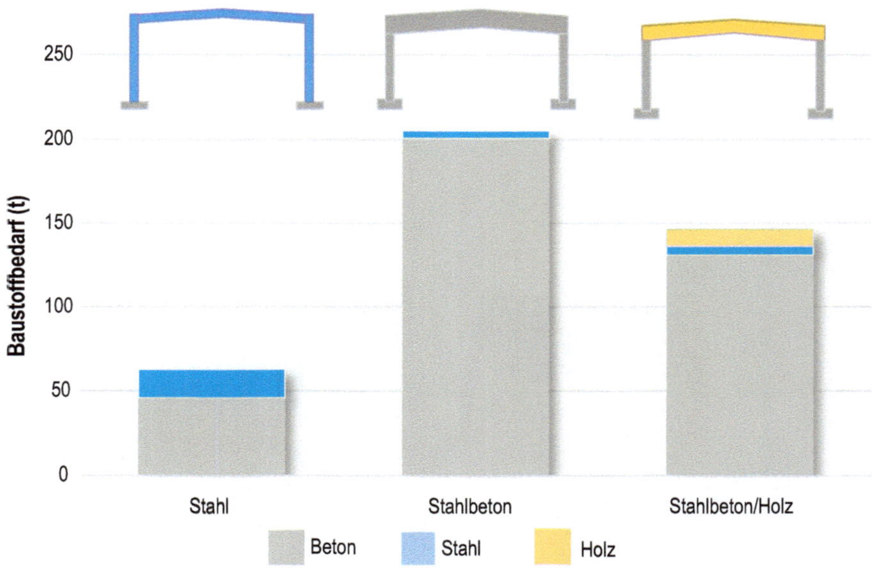

Abb. 4.21 Baustoffbedarf für eine Modellhalle mit den Abmessungen 15 m x 60 m x 5 m. Statisches System: Zweigelenkrahmen mit biegesteifen Rahmenecken, Blockfundamenten (Stahl), eingespannten Stützen mit gelenkig angeschlossenem Binder, Köcherfundamenten (Stahlbeton, Stahlbeton-Holz). Nach Siebers und Hauke (2015), verändert)

und damit weniger materialintensiv als vergleichbare Stahlbauten und Stahlbetonbauten. Der Bau- und Werkstoff Holz ist damit ein typischer Vertreter von Leichtbauwerkstoffen, was vor allem bei Einsätzen in der Mobilität von Bedeutung ist.

Unterschiede in der Materialintensität zeigen sich auch bei Produkten wie Möbeln. So haben beispielsweise ein stapelbarer Serienstuhl in reiner Kunststoffbauweise, ein Stuhl mit Kunststoff- oder Sperrholzschale und Metallrahmen und ein Stuhl in reiner Holzbauweise mit laminiertem Holzrahmen und einer Sperrholzschale bei vergleichbarem Designanspruch und vergleichbarer mechanischer Beanspruchung jeweils einen deutlich unterschiedlichen Materialeinsatz (Abb. 4.22).

Als leichtester und auch sehr eleganter Serienstuhl in Vollholzbauweise gilt der „Superleggera" vom italienischen Designer Gio Ponti mit nur 1,7 kg. Er zeigt damit die enorme Materialeffizienz des Werkstoffs Holz, obwohl der Stuhl wegen der hohen Holzverluste beim Zuschnitt und der Bearbeitung der Einzelteile jedoch nicht ressourceneffizient ist, da er ein Mehrfaches seines produktbezogenen Holzvolumens an hochwertigem Eschenschnittholz als Ausgangsmaterial benötigt (Teischinger 2014). Dieser seit 1957 produzierte und heute von Cassina, Italien, vertriebene Stuhl, wurde dennoch zur Ikone der Moderne. Die beiden Stühle der Abb. 4.22 weisen eine vergleichbare Masse auf. Abb. 4.20 zeigt hingegen, dass die Steifigkeit unterschiedlich ist. Während sie für Holz sehr hoch ist, ist sie für den Kunststoff wesentlich geringer. Polymerkunststoffe haben hingegen den Vorteil, dass sie sich im Spritzgussverfahren verarbeiten lassen, womit die Herstellung eines Produkts sehr einfach und sehr kostengünstig wird.

Abb. 4.22 Stapelstühle mit ähnlicher Sitzposition aus unterschiedlichen Werkstoffen. Links: Stuhl mit Sitzschale aus Kunststoff und Metallrahmen mit einer Masse von ca. 7 kg. Rechts: Stuhl mit Schale aus Sperrholz (2,7 kg) und Metallrahmen, gesamt ca. 5 kg pro Stuhl. © Robert Stingl und Alfred Teischinger

Solche Materialvergleiche gibt es vielfach für Dinge des täglichen Lebens, beispielsweise bei der Materialentscheidung für einen millionenfach zu produzierenden Behälter zur Aufbewahrung einer bestimmten Flüssigkeit: die Alu-Dose, die Glasflasche, eine Kunststoffflasche (PET) oder eine Papierverpackung mit dichter Innenbeschichtung (z. B. Tetra Pak). Für denselben Anwendungsbereich (z. B. Aufbewahrung von 1 l Flüssigkeit) hat jeder der potenziell einsetzbaren Werkstoffe eine unterschiedliche Materialintensität mit all den verbundenen Fragen wie Ressourcenverfügbarkeit, Materialkosten, Verarbeitbarkeit, technisches Eigenschaftsprofil, Recycelbarkeit und ökologische Bewertung usw. (vgl. Ashby 2021). Bei den oft millionenfach eingesetzten Getränkeverpackungen ist eine klare ökologische Bewertung unter den verschiedenen Betrachtungen wie Einwegverpackung, Mehrwegsystem mit Pfand, durchschnittliche Transportentfernungen usw. nicht immer einfach, was in den vielfältigsten, sich oft widersprechenden Studien zum Ausdruck kommt.

4.2.4 Holzstoffströme

Verholzte Biomasse ist ein wichtiger Bestandteil des Konzepts der Bioökonomie, die eine Transformation der linearen Verarbeitungs- und Gebrauchsvorgänge in ein zirkuläres System anstrebt, bei dem ein möglichst großer Anteil der Stoffflüsse einer Wiederverwendung und -verwertung zugeführt wird. Dies setzt wiederum voraus, dass wir den Stoffhaushalt einer Region möglichst treffend abbilden können. Die grafische Darstellung von Stoffflüssen ist eine Möglichkeit dafür, wobei der Begriff „Stofffluss" die Wege des Rohstoffs Holz über die verschiedenen Stufen der Veredelung bis zu den Endprodukten beschreibt, inklusive der Wiederverwendung, der Wiederverwertung und der Entsorgung. Nachfolgend geht es darum, die Holzstoffströme für die gesamte Welt und für das Gebiet der EU27 zu charakterisieren. Abb. 4.23 illustriert den globalen Holzstofffluss aufgrund der Studie des World Ressource Institutes (Peng et al. 2023a). Diese Studie rekonstruierte die Holzstoffflüsse der FAO-Statistik, die mehrere Ungereimtheiten aufweist. Zum einen verwendet sie unterschiedliche Einheiten, ohne die physikalische Transformation von Rohholz zu Halbfertig- und Fertigprodukten explizit zu berücksichtigen. Zum anderen zeichnet sich die FAO-Statistik durch fehlende und unglaubwürdige Daten aus, beispielsweise indem einige Länder Produktionsmengen angeben, die physikalisch unmöglich sind. Die FAO-Daten wurden deshalb einer aufwendigen Vorverarbeitung unterzogen, die darauf abzielte, eine ausgeglichene Materialbilanz zu erzielen (Peng et al. 2023b).

Der globale Holzstoffumsatz beträgt rund 0,5 m^3 pro Erdeinwohner und Jahr, wovon je rund die Hälfte einer stofflichen und einer energetischen Verwertung zugeführt wird. Die stoffliche Verwertung besteht im Wesentlichen aus drei Strömen: 1) der Sägereiverarbeitung, 2) der Industrieholzzellstoffverarbeitung sowie 3) der Holzwerkstoffherstellung, auf die jeweils 19, 19 bzw. 8 Prozent des Gesamtumsatzes entfallen. Das Gesamtsystem zeichnet sich zudem durch drei Wiederverwendungsströme aus: Koppelprodukte aus 1) dem Sägereiprozess (Rinde, Säge und Hobelspäne), 2) dem Industrieholzzellstoffprozess (Ligninablauge) sowie 3)

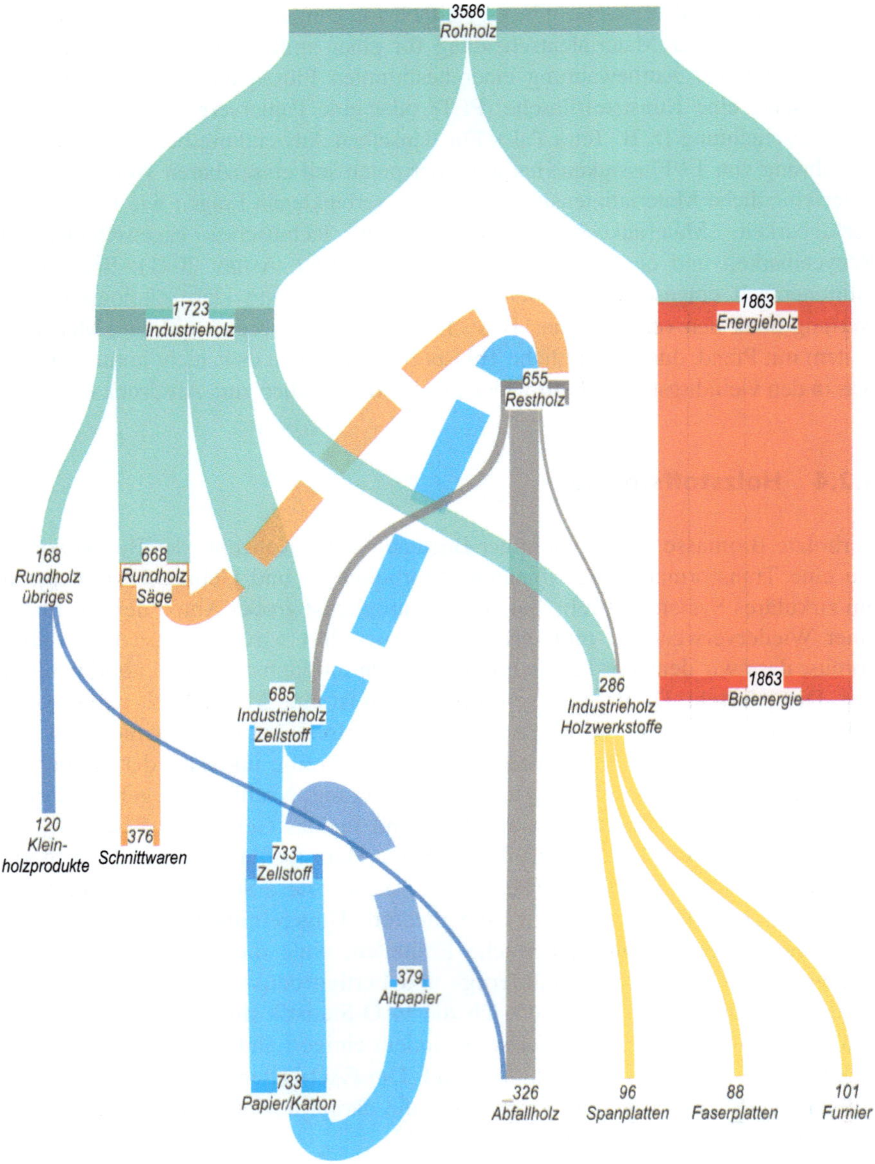

Abb. 4.23 Globaler Holzstofffluss. Der globale Holzrohstoffumsatz beträgt knapp 0,5 m^3 cap^{-1} a^{-1}, wovon 48 % als Industrieholz und 52 % als Energieholz verwendet werden. Das System weist drei Rückführschleifen auf: 1) Restholz aus Sägereiholzverarbeitung, 2) Restholz aus Industrieholzverarbeitung sowie 3) Altpapier. Die Datenlage über die Verwendung von Restholz ist lückenhaft. Dargestellt aufgrund der Daten von Peng et al. (2023a)

dem Altpapierrecyclingprozess, für den eine Recyclingrate von 52 % ausgewiesen wird. Es scheint offensichtlich, dass die Studie die Wiederverwendungsströme nur unvollständig abbildet, was in den verfügbaren FAO-Statistiken liegen mag. Die Studie des World Resources Institutes beabsichtigte primär, die Veränderung der Kohlenstofflager in der Vegetation und im Boden durch Holznutzungsaktivitäten zu untersuchen (Peng et al. 2023a). Die Langlebigkeit der Holzprodukte spielt bei dieser Frage eine essenzielle Rolle. Die Autoren unterschieden drei Kategorien: 1) langlebige Produkte, d. h. Schnittwaren und Holzwerkstoffe, 2) kurzlebige Produkte, d. h. Papier und Karton sowie 3) sehr kurzlebige Produkte, insbesondere Energieholz. Ziel eines zukünftigen Holzflussmanagements müsste sein, die Volumina der kurzlebigen Produkte (Energieholz, Restholz) zu minimieren und gleichzeitig diejenigen der langlebigen Produkte zu maximieren. Die Studie kommt zum Schluss, dass – bedingt durch die erwartete weltweite Zusatznutzung – die sehr kurzlebigen Produkte massiv zunehmen werden, womit die Forst- und Holzwirtschaft zu einem Abbau der Kohlenstofflager der Vegetation und des Bodens beiträgt. Dies steht im klaren Gegensatz zu vielen Annahmen, dass Holznutzung eine Netto-Null- oder sogar eine Netto-negativ-CO_2-Bilanz hat (Peng et al. 2023a).

Abb. 4.24 illustriert den Holzstofffluss der EU27-Region aufgrund der Daten von Cazzaniga et al. (2022) Der EU27-Rohholzstoffumsatz beträgt 1,4 m^3 pro Einwohner und Jahr, was dem Dreifachen des Wertes für den Weltholzumsatz entspricht. 60 % davon fließen in die industrielle Holzverarbeitung ein, während 40 % energetisch verwertet werden. Der EU27-Stofffluss unterscheidet sich vom Weltstofffluss durch einen höheren Anteil an industrieller Verwertung (+12 %), deren Hauptanteil in die Sägereiverarbeitung geht, die gegenüber dem Weltholzfluss einen um 13 % höheren Anteil ausmacht, während die Verarbeitung zu Zellstoff und zu Holzwerkstoffen etwa gleich sind. Es finden sich zudem dieselben Wiederverwendungsströme, wie wir sie schon beim Weltholzhaushalt beschrieben haben: Koppelprodukte aus dem Sägereiprozess (Rinde, Säge- und Hobelspäne), aus dem Zellstoffprozess (Ligninablauge) sowie recyceltes Altpapier.

Interessant bei den genannten Materialflussanalysen ist, dass unter Einrechnung des äquivalenten Rohholzanteils aus den Nebenprodukten, der zum Teil auch für innerbetriebliche Prozessenergie genutzt wird, der Anteil des weitgehend direkt energetisch genutzten Holzes an der gesamten Erntemenge um 60 % liegt. Die energetischen Nutzungsarten sind dabei zum einen innerbetrieblich die für verschiedene Prozesse erforderliche Prozesswärme (z. B. für die Trocknung, Beheizung der Heißpressen), bei größeren Betriebsstandorten über eine Kraft-Wärme-Kopplung auch Prozesswärme und Strom. Zum anderen werden überschüssige Wärme und überschüssiger Strom in überbetriebliche Wärme- und Stromnetze eingespeist und vermarktet, ebenso wie aus Säge- und Hobelspänen produzierte Holzpellets und Briketts für den allgemeinen Brennstoffmarkt. Es wird also insgesamt bereits in den ersten Verarbeitungssträngen für Holz, ohne Einbeziehung der sekundären Weiterverarbeitung und der Altholznutzung, mehr Holz energetisch genutzt als stofflich.

Regionenspezifische Holzstoffflüsse können beträchtlich von den Flüssen der in Abb. 4.23 und 4.24 abgebildeten Stoffhaushalte abweichen, aufgrund der natur-

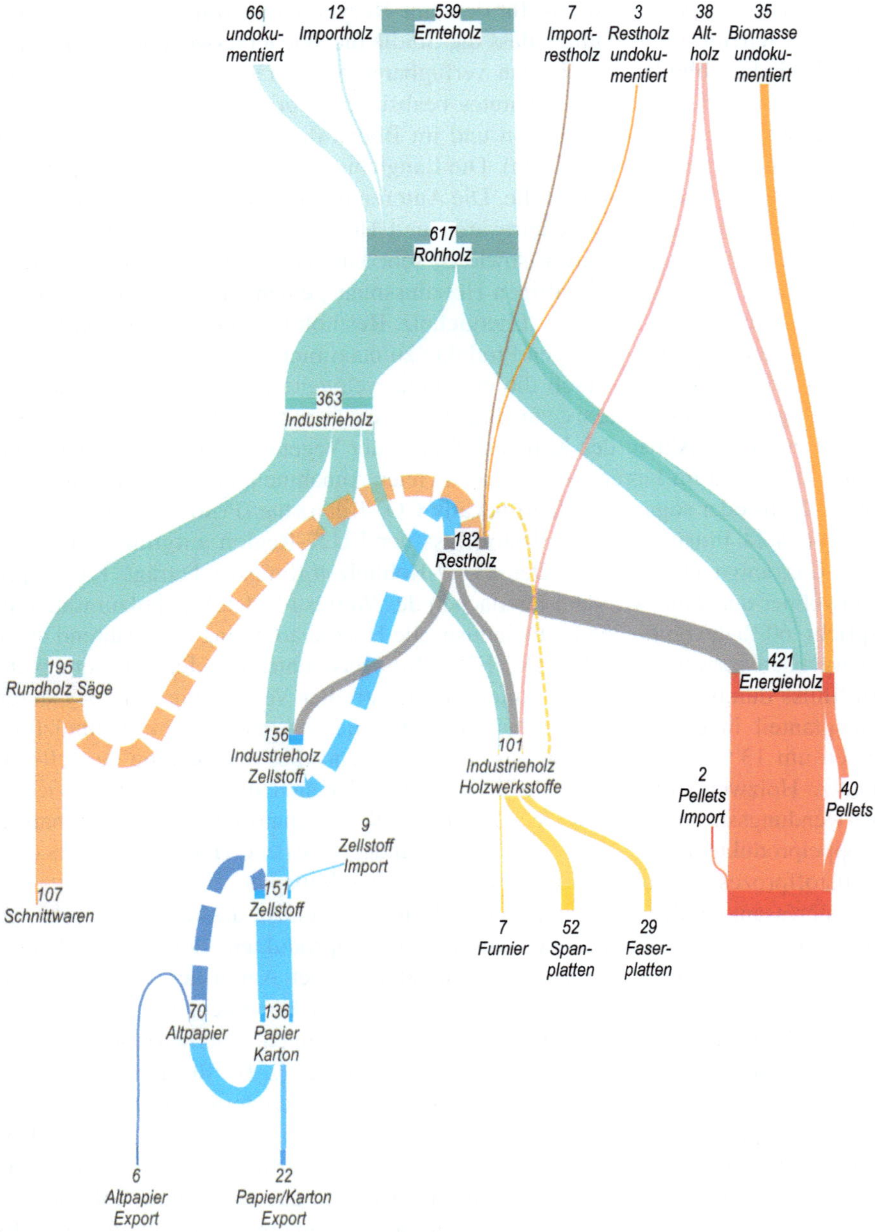

Abb. 4.24 Holzstofffluss der EU27-Region. Der EU27-Rohholzstoffumsatz beträgt 1,4 m^3 cap^{-1} a^{-1}, was fast dem Dreifachen des Wertes für den Weltholzumsatz entspricht. 60 % davon fließen in die industrielle Verarbeitung, während 40 % in die energetische Verwertung eingehen. Das System weist drei Rückführschleifen auf: 1) Restholz aus Sägereiholzverarbeitung, 2) Restholz aus Industrieholzverarbeitung 3) sowie Altpapier. Nach Daten von CAZZANIGA et al. (2022)

räumlichen Bedingungen, der technologischen Standards und der Marktgegebenheiten. Dies ist der Grund, warum regionenspezifische Analysen erstellt wurden, beispielsweise für Deutschland (Weimar 2011, 2018) oder für Österreich (Kalt 2015; Strimitzer 2023). Die Holzernte im gesamten EU-Raum beträgt derzeit rund 80 % des jährlichen Zuwachses (Avitabile V. et al., 2023) und steigt, bedingt durch die überproportionalen Schadholzmengen, leicht an.

Generell lässt sich feststellen, dass derartige Stoffflussanalysen die Grundlage bilden, um einen spezifischen Stoffhaushalt zu verstehen, aber insbesondere ihn zielgerichtet umzugestalten. Die Forderung nach einer Bioökonomie, die sich mittlerweile ganz oben auf den politischen Agenden findet, bedingt einerseits ein Wirtschaftssystem, das so weit wie möglich auf erneuerbaren Ressourcen basiert. Sie bedingt andererseits, Stoffe und Produkte so lange wie möglich zu gebrauchen, wiederherzustellen, wiederzuverwenden, wiederzuverwerten sowie am Ende des Lebenszyklus zu rezipieren. Es ist beachtlich, wie diese Leitidee beim gesellschaftlichen Papierhaushalt schon sehr weit umgesetzt wurde. Die anderen Stoffströme (Abb. 4.23 und 4.24) zeigen jedoch nach wie vor lineare Flüsse, die dem Muster *„take, make, waste"* (abbauen, produzieren, entsorgen) (Brydges 2021) folgen. Dies unterstreicht die Herausforderung, die Stoffhaushaltsysteme umzugestalten und mit Wiederverwendungsschleifen auszustatten. Darin liegt die Herkulesaufgabe auf dem Weg zu einer Bioökonomie. Wenn wir von Holz als Ressource sprechen, so meinen wir Frischholz, das direkt aus dem Wald kommt. Dieses Denken ist im linearen *„take, make, waste"*-Muster begründet. Die Herausforderung besteht darin, holzbasierte Rest-, Vor- und Endprodukte als Ressourcen zu sehen und zu behandeln, die zyklisch in die verfahrens- und fertigungstechnischen Prozesse zurückgeführt werden, womit der Wertstoff Holz mehrere Leben erhält, wie es der Bericht „Zukunftsfähiges Deutschland" bereits vor rund 30 Jahren skizzierte (BUND und Misereor 1996). Nachfolgend geht es darum, den heutigen Stand der Wiederverwertung von Holz zu skizzieren.

Die Papierindustrie war ein Vorreiter der zyklischen Wiederverwertung von Zellstoff; bereits in den 1950er-Jahren ist für Deutschland ein Einsatz von 26 % Altpapier bei der Papierherstellung dokumentiert. In den 1980er-Jahren stieg der Einsatz von Altpapier mit verbesserten Konzepten des Papierrecyclings in Technologie und Logistik (Altpapiersammlung) enorm an. Heute sind Österreich und Deutschland bei Altpapier weltweit die Länder mit den effizientesten Recyclingsystemen und höchsten Rücklaufraten bei Altpapier von über 70 % (Teischinger 2023). Nach Angaben der jeweiligen europäischen Industrieverbände betragen die Recyclingquoten von Aluminium 80 %, von Glas 79 %, von Papier und Karton 71 %, von Stahl 56 % und von Kunststoffen 35 %. Der Idee, auch für Produkte aus dem nachwachsenden, aber dennoch begrenzten Rohstoff Holz ein Recycling vorzusehen, stand die Holzwirtschaft lange Zeit sehr skeptisch gegenüber. Neben speziellen Nischen der Altholznutzung im Bereich des Möbeldesigns und im Innenausbau hat sich in der Holzwirtschaft, speziell im Bereich der Holzwerkstoffindustrie, erst langsam ab Mitte bis Ende der 1990er-Jahre die Idee des Recyclings durchgesetzt.

Der Anfall von Altholz wird für Deutschland (2022) auf 10 Mio. t pro Jahr (17,3 Mio. m^3) für Österreich mit 1,3 Mio. t pro Jahr (2,2 Mio. m^3) (Teischinger 2023) und für die Schweiz (Erni et al. 2017) auf ca. 1 Mio. t pro Jahr (1,7 Mio. m^3) geschätzt. Teilweise sind die Statistiken hinsichtlich der Definition von Altholz unter

Einbeziehung von Produktionsabfällen aus der Produktion und dem rückgeführten Gebrauchsholz nicht immer klar abgegrenzt (Teischinger 2023). Das jährliche Altholzaufkommen in Deutschland entspricht 11,5 % des jährlichen Frischholzeinsatzes (acatech 2022), die rein stoffliche Nutzung von Altholz reduziert sich jedoch auf 1,5 % des Frischholzeinsatzes. Stofflich wird, neben einigen Nischenanwendungen, aufbereitetes Altholz derzeit fast ausschließlich als Sekundärrohstoff in der Spanplattenindustrie eingesetzt. Eine Studie für das Jahr 2007 schätzt den Altholzanfall in der EU27 auf 33,2 Mio. t (Besserer et al. 2021), wobei der Altholzanfall pro Person in den einzelnen Mitgliedsländern massiv variiert. Für süd- und osteuropäische Länder werden 55–60 kg pro Person und Jahr, für westeuropäische Länder bis zu 75 kg pro Person und Jahr und in den skandinavischen Ländern 110 kg pro Person und Jahr angegeben. Generell überwiegt dabei die energetische Nutzung bzw. die thermische Entsorgung in Müllverbrennungsanlagen gegenüber der stofflichen Nutzung.

Um eine geordnete Nutzung für eine stoffliche und energetische Nutzung von Altholz sowie eine Entsorgung von belastetem Altholz zu ermöglichen, erließ Deutschland eine Altholzverordnung mit vier Altholzkategorien. Es sind dies 1) naturbelassenes oder lediglich mechanisch bearbeitetes Altholz, 2) verleimtes, gestrichenes, beschichtetes oder anderweitig behandeltes Altholz, 3) Altholz mit halogenorganischen Verbindungen in der Beschichtung, 4) mit Holzschutzmitteln behandeltes Altholz mit Schadstoffbelastung (Bahnschwellen, Leitungsmasten) (BFJ 2002). Diese Kategorien sind die Basis für die mögliche stoffliche bzw. energetische Nutzung bzw. die Entsorgung in einer dafür vorgesehenen Anlage. Für Deutschland beträgt die Aufteilung des Altholzes in etwa 79 % energetische sowie 15 % stoffliche Nutzung. Etwa 6 % des Altholzes muss in dafür geeigneten Anlagen entsorgt werden. In Österreich ist der Anteil der stofflichen Nutzung von Altholz deutlich höher, was offensichtlich mit einer zusätzlichen Recyclingholznovelle in Verbindung steht, die die stoffliche Nutzung von Altholz explizit priorisiert (Teischinger 2023).

Das Frischholzmateriallager (Wald) ist durch gesetzlich vorgegebene Bestandsaufnahmen in Europa genau dokumentiert, ebenso wie die Dynamik seiner Bewirtschaftung durch die jeweiligen Inputs (Zuwachs) und Outputs (Holzeinschlag/Ernte). Das Materiallager „verbautes Holz“, primär im Hochbau bzw. Holz in mobilen Holzprodukten (Paletten, Verpackung, Möbel usw.), ist hingegen nur bedingt bekannt (Brannen 2024). Lediglich die Inputdaten (Produktion bzw. Inlandsbedarf von Holz und Holzprodukten) sowie der Output über die erfassbaren Altholzströme sind durch entsprechende Statistiken bekannt. In einem Materialflussmodell für das Baustofflager „Hochbau“ wird für Deutschland im Jahr 2010 ein Lagerbestand von Bauholz von über 300 Mio. t (ca. 600 Mio. m^3) ausgewiesen (Deilmann et al. 2017). Das entspricht etwa 15 % des Holzvorrats im Wald.

Im Rahmen eines Teilprojekts des EU-Projekts CaReWood (Risse und Richter 2018) entstand eine Studie über den österreichischen Wohnbau (nicht für den gesamten Hochbau), die in einer Modellrechnung für den Zeitraum 2012–2100 eine Zunahme des Holzlagers „verbautes Holz“ von 32 auf 50 Mio. m^3 ausweist, (Kalcher et al. 2017), was einer Zunahme des Holzinputs von jährlich 0,55 auf 0,75 Mio. m^3 entspricht. Unter der Annahme bestimmter Nutzungs- und Renovierungsintervalle für die Bauten errechnet sich allein aus dem Wohnungshochbau ein potenzieller jährlich steigender Altholzanfall von derzeit 0,35 auf 0,65 Mio. m^3 im Jahr 2100. Weitere Materiallager „Holz" wie im Objekt- und Industriebau usw. konnten aus Gründen der Verfügbarkeit von statistischen Grunddaten nicht berechnet werden. Analysiert man ausgewählte Vorträge des Internationalen Holzbauforums Innsbruck der Jahre 2022 und 2023 – einer der renommiertesten Holzbaukonferenzen in Europa – erkennt man, dass das Thema Rückbau, Umbau, Wiederverwendung und Recycling inzwischen zweifelsohne bei den Planern und Architekten angekommen ist. Speziell bei den sehr langlebigen Produkten und Bauteilen im Hochbau ist dazu bereits in der Planung ein vorausschauendes Design für Wiederverwendung und Recycling, wie bei Teischinger et al. (2016) skizziert, von besonderer Bedeutung.

4.3 Baumartenverteilung in Europa

Natürliche Ressourcen sind Stoffe oder Materialien, die in der Litho-, Hydro- oder Biosphäre vorkommen und welche einen ökonomischen Nutzen aufweisen. Holz ist eine nachwachsende Ressource, von der in Europa jährlich rund 250 Mt genutzt werden (Forest Europe 2020). Abb. 4.25 illustriert die Verteilung von drei Waldtypen – Nadelholz-, Laubholz-, Mischwälder –, wie sie aus dem CORINE-Bodenbedeckungsmonitoringprogramm (CORINE Land Cover, CLC) hervorgeht (Copernicus 2020). Das Gebiet umfasst neben der EU27 Großbritannien, Norwegen, Schweiz, Bosnien-Herzegowina, Serbien, Montenegro, Albanien, Mazedonien und die Türkei mit einer Waldfläche von 230 Mio. ha.

Die jährliche Bereitstellung von 250 Mt Holz kommt aus der Bewirtschaftung von schätzungsweise 160 Mio. ha, womit Holz eine „Flächenressource" ist. Es unterscheidet sich grundlegend von der Förderung mineralischer Rohstoffe, die aus Punktquellen stammen. Die europäische Eisenerzförderung findet derzeit nur noch in drei Minen statt – Kiruna (Schweden), Erzberg (Österreich) sowie Krywbas (Ukraine) – und beträgt jährlich rund 160 Mt, was rund zwei Drittel der bereitgestellten Holzmasse ausmacht und die wichtige Rolle von Holz als Ressource herausstreicht.

Die CORINE-Klassifikation der Bodenbedeckung kategorisiert 60 % der Waldfläche als Nadelholz-, 26 % als Laubholz- und 14 % als Mischwälder. Abb. 4.25 illustriert die räumliche Ausdehnung dieser drei Klassen. Gemessen am Vorrat ist die Föhre mit einem Anteil von 30 % die wichtigste Nadelholzbaumart, gefolgt von der Fichte mit 23 % (Forest Europe 2020). Beim Laubholz weist die Buche einen Anteil von 12 % auf, gefolgt von der Eiche mit 10 % und der Birke mit 7 %. Nadelholzwälder sind vor allem in Mittel- und Nordeuropa vertreten, wobei sie in Mitteleuropa westlich durch den Rhein und südlich durch den Alpenbogen begrenzt sind (EFI 2011). Die Fichte ist dabei im Alpenbogen, im Alpenvorland, in den Mittelgebirgen bis hinein in die Slowakei sowie in den nordischen Ländern dominant, während die Waldföhre vor allem im Osten Deutschlands (Brandenburg, Mecklenburg-Vorpommern), in Polen, den Baltischen Staaten, in Schweden, in Finnland und in Südeuropa vorkommt. Laubholzwälder finden sich vor primär in Mittel- und Südeuropa. Die Buche kommt vor allem im Südwesten

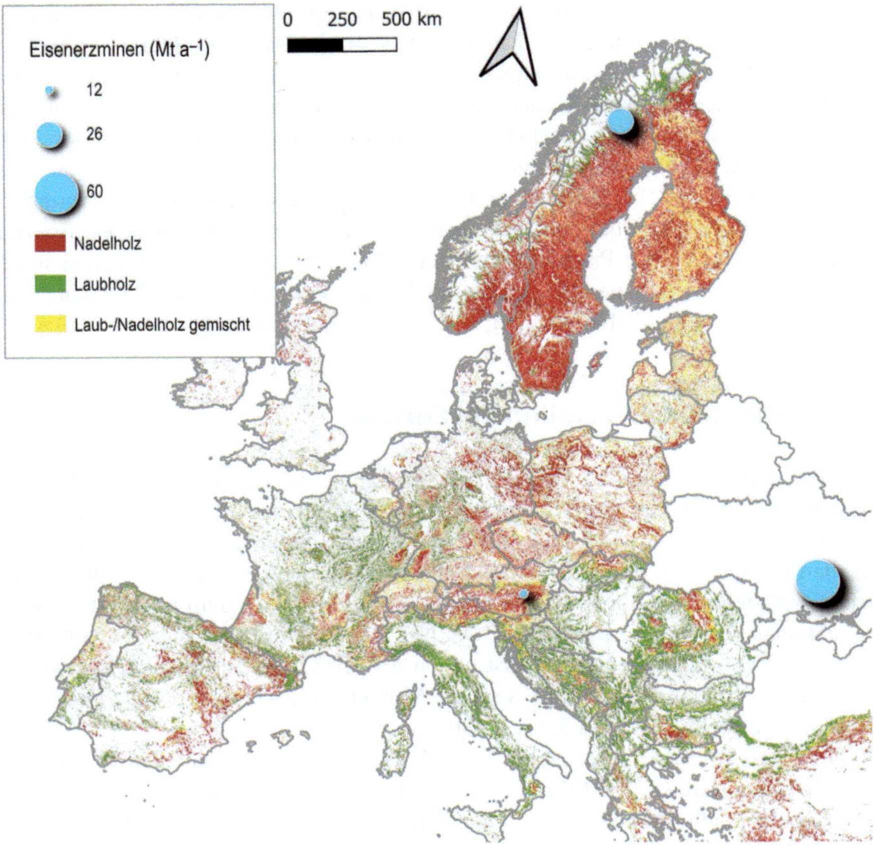

Abb. 4.25 Verteilung von Nadelholz-, Laubholz- und Mischwäldern Europas. 60 % wurden als Nadelwälder, 26 % als Laubholzwälder und 14 % als Mischwälder klassifiziert. Die jährliche Holznutzung von etwa 250 Mt kommt aus der Fläche, während die Eisenerzförderung von schätzungsweise 106 Mt im Wesentlichen aus drei Punktquellen erfolgt. Daten des CORINE-Land-Cover-(CLC-)Programms (Copernicus 2020)

Deutschlands, im Norden der Schweiz, auf dem Balkan und im Karpatenbogen (Slowakei, Ukraine, Rumänien) vor. Die Stieleiche ist in Frankreich, Westdeutschland sowie auf dem Balkan verbreitet, während die übrigen Eichenarten in Südeuropa vorkommen.

Der Klimawandel wird die Häufigkeit des örtlichen Vorkommens und die Ausbreitung der Baumarten beeinflussen. Eine Simulationsstudie kam zum Schluss, dass die Fichte im Bereich des Bandes, das vom Alpenvorland und den Mittelgebirgen bis in die Ukraine hineinzieht, starke Einbußen erleiden könnte, wobei Deutschland und Tschechien am stärksten betroffen sein dürften (Buras und

Menzel 2019). Bei der Waldföhre ist vor allem im Osten Deutschlands (Brandenburg, Mecklenburg-Vorpommern) sowie in Polen und den baltischen Staaten ein Rückgang zu erwarten, während die Buche vor allem in Ostfrankreich, Deutschland und der Nordschweiz Einbußen erleiden dürfte. Ebenso dürfte die Stieleiche in Deutschland und Frankreich von einem Rückgang betroffen sein. Eine Untersuchung, die versuchte, die ökonomischen Konsequenzen dieser Veränderungen abzuschätzen, kam zum Schluss, dass die erwartete forstliche Landrente bis ins Jahr 2100 um rund einen Drittel zurückgehen könnte und dass auf einem beträchtlichen Anteil der Waldfläche nur noch mediterrane Eichenwälder stocken könnten (Hanewinkel et al. 2013). Diese Ergebnisse sind das Resultat der prognostizierten Veränderung des Baumartenvorkommens, bei der für die Fichte bis ins Jahr 2070 Einbußen von rund 40 % und für die Föhre von rund 45 % vorhergesagt wurden. Demgegenüber ergab das Modell für die Eiche eine Zunahme von 80 % und für die Buche keine wesentliche Veränderung gegenüber dem heutigen Zustand. Die Ergebnisse derartiger Modelluntersuchungen sind allerdings mit Vorsicht zu betrachten, da die Wechselwirkungen zwischen Atmosphäre und Biosphäre ein komplexes System darstellen, für das es keine verlässlichen Prognosen gibt.

Die Holzverarbeitung und -verwendung ist eng mit den verfügbaren Ressourcen gekoppelt. Die zu erwartenden örtlichen Veränderungen der Baumartenzusammensetzung wird sich deshalb auf die Werke der holzverarbeitenden Industrie auswirken. Eine Anpassung der Werke und Technologien an einen veränderten Baumartenmix erfordert hohe Investitionen und lässt sich nur über einen längeren Zeitraum realisieren.

4.4 Bedeutung und Standorte der holzverarbeitenden Industrie

Ein Wirtschaftszweig zeichnet sich dadurch aus, dass seine Akteure ähnliche Sachgüter und Dienstleistungen erbringen. Der Forst- und Holzwirtschaftssektor – englisch als *„forest sector“* (auch *“forest-based sector”*) bezeichnet – deckt ein ganzes Netzwerk von waldbasierten Sachgütern und Dienstleistungen ab, wofür es leider keine einheitliche Definition gibt (Lebedys 2004). Zudem ist festzustellen, dass Wälder in industrialisierten, entwickelten Volkswirtschaften in zunehmendem Maße auch Dienstleistungen erbringen, die mit dem Konzept der Ökosystemleistungen umschrieben werden (Costanza et al. 1997, Reid et al. 2005). Obwohl der Forst- und Holzsektor wichtige Beiträge für die Gesellschaft, insbesondere auch für das angestrebte Leitbild der Bioökonomie, erbringt, wird eine ökonomische Leistung in der Politik und Gesellschaft oft unterschätzt (Li et al. 2019), was einerseits an breit gefächerten Fertigungsnetzwerken liegt und andererseits an Leistungen, welche die Statistik nicht erfassen. Nachfolgend geht es darum, den Forst- und Holzwirtschaftssektor grob zu charakterisieren sowie die Standortfrage mitteleuropäischer Holzindustriewerke zu diskutieren.

4.4.1 Charakterisierung des Forst- und Holzsektors

Die Forst- und Holzwirtschaft besteht aus einem weitgefächerten Wertschöpfungsnetzwerk, dessen Ursprung bei den stehenden Holzressourcen unserer Wälder liegt, und die über mehrere Fertigungstiefen bis zu Produkten und Produktsystemen reicht. Während Wirtschaftszweige schwergewichtig in einer Fertigungstiefe tätig sind, überspannt der Forst- und Holzsektor die wirtschaftlichen Aktivitäten von der Primärproduktion über die klassische Holzverarbeitung (Sägeprodukte mit Schnittholz als Hauptprodukt, (Wald)hackgut, Furniere), die Holzwerkstoffe (Spanplatten, Faserplatten), Holzbauteile (Brettschichtholz, Brettsperrholz) bis hin zu Holzsystemen, sowie Zellstoff und Papier. Dies entspricht einer Fertigungstiefe von mehreren Stufen, deren Erfassung eine statistische Herausforderung ist. Die Vergleichbarkeit ökonomischer Statistiken bedingt, dass ein gemeinsames Verständnis vorhanden ist, das sämtliche ökonomischen Aktivitäten nach denselben Kriterien klassifiziert. Bereits im Jahre 1948 entstand die Internationale Standardklassifikation der Wirtschaftszweige (ISIC), die seither mehreren Revisionen unterzogen wurde. Die neueste Version, Version 5 (UN-ESA 2023), versucht, die Veränderungen, welche in der Wirtschaftstätigkeit und -struktur stattfinden, abzubilden.

Die Forst- und Holzwirtschaft ist in sechs ISIC-Abteilungen abgebildet (UN-ESA 2023):

- **Forstwirtschaft und Holzernte** (Abteilung 02 ISIC): Dies umfasst die biologische Produktion, die technische Produktion, das Sammeln von Nichtholzprodukten sowie „unterstützende Dienstleistungen". Ökosystemleistungen sind nicht explizit erwähnt.
- **Herstellung von Holz- und Holzwerkstoffen** (Abteilung 16 ISIC): Herstellung von Schnitt- und Hobelwaren, Konstruktionsholz, Platten (Massivholz-, Sperrholz-, Span- und Faserplatte) und Holzbauteilen und -komponenten (Brettschichtholz, Brettsperrholz). Erzeugung von Holzsystemen (Tragwerke, ganze Gebäudeteile).
- **Herstellung von Papier und Karton** (Abteilung 17 ISIC): Herstellung von Zellstoff, Papier, Karton, Verpackungsmaterial und anderen Produkten.
- **Herstellung von Chemikalien und chemischen Produkten** (Abteilung 20 ISIC): Produktion von Chemierohstoffen, chemischen Produkten (Bioplastik, …) sowie Kunstfasern.
- **Herstellung von Möbeln** (Abteilung 31 ISIC): Produktion von Sitz-, Polster-, Liege-, Wohn-, Büro-, Küchen- und Gartenmöbeln.
- **Erzeugung von Elektrizität** (Abteilung 35 ISIC): Herstellung von Elektrizität aus erneuerbaren Ressourcen.

Die Auflistung zeigt, dass der Forst- und Holzsektor in der ISIC-Systematik über drei Hauptkategorien und sechs Unterkategorien (Abteilungen) verteilt ist, was es sehr schwierig macht, den Sektor als Ganzes zahlenmäßig zu charakterisieren, da es eine ganze Reihe von Abgrenzungsproblemen gibt. Zudem deckt die

ISIC-Systematik die ökonomischen Aktivitäten des Sektors nur unvollständig ab. So geht beispielsweise nicht hervor, ob und wie die stoffliche Nutzung von Restholz und -stoffen aus der mechanischen und chemischen Verarbeitung von Holz erfasst wird, beispielsweise die Verwertung von Rinde, Säge- und Hobelspänen und Harz sowie von Bestandteilen aus dem chemischen Aufschluss von Holz (Ligninablauge, Tallöl, Xylose usw.). Weiter ist auch unklar, wie die Herstellung von Energieträgern aus Holz – Briketts, Pellets, Holzkohle – in die Systematik einfließen. Dies führt dazu, dass der Forst- und Holzsektor nach außen nur partiell sichtbar ist, was eine Unterschätzung der volkswirtschaftlichen Leistung und Bedeutung zur Folge hat, aber auch einer gemeinsamen Branchenidentität entgegensteht. Für die oben aufgelisteten Bereiche (ISIC-Abteilungen) existieren auf nationaler und europäischer Ebene entsprechende Branchenverbände, die in der Regel ohne oder nur mit geringer gemeinsamer Koordination agieren, was zu einer geringen Sichtbarkeit und Wirksamkeit auf der Ebene der Politik führt. Um dem entgegenzuwirken, wurde im Jahr 2005 die „Forest Sector Technology Platform" (FTP) gegründet (FTP online). Deren Hauptziel ist es, eine strategische Forschungs- und Innovationsagenda zu entwickeln, zu fördern und zu implementieren sowie die Wettbewerbsfähigkeit und Nachhaltigkeit des Forst- und Holzsektors zu befördern. Mitglieder sind Verbände der Holzverarbeitung, der Holzwerkstoffindustrie, der Zellstoff- und Papierindustrie, der Waldbesitzer und der Staat Staatsforstbetriebe.

4.4.2 Wirtschaftliche Bedeutung

Die Bruttowertschöpfung ist ein volkswirtschaftliches Konzept, um die Leistungsfähigkeit von Wirtschaftssektoren ganzer Volkswirtschaften zu charakterisieren. Sie ist definiert als der Wert der produzierten Sachgüter und Dienstleistungen, abzüglich der „von außen" bezogenen Vorleistungen. Obwohl diese Definition einleuchtend ist, ist ihre quantitative Charakterisierung mit Schwierigkeiten verbunden. Einerseits erfordert sie, dass ein zu betrachtender Wirtschaftssektor sich klar abgrenzen lässt, und andererseits bedingt sie, dass sich der Wert produzierter und beschaffter Sachgüter und Dienstleistungen nachvollziehbar und vergleichbar ermitteln lässt. In jedem Fall bleibt immer ein beträchtlicher Ermessensspielraum, was dazu führt, dass für die Bruttowertschöpfung eines spezifischen Wirtschaftssektors unterschiedliche Schätzwerte vorliegen. Abb. 4.26 illustriert dieses Problem anhand der Bruttowertschöpfung des Forst- und Holzwirtschaftssektors Europas.

Die Schätzwerte für die direkte Bruttowertschöpfung der europäischen Forst- und Holzwirtschaftsbranche liegen in einem Bereich zwischen rund 70 und 170 Mrd. Euro pro Jahr, wobei der Standardfehler etwa 40 % beträgt. Den Zahlen liegen unterschiedliche Systemabgrenzungen zugrunde. Während im englischsprachigen Bereich der Begriff *„forest industries"* in der Regel den Forst- und Holzwirtschaftssektor umfasst, unterscheidet die EU zwischen Forstwirtschafts- und dem forstbasierten Industriesektor (*forest-based industries*). Teilweise

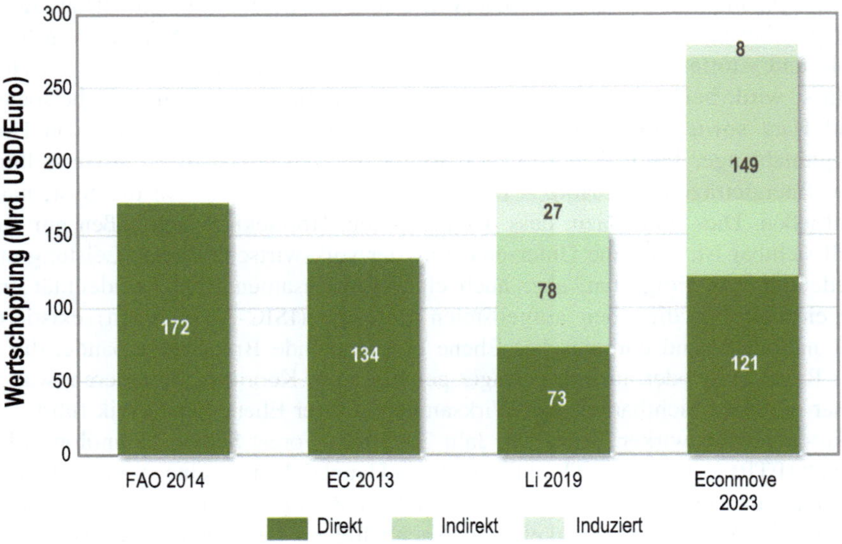

Abb. 4.26 Schätzungen der Bruttowertschöpfung des Europäischen Forst- und Holzwirtschaftssektors. Die Schätzung der Wertschöpfung ist mit beträchtlichen Unsicherheiten verbunden, die sich vor allem aus unterschiedlichen Systemabgrenzungen ergeben. Die neueren Untersuchungen schätzen zudem die indirekten und induzierten Wertschöpfungseffekte, die bisher meist vernachlässigt wurden. Aufgrund Daten von EC (2013), Econmove (2023a), FAO (2014) und Li et al. (2019)

definieren die Untersuchungen zur Bruttowertschöpfung die Systemabgrenzungen aufgrund der internationalen Standardklassifikation der Wirtschaftszweige (UN-ESA 2023), insbesondere EC (2013) und Econmove (2023a). Dabei fällt auf, dass die Unterlagen der Europäischen Kommission (EC 2013) die Herstellung chemischer Substanzen und Produkte (ISIC-Abteilung 20) und Erzeugung von Elektrizität (ISIC-Abteilung 35) ausschließt. Demgegenüber basieren die Schätzungen von Econmove (2023a) auf verschiedenen Systemgrenzen: 1) Forst- und Holzwirtschaft im engsten Sinne, 2) Forst- und Holzwirtschaft im engeren Sinne sowie 3) Forst- und Holzwirtschaft im weiteren Sinne. Die Forst- und Holzwirtschaft im engsten Sinne umfasst lediglich die Produktion der Ernte von Rohholz, Holzverarbeitung sowie die Papierherstellung (ISIC-Abteilungen 02, 16,17). Demgegenüber enthält die Forst- und Holzwirtschaft im weiteren Sinne auch die Herstellung von Textilien, Möbeln, Gebäuden, das Recycling sowie Dienstleistungen von Architekten und Ingenieuren. Dieses sehr breite Verständnis des Forst- und Holzwirtschaftssektors führt logischerweise auch zu höheren Zahlen bei der Schätzung der Bruttowertschöpfung. Die Econmove-Studie weist somit Schätzwerte aus, die wesentlich über den bisherigen bekannten Größen liegen: für die Forst- und Holzwirtschaft im engsten Sinne eine direkte Wertschöpfung von 122 Mrd. Euro, für die Forst- und Holzwirtschaft im engeren Sinne eine von 381 Mrd. Euro und für die Forst- und Holzwirtschaft im weiteren Sinne eine von 527 Mrd. Euro. Dies entspricht einer Beschäftigung von 2,3, 6,6 und 7,9 Mio. Personen.

Die Studien unterscheiden zudem zwischen direkter, indirekter und induzierter Wertschöpfung, eine Systematik, die eng mit der wichtigsten volkswirtschaftlichen Datenbank, IMPLAN, verbunden ist (Clouse 2023). Während die direkte Wertschöpfung dem Wert der produzierten Sachgüter und Dienstleistungen abzüglich der bezogenen Vorleistungen entspricht, charakterisiert die indirekte Wertschöpfung die Transaktionen, welche zwischen Firmen (Business-to-Business) innerhalb eines Wirtschaftssektors stattfinden. Die induzierte Wertschöpfung charakterisiert die Ausgaben der Privathaushalte, die von einem Sektor Einkommen beziehen, abzüglich Steuern, Abgaben und Ersparnisse, welche Arbeitsplätze schaffen und finanzieren.

Abb. 4.27 illustriert den Anteil des Forst- und Holzwirtschaftssektors an der Bruttowertschöpfung der europäischen Länder.

Den größten Anteil der Bruttowertschöpfung weisen Lettland (18 %), Estland (17 %), Finnland (15 %), Schweden (10 %) und Kroatien (10 %) auf. Weitere Länder mit einem Anteil von knapp unter 10 % sind Polen (9 %), Norwegen

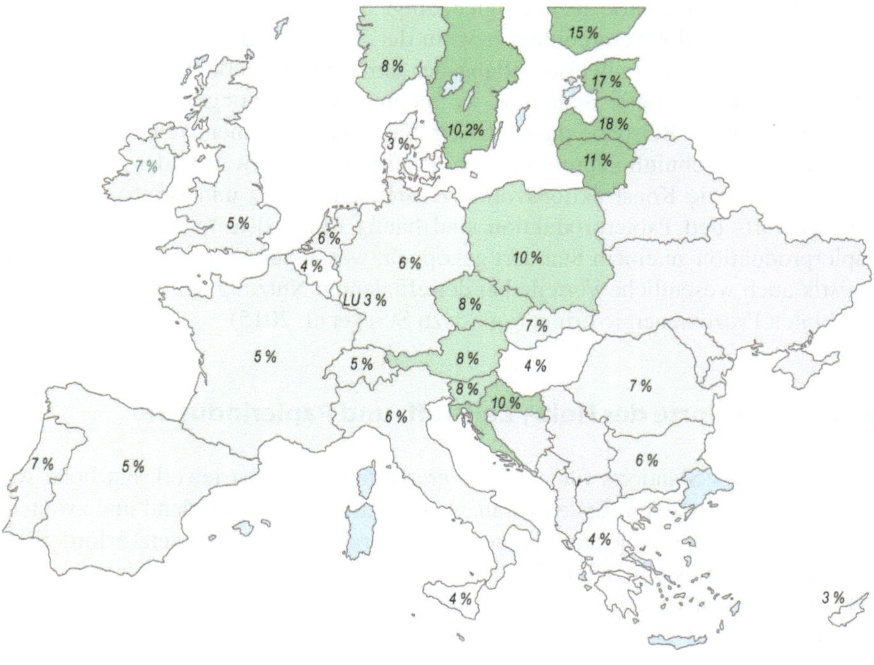

Abb. 4.27 Anteil des Forst- und Holzsektors an der Bruttowertschöpfung der Länder Europas. Bruttowertschöpfung: Gesamtwert der im Produktionsprozess erzeugten Sachgüter und Dienstleistungen (Bruttoproduktionswert), abzüglich des Werts der in den Produktionsprozess eingebrachten Vorleistungen, d. h. verbrauchter, verarbeiteter oder umgewandelter Sachgüter und Dienstleistungen. (Nach Econmove (2023b), verändert)

(8 %), Slowenien (8 %), Österreich (8 %) sowie Tschechien (8 %). Nimmt man die Summe der direkten, indirekten und induzierten Bruttowertschöpfung für den Forst- und Holzwirtschaftssektor, so ist Deutschland mit 188 Mrd. Euro an der Spitze, gefolgt von Großbritannien mit 120 Mrd. Euro, Frankreich mit 112 Mrd. Euro, Italien mit 97 Mrd. Euro und Spanien mit 57 Mrd. Euro. Gesamthaft lässt sich feststellen, dass die Wirtschaftsleistung des Forst- und Holzsektors unterschätzt wird, was primär in der Abgrenzung des Sektors als System begründet liegt.

Die Bruttowertschöpfung der europäischen Forst- und Holzwirtschaft wird in rund 400.000 Betrieben der Holzverarbeitung, der Zellstoff- und Papierindustrie und der Forstwirtschaft erbracht und, aus rund 16 Mio. Waldbesitzern besteht. Der Forst- und Holzsektor beschäftigt direkt und indirekt schätzungsweise 4,8 Mio. Personen (nicht Vollzeitäquivalente), wobei Deutschland mit über 600.000 Personen den höchsten Wert aufweist, gefolgt von Polen und Italien (ECONMOVE, 2023a). Die Eigentumsstrukturen der Forstwirtschaft reichen dabei von kleinsten Waldbesitzern bis zu Großwaldbesitzern in privater, körperschaftlicher und öffentlicher Hand. Auch in der Holzverarbeitung gibt es ein großes Spektrum von gewerblichen Kleinstbetrieben über gewerbliche und industrielle KMUs (Klein- und Mittelbetriebe) bis hin zu Großbetrieben, während in der Zellstoff- und Papierindustrie technologiebedingt die industriellen Großbetriebe dominieren. In der Holzverarbeitung bzw. in der Zellstoff- und Papierindustrie sind die Betriebsstandorte teilweise entlang der einzelnen Lieferketten organisiert, es gibt aber auch integrierte Standorte, wo mehrere Verarbeitungsprozesse an einem Standort erfolgen. Beispiele dazu sind ein Sägewerk mit einer Weiterverarbeitung eines Teils der Schnittholzproduktion zu Profilholz (Hobelware) oder zu Holzbaukomponenten wie Konstruktionsvollholz, Brettschichtholz und Brettsperrholz. In der Zellstoff- und Papierproduktion sind häufig die Zellstoffproduktion und die Papierproduktion an einem Standort gekoppelt, was neben Vorteilen der Transportlogistik auch wesentliche Vorteile bei der effizienten Nutzung der anfallenden und benötigten Prozessenergie bringt (vgl. dazu SUHR et al. 2015).

4.4.3 Standorte der Holz-, Zellstoff- und Papierindustrie

Die Wahl eines Standorts für ein holzverarbeitendes Industriewerk hat hohe Anforderungen zu erfüllen. Erstens braucht es relativ viel Industrieland und zweitens ist eine gute Anbindung ans übergeordnete Straßen- und Bahnnetz erforderlich. Drittens braucht es ein „Hinterland“, aus dem sich das Werk über seinen Lebenszyklus versorgen kann, und dies bei günstigen Transportkosten. Das Transportkostenproblem ist entscheidend, da Rohholz ein Sachgut ist, das ein hohes Gewicht bei einem geringen Wert aufweist. Neben der Mengenverfügbarkeit von Holz sind auch die Verfügbarkeit einer bestimmten Holzart bzw. Holzartengruppe und gegebenenfalls regionaltypische Ausprägungen innerhalb einer Holzart von Bedeutung (z. B. nordische Fichte, alpine Fichte, Slawonische Eiche, Spessart-Eiche, Wienerwald-Buche). Generell teilt sich die Holzbe- und -verarbeitung einmal nach einer Nutzung von Nadelholz und Laubholz, da es bei diesen Rohstoffgruppen sowohl im Sägeeinschnitt wie auch bei der Zellstoffproduktion unterschiedliche technologische Anforderungen und Konzepte gibt.

Grundsätzlich ist Rohholz ein Primärrohstoff, der aus einer großen Waldfläche beschafft werden muss. Daher sind die primären Verarbeitungskapazitäten, insbesondere die Werke der Sägerei- und Zellstoffindustrie, in unmittelbarer Nähe von Waldgebieten angesiedelt. Zum Teil geht die Standortentwicklung auch auf die historische Entwicklung zurück, die sich aus einer Kombination von der Nähe zum Rohstoff und der Nähe zu Flüssen ergab. Die Gründe für die Lage an Flüssen waren der historisch bevorzugte Rundholztransport zu Wasser, die Wasserkraft als Energiequelle sowie das Prozesswasser für die Zellstoffindustrie. Selbst unter Berücksichtigung von Entwicklungen im Transportwesen und Technologiebereich ist für den Rundholztransport in Mitteleuropa aus Gründen der Transportkosten eine Limitierung der Transportradien gegeben. Dabei verläuft heute der monomodale Transport über Kran-LWK vorwiegend über kürzere Distanzen, während bimodale Transporte mit LKW und Bahn über längere Distanzen verlaufen. Neben der Straßeninfrastruktur und der Topografie eines Landes sowie den Treibstoffkosten haben nationale bzw. regionale Regelungen zur Beladung (maximal zulässiges Transportgewicht) einen weiteren Einfluss auf ökonomisch vertretbare Transportradien. Eine österreichische Studie (Kolbitsch 2022) ergab, dass die durchschnittliche Distanz der Rohholzlieferungen im Regelfall bei 78 km lag. In Deutschland lagen über 50 % der Transporte unterhalb einer Entfernung von 120 km und ein Drittel zwischen 60 und 80 km. Bahntransporte für spezielle Sortimente wie beispielsweise Industrieholz für die Zellstoffherstellung können aber über mehrere 100 km gehen. In Schweden und Finnland sind allein schon durch die geografische Größe der Länder wie auch durch die weitaus höheren zulässigen Transportgewichte im LKW-Verkehr die Transportradien deutlich höher.

Abb. 4.28 illustriert Standorte und Verarbeitungskapazität der primären Holzverarbeitungswerke Mitteleuropas. In der Abbildung ist die Konzentration der Säge- und der Zellstoffwerke in den waldreichen Gebieten Österreichs und Deutschlands deutlich zu erkennen. Die Zellstoffwerke gewinnen ihren Rohstoff aus Industrierundholz, das als Frischholz aus dem Wald kommt, und aus den Nebenprodukten der Sägereiindustrie, die als Sägehackgut anfallen, wodurch sich jeweils ein spezielles Versorgungs- und Logistikkonzept ergibt. Die Laubholzsägewerke befinden sich vor allem in den an Laubholz reichen Regionen des Alpenostrands und in Mitteldeutschland. Die Holzwerkstoffindustrie wiederum folgt in ihrer Standortentscheidung sowohl der Nähe zu den Rohstoffen (Industrierundholz aus dem Forst und Sägenebenprodukte von den Sägestandorten sowie die Verfügbarkeit und Aufbereitung von Recyclingholz) als auch in Richtung der Standorte der Möbelindustrie (Abb. 4.29).

Für die ursprünglich oft in engen Flusstälern angesiedelten, klein- bis mittelständisch strukturierten Sägewerke ergab sich mit einer Technologieänderung vom Einschnitt mittels Gattersäge hin zur Spanerkreissägen- und Profiliertechnik ab Mitte der 1970er-Jahre ein tiefgreifender Umstrukturierungs- und Konzentrationsprozess. Damit verbunden war die Notwendigkeit größerer Betriebsareale mit

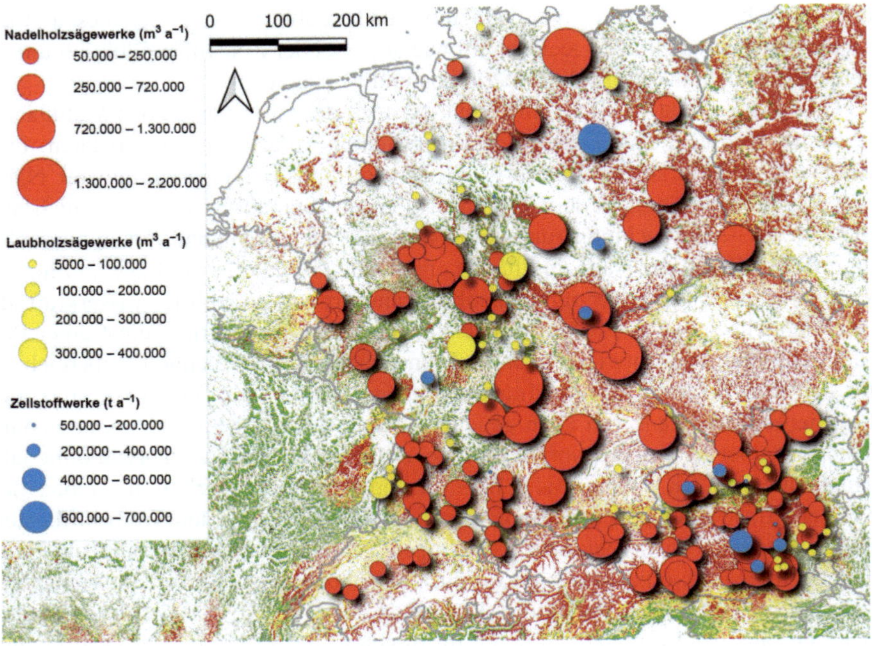

Abb. 4.28 Standorte der primären Holzverarbeitungswerke. Nadelholzwerke mit weniger als 50.000 m^3 pro Jahr und Laubholzwerke mit weniger als 5000 m^3 pro Jahr sind nicht berücksichtigt. Daten Sägewerke: Holzkurier 10/2023 und 35/2023, Daten Zellstoffindustrie: Austropapier und eigene Recherchen

guter Anbindung an das Verkehrsnetz inkl. Bahnanschluss, wobei es weiterhin eine Ressourcenorientierung zu erhalten galt. Betriebsareale für Sägewerke umfassen heute eine Größe von etwa 10–15 ha für eine jährliche Einschnittkapazität von 100.000 Festmetern bis hin zu 50–70 ha für Standorte mit einem Jahreseinschnitt von 1 Mio. Festmetern.

Auch die Papier- und Zellstoffindustrie war in ihrer historischen Entwicklung der Betriebsstandorte an Wasserläufe für die Bereitstellung der Prozessenergie und des benötigten Prozesswassers gebunden. Während um 1900 noch rund 500 m^3 Wasser für die Produktion von einer Tonne Papier benötigt wurden, reduzierte sich durch anlagentechnische und technologische Maßnahmen ab den 1970er-Jahren der Anfall von Abwasser auf 50 m^3 und liegt heute bei unter 9 m^3 pro Tonne Zellstoff (Anonymous 2023). Dabei hat die Zellstoff- und Papierindustrie sowohl in Deutschland als auch in Österreich einen enormen Konzentrationsprozess durchlaufen.

Aktuell ist die Zellstoffindustrie in Mitteleuropa sehr stark auf den Einsatz von Nadelholz und damit auf die Produktion von gebleichtem oder ungebleichtem Langfaserzellstoff ausgerichtet. Nur wenige Werke verarbeiten auch Laubholz oder sind, wie die Lenzing AG (Österreich), mit einem Rohholzbedarf von über

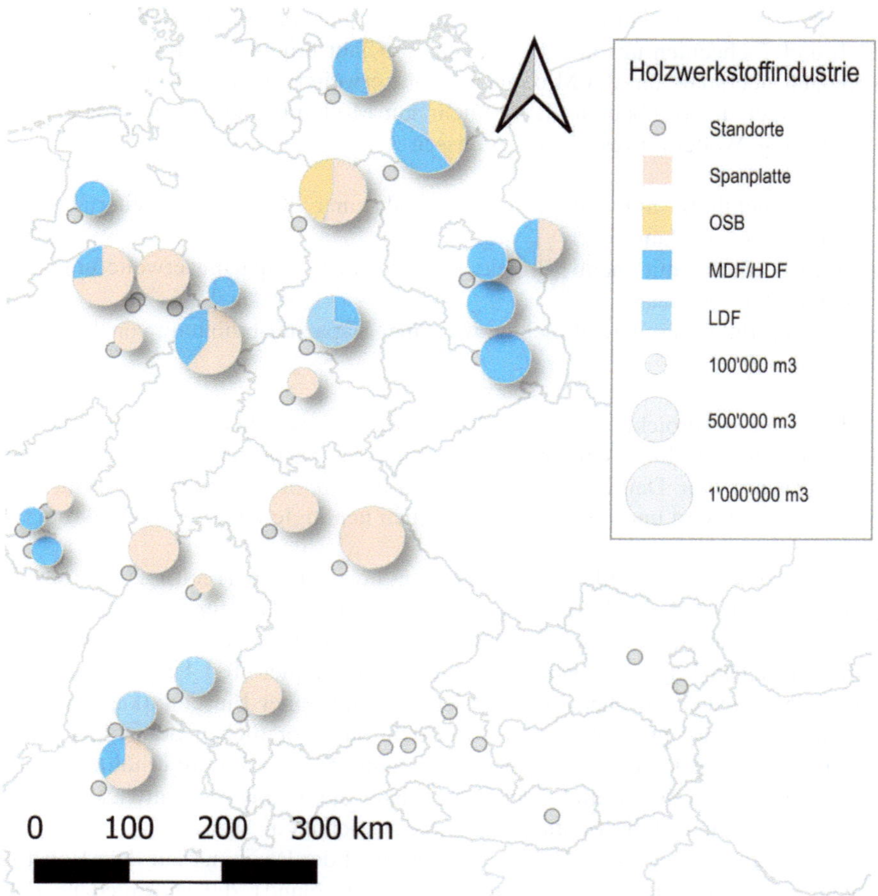

Abb. 4.29 Standorte der Holzwerkstoffindustrie in Deutschland, skaliert (Döring et al. 2017) und Österreich (unskaliert)

1 Mio. Festmetern ausschließlich auf den Aufschluss von Buchenholz spezialisiert. Dies erfordert entsprechend der Ressourcendichte von Buche im Forst logistisch ein Einzugsgebiet für den Rohstoff von mehreren Hundert Kilometern.

4.4.4 Entwicklungstendenzen

Die Holzwirtschaft blickt in den letzten Jahrzehnten auf eine sehr dynamische Entwicklung zurück. Die Analyse von 100 ausgewählten Investitionsprojekten für den Zeitraum 2023–2025 (Ebner 2023) hinsichtlich Art, Kapazität und Standort führte zu folgenden Erkenntnissen:

Von 2020–2023 wurde die Einschnittkapazität in Süddeutschland, Österreich und Tschechien um fast 4,5 Mio. m^3 pro Jahr erhöht, und bis 2025 soll die Kapazität nochmals um 2,4 Mio. m^3 pro Jahr erweitert werden. Dabei handelt es sich weniger um Neubauten als vielmehr um Modernisierungen mit Kapazitätserweiterung. Weitere Investitionen umfassen

- Brettschichtholz mit drei Projekten und einer Kapazitätserweiterung von 130.000 m^3 pro Jahr,
- Brettsperrholz mit neun Projekten und einer Kapazitätserweiterung von 650.000 m^3 pro Jahr,
- Pelletproduktion mit 15 Projekten und einer Kapazitätserhöhung von 1,2 Mio. t pro Jahr.

Zudem sind elf Projekte mit einer Produktion zum seriellen Bauen geplant und drei Projekte für Holzfaserdämmplatten mit einer Kapazitätserhöhung von über 3 Mio. m^3 pro Jahr. Damit ergeben sich auch Fragen, ob der Rohstoff ausreichend verfügbar sein wird und ob sich das zusätzlich benötigte Fachpersonal rekrutieren lässt.

Der überwiegende Teil der untersuchten Investitionen (Ebner 2023) betrifft den Einschnitt und die Verarbeitung von Nadelholz. Die für Deutschland und Ungarn in Planung befindlichen Laubholzsägewerke sind aufgrund der aktuellen wirtschaftlichen Lage *„on hold"*. Das im südwestlichen Teil Ungarns gelegene Werk eines österreichischen Investors ist dabei mit einer Einschnittkapazität von bis zu 250.000 m^3 pro Jahr geplant. Bei dem nach forstlichen Statistiken offensichtlich schon massiven Waldumbau in Richtung Mischwald mit erhöhtem Laubholzanteil werden sich mittel- und längerfristig die Technologieentwicklung und die Investitionen auch in Richtung Laubholz ausrichten müssen.

Eine besonders hervorzuhebende Investition ist der Bau einer auf dem Rohstoff Buche basierenden Bioraffinerie in Leuna (Deutschland), die verschiedene Biochemikalien wie Glycole als Plattformchemikalie, ligninbasierte funktionelle Füllstoffe (Industrieruß) sowie C_5-Industriezucker für verschiedenste Anwendungsbereiche zur Substitution fossiler Rohstoffe erzeugen wird (UPM 2023). Diese weltweit einzigartige Holzbioraffinerie auf einem Areal von 15 ha ist in den bestehenden Industrie- und Chemiepark Leuna eingebunden und liegt im Einzugsgebiet wichtiger Buchenstandorte in Mitteldeutschland. Bei einem geplanten jährlichen Rohstoffeinsatz von 500.000 Festmetern Buchenholz sollen etwa 220.000 t Biochemikalien erzeugt werden.

Investitionen in der Holz-, Zellstoff- und Papierindustrie haben wegen einer ökonomisch notwendigen Skalierung der Produktionskapazität und dem für diese Branchen typischen hohen Bedarf an Lager- und Manipulationsflächen (z. B. Rundholzlager, Schnittholzlager, Auslieferungslager usw.) sowie wegen der ausgedehnten Produktionsanlagen einen vergleichsweise hohen Flächenbedarf. Das wird in Mitteleuropa, speziell in der DACH-Region, zunehmend zur Herausforderung für sogenannte *„green field"*-Investitionen bei der Suche nach geeigneten Industriegrundstücken zu vertretbaren Grundstückspreisen. Zudem mehren sich die Berichte über langwierige und aufwendige Genehmigungsverfahren, sodass aktuell wirtschaftlich erfolgreiche Unternehmensgruppen der Holzwirtschaft bei einer Expansion immer häufiger auf Betriebsübernahmen setzen und die bestehenden bzw. übernommenen Betriebsstandorte weiter ausbauen.

4.5 Plantagenwirtschaft

Plantagen sind Anbauformen von Bäumen, die sich die industrielle landwirtschaftliche Produktion zum Vorbild nehmen. Sie basieren auf einer einzigen Baumart oder sogar einem Klon einer Baumart, die künstlich vermehrt und in geometrischen Mustern gepflanzt wird. Das Kultivieren, d. h. das Aufrechterhalten von Bedingungen, die ein optimales Wachstum gewährleisten, bedingt meist auch Düngung sowie teilweise auch die Anwendung von Pflanzenschutzmitteln. Zur Plantagenwirtschaft gehört auch die züchterische Weiterentwicklung durch klassische Züchtung sowie zunehmend durch biotechnische Methoden. Man spricht auch von industriellen Plantagen (*industrial plantations*), die dem Prinzip der Massenproduktion folgen und welche die Geschäfts-, Produktions- und Logistikprozesse nach den modernsten Methoden der Betriebs- und Produktionstechnik gestalten. Sie basieren zunehmend auf cyberphysikalischen Systemen, welche eine Lenkung der Güter- und Informationsflüsse in Beinahe-Echtzeit ermöglichen.

Mit der Zunahme der Bedeutung von Plantagen für die Holzproduktion entstand die sogenannte „Klonforstwirtschaft“ *(clonal forestry)*, die weltweit vor allem mit *Eucalyptus*-Arten in Südamerika, Südafrika, Portugal, Australien, Indien usw. und mit *Pinus radiata* in Neuseeland und anderen Ländern stattfindet. Klonen, das Erzeugen genetisch identischer Individuen, ist unvereinbar mit den Prinzipien eines naturnahen Waldbaus, womit es in der mitteleuropäischen Forstwirtschaft keine Rolle spielt. Wir haben es zunehmend mit einem Paradox zu tun, indem Schätzungen fürs Jahr 2050 vorhersagen, dass rund 30 % des weltweit industriell verwerteten Holzes aus Plantagen der Tropen und Subtropen stammen werden (SEDJO 2001), von dem wir Produkte, beispielsweise Cellulose und Papier, nutzen. Deutschland, der größte Papierverbraucher Europas, importiert rund 1 Mio. t Zellstoff aus Brasilien, was einem Anteil am Gesamtimport von rund einem Drittel entspricht (DIE PAPIERINDUSTRIE 2023). Insgesamt stammen etwa zwei Drittel des importierten Zellstoffs aus Ländern mit Klonforstwirtschaft, was ein Dilemma klarlegt: einerseits nur Produkte aus naturnah bewirtschafteten Ländern, andererseits hoher Verbrauch von Zellstoff aus Klonforstwirtschaft. Diesem Trend zu Importen aus Klonforstwirtschaft stehen insbesondere mitteleuropäische Länder gegenüber, in denen es laute Stimmen gibt, die Holznutzung in ihrer Bedeutung hinter anderen Ökosystemleistungen einzuordnen und damit die Bereitstellung von Holz als Roh- und Wertstoff zu reduzieren.

Eine industrielle Plantage im engeren Sinne ist ein industrielles Forstökosystem, das auf rasch wachsenden Baumarten mit hohem Zuwachs basiert und dessen Umtriebszeiten massiv kürzer sind als in naturnahen Produktionssystemen. Die FAO-Waldstatistik kennt nur den Begriff *„planted forest“*, der sehr breit ist,

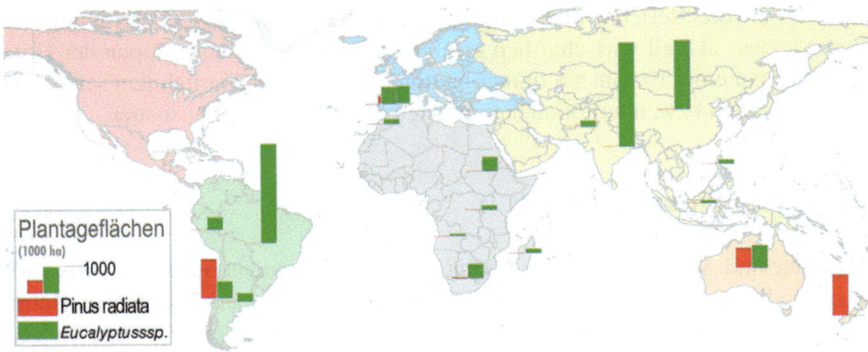

Abb. 4.30 Verteilung der Plantagenwälder für die Hauptarten *Pinus radiata* und *Eucalyptus* ssp. Datenbasis: MEAD (2013), TRABADO UND WILSTERMANN (2009)

weshalb industrielle Plantagen nicht speziell ausgewiesen sind. Dies ist auch der Grund, warum die Datenlage sehr lückenhaft ist (INDUFOR 2012). Die INDUFOR-Studie schätzt die weltweite Fläche industrieller Forstplantagen auf rund 55 Mio. ha, von denen rund 18 Mio. ha in Asien sowie je 13 Mio. ha in Nord- und Südamerika liegen, während Afrika und Ozeanien je etwa 5 Mio. ha aufweisen. Abb. 4.30 zeigt die weltweite Verteilung von forstlichen Plantagen für die zwei Leitbaumarten, *Eucalyptus* und Monterey-Föhre (*Pinus radiata*). Bei den *Eucalyptus*-Plantagen hat Indien mit 3,9 Mio. ha die größte Fläche, gefolgt von Brasilien mit 3,8 Mio. ha, China mit 2,6 Mio. ha, Australien mit 0,8 Mio. ha sowie Spanien, Portugal und Chile mit je rund 0,6 Mio. ha (TRABADO UND WILSTERMANN 2009). Bei den Monterey-Föhren weisen Neuseeland und Chile je 1,5 Mio. ha auf, gefolgt von Australien mit 0,7 Mio. ha und Spanien mit 0,3 Mio. ha (MEAD 2013).

Der Bericht kommt zum Schluss, dass die industriellen Forstplantagen eine geografische Verlagerung der Produktionsforstwirtschaft in die Südländer bewirkte und vor allem noch bewirken wird. Länder wie Brasilien, Chile, Uruguay, Indonesien, Malaysia, Australien und Neuseeland sind zu wichtigen Produzenten von Holz und Cellulose geworden, die sie auch in andere Länder exportieren (INDUFOR 2012). Es ist davon auszugehen, dass sich die Fläche industrieller Forstplantagen bis ins Jahr 2050 nahezu verdoppeln wird und dass genetisch modifizierte Bäume eine zunehmende Rolle spielen werden. Die Länder Lateinamerikas werden weiterhin die Führerschaft für die Plantagentechnologie einnehmen, was die Verbesserung der Pflanzen, der waldbaulichen Regimes und der Versorgungskettenlogistik beinhaltet.

Industrielle Plantagen sind auf einem Pfad der kontinuierlichen Produktivitätssteigerung, was an dieser Stelle mit einer südafrikanischen Studie illustriert wird (DU PLESSIS et al. 2014). Mondi ist ein südafrikanischer Konzern, der die ganze Wertschöpfungskette von der Holzproduktion bis zur Herstellung von Zellstoff und Papier abdeckt. Produktivitätssteigerungen sind dabei immer auf das Endprodukt ausgerichtet, was in der hier verwendeten Studie Cellulose war

(Du Plessis et al. 2014). Dabei gibt es drei Bereiche, in denen sich die Produktivität steigern lässt: 1) das Wachstum der Bäume, 2) die erzielbare Holzdichte sowie 3) der Celluloseanteil am Holzfestkörper. Mit der systematischen Verbesserung von *Eucalyptus*-Klonen ließ sich die Volumenproduktivität zwischen 1988 und 2005 um 30 % steigern. Gleichzeitig nahm aber die Holzdichte ab, während der Celluloseanteil mehr oder weniger konstant blieb. Gesamthaft resultierte für den 17-jährigen Zeitraum eine Zunahme der Cellulosefasereffizienz von 17 %. Die Studie zeigt, dass die zukünftige Verbesserung primär bei den produktspezifischen Eigenschaften der Bäume/Klone ansetzen muss. Derartige Effizienzgewinne ermöglichen es, die Holzproduktion mit weniger Flächenbedarf sicherzustellen, wodurch auch Druck von den Naturwäldern weggenommen werden kann. Es versteht sich von selbst, dass diese Intensivwirtschaft auch ihre Kehrseiten hat, unter anderem für die Bodenqualität und für die Biodiversität. Der Trend scheint jedoch unaufhaltbar und der nächste Entwicklungsschritt, der bereits Realität ist, wird versuchen, mit gezielter genetischer Modifikation bestimmte Eigenschaften weiter zu verbessern.

4.6 Züchtung und genetische Modifikation von Bäumen

Züchtung, die Verbesserung genetisch fixierter Baummerkmale, ist eine wichtige Komponente der industriellen Plantagenwirtschaft. Dabei werden verschiedene Selektions- und Züchtungsmethoden angewandt.

Die Selektion ist die älteste Züchtungsmethode, bei der Individuen einer Population ausgewählt werden, die erwünschte Merkmalsausprägungen haben, was eine genetische Variabilität der Ausgangspopulation bedingt. Danach begrenzt man die Fortpflanzung auf die selektierten Individuen und in der Folgegeneration werden wiederum Individuen mit angestrebten Merkmalsausprägungen selektiert und fortgepflanzt. Züchtung durch Selektion entwickelte sich mit der neolithischen Revolution und führte zu Kulturformen von Weizen, Gerste, Erbse, Linse und Flachs (Gärtig 1999). Klassische Waldbauregimes wenden das Prinzip der Selektion an, wenn auch in schwacher Form. Die Auslesedurchforstung strebt eine nachhaltig höchstmögliche Massen- und Qualitätserzeugung an, indem sie die wertvollsten Bestandsmitglieder selektiert (ausliest) und diese auf Kosten der sie bedrängenden, weniger wertvollen Bäume begünstigt (Leibundgut 1966).

In der Plantagenwirtschaft spielt die asexuelle Fortpflanzung durch Klonung eine wichtige Rolle. Dabei geht es um die Herstellung von Organismen mit identischem Genotyp. Die Erzeugung von Klonen erfolgt nach standardisierten Verfahren, die an dieser Stelle anhand eines Beispiels aus Brasilien illustriert werden (Lima et al. 2011). Am Anfang stehen erfolgversprechende Baumarten (*Eucalyptus* ssp.), aus denen Individuen mit ausgezeichneten Merkmalsausprägungen ausgewählt werden. Danach erfolgt mit dem erfolgversprechendsten Elternpaar die Erzeugung von Saatgut, mit dem eine Folgegeneration herangezogen wird. Diese Folgegeneration dient als Ausgangsbestand für die vegetative Vermehrung, wofür die Verbreitung die Steckling- oder Mikrostecklingtechniken zur

Verfügung stehen. Mikrostecklinge sind meist Blattteile, die sich mit dem Einsatz von Wachstumshormonen zu vollen Pflanzen entwickeln. Das vorgestellte Verfahren hat den Nachteil, dass aufgrund der Folgegeneration keine weiteren Verbesserungen möglich sind, womit es wiederkehrende Selektion und geschlechtliche Fortpflanzung braucht, wobei der Erfolg vom Intervall zwischen zwei älteren Generationen abhängt (Lima et al. 2011). Klonforstwirtschaft ist auch mit Risiken und Nachteilen verbunden. Man schafft damit künstliche Ökosysteme mit einer bescheidenen Biodiversität, was mit wenigen Klonen, einer geringen genetischen Diversität und einer fehlenden Artenvielfalt begründet ist. In Ländern mit einer traditionellen Forstwirtschaft fehlt zudem oft die soziale Akzeptanz. Zudem gibt es zwei technische Risiken (Wu 2019): 1) die hohe Verletzbarkeit für biotische Schäden, 2) das Risiko einer geringen Erfolgsrate bei der vegetativen Reproduktion. Um eine gewisse Sicherheit gegen Schäden zu gewähren, empfiehlt es sich, in einer Plantage rund 18 verschiedene Klone zu verwenden. Um die vegetative Reproduktion zu verbessern, stehen biotechnologische Methoden zur Verfügung, worunter die somatische Embryogenese besonders erfolgversprechend scheint (Wu 2019). Dabei erfolgt die Nachzucht pflanzlicher Embryos direkt von somatischen Zellen.

In der Plantagenforstwirtschaft werden zunehmend Methoden der Biotechnologie angewandt, die auf vier Aspekte zielen (Wheeler 2004): 1) das Entdecken und Identifizieren von Genfunktionen in einigen Baumarten, 2) Mikropflanzennachzucht auf der Basis von Geweben und Zellen, 3) genetische Modifikation, um Genfunktionen zu evaluieren, 4) genetische Modifikation für die kommerzielle Verwendung. Die Übersicht (Wheeler 2004) identifizierte 2700 Publikationen zu biotechnologischen Methoden in der Forstwirtschaft. Davon waren etwa 80 % biotechnologische Applikationen ohne und etwa 20 % mit genetischer Modifikation. Insgesamt fanden sich etwa 140 Gattungen, für die forstliche Biotechnologie verwendet wurde, wovon rund zwei Drittel auf sechs Gattungen fielen: *Pinus, Eucalyptus, Picea, Populus, Quercus* und *Acacia.*

Abb. 4.31 gibt eine Übersicht über jene Länder, die forstliche Bäume genetisch modifizierten. Die Erhebung ergab, dass 35 Länder in der genetischen Modifikation forstlicher Bäume aktiv waren, wovon etwa elf Feldversuche durchführten und drei genetisch modifizierte Bäume kommerziell einsetzten. 1986 erfolgte die erste genetische Modifikation (Pappel) (Wheeler 2004) und die Feldversuche waren auf vier Gattungen begrenzt: *Populus, Pinus, Liquidambar* (Amerikanischer Amberbaum) und *Eucalyptus.*

China entwickelte eine Pappelvarietät mit *Bacillus thuringensis*-Genen, um die Anfälligkeit gegen den asiatischen Laubholzbockkäfer massiv zu reduzieren (ISAAA 2017). Die Varietät wurde im Jahre 2003 für den kommerziellen Einsatz freigegeben und 2016 waren rund 540 ha mit genetisch modifizierten Pappeln bestockt. 2014 erhielt die Firma FuturaGen die Genehmigung für den kommerziellen Einsatz einer *Eucalyptus*-Varietät in Brasilien (Anonymous 2015), die eine etwa 20 % höhere Massenproduktivität erbringt, was durch das Einbringen eines Gens, welches dickere Zellwände produziert und das Wachstum beschleunigt, ermöglicht wurde. 2015 erhielt die Firma ArborGen in den USA die Erlaubnis, eine genetisch

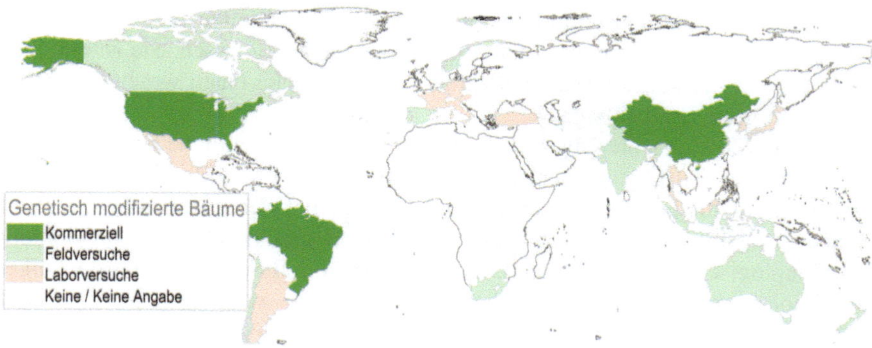

Abb. 4.31 **Länder, die genetisch modifizierte Bäume untersuchen und einsetzen.** (Wheeler 2004)

modifizierte Weihrauch-Föhre (Loblolly Pine, *Pinus taeda*) kommerziell zu verwenden. Dabei wurden vier Gene eingefügt: von der Monterey-Föhre, vom amerikanischen Amberbaum (*Liquidambar* sp.), von einem Kreuzblütler sowie von einem Bakterium (*E. coli*), um eine höhere Holzdichte zu erzielen (ISAAA 2017). Die genetische Modifikation von Bäumen wird weiter zunehmen, wobei die genetische Veränderung auf die Verbesserung von Eigenschaften wie Trockenresistenz oder Salztoleranz abzielt, während traditionelle Eigenschaften wie Pathogen- und Insektenresistenz und Produktivität weiterhin von Interesse sind (ISAAA 2017).

Weltweit nehmen die Kulturflächen, auf denen modifizierte Pflanzen angebaut werden, kontinuierlich zu. Im Jahre 2012 waren etwa 11 % der weltweiten Gesamtkulturfläche mit genetisch modifizierten Pflanzen bebaut (Porth und El-Kassaby 2014). Dabei nahmen Entwicklungsländer erstmals eine Führungsrolle ein, indem China, Indien, Brasilien, Argentinien und Südafrika rund 46 % der weltweiten Biotechkulturflächen besaßen (Porth und El-Kassaby 2014). Dies sind auch die Länder, welche bei den Forstplantagen eine Spitzenstellung einnehmen (Abb. 4.30), womit zu erwarten ist, dass sie Techniken für die genetische Modifikation von Waldbäumen nutzen werden.

Die Biotechnologie stellt Methoden zur Verfügung, um DNA, Proteine und Enzyme zu analysieren, um Zellen, Gewebe, Organe und ganze Organismen zu modifizieren sowie mithilfe der Bioinformatik Genome und Proteine zu analysieren (OECD 2009). Das Bioökonomiekonzept, wie es die OECD ursprünglich formulierte, stellt die Biotechnologie ins Zentrum. Ein aktiver Umgang mit dem Klimawandel bedingt eine Verbesserung der Widerstandsfähigkeit gegen Trockenheit sowie Pilz- und Insektenbefall. Der Genpool einer Art beinhaltet Varietäten, bei welchen diese Merkmale bereits ausgeprägt sind. Eine Selektion aufgrund phänotypischer Merkmale ist sehr aufwendig, nimmt sehr viel Zeit in Anspruch und ist auch mit Unsicherheiten verbunden. Selektionsmethoden, welche direkt auf die genetische Information zurückgreifen, haben ein großes Potenzial. Die genomische Selektion (GS) deckt das gesamte Genom mit molekularen Markern ab, womit sich für Pflanzenindividuen Markerprofile erstellen lassen, aus denen sich die Werte interessierender Pflanzenmerkmale ableiten lassen. Sie ist eine Verfeinerung der markergestützten Selektion (MAS), welche einen wesentlich geringeren Auflösungsgrad aufweist.

Im Jahre 2001 erschien die EU-Richtlinie über die absichtliche Freisetzung genetisch veränderter Organismen (EC 2001), die beabsichtigte Regeln einzuführen, um die menschliche Gesundheit und die Umwelt bei der Freisetzung genetisch veränderter Organismen zu schützen. Seither fand eine beachtliche Entwicklung biotechnologischer Methoden statt, die vor allem durch Sequenzierungstechniken und Bioinformatik-Analysemethoden gekennzeichnet war (Broothaerts et al. 2021). Diese „neuartigen genomischen Verfahren" (*new genomic techniques*, NGTs) bezeichnen Techniken, die seit 2001 entwickelt wurden und mit denen sich das Genom von Organismen präzise verändern lässt. Am bekanntesten ist die CRISPR/Cas-Methode, mit der sich DNA gezielt schneiden und verändern lässt, was auch als Genomeditierung bezeichnet wird. Die Methode wurde auch für die genetische Modifikation von Pappelvarietäten angewandt, um den Ligningehalt des Holzes zu reduzieren und damit die Herstellung von Cellulose zu erleichtern (Sulis et al. 2023).

Die Ausführungen zu „Züchtung und genetischer Modifikation" von Baumvarietäten beabsichtigte, eine Realität darzustellen, vor der wir gerne die Augen verschließen und die viele von uns am liebsten nicht wahrhaben möchten. Wir halten uns hier an den Wissenschaftsphilosophen Popper, dass es keine endgültige Gewissheit gibt, dass unsere Erfahrungen und Meinungen mit der Wirklichkeit übereinstimmen. Dazu gehört die Einstellung, dass wir unsere Überzeugungen und Annahmen laufend überprüfen und dabei sämtliche Sichtweisen einbeziehen müssen, ohne Unerwünschtes auszuklammern. Es war auf keinen Fall die Absicht, als Fürsprecher der Biotechindustrie zu agieren. Es gilt auch, die Risiken genetisch modifizierter Organismen ernst zu nehmen, worunter die unkontrollierte Ausbreitung von transgenem Erbgut ein Schlüsselproblem ist, obwohl es biologische Schranken gibt, um die Lebens- und Fortpflanzungsfähigkeit in der Umwelt zu begrenzen (Porth und El-Kassaby 2014). Umweltorganisationen sehen ein weiteres Risiko darin, dass große Biotechfirmen eine dominierende Rolle erlangen könnten, mit der sie die Entwicklungsrichtung bestimmen könnten.

Literatur

ACATECH. 2022. *Holzbasierte Bioökonomie. Nachhaltig, zirkulär, klimaresilient.* acatec POSITION. Deutsche Akademie der Technikwissenschaften (acatech). München. 80 p, https://doi.org/10.48669/aca_2022-4.

Andersson, A.E. 1949. *Machine for removing bark from logs*. Patent. United States Patent Office. 6 p.

Anonymous. 1859. Hoheitsrechte. In Pierer's Universal-Lexikon der Vergangenheit und Gegenwart, oder Neuestes encyclopädisches Wörterbuch der Wissenschaft, Künste und Gewerbe. Verlagsbuchhandlung P.A. Pierer: Altenburg: p. 452–454

Anonymous. 1906. *Forstpolizei.* In *Meyers Großes Konversations-Lexikon*. Bibliographisches Institut: Leipzig. Vol. 6: p. 781–782

Anonymous. 1991. *The Jeep MB. An International Historic Mechanical Engineering Landmark.* The American Society of Mechanical Engineers. New York, NY 10017. 6 p.

Anonymous. 2015. *Brazil approves transgenic* Eucalyptus. Nature Biotechnology. **33** (6): 577

Anonymous, 2023. *Papier kann mehr!* Verband Deutscher Papierfabriken e. V., Bonn Verband Deutscher Papierfabriken e. V.

Anonymous. o. J. -a. *Loiten und Riesen.* In *Wege des Holzes Wiki*. Naturpark Karwendel. Available from: [https://www.karwendel.org/wege-des-holzes/wiki/loiten-und-riesen/]

Anonymous. o. J. -b. *Seilbahngeschichte von den Anfängen bis 1930 im Überblick.* Accessed [Nov-09–2023]. Available from: [https://web.archive.org/web/20110913152008/http://www.seilbahngeschichte.de/meilensteine.htm]

Ashby, M., and K. Johnson. 2014. *Materials and Design.* In *Materials and Design*, 3rd Ed. Butterworth-Heinemann. https://doi.org/10.1016/B978-0-08-098205-2.00011-1.

Ashby, M.F. 2021. *Materials and the environment: eco-informed material choice*, 3rd Ed. Oxford, United Kingdom: Butterworth-Heinemann. 441 p

Aström, J. 1944. *Rotatable hollow-head debarker mounting flexible bark-removing elements.* Application Nr US2576912A. Patent. United States Patent Office. 6 p.

Avitabile V., et al. 2023. *Biomass production, supply, uses and flows in the European Union.* Publications Office of the European Union. Luxemburg. 281 p, https://doi.org/10.2760/811744.

Bader, K.S. 1957. *Studien zur Rechtsgeschichte des mittelalterlichen Dorfes*, [Verschiedene Aufl. und Ausg.] Ed. Weimar usw.: Bèohlau

Beck-O'Brien, M., V. Egenolf, S. Winter, J. Zahnen, and N. Griesshammer. 2022. *Everything from Wood – The Resource of the Future of the Next Crisis? How footprints, benchmarks and targets can support a balanced bioeconomy transition.* WWF Deutschland. Berlin. 161 p.

Beckmann, J. 1780. *Anleitung zur Technologie, oder zur Kentniß der Handwerke, Fabriken und Manufacturen, vornehmlich derer, die mit der Landwirthschaft, Polizey und Cameralwissenschaft in nächster Verbindung stehn: Nebst Beyträgen zur Kunstgeschichte.* Göttingen: Vandenhoeck

Bennemann, C., J.B. Heppelmann, S. Wittkopf, A. Hauck, J. Grünberger, B. Heinrich, and U. Seeling. 2020. *Debarking Heads.* LWF aktuell. **2020** (2): 44–46

Bergmann, A. 1997. *Kundenorientierte Rohholzbereitstellung bei vollmechanisierter Holzernte. Ein System für die optimale Einteilung von Sägeabschnitten mit Bordcomputern auf Vollerntern.* Fakultät für Forstwissenschaften und Waldökologie, Georg-August-Universität Göttingen. Göttingen. Doctorate. 249 p

Bernhardt, A. 1874. Geschichte des Waldeigenthums, der Waldwirtschaft und Forstwissenschaft in Deutschland von 1750 bis 1820. Berlin: Julius Springer. 407 p

Besserer, A., S. Troilo, P. Girods, Y. Rogaume, and N. Brosse. 2021. *Cascading recycling of wood waste: A review.* Polymers. **13** (11): 1752

BFJ, 2002. *Verordnung über die Anforderungen an die Verwertung und Beseitigung von Altholz (Altholzverordnung – AltholzV)*, Bonn

Bork, H.-R., H. Bork, C. Dalchow, B. Faust, H.-P. Piorr, and T. Schatz. 1998a. *Der Landnutzungswandel in Mitteleuropa.* In *Landschaftsentwicklung in Mitteleuropa: Wirkungen des Menschen auf Landschaften (Kapitel 4.1)*, H.-R. Bork, et al., Editors. Klett-Perthes. Perthes GeographieKolleg: Gotha, Stuttgart: p. 159–169

Bork, H.-R., H. Bork, C. Dalchow, B. Faust, H.-P. Piorr, and T. Schatz. 1998b. *Landschaftsentwicklung in Mitteleuropa: Wirkungen des Menschen auf Landschaften.* Perthes GeographieKolleg. Gotha, Stuttgart: Klett-Perthes. 328 p

Bramwell, M., ed. 1976. *The international book of wood.* Mitchell Beazley: London. 276 p

Brannen P. 2024. *Timber! How wood can help save the world from climate breakdown.* agenda publishing. Newcastle upon Tyne. 238 p.

Braun, D. 2017. *Kleine Geschichte der Kunststoffe*, 2nd Ed. München: Hanser. 336 p

Broothaerts, W., et al. 2021. *New Genomic Techniques: State-of-the-Art Review*. Publications Office of the European Union. Luxembourg, EUR 30430 EN. 94 p.

Brunet, R. 2018. *The Contractor As Innovator: BC Forestry›s Competitive Edge*. Truck LoggerBC. **40** (4 (Winter)): 57–61

Brydges, T. 2021. *Closing the loop on take, make, waste: Investigating circular economy practices in the Swedish fashion industry*. Journal of Cleaner Production. **293**: 126245. https://doi.org/10.1016/j.jclepro.2021.126245

BUND, and Misereor. 1996. *Zukunftsfähiges Deutschland. Ein Beitrag zu einer global nachhaltigen Entwicklung. Studie des Wuppertal Instituts für Klima, Umwelt, Energie*, Springer. 466 p

Buras, A., and A. Menzel. 2019. *Projecting tree species composition changes of European forests for 2061–2090 under RCP 4.5 and RCP 8.5 scenarios*. Frontiers in Plant Science. **9**: 1986

Carlowitz, H.C.v. 1713. *Sylvicultura Oeconomica, oder, Haußwirthliche Nachricht und Naturmäßige Anweisung zur Wilden Baum-Zucht*. Leipzig: verlegts Johann Friedrich Braun. 414 p

Cazzaniga, N., G. Jasinevicius, and S. Mubareka, 2022. *Sankey diagrams of woods biomass flows in the EU – Release 2021*. European Commission, Brussels European Commission

Clemmons, J. 1966. *New technique in individual tree description for the basis of economic decision making*. In *Proceedings of the Society of American Foresters' Annual Meeting*, Vol. 197–200 pp. Seattle, Washington. The Society of American Foresters, Bethesda, MD.

Clouse, C. 2023. *Examining Results & Interpreting Direct, Indirect and Induced Effects*. IMPLAN Support. IMPLAN. Accessed [Feb-29-2024]. Available from: [https://support.implan.com/hc/en-us/articles/360038799153-Examining-Results-Interpreting-Direct-Indirect-and-Induced-Effects]

Copernicus. 2020. *CORINE Land Cover 2018 (vector), Europe, 6-yearly – version 2020_20u1*. [Accessed Oct-18-2023]. Copernicus Land Monitoring Service (CLMS). Available from: [https://sdi.eea.europa.eu/catalogue/copernicus/api/records/71c95a07-e296-44fc-b22b-415f42acfdf0?language=all]

Costanza, R., et al. 1997. *The value of the world's ecosystem services and natural capital*. Nature. **387**: 253

de Dinechin, B. 1999. *Duhamel du Monceau. Un savant exemplaire au siècle des lumières*, CME Connaissance et Mémoires Européennes. 442 p

Deilmann, C., J. Reichenbach, N. Krauss, and K. Gruhler. 2017. *Materialströme im Hochbau. Potenziale für eine Kreislaufwirtschaft*. Forschungsinitiative Zukunft Bau. Forschung für die Praxis. 06. Bundesinstitut für Bau-, Stadt- und Raumforschung im Bundesamt für Bauwesen und Raumordnung. Bonn. 86 p.

Deppe, H.J. 1987. Probleme und Aussichten bei Holzwerkstoffen in Europa. Holz als Roh- und Werkstoff. 45 (10): 417-420. doi: https://doi.org/10.1007/BF02611398.

Diamond, J., and P. Bellwood. 2003. *Farmers and their languages: the first expansions*. Science. **300** (5619): 597–603

Die Papierindustrie. 2023. *Papier 2023 – Ein Leistungsbericht*. Die Papierindustrie e. V. Bonn. 71 p.

Dieterich, V. 1953. *Forstwirtschaftspolitik eine Einführung*. Hamburg: Paul Parey. 398 p

Döring, P., S. Glasenapp, and U. Mantau. 2017. *Holzwerkstoffindustrie 2015. Entwicklung der Produktionskapazität und Holzrohstoffnutzung*. Universität Hamburg – Zentrum Holzwirtschaft, Arbeitsbereich Ökonomie der Holz- und Forstwirtschaft. Hamburg. 24 p.

Du Plessis, M., P. Edwards, and G. van den Berg. 2014. *The use of near infra-red analysis (NIRA) to determine fibre productivity in a* Eucalyptus *pulp wood stand*. In *Precision Forestry Symposium 2014: The Anchor of your Value Chain*, Vol. eds. *P. Ackerman, E. Gleasure, und H. Ham*. 19–25 pp. Stellenbosch, South Africa. Department of Forest and Wood Sciences. Faculty of AgriSciences. Stellenbosch University.

Dubler, A.-M. 2009. *Flösserei*. In *Historisches Lexikon der Schweiz*. Stiftung HLS. Available from: [http://www.hls-dhs-dss.ch/textes/d/D14055.php]

DUBLER, A.-M. 2012. *Dorf.* In *Historisches Lexikon der Schweiz (HLS).* [Accessed Oct-30–2012]. Stiftung HLS. Available from: [http://www.hls-dhs-dss.ch/textes/d/D7947.php]

DUHAMEL DU MONCEAU, H.-L., AND B.L. PRÉVOST. 1767. *Du transport, de la conservation et de la force des bois ou l›on trouvera des moyens d›attendrir les bois, de leur donner diverses courbures, sur-tout pour la construction des vaisseaux; et de former des pieces d›assemblage pour suppléer au défaut des pieces simples faisant la conclusion du Traité complet des bois et des forets.* Paris: L.F. Delatour. 556, XXVII pp

DWDS. 1993. *„Bann, der".* In *Digitales Wörterbuch der deutschen Sprache (DWDS)*, ed. W. PFEIFER. Berlin-Brandenburgische Akademie der Wissenschaften. Available from: [https://www.dwds.de/wb/Bann]

EASAC. 2018. *Commentary by the European Academies› Science Advisory Council (EASAC) on Forest Bioenergy and Carbon Neutrality.* Reports & Statements. European Academies Science Advisory Council. Accessed [Aug-04–2023]. Available from: [https://easac.eu/publications/details/commentary-on-forest-bioenergy-and-carbon-neutrality/]

EBNER, R. 2023. *Neue Investitionen: Was kommt hinzu?* Holzkurier. **77** (47): 3–7

EC. 2001. *Directive 2001/18/EC of the European Parliament and of the Council of 12 March 2001 on the deliberate release into the environment of genetically modified organisms and repealing Council Directive 90/220/EEC Commission Declaration.* Official Journal of the European Communities. **44** (L 106): 1–39

EC. 2013. A Blueprint for the EU Forest-Based Industries (woodworking, furniture, pulp & paper manufacturing and converting, printing). European Commission. Brussels. 41 p.

ECONMOVE. 2023a. *The Economic Impact of the Forestry and Wood Industry in Europe in Terms of Bioeconomy.* Econmove GmbH. Wernberg, AUT. 93 p.

ECONMOVE. 2023b. *Forst- und Holzwirtschaft in Europa.* FHP Kooperationsplattform Forst Holz Papier. Wien. 11 p.

EDWARDS, P., AND M. FRASSETTO. online. *The Middle Ages.* In *Britannica Academic. History of Europe.* [Accessed Oct-21-2023]. Encyclopædia Britannica. Available from: [https://academic.eb.com/levels/collegiate/article/history-of-Europe/106072#58377.toc]

EFI. 2011. *Tree Species Maps for European Forests.* [Accessed Oct-18-2023]. European Forest Institute (EFI). Available from: [https://efi.int/knowledge/maps/treespecies]

ERNI, M., O. THEES, AND R. LEMM. 2017. *Altholzpotenziale der Schweiz für die energetische Nutzung. Ergebnisse einer Vollerhebung.* WSL Berichte. 52. Eidg. Forschungsanstalt WSL. Birmensdorf. 69 p.

EU. 1996. *Richtlinie 96/53/EG des Rates vom 25. Juli 1996 zur Festlegung der höchstzulässigen Abmessungen für bestimmte Straßenfahrzeuge im innerstaatlichen und grenzüberschreitenden Verkehr in der Gemeinschaft sowie zur Festlegung der höchstzulässigen Gewichte im grenzüberschreitenden Verkehr* Rat der Europäischen Union. Accessed. Available from: [http://eur-lex.europa.eu/legal-content/DE/TXT/PDF/?uri=CELEX:31996L0053&from=DE]

EU 2023. Europäisches Parlament. „Kreislaufwirtschaft: Definition und Vorteil." Retrieved 21.02.2024, from https://www.europarl.europa.eu/topics/de/article/20151201STO05603/kreislaufwirtschaft-definition-und-vorteile.

FANKHAUSER, F. 1872. *Die Drahtriese mit besonderer Berücksichtigung der Holztransport-Einrichtung im kleinen Schlierenthal, Kanton Unterwalden.* Bern: Jent & Reinert. 15 p

FAO. 2014. *State of the World›s Forests. Enhancing the socioeconomic benefits from forests.* Food and Agriculture Organization of the United Nations. Rome. 119 p.

FOREST EUROPE. 2020. *State of Europe›s Forests 2020.* Ministerial Conference on the Protection of Forests in Europe. Bratislava. 392 p.

FRANKENHAUSER. 1903. *Die Drahtseilriesen in den Tessiner Gebirgswaldungen.* Schweizerische Zeitschrift für das Forstwesen. **54** (7/8, 9): 193–205, 241–249

FROOME, A. 2006. *Lights, Camera, Sunglasses – How Log Scanning Got Started.* Logging and Sawmilling Journal, (September):

FTP. online. *Forest-based Sector Technology Platfrom.* FTP, Association internationale sans but lucratif (AISBL). Accessed [Feb-27-2024]. Available from: [https://www.forestplatform.org/about-ftp/]

Gärtig, S. 1999. *Pflanzenzüchtung.* In *Lexikon der Biologie*, eds. R. Sauermost und D. Freudig. [Accessed May-16-2023]. Spektrum der Wissenschaft Verlagsgesellschaft mbH. Available from: [https://www.spektrum.de/lexikon/biologie/pflanzenzuechtung/50727]

Glück, P., und W. Koch. 1973. *Optimale Rohholzausformung.* Centralblatt für das gesamte Forstwesen. **90** (4): 193–228

Hanewinkel, M., D.A. Cullmann, M.-J. Schelhaas, G.-J. Nabuurs, und N.E. Zimmermann. 2013. *Climate change may cause severe loss in the economic value of European forest land.* Nature Climate Change. **3** (3): 203–207. https://doi.org/10.1038/nclimate1687

Hardin, G. 1968. *The tragedy of the commons.* Science. **162** (3859): 1243–1248

Hassler, U., ed. 2010. Was der Architekt vom Stahlbeton wissen sollte. Ein Leitfaden für Denkmalpfleger und Architekten. GTA Verlag: Zürich. 168 p

Hauska, L. 1933. *Riesanlagen.* In *Riesanlagen und Seilbahnen*, L. Hauska, Editor. Von Carl Gerold's Sohn: Wien, Leipzig. Vol. 1: p. 1–135

Hohenstein, A. 1869. *Der Waldtelegraph oder die Drahtriese.* Der praktische Maschinen-Konstrukteur (Ed. W.H. Uhland). **2**: 167–168, 184–185, 198–199, 214

Holzleitner, F., T. Holzfeind, und C. Kanzian. 2020. *Entrindung auf der Rückegasse mit dem Harvester.* Forstzeitung. **2020** (9): online

Holzwieser, O. 1998. *Die Mechanisierung der Holzernte und des forstlichen Bringungswesens 1955 bis 1998.* In *Festschrift zur Emeritierung von Professor Anton Trzesniowski,* Vol. ed. *K. Stampfer.* 37–48 pp. Wien. Institut für Forsttechnik, Universität für Bodenkultur.

Huffel, G. 1925. *Histoire des forêts françaises de l›origine jusqu›à la suppression des Maitrises des Eaux et Forêts.* Nancy: Ecole nationale des eaux et forêts

INDUFOR. 2012. *Strategic Review on the Future of Forest Plantations.* Helsinki: Indufor Oy. 111 p. [‚Accessed' Mar-22-2018]. Available from: [http://www.fao.org/forestry/42701-090e8a9fd4969cb334b2ae7957d7b1505.pdf]

IRP. online. *Global Material Flows Database.* International Resource Panel. United Nations Environment Programme. Accessed [Feb-06-2024]. Available from: [https://www.resourcepanel.org/global-material-flows-database]

ISAAA. 2017. *Biotech/GM Trees.* Pocket K. 50. International Service for the Acquisition of Agri-biotech Applications (ISAAA). Metro Manila, The Philippines.

Jägerschmid, K.F.V. 1827. *Handbuch für Holztransport- und das Flosswesen zum Gebrauche für Forstmänner und Holzhändler, und für solche die es werden wollen. Erster Band, enthaltend die Fällung, Zurichtung und den Transport des Holzes zu Land.* Karlsruhe: Verlag der Ch. Fr. Müller'schen Hofbuchhandlung. 391 p

Jägerschmid, K.F.V. 1828. *Handbuch für Holztransport- und Flosswesen. Zum Gebrauche für Forstmänner und Holzhändler, und für solche, die es werden wollen. Zweiter Band, welcher den Transport des Holzes zu Wasser und die Magazinierung der verschiedenen Hölzer enthält,* Vol. 2. Karlsruhe: Verlag der Ch. Fr. Müller'schen Hofbuchhandlung. 639 p

Johann, E. 1994. *Zur Entstehungsgeschichte des Eigentums vom Wald.* In *Oesterreichs Wald: vom Urwald zur Waldwirtschaft*, H.P. Bobek, Editor, [2. völlig überarbeitete und erweiterte Aufl.] Ed. Eigenverlag Autorengemeinschaft „Oesterreichs Wald": Wien: p. 49–78

Juštšuk, E. 1952. *Schwedische Entrindungsmaschinen.* Holz als Roh- und Werkstoff. **10** (6): 229–238. https://doi.org/10.1007/BF02617705

Kalcher, J., G. Praxmarer, und A. Teischinger. 2017. *Quantification of future availabilities of recovered wood from Austrian residential buildings.* Resources, Conservation and Recycling. **123**: 143–152

Kalt, G. 2015. Biomass streams in Austria: Drawing a complete picture of biogenic material flows within the national economy. Resources, Conservation and Recycling. **95**: 100–111

Knigge, W., und H. Schulz. 1966. *Grundriss der Forstbenutzung. Entstehung, Eigenschaften, Verwertung und Verwendung des Holzes und anderer Forstprodukte*. Hamburg, Berlin: Parey. 584 p

Kolbitsch, L. 2022. *Analyse der österreichischen Holzlieferkette mit Fokus auf den Holztransport*. Institut für Produktionswirtschaft und Logistik, Universität für Bodenkultur. Wien. Master Thesis. 89 p

Köthe, R. 2011. *Stahl erobert die Welt: unser wichtigster Werkstoff: Geschichte, Herstellung, Verwendung*. Stahleisen communications. Düsseldorf: Verlag Stahleisen. 109 p

Krausmann, F., S. Gingrich, N. Eisenmenger, K.H. Erb, Haberl, und M. Fischer-Kowalski. 2009. *Growth in global materials use, GDP and population during the 20th century*. Ecological Economics. **68** (10): 2696–2705

Kurrer, K.E. 2001. *100 Jahre Zeitschrift„ Beton-und Stahlbetonbau"*. Beton-und Stahlbetonbau. **96** (4): 212–222

Landolt, E. 1886. *Die Waldeisenbahnen*. Schweizerische Zeitschrift für Forstwesen. **37** (11): 181–188

Lebedys, A. 2004. *Trends and Current Status of the Contribution of the Forestry Sector to National Economies. A paper prepared for the FAO work-programme component on financing sustainable forest management*. FAO, Forest Products and Economics Division. Rome.

Leibundgut, H. 1966. *Die Waldpflege. Mit einer Neubearbeitung von Auslesedurchforstung als Erziehungsbetrieb höchster Wertleistung von Walter Schädelin*. Bern: Verlag Paul Haupt. 192 p

Li, Y., B. Mei, und T. Linhares-Juvenal. 2019. *The economic contribution of the world›s forest sector*. Forest Policy and Economics. **100**: 236–253

Lick, E. 1989. Untersuchungen zur Problematik des Biomassen- und Nährelemententenentzuges bei der Erstdurchforstung eines zentralalpinen Fichtenbestandes, Universität für Bodenkultur. Wien. Dr. 256 p

Lima, J.L., J.C.d. Souza, M.A.P. Ramalho, H.B. Andrade, und L.C.d. Sousa. 2011. *Early selection of parents and trees in* Eucalyptus *full-sib progeny tests*. Crop Breeding and Applied Biotechnology. **11**: 10–16

Lissner, K., und W. Rug. 2018. *Holzbausanierung beim Bauen im Bestand*, 2., ergänzte und aktualisierte Ed. VDI-Buch. Berlin: Springer Vieweg. 633 p

Löfroth, C., L. Larsson, J. Enström, G. Svenson, und A. Johansson. 2012. *ETT-Modular System for Forest Transport–A three-year roundwood haulage test in Sweden*. In *HVTT12, International heavy vehicle symposium*, Vol. 18 p. Stockholm, Sweden,

Lueck, D. 2017. *Property Law, Economics and*. In *The New Palgrave Dictionary of Economics*. Palgrave Macmillan UK: London: p. 1–9. https://doi.org/10.1057/978-1-349-95121-5_2225-1.

Marschall, L. 2008. *Aluminium – Metall der Moderne*. Stoffgeschichten Band 4. München: Oekom-Verlag. 285 p

Mc Coll, B.J. 1956. *Hydraulic power steering mechanism for vehicle having articulated sections*. Application Nr 615869. Patent Nr 2'967'582. United States Patent Office.

McCulloch. 2013. *The Saw that Cut out the Competition*. Husqvarna Group. Accessed [Aug-24-2018]. Available from: http://www.mcculloch.com/int/newsroom/the-chainsaw-that-cut-out-the-competition/

Mead, D.J. 2013. *Sustainable management of* Pinus radiata *plantations*. FAO Forestry Paper 170. Food and Agriculture Organization of the United Nations (FAO)246. Rome. 246 p.

Merill, R.D. 1911. *Individual Observation of Overhead Systems as Against Ground Yarding*. The Timberman. **12** (9): 55–58

Meyer, W. 2008. *Landesausbau*. In *Historisches Lexikon der Schweiz (HLS)*. [Accessed Oct-22-2023]. Stiftung HLS. Available from: [https://hls-dhs-dss.ch/de/articles/007949/2008-11-11/]

Mikesell, M.W. 1969. *The Deforestation of Mount Lebanon*. Geographical Review. **59** (1): 1–28

Miller, W. 2003. *Crosscut Saw Manual*. Technical Report. USDA Forest Service, Technology and Development Program. Missoula MT. 30 p.

Näsberg, M. 1985. *Mathematical programming models for optimal log bucking*. Linköping Studies in Science and Technology, Vol. 132. Linköping SE: Linköping University, Department of Mathematics. 197 p

OECD. 2009. The Bioeconomy to 2030. Designing a Policy Agenda. Paris: OECDpublishing. 322 p. Available from: https://doi.org/10.1787/9789264056886-en

Oosthoek, K.J.W. 2005. *The Role of Wood in World History.* Environmental History Resources. Accessed [Apr-08-2015]. Available from: [http://www.eh-resources.org/wood.html]

Pasternak, H., H.-U. Hoch, und D. Füg. 2010. *Stahltragwerke im Industriebau.* Berlin: Ernst & Sohn Verlag für Architektur und technische Wissenschaften GmbH

Paulitsch, M. 1989. *Moderne Holzwerkstoffe-Grundlagen, Technologie, Anwendungen.* Springer, Berlin

Peng, L., T.D. Searchinger, J. Zionts, und R. Waite. 2023a. *The carbon costs of global wood harvests.* Nature.https://doi.org/10.1038/s41586-023-06187-1

Peng, L., T.D. Searchinger, J. Zionts, und R. Waite. 2023b. *Supplementary Information for The Carbon Cost of Global Wood Harvests.* Nature. Supplementary Information: 39.https://doi.org/10.1038/s41586-023-06187-1

Perlin, J. 2022. *A Forest Journey. The Role of Trees in the Fate of Civilization*, 4th, revised and edited Ed. Ventura, CA: Patagonia. 520 p

Pestal, E. 1961. *Seilbahnen und Seilkrane für Holz- und Materialtransport.* Wien, München: Georg Fromme & Co. 511 p

Pfister, C. 2013. Vom „Hölzernen Zeitalter" zur Überflussgesellschaft. Veränderungen des gesellschaftlichen Stoffwechsels in Westeuropa. Forum 85: 27–34

Piccardo, C., und M. Hughes. 2022. *Design strategies to increase the reuse of wood materials in buildings: Lessons from architectural practice.* Journal of Cleaner Production. **368**: 133083

Plinius, S.G. 1764. *Beschaffenheit der wilden Bäume (16. Buch).* In *Plinius Naturgeschichte / übersetzt von Johann Daniel Denso*, ed. J.D. Denso. [Accessed Nov-16-2023]. e-rara.ch. Available from: [https://doi.org/10.3931/e-rara-37246]

Pnevmaticos, S., und S. Mann. 1972. *Dynamic programming in tree bucking.* Forest Products Journal. **22**: 26–30

Porth, I., und Y.A. El-Kassaby. 2014. Current status of the development of genetically modified (GM) forest trees world-wide: a comparison with the development of other GM plants in agriculture. CABI Reviews, (2014): 1–12

Purkus, A., J. Lüdtke, und D. Jochem. 2020. *Entwicklung der Rahmenbedingungen für das Bauen mit Holz in Deutschland: Eine Innovationssystemanalyse im Kontext der Evaluation der Charta für Holz 2.0* Thünen Report. Thünen-Institut, Bundesforschungsinstitut für Ländliche Räume, Wald und Fischerei. Braunschweig, 78. 94 p, https://doi.org/10.3220/REP1591254742000.

Radkau, J. 2012. *Holz. Wie ein Naturstoff Geschichte schreibt*, überarbeitete, erweiterte Ed. Stoffgeschichten. München: oekom Verlag. 364 p

Ramberg, K. 2004. *Three Short Become Two Long, if the EU Follows the Example Set by Sweden and Finland.* Confederation of Swedish Enterprise. Accessed [Jul-11-2015]. Available from: [http://www.modularsystem.eu/download/facts_and_figures/confederation_of_swedish_enterprise_pub2004100041.pdf]

Reid, W.V., J. Sarukhán, und Millennium Ecosystem Assessment. 2005. *Ecosystems and human well-being synthesis a report of the Millennium Ecosystem Assessment.* Millennium Ecosystem Assessment. Washington: Island Press. 137 S. p

Risse, M., und K. Richter. 2018. *Ökologische und ökonomische Bewertung der kaskadischen Holznutzung*. CaReWood – Cascading Recovered Wood. Lehrstuhl für Holzwissenschaft. Technische Universität München. München. 133 p.

Rogers, L.A., und C.W. Scribner. 1982. *Lombard Steam Log Hauler*. The American Society of Mechanical Engineers. New York, NY 10017. 7 p.

Rug, W. 2006. *100 Jahre Hetzer-Patent.* Bautechnik. **83** (8): 533–540

RUNNEBAUM, A. 1886. *Die Waldeisenbahnen*. Berlin, Heidelberg: Springer. 104 p. https://doi.org/10.1007/978-3-662-26028-9.

RYAN, A. 1987. *Property*. In *The New Palgrave Dictionary of Economics*. Palgrave Macmillan UK: London: p. 1–4. https://doi.org/10.1057/978-1-349-95121-5_2225-1.

SANDBERG, D., et al. 2023. *Process Control and Grading in Primary Wood Processing*. In *Springer Handbook of Wood Science and Technology*, P. NIEMZ, A. TEISCHINGER, UND D. SANDBERG, Editors. Springer International Publishing: Cham: p. 1019–1073. https://doi.org/10.1007/978-3-030-81315-4_20.

SANDOZ, J.L. 1996. *Ultrasonic Solid Wood Evaluation in Industrial Applications*. In *10th International Symposium on Nondestrcutive Testing of Wood*, Vol. ed. *J.L. SANDOZ*. 147–154 pp. Lausanne. Chair of Timer Construction, EPFL.

SCHAEFFER, H.A., UND R. LANGFELD. 2020. *Werkstoff Glas: alter Werkstoff mit großer Zukunft*, 2nd Ed. Technik im Fokus. Berlin: Springer. 230 p

SCHÜBLER, J.J. 1998. *Zimmermanns-Kunst*, Reprint der Werke von 1731 und 1736 Ed. Hannover: Edition „libri rari" Th. Schäfer

SCHULER, A., M. BÜRGI, W. FISCHER, UND K. HÜRLIMANN. 2000. *Wald- und Forstgeschichte*. Zürich: ETH Zurich Research Collection. 148 p. Available from: [https://www.research-collection.ethz.ch/bitstream/handle/20.500.11850/149164/eth-28539-01.pdf]

SCHULZ, H. 1993. *Entwicklung der Holzverwendung im 19., 20. und 21. Jahrhundert*. Holz als Roh- und Werkstoff. **51** (2): 75–82. https://doi.org/10.1007/BF03325368.

SEUTTER, A.V. 1897. *Draht- und Drahtseil-Riesen zur Beförderung leichter Holzsortimente*. Schweizerische Zeitschrift für Forstwesen. **48** (10): 349–354

SIEBER, B. 2005. *Bürgergemeinde*. In *Historisches Lexikon der Schweiz*. Stiftung HLS. Available from: [http://www.hls-dhs-dss.ch/textes/d/D26443.php]

SIEBERS, R., UND B. HAUKE. 2015. *Ökobilanzieller Vergleich von Hallen unterschiedlicher Bauweisen*. bauforumstahl e. V. Düsseldorf. 26 p.

SILVERSIDES, R.C. 1997. *Broadaxe to Flying Shear. The Mechanization of Forest Harvesting East of the Rockies*. Transformation Series, Vol. 6. Ottawa, Ontario: National Museum of Science and Technology. 174 p

SPEER, J. 1972. *Das wissenschaftliche Werk Victor Dieterichs*. Forstwissenschaftliches Centralblatt. **91** (1): 120–124

STINGL, R., M.L. ZUKAL, UND A. TEISCHINGER. 2011. *Holzbauanteil in Österreich. Statistische Erhebung von Hochbauvorhaben*. att.zuschnitt | Attachment, (Sep): 1–23

STRAND, L. 1967. *Pristabeller for furu ved dynamisk programmering [Price tables for spruce with dynamic programming]*. Melding. Department of Forest Measurement, Agric. Univ. of Norway (8): 8–10

STRAND, L. 1968. *Pris beregninger for gran- og furutraer*. Norsk Skogbruk **18**: 409–411

STRIMITZER, L. 2023. *Holzströme in Österreich*. [Accessed Feb-19-2024]. klimaaktiv. Bundesministerium Klimaschutz, Umwelt, Energie, Mobilität, Innovation und Technologie. Available from: [https://www.klimaaktiv.at/erneuerbare/energieholz/holzstr_oesterr.html]

SUHR, M., G. KLEIN, I. KOURTI, M.R. GONZALO, G.G. SANTONJA, S. ROUDIER, UND L.D. SANCHO. 2015. *Referenzdokument für die beste verfügbare Technik (BVT) zur Herstellung von Zellstoff, Papier und Karton*. JRC Science and Policy Reports. Publications Office of the European Union. Luxemburg. 867 p, https://doi.org/10.2791/370629.

SULIS, D.B., et al. 2023. *Multiplex CRISPR editing of wood for sustainable fiber production*. Science. **381** (6654): 216–221.https://doi.org/10.1126/science.add4514

TEISCHINGER, A. 2009. Ausgewählte Thesen zur Ressourcenverknappung im Bereich Holz (Essay)| Selected theses on wood resources In short supply (essay). Schweizerische Zeitschrift für Forstwesen. **160** (12): 366–370

TEISCHINGER, A. 2010. *The development of wood technology and technology developments in the wood industries – from history to future*. European Journal of Wood and Wood Products. **68** (3): 281–287

Teischinger, A. 2014. *Die Technologie des Holzes. Herausforderungen, Möglichkeiten und Grenzen bei der Nutzung des wichtigsten nachwachsenden Rohstoffes.* Über Nutzen und Würde von Wald und Holz. M. W. Rosenberger, N. München, Oekom.

Teischinger, A. 2023. *Spannungsfeld Altholz und Frischholzvorräte für Energie und Produkte?* In *1. Internationales BioEconomy-Forum (WBE),* Vol. 9–17 pp. Rosenheim. Technische Hochschule Rosenheim.

Teischinger, A., M. Gronalt, und D. Sandberg. 2023. *Introduction to Wood Industries.* In *Springer Handbook of Wood Science and Technology*, P. Niemz, A. Teischinger, und D. Sandberg, Editors. Springer International Publishing: Cham: p. 1077–1095. https://doi.org/10.1007/978-3-030-81315-4_21.

Teischinger, A., J. Kalcher, E. Salzger, G. Praxmarer, und M. Vanek. 2016. *General systematic for a design for recycling guideline for wooden windows and wood-aluminium windows.* In *World Conference on Timber Engineering (WCTE 2016),* Vol. eds. *J. Eberhardsteiner, et al.* CD-ROM pp. Vienna. Vienna University of Technology.

Theophrastus, und K. Sprengel. 1822. *Theophrast›s Naturgeschichte der Gewächse. Übersetzt und erläutert von K. Sprengel.* Altona: Johann Friedrich Hammerich. 427 p

Thünen, J.H. 1842. *Der isolirte Staat in Beziehung auf Landwirthschaft und Nationalökonomie, oder Untersuchungen über den Einfluss, den die Getreidepreise, der Reichthum des Bodens und die Abgaben auf den Ackerbau ausüben.* Rostock: G.B. Leopold's Universitäts-Buchhandlung. 3 Theile p

Trabado, G.I., und D. Wilstermann. 2009. *Eucalyptus Global Map 2008: Cultivated Forests Worldwide.* Information Resources on *Eucalyptus* Cultivation Around the World, GIT Forestry Consulting. [‚Accessed' Mar-21-2018]. Available from: [http://git-forestry-blog.blogspot.com/2008/09/eucalyptus-global-map-2008-cultivated.html]

Tremp, E. 2011. *Regalien.* In *Historisches Lexikon der Schweiz (HLS).* [Accessed Nov-01-2023]. Stiftung HLS. Available from: [https://hls-dhs-dss.ch/de/articles/008038/2011-12-23/]

UN-CRM. 1949. *Final Act. Convention on Road Traffic. Protocol concerning Countries and Territories at present occupied. Protocol on Road Signs and Signals.* In *United Nations Conference on Road and Motor Transport,* Vol. 76 p. Geneva. United Nations, New York.

UN-ESA. 2023. *International Standard Industrial Classification of All Economic Activities (ISIC). Revision 5, structure (draft).* United Nations, Department of Economic and Social Affairs. New York. 31 p.

UPM. 2023. *Grüne Chemie mit holzbasierten Biochemikalien. UPM treibt Schaffung einer Kreislaufwirtschaft durch nachwachsende Rohstoffe auf Holzbasis voran.* CHEManager. **32** (12): 9

USNR. online. *Cambio Debarker.* Millwide Insider. **36**. USNR. Accessed [Nov-13-2023]. Available from: [https://www.usnr.com/en/content/cambiodebarkerarticle?dt=1]

Visser, R., und H. Harrill. 2017. *Cable yarding in North America and New Zealand: a review of developments and practices.* Croatian Journal of Forest Engineering: Journal for Theory and Application of Forestry Engineering. **38** (2): 209-217

von Periboni, A.E. 1858. *Beschreibung einer Vorrichtung zur Ablieferung von Bürtelholz und Faschinen über steile Flächen.* Berichte des Forstvereins Nordtirol. **1**: 149–153

Waldron, J. 2023. *Property and Ownership.* In *Stanford Encyclopedia of Philosophy*, eds. E.N. Zalta, et al. [Accessed May-17-2023]. The Metaphysica Research Lab. Stanford University. Available from: [https://plato.stanford.edu/entries/property/]

Weimar, H. 2011. *Der Holzfluss in der Bundesrepublik Deutschland 2009: Methode und Ergebnis der Modellierung des Stoffflusses von Holz.* Arbeitsbericht des Instituts für Ökonomie der Forst- und Holzwirtschaft. Johann Heinrich von Thünen-Institut. Hamburg. 42 p.

Weimar, H. 2018. *Holzbilanzen 2015 bis 2017 für die Bundesrepublik Deutschland und Neuberechnung der Zeitreihe der Gesamtholzbilanz ab 1995.* Thünen Working Paper. Thünen-Institut für Internationale Waldwirtschaft und Forstökonomie. Hamburg. 26 p, https://doi.org/10.3220/WP1533821115000.

Wheeler, N. 2004. *Synthesis: a snapshot of the global status and trends in forest biotechnology.* In *Preliminary review of biotechnology in forestry, including genetic modification*, ed. N. Wheeler. Forest Resources Division FAO. Available from: [http://www.fao.org/docrep/008/ae574e/ae574e00.htm]

Wilhelm, J. 1977. *Architectura civilis, oder, Beschreibung und Vorreissung vieler vornehmer Dachwerck, als hoher Helmen, Kreutzdächer, Wiederkehrungen, welscher Hauben, auch Kelter, Fallbrücken: item, allerley Pressen, Schnecken oder Windelstiegen und andern dergleichen mechanischen Fabrichen: alles mit höchstem Fleiss zusammen getragen, und der lieben Jugend, sonderlich aber allen Kunstliebhabern der Architectur zu Nutz und Dienst an Tag gegeben*, [Reprint der Ausgabe von 1649] Ed. Architectura civilis. Hannover: Vincentz

Windirsch, J. 1955. *Waldwegebau und Holzbringung.* In *Neudammer Forstliches Lehrbuch*, K. Rubner, Editor. J. Neumann-Neudamm: Melsungen. Vol. 5. Lieferung: p. 73–158

Winter, W. 1994. *Holz – ein Baustein des 21. Jahrhunderts.* Bauen mit Holz. **96**: 274–280

Wu, H.X. 2019. *Benefits and risks of using clones in forestry – a review.* Scandinavian Journal of Forest Research. **34** (5): 352–359

Wyssen, J. 1940. *Transporteinrichtung zum Senkrechtbewegen von Lasten und Verfahren derselben längs eines Tragseils.* Application. Patent Nr 237904. Eidgenössisches Amt für geistiges Eigentum. 8 p.

Zangger, A., S. Grüninger, G. Egloff, B. Andenmatten, und G. Chiesi. 2013. *Grundherrschaft.* In *Historisches Lexikon der Schweiz.* Stiftung HLS. Available from: [https://hls-dhs-dss.ch/de/articles/008973/2013-10-01]

Zatschek, H. 1958. *550 Jahre jung sein: Die Geschichte eines Handwerks. Nach einem Manuskript über das Wiener Tischlerhandwerk*, Verlag für Geschichte der Politik

Pfade einer zukunftsfähigen Holznutzung und -verwendung

5

Inhaltsverzeichnis

H. Heinimann und A. Teischinger, *Forst- und Holzwirtschaft im Wandel*,
https://doi.org/10.1007/978-3-662-69164-9_5

5.1 Handlungsleitlinien

Wie in Abschn. 2.5 beschrieben, kann die Forst- und Holzwirtschaft insbesondere in vier Handlungsfeldern zur Umsetzung der „Nachhaltigkeits"- und „Klimawende"leitbilder beitragen: 1) bei Ökosystemleistungen, 2) bei Bewirtschaftungsregimes für Waldökosysteme, 3) beim anthropogenen Stoffwechsel und 4) beim Infrastrukturkohlenstoffspeicher mit verbautem Holz. Die Gestaltung dieser Wenden orientiert sich an Leitideen, insbesondere der Minimierung des Risikos, Ökosystemleistungen zu beeinträchtigen, der Ausbildung und Erweiterung der Systemresilienz auf verschiedenen Raum-Zeit-Skalen, der Substitution fossilbasierter Stoffe, Materialien und Energieträger sowie dem Anstreben von Netto-Null-CO_2 mit treibhausgasfreundlichen Materialien und Prozessen. Das Netto-Null-CO_2-Konzept beschreibt einen Systemzustand der Atmosphäre, bei dem der anthropogene CO_2-Ausstoß und die anthropogene CO_2-Abscheidung über eine bestimmte Zeitperiode ausgeglichen sind (Matthews et al. 2021). Das World Business Council for Sustainable Development (WBCSD) präsentierte im Jahr 2020 eine Roadmap für den Forstsektor (WBCSD 2020), welche beabsichtigt, die Leitbilder der Klima- und Nachhaltigkeitswende in Handlungen umzusetzen und diese mit messbaren Ergebnissen zu verbinden. Acht industrielle, internationale Forstkonzerne bilden dabei die Kernmitglieder und werden ergänzt von vier assoziierten Mitgliedern. Obwohl diese Roadmap mitteleuropäische Waldbesitzer höchstens am Rande anspricht, präsentiert sie operationale Ziele, die mit den obigen Ausführungen weitgehend übereinstimmen. Im Rahmen des Bioökonomiekonzepts beabsichtigt die Roadmap, Produkte mit einem niedrigeren fossilen Kohlenstoffanteil und einer zirkulären Wiederverwend- und Wiederverwertbarkeit zu entwickeln und zu verbreiten und dabei fossilbasierte Materialien zu ersetzen, insbesondere in den Bereichen Verpackung, Bau, Energie, Chemie und Textil. Um die Klimawende aktiv mitzugestalten, zielt das WBCSD darauf ab, die Ressourceneffizienz der Produktion zu verbessern und auf erneuerbare Energien abzustützen. Im Bereich der zirkulären Wirtschaft geht es darum, die Flüsse von Produktionsabfällen und Abfallprodukten in die Wertschöpfungsnetzwerke zurückzuspeisen und wiederzuverwerten respektive wiederzuverwenden. Die Roadmap dokumentiert die Zielerreichung und es ist vorgesehen, den Fortschritt im Rahmen zukünftiger Berichte zu dokumentieren.

Die Anforderungen an die Klima- und Nachhaltigkeitswende, wie sie oben umschrieben sind, sind als Momentaufnahme zu verstehen, und es gilt zu beachten, dass sich unser Wissen mit der Zeit verändert und damit auch zu einer kontinuierlichen Anpassung der Anforderungen führt. Zudem gilt es zu bedenken, dass sich die Umsetzung dieser Anforderungen aus einer schier unermesslichen Zahl von Handlungen von Individuen und Organisationen ergeben muss, die sich nicht nach dem Prinzip „befehlen und kontrollieren“ erreichen lässt. Vielmehr geht es darum, das Gesamtsystem nach dem Prinzip „geleitete Selbstorganisation“ zu verändern, wie es sich aus der Komplexitätstheorie ergibt (Holland 1992). Dieses Prinzip ist in Abb. 5.1 dargestellt.

Leitbilder sind zwar als Begriffe klar, aber in der Operationalisierung vage und auch vieldeutig. Wie oft ist der Ausspruch zu hören: „Das ist doch nicht nachhaltig“, was überhaupt nichts darüber aussagt, welche Handlungsziele nicht erreicht werden. Das Prinzip der „geleiteten Selbstorganisation“ lässt sich vereinfacht mit Kraftfeldern ausgestalten, welche die Vielzahl der einzelnen Handlungen „ausrichten“. Vereinfacht lassen sich die obigen Anforderungen an die Klima- und Nachhaltigkeitswende mit vier Leitprinzipien abbilden (Abb. 5.1): 1) Ökosystemleistungen, 2) Systemresilienz, 3) Ökoeffizienz und 4) Klimaneutralität. Im Detail bedeuten diese vier Leitprinzipien Folgendes:

- **Ökosystemleistungen:** Ausrichten der Bewirtschaftung auf der Ebene von Waldlandschaften auf ein Portfolio von Leistungen, worunter insbesondere der lebensermöglichende Kohlenstoff-, Wasser- und Nährstoffkreislauf sowie Photosynthese/Atmung und Genfluss (Biodiversität) und die Versorgungsleistungen zu erhalten und zu erweitern sind. Die Versorgungsleistungen (Holz, Fasern, Energieträger) sind erforderlich, um die zusätzlichen Bedürfnisse, die durch das Bevölkerungswachstum, den steigenden Lebensstandard in den Län-

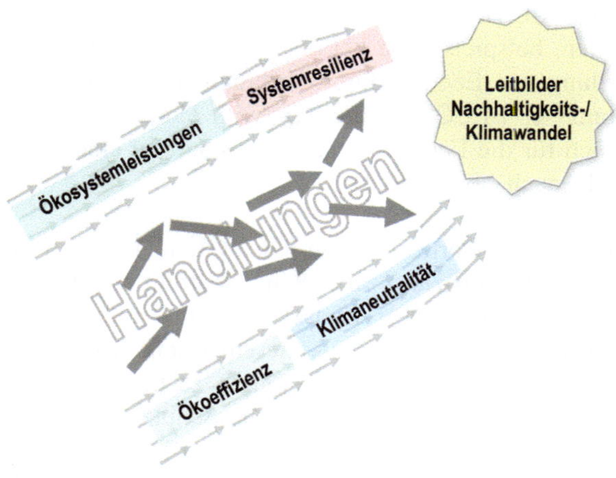

Abb. 5.1 Umsetzung des Klima- und Nachhaltigkeitswandels. Dies erfolgt durch das Handeln einer sehr großen Anzahl privater und öffentlicher Akteure und lässt sich nicht mit dem „Befehl und Kontrolle“ Prinzip verwirklichen. Das Gesamtsystem sollte sich nach dem Prinzip „geleitete Selbstorganisation“ verändern, wobei das Leiten durch vier Kraftfelder geschieht: 1) Ökosystemleistungen, 2) Systemresilienz, 3) Ökoeffizienz und 4) Klimaneutralität

dern des Südens sowie durch die Substitution fossilbasierter Stoffe durch Biomasse entstehen, zu befriedigen (siehe auch Abschn. 2.5.1).

- **Systemresilienz:** Fähigkeit eines Waldökosystems, bei unerwarteten, akuten Störungen oder chronischen Beanspruchungen essenzielle Systemfunktionen, -strukturen und Feedbackschleifen derart anzupassen oder zu rekonfigurieren, dass erforderliche Ökosystemleistungen mindestens so gut erbracht werden wie im Ausgangszustand. Die Ausbildung von Resilienz erfolgt durch gleichzeitiges Ausgestalten von struktureller Vielfalt auf verschiedenen Raum-Zeit-Skalen, insbesondere Waldlandschaften, Verjüngungsflächen und Baumindividuen (siehe Abschn. 5.4.3 bis Abschn. 5.4.5).
- **Ökoeffizienz:** Mit weniger Ressourcen, Emissionen und Abfällen mehr Leistungen bereitzustellen, was auch als erforderliche Effizienzrevolution bezeichnet wird, bei der es darum geht, aus weniger mehr zu machen (Brundtland und The World Commission on Environment and Development 1987, Schmidheiny und Business Council for Sustainable Development 1992). Die ISO-Norm 14.031 über die Beurteilung der Umweltleistungsfähigkeit (ISO 2021) setzt die Idee der Ökoeffizienzindikatoren um und definiert Umweltleistungsindikatoren (*operational performance indicators,* OPIs), die betriebliche Prozesse charakterisieren (siehe auch Abschn. 2.4.3).
- **Klimaneutralität:** Im 6. IPCC-Sachstandsbericht kommen die Experten zum Schluss, dass es neben der Reduktion der Treibhausgasemissionen zusätzliche Maßnahmen braucht, um die Erwärmung der Atmosphäre zu begrenzen (Lee et al. 2023). Als Strategie schlagen sie die Netto-Null-CO_2-Strategie vor, die einen Zustand beschreibt, bei dem die anthropogenen CO_2-Emissionen durch anthropogene CO_2-Abscheidung wettgemacht werden (Matthews et al. 2021). Technologien zur Abscheidung und Speicherung von Kohlenstoff (Carbon Capture and Storage, CCS) sollen dabei vor allem bei industriellen Prozessen zum Einsatz kommen, beispielsweise bei der Stahl- und Zementherstellung, sowie der Bereitstellung von Energie durch Verbrennen von fossilen Energieträgern und von Biomasse. BECCS (Bioenergy with Carbon Capture and Storage) wird damit auch für die Forst- und Holzwirtschaft zu einer wichtigen Herausforderung (siehe auch Abschn. 5.2).

Die Bereitstellung eines Portfolios von Ökosystemleistungen mit den Zielen der Systemresilienz, Ökoeffizienz und Klimaneutralität entspricht einem Entscheidungsproblem bei mehrfacher Zielsetzung. In der Praxis ist festzustellen, dass verschiedene Interessengruppen aus diesem Kanon von Zielen ein Vorzugsziel auslesen und versuchen, dieses bestmöglich zu befriedigen. So sind immer wieder Berichte zu lesen, dass der erfolgreiche Schutz einer Art, beispielsweise des Bibers, in einem bestimmten Schutzgebiet die Biodiversität massiv gefördert habe. Dabei wird die Problematik konfliktärer Ziele völlig ausgeblendet. In vielen Fällen besteht ein Konflikt zwischen der Bereitstellung von Versorgungsleistungen (Holz, Fasern, Energieträger) und Nichtholzleistungen, wobei es zwei Grenzzustände gibt. Einerseits lässt sich die Versorgungsleistung maximieren, während die Bereitstellung von Nichtholzleistungen null wird, und im anderen

Fall ist es genau umgekehrt. Falls die gegenseitige Abhängigkeit (Trade-off) der Ziele bekannt ist, lassen sich Lösungen finden, die zwischen diesen beiden Extremen liegen, die Pareto-effizient sind, d. h., die Zielerreichung für das erste Teilziel lässt sich nicht verbessern, ohne die Zielerreichung des zweiten Teilziels zu verschlechtern. Werden beispielsweise 100 ha Wald als Reservat mit Nutzungsverbot ausgeschieden, so geht dabei ein Waldnutzungspotenzial von ungefähr 1000 m^3 verloren. Der systematische Waldumbau in Mischbestände mit hoher Baumartenvielfalt wirkt sich ebenfalls auf die Versorgungsfunktionen der Wälder aus. Die Rundholzlogistik ist mit höheren Transportkosten konfrontiert und die Versorgung von Cellulosewerken oder Bioraffinerien, welche auf möglichst homogenes Rohmaterial angewiesen sind, wird wesentlich erschwert oder sogar unmöglich gemacht.

Diese Situation hat Konsequenzen für die Optionen einer zukünftigen Entwicklung. Erstens führt die Problematik der Mehrfachzielsetzung dazu, dass es keine „Goldstandardlösung“ gibt, sondern lediglich Lösungen, die im besten Fall Pareto-effizient sind. Falls der Anspruch hochgehalten wird, mehrere Ziele gleichzeitig zu erreichen, so ist dies nur möglich, wenn die Bereitschaft besteht, an der Erreichung einzelner Ziele Abstriche zu machen, d. h., Kompromisse einzugehen. Zweitens müssen wir akzeptieren, dass wir die gegenseitige Abhängigkeit von Zielen (Trade-offs) nicht oder höchstens rudimentär verstehen, womit es nicht möglich ist, Pareto-effiziente Lösungen zu identifizieren. Drittens muss es darum gehen, die Vielfalt möglicher Lösungen im Rahmen einer großen Zahl von Experimenten umzusetzen und daraus kontinuierlich zu lernen. Die nachfolgenden Ausführungen sind somit als Option zu verstehen, welche für die Umsetzung immer wieder adaptiert und konfiguriert werden müssen. So wie wir heute überzeugt sind, dass die Erhaltung und Erweiterung der Biodiversität essenziell ist, um mit unerwarteten zukünftigen Ereignissen umgehen zu können, ist es erforderlich, zukunftsfähige Lösungen auf der Basis von „Handlungsdiversität“ zu entwickeln und laufend anzupassen.

5.2 Wald- und Holzwirtschaft – Teil des globalen Kohlenstoffmanagements

5.2.1 Globaler Kohlenstoffkreislauf

Der Kohlenstoffkreislauf ist eine lebensermöglichende Ökosystemleistung, welche für die Umwandlung, die Speicherung und den Transport von Kohlenstoffverbindungen innerhalb bzw. zwischen der Atmosphäre, der terrestrischen und marinen Biosphäre und der Pedosphäre sorgt (Matthews et al. 2021). Kohlenstoff ist die Grundlage allen Lebens und notwendig, um komplexe Moleküle wie Proteine oder DNA aufzubauen, was durch Organismen geschieht. Abgestorbene Pflanzen- und Tiergewebe werden zu CO_2 abgebaut und zurück in die Atmosphäre transportiert, das Pflanzen und Bakterien für den Aufbau organischer Kohlenstoffverbindungen wiederum verwenden. Dieser Kreislauf von der Atmosphäre in die

Bio- und Pedosphäre und wieder zurück in die Atmosphäre wurde zunehmend durch menschliche Aktivitäten beeinflusst, insbesondere die energetische Nutzung fossiler Brennstoffe sowie Veränderungen der Landnutzung. Dadurch erfolgte eine Anreicherung von Treibhausgasen (CO_2, CH_4 und N_2O) in der Atmosphäre, die im Jahre 2019 eine CO_2-Konzentration von 410 ppm erreichte, was höher ist als in jedem Zeitpunkt der letzten 800.000 Jahre (CANADELL et al. 2021). Der Treibhausgasanstieg verändert die Strahlungsbilanz der Erde, die in einem ungestörten Zustand zwischen eingehender und ausgehender Strahlung ausgeglichen ist. Treibhausgase absorbieren einen Großteil der von der Erde ausgehenden langwelligen Strahlung, was zu einer Erwärmung der erdnahen Schichten der Atmosphäre führt.

Der global vorhandene Kohlenstoff findet sich in verschiedenen Speichern. Über 99 % des Kohlenstoffvorkommens kommen in der Erdkruste und dem äußersten Teil des Erdmantels (Lithosphäre) als Gesteine und fossile Brennstoffe vor. Die Landnutzung ist bestimmt durch Kohlenstoffflüsse zwischen drei Kohlenstoffspeichern: der Atmosphäre mit rund 950 Pg (Petagramm), der Biosphäre mit rund 450 Pg und der Pedosphäre (Böden) mit rund 1700 Pg (CANADELL et al. 2021). Die Ozeane sind ein Kohlenstoffspeicher von rund 38.000 Pg. Während die Umsatzzeiten in der Atmo- und Biosphäre Jahre bis Jahrzehnte betragen, liegt der entsprechende Wert für die Ozeane bei Jahrzehnten bis zu Jahrhunderten. Die Umsatzseiten für den größten Kohlenstoffspeicher, Gesteine und fossile Brennstoffe der Lithosphäre, umfassen geologische Zeiträume und können bis zu Jahrmillionen betragen. Die menschliche Mobilisierung von fossilen Brennstoffen aus diesem Kohlenstoffspeicher hat das lang eingespielte Gleichgewicht zwischen den verschiedenen Kohlenstoffspeichern stark gestört. Gemäß aktuellen Schätzungen betrug der Eintrag in die Atmosphäre für den Zeitraum 2010–2019 rund 11 Pg pro Jahr, wovon 9,4 Pg auf das Verbrennen fossiler Energieträger und die Zementproduktion entfielen, während die Änderung der Landnutzungssysteme die restlichen 1,6 Pg pro Jahr ausmachen. Die Emissionen wurden zu rund 46 % in der Atmosphäre, zu rund 31 % in terrestrischen Ökosystemen und zu 23 % in den Ozeanen aufgenommen (CANADELL et al. 2021). Es gibt aber auch Wechselwirkungen zwischen Veränderungen in der Atmo-, der Bio- und der Pedosphäre. Die Klimaveränderung führt zu erhöhter Bodenatmung und Erosion, was sich negativ auf die Atmosphäre auswirkt. Gleichzeitig führt ein Anstieg der CO_2-Konzentration in der Atmosphäre zu einer Intensivierung der Photosynthese und somit des Pflanzenwachstums. Der 6. Sachstandsbericht des IPCC kommt zum Schluss, dass das Verständnis des Kohlenstoff-Klima-Feedbacks ungenügend ist und dass es nötig ist, unser Verständnis der CO_2-Düngung, der Stabilisierung des organischen Bodenmaterials, des Pflanzenwachstums und der Pflanzenmortalität im Kontext der Feedbackmechanismen zu verbessern (CANADELL et al. 2021).

5.2.2 Sektorspezifischer Kohlenstoffkreislauf

Die Kohlenstoffkreisläufe der Biosphäre und der Ozeansphäre werden oft separat betrachtet, da sie nur lose gekoppelt sind. Der terrestrische Kohlenstoffumsatz findet primär innerhalb lokaler Ökosysteme statt und beschreibt typischerweise die Abscheidung von CO_2 aus der Atmosphäre, die Speicherung von Kohlenstoff in der Vegetation und im Boden sowie dessen Rückführung in die Atmosphäre. Aus der Sicht der Land- und Holznutzung ist diese Repräsentation zu eng, da sie die anthropogenen Stoffflüsse, welche die Biomassenutzung und -verwertung verursachen, ausblendet. Abb. 5.2 illustriert den Wald-Holz-Kohlenstoffkreislauf als Verbund von ökosystembezogenen und industriellen Stoffwechselsystemen.

Es sind fünf Prozesse, welche den Stoffumsatz im Modell gemäß Abb. 5.2 bestimmen.

- Die **Photosynthese** synthetisiert energiereiche organische Verbindungen (Glucose, Stärke) aus anorganischen Verbindungen (CO_2, H_2O) unter der Abgabe von Sauerstoff. Die chemische Summenformel (Gl. 5.1) lautet:

$$6H_2O + 6CO_2 \rightarrow C_6H_{12}O_6 + 6O_2 \tag{5.1}$$

Aus 1 kg CO_2, das aus der Atmosphäre abgeschieden wird, entstehen mit der Photosynthese rund 0,7 kg organische Verbindungen (Biomasse), wobei rund 0,7 kg Sauerstoff und 0,4 kg Wasser abgegeben werden. Betrachtet man die Holzsynthese (Gl. 5.2), so ergibt sich ein etwas anderes Bild.

$$0{,}7\,H_2O + CO_2 \rightarrow CH_{1,4}O_{0,7} + O_2 \tag{5.2}$$

Die Synthese von 1 t Holz bindet rund 1,8 t CO_2, was zwischen 800 und 1100 kg CO_2 pro Kubikmeter Holz entspricht und mit der Trockendichte von

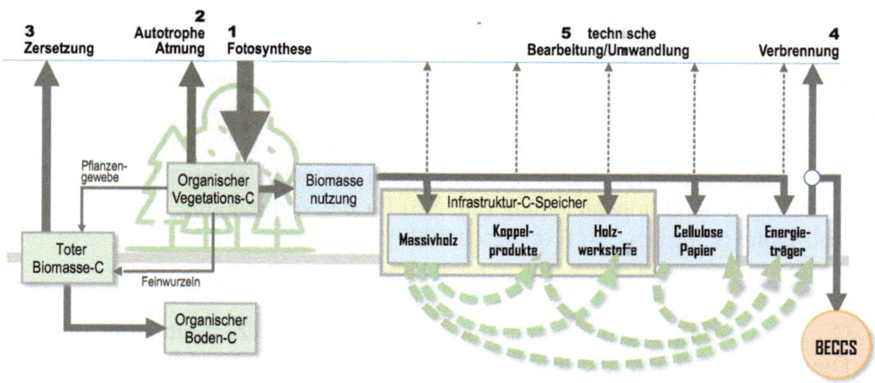

Abb. 5.2 Wald-Holz-Kohlenstoffkreislauf als Verbund von terrestrischem und industriellem Stoffwechselsystem. Fünf Prozesse bestimmen das Gesamtsystem: 1) Photosynthese, 2) autotrophe Atmung, 3) Zersetzung von Biomasse, 4) Verbrennungsprozesse bei der verfahrens- und fertigungstechnischen Bearbeitung/Umwandlung sowie 5) Verbrennung von Biomasse. Um Netto-Null-CO_2 zu erreichen, ist zudem die Abscheidung und Speicherung von CO_2 mit technischen Maßnahmen notwendig. BECCS = Bioenergy with Carbon Capture and Storage

Holz variiert. Die globale Bruttoprimärproduktion (GPP) beträgt schätzungsweise 120 Pg Kohlenstoff pro Jahr (Prentice et al. 2001) und nimmt durch den CO_2-Düngungseffekt bis zu einer Konzentration von etwa 800 ppm zu. Etwa 50 % der GPP benötigen die Pflanzen für die Atmung und lediglich etwa 25 % werden für den Aufbau von Holzgewebe verwendet.

- Die **Atmung der Pflanzen** (autotrophe Atmung, R_a) über die Blätter und die Wurzeln dient der Energiegewinnung bei wenig oder keinem Licht und wird auf etwa 60 Pg C (Kohlenstoff) pro Jahr geschätzt (Prentice et al. 2001). Daraus ergibt sich die Nettoprimärproduktion (NPP), die sich wie folgt berechnet: $NPP = GPP - R_a$, entsprechend einem Flux von 60 Pg C pro Jahr.
- Die **Zersetzung** (heterotrophe Atmung, R_h) entsteht einerseits durch Bakterien und Pilze, welche abgestorbenes Pflanzen- und Tiergewebe in anorganische Verbindungen zerlegen, die wiederum als Nährstoffe dienen. Andererseits sind es chemische Prozesse, insbesondere Verbrennung (natürliche und anthropogene Brände), welche organisches Material in anorganische Komponenten zersetzen. Dies ist der Grund, warum die heterotrophe Atmung und Feuer zusammengefasst werden (Canadell et al. 2021). Der Zersetzungsfluss wird auf etwa 57 Pg C pro Jahr geschätzt, von denen etwa 4 Pg C pro Jahr auf Feuer entfallen. Schadensereignisse bereiten einerseits große Mengen von abgestorbenem Pflanzengewebe auf oder wandeln andererseits Biomasse durch Verbrennung in anorganische Komponenten um. In beiden Fällen werden große Mengen an zusätzlichem CO_2 freigesetzt, was auf die Kohlenstoffbilanz einen maßgeblichen Einfluss hat (Kurz et al. 2008). Dieser Effekt, der durch den Klimawandel an Bedeutung zunehmen wird, wird in der Diskussion um die Rolle der Wälder im Kohlenstoffzyklus oft vernachlässigt. Aus der Bruttoprimärproduktion und der autotrophen und heterotrophen Atmung ergibt sich die Nettoökosystemproduktion (NEP): $NEP = GPP - R_a - R_h$, entsprechend einem Flux 3 Pg C pro Jahr. Aus Abb. 5.2 ergibt sich, dass bei einem angenommenen Gleichgewichtszustand die NEP der Summe der Fluxe von abgestorbenem Pflanzengewebe und von Biomassenutzung entsprechen muss.
- Die **verfahrens- und fertigungstechnische** Bearbeitung und Umwandlung von Waldholz zu Holzprodukten benötigt Prozessenergie, die bei der Holzernte und dem Holztransport primär mit Verbrennungsmotoren bereitgestellt wird. Die vereinfachte Reaktionsgleichung (Gl. 5.3) für die Verbrennung von Dieseltreibstoff lautet (Challen und Baranescu 1999):

$$C_{13,2}H_{24,4} + 19{,}3\,O_2 \rightarrow 13{,}2\,CO_2 + 12{,}2\,H_2O \tag{5.3}$$

- $C_{13,2}H_{24,4}$ beschreibt die durchschnittliche chemische Zusammensetzung von Dieseltreibstoff und die Reaktionsgleichung gilt für eine idealisierte vollständige Verbrennung. Jedes verbranntes Kilogramm Diesel stößt ungefähr 3,1 kg CO_2 aus. Bei der Holzverarbeitung wird oft aus Rinde und Restholz elektrische Energie und Wärme erzeugt (Wärme-Kraft-Kopplung), die in die technischen Prozesse einfließen. Das für die Energiebereitstellung durch Logistik und Verfahrenstechnik ausgestoßene CO_2 wird oft vernachlässigt. Dies mag auch der Grund sein, warum die Datenlage dazu dürftig ist.

- **Verbrennen von Holz** zur Gewinnung von Wärmeenergie: Eine aktuelle Untersuchung weist aus, dass 52 % des weltweit geernteten Holzes für energetische Zwecke verwendet werden, was einer Menge von rund 1,9 Mrd. m^3 pro Jahr entspricht (Peng et al. 2023). Die vereinfachte Reaktionsgleichung (Gl. 5.4) für das Verbrennen von Holz lautet (Nussbaumer 2003):

$$CH_{1,4}O_{0,7} + O_2 \rightarrow CO_2 + 0{,}7H_2O \tag{5.4}$$

  $CH_{1,4}O_{0,7}$ beschreibt die durchschnittliche chemische Zusammensetzung von Energieholz, wobei die Reaktionsgleichung idealisierte Bedingungen für eine vollständige Verbrennung wiedergibt. Bei vollständiger Verbrennung entstehen Abgase (CO_2, H_2O, NO_x), während bei unvollständiger Verbrennung zusätzlich CO, C_xH_y, NH_3 und N_2O ausgestoßen werden. Daneben entstehen auch Partikel (PM_{10}), insbesondere Kohlenstoff, Teer, Ruß, Salze sowie weitere Verunreinigungen. Dabei gilt es zu beachten, dass sich die Emission von Stickoxiden und anorganischem Feinstaub (PM_{10}) auch bei optimalem Feuerungsbetrieb nicht verhindern lässt, weshalb sie abgeschieden werden sollten. Aus der Reaktionsgleichung ergibt sich, dass bei der Verbrennung von 1 kg Holz rund 1,8 kg CO_2 entstehen. Mit der Volumenschätzung von Peng et al. (2023) ergibt sich daraus ein CO_2-Ausstoß von rund 2 Tg (Teragramm) CO_2 durch die energetische Verwertung von Holz, was bei einer Netto-Senken-Kapazität der Biosphäre von rund 3 Pg pro Jahr doch ganz beträchtlich ist.

Die Verarbeitung von Holz, die Herstellung von Holzwerkstoff und die zugehörende Transportlogistik basieren auf einer Vielzahl von Prozessen, die in der obigen Auflistung nicht berücksichtigt sind. An dieser Stelle beleuchten wir zwei Umweltleistungsindikatoren eingehender: die „grauen CO_2-Emissionen“ und die „graue Energie“, welche konsumiert wurden, um ein bestimmtes Produkt herzustellen. „Grau“ bedeutet dabei eine kumulierte Menge von der Bereitstellung der Rohstoffe, der Herstellung von Werkstoffen, Halbfertigprodukten und Produkten über den gesamten Lebenszyklus, d. h. „von der Wiege bis zur Bahre“. „Grau“ bedeutet aber auch, dass es nicht mehr direkt sichtbar ist. Abb. 5.3 illustriert die grauen CO_2-Emissionen und die graue Energie für Schnittwaren, Holzwerkstoffe und Pellets. Die Daten entstammen der ecoinvent-Datenbank (ecoinvent 2022), welche Ökoinventare für verschiedenste Produkte bereitstellt.

Bei den grauen CO_2-Emissionen zeigt sich, dass diese mit zunehmender Fertigungstiefe ansteigen. So ist vom Schnittholz zum Brettschichtholz/Brettsperrholz eine Verdoppelung und zur Faserplatte eine Verzehnfachung zu verzeichnen. Mit der Nutzung von Holz werden, bildlich gesprochen, zwei Kredite aufgenommen: 1) ein Kohlenstoffkredit, der das in Holz gespeicherte CO_2 repräsentiert, 2) ein Energiekredit, der den Heizwert des Holzes verkörpert. Ein Verbrauch dieser Kredite bei der Verarbeitung und Herstellung von Holzwerkstoffen ist ein Maß für die ökologische Effizienz. Geht man davon aus, dass jede Tonne Holz rund 1,8 t CO_2 abgeschieden und gespeichert hat, so verbrauchen Schnittwaren davon rund 6 %, Brettschichtholz/Brettsperrholz rund 15 % und Faserplatten rund 75 %. Ein ökologisch idealer Holzwerkstoff sollte nicht mehr graue

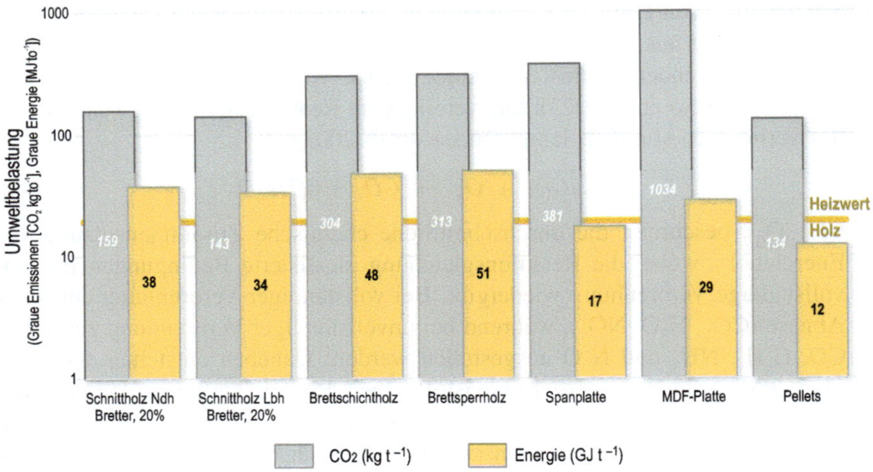

Abb. 5.3 Graue CO_2-Emissionen (grau) und graue Energie (gelb), die im ökologischen Rucksack von Schnittholz, Holzwerkstoffen und Pellets enthalten ist. Rund 90 % der grauen Energie von Schnittwaren und Holzwerkstoffen stammt aus Biomasse. Für Spanplatten liegt dieser Anteil bei knapp 50 %. Nach Daten von Econivent (2022) für die Region Europa (RER)

Energie verbrauchen, als bei seiner Verbrennung wiedergewonnen werden kann. Der Heizwert von Holz beträgt 18,3 GJ pro Tonne. Schnittwaren weisen einen ökologischen Rucksack auf, in dem sich eine Menge grauer Energie befindet, die rund 1,5-mal größer ist als ihr Heizwert. Dieser Wert steigt für Brettschichtholz/ Brettsperrholz auf das rund Zweifache an, während für die Faserplatte rund das Dreifache des Heizwerts erforderlich ist. Die graue Energie, die für die Bereitstellung von Pellets erforderlich ist, entspricht rund 65 % des Heizwerts. Dieser Wert zeigt, dass Pellets alles andere als energiefreundlich sind, vor allem, wenn man bedenkt, dass dieser Aufwand alleine dafür betrieben wird, um Rohholz, das man direkt verbrennen könnte, in eine andere brennbare Form umzuwandeln. Die Wahrnehmung ist oft, dass Holz mit wesentlichen ökologischen Folgen verbunden ist. Aber auch hier gilt, *„what gets measured, gets managed"*, was eine kontinuierliche Verbesserung ermöglicht.

5.2.3 Infrastrukturkohlenstoffspeicher

Der in Abb. 5.2 dargestellte Ausschnitt aus dem Kohlenstoffkreislauf besteht aus vier Speichern: 1) der Vegetation, 2) der Atmosphäre, 3) dem Boden sowie 4) dem in der Infrastruktur der Anthroposphäre verbauten Kohlenstoff. Für die Größe dieser Speicher liegen Schätzwerte vor (Canadell et al. 2021): 450 Pg in der Vegetation, 590 Pg in der Atmosphäre sowie 1700 Pg im Boden, die im obersten Meter der Böden gelagert sind (Lal 2018). Die Rolle des Bodens als Kohlenstoffspeicher wurde lange Zeit unterschätzt; sie beträgt mehr als das 1,5-Fache der Masse, die in

Atmosphäre und Vegetation zusammen gespeichert ist. In neuester Zeit erlangen vom Menschen gestaltete Kohlenstoffspeicher – *„engineered stocks"* – beträchtliches Interesse, die in Abb. 5.2 als „Infrastruktur-C-Speicher" bezeichnet sind. Es geht dabei vor allem um langlebige Holzprodukte wie Schnitt- und Hobelwaren sowie Holzwerkstoffe, die in vom Menschen geschaffenen Anlagen in Siedlungen sowie Verkehrs- und Energieinfrastruktur verbaut sind. Damit wird der in den Schnittwaren, Hobelwaren und Holzwerkstoffen enthaltene Kohlenstoff in der Regel über mehrere Generationen gespeichert, womit ein langlebiger, künstlicher Kohlenstoffspeicher entsteht.

Der menschliche Stoffhaushalt zeichnet sich dadurch aus, dass er Stoffe und Materialien aus den fossilen und mineralischen Speichern der Litersphäre entnimmt und diese in die Speicher der Atmosphäre und der Infrastruktursysteme umlagert. Abb. 5.4 illustriert, wie sich diese Speicher mit der Zeit entwickelt haben und möglicherweise entwickeln werden.

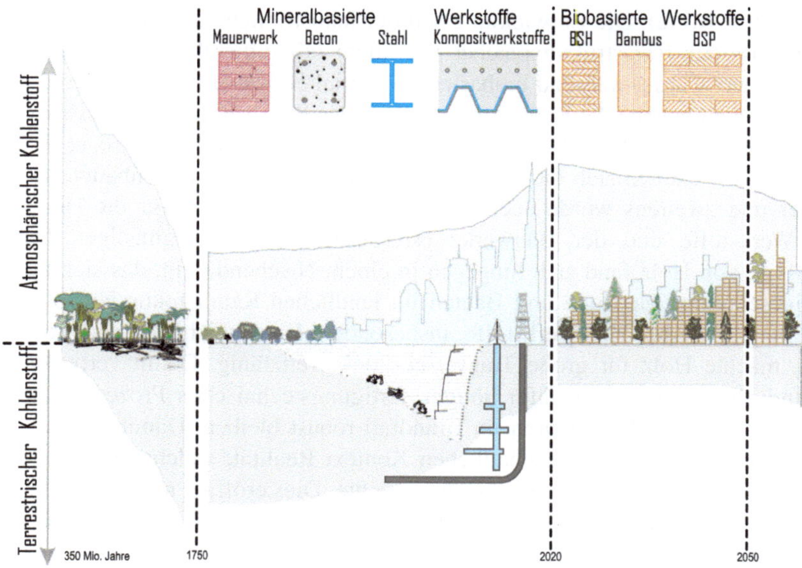

Abb. 5.4 Entwicklung der Kohlenstoffspeicher in Wechselwirkung mit anthropogenen Aktivitäten. Der fossile Lithosphärenspeicher (Kohle, Erdöl, Gas) entstand im Wesentlichen vor mehr als 100 Mio. Jahren, während die CO_2-Konzentration in der Atmosphäre abnahm. Seit der industriellen Revolution begann die Menschheit, die fossilen Ressourcen in großem Stil zu nutzen, und durch Verbrennungsprozesse nahm die Konzentration in der Atmosphäre zu (links). Die Aktivitäten für die Herstellung von Werkstoffen und den Bau von Infrastruktursystemen erforderte zudem den massiven Abbau mineralischer Fest- und Lockergesteine (Mitte). Das Konzept der Bioökonomie strebt einerseits den Ersatz fossilbasierter Werkstoffe und Systeme mit biobasierten Werkstoffen an, worunter Holz eine erstrangige Rolle einnimmt (rechts). Damit wird der anthropogene „Infrastrukturspeicher" angereichert. BSH = Brettschichtholz; BSP = Brettsperrholz. Nach Churkina et al. (2020), verändert

Im Urzustand, ohne Einfluss des Menschen entstanden die ersten Kohleflöze, vor allem in den geologischen Zeitaltern des Devon und des Karbon, d. h. vor etwa 380–300 Mio. Jahren (Abb. 5.4, links). Kohle bildet sich aus Pflanzenmaterial, das in Form von Torf in sumpfigen Umgebungen abgelagert wurde. Erdöl entstand vor etwa 200–65 Mio. Jahren durch das Absterben von Tieren, Pflanzen und Mikroorganismen und deren Absinken auf den Grund von Meeren und Seen. Die Überlagerungen mit Sedimentgestein führten dazu, dass Druck und Hitze zunahmen, was – analog zur Pyrolyse – zu einem Aufbrechen der Kohlenstoffmoleküle führte. Die primär energetische Nutzung von Kohle und Erdöl führt – wie bereits beschrieben – zu einer Anreicherung des CO_2 in der Atmosphäre und als Folge davon zum Treibhauseffekt. Der Bau und die kontinuierliche Entwicklung der menschlichen Infrastruktur benötigen große Mengen an Baustoffen, die aus den mineralischen Speichern der Lithosphäre gewonnen werden. Wie in Abschn. 4.2 ausgeführt, ist Zement weltweit der wichtigste Baustoff, der aus Kalkstein, Ton, Sand und Eisenerz hergestellt wird. Für die Herstellung von Beton und Asphaltbeton werden zudem große Mengen an mineralischen Zuschlagstoffen benötigt, die in gewissen Gegenden der Welt bereits knapp geworden sind (schematisch dargestellt in Abb. 5.4, Mitte). Die Entwicklung seit der industriellen Revolution hat dazu geführt, dass der Infrastrukturspeicher vor allem mit mineralbasierten Werkstoffen angereichert wurde, während biobasierte Materialien wie Holz eine untergeordnete Rolle gespielt haben. Die Bedeutung von Holz als Baustoff nahm im späten 19. und im 20. Jahrhundert ab, wofür es vor allem zwei Gründe gibt (Churkina et al. 2020). Erstens entwickelten sich die Techniken der Stahl- und Stahlbetonbauweise rasant weiter und zweitens wurde auch die Prozessenergie, welche für die Herstellung der Werkstoffe und der Bauwerke erforderlich ist, kostengünstiger. Die Anwendung von Holz fand sich hingegen in einem Nischendasein, das sich auf ein-/zweigeschossige Gebäude und Bauten im ländlichen Raum fokussierte. Die Entwicklung moderner Holzwerkstoffe, insbesondere Brettschichtholz und Brettsperrholz, machte Holz für große Tragwerke konkurrenzfähig. Damit verbunden war die Industrialisierung der dafür nötigen fertigungstechnischen Prozesse sowie der Nachweis, dass Holzstrukturen im Brandfall robust bleiben. Damit wurden mehrgeschossige Bauten im städtebaulichen Kontext Realität, welche Holz gegenüber Stahl- und Stahlbeton wettbewerbsfähig machte. Dies eröffnet neue Möglichkeiten, mit Holzbauten den anthropogenen Infrastruktur-C-Speicher anzureichern, was in Abb. 5.2 und Abb. 5.4 rechts dargestellt ist.

Der Infrastruktur-C-Speicher wurde bisher höchstens am Rande in die Überlegungen eines globalen Kohlenstoffmanagements einbezogen. Es ist deshalb auch nicht erstaunlich, dass unser Verständnis beschränkt ist, wie groß der Infrastruktur-C-Speicher derzeit ist und welches Potenzial er aufweist. Es ist sehr schwierig, die Masse des in anthropogenen Strukturen verbauten Kohlenstoffs zu schätzen, da sie eine beträchtliche räumliche und kulturelle Variabilität aufweist. Eine Studie, die explosiven Charakter hat (Lauk et al. 2012), schätzte den globalen Infrastrukturholzspeicher für 2010 auf rund 7 Pg, wobei der entsprechende Wert für das Jahr 1900 bei etwa 2,2 Pg lag. Pro Erdeinwohner entspricht der Speicher fürs Jahr 2010 etwa 7 t, was rund 2 % des in der Biosphäre gespeicherten Kohlenstoffs entspricht.

Die Autoren stellten zudem fest, dass ab etwa 1960 der Anteil von Bitumen und Plastik am gesamten anthropogenen Kohlenstoffspeicher massiv zunahm. Im Jahre 2010 waren etwa 2,2 t Bitumen und 2 t Plastik pro Erdeinwohner gespeichert. Bitumen und Plastik sind Erdölderivate, die man im Rahmen einer Bioökonomie mit anderen Produkten substituieren möchte. Regionale Untersuchungen zum Infrastrukturkohlenstoffhaushalt erschienen bereits in den 1990er-Jahren (Müller et al. 1995; Müller 1998). Für ein Modellgebiet des schweizerischen Mittellands schätzten die Autoren den Infrastruktur-C-Speicher auf rund 5 t pro Einwohner, was bei einem Holzvorrat im Wald von 25 t pro Einwohner einen Anteil von rund 20 % ergibt. Eine neuere österreichische Studie (Kalcher et al. 2017) schätzt den derzeitigen Speicher auf rund 2 t pro Einwohner und einen Anstieg auf rund 3 t pro Einwohner bis ins Jahr 2100. Der Holzvorrat im Wald liegt in Österreich bei rund 70 t pro Einwohner, womit der anthropogene Holzkohlenstoffspeicher 2–4 % des Waldspeichers entspricht. Diese Studien legen große Unterschiede offen, was in der Unsicherheit der Daten und der Schätzmodelle begründet sein dürfte. Sie zeigen auch, dass es zusätzliche Untersuchungen braucht, um den Stand und die Dynamik der derzeitigen Infrastruktur-C-Speicher besser zu verstehen.

Die Brettschicht- und Brettsperrholztechnologien haben mittlerweile einen Reifegrad erreicht, der es ermöglicht, Holztragwerke zu entwickeln, die hinsichtlich Spannweite und Höhe mit Stahlbeton- und Stahlkonstruktionen konkurrieren können. Damit ist die Voraussetzung geschaffen, mehrgeschossige Wohn- und Geschäftsgebäude in Holz zu realisieren (Abb. 5.4). Eine Studie versuchte, die Substitutionsmöglichkeiten des Holzbaus im Städtebau abzuschätzen, indem sie vier Szenarien mit Holzbauanteilen zwischen 0,5 und 90 % untersuchte (Churkina et al. 2020). Geht man von einem Infrastruktur-C-Speicher von 7 Pg aus (Lauk et al. 2012), so lässt sich dieser in 30 Jahren beim 10-%-Szenario um 25 %, beim 50-%-Szenario um 85 % und beim 90-%-Szenario um 160 % anheben, wobei diese Schätzwerte mit beträchtlichen Fehlern behaftet sind. Die Studie zeigt, dass die Transformation des Gebäudeparks lange Zeit in Anspruch und zudem erhebliche Schwierigkeiten zu überwinden hat. Sie illustriert, dass eine Holzbautransformation der Gebäudeinfrastruktur große Mengen an zusätzlichem sägefähigem Rundholz erforderte. Nimmt man die FAO-Statistik als Grundlage, welche ein weltweites jährliches Volumen an sägefähigem Rundholz von etwa 1,1 Mrd. m^3 ausweist, wären für das 10-%-Szenario 35 %, für das 50-%-Szenario 160 % und für das 90-%-Szenario 290 % zusätzliches sägefähiges Rundholz bereitzustellen. Damit stellt sich die Frage, woher dieses beträchtliche Holzvolumen kommen soll. Eine Möglichkeit wäre, die nicht genutzten Zuwachspotenziale zu erschließen und zu ernten, was jedoch sehr schwierig sein dürfte. Im Dezember 2022 beschloss die UN-Biodiversitätskonferenz, bis zum Jahr 2030 30 % der Landfläche, der Ozeane, der Küstengebiete sowie der Inlandsgewässer zu schützen (Lo und Jang 2022), was allfällige Bestrebungen, die Nutzung zu intensivieren, stark erschweren dürfte. Die Autoren betonen, dass zusätzliche Kapazitäten zur Produktion von sägefähigem Rundholz vor allem aus Plantagen kommen könnten. Sie sehen ein großes Potenzial im Bambus, der rasch wächst und sich in den Tropen und Subtropen leicht kultivieren lässt. Eine Holzbautransformation bedingte zudem, dass

Stahl- und Stahlbetonanbieter aus dem Gebäudesektor verdrängt werden müssten, was in der Regel über einen Preiskampf oder staatliche Anreizsysteme geschehen muss. Es ist auch davon auszugehen, dass die heutigen Anbieter versuchen würden, die Politik mit Lobbying zu beeinflussen, um eine groß angelegte Holzbautransformation zu verhindern. Alles in allem ist festzuhalten, dass eine Holzbautransformation des Gebäudeparks viel Zeit in Anspruch nimmt, d. h. zu langsam ist, um zu einer Begrenzung der globalen Erwärmung beizutragen. Zudem benötigte sie ein großes Volumen an zusätzlichem sägefähigem Rundholz, wofür Hindernisse zu überwinden sind, insbesondere die Erschließung nicht genutzter Zuwachspotenziale, die Errichtung zusätzlicher Plantagen sowie die Verdrängung von Stahl- und Stahlbetonanbietern.

5.2.4 Kohlenstoffflüsse

Neben den Kohlenstoffflüssen von der beziehungsweise zur Atmosphäre existieren systeminterne Flüsse. Ein wichtiger Fluss setzt Kohlenstoff von der Vegetation in den Boden um. Am Anfang steht dabei oberirdisch abgestorbenes Blatt-, Ast- und Sprossachsengewebe, das auf den Boden gelangt und zusammen mit unterirdisch abgestorbenen Feinwurzeln die tote Biomasse bereitstellt, die durch Zersetzung in den Atmosphären- und Bodenspeicher einspeist. Die Zersetzung beginnt mit der physikalischen Zerkleinerung der Pflanzenfragmente durch Bodentiere, wobei die entstehenden Fragmente ein Nebenprodukt der Nahrungsaufnahme sind (Savin 2017). Danach folgt der mikrobielle Abbau der organischen Substanz, bei der Pilze und Bakterien die wichtigsten Agenten sind (Wang und D'Odorico 2013). Die Humifizierung bezeichnet die chemische Umwandlung von Stoffen des Pflanzengewebes (Cellulose, Hemicellulose, Lignin) in schwer abbaubare organische Stoffe, die unter dem Begriff Huminstoffe subsumiert werden (Balser 2005). Die Erzeugung und der Umsatz der Huminstoffe sind Nebenprodukte des Wachstums und der Aktivitäten von Mikroorganismen, die aerob sind, d. h. auf eine genügende Versorgung mit Sauerstoff angewiesen sind. Der Prozess der Humifizierung steht in Wechselwirkung mit dem Prozess der Mineralisierung, worunter man den Abbau organischer Substanzen in anorganische Komponenten, insbesondere in wichtige Nährstoffe wie Stickstoff, Phosphor oder Schwefel, versteht (Wang und D'Odorico 2013).

5.2.5 Technische Kohlenstoffabscheidung

Im Jahre 1992, im Rahmen des Weltklimagipfels, unterzeichneten über 150 Staaten die Klimarahmenkonvention der Vereinten Nationen (UNFCCC) mit dem Ziel, die Treibhausgaskonzentration in der Atmosphäre derart zu stabilisieren, dass die menschlichen Aktivitäten das Klimasystem nicht gefährden können (Metz et al. 2005). Den seit damals jährlich stattfindenden UN-Klimakonferenzen (COP) obliegt es, die Fortschritte bei der Umsetzung zu überprüfen und Maßnahmen zu diskutieren und vorzuschlagen, wie die Umsetzung verbessert werden kann. Aus diesem Prozess entstand unter anderem im Jahre 2015 die Pariser Vereinbarung, welche das Ziel festschrieb, die Erwärmung der Atmosphäre auf klar unter 2 °C Temperaturanstieg zu limitieren und Maßnahmen zu ergreifen, den Anstieg unter 1,5 °C zu halten. Dabei fokussierte man sich auf vier Handlungsstoßrichtungen, um die CO_2-Emissionen zu begrenzen: 1) Reduktion des Energieverbrauchs, 2) Ablösung von C-intensiven Energieträgern, 3) Intensivierung der Nutzung erneuerbarer Energien oder von Nuklearenergie, 4) Abscheidung von CO_2 durch Erhöhung der Abscheidungskapazität von Wäldern und Böden.

Es zeigte sich, dass das 1,5- °C-Ziel sehr schwierig zu erreichen ist, da es relativ viel Zeit braucht, die kritische Kohlenstoffinfrastruktur zu rekonfigurieren und auf alternative Technologien umzubauen. Der 6. IPCC-Sachstandsbericht (Lee et al. 2023) fordert deshalb, dass in Bereichen, in denen CO_2-Emissionen schwer vermeidbar *(hard-to-abate)* sind, aktive Kohlenstoffabscheidungsmechanismen (Carbon Capture and Storage) zu implementieren seien, um das Netto-Null-CO_2-Ziel zu erreichen. Dazu gehören insbesondere der Energie-, der Stahl-, der Zement-, der Transport- und der Chemiesektor (Davis et al. 2018), wobei die Bioenergie explizit Teil des Energiesektors ist. Zwischen 1992 und 2020 stieg der weltweite CO_2-Ausstoß zudem um etwa 50 % an, was die Zielerreichung zusätzlich erschwerte, wobei knapp 40 % auf den Energie- und rund 20 % auf den Transportsektor entfielen. Diese Herausforderung führt dazu, dass die Abscheidung und Speicherung von Kohlenstoff – Carbon Capture and Storage (CCS) – stark an Interesse gewann. Im Jahre 1977 erschien erstmals ein Vorschlag zur technischen Abscheidung von CO_2 (Marchetti 1977) und im Jahre 1992 fand die erste internationale Konferenz über die CO_2-Abscheidung (ICCDR) statt, womit das Thema auf die wissenschaftliche Agenda gelangte und Forschungs- und Entwicklungsaktivitäten auslöste (Herzog und Drake 1996). Im Jahre 2005 erschien ein IPCC-Bericht über die CO_2-Abscheidung und -Speicherung (Metz et al. 2005), der die Thematik in die Klimapolitik einbrachte und damit das Portfolio der Maßnahmen zur Minderung der Klimarisiken erweiterte. Die CO_2-Abscheidungstechnologien bieten die größte Wirksamkeit bei Punktquellen, bei denen CO_2 in konzentrierter Form anfällt. Die technische Abscheidung ist allerdings nicht umsonst zu haben. Es liegen Schätzungen vor, die für die Erzeugung von Energie mit CO_2-Abscheidung mit Mehrkosten zwischen 35 und 85 % rechnen (Metz et al. 2005). Zudem erfordert die Abscheidung eine beträchtliche Menge Prozessenergie, was die Energieeffizienz schmälert.

Die Rauchgaswäsche (Abb. 5.5) ist ein chemischer Prozess, mit dem sich saure Gase wie CO_2 aus Gasgemischen abscheiden lassen. Sie basiert auf drei verfahrenstechnischen Schritten (Herzog und Drake 1996; Metz et al. 2005): erstens der Adsorption von CO_2 an einem Adsorptionsmittel bei niedriger Temperatur und leicht erhöhtem Druck. Als Adsorptionsmittel wird dabei fast immer Monoethanolamin verwendet, welches ein Ammoniakderivat ist und das lediglich CO_2 adsorbiert. Zweitens folgt die Desorption, d. h. die Ablösung von CO_2 vom Adsorptionsmittel bei hoher Temperatur und niedrigem Druck. Und drittens erfolgt

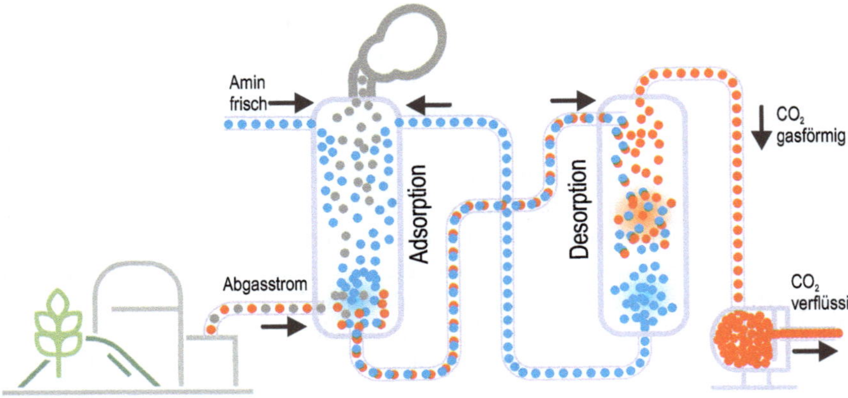

Abb. 5.5 Prinzipskizze der Bioenergieerzeugung mit CO_2-Abscheidung und -Speicherung (BECCS). Es sind drei verfahrenstechnische Schritte erforderlich: 1) Adsorption, d. h. Anlagerung von CO_2 am Adsorptionsmittel (Amine), 2) Desorption, d. h. Ablösung von CO_2 vom Adsorptionsmittel, 3) Verdichtung des CO_2-Stromes, Verflüssigung. rot = CO_2, blau = Adsorptionsmittel, grün = nicht schädliche Abgase. In Anlehnung an Natter und Merrill (2023), verändert und ergänzt

die Verdichtung des CO_2-Stromes, woraus flüssiges CO_2 resultiert, das sich entweder speichern oder chemisch weiterverarbeiten lässt (Carbon Capture and Utilization, Abk. CCU). Die nach der Rauchgaswäsche ausgestoßenen Abgase bestehen aus Wasser, Stickoxiden und Kohlenwasserstoffverbindungen sowie aus Partikeln und sind bei einer optimalen Steuerung des Verbrennungsprozesses unbedenklich.

Der Transport und die Speicherung des CO_2 sind der letzte Schritt der Kohlendioxidabscheidung. Geologische Speicher sind Gesteinsformationen mit Poren- und Klufträumen in Tiefen von mehr als 800 m, die unter einem undurchlässigen Deckgestein liegen (Mazzotti et al. 2009), in welche sich das CO_2 einlagern lässt. Für den Transport und die Speicherung stehen verschiedene Optionen zur Verfügung: Pipelines, Schiffe, Straße oder Schiene. Der Transport in Pipelines ist ausgereift, lässt sich jedoch nur wirtschaftlich betreiben, wenn 1 Mio. t CO_2 über große Distanzen transportiert werden (Mazzotti et al. 2009). Bahn- und Lkw-Transporte sind zwar möglich, stehen jedoch aus Kosten-, Kapazitäts- und Umweltgründen nicht im Zentrum der Transportlösungen. Die Transport- und Speichermöglichkeiten grenzen deshalb die Machbarkeit der CO_2-Abscheidung ein.

Der Prozess der klimabezogenen, technischen CO_2-Abscheidung ist in der Literatur seit fast 50 Jahren bekannt, jedoch in der forst- und holzwirtschaftlichen Praxis noch wenig geläufig. Die internationale Energieagentur (IEA) legte eine Roadmap vor, welche Entwicklungsszenarien bis ins Jahr 2050 skizziert (IEA 2023). Diese kam zum Schluss, dass sich das Netto-Null-CO_2-Ziel nur erreichen lässt, wenn die technische Abscheidung und Speicherung von CO_2 massiv ausgedehnt werden, wobei eine Masse von rund 5 Gt CO_2 pro Jahr angestrebt wird. Bis 2050 soll sich dabei der Anteil der Bioenergie am Energiemix von rund 2 auf 4 % verdoppeln. Während die durch Biomasse mit CO_2-Abscheidung bereitgestellte Energiemenge im Jahr 2022 vernachlässigbar war, sieht die Roadmap fürs Jahr 2030 65 TWh (Terawattstunden) vor, welche bis 2050 auf 644 TWh anwachsen sollen, was einer Verzehnfachung in lediglich 20 Jahren entspricht. Der Bioenergie kommt dabei mengenmäßig dieselbe Rolle zu wie der Energie aus Kohle mit CO_2-Abscheidung, während Energie aus Erdgas mit CO_2-Abscheidung eine rund halb so große Bedeutung haben soll. Die IEA-Roadmap ordnet damit der Bioenergie eine erstrangige Rolle als Netto-negativ-CO_2-Sektor zu. Eine Erhebung des Global CCS Institutes kommt zum Schluss, dass es im Jahre 2023 weltweit 41 CO_2-Abscheidungsanlagen mit einer Kapazität von 49 Mt pro Jahr gab, was knapp 1 % der fürs Jahr 2050 angestrebten Kapazität entspricht (Global CSS Institute 2023). Im Erhebungszeitpunkt waren noch keine Bioenergieanlagen mit CO_2-Abscheidung in Betrieb, aber zwei Anlagen in Norwegen und den Niederlanden befanden sich im Bau. Zudem befanden sich 15 Bioenergieanlagen mit CO_2-Abscheidung in unterschiedlichen Entwicklungsstadien, wobei sich die Aktivitäten auf Nordwesteuropa (Vereinigtes Königreich, Niederlande, Dänemark, Schweden, Norwegen) konzentrierten, während für Mittel- und Südeuropa keine Aktivitäten dokumentiert wurden. Seit 2017 ist ein exponentieller Anstieg der Abscheidungskapazität mit einem jährlichen Wachstum von rund 35 % zu verzeichnen und das Wachstum der Entwicklungsprojekte für CO_2-Abscheidungsanlagen zeigte ein noch stärkeres Wachstum. Obwohl die CO_2-Abscheidung und -Speicherung (CSS) in der Regel sehr positiv dargestellt wird, ist zu betonen, dass Kraftwerke mit CSS keine CO_2-freie Energie bereitstellen (Mazzotti et al. 2009) und die gesamten CO_2-Emissionen lediglich um etwa 75 % reduzieren können. Man sollte daher, wie bei Strom aus Photovoltaik-, Wind-, Geothermie- und Wasserkraftanlagen, von „CO_2-armer" Energiebereitstellung sprechen. Weiter gilt es zu beachten, dass weniger als ein Viertel der gesamten CO_2-Emissionen aus großen Punktquellen stammen, für die sich CSS-Technologien wirtschaftlich rechnen. Weiter gibt es kritische Stimmen, welche darauf hinweisen, dass sie mit Konflikten zwischen dem Klimaschutz und der Erhaltung/Erweiterung von Ökosystemleistungen verbunden sind.

Neben der Abscheidung von CO_2 aus Abgasströmen von Bioenergieanlagen (BECCS) gilt die pyrogene Kohlenstoffabscheidung und -speicherung (PyCCS) als eine alternative Technologie, die sich auch in kleinem Maßstab anwenden lässt und welche eine einfache Speicherung ermöglicht. Sie basiert auf der Pyrolyse, der thermischen Spaltung von Verbindungen durch hohe Temperaturen unter weitgehendem Ausschluss von Sauerstoff (chemie.de, online). Aus Lignocellulose entstehen dabei feste, flüssige und gasförmige Stoffgemische, die als Biokohle, Pyrolyseöl und Pyrolysegas bekannt sind. Je nach Prozessbedingung entstehen dabei unterschiedliche Anteile von festen, flüssigen und gasförmigen Stoffgemischen. Es sind drei Prozessparameter, welche den Produktmix der Pyrolyse bestimmen: 1) die Reaktionszeit, 2) die Heizrate und 3) die Temperatur. Die Herstellung von Biokohle erfolgt mit der „langsamen Pyrolyse", bei der die Reaktionszeit Stunden bis Tage, die Heizrate unter 2 °C pro Sekunde und die Temperatur 400–550 °C betragen (Fahmy et al. 2020). Das als Coprodukt entstehende Pyrolysegas wird zunehmend für die Wärmeerzeugung verwendet, welche den Pyrolyseprozess in Gang hält. Die Pyrolyse hat eine lange Geschichte bei der Herstellung von Holzkohle, sie erlangte in jüngerer Zeit vermehrt Aufmerksamkeit, um die Qualität der festen, flüssigen und gasförmigen Stoffgemische zu optimieren, worunter unter anderem die Co-Pyrolyse von Biomasse und Kunststoff zu erwähnen ist, welche einen hohen Anteil an Biokohle liefert (Al-Rumaihi et al. 2022).

Biokohle, wozu auch die Holzkohle gehört, lässt sich für die Bodenverbesserung einsetzen; sie bewirkt einen Düngungseffekt und verbessert die Humusbildung. Sie lässt sich aber auch aus Sandersatz bei der Herstellung von Baustoffen sowie für die Produktion von Biokunststoffen verwenden. Ihr großer Vorteil liegt darin, dass sie sich auch auf einer kleinen Skala herstellen und im Vergleich zu flüssigem CO_2 einfach speichern lässt. Das bei der Pyrolyse entstehende Pyrolysegas ist ein synthetisches Gas, das hauptsächlich aus Stickstoff und Kohlendioxid besteht, daneben aber auch aus Kohlenmonoxid, Wasserstoff und Methan, die brennbar sind und sich als Energieträger verwenden lassen. Pyrolyseanlagen lassen sich somit mit dem entstehenden Pyrolysegas betreiben, wobei eine initiale Energiezufuhr erforderlich ist, um den Prozess in Gang zu bringen. Pyrolysegas lässt sich auch als Energieträger weiterverwenden, wobei bei der Verbrennung wiederum CO_2 anfällt. Pyrolyseöl, auch Bio-Öl genannt, ist ein Stoffgemisch, das aus einer Vielzahl chemischer Verbindungen besteht. Es lässt sich als Biokraftstoff oder als Ausgangsstoff für die Produktion von Kunststoff weiterverwenden. Eine Hauptkritik der pyrogenen Kohlenstoffabscheidung und -speicherung (PyCCS) liegt im großen Landbedarf, was einerseits das Risiko einer unerwünschten Intensivierung und andererseits einer Schädigung der Ökosystemfunktionen und -leistungen beinhaltet. Eine Studie geht der Frage nach, inwiefern eine land- und lebensmittelneutrale Produktion von Biokohle möglich ist. Die Grundannahme ist dabei, dass die Speicherung von Biokohle in den Böden zu einer Produktivitätssteigerung von 15–30 % führt, womit Fläche für die Biokohleproduktion verfügbar wird (Werner et al. 2022). Die Studie macht deutlich, dass die Trade-offs, die mit einer breiten Anwendung der pyrogenen Kohlenstoffabscheidung und -speicherung verbunden sind, in die Gesamtabwägung einfließen müssen. Derzeit fehlt allerdings ein Verständnis, welche Trade-offs zwischen PyCCS, Nahrungsmittelproduktion und Ökosystemfunktionen und -leistungen bestehen.

5.2.6 Biomassenutzung

Mit dem Prozess der Biomassenutzung fließt Kohlenstoff von der terrestrischen Biosphäre in die Anthroposphäre (Abb. 5.2). Der jährliche Flux beträgt rund 4×10^9 m^3 Holz, was etwa 1,8 Pg pro Jahr entspricht. Aus der durchschnittlichen chemischen Zusammensetzung von Holz ($CH_{1,4}O_{0,7}$) ergibt sich, dass der entsprechende C-Flux etwa 1 Pg pro Jahr beträgt, was lediglich etwa 0,8 % der Bruttoprimärproduktion (GPP) entspricht. Das Waldholz wird sortiert und anschließend einer Erstverwendung – Massivholz, Holzwerkstoffe, Cellulose/Papier, Energieholz – zugeordnet. Produkte aus Holz wurden nach ihrer Nutzung bis vor kürzerer Zeit meist entsorgt und verbrannt, obwohl eine Wiederverwendung und -verwertung ohne Weiteres möglich gewesen wäre (BUND UND MISEREOR 1996). Der Bericht „Zukunftsfähiges Deutschland" kreierte eine Wendeszene – „Die fünf Leben des Wertstoffs Holz" –, welche eine „Verwertungskaskade" – Massivholz und wiederverwertetes Massivholz, Holzwerkstoffe, Holzfasern, Chemierohstoffe, energetische Verwertung – umfasst. Mittlerweile hat sich in der Forst- und Holzwirtschaft der Begriff der „Kaskadennutzung" eingebürgert, der die Wirklichkeit allerdings nicht korrekt abbildet. In der Biochemie und der chemischen Verfahrenstechnik bezeichnet eine Kaskade eine hintereinandergeschaltete, lineare Abfolge einzelner Vorgänge. Die Realität der Wiederverwendung und Wiederverwertung sieht allerdings differenzierter aus, indem es zwischen Ausgangs- und Verwendungsendpunkten eine Vielzahl von Pfaden gibt, worunter auch die zyklische Wiederverwendung (Beispiel Papier) eine wichtige Rolle spielt. Seit dem Erscheinen des deutschen Gutachtens im Jahre 1996 (BUND UND MISEREOR 1996) ließen sich bei der Wiederverwendung und Wiederverwertung ansehnliche Fortschritte erzielen, so beispielsweise bei der Verwendung von Altholz bei der Spanplattenherstellung oder beim Recycling von Papier und Karton, wo die Recyclingrate weltweit rund 54 % beträgt (PENG et al. 2023).

Es stellt sich die Frage, wie klimafreundlich Holz ist, insbesondere bei der energetischen Verwertung. Eine verbreitete Sichtweise besteht darin, dass bei der Verbrennung des Holzes eines Baumes genau gleich viel CO_2 freigesetzt wird, wie dieser Baum während des Wachstums abgeschieden hat (NORTON et al. 2019). Diese Perspektive liegt der EU-Richtlinie zur Förderung der Nutzung von Energie aus erneuerbaren Quellen des Jahres 2009 (RED I) zugrunde, die neben Wind- und Sonnenenergie auch Biomasse als erneuerbar deklarierte (EU 2009). Damit war der Grundstein für eine massive Förderung von Energie aus Biomasse gelegt, die sich in einer Verdoppelung für den Zeitraum von 2004–2020 zeigte und im Jahre 2020 rund 20 % des gesamten Energiebedarfs abdeckte. Dabei wurden rund 60 % der erneuerbaren Energie aus Biomasse erzeugt, wovon rund 36 % aus forstlicher Biomasse stammte (SCARLAT et al. 2019). Die Annahme, Holz sei kohlenstoffneutral, wurde jedoch zunehmend hinterfragt. Dabei wurden folgende Argumente vorgebracht. Erstens wird mit dem Verbrennen von Holz CO_2 in die Atmosphäre freigesetzt, das physikalisch genau dieselbe Wirkung hat wie CO_2 aus fossilen Brennstoffen. Für den jetzigen Zustand der Atmosphäre ist es irrelevant, ob das freigesetzte CO_2 früher durch die Photosynthese abgeschieden wurde oder nicht (STERMAN et al. 2018). Der Trade-off besteht letztendlich darin, das CO_2 in einem Speicher mit langer Umsatzzeit (Jahrzehnte bis Jahrhunderte) zu behalten oder es in den atmosphärischen Speicher mit kurzer Umsatzzeit (Jahre) zu transferieren, aus dem das Wiederabscheiden durch Baumwachstum Jahre benötigt. Zweitens ist, wie Abb. 5.2 illustriert, die Ernte, Bearbeitung und Verbrennung von Biomasse nicht kohlenstoffneutral, da in jedem Bearbeitungs-/Verarbeitungsschritt Prozessenergie benötigt wird, was beispielsweise im Falle von Holzpellets für die Trocknung ganz beträchtlich ist. Drittens ist das Konzept, dass Bioenergie kohlenstoffneutral sei, zu stark vereinfacht (EASAC 2018). Das Kriterium der Kohlenstoffneutralität (MATTHEWS et al. 2021) bedingt einen Ausgleich zwischen anthropogenen CO_2-Emissionen und anthropogenen CO_2-Abscheidungen. Das Verbrennen von Holzbiomasse ist ein anthropogener Vorgang, wie auch das Verbrennen von Treibstoffen für die Prozessenergie. Kohlenstoffneutralität verlangt, dass diese ausgestoßenen Mengen durch anthropogene Maßnahmen kompensiert werden müssen, was durch Vergrößerung der Waldfläche oder auch technische Maßnahmen erfolgen müsste. Das Science Advisory Council der europäischen Akademien illustriert das Biomasseproblem mit einer Analogie. Für das Verbrennen von Biomasse wird ein Kohlenstoffkredit aufgenommen, der in einem bestimmten Zeitraum zurückzuzahlen ist (EASAC 2018). Das Council empfahl, nur Vorhaben zu realisieren, die einen Rückzahlungszeitraum von weniger als zehn Jahren aufweisen, was bei der direkten Verwendung von Waldholz nicht gegeben ist. Viertens gilt es zu beachten, dass die CO_2-Emissionen pro Energieeinheit (Gigajoule) mit Holz als Energieträger rund 15 % höher liegen als mit Kohle (EASAC 2018; Norton et al. 2019), was in der geringeren Energiedichte und in einem höheren Feuchtegehalt von Holz begründet liegt.

Die Europäische Kommission schlug aufgrund der wissenschaftlichen Argumente vor, bei der Revision der Richtlinie zur Förderung der Nutzung von Energie aus erneuerbaren Quellen (RED III) ab 2026 auf die Unterstützung neuer forstlicher Biomassekraftwerke zu verzichten (EEB 2022). Dieser Vorschlag hatte allerdings politisch keine Chance, womit Holz weiterhin als erneuerbare Energiequelle anerkannt ist. Hingegen einigte man sich auf strengere Regeln für die Bereitstellung von Biomasse, um die Risiken „nicht nachhaltiger" Erzeugung zu minimieren.

5.3 Weiterentwicklung des institutionellen Arrangements

Eine Entwicklung, welche sich in Richtung der angestrebten Klima- und Nachhaltigkeitswenden bewegt, steht – wie es der Brundtland-Bericht bereits vor fast 40 Jahren darlegte (Brundtland und The World Commission on Environment and Development 1987) – vor zwei großen Herausforderungen. Erstens braucht es eine Effizienzrevolution, d. h., wir müssen Wege finden, „aus weniger mehr zu machen" und Leistungen mit weniger Emissionen und Abfällen zu produzieren. Aus Sicht der Klimawende bedeutet die Effizienzrevolution zudem, Leistungen zu erbringen, die weniger Kohlenstoff verbrauchen und emittieren. Zweitens braucht es neuartige Mechanismen, die ein wirksames kollektives Handeln ermöglichen und vorhandene Hindernisse möglichst beseitigen. Auf der Schiene der Effizienzrevolution ist seit dem Umweltgipfel von Rio 1992 vieles passiert. Leider ist festzustellen, dass sich bei der zweiten Herausforderung, effektivere Mechanismen des kollektiven Handelns, nur wenig bewegt hat. Forst- und Holzwirtschaft sind ein gebettet in ein institutionelles Arrangement mit informellen gesellschaftlichen Regeln, welche das Handeln und Verhalten der Akteure beschränkt und leitet.

In Abschn. 2.3 haben wir einige Dilemmata auf sozialer und politischer Ebene beschrieben, welche das Handeln der Forst- und Holzwirtschaft behindern. Einstein sagte: „Probleme kann man niemals mit derselben Denkweise lösen, durch die sie entstanden sind.“ Die nachfolgenden Ausführungen versuchen deshalb, neuartige Optionen zu skizzieren, dies im Bewusstsein, dass sie lediglich eine kleine Teilmenge aller möglichen Optionen darstellen. Das institutionelle Arrangement lässt sich nicht auf dem Reißbrett gestalten und weiterentwickeln. Vielmehr entsteht es aus sozialen, kollektiven Handlungsexperimenten (Rorty 1991), aus denen man kontinuierlich lernen und immer wieder neue Experimente gestalten kann. Nachfolgend geht es darum, die Weiterentwicklung von Aspekten, die für das kollektive Handeln in der Forst- und Holzwirtschaft wichtig sind, zu skizzieren. Es sind dies: 1) die verbindliche Festsetzung der zulässigen Landnutzung, 2) das Überdenken der öffentlichen Mitwirkung sowie 3) der Umgang mit Vetoaktivitäten.

5.3.1 Verbindliche Festsetzung der zulässigen Landnutzung

Das Faktum des Interessenpluralismus (vgl. Abschn. 3.2.1) und die zunehmenden Vetoaktivitäten, die zum Problem der Anti-Allmende führen (vgl. Abschn. 3.2.2), haben die Unsicherheiten der Waldeigentümer bei der Bewirtschaftung beträchtlich erhöht. Die Unsicherheit besteht darin, dass man nie weiß, wann und wo Widerstand gegen oder Restriktionen für die Waldbewirtschaftung geltend gemacht werden, was den Erwartungswert der Bewirtschaftungsrente schrumpfen lässt und zu einer Unternutzung führt (Gl. 3.1). Aus der Sicht der Waldeigentümer sind Maßnahmen zu ergreifen, um diese Unsicherheiten abzumindern oder sogar zu vermeiden. Es handelt sich dabei um Raumnutzungskonflikte, die in anderer Form bei der Städte- und Siedlungsentwicklung bereits viel früher auftraten und zur Entstehung der Raumplanung führten.

Raumplanung entstand, um Nutzungskonflikte zu lösen und um verschiedene Vorstellungen, wie die Raumentwicklung für ein bestimmtes geografisches Gebiet aussehen soll, zu koordinieren. Es geht dabei darum, für die Topografie eines eindeutig definierten Gebiets die angestrebte räumliche Entwicklung darzustellen, wie ökonomische, soziale, ökologische und kulturelle Leistungen möglichst konfliktfrei erbracht werden sollen (CEMAT 1983). Ökonomisch bedeuten dabei Anlagen und Einrichtungen, um Güter und Dienstleistungen zu produzieren, zu transportieren, zu verteilen sowie nach Gebrauch zu entsorgen. Unter sozialen Leistungen versteht man Anlagen und Einrichtungen, die es der Bevölkerung erlauben, sich zu schützen, zu wohnen, sich zu bilden, zu arbeiten, sich zu versorgen, sich gesund zu erhalten, sich fortzubewegen sowie sich zu erholen. Ökologische Leistungen beschreibt man heute mit dem Konzept der Ökosystemleistungen (Tab. 3.1), was lebensermöglichende Leistungen, Versorgungsleistungen, Lebensqualitätsleistungen, Kulturleistungen und ästhetisch-spirituelle Leistungen umfasst. In der Forstpraxis ist das Waldfunktionenkonzept noch weit verbreitet, obwohl der „Millennium-Ecosystem-Assessment"-Bericht (Reid et al. 2005) das Konzept der Ökosystemleistungen begründet und weit verbreitet hat.

Es stellt sich die Frage, wie sich die Leitideen und Instrumente der Raumplanung auf die Forstwirtschaft übertragen lassen, um die Unsicherheiten der Waldbesitzer möglichst auszuräumen. Aus der Perspektive der Waldbewirtschaftung geht es dabei darum, räumliche Einheiten abzugrenzen, für welche 1) eine Bewirtschaftung im Rahmen der gesetzlichen Vorgaben frei möglich ist, 2) eine Holznutzung untersagt ist sowie 3) eine Holznutzung mit Auflagen möglich ist. Abb. 5.6 illustriert, wie die Entwicklungsabsichten der Waldnutzung räumlich koordiniert und für den Waldbesitzer räumlich verbindlich festgelegt werden könnten, und baut auf drei Leitgedanken auf.

Als Erstes geht es darum, dass die verschiedenen Interessenvertreter ihre Entwicklungsabsichten separat für einen definierten Raum explizit dokumentieren. Die räumlich explizite Dokumentation auf einem Plan zwingt die Beteiligten, sich mit einem bestimmten Kontext auseinanderzusetzen und ihre Interessen räumlich zu lokalisieren. Dieser Ansatz verhindert zudem, dass abstrakte Pauschalforderungen in die Diskussion gelangen. Die entsprechenden Pläne werden oft als Sachpläne benannt, da sie keine rechtliche Verbindlichkeit aufweisen. Auf derselben Ebene liegen oft auch Konzepte vor, die umschreiben, was mit einem Vorhaben erreicht werden soll und welche Leitlinien erforderlich sind, um Handlungen in die gewünschte Richtung zu lenken. Da sie nicht räumlich explizit sind, sind sie weniger verbindlich und ermöglichen einen Interpretationsspielraum. Auf der nationalen Ebene sind auch Waldstrategien vorhanden (BMELV 2011, BMNT 2018), welche die waldpolitische Stoßrichtung und die strategischen Ziele festhalten. Sie sind allerdings sehr abstrakt gehalten und halten ein großes Bündel von Zielen fest – im Falle von Österreich sind es 49 Ziele –, womit die Griffigkeit auf der Stufe von räumlichen Bewirtschaftungseinheiten fraglich ist.

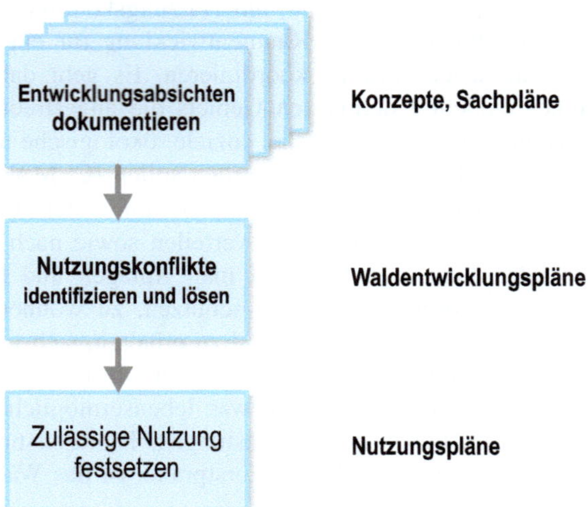

Abb. 5.6 Koordination räumlicher, waldbezogener Entwicklungsabsichten und Festsetzen der zulässigen Waldnutzung

Als Zweites gilt es dann, sämtliche sachgebietsbezogenen Entwicklungsabsichten zu überlagern, womit die Teilflächen mit Raumnutzungskonflikten sichtbar werden. Die Konfliktbereinigung ist das Herzstück, das durch eine sinnvolle Zusammenarbeit zwischen Experten und Laien im Rahmen eines Mitwirkungsprozesses zu lösen und in einem Entwicklungsplan festzuhalten ist. Die deutschsprachigen Länder kennen das Instrument des „Waldentwicklungsplans", das allerdings auf die Erfüllung von Waldfunktionen – Nutz-, Schutz-, Wohlfahrts- und Erholungswirkung (Deutschland und die Schweiz fassen Wohlfahrt und Erholung zusammen) – ausgerichtet ist. Dabei entstehen Pläne, welche die Vorrangfunktion festhalten, da Wälder gleichzeitig mehrere Funktionen erfüllen können. Das Funktionenkonzept ist, wie in Abschn. 3.3.1 beschrieben, aus heutiger Sicht infrage zu stellen, einerseits wegen der Ablösung durch das Konzept der Ökosystemleistungen (Costanza et al. 1997) und andererseits, weil die neuere Forschung zum Schluss kommt, dass Multifunktionalität nicht auf der Stufe einzelner Bestände, sondern auf der Stufe von Landschaftssystemen zu verstehen und zu entwickeln ist (Hölting et al. 2019, 2020). Aus der Optik der Waldbewirtschaftung spielt weniger eine flächendeckende Darstellung der „Waldfunktionen" eine Rolle, sondern vielmehr das Erkennen räumlicher Konflikte und deren Bereinigung, die in einem Waldentwicklungsplan von Behörden verbindlich festgehalten sind. Die Weiterentwicklung des Instruments „Waldentwicklungsplan" in diese Richtung bietet ein hohes Potenzial, insbesondere, indem es die Unsicherheit der Waldeigentümer mindert und Verhandlungen im Rahmen eines Mitwirkungsprozesses auf das Wesentliche beschränkt.

Als Drittes geht es darum, die Ergebnisse der beabsichtigten, konfliktbereinigten Waldentwicklung, die in der Regel für eine Region in einem Entwicklungsplan festgehalten ist, auf die Waldeigentümer zu übertragen und festzusetzen. Aus Sicht der Waldeigentümer geht es nicht darum, die zulässige Waldnutzung flächendeckend festzusetzen. Vielmehr geht es lediglich um zwei Fragen: 1) Auf welchen Flächen ist eine Holznutzung untersagt? 2) Auf welchen Flächen ist die Holznutzung mit Auflagen erlaubt, und worin bestehen diese? Dies ist eine ganz andere Optik als eine flächige Ausweisung der „Vorrangfunktionen", bei der nicht klar hervorgeht, welche Form der Holznutzung zulässig ist. Als Beispiel dafür sei eine Fläche mit der Vorrangfunktion „Erholungswirkung" genannt, die für den Waldeigentümer nicht definiert, wobei es Nutzungsauflagen gibt, und wenn ja, worin diese bestehen. Die Raumplanung kennt Instrumente für die eigentümerverbindliche Festsetzung der zulässigen Nutzung. Entsprechende Instrumente sind der Flächenwidmungsplan (Österreich), der Bebauungsplan (Deutschland) und der Nutzungsplan (Schweiz). Ein forstliches Instrument, das die zulässige Waldnutzung der Eigentümer verbindlich festhält, ist derzeit nicht vorhanden. Aus Sicht der Waldeigentümer ist es aber letztlich das Instrument schlechthin, das ihnen Sicherheit bei der Ausübung ihrer Eigentumsrechte gibt. Diese Sicherheit gilt für einen längeren Zeitraum, in dem die Verbote und Auflagen gültig sind. Eine Änderung bedingte eine offizielle Revision der eigentümerverbindlichen Festlegung der zulässigen Waldnutzung, womit spontane, „neue" Anforderungen nicht mehr möglich sind.

5.3.2 Überdenken der öffentlichen Mitwirkung

Forstwirtschaft ist fest in kollektives Handeln eingebettet, bei dem es darum geht, Portfolios von Kollektivgütern, d. h. Ökosystemleistungen (Tab. 3.1), bereitzustellen. Kollektivgüter zeichnen sich dadurch aus, dass interessierte Nutzer freien Zugang haben und dass niemand von einer Nutzung ausgeschlossen werden kann. Regionale Kollektivgüterentscheidungen bestehen darin festzulegen, welche Ökosystemleistungen in welchem Ausmaß zu erbringen sind, wobei die Entscheidungen auch Wechselwirkungen zwischen dem Erfüllungsgrad der verschiedenen Leistungen (Trade-offs) sorgfältig abwägen müssen. Der Entscheidungskontext ist heute vom Faktum des Pluralismus geprägt (Rawls 1994), d. h., es gibt unterschiedliche Weltanschauungen, Ideen und Überzeugungen, die bei derartigen Entscheidungen aufeinandertreffen, die unvereinbar scheinen und die zum Problem des Interessenpluralismus führen, wie er in Abschn. 3.2.1 umschrieben ist. Die Herausforderung liegt darin, einen übergreifenden Konsens zu finden, und die Lösung scheint in einer breiten Partizipation zu liegen. Einige Wissenschaftler meinen, öffentliche Partizipation sei zu einem Mantra geworden und es finde derzeit eine Partizipationsrevolution statt (Bobbio 2019). Die Praxis zeigt jedoch, dass es keine robusten Vorgehensweisen gibt, um einen übergreifenden Konsens zu finden, wie ihn John Rawls beschreibt (Rawls 1994).

Beim Entstehen aufgeklärter, demokratischer Staaten beschränkte sich die Mitwirkung der Bürger auf das aktive und passive Wahlrecht, das Abstimmungsrecht sowie das Recht auf freie Meinungsäußerung. Dieses Konzept wird auch als „formale Demokratie" bezeichnet, bei dem die Mehrheitsregel das Fundament bildet (Bohman 2021), d. h. die Minderheit sich der Mehrheit fügen muss. Es ist auch mit der Annahme verbunden, Politik und Verwaltung seien für das kollektive Handeln verantwortlich im Bestreben, im Sinne des „öffentlichen Willens" und des „Gemeinwohls" zu handeln. Die Kritische Theorie, später auch als Frankfurter Schule bekannt geworden, war eine intellektuelle Bewegung, die auf einer marxistischen Tradition aufbaute. Sie kritisierte die sogenannte „instrumentelle Vernunft" (Horkheimer 2007), bei der die technisch-rationale Vernunft dominiere und bestimme, anstatt zu befreien und zu ermöglichen. Die Theorie sah diese Hypothese in drei Erfahrungen begründet, der Bürokratisierung, dem vorsätzlichen Umfunktionieren des politischen Systems durch politische Eliten sowie einer Verankerung des Bewusstseins einer breiten Bevölkerung im Status quo (Habermas 1987). Oder in anderen Worten: Die technisch-rationale Vernunft ist verschränkt mit der Macht politischer, wissenschaftlicher und administrativer Eliten, welche empirische Vorgänge beherrschen (Habermas 1987), und der „öffentliche Wille" und die „öffentliche Meinung" sind nicht das, was die Entwicklung des Gesellschaftssystems leitet (Bohman 2021). Dabei seien die wenig privilegierten Schichten der Gesellschaft, die „kleinen Leute", Opfer dieser instrumentellen Vernunft, was an die Idee des marxistischen Klassenkampfs erinnert. Neue soziale Bewegungen, die unter dem Schirmbegriff „1968er-Bewegung" bekannt sind, stellten die vorhandenen Machtstrukturen infrage und wollten einen Ausstieg aus dem kapitalistischen System. Die Kritische Theorie war dabei eine Quelle der Inspiration, und dies nicht nur in Europa, sondern auch in Amerika. Die Kritische Theorie erlebte eine Blütezeit und einer ihrer Vertreter, Herbert Marcuse, galt als Vater der neuen Linken (Farr 2021). Diese Entwicklung schuf den Nährboden für neue soziale Bewegungen, für eine pluralistische Gesellschaft und für Mechanismen des kollektiven Handelns, die auf Partizipation beruhten.

Eine formelle Praxis der öffentlichen Mitwirkung entstand in den USA im Rahmen der urbanen Erneuerung, die beabsichtigte, Wohngebiete der ärmsten Bevölkerung umzugestalten (Anonymous 1966). Eine grundlegende Arbeit (Arnstein 1969) beschreibt, dass die Studentenproteste von 1968 den Diskurs der öffentlichen Partizipation befeuerten und dabei die Notwendigkeit einer Umverteilung der Macht betonten. Arnstein legte eine Systematik vor, welche die Intensität der öffentlichen Mitwirkung beschreibt und welche ein Spektrum von „Information" bis zu „Entscheidungsbefugnis" abdeckt. Jürgen Habermas zählt zur zweiten Generation der Kritischen Theorie, die weniger radikale Positionen vertritt. Er entwickelte eine „Theorie des kommunikativen Handelns" (Habermas 1987, 1988), welche die Praxis der öffentlichen Partizipation geradezu beflügelte und insbesondere die neuere Planungstheorie durchdrang und prägte (Forester 1989, 1993; Friedman 1987). Kommunikatives Handeln ist dabei auf Verständigung ausgerichtet, d. h., die beteiligten Akteure stimmen ihre Handlungspläne aufeinander ab, indem sie die Problemsituation gemeinsam definieren (Habermas 1987) und dabei die Ziel-Mittel-Rationalität überwinden. Habermas entwarf damit eine Theorie des kollektiven (sozialen) Handelns, die auf idealisierten Annahmen basiert. Die ungarische Philosophin Agnes Heller hinterfragt die Annahme, die Wahrheit liege im Konsens, wie auch die Annahme, Handeln lasse sich mit Rationalität fassen (Heller 2019). Sie bemerkt, dass der Glaube an die Rationalität einfach schön sei in einer Welt, die von nicht rationalen Instinkten beherrscht werde. Seine Theorie blendet auch Verhaltensweisen wie List oder Täuschung aus, ebenso wie informelle Machtstrukturen, affektive Phänomene (Angst, öffentliche Empörung) und Narrative. Ein weiteres Phänomen ist die „rationale Ignoranz", die aus der Public-Choice-Theorie stammt, die politisches Verhalten mit wirtschaftswissenschaftlichen Methoden zu erklären versucht. Rationale Ignoranz bedeutet dabei die willentliche Absicht von Bürgern, über ein Thema uniformiert zu bleiben, da sie einen geringen Nutzen erwarten, was dazu führt, dass sie als uninformierte Individuen weniger Einfluss haben als gut informierte Interessengruppen (Alston 2008). Zudem ist auch zu hinterfragen, ob sich mit Habermas' Theorie sämtliche Probleme des kollektiven Handelns erfassen und umgestalten lassen. Diese Vorbehalte bleiben in der Praxis des kollektiven Handelns allerdings im Hintergrund, bei der die öffentliche Partizipation oft als Lösung für die Probleme des kollektiven Handelns gepriesen wird.

Die Praxis der öffentlichen Partizipation hat sich in verschiedenen Bereichen kollektiven Handelns unterschiedlich entwickelt. Die entsprechenden Mechanismen sind somit kontextspezifisch und folgen kaum einer übergreifenden Systematik. Fung nahm diese Problematik zum Anlass, einen übergreifenden Bezugsrahmen für die öffentliche Partizipation zu entwickeln, die sich mit drei Dimensionen charakterisieren lässt (Fung 2006):

- repräsentative Zusammensetzung der Teilnehmer
- systematische Gestaltung des Partizipationsprozesses
- Verbindlichkeit der Partizipationsergebnisse für kollektive Handlungen

Die meisten Partizipationsprozesse basieren auf der Selbstselektion interessierter Personen und Gruppierungen. Professionelle Interessenvertreter, die in Verbänden und Organisationen zusammengeschlossen sind, haben dabei einen Wissens- und Machtvorteil, der Laieninteressenvertreter benachteiligt. Meist liegt zudem ein Problem der asymmetrischen Information vor, bei dem die professionellen Vertreter einen Informationsvorsprung haben, den sie zu ihrem Vorteil ausspielen können. Damit sind die Grundsätze der Gerechtigkeit, wie sie John Rawls formuliert (Rawls 1971), verletzt. Rawls formuliert erstens, dass jedermann gleiches Recht auf das umfangreichste System gleicher Grundfreiheiten haben soll, das mit dem gleichen System für alle anderen verträglich ist. Er postulierte zweitens, dass Ungleichheiten so zu gestalten sind, dass sie zu jedermanns Vorteil dienen und dass sie mit Positionen und Ämtern verbunden sind, die jedem offenstehen. Die Praxis der Selbstselektion verletzt fast immer den zweiten Grundsatz. Fung schlägt zwei Mechanismen vor, um diese Problematik zu überwinden (Fung 2006). Der Erste besteht darin, mit einer Selbstselektion zu starten und dann selektiv Teilnehmende von Gruppierungen zu rekrutieren, die betroffen sind, die sich jedoch nicht direkt engagierten. Der Zweite wählt die Teilnehmenden zufällig aus der betroffenen Gesamtpopulation aus. Beispiele für den zweiten Mechanismus sind das *„deliberative polling"* (Fishkin 1995) und „Planungszellen" (Dienel 2002). Derartige Mechanismen nehmen für sich in Anspruch, Mini-Öffentlichkeiten *(mini publics)* zu kreieren (Bobbio 2019), welche wesentlichen Eigenschaften der betroffenen Population auf einer kleinen Skala repräsentieren. Sie versprechen, Macht- und Informationsvorteile auszugleichen und den stummen Interessenvertretern eine Stimme zu geben.

Die zweite Dimension des Bezugsrahmens von Fung zielt darauf ab, den Partizipationsprozess systematisch zu gestalten. Gestaltung bedeutet dabei, die zu erledigenden Teilaufgaben zu definieren, die zeitlichen Abhängigkeiten zwischen diesen Aufgaben zu identifizieren und festzulegen, bei welchen Aufgaben sich die Beteiligten aktiv einzubringen haben. Abb. 5.7 illustriert ein Modell eines derartigen Prozesses, wobei festzuhalten ist, dass es keinen allgemeingültigen Prozess gibt, sondern dass es für jeden Problemkontext eine angepasste Lösung braucht.

Für die Grobgestaltung dienen die Phasen der Problemlösung, „Intelligence-Design-Choice-Implementation", wie sie Herbert Simon beschreibt (Simon 1960). Die Leitidee ist dabei, zuerst eine Problemerfassung und -charakterisierung vorzunehmen, dann mögliche Lösungen zu entwickeln, aus denen eine zur Realisierung ausgewählt wird. Diese Phasen sind in Abb. 5.7 mit „verstehen", „Entscheid vorbereiten" und „festsetzen" dargestellt. Vorgelagert findet sich eine Phase „Rahmen schaffen", bei der es darum geht, mit einer Zufallsstichprobe eine repräsentative

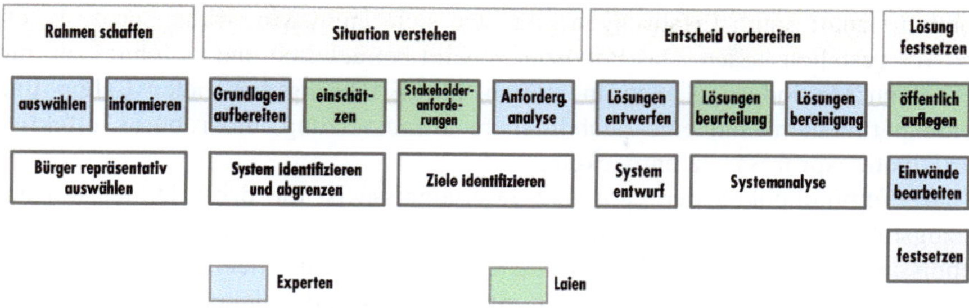

Abb. 5.7 Modell eines Mitwirkungsprozesses. Einerseits geht es darum, die zu erledigenden Teilaufgaben zu definieren, und andererseits das Zusammenwirken von Experten und Laien zu gestalten

Auswahl der betroffenen Personen zu treffen, aus der in einem Folgeschritt eine Teilauswahl getroffen wird, die in der Folge aktiv mitwirkt. Eine Eingrenzung der Teilnehmenden scheint angebracht, um die Problematik der „rationalen Ignoranz" zu begegnen (Anonymous 2023). Man versteht darunter die willentliche Absicht, über ein bestimmtes Thema uninformiert zu bleiben, da man einen geringen potenziellen Nutzen erwartet, und womit man sich mit oberflächlichen Schlagzeileneindrücken zufriedengibt. Bei Partizipationsprozessen geht es nicht um Laien vs. Experten, sondern um eine sinnvolle Teilung der zu lösenden Aufgaben. Laien müssen sich insbesondere bei der Zielformulierung und der Beurteilung von Präferenzen einbringen, während Experten die Ziel- und Präferenzbeurteilungen in eine formale Struktur übersetzen. Experten entwerfen zudem Lösungen, welche den Ziel- und Referenzvorgaben möglichst gut entsprechen. Selbstverständlich muss der Prozess offen sein, dass auch Lösungen, die von Laien eingebracht werden, mitberücksichtigt werden. Für die Forstwirtschaft könnte ein derartiger Prozess sinnvoll sein, um für eine Region die anzustrebende Palette von Ökosystemleistungen festzulegen. Der Modellprozess in Abb. 5.7 bietet eine Ausgangslage, von der verschiedene Partizipationsexperimente entwickelt und durchgeführt werden könnten. Die Gestaltung eines derartigen Prozesses derart, dass er möglichst wirksam und effizient ist, ist eine herausfordernde Aufgabe, die sich kaum am Schreibtisch erledigen lässt. Das Fachgebiet des Mechanismusentwurfs *(mechanism design)* ist ein Teilgebiet der Spieltheorie, das untersucht, welches Set von Regeln am wirksamsten ist, um die Interaktion zwischen Akteuren auf ein bestimmtes soziales Ziel zu lenken (Baliga und Sjöström 2008). Oft besteht eine Lücke zwischen einem theoretischen Mechanismus und einem realen Kooperationsprozess, woraus sich die Notwendigkeit ergibt, die Effektivität eines Mechanismus für einen konkreten Entscheidungsrahmen, reale Menschen und echte Anreize zu beobachten und zu analysieren (Chen und Ledyard 2010). Ökonomische Laborexperimente dienen dabei als Windkanal, um erfolgversprechende Mechanismen zu identifizieren. Bei der Gestaltung und Implementierung von ökonomischen Experimenten, um den Mechanismusentwurf effektiver zu gestalten, handelt es sich um ein junges Fachgebiet. Es erstaunt deshalb nicht, dass es in der

Forstwirtschaft kaum Erfahrungen gibt, wie sich damit Mitwirkungsprozesse effektiver gestalten lassen. Das Potenzial scheint beträchtlich und es lohnt sich, mit derartigen Methoden zu experimentieren. Die Erfahrung aus vielen Labor- und Feldexperimenten sind eine unabdingbare Voraussetzung, um robuste, effektive Partizipationsprozesse zu entwickeln.

Die Verbindlichkeit der Partizipationsergebnisse ist die dritte Dimension des Bezugsrahmens von Fung. Dabei stellt sich die Frage, welchen Einfluss die Ergebnisse auf das Entscheidungsverhalten und den Entscheidungsinhalt haben. Sherry Arnstein legte das Konzept einer „Partizipationsleiter" vor (ARNSTEIN 1969), welche ein Kontinuum beschrieb, das auf der untersten Ebene die Beeinflussung der Mitwirkenden anstrebt und das auf der obersten Ebene den Bürgern Handlungsbefugnis zuordnet. Fung stellt fest, dass die Beteiligten in den meisten Partizipationsprozessen keine oder nur geringe Erwartungen hätten, mit ihrer Arbeit die Formulierung von Handlungsstoßrichtungen oder Handlungen zu beeinflussen (FUNG 2006). In einer neueren Publikation kommt er ebenfalls zum Schluss, dass öffentliche Anhörungen noch immer die dominierende Art der Mitwirkung seien, die eine geringe Verbindlichkeit haben (FUNG 2015). Das Spektrum der Mitwirkungsverbindlichkeit beginnt mit reiner Information der Beteiligten, die darauf abzielt, das Verständnis und die Akzeptanz für das Problemfeld zu verbessern. Die Anhörung ist eine nächste Stufe, bei der Beteiligte ihre Fragen anbringen und ihre Bedenken äußern können, wobei offen ist, ob und wie dieser Input in die Entscheidungen von administrativen und politischen Behörden einfließt. Die Stellungnahme ist eine weitere Stufe, bei der Mitwirkende sich zu strukturierten Fragekatalogen äußern können, die dann in angemessener Form in die administrativen und politischen Prozesse einfließen müssen. Beratung als nächsthöhere Stufe beinhaltet das Erarbeiten von Auflagen und Empfehlungen, wobei Auflagen zwingend zu berücksichtigen, Empfehlungen hingegen lediglich zu beurteilen und optional umzusetzen sind. Die Mitentscheidung ist die höchste Verbindlichkeitsstufe bei der Partizipation. Dafür sind Ausschüsse einzusetzen, in denen Vertreter der Verwaltung und Mitwirkende des Partizipationsprozesses nach klar definierten Regeln Sachentscheide fällen können. Partizipationsprozesse sind auf jeden Fall so zu gestalten, dass die Mitwirkenden überzeugt sind, Stoßrichtungen und Projekte beeinflussen zu können, was auch eine Voraussetzung ist, dass die Legitimität eines Mitwirkungsprozesses gegeben ist. Mitwirkungsprozesse sind zudem zielführend, wenn sie von Vertrauen getragen werden. Vertrauen wiederum entsteht dadurch, dass alle Beteiligten einander ernst nehmen und bereit sind, Kompromisse zu suchen.

5.3.3 Umgang mit Vetoaktivitäten

Die Problematik der Anti-Allmende, wie wir sie in Abschn. 3.2.2 dargestellt haben, beschreibt eine Situation, bei der viele Akteure ein Vetorecht haben, mit dem sie Nutzungshandlungen blockieren oder aufschieben können, während es kein Recht gibt, Akteure vom Gebrauch ihres Vetorechts auszuschließen. Diese Situation führt zu einer Unternutzung der Landressourcen, was auch als „Tragik der Anti-Allmende" bezeichnet wird. Ein Veto im engeren Sinne umschreibt dabei ein Recht, Handlungen zu blockieren oder aufzuschieben. Im weiteren Sinne umfasst es auch Vetoaktivismus, was ohne ein formelles Recht zur Blockade oder zum Aufschub von Handlungen führen kann.

Das Verbandsbeschwerderecht der Schweiz ist als ein Beispiel eines formellen Vetorechts zu nennen. Mit der Einführung des Natur- und Heimatschutzgesetzes Mitte der 1960er-Jahre erhielten Umweltverbände ein Einspruchsrecht, das später auf das Umwelt- und das Gentechnikgesetz ausgedehnt wurde. Derzeit sind rund 30 Organisationen berechtigt, Beschwerde zu führen. Die Leitidee bei der Einführung war, den Umweltanliegen eine Stimme zu geben, da die zuständigen Behörden für derartige Fragestellungen wenig sensibilisiert waren. Mittlerweile ist diese Annahme nicht mehr zutreffend, aber die Verbände haben damit ein Machtprivileg, das sie nicht aufgeben möchten. Mit dieser Situation sind zwei Probleme verbunden. Erstens entsteht damit ein Vorteil der Verbände, die mit sehr geringem Aufwand einen Vetojoker spielen können, während für die vom Veto betroffenen Handlungsträger beträchtliche Aufwände anfallen können. Aus der Spieltheorie, insbesondere von Kollektivgüterspielen, geht hervor, dass Einspruchs- und Bestrafungsrechte dann am fairsten eingesetzt werden, wenn die Inhaber etwas dafür bezahlen müssen. Ein zweites Problem ergibt sich aus der Theorie der Gerechtigkeit, wie sie John Rawls ausführlich dargelegt hat (Rawls 1971). Danach sollten erstens alle das gleiche Recht auf das umfangreichste System von Grundfreiheiten haben und zweitens sollten Ungleichheiten derart gestaltet werden, dass sie mit Positionen und Ämtern verbunden sind, die jedem offenstehen. Das Verbandsbeschwerderecht ist eine Bevorteilung einer Gruppe von Akteuren, und das Beschwerderecht steht nicht jedermann offen. Obwohl die ursprüngliche Motivation für das ganze Beschwerderecht nicht mehr gegeben ist und auch Argumente der Gerechtigkeitstheorie dagegensprechen, ist es schwierig oder unmöglich, diese Privilegien durch angemessenere Instrumente zu ersetzen.

Vetoaktivismus umschreibt Formen des Widerstands gegen bestimmte Handlungen von politischen Behörden, Gebietskörperschaften oder auch privaten Unternehmen, die sich aus bestimmten Weltanschauungen, Ideen und Überzeugungen ergeben und dabei bewusst die Verletzung von institutionellen Regeln in Kauf nehmen. Es gibt eine ganze Palette von Widerstandsformen wie Demonstrationen, Blockaden, Boykotte usw. Neuere Publikationen berichten über eine zunehmende Bedeutung verschiedenster Widerstandsformen im 21. Jahrhundert und ihre einflussreiche Rolle als Treiber des politischen Wandels (Merriman 2023). Die kanadische Forstwirtschaft erlebte zwischen 1980 und etwa 1994 einen massiven Vetoaktivismus, der ein Waldgebiet im Westen von Vancouver Island (Clayoquot Sound) zum Gegenstand hatte und vor allem in Protesten und der Blockade von Waldstraßen bestand. 1993 beteiligten sich über 10.000 Aktivisten, von denen rund 800 festgenommen wurden. Die Kampagne erlangte eine hohe Präsenz in den nationalen und internationalen Medien, und die lokale Regierung war gezwungen, die Nutzungspolitik des Gebiets anzupassen. Eine vergleichbare Widerstandsaktion spielte sich 2020/2021 im Süden von Vancouver Island ab, und die Anzahl der verhafteten Personen überstieg jene von 1993 (Osborne und Cecco 2021). Diese beiden Beispiele illustrieren, welche Macht der Vetoaktivismus ausüben kann, aber auch wie wenig Organisationen von Politik und Wirtschaft gewohnt sind, mit derartigen Phänomenen umzugehen. Andere Formen des Widerstands umfassen das sogenannte „Baumbesetzen", bei dem sich Aktivisten in der Krone von Bäumen festsetzen, um das Fällen zu verhindern. In Deutschland ist seit etwa 2009 eine ganze Reihe von Waldbesetzungen dokumentiert (Hambi 2021), die sich gegen den Bau von Verkehrsinfrastruktur, Braunkohleabbau und in den letzten Jahren vermehrt den Klimawandel auflehnen. Lokal, vor allem am Rande von urbanen Gebieten, treten zudem Proteste auf, die sich gegen einzelne Holzschläge oder sogar auch gegen das Fällen einzelner Bäume richten.

Generell entsteht der Eindruck, wie von Merriman allgemein festgestellt, dass die Bedeutung von Vetoaktivismus auch in der Forstwirtschaft zunehmen wird. Dies wirft die Frage auf, wie die Verwaltung und die Waldeigentümer damit umgehen sollen.

In der Diskussion mit Interessenvertretern tendieren Experten dazu, ihre technisch-wissenschaftliche Sichtweise einzubringen. Peter Sandman, ein führender Experte für Risikokommunikation, erkannte, dass es soziale Emotionen sind, welche durch die Interaktion von Menschen entstehen und welche das Geschehen prägen, während Daten, Grafiken und PowerPoint-Präsentationen praktisch keine Rolle spielen. Emotionen sind zweipolig, d. h., sie haben einen negativen und einen positiven Pol. Sandman schlug ein einfaches Modell vor, das den wahrgenommenen Schweregrad eines Risikos erklärt. Er hat die Formel geprägt, dass der wahrgenommene Schweregrad einer Handlung oder eines Vorhabens eine Funktion der Gefährdung und der öffentlichen Empörung *(outrage)* ist (Sandman 2012). Öffentliche Empörung hat einen großen Einfluss auf die Medien, welche die breite Öffentlichkeit stark beeinflussen können. Sandman betont, dass übermäßige öffentliche Empörung sich fast immer zurückführen lässt auf fehlenden Reaktionswillen und fehlende Vertrauenswürdigkeit der zuständigen Behörden oder Firmen (Sandman 2006). Er betont weiter, dass es eine eigentliche „Empörungsindustrie" gebe, in der viele Journalisten und fast alle Aktivisten tätig seien. Sie sind in der Lage, aus einem kleinen Problem eine große öffentliche Empörung zu machen, wobei Halbwahrheiten auf beiden Seiten üblich seien. Organisationseinheiten der Forst- und Holzwirtschaft werden auch in Zukunft mit Widerstandsaktivismus konfrontiert sein. Aufgrund ihres Denkens und auch ihrer Ausbildung tendieren sie fast immer dazu, technisch-wissenschaftlich zu argumentieren und auf die vorhandenen institutionellen Reden zu verweisen. Sandman hat erfolgreich demonstriert, dass es bei derartigen Problemen um Empörungsmanagement und nicht um technisch-rationales Problemlösen geht. Vor diesem Hintergrund stellt sich die Frage, wie Empörungsmanagement aussehen könnte, um Widerstandsprobleme zu lösen.

Grundsätzlich geht es darum, zwei soziale Emotionen, „öffentliche Empörung" und „Vertrauensverlust", zu dämpfen. Sandman empfiehlt, einen Dialog zu starten, bei dem beide Seiten einander ernst nehmen und die Standpunkte der Gegenseite anerkennen, was nicht heißt, damit einverstanden zu sein. In dieser Anerkennungsphase sollen Anliegen der Gegenseite weder kritisiert, hinterfragt oder ins Lächerliche gezogen werden. Wichtig ist, dass alle Sichtweisen auf den Tisch kommen. Vertrauensbildung bedingt auch, Fehler offen einzugestehen und zu jeder Zeit die Wahrheit zu sagen. In einem nächsten Schritt geht es darum, eine Gruppe mit gleich vielen Vertretern beider Seiten aufzustellen, die aus der Auslegeordnung Streitpunkte identifiziert, die es zu lösen gilt. Bei Landnutzungsproblemen ist zu beachten, dass diese immer einen klaren Bezug zu bestimmten Waldeinheiten hat. Es gibt fast immer Streitpunkte, die sich relativ einfach lösen lassen und die als Erstes verhandelt werden sollten. Damit entstehen kleine Erfolgserlebnisse und ein „Wir"-Gefühl, die es einfacher machen, schwierige Streitpunkte zu verhandeln. Die Verhandlungsführung entwickelte sich zu einem eigenständigen wissenschaftlichen Gebiet, das vor allem durch die Harvard-Methode (Fisher et al. 2011) Bekanntheit erlangte. Es scheint allerdings unabdingbar, dass Ressourcenmanager in der Zukunft in ihrer Ausbildung auch fundierte Fertigkeiten in Verhandlungsführung entwickeln können, da Laienwissen alleine nicht hinreichend ist.

5.4 Weiterentwicklung der Waldbausysteme

Traditionelle Waldbauregimes sind auf den Normalbetrieb ausgerichtet, d. h., sie betrachten Störungen – Stürme, Brände, Dürreperioden – als etwas Außergewöhnliches und Unerwünschtes, da sie eine plangemäße Bewirtschaftung durcheinanderbringen. Ein Beispiel dafür ist das sogenannte Normalwaldmodell, das sich wegen der Störungen nie vollständig umsetzen ließ. Aus der Sicht der Komplexitätsforschung sind Störungen respektive Krisen der Normalfall und weniger eine Ausnahme (Sornette 2017). Im Rahmen des 6. Sachstandsberichts des IPCC untersuchte man auch, wie sich klimatische Extremereignisse im Rahmen der Klimaveränderung entwickeln (Seneviratne et al. 2021). Die Frequenz und Intensität von Hitzeperioden werden weiter zunehmen, was zusammen mit fehlenden Niederschlägen zu Dürreperioden führen wird. Weiter ist damit zu rechnen, dass Intensität und Frequenz der Starkniederschläge zunehmen, was mit Überschwemmungen einhergeht. Der erhöhte Energiegehalt der Atmosphäre führt zudem zu einem Anstieg der Geschwindigkeit von Sturmböen. Der Sommer 2022 war ein Beispiel der zunehmenden Wetterextreme. Es war der heißeste Sommer seit Beginn der Aufzeichnungen im Jahre 1881 und führte als Folge der Hitze und Dürre zu schweren Waldbränden, unter anderem in Portugal, Frankreich, Italien und Spanien, denen mehr als 0,5 Mio. ha Wald zum Opfer fiel, wobei auch etwa 6,4 Mio. t Kohlenstoff freigesetzt wurden (CAMS 2022). Ein weiteres Beispiel für die zunehmenden Wetterextreme war der Juli 2023, welcher die höchsten Temperaturen aufwies, die jemals gemessen wurden (CAMS 2023). Dies betrifft sowohl die Luft- als auch die Meerestemperaturen. Wir müssen mit einer hohen Wahrscheinlichkeit damit rechnen, dass uns die Zukunft mit Klimaphänomenen konfrontieren wird, die wir bisher nie beobachten konnten. Diese neuartigen Herausforderungen bedingen neuartige Lösungen, womit eine reine Fortschreibung der bisherigen Waldbausysteme wenig erfolgversprechend erscheint. Unsere Analyse der Herausforderungen (Abschn. 2.5) ergab für Waldökosysteme folgende Entwicklungsschwerpunkte:

- Identifikation und kontinuierliche Entwicklung eines Portfolios von Bewirtschaftungsregimes, welches das Risiko, dass Waldökosysteme zu einer CO_2-Quelle werden, minimiert und gleichzeitig die Ökosystemleistungen erhält und erweitert
- Entwicklung von Resilienzeigenschaften auf verschiedenen ökologischen Raum-Zeit-Skalen, d. h. der *Fähigkeit, bei akuten Störungen oder chronischen Beanspruchungen essenzielle Systemfunktionen, -strukturen und Feedbackschleifen derart zu erhalten oder zu rekonfigurieren, dass erwartete Ökosystemleistungen befriedigt werden*
- kritische Systemfunktionen nach einem Schadensereignis zu stabilisieren, zurückzugewinnen und zu rekonfigurieren
- Multifunktionalität auf der Stufe von Landschaftssystemen begreifen, beurteilen und operational umsetzen

Die Suche nach neuen Waldbausystemen muss sich an den Erkenntnissen der Theorie komplexer Systeme orientieren (Holland 1992), wozu auch Wälder gehören. Waldbestände – Hauptobjekte des forstlichen Denkens und Handelns – sind in die Ebenen der biologischen Organisation (Organismen, Populationen, Lebensgemeinschaften, Landschaftssysteme) eingebettet (Holling 2001). Biologische und ökologische Phänomene entstehen aus der Interaktion innerhalb und zwischen diesen Organisationsebenen, womit eine Fokussierung auf Waldbestände das Gesamtsystem nicht zu erfassen vermag.

Wie in Abschn. 3.3.2 („Konkurrierende Waldbausysteme“) ausgeführt, sollten sich zukünftige Waldbausysteme an den Prinzipien des Ökosystemmanagements orientieren. Dabei geht es insbesondere darum, 1) die strukturelle Komplexität innerhalb und zwischen den Ebenen der biologischen Organisation (Baumindividuen, Lebensgemeinschaften, Landschaften) zu erhalten und zu erweitern, 2) Störungsmuster (Stürme, Brände, Kalamitäten) in die Bewirtschaftung zu integrieren, 3) das Denken und Handeln der Forstleute über mehrere Raum-Zeit-Skalen zu entwickeln und zu fördern. Mit den nachfolgenden Ausführungen geht es darum, die Strategien im Umgang mit Schadensereignissen zu beurteilen sowie das gleichzeitige Ausgestalten von struktureller Vielfalt auf den Ebenen Waldlandschaften, Verjüngungsflächen und Baumindividuen zu analysieren.

5.4.1 Strategien im Umgang mit Schadensereignissen

Störungsereignisse, insbesondere Dürreperioden, Insektenkalamitäten und Stürme, werden die Waldentwicklung der nahen Zukunft prägen, während die Bedeutung der plangemäßen Bewirtschaftung abnehmen wird. Was passieren wird, ist von Unsicherheit geprägt, d. h., der Zufall bestimmt die Häufigkeit und das Ausmaß der Störungsereignisse. Zusätzlich werden wir mit unerwarteten Ereignissen konfrontiert werden, d. h. Vorfällen, die wir in unserer Erfahrung noch nie gesehen haben. Vor diesem Hintergrund stellt sich die Frage, mit welcher Strategie man diesen Herausforderungen am besten begegnen soll. Es sind vier Strategien, die wir an dieser Stelle diskutieren: 1) planmäßiges, 2) ereignisorientiertes, 3) risikoorientiertes sowie 4) resilienzorientiertes Handeln.

Plangemäßes Handeln beschreibt eine zielgerichtete, deterministische Vorgehensweise, um Systeme an neue Anforderungen anzupassen. Diese Vorgehensweise basiert auf der Annahme, dass man vollständige Information und somit keine Unsicherheiten hat. Dazu gehört das Konzept des ökologischen Waldumbaus, das vor allem in Deutschland propagiert wurde und wird. Es geht dabei um den Umbau der Nadelholzbestände, die nach dem Konzept des schlagweisen Hochwalds bewirtschaftet werden, in Bestände mit ungleichartigen Bäumen, Einzelbaumwirtschaft und Verzicht auf flächiges Vorgehen (Baumgarten und von Teuffel 2005). Es existieren auch Ideen, mit dem Waldumbau dem Klimawandel zu begegnen, mit der Absicht, stabile und klimaresistente Ökosysteme zu schaffen (Kehl und Revermann 2021). Es ist allerdings zu hinterfragen, ob ein Waldumbau es überhaupt ermöglicht, dem Klimawandel sinnvoll zu begegnen. Einerseits ist es praktisch unmöglich, robuste Anforderungsprofile für klimaresiliente Wälder zu erstellen, da unser Zielwissen lückenhaft und mit vielen Unsicherheiten verbunden ist. Andererseits müsste ein Waldumbau rasch geschehen, um die heutige Verletzbarkeit der Bestände gegen Klimaextreme bis etwa 2050 maßgeblich zu reduzieren. Grundlegende Veränderungen der Waldstrukturen lassen sich nur im Rahmen der Bestandserneuerung realisieren, was viel Zeit beansprucht. In Deutschland, Österreich und der Schweiz liegen die Nutzungsprozente – Verhältnis von Jahresnutzung zu Vorrat – zwischen 1 und 2 %, womit bei der Beibehaltung einer ähnlichen Nutzungsmenge 50–100 Jahre notwendig wären, um die gesamten Wälder umzubauen, was viel zu langsam und somit unrealistisch ist. Ein rascherer Umbau hätte eine wesentliche Erhöhung der jährlichen Nutzungsmenge zur Folge, was der Holzmarkt nicht ohne Weiteres zusätzlich aufnehmen könnte.

Ereignisorientiertes Handeln umfasst Vorgehensweisen, welche durch nicht beeinflussbare Ereignisse bestimmt sind. Es basiert auf der Annahme, dass es zufällige Ereignisse gibt, deren Eintreten und Ausmaß sich nicht präzise vorhersagen und vor allem nicht planmäßig erfassen und bewältigen lassen. Aus forstlicher Sicht handelt es sich dabei um Störungsereignisse – Dürren, Kalamitäten, Sturm, Brände –, die sich statistisch in Schadholzmengen niederschlagen. In Deutschland betrug der Schadholzanteil zwischen 2006 und 2017 im Schnitt etwa 15 %. Zwischen 2018 und 2022 stieg er im Schnitt auf etwa 60 % an, was die Bedeutung ereignisorientierten Handelns unterstreicht. Die Wahrscheinlichkeit ist sehr groß, dass die Forstwirtschaft in der nächsten Zukunft primär mit Störungsereignissen konfrontiert sein wird und dass eine planmäßige Nutzung die Ausnahme darstellen wird. Die Schäden, welche an den Wäldern entstehen, gehen mit dem Risiko einher, dass die Schadensflächen zu CO_2-Quellen werden. Es ist somit eine vorrangige Aufgabe, Strategien und Taktiken zu entwickeln, wie sich derartige CO_2-Emissionen minimieren lassen.

Risikoorientiertes Handeln zielt darauf ab, erwartete Schäden zu minimieren. Es basiert auf der Annahme, dass sich die Frequenz und das Ausmaß von Schadensereignissen stochastisch beschreiben lassen, dass die exponierten Werte bekannt sind sowie dass sich die Verletzbarkeit der Werte schätzen lässt (KAPLAN UND GARRICK 1981). Das Risikokonzept lässt sich für Sturmschäden Mitteleuropas quantitativ beschreiben (MAURER UND HEINIMANN 2020), indem die Frequenz von Ereignissen über der Einwirkung (Stärke der Böen) mit einer Extremwertverteilung charakterisiert wird. Die exponierten Werte lassen sich näherungsweise mit dem Vorrat charakterisieren, während die Verletzbarkeit von der Baumhöhe und der Geschwindigkeit der Böen abhängt. Es ist davon auszugehen, dass sich die Verteilung der Frequenz über der Einwirkung durch den Klimawandel verschieben wird, womit historische Daten an Bedeutung verlieren. Die Analyse zeigte, dass sich die zu erwartenden Schäden reduzieren lassen, falls Baumhöhen über etwa 25 m und hohe Vorräte vermieden werden. Bis zu Böenspitzen von etwa 100 km/h sind nur geringe Schäden zu erwarten, während bei Böenspitzen über 150 km/h und gleichzeitigen Baumhöhen von über 25 m praktisch mit Totalschaden zu rechnen ist. Für Dürre-, Kalamitäts- und Brandschäden liegen derzeit keine quantitativen Risikountersuchungen vor. Risikoorientiertes Denken hilft jedoch, Hotspots zu identifizieren, wo die größten Schäden zu erwarten sind, die sich durch präventive Umwandlungsmaßnahmen wenigstens teilweise eliminieren lassen.

Resilienzorientiertes Handeln beschreibt das Bestreben, das dynamische Verhalten eines Systems nach einer Störung zu beschreiben und zielgerichtet zu beeinflussen. Das Systemresilienzkonzept entstand anfangs der 1970er-Jahre am International Institute for Applied Systems Analysis (IIASA) aus der Motivation, das Verhalten dynamischer Systeme zwischen verschiedenen Gleichgewichtszuständen besser zu verstehen (JONES 1973). Holling, ein Mitglied der IIASA-Gruppe, übertrug die Überlegungen auf Ökosysteme (HOLLING 1973), was als Keimzelle der ökologischen Resilienz betrachtet wird. Komplexe, dynamische Systeme weisen mehrere Gleichgewichtszustände auf, zwischen denen ein System aufgrund von Störungen wechseln kann. Für jeden Gleichgewichtszustand existiert ein „Attraktoreinzugsgebiet" und ein System kann nach einer Störung ins Zentrum dieses Einzugsgebiets zurückkehren oder sich auch in ein anderes „Attraktoreinzugsgebiet" bewegen. Resilienz betrachtet den dynamischen Pfad, den ein System nach einer Störung zurücklegt, was sich mit dem „Resilienzzyklus" in vereinfachter Weise beschreiben lässt. Unmittelbar nach einer Störung verliert ein System an Leistungsfähigkeit, bis es am Punkt der minimal bereitgestellten Leistung ankommt und danach wieder an Leistung gewinnt. Die Leistungsfähigkeits-Zeit-Kurve lässt sich vereinfacht mit dem „Resilienzdreieck" charakterisieren (TIERNEY UND BRUNEAU 2007), das durch drei Punkte bestimmt ist: die Zeitpunkte der Störung, der minimalen Leistungsfähigkeit und der Erholung. Die Fläche dieses Dreiecks ist ein Maß für den Resilienzverlust eines Systems. Resilienz wird oft mit „Zurückspringen" *(bouncing back)* in den Ausgangszustand charakterisiert, was allerdings aus der Sicht der Theorie der dynamischen Systeme mit mehreren Gleichgewichtszuständen zu eng ist. Neuere Arbeiten über Resilienz (Carpenter et al. 2012, Folke et al. 2002a) lockern diese Annahme, indem sie Resilienz als Fähigkeit eines Systems sehen, bei unerwarteten, akuten Störungen oder chronischen Beanspruchungen essenzielle Systemfunktionen, -strukturen und Feedbackschleifen derart zu erhalten, anzupassen oder zu rekonfigurieren, dass erforderliche Systemleistungen mindestens so gut erbracht werden wie im Ausgangszustand. In den meisten Fällen nehmen resiliente Systeme nach einer Störung Folgezustände ein, die sich vom Ausgangszustand unterscheiden, oft deutlich. Die Änderung des Zustands, den ein System nach einer Störung erfährt, lässt sich mit vier Funktionen beschreiben: 1) dem Widerstand gegen das Degradieren von Systemstrukturen und -funktionen, 2) dem Stabilisieren der essenziellen Systemfunktionen, 3) dem Wiederherstellen einer minimalen Systemleistungsfähigkeit sowie 4) dem Rekonfigurieren von Systemstrukturen. Man hat lediglich beschränkte Möglichkeiten, das Degradieren zu dämpfen, da Waldlandschaftssysteme eine lange Entwicklungszeit haben. Mit dem Blick auf den Klimawandel geht es beim Stabilisieren der essenziellen Systemfunktionen vor allem ums Verhüten von CO_2-Ausstoß aus den Schadflächen. Der Entwicklung von Resilienz in der nächsten Generation von Waldlandschaftssystemen muss über eine grundlegende Rekonfiguration der Strukturen auf den Ebenen Baumindividuen, Verjüngungsflächen und Waldlandschaften geschehen mit dem Ziel, strukturelle Vielfalt zu schaffen, die mehrere Raum-Zeit-Skalen integrieren muss. Rekonfigurieren bedeutet das Rearrangieren von räumlichen Strukturelementen – Bestandslücken, Grenzsäume, Bestockungszellen, Baumarten –, um veränderte oder neue Systemfähigkeiten zu entwickeln (Heinimann 2018). Anpassung, oft als Ziel resilienten Verhaltens dargestellt, bedeutet hingegen lediglich das Verschieben von tolerierbaren Grenzzuständen ohne Änderung der Systemstruktur, was weit weniger wirksam ist als Rekonfiguration. Es muss betont werden, dass Systemresilienz auch die Organisationsstrukturen umfasst, welche für die Waldbewirtschaftung zuständig sind, weshalb man auch von sozioökologischer Resilienz spricht (Folke et al., 2002b). Jede der vier genannten biophysikalischen Funktionen – Degradierung widerstehen (Robustheit), stabilisieren, wiederherstellen, rekonfigurieren – ist gekoppelt mit organisatorischen Prozessen, insbesondere 1) dem Wahrnehmen von Veränderungen, angedeutet durch schwache Signale, 2) der Sinnstiftung, was diese Signale bedeuten, 3) dem Entwickeln von Vorgehensweisen sowie 4) der Implementierung von Maßnahmen (Heinimann 2016). Brian Walker, ein Ökologe, der sich intensiv mit Resilienz befasst hat, fasst Resilienz zusammen mit *„make a system fit to cope with whatever will happen"*, was – wie im Sport – eine Daueraufgabe ist, die biophysikalische und soziale Prozesse beeinflussen muss.

5.4.2 Vom Waldbau zum Ökosystemmanagement

Komplexe Systeme weisen räumliche und zeitliche Muster auf, die durch Selbstorganisation entstehen. Diese Muster sind entscheidend für die spätere Entwicklung des Gesamtsystems (vevin 1998). Generell gilt, dass Muster auf größeren Raum-Zeit-Skalen sich emergent aus der Interaktion lokaler Prozesse entwickeln, was als Bottom-up-Emergenz bezeichnet wird. Längerfristig beeinflussen die Prozesse und die Interaktionen auf größeren Raum-Zeit-Skalen die Prozesse auf kleineren Raum-Zeit-Skalen, wodurch die Entwicklung des Gesamtsystems maßgeblich bestimmt wird, was auch als Top-down-Lenkung bezeichnet wird (Levin 1998). Die Konsequenz dieser Erkenntnisse ist, dass Prozesse und Strukturen auf mehreren Ebenen zu betrachten sind und dass insbesondere jene auf größeren Raum-Zeit-Skalen eine ganz entscheidende Rolle spielen. Die Überzeugung, dass Raum-Zeit-Skalen wichtig sind, erlangte Ende der 1980er-Jahre große Aufmerksamkeit (Schneider 2001). Abb. 5.8 präsentiert ein Raum-Zeit-Skalen-Diagramm, das sich an Holling (2001) anlehnt, mit beiden Achsen in logarithmischen Maßstab.

Die biologisch-ökologischen Strukturen decken eine Bandbreite von biochemischen Prozessen bis zu Prozessen auf Einzugsgebietsebene ab, wobei es einen Raum-Zeit-Zusammenhang gibt. Während biochemische Prozesse rasch ablaufen (Minuten bis Stunden), verändern sich Landschaftssysteme sehr langsam (Jahrhunderte). Mesoskalige Störungsprozesse (Dürren, Brände, Stürme) bestimmen die Wechselwirkungen zwischen schnelleren atmosphärischen und langsameren biologisch-ökologischen Prozessen (Holling 2001) und sind somit wichtige Agenten für die Entwicklung von Waldlandschaftssystemen. Aus dieser Optik

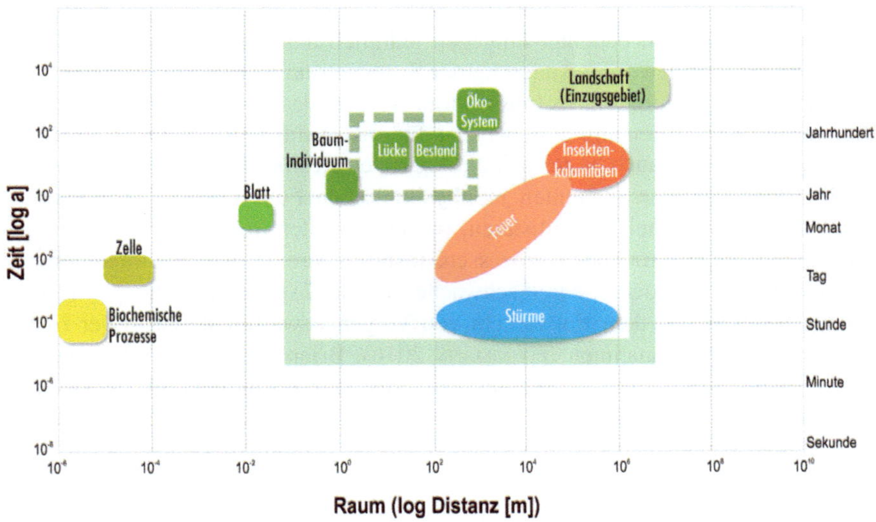

Abb. 5.8 Raum-Zeit-Skalen biologisch-ökologischer Strukturen und ihre Wechselwirkung mit Störungsagenten. Traditionelle Waldbausysteme betrachten den Wald durch ein kleines Raum-Zeit-Fenster (Fenster mit gestrichelter Linie), während ökologisch orientierte Waldbausysteme Interaktionen zwischen Ökostrukturen und Störungsagenten berücksichtigen sollten (Fenster mit durchgehender Linie). In Anlehnung an Holling (2001)

sind Störungen als Teil des Systems zu betrachten und nicht, wie in der traditionellen Forstwirtschaft, als etwas Unerwünschtes, das man nicht haben möchte.

Die traditionelle Forstwirtschaft betrachtet nur ein kleines Fenster des Raum-Zeit-Spektrums, das je etwa zwei Zehnerpotenzen umfasst (Abb. 5.8, Fenster mit gestrichelter Linie). Das Denken und Handeln fokussiert sich dabei auf Bestandslücken und Bestände mit dem Hauptziel, das Baumwachstum zu lenken und die Bestandserneuerung zu gestalten. Aus den obigen Ausführungen, dass Prozesse auf größeren Raum-Zeit-Skalen Nebenbedingungen für die Interaktion von Bäumen, Bestandslücken und Beständen bewirken, folgt, dass „adaptives Ökosystemmanagement" ein wesentlich größeres Fenster des Raum-Zeit-Spektrums betrachten muss, das je etwa vier bis fünf Zehnerpotenzen umfassen sollte (Heinimann 2010). Dabei geht es darum, gleichzeitig Prozesse und ihre Wechselwirkungen auf verschiedenen Skalen zu beeinflussen, die den Raum-Zeit-Bereich von Baumindividuen bis zu Waldlandschaftseinzugsgebieten abdecken (Abb. 5.8, Fenster mit durchgehender Linie) und die auch die Störungsagenten einbeziehen müssen. Die Hauptströmung der Forstwirtschaft ist immer noch dem „Waldbaufenster" (Abb. 5.8, Fenster mit gestrichelter Linie) verpflichtet, obwohl das Konzept des Ökosystemmanagements seit den 1990er-Jahren bekannt ist (Kohm und Franklin 1997). Folke et al. haben es treffend formuliert: Man ist noch immer bestrebt, das Verständnis des Verhaltens von Bäumen und Beständen zu verfeinern, während die große Herausforderung darin liegt, die Wechselwirkungen zwischen verschiedenen Raum-Zeit-Skalen, insbesondere das kritische Set von langsamen Variablen, welches die dynamischen Eigenschaften bestimmt, zu verstehen (Folke et al. 2002b).

5.4.3 Gestaltung auf Landschaftsebene

Resilienz von sozioökologischen Systemen basiert unter anderem auf der Fähigkeit, mit unerwarteten, neuartigen Situationen umgehen zu können, ohne Optionen für die zukünftige Entwicklung zu verlieren (Folke et al. 2002b). Diese Fähigkeit basiert im Wesentlichen auf funktionaler und struktureller Diversität auf verschiedenen Skalen der biologischen Organisation, d. h. von den Genen bis zu den Landschaften. Zukunftsorientierte Bewirtschaftungskonzepte müssen daher die Landschaftsebene aktiv ins Denken und Handeln integrieren. Die Rolle der räumlichen Heterogenität für die Entwicklung von Gemeinschaften und Populationen wurde während langer Zeit ignoriert (Levin und Paine 1974). Landschaftssysteme können als ein räumlich-zeitliches Mosaik von „Vegetationsinseln" verstanden werden, das sich als Folge von Störungen dynamisch entwickelt. Störungen vergrößern die räumlich-zeitliche Heterogenität auf zwei Arten: 1) mit zufälliger Kolonialisierung, die zu einer Differenzierung führt, sowie 2) mit dem Unterbrechen von Sukzessionsfolgen. Sie verhindern somit, dass ein System einen Gleichgewichtszustand oder auch Gleichförmigkeit erreicht. Bestandslücken *(patches)* spielen bei dieser Dynamik eine entscheidende Rolle. Man kann sie als Diskontinuitäten in einem homogenen Referenzhintergrund verstehen, welche unterschiedliche Flächengrößen einnehmen können. Es geht dabei auch nicht um das Betrachten einzelner Bestandslücken, sondern um die makroskopischen, statistischen Eigenschaften des Gesamtsystems, das Mosaik der Bestandslücken, die sich mit statistischen Verteilungsfunktionen beschreiben lassen (Levin und Paine 1974).

Kimmins nahm die Idee der makroskopischen Mosaikstrukturen auf und kam zum Schluss, dass das Verständnis der Verteilung der Bestandslückengrößen für die Landschaftsökologie und für das Imitieren natürlicher Störungsmuster bei der Waldverjüngung entscheidend sei. Aufgrund fehlender Daten formulierte er eine hypothetische Verteilungsfunktion, aufgrund derer er drei Folgerungen ableitete. Erstens tendieren Waldbaukonzepte, die auf Einzelbaum- und Kleinflächenverjüngung basieren, dazu, Waldlandschaftssysteme zu homogenisieren, da sie lediglich einen kleinen Bereich auf der linken Seite der Verteilung abbilden. Zweitens bilden Großkahlschlagsysteme einen kleinen Bereich auf der rechten Seite der Verteilung ab, was lediglich zu wenigen, sehr großen Diskontinuitäten führt. Drittens ist festzustellen, dass keines der heute bekannten Waldbausysteme den mittleren Bereich der Bestandslückenverteilung abdeckt, womit ein Großteil des „natürlichen" Störungsspektrums unterdrückt wird. Kimmins' Folgerungen stehen bis heute als Hypothesen da und eine empirische Überprüfung ist an dieser Stelle nicht bekannt. Nachfolgend geht es deshalb darum, Kimmins' Hypothesen mit einem Datenset zu überprüfen, das die Bestandslückengrößen für den Orkan Lothar detailliert dokumentiert (BAFU 2010).

Der Orkan Lothar erfasste Mitteleuropa nach Weihnachten 1999. Es war der schwerste Sturm in Europa seit 1876, der auch die größten dokumentierten Waldschäden verursachte (Soyka 2023). Eine detaillierte Aufnahme der Lothar-Waldschäden in der Schweiz wies rund 11.600 Schadensflächen mit einer Gesamtfläche von rund 24.000 ha aus (BAFU 2010). Die Verteilung der Schadensflächengrößen lässt sich mit einer verallgemeinerten Extremwertverteilung abbilden (Abb. 5.9).

Die Darstellung der Verteilung als komplementäre Verteilungsfunktion (Abb. 5.9, links) ist im Risikomanagement Standard. Sie zeigt beispielsweise, dass 95 % der Schadensflächen größer als 0,5 ha und lediglich 5 % der Schadensflächen größer als 5 ha sind. Die Medianfläche liegt bei rund 1,6 ha. Die verallgemeinerte Extremwertverteilung ist allerdings nicht in der Lage, den Schwanz der Verteilung oberhalb von etwa 5 ha genau abzubilden, was sich hingegen mit einer Potenzverteilung gut beschreiben lässt. Abb. 5.9 stellt rechts die Extremwertverteilung als Dichtefunktion dar. Dauerwaldsysteme arbeiten mit baumweisen Verjüngungsflächen, die Größen von etwa 10–50 m^2 aufweisen, und lassen sich in der Verteilungsfunktion einordnen. Sie decken weit weniger als 1 % des Spektrums ab, das durch das Lothar-Schadensereignis erzeugt wurde. Femelschlagsysteme, wie sie Leibundgut beschreibt (Leibundgut 1981), arbeiten mit Verjüngungsflächen mit einem Größenbereich von 0,01–0,5 ha, was etwa 5 % des Lothar-Spektrums abdeckt. Kahlschlagsysteme arbeiten mit Verjüngungsflächen zwischen etwa 10 und 100 ha, was etwa 1 % des Lothar-Spektrums entspricht. Die Analyse bestätigt Kimmins' Hypothese, dass die bekanntesten Waldbausysteme nur einen ganz kleinen Teil eines Störungsspektrums abdecken und

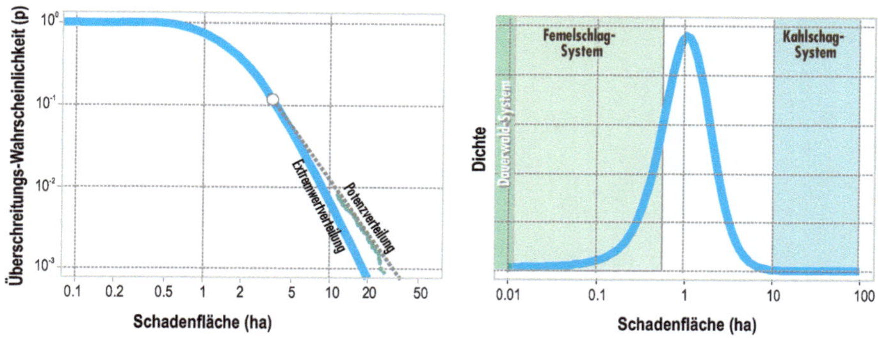

Abb. 5.9 Häufigkeitsverteilung der Lothar-Schadensflächen. Links: komplementäre Verteilungsfunktion (verallgemeinerte Extremwertverteilung, Potenzverteilung) mit Überschreitungswahrscheinlichkeiten. Rechts: Dichtefunktion. Traditionelle „naturnahe" Waldbausysteme beschränken die Verjüngung auf den linksseitigen Ast der Bestandslückenverteilung und decken mit Dauerwaldsystemen gerade mal 1 % der Verteilung ab, während der entsprechende Anteil für Femelsysteme bei rund 5 % liegt. Industrielle Kahlschlagsysteme fokussieren die Verjüngung auf den rechtsseitigen Ast, decken jedoch weniger als 1 % der Gesamtheit ab

dass sie insbesondere Verjüngungsflächengrößen zwischen 0,7 ha (10-%-Quantil) und knapp 4,0 ha (90-%-Quantil) nicht imitieren. Den größten Bereich deckt das Femelschlagsystem mit rund 5 % ab, aber auch dieses kappt einen beträchtlichen Teil der Störungsverteilung. Nimmt man die Verteilungsfunktion der Schadensflächengrößen als Referenz, was die Natur ohne Zutun des Menschen macht, so ergibt sich, dass Dauerwaldsysteme wie auch Kahlschlagsysteme „unnatürlich" sind, während sich Femelschlagsysteme zumindest in einem Teilbereich als naturnah bezeichnen lassen, da sie die Verjüngungsflächengrößen in einem Bereich bis 0,5 ha bewusst variieren und damit eine gewisse Vielfalt einbringen.

Abb. 5.10 visualisiert den Einfluss von vier Waldbausystemen – Dauerwald, Femelschlag, Kahlschlag, Störungsimitation – auf die räumliche Variabilität auf Landschaftsebene. Sie basiert auf einer Modellfläche von 200 ha und einer jährlichen Verjüngungsfläche von 16,7 ha (Umlaufzeit 120 Jahre), um ein Fließgleichgewicht zu erreichen. Die Größe einer Bestandslücke wird zufällig generiert aufgrund der Spezifikationen der einzelnen Waldbausysteme und die Orte der Lücken sind zufällig verteilt.

Beim Dauerwald sind rund 5600 Einzeleingriffe mit einer durchschnittlichen Flächengröße von 0,003 ha Größe erforderlich, um das Fließgleichgewicht zu garantieren, was ein sehr homogenes Bild ergibt (Abb. 5.10, oben links). Kimmins' Hypothese (Kimmins 2004), dass derartige Regimes zu einer räumlichen Homogenisierung auf Landschaftsebene führen, bestätigt sich damit aus optischer Sicht. Beim Femelschlag, der mit kleinen Flächen von 0,01–0,5 ha verjüngt wird (Abb. 5.10, oben rechts), ergeben sich rund 70 erforderliche Bestandslücken mit einer durchschnittlichen Größe von etwa 0,25 ha. Verglichen mit dem Dauerwald erzeugen die Annahmen des Femelschlags wesentlich mehr räumliche Heterogenität. Kahlschlag mit Flächen über 5 ha (Abb. 5.10, unten links) ergibt ein bis

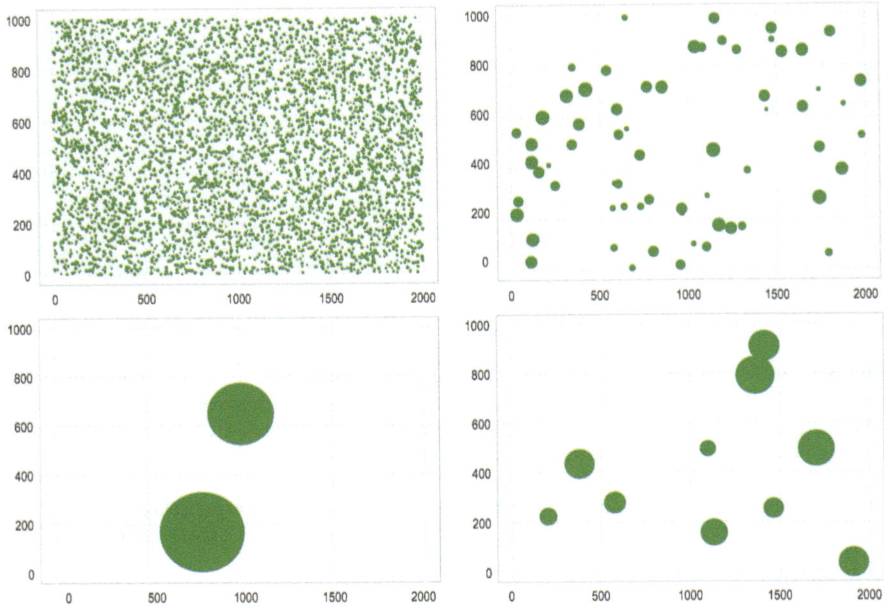

Abb. 5.10 Einfluss von Waldbausystemen auf die räumliche Variabilität auf Landschaftsebene. Die Muster basieren auf einer Simulation von vier Waldbausystemen. Oben links: Dauerwald mit Kleinstflächen. Oben recht: Femelwald mit Kleinflächen von 0,01–0,5 ha. Unten links: Großkahlschlag mit Flächen über 5 ha. Unten rechts: Störungsimitation mit Flächen der Verteilungsfunktion von Abb. 5.9. Die Orte der Flächen sind zufällig verteilt und die Gesamtfläche der Lücken ist für alle vier Fälle gleich

zwei große Bestandslücken, die allerdings kein Bild räumlicher Heterogenität erzeugen. Das Störungsimitationssystem (Abb. 5.10, unten rechts) ergibt etwa zehn Bestandslücken bei einem Mittelwert von etwa 2 ha und die relativ große Bandbreite der Flächengrößen erzeugt räumliche Heterogenität. Nimmt man die Standardabweichung der Flächengrößen als Maß für die räumliche Heterogenität, so ist das Störungsimitationsregime die Benchmark mit rund 1,5 ha. Das Femelschlagsystem weist eine rund zehnmal und das Dauerwaldsystem eine rund 1000-mal kleinere Standardabweichung auf, was Kimmins' Erkenntnisse quantitativ unterstützt. Waldbauliches Vorgehen, dessen Verjüngungsflächen zufällig aus einer Verteilungsfunktion (Abb. 5.9) ausgelesen werden, resultiert in einem Bereich, der zwischen 0,7 und 3,7 ha liegt. Damit werden auch Bedenken laut, dass derartig großflächiges Vorgehen die Biodiversität negativ beeinflussen werde. Ein Waldbrand im Jahre 2003 in Leuk, Kanton Wallis, Schweiz, resultierte in einer Schadensfläche von 300 ha. Untersuchungen über die Effekte dieses Ereignisses auf die Biodiversität ergaben, dass die Vielfalt der Pflanzenarten bereits nach vier Jahren wesentlich höher war als die Vielfalt in ungestörten Wäldern vor dem Feuer (Wohlgemuth und Moser 2018), und auch bei Insekten (Gliederfüßer) zeigte sich eine Verdoppelung bis Verdreifachung von Indikatorarten (Moretti et al. 2018). Obwohl dies ein Einzelfall ist, gibt er klare Hinweise, dass flächiges Vorgehen für die Biodiversität sicherlich kein Nachteil ist.

Die Überzeugung, dass Störungen natürliche Prozesse sind, welche den Kern der Ökosystemdynamik ausmachen, setzte sich seit den 1980er-Jahren durch (Perry und Amaranthus 1997). Störungen generieren ein Mosaik von Bestandslücken, das auf Landschaftsebene strukturelle Vielfalt generiert. Die Imitation derartiger Störungsmuster dient als waldbauliches Leitbild auf Landschaftsebene (Aber et al. 2000; Kimmins 2004). Der Verzicht auf flächiges Vorgehen und das Fördern von Einzelbaumwirtschaft mit ständiger Überschirmung, wie sie Vertreter der Dauerwaldidee fordern, ist aus dieser Optik für die räumliche Diversität auf der Landschaftsebene kontraproduktiv. Um räumliche Variabilität zu generieren, braucht es Variabilität bei den natürlich und künstlich entstehenden Bestandslückengrößen, insbesondere im Bereich von etwa 0,5–5 ha. Eine dringende Aufgabe ist es dabei, die statistische Verteilung der Schadensflächengrößen nach verschiedenen Ereignissen systematisch zu erfassen (Levin und Paine 1974), um die probabilistischen Eigenschaften von Störungsmustern für verschiedene Kontexte besser zu verstehen. Verteilungsfunktionen von Störungen dienen dann als ein statistischer Zielzustand, der das waldbauliche Denken und Handeln leitet.

5.4.4 Gestaltung auf der Ebene der Verjüngungsflächen

Bestandslücken, ungeachtet ob sie ohne oder mit menschlichem Einfluss entstanden sind, generieren eine räumliche Diskontinuität in einem mehr oder weniger homogenen Referenzhintergrund (Levin und Paine 1974). Es sind zwei Strukturkonzepte, welche die räumlichen Eigenschaften dieser Diskontinuitäten bestimmen, einerseits ökologische Grenzsäume und andererseits Retentionselemente. Abb. 5.11 illustriert, wie diese beiden Strukturkonzepte auf der Ebene einer einzelnen Bestandslücke zu verstehen sind.

Ein ökologischer Grenzsaum *(edge)* ist der physikalische Übergang zwischen zwei unterschiedlichen Habitaten (Fonseca 2008). Die unterschiedlichen Strukturbedingungen, die auf kleinstem Raum auftreten, begünstigen eine erhöhte Diversität, was auch als Grenzsaumeffekt *(edge-effect)* bezeichnet wird. Generell gilt, dass der Effekt mit der Grenzsaumdichte – Grenzraumlänge/-fläche – zunimmt. Dies bedeutet, dass geradlinige, geglättete Grenzsäume den Effekt minimieren, während stark gegliederte Säume den Effekt verstärken (Fonseca 2008). Es besteht jedoch die Gefahr, dass eine zu starke Fragmentierung von Kernflächen, die für die Nahrungsaufnahme und Deckung bestimmter Arten ungünstig ist, den ökologischen Wert des Gesamtsystems mindert. Die Herausforderung besteht deshalb darin, eine Balance zwischen der Größe von Kernflächen und der Länge von Grenzsäumen zu finden. Formuliert man dieses Problem als mathematisches Optimierungsmodell, so lassen sich die Trade-offs zwischen Größe der Kernfläche und Länge der Grenzsäume evaluieren (Breschan und Heinimann 2013). Abb. 5.11 illustriert ein Ergebnis dieser Optimierung, das einen „ausfransenden" Verlauf er-

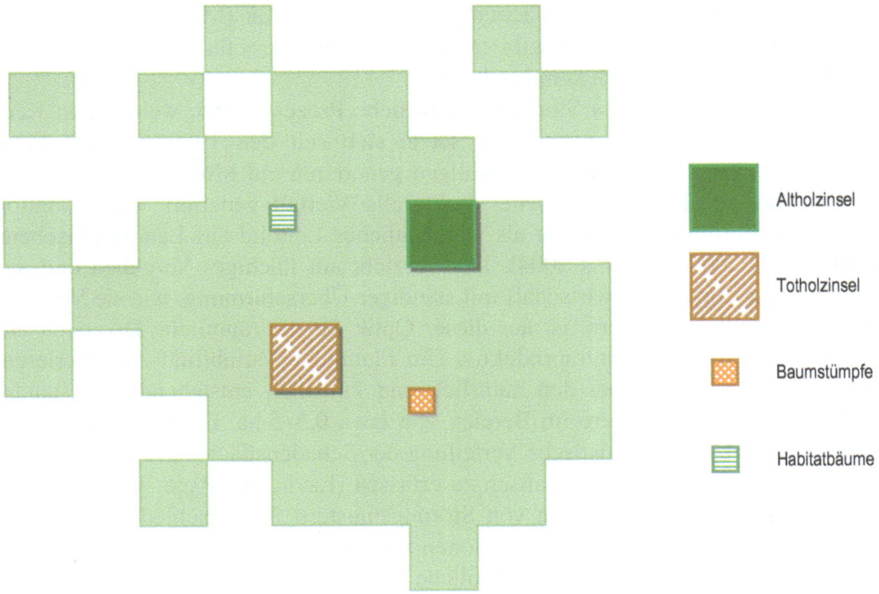

Abb. 5.11 Bestandslücke mit Grenzsäumen und Retentionselementen. Stark gegliederte Grenzsäume führen zu einer Bereicherung der Diversität

gibt, mit kleinen Bestandslücken in der umliegenden Waldmatrix. Klassische Waldbausysteme tendieren dazu, die Grenzsäume zu „glätten", was aus der Optik der Grenzsaumtheorie ungünstig ist.

Bestandslücken, die durch Störungen entstanden sind, zeichnen sich auch dadurch aus, dass verschiedene ökologische Elemente der einer Störung ausgesetzten Lebensgemeinschaft zurückbleiben und gemeinsam zu einer Wiederbegrünung in einen nächsten Zyklus eingehen. Diese Retentionselemente *(retention-patches)* sind kleinflächige bis punktförmige Strukturen, insbesondere Altholzinseln, Totholzinseln, Baumstrünke und Habitatbäume, die unterschiedliche Anteile der Bestandeslücken belegen können. Während traditionelle Waldbausysteme, die bei der Verjüngung flächenorientiert vorgehen und künstlich geschaffene Bestandslücken homogen gestalten, ist die Leitidee der Retentionsforstwirtschaft, möglichst viel strukturelle Vielfalt zu erhalten respektive zu schaffen. Das Konzept der „Retentionshiebe" entstand im pazifischen Nordwesten der USA (Franklin et al. 1997), wurde aber mehr oder weniger gleichzeitig auch in den nordischen Ländern implementiert. Aus der Sicht des Waldbaus stellen sich dabei drei Fragen: 1) Welche Art von Retentionselementen soll erhalten werden? 2) Welchen Anteil einer geschaffenen Bestandslücke sollen die einzelnen Elemente einnehmen? 3) Wie soll das räumliche Mosaik aussehen, nach dem die einzelnen Elemente auf der Fläche verteilt werden?

Über die Wirkung der Praktiken des Retentionswaldbaus ist relativ wenig bekannt. Eine Übersichtsarbeit (Gustafsson et al. 2020) kommt zum Schluss, dass

Retention kein Patentrezept für Biodiversität sei, sondern entwickelt wurde, um die negativen Folgen der Kahlschlagwirtschaft zu minimieren. Die Arbeit ergab zudem, dass selbst kleine Retentionselemente besser seien als das „Aufräumen" der klassischen Flächenwirtschaft. Weiter ergab sich die Tendenz, dass höhere Flächenanteile, welche mit Retentionselementen belegt sind, günstigere ökologische Wirkungen haben. Zudem scheint sich auch das Belassen von Totholz günstig auswirken. Gesamthaft ist festzustellen, dass der Retentionswaldbau Randsaumeffekte weitgehend ausblendet, womit eine ökologische Gesamtschau fehlt. In Zukunft geht es deshalb darum, das Verständnis der Wirkung von Retentionselementen zu verbessern durch das gleichzeitige Betrachten 1) der Elementflächengröße, 2) des Verteilungsmosaiks der Elemente sowie 3) der Randsaumlänge. Mit Sicherheit lässt sich aber sagen, dass auch auf der Ebene der Bestandslücken die Diversität innerhalb und zwischen diesen Lücken bewusst möglichst groß zu halten ist.

5.4.5 Gestaltung auf der Ebene der Baumarten

Die Ebene der Baumindividuen ist, neben dem Landschaftsmosaik und den Bestandslücken, die dritte Betrachtungsebene auf der Raum-Zeit-Skala, auf der strukturelle Vielfalt auszubilden ist. Es geht dabei insbesondere darum, die Widerstands- und Rekonfigurationsfähigkeit als Kern der Systemresilienz zu erhalten und zu erweitern. Oft wird Resilienz als Erholungsfähigkeit verstanden, was die Rückkehr zum Systemzustand bedeutet, der vor einer Störung vorhanden war, was jedoch zu eng ist, um mit den Herausforderungen des Klimawandels umzugehen.

Es sind insbesondere Dürreperioden und Sturmereignisse, welche verschiedene Baumarten stark belasten. Eine Studie simulierte die Veränderung der Ausbreitung der vier häufigsten europäischen Baumarten – Föhre, Fichte, Buche, Stieleiche – unter verschiedenen Klimaszenarien (Buras und Menzel 2019). Sie kam zum Schluss, dass die Fichte im Bereich des Bandes der kontinentalen biogeographischen Zone, welches sich vom Osten Frankreichs bis in die Ukraine hineinzieht, starke Einbußen erleiden könnte, wobei Deutschland und Tschechien am stärksten betroffen sein dürften. Die Fichte dürfte in Zentraleuropa in Refugien der Alpen und der Karpaten sowie in den nordischen Ländern oberhalb etwa des 60. Breitengrads weiter mit einem hohen Anteil vorhanden sein. Auch bei der Waldföhre ist ein starker Rückgang im Bereich der kontinentalen biogeographischen Zone zu erwarten, wobei vor allem der Osten Deutschlands (Brandenburg, Mecklenburg-Vorpommern) sowie Polen betroffen sein dürften. Bei der Buche ist mit einem massiven Rückgang in Zentraleuropa – Ostfrankreich, Deutschland, Nordschweiz – zu rechnen, während das Modell für Südschweden eine Zunahme prognostiziert. Die Stieleiche, welche heute insbesondere in Frankreich und im Westen Deutschlands einen wichtigen Teil der Bestockung ausmacht, dürfte in diesen Gebieten Einbußen erleiden, während sie in Südschweden dazugewinnen dürfte.

Für die Bestandserneuerung stellt sich die Frage, wie vorzugehen ist, um den zukünftigen Klimabedingungen, die durch Unsicher- und Unerwartetheit geprägt sind, bestmöglich zu begegnen. Aus der Portfoliotheorie ist bekannt, dass sich das Gesamtrisiko minimieren lässt, falls es in mehrere, möglichst wenig miteinander korrelierende Einzelrisiken aufgespalten wird, was umgangssprachlich auch mit dem Grundsatz „Lege nicht alle Eier in denselben Korb" umschrieben wird. Vor diesem Hintergrund sollten folgende Strategien evaluiert und kombiniert werden:

- **Walderneuerung durch biologische Selbstorganisation:** Die Leitidee komplexer, adaptiver Systeme (Holland 1992) ist es, dass Waldökosysteme die Fähigkeit haben, sich an verändernde Umweltbedingungen anzupassen. Holland diskutiert auch die Voraussetzungen, die dafür gegeben sein müssen. Es braucht eine große Vielfalt von Baumarten, die sich an einem Standort natürlich verjüngen können (Redundanzprinzip respektive Parallelität). Daraus ergibt sich, dass die Selbsterneuerung auf Standorten, die heute relativ artenarm sind, nur beschränkt funktionieren kann.
- **Walderneuerung mit Varietäten von Baumarten,** die für bestimmte Merkmale selektiert wurden: Das Prinzip der Auslese ist sehr alt, basierte allerdings auf der phänomenologischen Einschätzung von Merkmalen. Die Methoden der genomischen Selektion ermöglichen es, die Auslese direkt aufgrund genetischer Merkmale vorzunehmen. Es ist beispielsweise bekannt, dass es in den inneralpinen Trockentälern Tannenvarietäten gibt, die trockenresistent sind. Es gibt auch Überlegungen zur genomischen Selektion trockenresistenter Fichten (Schüler et al. 2016), wobei die Schwierigkeit darin liegen dürfte, die soziale Akzeptanz zu erlangen, da alles, was mit „Genen" oder „Genom" verbunden ist, sehr kritisch gesehen wird, obwohl genomische Selektion keine Veränderung am Erbgut vornimmt.
- **Walderneuerung durch assistierte Migration:** Migration bedeutet die Ausbreitung einer Art vom gegenwärtigen Verbreitungsgebiet in Gegenden, die bisher nicht besiedelt waren. Migration von Baumarten war und ist ein Phänomen, das meist in sehr langen Zeiträumen stattfindet (Petit et al. 2008) und das die heutigen Wälder geprägt hat. Die letzte Eiszeit drängte verschiedene Baumarten in Refugien Süd- und Südosteuropas zurück, von wo beispielsweise die Fichte Mittel- und Nordeuropa in einem Zeitraum von etwa 10.000–1000 vor Christus besiedelte (Gliemeroth 1997). Es gibt auch klare Hinweise, wonach sich Baumarten als Folge des Klimawandels in Richtung Nordpol und hohe Lagen ausbreiten (Handler et al. 2018). Die Leitidee der durch den Menschen assistierten Migration ist es, die Robustheit von Waldökosystemen gegen die Effekte des Klimawandels mit der künstlichen Ausbreitung von Baumarten zu stärken. Es sind drei Klassen von Baumarten, die dabei im Zentrum stehen (Bauhus et al. 2021). Erstens sind es Arten, die in einer verwandtschaftlichen und physiologischen Beziehung stehen, beispielsweise Rotbuche/Orientbuche, Traubeneiche/Flaumeiche oder Waldkiefer/Schwarzkiefer. Zweitens geht es um Arten, die bereits früher eingeführt wurden und für welche Erfahrungen vorliegen, worunter die Douglasie, die Küstentanne, die Japanlärche und die Rot-

eiche fallen. Drittens sind Arten zu erwähnen, von denen eine große Trockenheitsresistenz angenommen wird, deren Eignung jedoch im Rahmen von Versuchen zu klären ist. Dazu gehören die Hainbuche, die Winterlinde, der Spitzahorn, die Flaumeiche, die Nordmanntanne und die Atlaszeder.

- **Walderneuerung mit gezüchteten Baumarten:** Bei der Züchtung geht es darum, Varietäten (Sorten) von Pflanzenarten zu entwickeln, welche genetisch fixierte Eigenschaften verbessern. Der spürbare Klimawandel beeinträchtigt die Entwicklung von Pflanzen durch vermehrte Dürreperioden, die oft mit Temperaturextremen verbunden sind. Für die Land- und Forstwirtschaft bedeutet dies, dass viele Pflanzen- respektive Baumarten der Dürre- und Temperaturbelastung nicht gewachsen sind, womit Züchtung auf Dürre- und Trockentoleranz eine Option ist, um mit den Herausforderungen umzugehen. Obwohl die konventionelle Züchtung auf Dürretoleranz durchaus Erfolge vorweisen kann, braucht sie viel Zeit und hat lediglich eine geringe Auswahl von (ISAAA 2008). Eine weitere Herausforderung besteht darin, dass Dürrebelastung eine ganze Palette von physiologischen Reaktionen auslöst, die mit unterschiedlichen Genen gekoppelt sind. Dürretoleranz umfasst Mechanismen auf ganz verschiedenen räumlichen Ebenen, welche den Bereich von subzellulären biochemischen Reaktionen bis zu Pflanzenorganen (Blätter, Wurzeln) abdecken (Polle et al. 2019). Neue genomische Techniken (NGTs) eröffnen neue Möglichkeiten, das Genom eines Organismus zu verändern, wozu die Genomeditierung gehört, welche Veränderungen auch ohne das Einfügen fremder Gene ermöglicht (Joshi et al. 2020). Methoden der molekularen Pflanzenzüchtung sind noch immer umstritten. Die Europäische Union hat einen Vorschlag unterbreitet, der darauf abzielt, Züchtungen, die mit der Genschere oder ähnlichen Verfahren erfolgen, faktisch klassischen Züchtungen gleichzustellen (Kafsack und Kokenbrink 2023). Die Debatte ist aufgeheizt. Während auf der einen Seite Agrarkonzerne und zahlreiche Wissenschaftler die Entwicklung positiv sehen, stehen auf der anderen Seite die Grünen und die Biobranche, welche vor den Risiken warnen (Kafsack und Kokenbrink 2023).

Es stellt sich die Frage, wie die vier oben dargestellten Strategien bei der Wiederbestockung von Bestandslücken unterschiedlicher Größen umgesetzt werden sollen. Das Prinzip der strukturellen Vielfalt (Folke et al. 2002b), welches auf den Ebenen der Waldlandschaften (Abb. 5.10) und der Bestandslücken (Abb. 5.11) eine Voraussetzung für Robustheit und Resilienz ist, muss auch die Wiederbestockung innerhalb der Bestandslücken leiten. Zusätzlich gilt es, das Prinzip der Modularisierung umzusetzen, was einem System die Fähigkeit gibt, Störungen einzugrenzen und ihre Ausbreitung zu limitieren (Carpenter et al. 2012). Ein bienenwabenartiges Muster von Kleinflächen scheint diesen Anforderungen am ehesten gerecht zu werden, wobei die Größe der Kleinflächen in Anlehnung an Leibundgut (Leibundgut 1981) eine Bandbreite von etwa 5–50 Ar einnehmen kann. Innerhalb einer Kleinflächenzelle erfolgt die Bestockung gemäß einer der vier dargestellten Strategien. Die Wahl der Baumarten und Varietäten ist auf die Anforderungen an Ökosystemleistungen auszurichten, worunter die Versorgungsleistung mit Holz einen wichtigen Platz einnehmen muss. Bei der ganzen Diskussion rund um die Anpassung der Wälder an den Klimawandel entsteht der Eindruck, die Versorgungsleistung mit Holz, welche in Europa immerhin rund 400 Mio. m^3 pro Jahr beträgt, rücke stark in den Hintergrund. Strategien, Baumarten und Varietäten sind zwischen den Kleinflächenzellen zu variieren, damit möglichst viel kleinflächige, räumliche Heterogenität entsteht, welche mit dazu beiträgt, dass das Gesamtsystem robust und resilient wird.

5.4.6 Fazit

Die oben beschriebenen Konzepte zur Gestaltung struktureller Vielfalt auf der Landschaft-, Verjüngungsflächen- und Baumindividuenebene sind auf keinen Fall als Rezepte zur forstlichen Weltverbesserung zu verstehen. Wir nehmen vielmehr einen pragmatischen Standpunkt ein, der das Handeln in den Vordergrund stellt und bei dem sich Sinnhaftigkeit und Nützlichkeit aus dem Handlungserfolg ergeben. Die beschriebenen Grundsätze und Konzepte sind somit Elemente eines Baukastens, mit dem sich Experimente gestalten und implementieren lassen, die helfen, in kleinen Schritten zu lernen und das Gesamtsystem auf einem Pfad der kontinuierlichen Verbesserung anzupassen. Experimente ermöglichen es, mit der systematischen Veränderung von Einflussgrößen Parameter und Faktoren zu identifizieren, welche das interessierende Resultat beeinflussen. Es sind folgende Einflussgrößen, die variiert werden:

- Größe der Bestandslücken (Landschaftsmosaik, Abb. 5.10),
- Gestaltung des Grenzsaums einzelner Bestandslücken (Abb. 5.11),
- Gestaltung der Retentionselemente (Abb. 5.11),
- Wahl der Baumarten zur Wiederbestockung (biologische Selbstorganisation, Selektion von dürretoleranten Varietäten von Baumarten, assistierte Migration, gezüchtete Baumarten),
- Wahl des Mosaiks von Kleinflächenzellen zur Wiederbestockung der Bestandslücken

Gesamthaft ergeben sich damit fünf Gruppen von Faktoren, aus deren gezielter Variation sich eine große Anzahl verschiedener kleiner Experimente ergibt. Kimmins betonte, dass die langfristigen Ergebnisse verschiedener Waldbewirtschaftungskonzepte immer mit Unsicherheiten verbunden sind, weshalb Waldbewirtschaftung als Experimente verstanden werden sollten, aus denen wir kontinuierlich lernen sollten (Kimmins 2004). Dies bedingt einerseits eine klare Gestaltung des experimentellen Layouts (interessierende Ergebnisse, systematisch variierte Faktoren und Parameter, Parameter des Systemzustands) und andererseits ein Monitoringtune, welches die Faktoren und Parameter des experimentellen Layouts systematisch erfasst. Damit wären die Voraussetzungen gegeben, um die verschiedenen Experimente auszuwerten und das Gesamtsystem aufgrund der Ergebnisse anzupassen.

5.5 Stoffliche Nutzung von Holz

Holz ist ein vielfältiger Rohstoff mit einer durch das natürliche Wachstum des Baumes geprägten, richtungsabhängigen Struktur, die Raumskalen von der molekularen bis zur organismischen Ebene umfasst. Bedingt durch die genetische Disposition der Baumart und die Wechselwirkung von Umweltbedingungen und der biologischen Syntheseprozesse bei der Bildung von Holzzellen, weist Holz eine große Variabilität der Rohstoffeigenschaften auf (vgl. dazu Schubert et al. 2022). Technisch hergestellte Werkstoffe hingegen sind in der Regel deutlich homogener aufgebaut und zeigen geringe Streuungen der Materialeigenschaften. Der folgende Abschnitt gibt einen kurzen Überblick zur Biosynthese von Holz, um die biologisch-mechanischen Eigenschaften des Werkstoffs zu verstehen.

5.5.1 Biologische Synthese von Holz

Was ist Holz und was alles kann aus Holz gemacht werden? Die beträchtliche Breite der Holznutzung überrascht oft Fachleute wie Laien. Das Spektrum reicht von Vollholzprodukten über holzbasierte Werkstoffe bis hin zu Zellstoff und Papier, physikalisch und chemisch aufgeschlossenen Faserbestandteilen sowie molekularen Strukturen als Fein- und Plattformchemikalien. Holz als Energieträger ist hingegen aus der persönlichen Erfahrung mit Streichhölzern und brennendem Scheitholz allseits bekannt.

So wie ein Laie auf Holz zugeht, erkennt man den Charakter des Holzstücks zunächst an den unterschiedlichen Jahrringen und Texturen, Verwachsungen, Ästen, Rissen usw. Materialtechnisch gesehen erschweren viele dieser oft stark variierenden Merkmale die Produktion gleichartiger Produktserien selbst in Fällen, in denen die „natürliche" Charakteristik eigentlich als das Markenzeichen des Holzes beworben wird. Holz als Material bzw. Werkstoff in kurzen Worten zu beschreiben ist nicht ganz einfach. Am besten gelingt dies mit Unterstützung eines Bildes von Mark Harrington (Abb. 5.12), das den Baum bzw. das Holz über mehrere hierarchischen Ebenen hinweg als eine über das natürliche Baumwachstum gebildete Struktur darstellt.

Holz ist demnach nicht ein Material oder Werkstoff, sondern eine komplexe, entlang der Sprossachse ausgerichtete Struktur, die aus verschachtelten Substrukturen besteht, welche einen Bereich von der molekularen bis zur makroskopischen Ebene abdecken. Dies verleiht dem Holz ausgezeichnete mechanische Eigenschaften im Verhältnis zu seiner Dichte, vor allem in seiner Längsorientierung. Holz ist damit ein Leichtbauwerkstoff natürlichen Ursprungs (vgl. dazu Teischinger 2017). Im Gegensatz zur kontrollierten Fertigung von technischen (synthetischen) Werkstoffen aus Schmelzen, Pulvern, Lösungen usw. *(„exact design")* mit geringer Variabilität der Eigenschaften, führt das biologisch kontrollierte Wachstum mit der Reaktion des Baumes auf die Umgebung *(„approximate design")* zu einer hohen Variabilität der Eigenschaften.

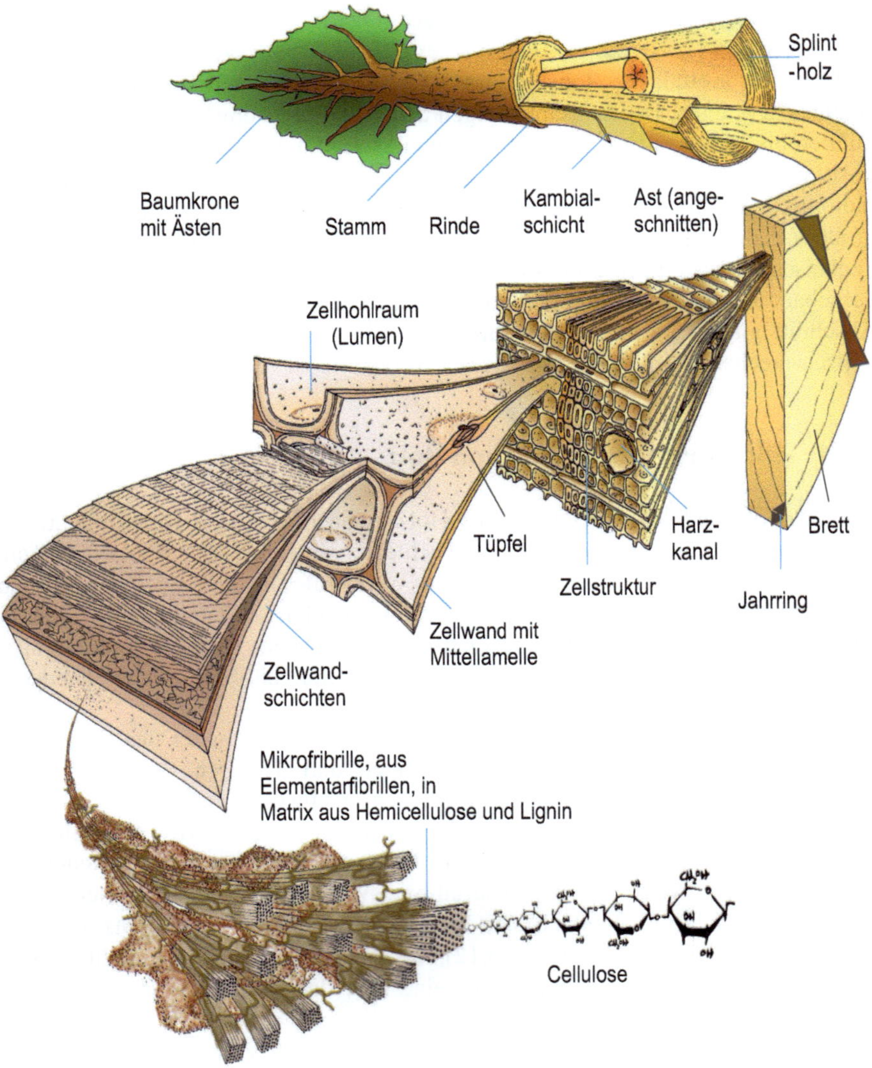

Abb. 5.12 Hierarchischer Aufbau von Holz über die molekularen Strukturen und die Holzzellen zum Brett bzw. Baum. Mark Harrington, University of Canterbury, verändert nach Harrington (2002)

Evolutionär lässt sich das gut nachvollziehen – jene mehrjährige Pflanze, die es am besten schafft, unter gegebenen Bedingungen ihre Wurzeln für die Wasser- und Nährstoffaufnahme gut im Boden zu verankern und gleichzeitig die Baumkrone, in deren grünen Blättern und Nadeln die Photosynthese stattfindet, möglichst weit gegen das Licht zu schieben, dominiert über die anderen Pflanzen. Dazwischen ist beim Baum der Holzkörper. Dieser ermöglicht mit einem vergleichsweise geringen Materialaufwand (geringe Dichte) eine ausreichende Festigkeit eines Baumes gegen die Einwirkungen von Wind und Wetter. Gleichzeitig müssen der Wasser- und Nährstofftransport in die Krone und der Assimilate aus der Krone über den Stamm wieder zurück bis zu den Wurzeln über ein zelluläres Transportsystem gewährleistet sein. Wer das schafft, hat im Kampf um das Licht und das Wasser gegenüber den anderen Pflanzen gewonnen. Die dabei evolutionär optimierte Struktur aus Stamm, Ästen und Wurzeln lässt die meisten Bäume im Bestand auf 30–40 m Höhe wachsen. Einzelne besondere Exemplare wie die Mammutbäume in Kalifornien erreichen in Solitärstellung 80 bis über 100 m mit einem Alter von ca. 2000 Jahren und mehr. Dies ist ein Beleg, dass bei ingenieurmäßig gestalteten Tragwerken Holzbauten von bis zu 100 m Höhe oder einer Spannweite in dieser Dimension möglich sind (Abb. 5.13).

Beeinflussung der Holzeigenschaften durch Waldbau und Holzverarbeitung
Weltweit gibt es etwa 60.000 Baumarten (Beech et al. 2017), von denen jedoch nur etwa 3000 gewerblich und industriell genutzt werden. Eine noch geringere Anzahl von Baumarten und deren Holz hat eine nennenswerte wirtschaftliche Bedeutung. Regional werden nur 20–30 Holzarten genutzt. Produktspezifisch werden einige Holzarten bzw. Holzartengruppen technologisch bevorzugt und damit zu Leitholzarten für einen bestimmten Anwendungszweck.

Die Eignung einer Holzart für einen bestimmten Anwendungszweck ist durch verschiedene Holzeigenschaften bestimmt, die durch entsprechende Kennwerte

Abb. 5.13 Hochhäuser aus Holz im Verhältnis zu Mammutbäumen und durchschnittlichen Beständen

vorgegeben sind. Die wichtigsten Holzeigenschaften sind physikalische Kennwerte wie Dichte, mechanische Eigenschaften, Quell- und Schwindverhalten, aber auch Dauerhaftigkeit gegen Pilz- und Insektenbefall. Für bestimmte Anwendungen im Möbel- und Innenausbau sind das zudem die Farbe des Holzes, die Textur und damit insgesamt seine ästhetische Wirkung. Für die Zellstoff- und Papierproduktion sind es wiederum holzbiologische Kennwerte wie die Länge und Form der Holzfasern, die die Eigenschaften von Papier und Karton bestimmen. Auch wenn die chemische Zusammensetzung des Holzes von Cellulose, Hemicellulose und Lignin (Abb. 5.12) nur in einem geringen Rahmen variiert, gibt es deutliche holzartspezifische Unterschiede in deren zellulärer und molekularer Struktur sowie bei den Holzinhalts- und Extraktstoffen, die die chemisch-technologischen Prozesse beeinflussen.

Tab. 5.1 beschreibt die wichtigsten Leitholzarten. Detaillierte Übersichten und Zusammenstellungen zu den diversen Anwendungsbereichen einzelner Holzarten finden sich beispielsweise bei Teischinger et al. (2023b) und im historischen Kontext der Anwendung von bestimmten Holzarten bei Grabner (2017).

Während synthetisch hergestellte Werkstoffe durch technische Entwicklungen ständig weiterentwickelt werden, kann der über das natürliche Wachstum des Baumes synthetisierte Rohstoff Holz innerhalb einer einzelnen Baumart nur in bestimmten Grenzen verändert werden (vgl. dazu Abb. 5.14). Unter Einbeziehung aller in einer bestimmten Region oder global verfügbaren Baumarten weitet sich das Spektrum der einzelnen Holzeigenschaften beträchtlich aus (Wagenführ und Wagenführ 2021), wodurch bestimmte Eigenschaften durch eine Holzart besonders abgedeckt sind. Ausgewählte Beispiele dafür sind:

- Fichtenholz steht für ein sehr gutes Verhältnis von Eigengewicht (Dichte) und mechanischen Eigenschaften sowie für sehr gute Verarbeitbarkeit. Es ist damit das bevorzugte Bauholz, auch in verleimter Form als Brettschichtholz oder Brettsperrholz.
- Eichenholz zeichnet sich durch hohe Härte bei mäßigem Quell-Schwind-Verhalten aus und hat eine hohe ästhetische Wirkung. Es ist damit eine der Hauptholzarten für die Parkettherstellung.
- Buchen- und Eschenholz sind trotz ihrer Härte sehr gut im Heißdampf-Biegeverfahren formbar und damit geeignet für Bugholzformteile aus Massivholz.
- Lärchen-, Eichen- und Robinienholz sind aufgrund ihrer Holzinhaltsstoffe sehr dauerhafte Holzarten und daher geeignet für den Einsatz im Außenbereich.

Ein möglicher Hebel, die Eigenschaften des natürlichen Holzes im Hinblick auf eine bestimmte Anwendung zu verändern, liegt in der technischen Holzmodifikation (Sandberg et al. 2021). Dabei werden durch bestimmte Maßnahmen wie thermische Behandlung, Imprägnierung mit spezifisch wirksamen Substanzen bestimmte Holzeigenschaften verbessert. Beispiele dafür sind die Reduktion des Quellens und Schwindens von Holz, die Erhöhung der Dauerhaftigkeit des Holzes oder die Reduktion der Entflammbarkeit von Holzoberflächen. Aus ökologischen Gründen wurde der traditionelle chemische Holzschutz mit Einbringung

Tab. 5.1 Ausgewählte generische Holzeigenschaften für bestimmte Werkstoffe und Produkte und dafür bevorzugte Rundholzsortimente

Werkstoff, Produkt	Generische Eigenschaften des Holzrohstoffs	Bevorzugte Holzarten/Sortimente
Messerfurnier	Bestimmte Holztextur (Zeichnung) und Farbe Besondere Holztextur im Einzelfall möglich wie z. B. Riegelung	Furnierstämme (vorwiegend Laubholz) größerer Durchmesser, weitgehend astfrei, wenn nicht besonderes Astdekor erwünscht
Bauholz für tragende Zwecke und verleimte Bauholzkomponenten wie BSH und BSP/CLT	Hohe Festigkeit und Steifigkeit, feinastig, geradfaserig, mittlere bis enge Jahrringbreite; als Schnittholz nach Festigkeit sortiert	Durchschnittlich geradwüchsiges Nadelholz (bevorzugt Fichte) aus gleichaltrigen Beständen mittleren Durchmessers
Massivholz in Sichtqualitäten (z. B. Hobelware, Fenster, Stiegen, Parkett, Möbelkomponenten)	Weitgehend fehlerfrei, geradfaserig, gleichmäßige Jahrringbreiten, Feinastigkeit mit gesunden Ästen bei Hobelware möglich; unterschiedliche Sortierungen von Rohlamellen für Parkett	Nadelholz primär für Hobelware und Fensterlamellen; Laubholz für Stiegen, Parkett und Möbelkomponenten; Rundholz in stärkeren Dimensionen, möglichst astfrei; Hobelware auch aus Schwachholz
Schnittholz für Verpackungszwecke und Paletten	Ausreichende Festigkeit und Nagelfestigkeit, begrenzter Pilz- und Insektenbefall möglich	Breites Spektrum an Nadel- und Laubrundholz unterschiedlicher (eher kleinerer) Durchmesser
Nischenanwendungen wie Resonanzholz und Holz für Schnitzerei und Drechselarbeiten	In der Regel geradfaserig oder spezielle Faserstrukturen (z. B. Riegelwuchs, Haselwuchs)	Stämme größerer Durchmesser von Altbeständen ausgewählter Standorte, je nach Anwendung Nadelholz oder Laubholz
Sperrholz und Lagenhölzer wie LVL	Rundholz mittlerer und größerer Durchmesser ohne Krümmung	Laub- und Nadelhölzer aus älteren, möglichst gleichmäßigen Beständen
Holzwerkstoffe (Span- und Faserplatte)	Breites Spektrum an Eigenschaften, eher geringe Dichte, Holzartenmix möglich	Industrierundholz und Hackgut (primär Nadelholz mit Laubholzugabe) und Recyclingholz (aufbereitet)
Zellstoff (unterschiedliche Zellstoffarten: Langfaser-, Kurzfaser-, Chemiezellstoff)	Gesundes Holz entsprechender Dichte und Faserlänge und Fasermorphologie	Verfahrensbedingt Nadelholz Fichte/Tanne und/oder Kiefer Lärche bzw. Laubholz (Buche). Hackgut aus dem Sägewerk, kein genereller Holzartenmix möglich
Energieholz	Grundsätzlich ohne wesentliche Qualitätsansprüche an das Holz an sich, trockenmasseabhängiger Heizwert, keine/wenig Verunreinigungen	Schlagabraum und Durchforstungsholz, (Waldhackgut), Rinde und Resthölzer aus der Holzverarbeitung, Recyclingholz usw

BSH = Brettschichtholz
BSP/CLT = Brettsperrholz *(cross laminated timber)*
LVL = Furnierschichtholz *(laminated veneer lumber)*

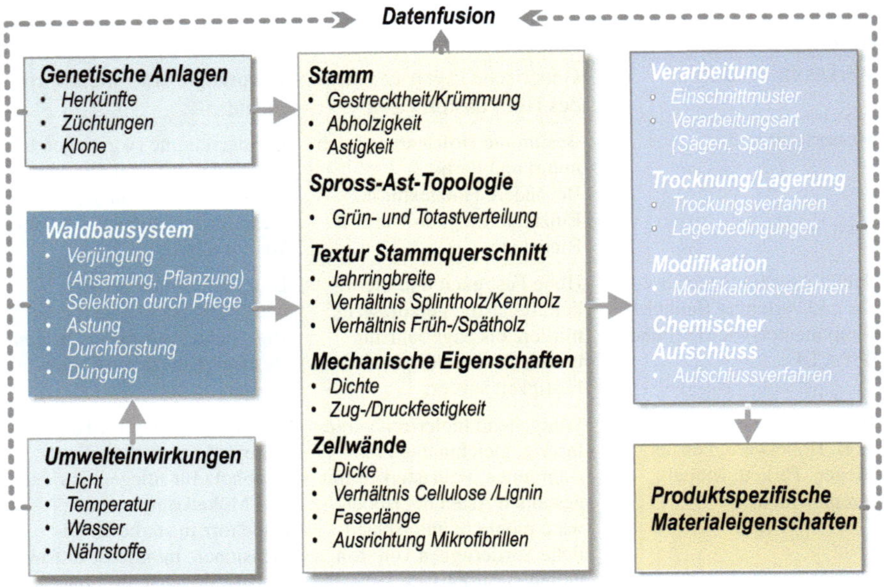

Abb. 5.14 Eigenschaften von Halb- und Fertigprodukten aus Holz als Ergebnis der Wechselwirkung von genetischen Anlagen, Waldbausystem, Umwelteinwirkungen und Verarbeitung. Die zukünftige Herausforderung besteht darin, die Daten der verschiedenen Komponenten zusammenzuführen *(data fusion)*, um daraus mit Methoden der Datenanalytik die für die Materialeigenschaften maßgebenden Merkmale zu extrahieren. In Anlehnung an Kellomäki (2002), verändert

von Wirkstoffen gegen Insekten- und Pilzbefall in den letzten Jahrzehnten deutlich reduziert. Neue Formen der Holzmodifikation, wie bei Sandberg et al. (2021) beschrieben, konnten sich jedoch bisher vor allem aus Gründen der verfahrenstechnischen Kosten für die Modifikation, trotz anfänglich hoher Erwartungen, nur bedingt am Markt durchsetzen. Auf diesem Gebiet stehen Forschung und Innovation vor der Aufgabe, bestehende Verfahren weiter zu optimieren und völlige neue Ansätze der Modifikation zu finden, wo das Modifikationsergebnis und der dafür notwendige Aufwand in einem besseren Verhältnis zueinander stehen.

Mit der Herstellung von Holzwerkstoffen (vgl. Abschn. 5.5.3) können völlig neue und für ein bestimmtes Anwendungsspektrum ganz spezifische Werkstoffeigenschaften entwickelt werden. So wurden beispielsweise die Holzspan- und die Faserplatte durch ihre Eigenschaft als Flächenwerkstoff mit der Möglichkeit zur Gestaltung sehr verschleißfester und dekorativer Oberflächen zum Träger eines neuen Möbeldesigns. In der Weiterentwicklung von Holzwerkstoffen bzw. in der technischen Holzmodifikation liegen auch die größten Verbesserungs- und Innovationspotenziale, um Holz und Holzwerkstoffe gegenüber anderen Werkstoffen in technischer Sicht wettbewerbsfähig zu machen bzw. mit einem neuen

Eigenschaftsprofil als „Engineered Wood Products" (Sandberg et al. 2018, 2023) auch in neue Anwendungen vorzustoßen.

Das Konzept der ökologischen Nische beschreibt die mögliche Verbreitung einer Baumart mit einer Reihe von Umweltfaktoren, die sich innerhalb artspezifischer Bereiche bewegen. Dazu gehören die Verteilung der Temperatur und der Feuchtigkeit übers Jahr, die Nährstoffversorgung und die Bodenbeschaffenheit. Die effektiv besiedelte Nische ist kleiner und wird durch folgende Faktoren geprägt: 1) Störungen wie Dürren, Stürme oder Kalamitäten, 2) kurzfristige klimatische Extreme, 3) Mortalität, 4) Konkurrenzdruck anderer Arten. Verschiebungen und Anpassungen der Verbreitung erfolgen vermutlich durch Klimaextreme (Zimmermann et al. 2022).

Die Eigenschaften von Halb- und Fertigprodukten, die sich mit einer Baumart erzielen lassen, resultiert aus der Wechselwirkung von genetischen Anlagen, Umwelteinwirkung, Waldbausystem und der Art der Verarbeitung (Abb. 5.14).

Es gibt eine Vielzahl von Publikationen zur Fragestellung von Standort, forstlichen Maßnahmen und Holzqualität (Barrette et al. 2023; Drew et al. 2022; Dykstra 2010; Jelonek et al. 2022; Mäkelä et al. 2010; Seifert 2003; Seifert et al. 2009), aber kaum eine zusammenfassende und überblickshafte Zusammenstellung der interagierenden Einflussgrößen etwa nach der in Abb. 5.14 dargestellten Strukturierung. Allein schon aus der Komplexität der Zusammenhänge heraus, konzentrieren sich die Arbeiten auf ganz bestimmte Zusammenhänge bzw. Baumarten. Die meisten der Arbeiten beziehen sich zudem auf Nadelhölzer (Barrette et al. 2023) oder auf ausgewählte Zusammenhänge von Pflanzdichte, Durchforstungsmaßnahmen und Astung auf die Qualität von Schnittholz wie am Beispiel von Kiefernholz (Ikonen et al. 2009). Auswirkung der Pflanzdichte und der Standraumregulierung sowie der Astung auf die Holzqualität von Douglasienholz beschreiben vais et al. (2014). Eine besondere Herausforderung ist es nun, die Auswirkungen der Klimaänderung auch auf die Qualitätsentwicklung des Holzes im Sinne von Abb. 5.14 abzuschätzen und im Rahmen der Möglichkeiten mit forstlichen Maßnahmen darauf zu reagieren. In „Waldbewirtschaftung in der Klimakrise" (Hesser und Braun 2023) werden dazu Fragen zum Thema Umwelteinflüsse und Veränderungen von Baumarten, Baumartenwahl, Herkunftswahl von Saatgut sowie Fragen zur unterstützten Wanderung von Baumarten in Verbindung mit ihrer Auswirkung auf die Holzwirtschaft analysiert.

Seifert (2003) versucht, den Zusammenhang von Waldbau, Holzqualität und Holzsortierung in behandlungssensitive Waldwachstumsmodelle zu integrieren und in der Arbeit von Drew et al. (2022) werden Waldwachstumsmodelle in Verbindung mit dem zu erwartenden Einfluss auf ausgewählte Holzparameter analysiert. In einer umfangreichen Überblicksarbeit vergleichen Pretzsch und Rais (2016) die Holzqualität von Holz aus gleichaltrigen Monokulturen mit Holz aus Mischbeständen, was vor allem im Hinblick auf die zunehmenden Mischbestände aufgrund der Anpassung der Wälder in Europa auf den Klimawandel von Interesse ist. Neben der Holzdichte haben vor allem die Stammform und die Astigkeit einen großen Einfluss auf die Holzeigenschaften, insbesondere auch auf die Festigkeitseigenschaften. Während sich die Dichte des Holzes bei den untersuchten Beständen eher indifferent verhält, sind die Astigkeit und die mit der Stammform verbundenen Einflüsse auf die Holzqualität bei den Mischbeständen deutlich ausgeprägter. Ein Hinweis, die zukünftigen Mischbestände hinsichtlich ihrer Stammmorphologie noch konsequenter zu erziehen als dies bei Monokulturen nötig war.

In einer Arbeit zur Analyse der Holzqualität unterschiedlicher Standort- und Wuchsbedingungen (Wuchsklassen) für Douglasienholz (Schmitt et al. 2016) kamen neben konventionellen Methoden auch neue Verfahren wie die Computertomografie (Sauter et al. 2013), die Mikrostrukturanalyse mit Silviscan® sowie andere zerstörungsfreie Methoden (Schimleck et al. 2019) zur Beurteilung der inneren Stamm- bzw. Holzstruktur zum Einsatz. Damit ließen sich die innere Stammstruktur – Astverteilung, Astgrößen, Astvolumen, Mikrofibrillenwinkel, Faserlänge – sowie die Dichte des Holzes in Abhängigkeit der Wuchsklasse charakterisieren, was sonst nur mit sehr aufwendigen Einschnitt- und Erhebungsmethoden möglich war. Mit der computertomografischen Erfassung von Rundholzeigenschaften wie Rohdichte, Astigkeit, Risse und Harztaschen sowie anteiligem Reaktionsholz (Abb. 5.15) in Korrelation mit dem Standort und mit den materialtechnischen Eigenschaften des erzeugten Schnittholzes, ergeben sich neue Möglichkeiten für ein nach Abb. 5.15 strukturiertes Monitoring und eine Analyse des Zusammenhangs von Waldstandort und Holzqualität.

Bei Arbeiten zu Laubhölzern steht in der Analyse von den Wechselwirkungen zur Holzqualität nach Abb. 5.15 vor allem die Wertholzproduktion im Vordergrund, mit Vorgaben zu klar definierten Produktionszielen wie Zieldurchmesser, Produktionszeit, Anzahl von Z-Bäumen (geförderte Zukunftsbäume) und astfreier Schaftlänge (Hein 2007; Spiecker 1991; Spiecker et al. 2009; Springmann et al. 2011).

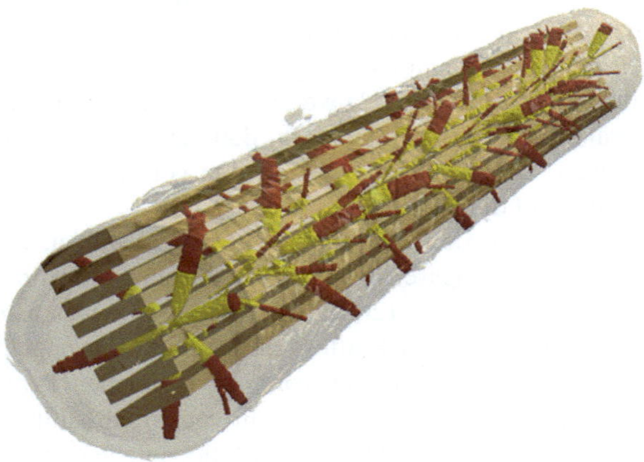

Abb. 5.15 Computertomografische Erfassung der Schaft-Ast-Morphologie mit fest verwachsenen (gelb) und nicht fest verwachsenen Ästen (rot) sowie einem in den Stamm hineinprojizierten Schnittbild. © MiCROTEC und Forstliche Versuchs- und Forschungsanstalt Baden-Württemberg/FVA Freiburg (Sauter et al. 2013)

5.5.2 Technologische Konzepte zur Nutzung von Holz

Zum Begriff **Rohstoff:** Stoff oder Stoffgemisch in unbearbeitetem oder gering bearbeitetem Zustand, der/das in einen Produktionsprozess eingehen kann. Im Weiteren unterscheidet man zwischen Primär- und Sekundärrohstoffen sowie in erneuerbare (in bestimmten Zeiten erneuerbar) und nicht erneuerbare sowie biotische und abiotische Rohstoffe (modifiziert nach Kosmol und Kanthak 2012).

Primärrohstoffe sind durch die Urproduktion gewonnene Grundstoffe, die neben dem Fördern aus ihrem natürlichen Bestand noch keine wesentliche Bearbeitung erfahren haben. Sie werden im Regelfall einer industriellen Verarbeitung zu verschiedenen Produkten zugeführt oder sofort als Energieträger genutzt. Als Sekundärrohstoffe werden, in Abgrenzung zu den primären Rohstoffen, die durch Aufbereitung aus stofflichen Rückständen bzw. durch Wiederverwertung über das Recycling gewonnenen Rohstoffe bezeichnet. Nach der Art ihrer Entstehung, der Gewinnung und dem Verwendungszweck werden Primärrohstoffe häufig nach folgendem Schema strukturiert (zusammengestellt nach unterschiedlichen Quellen wie Drebenstedt 2021; Kosmol und Kanthak 2012; Wiesbaden und Winter 2018):

- Agrarrohstoffe aus der Land-, Forst- und Fischereiwirtschaft können tierischen oder pflanzlichen Ursprungs sein, wie Getreide, Fleisch, Fisch und organische Öle, und werden zu Nahrungs-, Genuss- und Futtermitteln weiterverarbeitet. Erzeugnisse der Agrarproduktion, die als Grundstoffe für technische Verwertungszwecke dienen, wie Holz, Kautschuk, Baumwolle, Industrieobst, Heilpflanzen oder Raps, werden als industrielle pflanzliche Rohstoffe bezeichnet.
- Nachwachsende Rohstoffe (häufig abgekürzt als NaWaRo) sind organische Rohstoffe, die aus landwirtschaftlicher, forstwirtschaftlicher oder Fischereiproduktion stammen und zielgerichtet für weiterführende Anwendungszwecke außerhalb des Nahrungs- und Futterbereichs verwendet werden.
- Energierohstoffe sind Stoffe, in denen Energie chemisch oder physikalisch gespeichert ist und die damit energetisch genutzt werden können. Hierzu zählen fossile Energieträger bzw. Fossilrohstoffe wie Kohle, Erdöl oder Erdgas, des Weiteren energetisch nutzbare biotische Rohstoffe sowie Kernbrennstoffe.
- Chemische Rohstoffe wie Kalk oder Salz werden in der chemischen Industrie weiterverarbeitet.
- Seltene Erden, eigentlich Seltenerdmetalle, umfassen 17 Elemente der dritten Nebengruppe im Periodensystem, die für viele Bereiche der Hochtechnologie und Energiespartechnologie von Bedeutung sind.
- Metallrohstoffe (Metallerze) werden aus Erzen gewonnen. Eisen, Aluminium und Stahl als Produkt von Eisen und Stahlveredelung bilden die Grundrohstoffe des Maschinen-, Schiff- und Automobilbaus. Edelmetalle wie Gold, Silber oder Platin sind nicht nur für die Schmuckindustrie entscheidend, sondern bilden zusammen mit Kupfer, Zinn und Halbleitern die Grundlage der Elektroindustrie und Elektronik.

- Baurohstoffe, Keramikrohstoffe und Industriemineralien sind Grundstoffe für die Bauindustrie, Herstellung von Keramiken und Glas usw. Sie werden aus Gesteinen oder Sedimenten gewonnen. Wichtige Baurohstoffe sind Sand, Kies, Tonmineral, Kaolin und Werksteine. Quarz und Feldspat werden zu Glas und feuerfester Keramik verarbeitet.

Nutzungskonzept für den Rohstoff Holz

Der durch das natürliche Wachstum des Baumes geprägte Rohstoff Holz hat ganz spezielle Eigenschaften, die grundsätzlich eine Verwendung als weitgehend unbearbeitetes Rundholz möglich machen. In der Regel jedoch wird der Rohstoff Holz einer mehr oder weniger starken Bearbeitung und Umwandlung unterzogen, um daraus Produkte für einen bestimmten Verwendungszweck zu erzeugen. Das Konzept zur technischen Nutzung des Rohstoffs Holz folgt dabei immer folgendem Grundschema:

- Sortieren des Rohholzes, meist als abgelängtes Stammholz nach Holzart, verarbeitungsrelevanten Kriterien wie Astigkeit, Dichte (über die Jahrringbreite oder Trockenmasse), Jahrringstruktur, Stammform und Durchmesser. Dies erfolgt nach vereinbarten Sortier- und Übernahmerichtlinien (z. B. länderspezifische Handelsgebräuche oder relevantes Normenwerk auf nationaler oder internationaler Basis).
- Entrindung und anschließendes Auftrennen der Stämme in Bretter oder Furniere bzw. Zerkleinern der Stämme in Hackgut bzw. für Holzwerkstoffe relevante Spangeometrien mit weiterer Sortierung bzw. Klassifikation für die nachfolgenden Prozessschritte, meist nach einer vorgeschalteten Trocknung.
- Weitere Schritte sind Homogenisieren des Zwischenprodukts (beispielsweise als Span- oder Faserplatte bzw. lamellenverleimtes Schichtholz), Modifizieren und Funktionalisieren von Spänen und Fasern (z. B. Brandschutz, Dauerhaftigkeit), Engineering (beispielsweise über spezielle Trägerformen und Formteile usw.), mechanisches bzw. thermochemisches Aufschließen von Spänen und Nutzung der aufgeschlossenen Teile (Papierzellstoff/Papier, Faserzellstoff/Cellulosefaser, Nutzung chemische Komponenten des Holzes aus Cellulose, Hemicellulose, Lignin und der im Holz enthaltenen Extraktstoffe wie die Harze).

Die technische Nutzung des Rohstoffs Holz lässt sich entlang folgender Nutzungspfade bzw. entsprechend des Aufschlussgrads des Rohholzes gliedern (Abb. 5.16):

- Nutzung als Massivholz bzw. massivholznahe Werkstoffe und Produkte
- Nutzung von mehr oder weniger stark zerkleinerten Holzteilen aus einem mechanischen Holzaufschluss (Holzspäne, Holzfasern) und den daraus hergestellten, meist flächigen Holzwerkstoffen
- Nutzung nach einem sehr weitgehenden thermomechanischen bzw. thermochemischen Aufschluss des Holzes zu Fasern (Papierzellstoff oder Chemie-

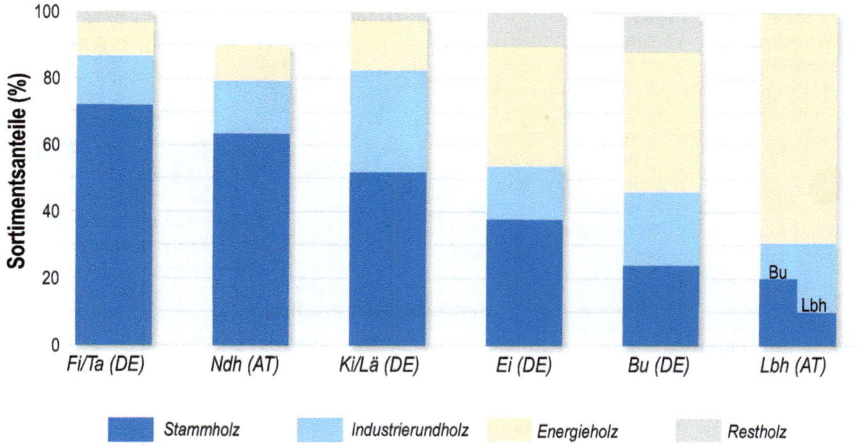

Abb. 5.16 Verteilung der Sortimentsanteile für verschiedene Baumartengruppen. FI = Fichte; TA = Tanne; KI = Kiefer; LÄ = Lärche; BU = Buche; EI = Eiche; NH = Nadelholz; LH = Laubholz. Stammholz umfasst Rundholz für den Sägeeinschnitt und die Furnierherstellung. Daten: Holzerntestatistik für Österreich 2021 (AT) nach BMLRT (2022) und für Deutschland 2022 (DE) nach Destatis (2024)

zellstoff) und weiteren chemischen Komponenten des Holzes (Cellulose, Hemicellulose, Lignin, Extraktstoffe) – vgl. Abb. 5.12 – und davon abgeleitete Nutzungspfade für Papier, Regeneratfasern für textile und nicht textile Anwendungen

- Nutzung der strukturgebenden Bestandteile des Holzes als separierte cellulose-, hemicellulose- oder ligninbasierte molekulare Strukturen zur Umsetzung zu Basischemikalien bzw. von Holzinhaltsstoffen als spezielle chemische Stoffe (häufig als „Feinchemikalien“)
- Nutzung als Energieträger durch Verbrennung, in Großanlagen oft als (wärmegeführte) Wärme-Kraft-Kopplung sowie für weitere pyrolytische Prozesse (Holzkohle, Holzgas, Pyrolyseöl usw.)

Je nach Zusammensetzung des Waldbestands, der verschiedenen forstlichen Maßnahmen, der Anteile einzelner Baumarten und der gewählten Umtriebszeiten usw. ergibt sich bei der Holzernte (als Vornutzung bzw. Endnutzung) eine unterschiedliche Verteilung an Sortimenten (Abb. 5.16). Auf eine weitere, detailliertere Aufteilung einzelner Sortimente in Qualitätsklassen nach Sortierregeln wird hier nicht eingegangen.

Aus Abb. 5.16 geht hervor, dass die Sortimentsverteilung bei Laubholz deutlich weniger Sägerundholz ergibt, dafür deutlich mehr Energieholz und auch Waldrestholz als bei der Aushaltung von Nadelholz. Die Fichte ist hinsichtlich der Aushaltung von Sägerundholz eindeutig der Spitzenreiter, auch gegenüber anderen Nadelbaumarten. Daraus lässt sich folgende Schlussfolgerung ableiten:

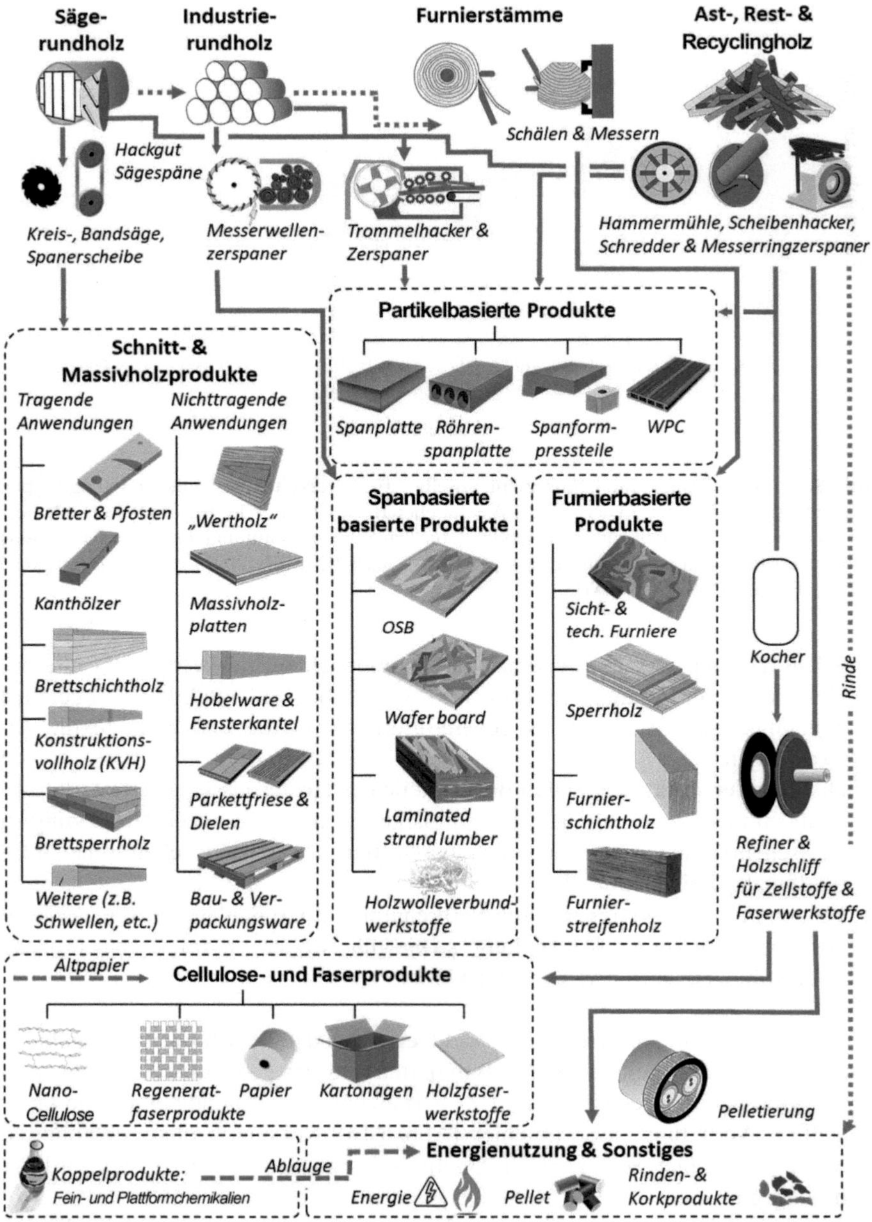

Abb. 5.17 Verarbeitungsketten von Holz. Stammholzsortimente (Sägerundholzholz, Industrieholz, Schäl- und Furnierholz, Waldrestholz) sowie Altholz (Recyclingholz) und Altpapier stehen am Anfang der verschiedenen Verarbeitungsketten

- Eine mögliche bzw. zukünftige Verschiebung des Baumartenspektrums in Richtung mehr Laubholz führt unweigerlich zu einer Veränderung der Rohholzströme entlang der einzelnen Prozessketten und der damit verbundenen industriellen Kapazitäten.
- Angepasste Technologien und eine rechtzeitig darauf abzustimmende Produktentwicklung sind eine logische Konsequenz einer derartigen Entwicklung.

In einem nationalen Projekt in Österreich wurde die Frage eines verstärkten Anfalls von Laubholz auch im Hinblick auf potenziell neue bzw. anzupassende Technologien untersucht und diskutiert (Teischinger 2019). In Buchform wurde speziell das Thema Bauen mit Laubholz an anschaulichen ausgeführten Beispielen aus der Praxis erörtert (Cazzaniga et al. 2022; Merz et al. 2020). In Baden-Württemberg ist mit dem „Technikum Laubholz" ein Forschungs- und Innovationshub entstanden, der mit Technikums- bzw. Pilotanlagen die Lücke zwischen Forschung und betrieblicher Innovation schließt (TLH 2023). Es kann davon ausgegangen werden, dass ein derartiges, speziell auf Laubholz ausgerichtetes Zentrum, den Innovationsprozess in Richtung wertschöpfender Laubholznutzung wesentlich unterstützen wird.

Ein Waldumbau mit einem damit geänderten zukünftigen Rohstoffspektrum mit mehr Mischwald hat nicht nur weitreichende Konsequenzen in der Verteilung der einzelnen Rohholzsortimente wie in Abb. 5.16 gezeigt, sondern auch hinsichtlich der Holzernte- und Transportlogistik von Rundholz sowie der Verarbeitungstechnologien entlang der Prozessketten nach Abb. 5.17. Ebenso müsste zwangsläufig das gesamte holzbasierte Produktportfolio an das geänderte Rohstoffspektrum angepasst bzw. neue Produktlinien gefunden werden.

Generell lässt sich für den Regelfall ableiten:

- Nadelbäume liefern mehr stofflich nutzbare Stammabschnitte pro Baum als Laubbäume, die einen höheren Anteil von Kronenholz aufweisen.
- Nadelstammholz weist einen gestreckteren Schaft mit weniger Krümmungen auf und hat einen höheren Anteil an Sägerundholz.
- Die Ausformung eines geernteten Baumes liefert verschiedene Sortimente (Sägerundholz, Schälfurnierholz, Industrieholz, Energieholz usw.) und Qualitätsklassen, die in ihrem Prozentanteil für jede Holzart, insbesondere für Nadelholz und Laubholz, typisch sind.
- Die einzelnen Sortimente entsprechen grundsätzlich einer optimalen Zuordnung zu einer Prozesskette wie Schnittholzherstellung, Schälfurnierherstellung, Industrieholz für Holzwerkstoffe bzw. für die Zellstoffproduktion und Energieholz zur energetischen Nutzung.
- Mischwald führt bei den derzeitigen Strukturen der Sägereiindustrie, die nach dem Prinzip der „Economies of Scale" organisiert sind, zu größeren Transportradien für Rundholz, als Wälder, die weitgehend einheitlich bestockt sind.
- Die Ernte von Laubhölzern erfolgt zumindest in Mitteleuropa saisonal, was einer über den Jahresverlauf kontinuierlichen Rundholzanlieferung zu den

Verarbeitungsbetrieben entgegensteht bzw. eine aufwendige Lagerlogistik erfordert.

Bei den einzelnen Verarbeitungsschritten wie beispielsweise beim Einschnitt von Rundholz in der Säge fallen wiederum Neben- und Koppelprodukte wie Rinde von der notwendigen Entrindung der Stämme vor der Verarbeitung, Hackgut, Säge- und Hobelspäne, Kappabschnitte usw. an. In der Zellstoffproduktion sind dies komplexe chemische Gemische wie das gelöste Lignin in der Ablauge der Kochprozesse sowie Tallöl, ein öliges Stoffgemisch aus Fettsäuren und Harzsäuren usw. Diese Nebenprodukte – eben kein Abfall nach dem Abfallwirtschaftsgesetz – werden in eigenen Prozessschritten weiterverarbeitet bzw. direkt in andere Prozessketten eingeschleust (z. B. Sägehackgut in die Zellstoffindustrie und Holzwerkstoffindustrie, Sägespäne für die Pelletierung als Energieträger usw.).

Altholz und Altpapier können nach Inspektion und entsprechender Quellensortierung bzw. nach Sammel- und Aufbereitungsanlagen nach den Abfallwirtschaftsbestimmungen der einzelnen Länder wieder in den Produktionskreislauf rückgeführt werden, wobei nicht nutzbare Fraktionen zu Abfall werden, der entsprechend zu entsorgen ist. Entsprechende Regulative wie die deutsche Altholzverordnung (BMJ 2020), die über eine Verordnung auch in Österreich gültig ist, sind dabei zu beachten.

Handwerkliche und industrielle Be- und Verarbeitung von Holz

Ein Großteil der Holzbearbeitung und -verarbeitung geht historisch auf gewerblich-handwerkliche Verarbeitungsstrukturen mit kleinen Betriebsgrößen zurück. Durch die zunehmende Mechanisierung und Automatisierung der Arbeitsabläufe sowie die technische Weiterentwicklung von Maschinen und Anlagen resultierte in einer Umwandlung der handwerklichen in Richtung industrieller Produktion. Bei sehr investitionsintensiven Prozessen, vor allem in der Zellstoff- und Papierherstellung ab Ende des 19. Jahrhunderts sowie später bei den Holzwerkstoffen, erfolgte die Verarbeitung schon immer industriell, auch wenn die ursprünglich auf Alttextilien (Hadern) beruhende Papierherstellung in Papiermühlen noch eher dem Handwerk zuzuordnen war. Die Sägereiindustrie als erste Stufe einer massivholznahen Prozesskette hat sich durch die Entwicklung moderner Einschnitttechnologien ab Ende der 1970er-Jahre in Form eines raschen Konzentrationsprozesses von klein- und mittelständischen zu beachtlichen industriellen Produktionsstrukturen entwickelt. Die Weiterverarbeitung von Schnittholz zu Holzbauteilen und Baukomponenten war noch lange Zeit kleinbetrieblich über Zimmereibetriebe strukturiert. Erst in letzten Jahrzehnten haben sich auch in der Weiterverarbeitung von Schnittholz zu Brettschichtholz (BSH) und Brettsperrholz (BSP; *engl.* CLT) große industrielle Anlagen entwickelt. Damit wurde ein über die gesamte Zulieferkette hinweg industriell erzeugtes und wesentlich kostengünstigeres Produkt ermöglicht, das hinsichtlich der Produktionskosten dem Prinzip von „Economy of Scale" folgt.

Das Nutzungskonzept von Holz im Wandel der Zeit

In einem technologischen Konzept zur Nutzung eines in großer Fülle verfügbaren Rohstoffs kann man alle aktuell vorhandenen und potenziell machbaren technischen Möglichkeiten zusammenfassen, die mit der Umwandlung dieses Rohstoffs in Produkte aktueller und zu erwartender Bedürfnisse einer Gesellschaft in Verbindung stehen. Welche Produkte jeweils zu welcher Qualität, Menge und Preis produziert werden sollen, entscheidet wieder der Markt in seinen unterschiedlichen marktwirtschaftlichen Ausprägungen.

In diesem Zusammenhang ist oft von „Market Pull" und „Technology Push" die Rede. Market Pull kann als nachfragegesteuerter Produktionsdruck verstanden werden. Hier geht der Anreiz zur Produktinnovation von der Käuferseite aus. Im Gegensatz dazu steht Technology Push für einen Anstoß, der in erster Linie von einer Technologieentwicklung ausgeht. Bei Müller und Teischinger (2011) wird dieses Prinzip von „Push" und „Pull" am Beispiel der Entwicklung von holzbasierten Leichtbauwerkstoffen für den Bereich der Holzwirtschaft diskutiert.

Historisch haben sich die Holzwirtschaft und das Nutzungskonzept Holz sehr stark im Korsett der handwerklichen Strukturen entwickelt, wie es beispielsweise bei Zatschek (1958) für das heute über 600 Jahre alte Tischlerhandwerk in Wien und bei Brinkmann (2019) für die Entwicklung des deutschen Zimmermeisterhandwerks beschrieben wird. Mit dem Zeitalter der industriellen Revolution ab der zweiten Hälfte des 18. Jahrhunderts und verstärkt im 19. Jahrhundert kommt es durch technische Erfindungen und Entwicklungen zu einer tiefgreifenden und dauerhaften Umgestaltung der wirtschaftlichen und damit auch gesellschaftlichen Strukturen und sozialen Verhältnisse.

Die Erfindungen und technischen Entwicklungen dieser Industrialisierung betreffen, wie in Abschn. 4.1 beschrieben, auch das Nutzungskonzept Holz. Die Erfindung des Sulfit- und Sulfatverfahrens zur Herstellung von Papierzellstoff aus dem Rohstoff Holz verändert die bisherige Papierherstellung auf Basis von Leinenhadern. Das Papier wird dadurch deutlich billiger und mit ihm die Kommunikation und Dokumentation von Informationen und Wissen über Tageszeitungen, Zeitschriften, Bücher und anderen Druckwerken. Gleichzeitig entstehen eine neue Nachfrage nach Rohholz und damit ein neues Sortiment für die Forstwirtschaft an einem für die Zellstoffproduktion geeigneten Industrieholz. Gleichzeitig sinkt in den Städten und bei energieintensiver Produktion der Brennstoffbedarf an Holz durch vermehrten Einsatz von Kohle und Koks, was zu einer Entlastung der Brennholznutzung im Wald führt.

Der traditionelle Holzbau wird in vielen Bereichen durch die Ziegelbauweise, durch das Gusseisen und die aufkeimende Stahl- und später auch Stahlbetonbauweise abgelöst und konnte erst in den letzten Jahrzehnten durch technische Innovationen wieder nennenswerte Marktanteile zurückgewinnen. Mit den drei wesentlichen industriell vorgefertigten Baukomponenten – Nagelplattenbinder, Brettschichtholz und Brettsperrholz – wurde der Holzbau bei landwirtschaftlichen Nutzbauten, Industrie- und Gewerbebauten sowie zuletzt auch bei mehrgeschossigen Wohn- und Bürobauten gegenüber anderen Baustoffen wieder konkurrenzfähig, speziell, wenn auch ökologische Parameter einbezogen werden (Fischer et al. 2023; Glanzmann 2021).

Das Brettschichtholz als leistungsfähige, stabförmige Baukomponente ist grundsätzlich schon seit ca. 120 Jahren bekannt und bei Hallenkonstruktionen und anderen Bauwerken erprobt. Das Brettsperrholz als plattenförmige und an der Baustelle aufgrund des vergleichsweise geringen Gewichts leicht manipulierbare Baukomponente ist erst seit etwa 20 Jahren im Einsatz. Beide industriell vorgefertigte Baukomponenten kombiniert eingesetzt – das Brettschichtholz als Stütze und Tragsystem sowie das Brettsperrholz als Wand- und Deckenelement – ermöglichen einen leistungsfähigen, kostengünstigen und damit gegenüber anderen Baustoffen wettbewerbsfähigen Holzhochbau. Unterstützt wird diese Technologie durch einen gesellschaftlichen Druck in Richtung umweltgerechtem Bauen und natürlichem Wohnumfeld. Bauen mit Holz hat in den letzten zwei Jahrzehnten damit an Bedeutung gewonnen, wie es zuvor für nicht möglich gehalten worden wäre (vgl. dazu Kaufmann et al. 2021; Kaufmann und Nerdinger 2012).

Die Entwicklung der Holzwerkstoffe, allen voran die Entwicklung der Spanplatte, hat den Möbelstil nachhaltig beeinflusst. Durch homogene und plattenförmig verfügbare Werkstoffe wie Sperrholz, Spanplatte und Faserplatten ist eine kostengünstige industrielle Fertigung von Korpusmöbeln möglich und das macht zeitgemäße Möbel für breite Schichten der Bevölkerung finanzierbar.

Oft sind mehrere Entwicklungen nötig, um im Verbund dieser Entwicklungen zu einem neuen Marktsegment und Marktdurchbruch zu kommen. Ein gutes Beispiel dazu sind die plattenförmigen Holzwerkstoffe und der Bau von Korpusmöbeln. Fünf wesentliche technische Elemente waren für den Marktdurchbruch gegenüber den traditionellen und wesentlichen teureren Möbeln aus Massivholz nötig:

- ein kostengünstiger, homogener, leicht konfektionierbarer Plattenwerkstoff, aus dem die einzelnen Korpusteile des Möbels nach einem Optimierungsprogramm rationell für die weiteren, meist industriellen Fertigungsschritte zugeschnitten werden können
- Entwicklung sehr reaktionsfähiger und kostengünstiger Klebstoffsysteme mit schrittweiser Anpassung gesundheitsrelevanter Emissionen an den Stand der Technik
- neue industrielle Oberflächenbeschichtungen als Flüssigbeschichtung mit Lacken bzw. als mit Harz imprägnierte Dekorpapiere mit hoher Abriebfestigkeit und guter Feuchtebeständigkeit (Abb. 5.30)
- Entwicklung einer automatisierten Schmalkantenbeschichtung von Spanplatten in Verbindung mit der Oberflächenbeschichtung (Abb. 5.29)
- neue Möbelbeschläge, die in den Holzwerkstoffen festen Halt finden, gleichzeitig eine einfache Montage ermöglichen und im fertigen Möbel einen hohen Bedienungskomfort ermöglichen

Waren diese beispielhaft aufgezeigten Entwicklungen „Market Pull“ oder „Technology Push“? Es gibt dazu kaum konkrete sozioökonomische Studien. Es ist aber hypothetisch davon auszugehen, dass es häufig ein Mix von beiden Seiten war, einmal mehr auf der Marktseite und bei großen technologischen Durchbrüchen primär als Technologieschub. Von besonderer Bedeutung dabei ist, dass sich die entsprechenden beteiligten bzw. potenziell infrage kommenden Gruppen, im angesprochenen Fall die Möbelindustrie und die Holzwerkstoffindustrie sowie die Zulieferindustrie für Fremdteile (Beschläge, Verbindungsmittel), Hilfsstoffe (Lacke, Leime usw.) und die Maschinen- und Anlagenhersteller auf einen Sektor der Holzverarbeitung in ihrem Lieferportfolio einstellen und ein Marktpotenzial erkennen. Dies schließt die damit verbundenen Innovationskonzepte mit ein.

Als ein ausgewähltes Beispiel dafür kann die LIGNA Hannover (Deutschland) angeführt werden. Diese im zweijährigen Turnus seit 50 Jahren veranstaltete Messe gilt als die Weltleitmesse für Werkzeuge, Maschinen und Anlagen zur Holzbe- und -verarbeitung und damit als wichtige Plattform für die Präsentation und Diskussion zum aktuellen technischen Stand sowie zu Entwicklungen der Holzbranche. Entsprechend der Struktur der Holzbranche werden dem interessierten Fachpublikum in verschiedenen Ausstellungsbereichen Produktneuheiten vorgestellt und in begleitenden Messeberichterstattungen in Fachjournalen verbreitet. Das Ausstellungsangebot der LIGNA Hannover umfasst innovative Werkzeuge, Maschinen und Anlagen für die Einzel- und Serienfertigung von Holz und Holzwerkstoffen, Oberflächentechnik, Maschinen und Anlagen zur Herstellung von Holzwerkstoffen, für Sägewerkstechnik, Massivholzverarbeitung inkl. Holzbauelementen, Energie aus Holz, Maschinenkomponenten und Automatisierung sowie Forsttechnik (LIGNA 2024).

Aktuell stellt sich die Frage, ob das Konzept einer Präsenzmesse noch zeitgemäß ist. Die Meinungen dazu sind kontrovers. Es ist aber davon auszugehen, dass sich mit zunehmender Digitalisierung und der Schaffung von virtuellen Räumen auch die Konzepte von Fachmessen ändern werden. Nach einer Analyse des Bundesverbands Industrie Kommunikation (AUMA 2022) wurden für die Fachmesse der Zukunft folgende Entwicklungen identifiziert. Der persönliche Kontakt und das Erlebnis einer Präsenzmesse bleiben im Fokus. Die Messe wird jedoch digital und analog, je nach Branche, Größe der Unternehmen und Zielgruppen. Die digitale Verlängerung wird eine wichtige Ergänzung zur analogen Messe. Messen werden kleiner und lokaler, da das internationale Publikum zurückgeht. Angesichts von Klimakrise und wachsendem gesellschaftlichem Druck wird die Messebranche ihre Anstrengungen für mehr Nachhaltigkeit in vielfältiger Weise intensivieren müssen.

Die Materialausbeute als Kennwert für die Ressourceneffizienz

Ein wichtiger Kennwert bei der Verarbeitung des Rohstoffs Holz ist die Ausbeute, also welche Menge eines Zwischen- oder Endprodukts im Verhältnis zum eingesetzten Rohstoff bzw. Vorprodukt produziert werden kann. So kann aus einem mehr oder weniger runden, oft leicht gekrümmten Stammabschnitt (Bloch) mit einer ihm typischen Abholzigkeit (Konizität) nur ein bestimmtes Volumen an geometrisch definiertem Schnittholz oder an geeignetem Schälfurnier erzeugt werden (Abb. 5.18).

Die volumenmäßige Ausbeute ist eine wichtige Kennzahl zur Beschreibung der aus dem Rundholz gewonnenen Teilmengen an Schnittholz und Nebenprodukten.

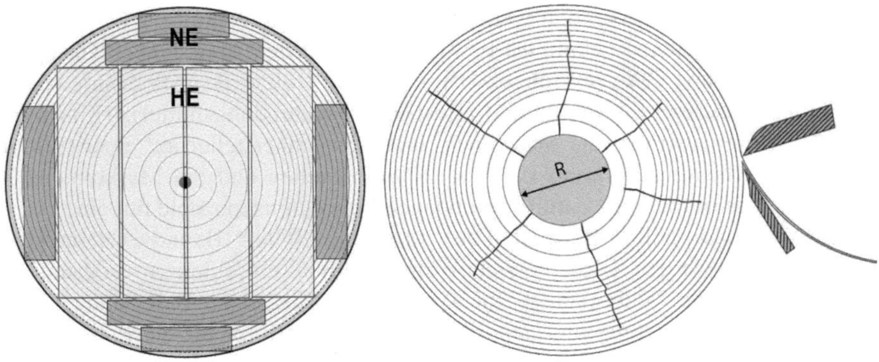

Abb. 5.18 Materialausbeute beim Sägeeinschnitt und Rundschälen. Links: Beispielhaftes Schnittbild für einen Sägeeinschnitt. Die beiden Kreise symbolisieren den Durchmesser des Stammes am dickeren (durchgehende Linie) und dünneren Ende (gestrichelte Linie). Die zwischen den einzelnen Schnitthölzern ausgesparten Bereiche symbolisieren die Dicke der Schnittfuge. Rechts: Schematische Darstellung eines Schälfurniervorgangs mit einer prozessbedingten Restrolle und dem Restrollendurchmesser R. HE = Haupterzeugnis (Hauptware); NE = Nebenerzeugnis (Seitenware)

Die Ausbeute (A) an Schnittholz ergibt sich aus dem Quotienten des erzeugten Schnittholzvolumens (V_{SH}) und dem Volumen des eingesetzten Rundholzes (V_{RH}):

$$A = \frac{V_{Sh}}{V_{RH}} * 100[\%]$$

Die Ausbeute an Schnittholz hängt von verschiedenen Faktoren ab, wie der geometrischen Form des Stammes (zylindrisch oder durch die Abholzigkeit leicht konisch, kreisrund oder leicht oval, gekrümmt in der Länge), der Dicke der Schnittfuge, bedingt durch die eingesetzten Werkzeuge, und der Querschnittdimensionen des Schnittholzes. Zudem hängt die Ausbeute aus rein geometrischen Gegebenheiten auch vom Durchmesser des eingesetzten Rundholzes in Verbindung mit dem jeweiligen Schnittbild ab (Lohmann 1998).

Wird das erzeugte Schnittholz in der Folge getrocknet, verkleinert sich das Volumen durch das unvermeidliche Schwinden des Holzes. Beim anschließenden Hobeln des getrockneten Schnittholzes und beim Profilieren von Nut und Feder mit sogenannten Kehlmaschinen wird wieder ein Teil des Querschnitts reduziert und fällt als Hobel- und Frässpäne an. Je nach Fertigungstiefe und Produktgruppe werden in den einzelnen Fertigungsstufen oft mehr als 50 % des eingesetzten Rohstoffs zu Neben- oder Koppelprodukten und weniger als 50 % gelangen in das eigentliche Hauptprodukt (Knaus 2019; Pramreiter et al. 2023), wie in Abb. 5.19, 5.20 und 5.21 an drei ausgewählten Produkten dargestellt. Bei den anfallenden Neben- und Koppelprodukten handelt es sich jedoch nicht um Abfall, sondern um bei der Produktion von einem oder mehreren Hauptprodukten (z. B. Schnittholz beim Sägeeinschnitt, Schälfurnier beim Rundschälen von Rundholz, Papierzellstoff bei der Zellstoffherstellung) zwingend anfallende Nebenprodukte, die durchaus oft betriebswirtschaftlich erfolgreich vermarktet werden können.

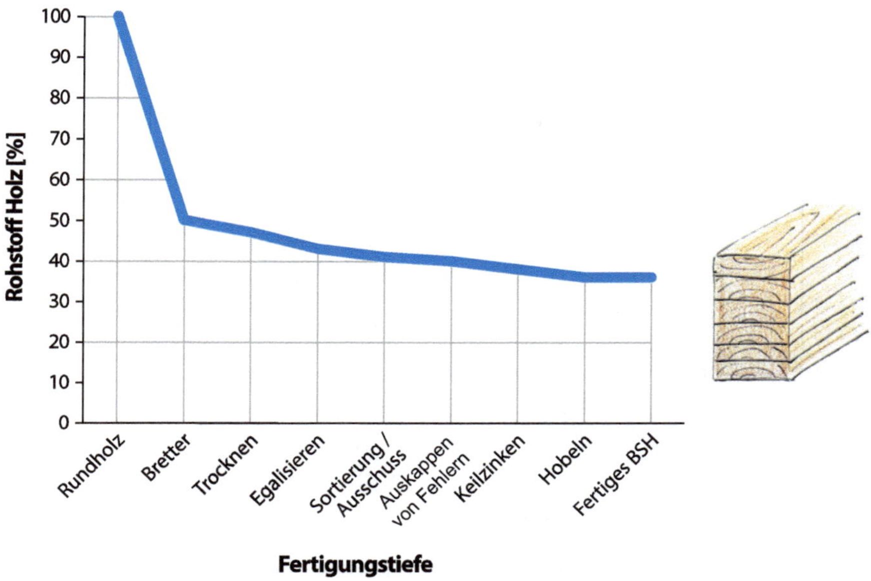

Abb. 5.19 Entwicklung der Ausbeute des Hauptprodukts für Brettschichtholz vom Rundholz über das Schnittholz entlang der Fertigungstiefe. Nach Knaus (2019)

Eine Entscheidung zur Produktion eines tragenden Bauprodukts als Brettschichtholz oder als Furnierschichtholz bzw. Brettsperrholz nach Abb. 5.19 und Abb. 5.20 führt zu einem typischen Zielkonflikt (Trade-off), der nur schwer bzw. von Fall zu Fall zu lösen ist. Furnierschichtholz bzw. ein auf Furnierschichtholz aufgebautes, stabförmiges Bauelement, ähnlich dem Brettschichtholz, hat eine deutlich günstigere Holzausbeute und wegen der höheren Homogenität infolge der dünnen Furnierlagen auch bessere mechanische Eigenschaften als Brettschichtholz. Die im Vergleich zu Holzlamellen dünneren Furnierlagen bedingen aber einen höheren Klebstoffeinsatz, was zu höheren Klebstoffkosten pro Volumeneinheit führt. Diese können in der Regel durch die erzielbare Materialeinsparung und bessere mechanische Eigenschaften des Bauteils nicht gänzlich kompensiert werden.

Grundsätzlich stehen dem Anwender mit dem Konstruktionsvollholz® aus Massivholz sowie den verleimten Produkten wie Brettschichtholz, Brettsperrholz, Furnierschichtholz und den in Abb. 5.25 gezeigten Trägerarten verschiedene Bauelemente mit einem unterschiedlichen Preis-Leistungs-Verhältnis zur Verfügung, die er nach einschlägigen Bauteilkatalogen und aktuellen Preisen optimiert einsetzen kann.

Bei Produkten mit mehrteiligen Querschnitten wie Fensterrahmen, gekrümmten sowie rundgefrästen Teilen für Sitzmöbel oder Treppengeländer geht

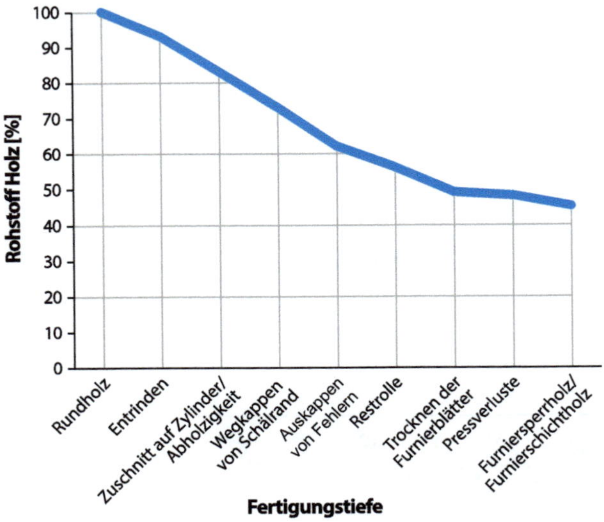

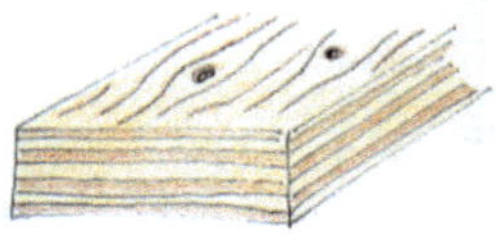

Abb. 5.20 Entwicklung der Ausbeute des Hauptprodukts Furnierschichtholz (LVL) vom Rundholz über das Schälfurnier entlang der Fertigungstiefe. Nach Knaus (2019)

die Materialausbeute aus fertigungstechnischen Gründen noch weiter zurück (Abb. 5.21). Die für die Produktion von Fensterrahmen notwendigen Holzlamellen sind qualitativ sehr hochwertig und mit einem entsprechenden Marktpreis versehen. Infolge der aufwendigeren Fertigung in einer Reihe von Arbeitsschritten vom Schnittholz bis zum fertigen Fensterrahmen verliert das damit kostenintensivere Holzfenster an Wettbewerbsfähigkeit gegenüber einem Fensterprofil aus Kunststoff. Dies lässt sich an entsprechenden Statistiken über die Verkaufszahlen einzelner Fenstertypen im DACH-Raum sehr gut ablesen.

Bei vielen Massivholzprodukten wurde in der Vergangenheit aus Gründen ausreichender Verfügbarkeit und eines vergleichsweise günstigen Preises für den Rohstoff Holz die Materialausbeute im Produktionsprozess gegenüber der mengenmäßigen Durchsatzleistung aus einfachen Kostenüberlegungen heraus vernachlässigt. Zudem sind die innerbetriebliche Nutzung der anfallenden Koppelprodukte Säge- und Hobelspäne sowie deren externe Vermarktung als Briketts und Pellets als Energieträger betriebswirtschaftlich interessant.

Bei einer sich verändernden Rohstoffbasis wie beispielsweise dem zu erwartenden anteilsmäßigen Rückgang der Fichte in Mitteleuropa ist in Zukunft vor allem bei Bauprodukten aus Nadelholz der Ressourceneffizienz und damit der besseren stofflichen Ausnutzung des Rohstoffs mehr Bedeutung zuzumessen. Die Beispiele in Abb. 5.19, 5.20 und 5.21 zeigen, dass technologisch noch ein Optimierungspotenzial zur Erhöhung der Ausbeute des Hauptprodukts gegeben ist

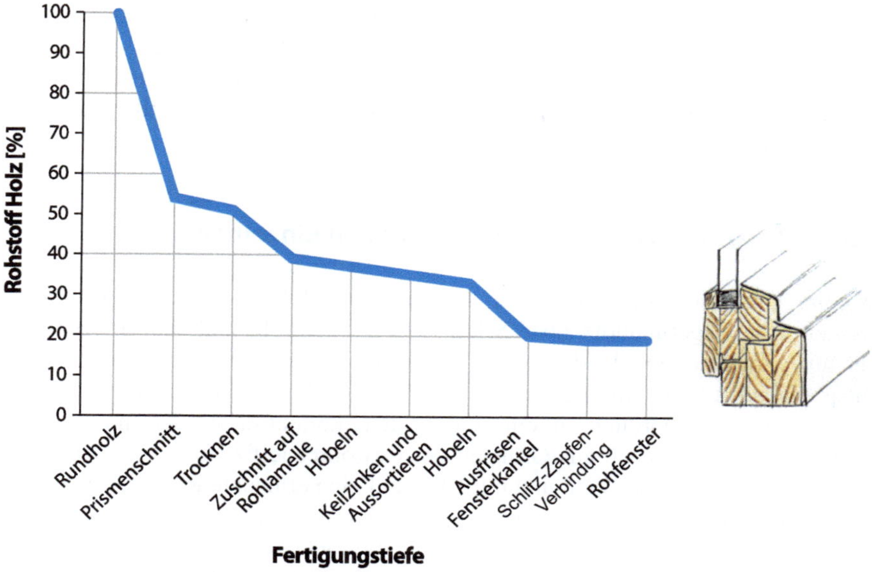

Abb. 5.21 Entwicklung der Ausbeute bei der Produktion einer Fensterrahmenkonstruktion für ein Holz-Aluminium-Fenster über die Fertigungstiefe. Nach KNAUS (2019)

(vgl. auch PRAMREITER et al. 2023). Beim Laubholz wiederum ist seit Jahren die Verfügbarkeit von Eiche für die Parkettherstellung in Europa zum Engpass geworden. Als Reaktion darauf hat eine Firma mit einer patentierten Technologie des spanlosen Messerns von Decklamellen für Dielenelemente anstelle von Sägen der Lamellen (Schnittfuge!) einen Ausbeutegewinn von 30 % und mehr erreichen können.

In der Zellstoffindustrie wird für die Erzeugung von Papierzellstoff das Lignin mit einem Anteil von 30–35 % chemisch aus dem Holzverbund gelöst, sodass zusammen mit anderen Verlusten während des Aufschlussprozesses die Ausbeute an Papierzellstoff, dem angestrebten Hauptprodukt, je nach Holzart und eingesetztem Aufschlussverfahren nur etwa 40 bis knapp über 50 % beträgt. Hier wird überlegt, das in der Ablauge gelöste Lignin nicht nur energetisch zu nutzen, sondern als Grundstoff für den Ersatz von fossilem Phenol zu gewinnen.

In den beispielhaft zur Materialausbeute genannten Fällen sind die anfallende Säge-, Hobel- und Frässpäne sowie die ligninhaltige Kochlauge im Zellstoffprozess kein Abfall, sondern ein Koppelprodukt. Dieses steht direkt oder in aufbereiteter Form für andere Prozesse oder zumindest als Energieträger zur Verfügung. Dennoch muss es technologisches wie auch wirtschaftliches Ziel sein, den Anteil einer stofflichen Nutzung der Koppelprodukte gegenüber der energetischen

Nutzung möglichst hoch zu halten. Die energetische Nutzung von Holzfraktionen hat im Sinne einer vielfach angestrebten kaskadischen Holznutzung (vgl. ACATECH 2022) erst am Ende der jeweiligen Produktkreisläufe zu erfolgen. Hier sind aus vielfältigen Gründen, unter anderem auch wegen marktverzerrender Eingriffe, Wunsch und Realität vielfach noch weit voneinander entfernt.

5.5.3 Die Prozessketten und Produkte im Einzelnen

Wie in Abb. 5.16 dargestellt, wird das geerntete Holz in verschiedenen Sortimenten vom Sägerundholz über Schäl- und Furnierholz und Industrierundholz bis hin zum Energieholz den dafür geeigneten Prozessketten zugeführt. Einer entsprechenden Ausformung des Rundholzes (vgl. Abschn. 4.1.4) und sortimentsbezogenen Zuordnung in eine Prozesskette kommt dabei nicht nur aus ökonomischen, sondern auch aus Gründen der Ressourceneffizienz große Bedeutung zu. Aus technologischer Sicht und mit Blick auf eine effiziente Ressourcennutzung sollte jeder Stamm hinsichtlich seiner Dimension und Gütemerkmale (gemeinhin oft auch als Qualität bezeichnet) der dafür vorgesehenen Prozesskette zugeführt werden, was oft nicht in vollem Ausmaß gewährleistet ist. Das liegt zum einen daran, dass Sortierungen und Sortimentszuordnungen überlappend und im Forst oft noch zu wenig trennscharf sind, und zum anderen, dass es oft aus logistischen und ökonomischen Gründen keinen Sinn macht, eine konsequente Sortimentszuordnung zu treffen.

In der gesamten Fertigungskette eines Produkts, auch als Lieferkette bzw. *supply chain* bezeichnet, sind oft mehrere Fertigungs- bzw. Prozessschritte an einem Unternehmensstandort integriert. Beispielsweise kann das ein Sägewerk mit einem angeschlossenen Hobelwerk zur Weiterverarbeitung eines Teiles der Produktion zu Profilhölzern sein oder ein Zellstoffwerk mit angeschlossener Papierfabrik. In der Holzwerkstoffindustrie werden Halbfabrikate wie die Rohspanplatte häufig am selben Standort oder an spezialisierten Standorten innerhalb einer Unternehmensgruppe durch Oberflächenbeschichtung weiter veredelt. Häufig erfolgt dabei sogar ein kundenindividueller Zuschnitt *(customization)* von beschichteten Holzwerkstoffen für Großkunden.

Bei Holzbauprodukten und Bauelementen wie Konstruktionsvollholz, Nagelplattenbinder, Brettschichtholz, Brettsperrholz und speziellen Engineered Wood Products gibt es wiederum die Möglichkeit der Produktion von vorgefertigten Produkten als Standard- bzw. Handelsware wie auch von speziell für einen Kunden oder sogar für ein Projekt abgestimmt produzierten Bauteilen. In modernen Fertigungssystemen werden diese Bauteile bereits im Herstellerwerk durch sogenannte Abbundmaschinen (meist digital gesteuert und über entsprechende Software und Schnittstellen direkt vom Bauplan übernommen) bauteilindividuell nach einem vorgegebenen Plan zugeschnitten und so für einen raschen und möglichst einfachen Zusammenbau auf der Baustelle vorbereitet. Damit erzielt der vorgefertigte Holzbau einen wesentlichen Vorteil gegenüber dem Massivbau.

Holzwerkstoffe und -produkte

In einem generellen Überblick kann man die Anwendungsgruppen für Holz wie folgt zusammenfassen, die in der Folge kurz vorgestellt werden:

- Holz als Bauteil für tragende und aussteifende Zwecke im Baubereich (Konstruktionsvollholz, Brettschichtholz, Brettsperrholz, Nagelplattenträger, Engineered Wood Products inkl. diverser Trägersysteme usw.)
- Holz zur sichtbaren Verwendung im Baubereich (Fenster, Türen, Stiegen, Profilholz, Parkett usw.) sowie für den Möbelbau
- Holz für Verpackungs- und Transportzwecke (Paletten, Kisten, Steigen usw.)
- plattenförmige Holzwerkstoffe (Sperrholz, Spanplatte, Faserplatte usw.) für tragende und aussteifende Zwecke im Baubereich sowie nicht tragende Zwecke, vor allem im Möbelbau
- Holz als Ausgangsmaterial für Zellstoff für Papier und Karton
- Holz als Ausgangsmaterial für Faserzellstoff für textile *(woven)* und nicht textile *(non-woven)* Anwendungen
- Holz als Ausgangsmaterial für chemische Stoffe (Fein- und Plattformchemikalien)
- Holz als Energieträger (Festbrennstoff, Holzgas usw.)
- spezielle Nutzungsformen wie Instrumentenholz, Spielzeug, Drechslerwaren, Holzspatel u. a. Einwegprodukte, Accessoires usw.

Holz für Tragwerkelemente

Ein wesentliches Merkmal von Holz und Holzwerkstoffen als Bauprodukte für tragende bzw. aussteifende Zwecke ist ihr Verhalten bei mechanischer Belastung und auch bei anderen Einwirkungen (z. B. Brand), bei denen sie Anforderungen erfüllen müssen, die in der technischen Normung festgehalten sind. Seit den 1990er-Jahren gibt es die EUROCODES, die zehn technische Normen umfassen und eine einheitliche Vorgehensweise für die Bemessung von Tragwerken im europäischen Raum anstreben. Neben dem allgemeingültigen EUROCODE 1, der die maßgebenden Einwirkungen auf Tragwerke regelt, gibt es baustoffspezifische Codes, worunter der EUROCODE 5 die Anforderungen für die Bemessung von Holztragwerken festlegt (EN 1995–1–1).

Die Materialeigenschaften von Holz für Tragwerkelemente weisen innerhalb einer Holzart und zwischen Holzarten eine beträchtliche Variabilität auf. Dies erwies sich als ein Nachteil in einer effizienten Nutzung des Holzes im Bauwesen. Um das in den mechanischen Kennwerten stark streuende Holzangebot ressourceneffizient nutzen zu können, wurden über ein abgestimmtes Normenwerk Sortiermerkmale für Schnittholz und Schwellwerte für Sortierklassen definiert. Den Sortierklassen werden Festigkeitsklassen mit einem für die Bemessung nach EUROCODE 5 notwendigen Set an Materialkennwerten zugewiesen. Dazu muss das Schnittholz nach genormten oder werkseigenen Sortierregeln entweder visuell durch geschultes Personal oder im Wege von automatisierten Anlagen auf Sortiermerkmale wie die Dichte des Holzes, die Astigkeit und deren Verteilung, Faserabweichungen usw. sortiert werden. Mit diesen Informationen werden die

Hölzer einer Sortierklasse und einer nachgewiesenen Festigkeitsklasse zugeordnet. Das System der einzelnen Festigkeitsklassen zieht sich bei der Weiterverarbeitung zu verklebten bzw. zusammengesetzten Holzbauteilen wie Brettschichtholz oder Brettsperrholz (vgl. Abb. 5.22) weiter fort. Durch die Homogenisierung bei der Verklebung von Schnittholz zu größeren Querschnitten tritt dabei ein Vergütungseffekt ein, der bei der Zuordnung solcher Bauteile in eine Festigkeitsklasse berücksichtigt wird.

Für die Fertigung von verklebten Holzbaukomponenten wie Brettschichtholz (BSH) und Brettsperrholz (BSP bzw. CLT) (siehe Abb. 5.22) werden vorwiegend Nadelhölzer eingesetzt, allen voran Fichte/Tanne neben Kiefer, Lärche, Douglasie usw. Der Marktanteil brett- bzw. stäbchenbasierter, tragender Laubholzprodukte z. B. aus Buche, Esche und Eiche ist gering. Zudem benötigen sie eine Europäische Technische Bewertung (ETA) basierend auf einem Europäischen Bewertungsdokument (EAD), was mit Zeitaufwand und Kosten verbunden ist. Furnierbasierte Werkstoffe wie Sperrholz oder Furnierschichtholz aus Buche oder Birke finden breite Anwendung.

Hinweis: Die Vermarktung von Bauprodukten bzw. Bausätzen ist im europäischen Binnenmarkt durch die EU-Bauprodukteverordnung geregelt (EU 2011), womit harmonisierte Bedingungen für die Vermarktung von Bauprodukten geschaffen wurden. Bevor ein Bauprodukt auf dem Markt der EU in Verkehr gebracht wird, muss eine „Leistungserklärung" auf Basis einer „harmonisierten Norm" oder „Europäischen Technischen Bewertung" erstellt werden und eine daran gekoppelte CE-Kennzeichnung aufweisen. Die Mitgliedstaaten dürfen das In-Verkehr-Bringen von Bauprodukten auf dem Markt, die die CE-Kennzeichnung tragen, weder untersagen noch behindern, wenn die erklärten Leistungen den Anforderungen für die vorgesehene Verwendung in dem betreffenden Mitgliedstaat entsprechen.

Verklebte Produkte wie Brettschichtholz und Brettsperrholz ermöglichen es einerseits, Begrenzungen durch die Abmessungen des Baumstamms zu überwinden, und andererseits, die natürlichen Inhomogenitäten des Holzes wie Äste usw. auszugleichen. Ein wesentlicher Vorteil von verklebten Holzbauprodukten

Abb. 5.22 Stabförmiges Brettschichtholz (BSH), links und rechts plattenförmiges Brettsperrholz (BSP bzw. CLT) durch kreuzweises Verkleben einzelner Brettlagen

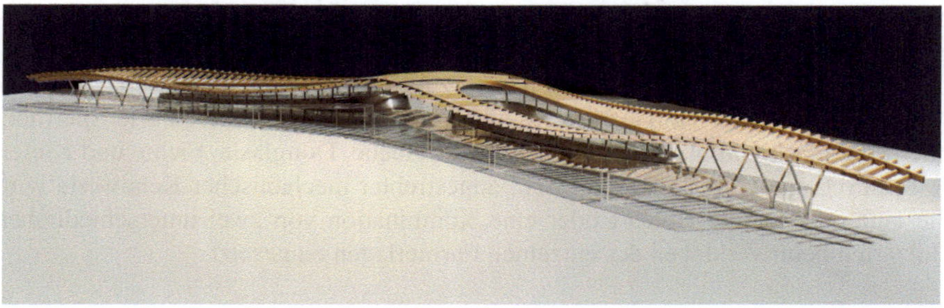

Abb. 5.23 Modell der wellenförmigen Dachkonstruktion des Einkaufszentrums G3 in Gerasdorf bei Wien in Brettschichtholzkonstruktion. Länge des Daches 750 m mit einer Breite zwischen 70 und 140 m. © ATP architekten ingenieure

Abb. 5.24 Prinzip eines dreilagigen Sperrholzes mit jeweils kreuzweise verleimten Furnierschichten

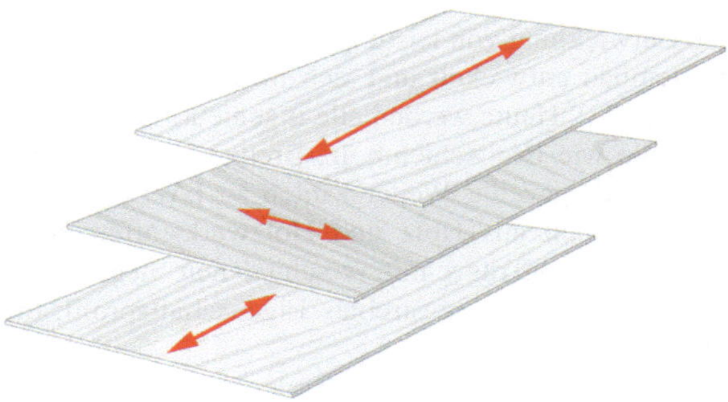

ist somit die Homogenisierung des Materials und damit eine geringere Variabilität der Materialkennwerte und Rissbildung. Produkte mit Querlagen aus Brettern oder Furnieren sind formstabiler bei wechselndem Umgebungsklima.

Mit den in qualitätsgesicherter Produktion nach einschlägigen Normen und Richtlinien hergestellten Bauteilen sind Holzbauten in einer Höhe wie in Abb. 5.13 dargestellt ohne Probleme möglich, ebenso auch Hallentragwerke mit Spannweiten von über 100 m sowie Gebäude in eindrucksvoller architektonischer Formensprache (Abb. 5.23).

Baukomponenten auf Basis von Furnieren

Das klassische Bauprodukt auf Basis von Furnieren ist das Bausperrholz (Abb. 5.24) in verschiedenen Plattendicken, Dimensionen und mit unterschiedlichen Oberflächenbehandlungen. Dabei werden die einzelnen Furnierlagen kreuzweise zueinander verleimt, was neben dem „Absperreffekt" gegen das Quellen und Schwinden des Werkstoffs in der Plattenebene zu einer Isotropie der mechanischen Eigenschaften führt. Bei Furnierschichtholz (*laminated veneer lumber,* LVL) wird wiederum durch die lagenweise Verleimung der einzelnen Furnierlagen bewusst die ursprüngliche Orthotropie des Baumstamms erhalten, um bei der fertigen LVL-Platte oder daraus aufgetrennten stabförmigen Abschnitten eine hinsichtlich der mechanischen Eigenschaften bevorzugte Richtung zu haben.

Als Holzarten für Holzwerkstoffe auf Basis von Schälfurnieren wie Sperrholz oder Furnierschichtholz (LVL) dienen Birke, Buche, Douglasie, Fichte und Kiefer. Je nach regionaler Verfügbarkeit bzw. angestrebter mechanischer Kennwerte wird die eine oder andere Holzart oder eine Kombination von zwei unterschiedlichen Holzarten beim Verkleben der einzelnen Furnierlagen eingesetzt.

Engineered Wood Products (EWPs)

Besonders leistungsfähige und effiziente Bauelemente auf Basis von Holz und Holzwerkstoffen sind sogenannte „Engineered Wood Products" (EWPs), die sowohl von ihrer geometrischen Form als auch hinsichtlich ihres Tragverhaltens ganz gezielt für bestimmte Einsatzbereiche konzipiert sind. Der Begriff „Engineered Wood Products" hat sich aus der nordamerikanischen Sperrholzindustrie für die Entwicklung von leistungsfähigen Baukomponenten und Tragsystemen für den Systembau entwickelt und sich in der Folge auch in Europa etabliert (Sandberg et al. 2023). Heute werden alle ingenieurmäßig eingesetzten Baukomponenten und Bauteile wie Brettschichtholz, Brettsperrholz, Sperrholz und Furnierlagenholz zu den EWPs gezählt. Weiter zählen zu EWPs verschiedene industriell produzierte Trägerformen aus Holz und Holzwerkstoffen wie Vollwandträger, Hohlkastenträger sowie I-Träger mit verschiedenen Steg- und Gurtsystemen. Sie werden im Hinblick auf ein angestrebtes Eigenschaftsprofil, oft als Materialhybride, konzipiert (Abb. 5.25).

Dabei besteht die Herausforderung darin, ein Optimum von Produktionsaufwand und angestrebtem Engineeringeffekt zu finden, beispielsweise eine höhere Tragfähigkeit bei geringem Materialeinsatz. Abb. 5.25 illustriert drei Trägertypen: ein herkömmliches Standardprodukt, einen durch den Materialmix technisch ausgereizten Träger und eine mit optimiertem Materialeinsatz und einfacherer Produktion liegenden Variante, die dennoch deutlich über der Standardvariante liegende Kennwerte erreicht.

Fazit: Ein „Overengineering" rechnet sich oft nicht in Relation zu den damit verbundenen höheren Produktionskosten.

Zunehmend wird der Begriff „Engineered Wood Products" bzw. „Engineered Wood" breiter für alle ingenieurmäßig entwickelten und besonders leistungsfähigen Holzprodukte ausgelegt, vom Sportgerätebau (z. B. als Schikeil, Sperrholzschalen für Segelboote) bis hin zu tragenden Teilen aus Formsperrholz oder Sandwichelementen für den Automobilbau, den Anlagenbau usw. (Müller et al. 2019; Sandberg et al. 2023, 2018).

Mit der Weiterentwicklung von „Engineered Wood Products" in Richtung Hochleistungseinsätze kann ein neues Kapitel der Holznutzung aufgeschlagen werden: mehr mechanische 3Leistungsfähigkeit des Bauteils mit mehr Wertschöpfung und geringerem Materialeinsatz. Im Sinne einer gezielten Materialforschung „Engineered Wood" wird zudem über die herkömmliche Holzmodifikation hinaus an komplett neuen Werkstoffkonzepten auf Basis von Holz und einzelnen Holzkomponenten wie Nanocellulose bis hinunter auf die molekulare

Ebene gearbeitet (Ding et al. 2022). Derartige Ansätze gehen nicht nur in Richtung der Erhöhung der mechanischen Leistungsfähigkeit, sondern auch in Richtung der Erhöhung der Dauerhaftigkeit von Holz, der Reduktion des Quellens und Schwindens von Holz oder der Reduktion der Entflammbarkeit von Oberflächen. Bis zur technischen Umsetzung dieser interessanten Forschungs- und Innovationsansätze vergehen dabei je nach Innovationstiefe in der Regel jedoch 10–20 Jahre.

Holz für Verpackungs- und Transportzwecke und Ähnliches

Ein unterrepräsentiertes Holzprodukt ist die Transportpalette, die als Einweg- oder Mehrwegpalette eingesetzt wird. Von der auch global eingesetzten Mehrwegtauschpalette EPAL (Abb. 5.26) sind aktuell ca. 650 Mio. Stück im Umlauf,

Abb. 5.25 Beispiele von Engineered Wood Products als I-Träger für Betonschalungen in verschiedenen Bauweisen und Werkstoffverbunden. Die Verbundschalungsträger (Doka H20 als Standardversion, I tec 20 und XT20) haben bei gleicher Bauhöhe einen jeweils unterschiedlichen Materialaufbau bzw. unterschiedlich Materialzusammensetzung bei Gurt und Steg, was zu unterschiedlicher mechanischer Leistungsfähigkeit führt. Alle Träger verfügen über stirnseitige Endverstärkung aus Kunststoff. © Doka GmbH

Abb. 5.26 EPAL-Mehrwegpalette aus Massivholz mit Palettenklötzen aus Holzwerkstoffen. © EPAL

wobei jährlich etwa 109 Mio. Stück Paletten produziert werden und aus dem gesamten Umlauf etwa 30 Mio. Stück repariert werden (EPAL 2024). Eine Palette beinhaltet etwa 0,045 m^3 Schnittholz. Allein die Produktion von 100 Mio. Stück repräsentiert ein Holzvolumen von 4,5 Mio. m^3 Schnittholz. Berücksichtigt man die Ausbeute an Schnittholz beim Sägeeinschnitt von Rundholz bzw. die Zuschnittverluste bei der Produktion von Paletten, entspricht das einem Jahresbedarf von ca. 11 Mio. Festmetern Rundholz für die Produktion von EPAL-Paletten. Die Gesamtproduktion an Paletten (Mehrwegpaletten, Gitterboxen, Einwegpaletten, Kisten usw.) liegt noch weit höher und damit ist diese Produktkategorie ein wichtiges Segment der Massivholzverwendung. Die EPAL-Palette ist ein gutes Beispiel für ein „Design for Repair", wo ganz bewusst ein Logistiksystem aus autorisierten Werkstätten für eine Reparatur und Wiederverwendung aufgebaut wurde. Europas Gütertransport lastet zu einem Gutteil auf Paletten aus Holz!

Massivholz in Sichtqualität wie Profilholz, Fenster, Stiegen, Parkett im baunahen Bereich

Neben dem Holzeinsatz für tragende Bauteile wird Holz im baunahen Bereich für Verkleidungen als Profilholz von Decke, Wand und Fassade im Innen- und Außenbereich eingesetzt. Dabei ist neben der Profilform auch die Textur, also das sichtbare Oberflächenbild inklusive Ästen und anderen Merkmalen, von Bedeutung. Dieses Erscheinungsbild, das mehr oder weniger stark auch unter einer lasierenden Oberflächenbehandlung zur Geltung kommt, trägt zur ästhetischen Wirkung des Holzes bei.

Profilholz (Hobelware) wird primär aus Nadelhölzern mit gleichmäßiger Struktur in unterschiedlichen Sortierungen und mit unterschiedlichen Profilen nach Normen bzw. Güterichtlinien hergestellt (vgl. VEH 2016) (Abb. 5.27). Seltener werden auch Hobelprofile aus Laubholz für dekorative Zwecke im Innenbereich oder als besonders dauerhafte Holzarten im Außenbereich (Robinie, Eiche usw.) angeboten.

Als Rahmenhölzer für den Fensterbau dienen vorgefertigte Rohkantel und Rohprofile aus weitgehend fehlerfreier Fichte und anderen Nadelhölzern bzw. aus keilgezinkter Stangenware, wo Fehlstellen herausgekappt sind. Seltener werden auch Rahmenhölzer aus Eiche verwendet, die einen besonders dekorativen Charakter

Abb. 5.27 Profilholz aus Fichte mit unterschiedlichen Querschnittprofilen. © Verband der Europäischen Hobelindustrie (VEH)

haben. Die vor Jahrzehnten vielfach einsetzten, sehr dauerhaften tropischen Holzarten wie ausgewählte Merantiarten der Gattung *Shorea* sind heute mit Bezug auf die Tropenholzdiskussion, auch wenn Nachhaltigkeitszertifikate verfügbar sind, weitgehend vom Markt verschwunden. Mit der Umstellung von den traditionellen Fensterarten (Kastenfenster, Verbundfenster) mit kleinen Rahmenquerquerschnitten auf das Isolierglasfenster mit Mehrfachverglasung sind auch die dafür notwendigen Rahmenquerschnitte immer größer geworden. Dies hat zur Entwicklung von vorgefertigten, mehrlagig verleimten Rohlamellen geführt, die sich inzwischen sowohl beim reinen Holzfenster wie auch bei Holz-Aluminium-Verbundkonstruktionen durchgesetzt haben (Abb. 5.28).

Im Laufe der Zeit und auch mit regionalen Spezifika hat sich die Auswahl der Fensterhölzer im Laufe der Zeit gewandelt. Neben der grundsätzlichen Anforderung an eine ausreichende Steifigkeit an den Fensterrahmen, Dauerhaftigkeit und ästhetische Wirkung beeinflussen verschiedenste Regelwerke und auch Holzhandelsverordnungen (z. B. hinsichtlich illegaler Holznutzung) die Auswahl. Nach einem großen Spektrum von grundsätzlich sehr gut geeigneten tropischen Holzarten (Rothölzer) wie Sipo, Sapeli, Meranti sowie Teak usw. in den 1970er-Jahren hat sich das Holzartenspektrum inzwischen auf heimische Holzarten wie Fichte, Kiefer, Lärche (Sibirische Lärche derzeit unter Restriktion), Douglasie und Eiche konzentriert. *Eucalyptus globulus* aus Galizien/Spanien und chemisch bzw. thermisch modifizierte Hölzer bzw. hybride Rahmenstrukturen wie eine Kombination aus Holz und Isolierschichten sind in den letzten Jahren neu dazugekommen (vgl. Siebert 2013).

Aus den vorerst rohen, höfischen Dielenböden der späten Gotik und Renaissance ging ab dem 16. Jahrhundert das Parkett in seiner heutigen Form als repräsentativer Bodenbelag hervor. Ab dem 17. Jahrhundert wurde das aufwendig gestaltete und oft intarsienartig mit Furnieren ornamentierte Tafelparkett endgültig zum Bestandteil der Innenarchitektur (Versailler Tafelparkett), zuerst in den Palästen des Adels und dann auch in den Häusern der Oberschicht (Nickl 1996).

Mit der Industrialisierung des 19. Jahrhunderts setzte sich das Stabparkett als mechanisch bearbeiteter und mit Nut und Feder versehener, schmaler Stab, der in verschiedenen Mustern meist auf hölzernen Unterböden verlegt wurde, durch (Nickl 1996). Zwei Verlegemuster, der „Schiffsverband“ und das „Fischgrätmuster“, wurden zu den dominierenden Verlegemustern. Als weitere Marksteine der Entwicklung des Parketts sind das Patent für ein mehrschichtig aufgebautes Parkettelement von Kährs 1941 und das werkseitig lackierte Parkett (1958), das als Fertigparkett zum Synonym für einen modernen und kostengünstigen Parkettbelag wurde. Damit wurde das herkömmliche Stabparkett schrittweise fast vollständig durch Fertigparkettelemente bzw. ein- und mehrschichtige Langdielen ersetzt.

Als Parketthölzer für die Decklage sind vor allem dekorativ wirkende Holzarten mit ausreichender Härte, Dimensionsstabilität und Farbstabilität gefragt. Durch diesen sehr komplexen Forderungskatalog an die Holzeigenschaften reduziert sich das für einen Parkettbelag geeignete Holzartenspektrum auf einige wenige heimische Holzarten, wobei die Eiche in Europa aufgrund ihrer Eigenschaften, trotz

Abb. 5.28 **Fensterquerschnitt mit Darstellung der dreilagig verleimten Rahmenprofile, einer Dreifachisolierverglasung, der außenliegenden Wetterschutzprofile aus Aluminium sowie der dreifachen Dichtungsebenen aus flexiblem Dichtungslippen.** © Gaulhofer Holzindustrie-Holding GmbH

schwankender Modetrends zu helleren oder dunkleren Holzarten, schon über Jahrzehnte hinweg eine Spitzenstellung einnimmt. Parketteiche wurde so in den letzten Jahren immer wieder zu einer sehr begehrten Mangelware und führt zunehmend zur Suche nach geeigneten alternativen, gegebenenfalls auch entsprechend modifizierten Holzarten.

Ein weiterer Meilenstein war die Entwicklung des Laminatbodens um 1980 als völlig neuer Fußbodenbelag, der heute meist aus einer Faserplatte als Träger und einer dekorativen, mit Harz imprägnierten Papierschicht (Laminate) als Decklage besteht. Mit vielfältigen Dekoren, einer beanspruchbaren Oberfläche und einer einfachen und schnellen Verlegetechnik mit der mechanischen „Klickverbindung“ hat der auf Holzwerkstoffen basierende Fußbodenbelag mit eindrucksvollen Zuwachsraten völlig neue Marktsegmente eröffnet (Sandberg et al. 2023). Objektbau, insbesondere Verkaufsflächen im Einzelhandel, Gastronomie und Hotellerie nutzten neben dem Privatbereich diesen neuen Bodenbelag für ihre Ausstattung und schraubten so das Marktvolumen in Europa in eine Größenordnung von über 300 Mio. m^2 jährlich, allerdings bei einem stagnierenden bis zu leicht fallenden Absatz der letzten Jahre (Fingerlos 2024).

Massivholz und Holzwerkstoffe im Möbelbau

Als Möbel bezeichnet man die beweglichen Ausstattungsstücke eines Raumes, im Besonderen des Innenraums. Über Jahrhunderte war der Möbelbau in einem hohen Maß mit dem Werkstoff Holz in massiver Form konnotiert, zusätzlich kamen für verschiedene Funktionen Leder, Bastfasern, Textilien, Bepolsterungen und Polsterwaren zum Einsatz. Entsprechend ihrem Einsatz und ihrer Funktion werden verschiedene Möbeltypen wie Sitzmöbel, Tische, Liegemöbel, Korpusmöbel bzw. Wohnmöbel, Küchenmöbel, Kindermöbel, Schulmöbel, Büromöbel usw. unterschieden (vgl. Smardzewski 2015). Möbel unterliegen in ihrer Gestaltung den jeweiligen gesellschaftlichen Ansprüchen, dem Zeitgeist und sind in ihrem Design durch die Entwicklung und Wahl der eingesetzten Werkstoffe geprägt (Postell 2012).

Als Holz im Möbelbau, ob massiv oder als Furnier, wurden dekorative Laubhölzer hinsichtlich Farbe, Textur und anderen Holzmerkmalen verwendet. Über die einzelnen Stilepochen hinweg änderten sich die bevorzugten Holzarten in Richtung heller oder dunkler Holzarten sowie auch hinsichtlich ausländischer und heimischer Holzarten. So war der Empirestil neben Nussholz geprägt durch die exotischen Holzarten wie Mahagoni und Ebenholz. Im Biedermeier kehrte man wieder zurück zu den heimischen Holzarten wie Kirsche, Ahorn, Nuss, Ulme usw.

Zwischen 1855 und 1860 entstanden die ersten industriellen Möbelfertigungen im deutschsprachigen Raum wie die Stuhlproduktion von Michael Thonet mit Sitz in Wien und dem Produktionswerk in Koritschan (Korycany, Tschechien) sowie die Möbelfabrik mit dem Schwerpunkt für Küchenmöbel von Gustav Kopka in Herford, Deutschland.

Mit Beginn des 20. Jahrhunderts ersetzt das furnierte Sperrholz zunehmend das Massivholz und die Massenproduktion von Korpusmöbeln nimmt ihren Anfang. Mit der Frankfurter Küche entsteht im Jahr 1926 nach einem Entwurf der Wiener Architektin Margarete Schütte-Lihotzky der Urtyp der modernen Einbauküche. Die Küche sollte nach dem Taylor-Prinzip so praktisch wie ein industrieller Arbeitsplatz gestaltet sein und alle wichtigen Dinge sollten möglichst mit einem Handgriff erreichbar sein (Aufmkolk 2022).

Die Zeit des Wiederaufbaus nach dem Zweiten Weltkrieg mit dem Neubau von Häusern und Wohnungen verlangte vor allem nach preiswerten Möbeln. Holzwerkstoffe wie die Faserplatte und die Spanplatte fanden ihren Einzug in die Möbelfertigung. Zuerst waren die Spanplatten mit Echtholzfurnieren beschichtet und immer mehr setzten sich dann dekorative Schichtstoffe aus beharzten Papieren durch, die ein sehr breites Designspektrum an Farben und Mustern bis hin zu Nachbildungen von Holzdekoren ermöglichen. Gleichzeitig ermöglicht der Einsatz von Holzwerkstoffen einen völligen neuen Möbelstil und eine äußerst rationelle Fertigung von Korpusmöbeln zu günstigen Preisen. Man kann damit von einer Revolution des Möbelstils und der Produktion von Möbeln sprechen. Nach einer Zusammenfassung einer Studie von Mantau/INFRO e. K. durch die FNR (FNR 2022) wurden in Deutschland im Jahr 2020 2,2 Mio. m^3 Massivholz, primär Laubholz, und 5 Mio. m^3 Holzwerkstoffe für die Möbelproduktion verarbeitet. Das Werkstoffspektrum im Möbelbau wird generell breiter und reicht heute vom traditionellen Massivholz über die Holzwerkstoffe bis hin zu Kunststoff, Stahl, Aluminium und Glas (Postell 2012).

Im Zuge hoher Produktionskosten in Mitteleuropa wurde ein Teil der Möbelproduktion in Billiglohnländer des Ostens und auch die Türkei ausgelagert. Gleichzeitig wurde die Region um Manzano bei Udine in Italien zum europäischen Zentrum für die Produktion von Sitzmöbeln durch ein gutes Zusammenwirken verschieden spezialisierter Firmen für den Bau der Gestelle, die Oberflächenbehandlung, Bepolsterung und Zulieferteile. Um das Jahr 2000 verließen 35 Mio. Stühle jährlich die Region, was etwa zwei Drittel der europäischen Stuhlproduktion darstellt (Englisch 2001). Trotz mehrerer Krisen und der Konkurrenz aus dem Osten bleibt diese Region in Friaul ein ganz besonderes Zentrum des Sitzmöbelbaus. Nach wie vor sind Deutschland und Italien die größten Möbelproduzenten in Europa, gefolgt von Polen, Großbritannien, Frankreich und Spanien.

Mit dem Jugendstil, der Wiener Moderne, dem Bauhaus, Art déco, Deutsche Werkstätten Hellerau, der schlichten und poppigen Farbenwelt der 1960er-Jahre usw. entstehen Wohnwelten im Wechselspiel von neuen Werkstoffen und Möbeldesign. Trotz dieser Vorboten der Moderne bleiben viele Länder und Möbelhersteller bis in die späten 1970er-Jahre der Produktion sogenannter Stilmöbel verhaftet, also von Möbeln, die zum Zeitpunkt ihrer Produktion eine Imitation eines früheren Möbelstils darstellen.

Ende der 1940er-Jahre entsteht in Schweden mit Ingvar Kamprad ein völlig neues Konzept der Möbelproduktion und des Vertriebs von Möbeln und Einrichtungsgegenständen (Steinfeld und Steinfeld 2019). Kamprads Idee war es, Bausatzmöbel und Einrichtungsgegenstände zu einem niedrigen Preis und einer guten Qualität unter dem Aspekt von Funktion, Form und in späterer Folge auch unter dem Aspekt von Nachhaltigkeit für eine breite Mittelschicht als potenzielle Käufer anzubieten. Waren die Möbel anfangs sehr stark durch Massivholzkomponenten, primär aus Nadelhölzern, geprägt, die von Zulieferfirmen bereitgestellt wurden, wurde der Einsatz von Holzwerkstoffen wie Span- und Faserplatte immer wichtiger.

Alle Möbel bekamen jeweils einen, oft schwedischen Namen, wovon etwa der Tisch Lövet, der Sessel Poem, die Regale Ivar, Billy und Expedit sowie der Couchtisch Lack zu Möbelklassikern wurden (Steinfeld und Steinfeld 2019). Die Produktion der Möbelelemente wurde dabei zunehmend über die Tochterfirma Swedwood bzw. Swedspan in eigene Produktionsstätten in Polen, China, Litauen, Deutschland, Italien, Slowakei usw. verlagert. IKEA wurde nicht nur zum global größten Möbelhändler, sondern setzt auch immer wieder eigene Produktionsstandards zur Qualität von Zulieferprodukten wie bei den Holzwerkstoffen, steht aber wegen seines enormen Holzbedarfs auch unter besonderer Beobachtung verschiedener Umweltgruppen (Fingerlos 2020).

Neben der mengenmäßig bedeutenden Gruppe der Möbel auf Basis von Holzwerkstoffen hat sich das Segment der Massivholzmöbel gehalten bzw. unter dem Aspekt des natürlichen Werkstoffs Holz weiterentwickelt. Mit einem zeitgemäßen Design entwickelten designorientierte Möbelhersteller eine manufakturartige Möbelproduktion mit computergesteuerten Fertigungsmaschinen (CNC-Maschinen). Neue, auf natürlichen Rohstoffen basierende Öle und Wachse zur Oberflächenbehandlung heben den typischen Holzcharakter hervor und vermitteln auch Natürlichkeit. Industriell hergestellte Halbfabrikate, wie die ein- und mehrschichtige Massivholzplatte ermöglichen es, die relativ hohen Kosten für das Massivholz und die Kleinserienproduktion in einem vertretbaren Rahmen zu halten. Dennoch sind und bleiben Korpusmöbel aus Massivholz ein Produkt für gehobene Ansprüche.

Nach der enormen Industrialisierungs- und Automatisierungswelle der Möbelindustrie in den letzten Jahrzehnten zeigen sich aktuell verschiedenste Trends in Design, Produktion und Vertrieb von Möbeln wie 3D-Druck-Anwendungen in der Produktion kleinteiliger Möbelstücke und Dekorationsartikel, neue Werkstoffe und Oberflächengestaltungen mit einer neuen Ästhetik und Haptik sowie Möbel, die unter dem Schlagwort „Smart Furniture" mit verschiedenen Zusatzfunktionen ausgestattet sind (Krejcar et al. 2019). Nach Erhebungen von PWC (2019) ist in Deutschland das Bewusstsein für naturbasierte Möbelwerkstoffe unter dem Begriff *„green awareness"* sehr ausgeprägt. Neue Vertriebsformen wie der im Vergleich zu anderen Vertriebsbranchen noch bescheidene Onlinehandel soll in Verbindung mit *„augmented reality"* stimuliert werden. Kunden können Möbel dabei virtuell zu Hause ausprobieren, bevor sie über eine entsprechende App-Dienstleistung eine Kaufentscheidung fällen (PWC 2019).

Plattenförmige Holzwerkstoffe

Als Holzwerkstoff bezeichnet man Werkstoffe, die durch Zerkleinern von Holz und anschließendes gezieltes Zusammenfügen der Strukturelemente wie Furniere, Holzspäne und Holzfasern erzeugt werden. Das gezielte Wiederzusammenfügen umfasst beispielsweise das kreuzweise Verkleben von Furnierschichten zu Sperrholz, das mehrschichtige Streuen von größeren Holzspänen in der Mitte und kleineren in den Deckschichten einer Spanplatte. Größe und Form dieser Holzpartikel sowie ihre Anordnung im Holzwerkstoff entscheiden über die Art des Holzwerkstoffs und seine Eigenschaften (vgl. Abb. 5.29 und Tab. 5.2). Die Holzpartikel

Tab. 5.2 Kennzeichen und Eigenschaften von plattenförmigen Holzwerkstoffen, angeordnet nach Aufschlussgrad der einzelnen Strukturelemente

Plattentyp	Charakteristik/Aufbau	Einsatzgebiete	Vorteile/Nachteile/Bemerkung
Massivholzplatte (einschichtig oder mehrschichtig)	Dünne Holzlamellen, mehrschichtig kreuzweise verleimt (einschichtig aus längs verleimten Stäben)	Primär Möbel- und Innenausbau, auch als Bau- und Schalungsplatte	Massivholzcharakter, dekorative Oberfläche, Nadel- und Laubhölzer, mäßig formstabil
Tischlerplatte	Stäbchenförmige Mittellage aus Massivholz und Decklage aus Furnier	Möbelbau	Besonders gute mechanische Eigenschaften und gutes Formhaltevermögen (Stehvermögen)
Sperrholzplatte, Multiplexplatte, Siebdruckplatte	Mindestens drei Schälfurnierlagen, kreuzweise verleimt, auch als Formsperrholz; dicke Sperrholzplatten werden Multiplexplatten genannt; mit phenolisch verpresster Oberfläche? Siebdruckplatte	Möbelbau, als Formsperrholz für Sitzschalen usw.; konstruktive (aussteifende) Anwendungen im Bauwesen und im Fahrzeugbau (als Siebdruckplatte)	Sehr gute mechanische Eigenschaften, gutes Stehvermögen; verschiedene Holzarten (z. B. Birke, Buche) und Klebstoffe möglich; Siebdruckplatte: rutschhemmend und akustisch günstig
Furnierschichtholz (LVL)	Primär längsweise verleimte Furnierlagen	Bauwesen, kann auch zu stabförmigen Produkten aufbereitet werden	Sehr gute mechanische Eigenschaften
Holzwolleleichtbauplatten	Langfaserige Holzwolle, mit Bindemitteln auf mineralischer Grundlage verpresst	Bauplatte als Putzträger mit Wärmedämmung, auch als Akustikplatte	Gute Feuchte- und Brandbeständigkeit
OSB-Platte *(oriented strand board)*	Aus gerichteten, schlanken Spänen *(strands)*, ein- oder mehrschichtig verpresst	Primär konstruktiv, aussteifend in verschiedenen Anwendungen im Bauwesen eingesetzt; auch als Verlegeplatte mit Nut und Feder	Gute mechanische Eigenschaften inkl. Feuchtebeständigkeit (vom Klebstoff abhängig)
Spanplatte	Aus aufbereiteten kleinen (Deckschicht) und mittelgroßen Spänen (Mittelschicht), mit Bindemittel „flach“ verpresst (Flachpressplatte), auch als „Stangpressplatte“ möglich	Primär Möbelbau, aber auch in anderen Bereichen des Ausbaus, Türblätter, Träger für Laminatböden und des Bauwesens (je nach Klebstofftyp unterschiedliche Feuchtebeständigkeit)	Mengenmäßig bedeutendster, kostengünstiger, homogener Plattenwerkstoff für ein breites Einsatzspektrum; begrenzte Feuchtebeständigkeit

(Fortsetzung)

Tab. 5.2 (Fortsetzung)

Plattentyp	Charakteristik/Aufbau	Einsatzgebiete	Vorteile/Nachteile/Bemerkung
Faserplatten	Aus Holzfasern, meist mit Bindemittelzugabe verpresst; unterschiedliche Werkstoffdichten möglich	Je nach Werkstoffdichte unterscheidet man: • Isolierplatte (Weichfaserplatte) für Isolationszwecke • mitteldichte Faserplatte (MDF), meist im Möbelbau eingesetzt • harte Holzfaserplatte (HDF) im Möbelbau, Türenfertigung und als Trägerplatte für Laminatfußböden	Hohe Homogenität und Eigenschaftsprofil nach Werkstoffdichte generierbar (Isolation, stabile Trägerplatte usw.)
Kompaktplatten (dekorative Schichtstoffplatten)	In der Regel aus mehreren Papierschichten; im Kern mit Phenolharz imprägnierte, in den Randschichten mit Melaminharz imprägnierte dekorative Papierschichten unter großem Druck und Hitze verpresst	Für hoch beanspruchte Oberflächen mit dekorativer Gestaltung; Basis für (Küchen) Arbeitsplatten, Tischplatten, Fensterbänke und Formingelemente	Kompakte, formstabile, feuchte- und hitzebeständige Platte, vergleichsweise hoher Preis
Sandwichplatten	Zwei Decklagen aus Sperrholz-, HDF-Platten usw., über eine sehr leichte Mittelschicht (z. B Kartonwabe) schubfest miteinander verbunden; verschiedenste Aufbauten möglich	Leichtbauplatten für Türblätter, Möbelkonstruktionen und auch technische Anwendungen mit Anforderung an Leichtbauweise	Extrem leichte und formstabile Platte; es ist schwierig, die Platten zu verbinden (Verbindungsmittel)

können ohne oder mit Bindemitteln oder mechanische Verbindungen miteinander verbunden sein. Generell wird dabei entsprechend ihrer geometrischen Grundform zwischen stabförmigen und plattenförmigen sowie verformten Holzwerkstoffen (siehe Sitzschale aus Sperrholz, Abb. 4.24) unterschieden.

In der Regel sind für span- und faserförmige, plattenförmige Holzwerkstoffe Nadelhölzer bevorzugt. Je nach regionaler Verfügbarkeit werden aber Holzartenmischungen, auch mit Laubhölzern, eingesetzt und zunehmend hat auch aufbereitetes Altholz einen wichtigen Anteil, speziell bei Holzspanplatten.

Die Entwicklung der Holzwerkstoffe kann nicht hoch genug geschätzt werden. Die Holzwerkstoffe, beginnend mit der industriellen Produktion von Sperrholz

1889, der Entwicklung der Faserplatte 1924 und der rasanten Marktentwicklung der Spanplatte in den 1960er-Jahren, haben der Holznutzung eine neue Richtung gegeben (Teischinger et al. 2023a). Zum einen ist die Rohstoffbasis zumindest für die Span- und Faserplatte eine andere als für die Sägereiindustrie. Die Holzwerkstoffe wie Span- und Faserplatte speisen sich einerseits aus der Aufbereitung von sogenanntem Industrierundholz, das ist Rundholz kleinerer Durchmesser bzw. gekrümmter Stammformen, das nicht mehr sägefähig ist, andererseits auch aus Sägerestholz wie Hackgut und Sägespänen. Dabei stehen Industrierundholz und Hackgut im Einkaufswettbewerb mit der Zellstoffindustrie und die Nutzung der Sägespäne vor allem im Wettbewerb zur Herstellung von Pellets (vgl. Abb. 5.16). Die Span- und Faserwerkstoffe sind als Restholzverwerter zu bezeichnen, nicht zuletzt auch deshalb, weil sie in der jüngeren Entwicklung zum wichtigsten Abnehmer für die stoffliche Nutzung von Altholz wurden, natürlich nur für jene Altholzfraktionen, die aufgrund entsprechender Richtlinien dafür genutzt werden können (z. B. BMJ 2020).

Zudem haben die Holzwerkstoffe eine sehr hohe Materialausbeute, da bei der Materialaufbereitung und während des Prozesses nur wenig unbrauchbares Material abgeschieden werden muss. Schleifstäube, Späne und Abschnitte aus Nachbearbeitung der verpressten Platten werden in der Regel energetisch innerbetrieblich genutzt.

Technisch haben die plattenförmigen Holzwerkstoffe durch ihre Form und werkstofftechnischen Eigenschaften den Möbelstil entscheidend geprägt, vor allem durch völlig neu gestaltete Werkstoffoberflächen mit industriell aufgebrachten Lacken und durch widerstandsfähige wie auch dekorative Laminatbeschichtungen. Laminat ist ein mit Kunstharz getränktes Papier, das in Unifarben oder in nachgebildeten bzw. modifizierten Holzdekoren auf die Platte verpresst wird (Abb. 5.29 und Abb. 5.30). Der Digitaldruck steht beispielhaft für eine neue technische Entwicklung, mit der individuelle Dekore wie bei einem überdimensionalen Drucker auf die Plattenoberfläche gedruckt werden können.

Aus dem traditionellen, dem Massivholz angepassten Möbelstil wurde ein neues, meist deutlich schlichteres und modernes Möbeldesign. Ein wichtiger Aspekt dabei ist der Kostenfaktor. Die Möbel aus Holzwerkstoffen wurden deutlich preisgünstiger und damit konnten auch einkommensschwächere Personengruppen sowie Ersteinrichter wie Jungfamilien eigene und neue Einrichtungen nach ihrem Geschmack erwerben. Der rasche Aufstieg verschiedener Möbelhersteller und Möbelhändler wie IKEA als das größte Möbelhaus der Welt hängt eng mit der Entwicklung neuer Möbelwerkstoffe zusammen. Die größten Küchenhersteller wie Nobia (Schweden) und Nobilia (Deutschland) fertigen die unglaubliche Anzahl von etwa 2000–3000 Küchen bzw. Küchenmodulen pro Tag.

Holz-Polymer-Werkstoffe (WPCs)

Mit Naturfaser bzw. Holzfaser verstärkte Verbundwerkstoffe gehen bereits auf den Beginn des 20. Jahrhunderts zurück (Gardner et al. 2015). Sie wurden gezielt für technische Bauteile im Autobau sowie für Formteile von Armaturen, Schaltknöpfen usw. eingesetzt. Ab den 1950er-Jahren wurden mit Phenolharz gebundene

Abb. 5.29 Übersicht über die wichtigsten plattenförmigen Holzwerkstoffe mit detaillierter Beschreibung in Tab. 5.2. In der Reihe von oben nach unten: Links: Spanplatte (Mehrschichtaufbau), Spanplatte mit Beschichtung und Bekantung an der Schmalfläche, Strangpressplatte als Röhrenspanplatte, OSB (*oriented strand board*); Rechts: dreilagige Massivholzplatte, Sperrholz, Multiplexplatte (beschichtet), Faserplatte

Abb. 5.30 Möbeldesign mit dekorativ beschichteten Holzwerkstoffen in Holzimitation bzw. in Unifarben am Beispiel der themenbezogenen Dekorauswahl „Muted Greens“ Capsule. © EGGER

Holz- und Baumwollfaserkomposite für Karosserieteile eingesetzt, weshalb der im damaligen Ostdeutschland produzierte Trabant auch „Plastikbomber“ genannt wurde (Carus und Partanen 2017).

Zu Beginn des 21. Jahrhunderts erfuhren die mit Holzfaser verstärkten und als „Wood Plastic Composites“ (WPCs) vermarkteten Verbundwerkstoffe einen neuen Auftrieb. Sie wurden in Nordamerika zum Ersatz für die mit problematischen Holzschutzmitteln imprägnierten Terrassendielen. In Europa haben WPC-Terrassendielen vielfach das häufig dafür eingesetzte Tropenholz verdrängt. Neben der Spritzgusstechnik für technische Formteile dominiert heute für die Herstellung von WPCs auf Basis von thermoplastischen Matrixwerkstoffen vor allem die Extrusionstechnik für stabförmige Profile wie Fußboden- bzw. Terrassendielen und Fassadenelemente (Gardner et al. 2015). Die Verstärkung der Matrixwerkstoffe wie Polyethylen (PE) und Polypropylen (PE) durch die Holzfaser hat dabei sowohl eine mechanische Verstärkungswirkung wie auch den Effekt eines „Green Labellings“, das mit der Beigabe der natürlichen Holzfasern begründet wird.

Neben Nordamerika und China ist Europa der drittgrößte Markt für WPC mit über eine längere Zeit andauernden zweistelligen jährlichen Steigerungsraten. Carus et al. (2019) schätzt die europäische Produktion für 2016 mit 400.000 t bei einer in den letzten Jahren sich eher konsolidierenden Produktion. Damit steht die WPC-Industrie vor der Herausforderung von neuen Impulsen in der Produktgestaltung bzw. bei technischen Prozessen.

Zellstoff und Papier: Vom Papyrus zur modernen Papierherstellung

Papier ist ein kaum wegzudenkender Bestandteil unserer Materialwelt und unseres Alltags. Als geeignetes Substrat, auf das man Schriftzeichen und Bilder vergleichsweise einfach applizieren kann, ist schon sehr alt. Ein wesentliches Element dabei ist die dünne Lage eines Beschreibstoffs etwa aus Pergament, Papyrus oder Papier, den man in einer Rolle, als Kodex und später in Form eines gebundenen Buches auch gut ablegen kann. Man vermutet den Beginn von der Nutzung von Pergament als Beschreibstoff aus Tierhäuten um 3000 vor Christus und von beschriebenem Papyrus um etwa 2800 vor Christus. Die Erfindung des Papiers aus aufgeschlossenen Pflanzenfasern mit nachträglichem Schöpfen und Verfilzen der Fasern über einen siebartigen Rahmen wird den Chinesen um 105 vor Christus zugeschrieben (Blechschmidt 2010b). Damit wurde es möglich, das gesammelte Wissen einer Kultur zu bewahren, weiterzugeben und wieder abzurufen.

Orte zur Lagerung der Sammlungen von Dokumenten waren primär die Bibliotheken, zuerst die antiken Bibliotheken wie die Bibliothek von Alexandria, dennoch hat es auch viele Privatbibliotheken gegeben. Mit dem Aufstieg des Christentums entstanden die kirchlichen Bibliotheken in den Klöstern und mit der Gründung von Universitäten später auch die Universitätsbibliotheken. Dem Entstehen von Nationalstaaten wurde häufig mit der Gründung von Nationalbibliotheken wie der berühmten British Library in London oder der Library of Congress in Washington D.C. Rechnung getragen.

Von den verschiedenen Beschreibstoffen wie Pergament und Papyrus sowie den Hadernpapieren aus recycelten Textilfasern aus Leinen, Flachs und Hanf zur Zeit des ausgehenden Mittelalters wandelte sich der Beschreibstoff von einem Luxusartikel zunehmend zu einem kostengünstigeren Produkt. Mit der Erfindung des „Holländers“ als Walze zur Aufbereitung des Faserstoffs (1670) und der Erfindung der Langsiebpapiermaschine (1799) wurde die Papierherstellung mechanisiert (Blechschmidt 2010b).

Der Einsatz von Holz als vergleichsweise billigem Rohstoff für die Papierherstellung und die entsprechende Verfahrensentwicklung zur Herstellung von Papierfasern aus Holz waren ein wesentlicher und wichtiger Schritt zur Bereitstellung von billigen Massenpapieren. Die technologischen Schritte dazu waren zum einen der mechanisch erzeugte Holzschliff (1843) mit der Weiterentwicklung durch M. Voith (1859) und zum anderen das thermochemische Sulfitverfahren (um 1870) sowie das Sulfatverfahren (1884) zur Herstellung von Papierzellstoff durch chemisches Herauslösen von Lignin aus dem Holzfaserverbund (Blechschmidt 2010b). Das Papier wurde damit endgültig zum billigen, industriell herstellbaren Massenprodukt mit einer Vielzahl von Papiersorten für verschiedenste Anwendungen.

Moderne Zellstoff- und Papierproduktion

Heute gibt es rund 3000 Papiersorten, die nach ihrem Einsatzzweck in vier Hauptgruppen eingeteilt werden können: grafische Papiere (Druck- und Schreibpapiere), Verpackungspapiere und -karton, Hygienepapiere (z. B. Toilettenpapier, Papiertaschentücher) sowie die vielfältigen technischen Papiere und Spezialpapiere (z. B. Kraftpapier für Verpackungen, Filterpapiere, Zigarettenpapier, Banknotenpapier), wobei diese Hauptgruppen jeweils noch weiter nach einzelnen Papiersorten untergliedert sind (Blechschmidt 2010a).

Ausgangsstoffe für die Papierherstellung sind die jeweils für eine Papiersorte geeigneten Arten von Papierzellstoff sowie die verschiedenen Zusatzstoffe im Produktionsprozess. Der Zellstoff kann dabei aus Primärfaser, direkt aus dem frischen Holz gewonnen oder als Sekundärfaser (aus Altpapier) stammen. Im Wesentlichen werden folgende Arten von Papierzellstoff unterschieden (für Details vgl. Naujock und Blechschmidt 2021):

- Holzstoff (mechanischer Holzschliff oder Refinerholzstoff, gebleicht und ungebleicht
- Langfaserzellstoff aus Nadelhölzern, vorwiegend Fichte und Kiefer (Faserlänge um 3 mm), gebleicht oder ungebleicht
- Kurzfaserzellstoff aus Laubhölzern wie Espe, Birke, Buche, Eukalyptus (Faserlänge um 1–2 mm), gebleicht oder ungebleicht
- Zellstoff aus Einjahrespflanzen (z. B. Getreidestroh)
- Zellstoff aus aufbereitetem Altpapier (z. B. mit und ohne Deinking)

Gut ein Fünftel der weltweiten Holzernte (inklusive Plantagen) wird für die Zellstoff- und Papierproduktion verwendet (rückgerechnet nach Daten der FAO 2022). Einem Papierrecycling, das in seinen Grundsätzen schon eine lange Tradition hat, kommt daher eine große Bedeutung zu. Die Länder Deutschland, Schweiz und Österreich haben eine der höchsten Altpapierrücklauf- und Recyclingquoten weltweit. Die Altpapierverwertungsquote als Quotient von Altpapiereinsatz zum gesamten Papierverbrauch liegt in Deutschland bei über 95 %. Die Recyclingquote (Quotient aus Altpapieraufkommen und Papierverbrauch) bei 74 % für Deutschland und knapp 80 % für Österreich (Austropapier 2023; Papierindustrie 2024).

Papier (abgeleitet von lateinisch *papyrus*) ist ein flächiger, dünner Werkstoff, der im Wesentlichen aus den einige Millimeter langen Fasern des Papierzellstoffs besteht (Abb. 5.31) und durch Entwässerung einer Fasersuspension auf der Siebpartie der Papiermaschine gebildet wird. Das entstehende verfilzte Faservlies wird dann im anschließenden Teil der Maschine zu einer dünnen Papierlage verdichtet und getrocknet. In der Papierveredelung wird die Oberfläche mit einem Bindemittelauftrag (dem Strich) geschlossen und geglättet (Abb. 5.31). Die Dimensio-

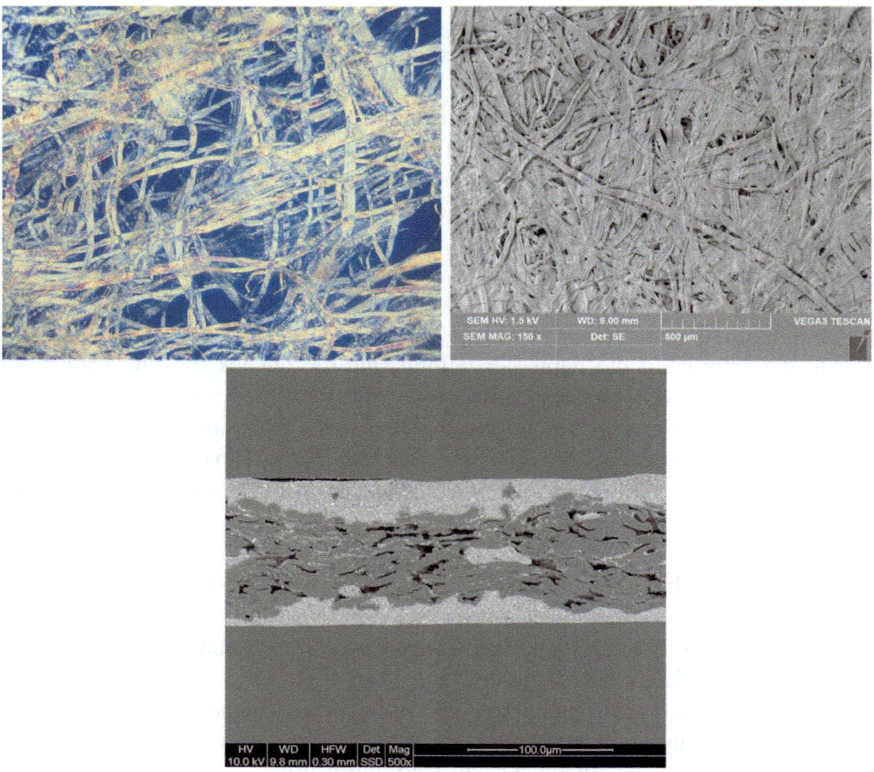

Abb. 5.31 **Oben links: Zellstoff aus einem Papiertaschentuch,** 200-fach, circa 600 × 800 µm (). Die weitgehend aus dem Holz isolierten Einzelfasern (Tracheiden) sind dabei gut zu erkennen. Oben rechts: Rasterelektronenmikroskopische (SEM-)Aufnahme einer Oberfläche eines Kopierpapiers aus *Eucalyptus*-Zellstoff. Unten: Querschnitt eines holzfrei gestrichenen Papiers, dunkler Bereich Zellstofffasers und heller Bereich am oberen und unteren Rand zeigt den Pigmentstrich. Bildquelle: Oben links: Wikimedia Commons, Ian Homann; oben rechts: © BPTI/TU Graz; unten: © FELMI-ZFE TU Graz

nen und Produktionsgeschwindigkeiten moderner Papiermaschinen sind dabei beeindruckend (vgl. Bäurich et al. (2021).

Die Zellstoff- und Papierproduktion können an einem Standort gekoppelt sein (integrierter Standort) oder entkoppelt, wo ein Zellstoffwerk einen Marktzellstoff in bestimmten Spezifikationen produziert, der von Papierfabriken zur Herstellung definierter Papiersorten aufgekauft wird. In Nordamerika überwiegen integrierte Fabriken, während Südamerika, vorwiegend auf Basis von *Eucalyptus*- und Kiefernplantagen, wiederum ein Produzent von international gehandeltem Marktzellstoff ist. In Europa sind je nach Unternehmensgruppe und Region beide Systeme eingeführt.

Faserzellstoff und Holzraffinerie

Neben dem Aufschluss des Holzes als Papierzellstoff kann Holz zu Faserzellstoff aufgeschlossen werden, also in praktisch reine Cellulose als Hauptprodukt und die gelösten Anteile von Hemicellulose und Lignin als Nebenprodukte, die zunehmend in aufwendigen Trennverfahren weiter in ihre chemischen Bestandteile aufgetrennt werden. Die reine Cellulose ist wiederum Ausgangsmaterial für die Herstellung von Cellulosefaser für die Textilindustrie und für sogenannte *„non-woven"*-Anwendungen für Vliesstoffe im Bereich Hygiene- und Sanitärzwecke (Abb. 5.32).

Die Bedeutung der Cellulosefaser

Die holzbasierte Cellulosefaser (auch als Regeneratfaser bezeichnet) geht auf die Entwicklung der chemisch-technischen Verarbeitung von Cellulose zu Cellulosenitrat vor etwa 150 Jahren zurück. Es folgten das Kupfer-Ammoniak-Verfahren und die Herstellung von Celluloseacetat sowie das heute im Faserbereich noch dominierende Viskoseverfahren und seit 1990 auch das wesentlich umweltfreundlichere Lyocellverfahren. Dazu werden hochreine Chemiezellstoffe *(dissolving pulp)* mit einem Cellulosegehalt von etwa 92–98 % zur Herstellung von Celluloseregeneraten (Fasern, Folien, Schwämme) und Celluloseestern und -ethern eingesetzt. Nach schon älteren Angaben wird der global produzierte Chemiezellstoff zu 52 % zu Viskose- und Lyocellfasern versponnen und der Rest zu anderen Chemikalien und Werkstoffen wie Cellophan, Acetate, Kunststoffe, Carboxymethyl-

Abb. 5.32 Der Weg vom Rohstoff Holz über den Faserzellstoff zur Cellulosefaser. © Lenzing AG

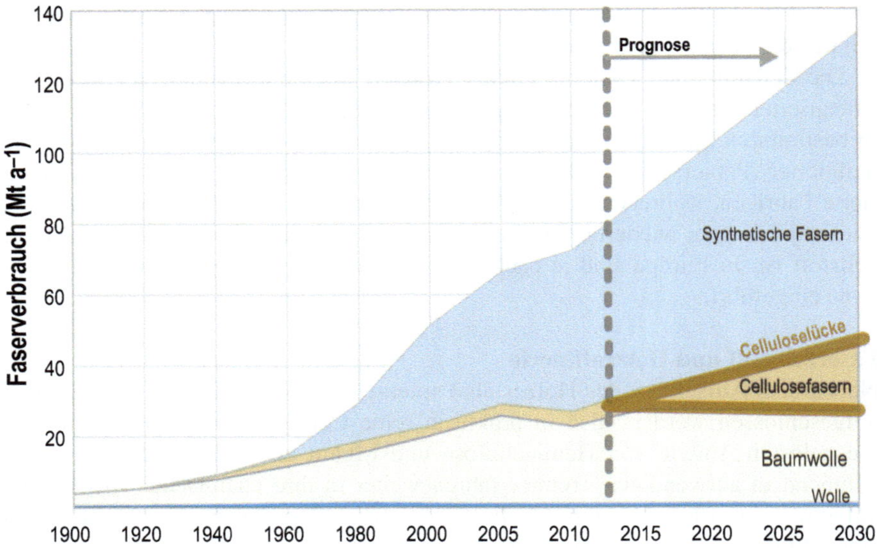

Abb. 5.33 Entwicklung des globalen Faserbedarfs nach Faserart (Wolle, Baumwolle, Cellulosefaser, synthetische Fasern). Es ist mit einer Zunahme der Nachfrage nach Cellulosefaser zu rechnen, während die Produktionskapazitäten mehr oder weniger konstant bleiben, was zu einer „Celluloselücke" führen kann. Nach Hämmerle (2011), verändert

cellulose (CMS), mikrokristalline Cellulose (MCC) usw. für eine Vielzahl von sehr segmentierten Märkten umgesetzt (Harms 2006a, b).

Bis in die 1960er-Jahre waren Baumwolle und die Cellulosefaser die dominierenden Faserstoffe für die Textilindustrie. Mit der rasanten Entwicklung der synthetischen Fasern sank der relative Anteil der naturbasierten Fasern wie Wolle, Baumwolle und Cellulosefaser (Abb. 5.33).

Dennoch hat auch das Produktionsvolumen der Cellulosefaser deutlich zugenommen. Das zeigt sich an der Investition und erfolgreichen Inbetriebnahme einer Lyocellproduktionsanlage durch die Firma Lenzing AG in Thailand im Jahr 2022. Die neue und umweltschonende Produktionsanlage hat eine Nennkapazität von 100.000 t Cellulosefaser pro Jahr und ist die weltweit größte Anlage ihrer Art (Lenzing AG 2023). Aktuell liegt die Verteilung des globalen Faserbedarfs bei ca. 63 % synthetischer Faser, 25 % Baumwolle, 7 % Cellulosefaser, 1 % Wolle und der Rest entfällt auf andere Fasermaterialien.

Während der Energiebedarf für die Erzeugung einer Tonne synthetischer Faser und Cellulosefaser im Vergleich zur Baumwolle deutlich höher ist (Shen und Patel 2010), benötigt die Baumwolle eine ungleich höhere Menge an Wasser beim Anbau der Baumwolle (Abb. 5.34), was in den semiariden Gebieten des Baumwollgürtels, zusammen mit dem Einsatz von Dünger und Pestiziden, zu enormen Umweltbelastungen durch die Bewässerungsmaßnahmen führt.

Die holzbasierte Bioraffinerie

Mit einer möglichst umfassenden stofflichen Nutzung der Bestandteile des Holzes beginnt der Übergang einer Zellstofffabrik mit selektiver stofflicher Nut-

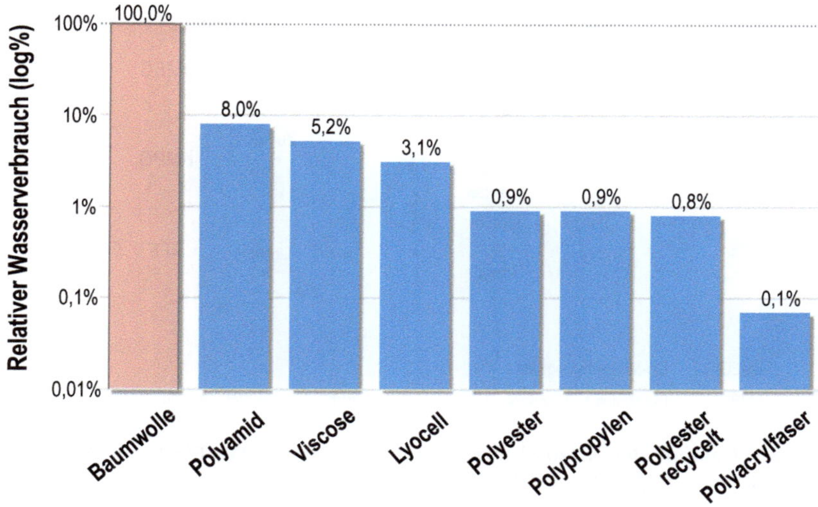

Abb. 5.34 Relativer Wasserverbrauch für die Herstellung verschiedener Fasern, normiert mit dem Bedarf von Baumwolle. Die Verbrauchswerte sind logarithmisch dargestellt. Baumwolle erfordert künstliche Bewässerung, während die Herstellung synthetischer Chemiefasern lediglich Prozess- und Kühlwasser erfordert. Nach IVC (2024), verändert

zung einzelner Nebenströme in eine holzbasierte Bioraffinerie als ein integratives Gesamtkonzept für eine thermochemische Konversion von Holz zu Biochemikalien, Werkstoffen sowie Brenn- und Kraftstoffen.

Eine Lignocellulosebioraffinerie, zu der eine holzbasierte Bioraffinerie zählt, folgt dem Konzept der Primär- und Sekundärraffination. In der Primärraffination erfolgt durch eine Vorbehandlung und Konditionierung eine Aufspaltung der Biomasse in Zwischenprodukte. Diese Zwischenprodukte *(intermediates)* sind bei einer holzbasierten Bioraffinerie Rohfasern, Cellulose, Bestandteile der Hemicellulose, Lignin und Extraktstoffe. Die daraus folgende Konversion und Veredelung der Zwischenprodukte werden als Sekundärraffination bezeichnet. Ein weiteres Merkmal einer modernen Bioraffinerie ist die Kopplung von stofflichen und energetischen Produktpfaden. Dabei können nicht marktfähige Reststoffe zur integrierten energetischen Nutzung zur Eigenversorgung oder Vermarktung von Strom und Wärme verwendet werden (Bauer et al. 2020).

Die aktuell in Mitteleuropa größte Investition in ein neues Konzept einer holzbasierten Bioraffinerieanlage erfolgt durch die UPM Biochemicals GmbH in Leuna in Deutschland. Dabei sollen jährlich ca. 400.000 m^3 Buchenholz aufgeschlossen und in chemische Grundstoffe nach Abb. 5.35 umgewandelt werden (UPM 2023).

Für die chemische Nutzung von Holz öffnet sich damit für die Zukunft im Sinne vermehrter stofflicher Nutzung von Nebenströmen aus der traditionellen Zellstoffproduktion bzw. neuer Konzepte einer holzbasierten Bioraffinerie mit möglichst umfassender chemischer Nutzung aller Holzbestandteile ein breites Spektrum von möglichen Nutzungspfaden.

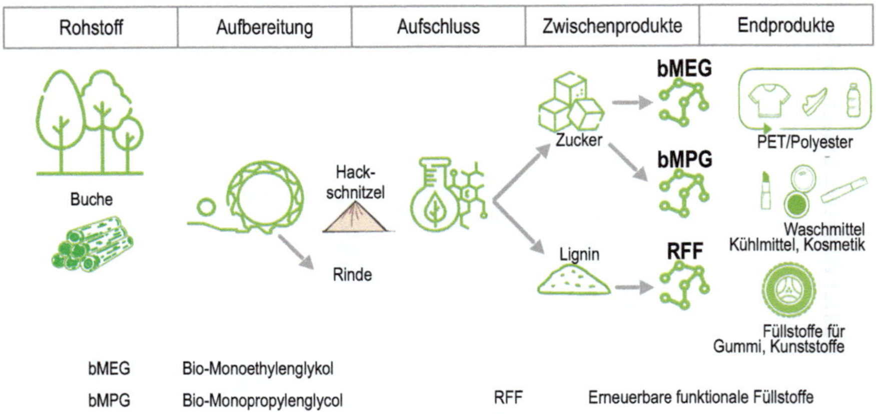

Abb. 5.35 Konzept der holzbasierten Bioraffinerie von UPM Biochemicals GmbH in Leuna. Nach einer Vorlage von UPM und ACATECH (2022), verändert

5.5.4 Wiederverwertungskonzepte für Produkte aus Holz

Über lange Zeit basierte die stoffliche Nutzung von Holz auf einem weitgehend linearen Wirtschaftsmodell, bei dem nach Ablauf ihrer Lebensdauer die Produkte auf einer Mülldeponie entsorgt oder bestenfalls energetisch genutzt werden (Abb. 5.36). Die Holzwirtschaft überließ die Idee eines ressourcenschonenden Materialkreislaufs über lange Zeit der Papierindustrie und den anderen Werkstoffen wie Stahl, Glas und Aluminium. Der leitende Gedanke der Holzwirtschaft war dabei die Vorstellung eines ohnehin nachwachsenden und ausreichend verfügbaren Rohstoffs Holz.

Im Zuge einer zunehmenden Verantwortung gegenüber ökologischen Fragen, einer zunehmenden Ressourcenverknappung wurde von der Europäischen Union ein Aktionsplan für die Kreislaufwirtschaft verabschiedet (EU 2020). Das ehrgeizige Ziel ist der Übergang zu einem Modell des regenerativen Wachstums, das dem Planeten mehr zurückgibt als es ihm nimmt, zu beschleunigen und dafür sorgen, dass der Ressourcenverbrauch innerhalb der Belastungsgrenzen des Planeten bleibt. Das bedingt, gleichzeitig den Materialverbrauch zu senken und den Anteil kreislauforientiert verwendeter Materialien (Abb. 5.36) in den kommenden zehn Jahren zu verdoppeln.

Für nachwachsende Rohstoffe wie Holz ist eine weitgehende Kreislauforientierung der Materialnutzung nur bedingt möglich (mit Ausnahme einiger Fälle direkter Wiederverwendung von Massivholzteilen), da das Material bzw. der Werkstoff Holz in seinen Ausprägungen als Massivholz, als span- bzw. faserförmiger Werkstoff sowie als Papier- bzw. Cellulosefaser beim Recyceln und den damit verbundenen Aufschlussprozessen immer einen gewissen Abbau erfährt. Um Holz und holzbasierte Werkstoffe sowie die bei deren Produktion anfallenden Reststoffe in zeitlich aufeinander folgenden Schritten möglichst lange und ressourceneffizient in einem Nutzungskreislauf zu halten, wurde das Schema

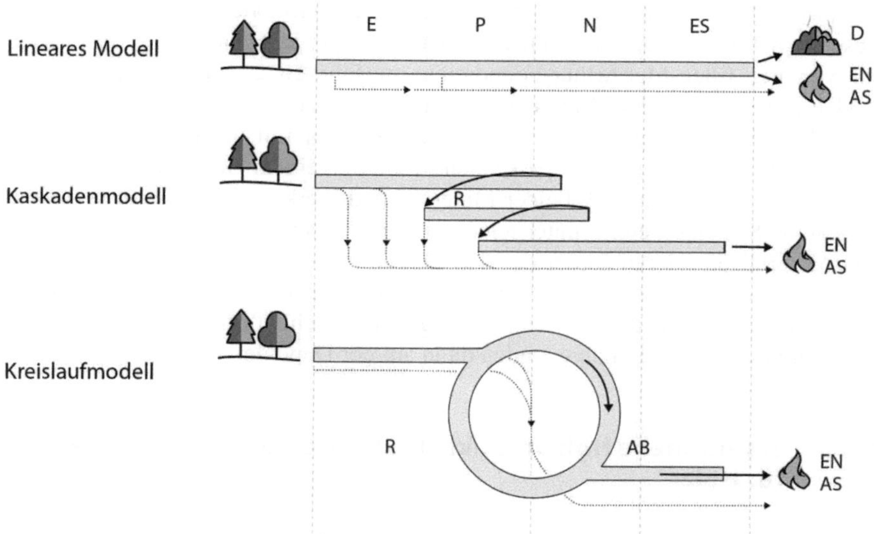

Abb. 5.36 Vereinfachte Darstellung der Materialnutzungsmodelle mit Bezug zur Holznutzung (geteilt in stofflich und energetisch). Oben: Lineares Modell mit Entsorgung, energetisch mit Asche als zu entsorgendem Reststoff. Das Deponieren von Abfällen biologischen Ursprungs ist vielfach, wie in Ländern der EU, untersagt. Mitte: Kaskadenmodell mit primärer Nutzung als Massivholz und Rückführung nach der Nutzung und Aufschluss zu kleineren Partikeln für die Herstellung von Holzwerkstoffen mit energetischer Nutzung am Ende. Unten: Kreislaufmodell, wo das Material bzw. der Werkstoff mehrmals im Kreis geführt wird, mit teilweiser Ausschleusung degradierter Fraktionen zu vorwiegend energetischer Nutzung. AS = Asche; D = Deponieren; E = Ernte; EN = energetisch; ES = Entsorgung; HW = Holzwerkstoff; N = Nutzung; P = Produktion; R = Rückführung, AB = Ausschleußung von Teilstömen

der Nutzungskaskaden vorgeschlagen. Erst nach möglichst mehreren kaskadischen Nutzungszyklen vom Massivholz über Späne und die Holzfaser soll das Material letztendlich energetisch genutzt werden, wodurch die Rohstoffproduktivität gegenüber einem linearen Nutzungsmodell erheblich gesteigert wird (Abb. 5.36).

Das Prinzip einer kaskadischen Nutzung von Biomasse wurde bereits in den 1990er-Jahren beschrieben, wobei es in der Folge zu unterschiedlichen Auslegungen und Entwicklungen des Begriffs kam (Vis et al. 2016). Im Wesentlichen geht es bei den oft verschiedenen Auslegungen des Begriffs „Nutzungskaskade“ um eine einstufige oder mehrstufige Materialnutzung mit oder ohne Einbeziehung der sich aus der vorgelagerten Produktion ergebenden Reststoffe. Zudem ist eine zeitbezogene bzw. eine wertbezogene Kaskade (bzw. eine Kombination von beiden) zu unterscheiden. Es ist verständlich, dass vor allem Verbände als Lobbyisten eines Wirtschaftssektors wie die Holzwirtschaft oder die Zellstoff- und Papierindustrie mit der Darstellung von Kennzahlen aus derartigen Nutzungskonzepten in einem besonders guten Licht erscheinen wollen.

Sowohl das Kaskadenmodell als auch das Kreislaufmodell sind in der Realität wesentlich komplizierter handzuhaben als in der Abb. 5.36 dargestellt. So versucht ein von der Ellen-MacArthur-Foundation im Jahr 2012 vorgestelltes Gesamtmodell (zitiert bei Arpin 2015) jeweils ein für biobasierte Materialien geeignetes, kaskadenartiges Modell im biosphärischen Kreislauf mit einem für geologische bzw. fossilbasierte Werkstoffe passenden Modell zu einem Gesamtmodell für eine kreislauforientierte Nutzung beider Material- und Werkstoffsysteme zu kombinieren. Beide Systeme vereint unter anderem neben diversen Rückführungsschleifen von Material die Herausforderung der Altstoffsammlung, Altstoffsortierung und Altstoffaufbereitung sowie die finalen Nutzungsschritte einer möglichen energetischen Nutzung und die aus dem Kreislauf auszuschließenden, also nicht mehr rückführbaren Stoffe. Letztere landen dann auf der Deponie.

5.5.5 Traditionelle Holzprodukte und neue Nutzungsansätze für Holz

Holz hat mit seinen traditionellen Produkten bereits eine beachtliche Bedeutung im Rahmen der gesamten Materialwirtschaft (vgl. Abschn. 4.3.1). Zu beachten ist dabei, dass je nach Region und Baumart jedoch nur etwa 50–60 % der jeweiligen Erntemengen direkt in die stoffliche Holznutzung fließen, während der restliche Anteil direkt oder im Laufe der einzelnen Produktionsstufen bereits der energetischen Nutzung zugeführt wird.

In einer modernen holzbasierten Bioökonomie mit neuen, innovativen Produkten und Verfahren, basierend auf dem Rohstoff Holz und Rinde, reicht das erweiterte Spektrum der Produkte von der Makrostruktur bis hin zu deren molekularen Bausteinen (Abb. 5.37). Das können sowohl in großen Mengen herstellbare Plattformchemikalien sein, wie auch molekulare Wirkstoffe für die Pharmazie als Spezialchemikalien, neue „Engineered Wood Products“ oder neue Verpackungslösungen (acatech 2022).

Die Weiterentwicklung der Zellstoffproduktion zu einer Holzraffinerie mit der stofflichen Nutzung von Nebenströmen bzw. neue Konzepte einer auf dem Rohstoff Holz basierten Bioraffinerie sind aktuelle Entwicklungen für chemisch-technologische Nutzungspfade. Über das in Abb. 5.35 dargestellte Konzept einer holzbasierten Bioraffinerie hinausgehend, werden in der Literatur weitere Ansätze auf Basis neuer Lösemittel sowie biokatalytischer Verfahren und der damit verbundenen Produktkonfigurationen vorgestellt (Amore et al. 2016; Budzinski und Nitzsche 2016; Unkelbach und Fritsch 2016). Kann die wirtschaftliche Praxis das einmal umsetzen, was die aktuelle Forschung bereits im Köcher hat?

Neben den in Abb. 5.37 „neu“ dargestellten Wertschöpfungsketten liegt auch in der „traditionellen Wertschöpfungskette Holz“ ein erhebliches Innovationspotenzial für neue oder verbesserte Technologien und Produkte, welche die Ressourcen- und Ökoeffizienz verbessern. Exemplarisch seien dazu genannt:

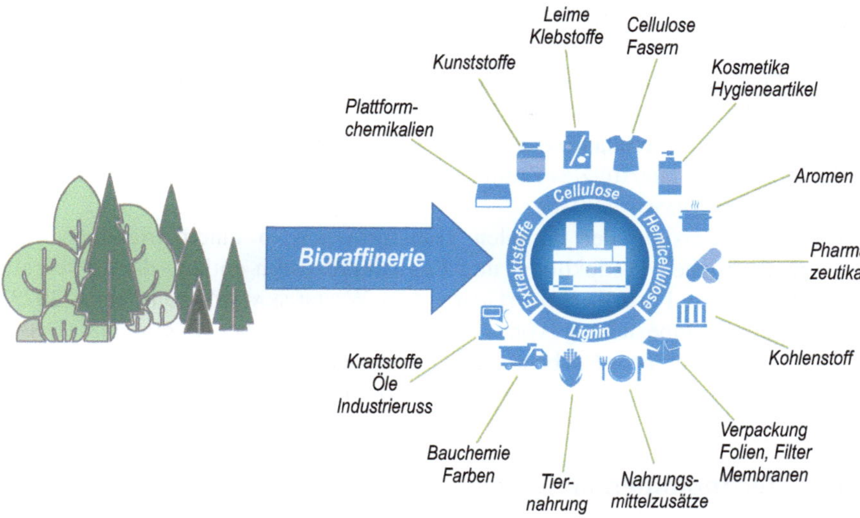

Abb. 5.37 Neue Wertschöpfungsketten für den Rohstoff Holz. Nach Bauer et al. (2020), basierend auf einem Konzept der bwc management consulting/L. Lehner, verändert

- neue mechanische Aufschlusstechniken für Rundholz, speziell für Schwachholz und Kronenholz von Laubhölzern, mit den davon abgeleiteten Holzwerkstoffen auf Basis längsorientierter Späne in Erweiterung zu Bliem et al. (2020)
- deutliche Erhöhung der stofflichen Nutzung von Rinde gegenüber der energetischen Nutzung als Werkstoffe (Tudor und Huber 2022) und chemische Ausgangsstoffe für diverse Chemieanwendungen (Ogunwusi 2013)
- neue und weiterentwickelte Formen von Engineered Wood Products (EWPs) wie Hochleistungsformteile aus Sperr- und Lagenholz sowie Leichtbauverbundkonstruktionen für den Fahrzeugbau, den Anlagenbau usw. (Chen et al. 2020; Müller et al. 2019; Sandberg et al. 2023) sowie in Richtung struktureller EWPs unter Ausnutzung der hohen natürlichen mechanischen Syntheseleistung im Holz (Allner et al. 2021)
- neue Ansätze der Holzmodifikation auf allen hierarchischen Strukturebenen des Holzes im Hinblick auf erhöhte Dauerhaftigkeit, Brandbeständigkeit usw. (Ding et al. 2022)
- Design für Reparatur *(repair),* Rückbau und Wiederverwendung *(deconstruction and reuse)* von Bauteilkomponenten sowie Wiederverwertung *(recycling)* von Holz und Holzwerkstoffen aus diversen Produkten und gebauten Strukturen (vristescu et al. 2020) sowie Aufbereitungstechniken für Altholz. Dies bedingt u. a. gut lösbare mechanische und geklebte Verbindungen.
- Entwicklung möglichst emissionsfreier und ökologisch unbedenklicher Klebstoffsysteme für die unterschiedlichen Verklebungsanwendungen bei Massivholz und Holzwerkstoffen mit hoher Leistungsfähigkeit zu wettbewerbsfähigen

Preisen (Chen et al. 2020; Dunky 2021a, b, c; Müller et al. 2019; Sandberg et al. 2023; Solt et al. 2019)

- neue Produktionsverfahren im Sinne von *„additive manufacturing"* als 3D-Druck (Das et al. 2021; Krapež Tomec und Kariž 2022; Kromoser et al. 2022) und anderen materialaufbauenden bzw. zusammensetzenden Techniken wie durch Robotik unterstütztes Zusammensetzen von Einzelteilen zu einem größeren Ganzen (Krammer 2016)
- weitere Umsetzung der digitalen Transformation in innerbetrieblichen und überbetrieblichen Produktions- und Logistikprozessen entlang der Lieferkette *(supply chain)* Forst – Holz (Gnacy und Werbińska-Wojciechowska 2023), auch unter Einbeziehung von Robotik und künstlicher Intelligenz (Dispan 2023), adaptiver Prozessüberwachung (Derbas et al. 2023) sowie *augmented reality* (Bartuska et al. 2023), vgl. auch Abschn. 5.7

5.5.6 Technologiemanagement

Das vielseitige Holznutzungskonzept hat sich, wie in den Abschnitten zuvor dargestellt, einerseits evolutionär entwickelt (z. B. das Brettschichtholz, zum Teil auch die Sägetechnik) und andererseits durch tiefgreifende technische Erfindungen radikal verändert (z. B. Sulfitverfahren zur Zellstoff- und Papierherstellung oder Entwicklung der Spanplatte und ihr Einfluss auf den Möbelbau). Radikale Veränderungen, wie die Einführung des holzbasierten Faserstoffs für die Papierherstellung oder die rasche Entwicklung der Spanplatte, betreffen dabei nicht nur einen Kernprozess an sich, sondern haben wesentliche Teile des bestehenden Nutzungskonzepts für Holz entscheidend verändert. Es stellt sich damit die Frage, ob die Entwicklung des Nutzungskonzepts den eher „zufälligen" Erfindungen und der Risikofreude findiger Unternehmer überlassen wird oder ob sie sich auch im Sinne eines übergeordneten Interesses, insbesondere eines Wirtschaftssektors oder eines Staates, gestalten oder zumindest beeinflussen lässt.

Im Zuge der ressourcenökonomischen, umwelttechnischen und sozioökonomischen Entwicklungen der letzten Jahrzehnte ist der Roh- und Werkstoff Holz zunehmend in das Blickfeld von Politik und Gesellschaft geraten. Damit war die oft sehr kleinteilig organisierte Holzwirtschaft aufgefordert, strategische Antworten und Konzepte für ihre betriebliche und wirtschaftliche Entwicklung zur Befriedigung aktuell steigender bzw. zukünftig erwarteter Bedürfnisse zu geben. Auf nationaler und internationaler Ebene wurden daher in den letzten Jahren zahlreiche Studien und Konzepte erstellt, um damit von der Politik Unterstützung für Innovationsprozesse einfordern zu können. Damit sollen innerhalb der Branche nicht nur auf mikroökonomischer Ebene Forschungs- und Innovationsprojekte angestoßen werden, sondern auch auf makroökonomischer Ebene unter den Prämissen der Wertschöpfung, des Klimaschutzes oder der Ressourceneffizienz.

Neben verschiedenen derartigen nationalen holzspezifischen Förderprogrammen in Skandinavien, Frankreich, Deutschland, Österreich und der Schweiz sowie auf europäischer Ebene (wie das Europäische Forschungsnetzwerk

„Wood Wisdom Net im Rahmen des EU FP7 Programms", sind nachfolgend drei ausgewählte Beispiele näher angeführt, jeweils auf europäischer bzw. nationaler Ebene:

- „Strategic Research and Innovation Agenda 2030 of the European Forest-based Sector": Die Erarbeitung dieser Agenda erfolgte in einem seit etwa zwei Jahrzehnten laufenden Bottom-up-Prozess unter Beteiligung und Einbeziehung von national erarbeiteten Dokumenten in ein gesamteuropäisches Dokument (FTP 2023). Begleitet wurde und wird dieser Prozess über mehrmalige Aktualisierungen der Forschungsagenda in nationalen Gremien in Abstimmung mit der Forest Technology Platform (FTP) durch begleitende Konferenzen zum Informationsaustausch, Netzwerkbildung und in der Mitgestaltung bei europäischen forst- und holzspezifischen Förderungsprogrammen.
- Charta für Holz 2.0 – Klima schützen. Werte schaffen. Ressourcen effizient nutzen: Diese Charta für Holz entstammt ebenfalls einem über zwei Jahrzehnte geführten Prozess mit dem Ziel, den Holzverbrauch in der Bundesrepublik Deutschland langfristig im Zuge einer nachhaltigen, effizienten Holznutzung im Hinblick auf den Beitrag von Holz zum Klimaschutz und erhöhter Wertschöpfung zu fördern. Die Charta für Holz ist auch als Prozess für eine Vielzahl beteiligter Akteure aus der Forstwirtschaft, Holzwirtschaft, öffentlichen Hand, Bildung, Forschung und Zivilgesellschaft zu verstehen, um gemeinsam an dieser Zielsetzung zu arbeiten (Schmitz et al. 2022).
- Die in Zusammenarbeit von Wissenschaft, Forschung und Wirtschaft erarbeitete und von der Deutschen Akademie für Technikwissenschaften (acatech) herausgegebene Handlungsempfehlung zur einer holzbasierten Bioökonomie analysiert die besondere Bedeutung des Rohstoffs Holz und seiner Nutzungsstränge im Rahmen einer angestrebten allgemeinen bioökonomischen Wirtschaft (acatech 2022). Im Fokus stehen dabei die stoffliche Nutzung von Holz im Bereich Holzbaustoffe, Möbel, Zellstoff und Papier sowie die Gewinnung chemischer Grundstoffe aus Holz prioritär zur energetischen Nutzung. Dabei wird konkret auf das Potenzial von Altholz sowie ein Design for Reuse und Recycling hingewiesen. Im Sinne einer sogenannten kaskadischen Nutzung von Holz steht die stoffliche Nutzung vorrangig vor der energetischen Nutzung von Holz.

Zu den oben genannten Programmen kommen noch weitere nationale Förderprogramme mit einem jeweils nennenswerten Budgetrahmen: Nationales Forschungsprogramm NFP 66 „Ressource Holz", gefördert vom schweizerischen Nationalfonds (2012–2017), „Think.Wood.Innovation" im Rahmen der Holzinitiative des Bundesministeriums für Land- und Forstwirtschaft, Regionen und Wasserwirtschaft in Österreich (2020–2025) und die Laubholzinitiative mit dem neu gegründeten Laubholztechnikum THL im Jahr 2022 in Baden-Württemberg.

Welche Hebelwirkungen diese Maßnahmen und Aktionen jeweils bewirkt haben bzw. bewirken werden, lässt sich nur schwer ausnehmen. Im Zuge der Charta Holz 2.0 gibt es beispielsweise ein Evaluierungskonzept mit einem Reporting (Schmitz et al. 2022). Bei der Analyse der Kennzahlen ist jedoch nicht immer klar erkennbar, welcher Anteil einer gewählten Kennzahl konkret auf eine Förderaktion rückführbar ist (z. B. Erhöhung der Wertschöpfung der Branche, Zunahme des Holzbauanteils, Klimaschutzwirkung von Wald und Holz in Form von gespeichertem Kohlenstoff) und welcher Anteil einer Überlagerung allgemeiner technischer und wirtschaftlicher Entwicklungen geschuldet ist. Zudem ist zu bedenken, dass selbst eine angewandte, auf eine konkrete Zielsetzung ausgerichtete Forschung oft mehrere Jahre Vorlaufzeit bis zu Erfolgen in einer betrieblichen Umsetzung erfordert und damit in derartigen Kennzahlen erst Jahre später sichtbar wird.

Neben Forschung, Technologiescouting und ökonomischen Überlegungen beinhaltet der Prozess der Technologieentwicklung auch eine Sicherstellung der Anwendungstauglichkeit eingesetzter Technologien und umfasst damit mehrere Stufen und zeitliche Abschnitte entlang des technologischen Reifegrads inklusive notwendiger Zulassungen (vgl. dazu auch Schuh und Klappert 2011). Als technologischer Reifegrad *(technology readiness level)* wird dabei der Entwicklungsstand einer neuen Technologie auf der Basis einer systematischen Analyse mithilfe einer Skala von 1 (niedrig) bis 9 (hoch) beschrieben. Mit dieser Skale wird auch die zu erwartende Zeitspanne bis zur Marktreife bzw. zum erfolgreichen Einsatz der Technologie abgeschätzt.

Bei Teischinger (2023, a) sind die wesentlichen Basistechnologien für Holz systematisiert sowie deren historische und aktuelle Entwicklung zusammengefasst. Es zeigt sich, dass technologische Entwicklungen in der Holzwirtschaft durchaus Vorlaufzeiten von zehn bis 20 Jahren haben. Aufgabe des Technologiemanagements ist es demnach, für aktuelle und künftige Leistungen im Unternehmen die benötigte Technologie (Produkt-, Produktions- und Materialtechnologie) zum richtigen Zeitpunkt und zu angemessenen Kosten verfügbar zu machen (Schuh und Klappert 2011).

Für die Zukunft ist zu überlegen, auf welchen Ebenen und in welchen Kooperationen (z. B. europäisch oder in überregionalen Länderverbünden wie der zurückliegenden gemeinsamen finnisch-schwedischen Forschungsförderung „Wood Wisdom“ [Salo et al. 2002]) die beste Hebelwirkung für Forschungsförderung entfaltet werden kann und welche Themenschwerpunkte dabei anzusprechen sind. Neben technischen Fragestellungen gehören auch sozioökonomische und ökologische Themenstellungen dazu.

5.5.7 Fazit

Der Rohstoff Holz ist hinsichtlich seiner Rohstoffeigenschaften als Nadelholz bzw. Laubholz unterschiedlich und aufgrund des natürlichen Wachstums sehr inhomogen. Diese holzarten- und wachstumsspezifischen Eigenschaften schlagen sich in der Materialdichte, der Struktur der Holzfaser, der Astigkeit und weiteren Holzmerkmalen nieder und sind von entscheidendem Einfluss auf die zu wählende Verarbeitungstechnologie und Produktgestaltung.

Der Rohstoff Holz wird bei der Holzernte entsprechend seiner Stammform und Holzmerkmale in verschiedene Sortimente aufgeteilt und im Idealfall der technologisch dafür am besten geeigneten Verarbeitung zugeführt. Durch logistische Rahmenbedingungen (kein geeigneter Verarbeiter in einem bestimmten Umkreis) und Marktgegebenheiten kommt es dabei zu Überlappungen und Verschiebungen bei einer sortimentsbezogenen Zuführung des Rohholzes und auch der Nebenprodukte zu den technologisch passenden Verarbeitungsprozessen. Diese Verzerrung beispielsweise in Richtung mehr energetischer Nutzung von Holz ist nicht nur ein ökonomischer Diskussionspunkt, sondern auch eine Fragestellung der Ressourceneffizienz sowie hinsichtlich der kurzfristigen (energetische Nutzung) und langfristigen Kohlenstoffspeicherung (z. B. als Bauprodukt).

Für die großen Produktkategorien wie Holz im Bauwesen, Massivholzanwendungen im Möbel- und Innenausbau und Zellstoff- und Papierherstellung usw. gibt es bezüglich ihrer Eigenschaften bevorzugte Holzarten im Sinne einer Leitholzart. Eine Veränderung der mengenmäßigen Verfügbarkeit entsprechender Leitholzarten und neue Ressourcen (z. B. Sekundärressource Altholz bzw. Altpapier, agrarische Reststoffe usw.) erfordern rechtzeitige Anpassungen an die Technologie und Produktgestaltung.

Eine durch den Klimawandel und gesellschaftliche Forderungen veränderte Forstwirtschaft führt in Zukunft zu einem geänderten Rohholzspektrum mit voraussichtlich deutlich weniger Nadelhölzern in Mitteleuropa. Dies erfordert entsprechende Technologieanpassungen und Änderungen im Produktdesign, woran wegen entsprechender Vorlaufzeiten für Technologie- und Produktentwicklung rechtzeitig gearbeitet werden sollte.

Traditionelle Verfahren der Holzbe- und -verarbeitung und auch des chemischen Holzaufschlusses sind ihrem Prinzip nach teilweise über 100 Jahre alt. Sie wurden im Laufe der Jahrzehnte in kleineren Schritten verbessert und an den jeweiligen Stand der Technik angepasst. Damit verbunden war auch eine deutliche Steigerung der Produktivität, was in der Regel auf das Prinzip „Economy of Scale" zurückzuführen ist. Letzteres führt zu enormen und teilweise limitierenden Investitionssummen für neue Betriebsstandorte.

Green field-Investitionen und -Erweiterungen an bestehenden Standorten werden in Mitteleuropa aufgrund der zunehmenden Investitionssummen für Betriebsgrundstücke und Technik sowie den langen Vorlaufzeiten für Betriebsgenehmigungen zunehmend zur Herausforderung für Investoren. Zusammen mit Fragen der Ressourcenverfügbarkeit besteht die Gefahr, dass sich somit einzelne Schwerpunkte der Holzindustrie in Länder des Nordens oder Ostens oder überhaupt auf andere Kontinente verlagern. Dies verlangt nach neuen Konzepten der gesamten Verarbeitungskette von Holz.

Aus Gründen der Logistik (z. B. Beschaffungsradius für Rundholz), Veränderung des Rohstoffangebots in Richtung eines breiteren Holzartenspektrums usw. könnten sich bei entsprechender Technologieanpassung Betriebsgrößen innerhalb der Lieferketten stabilisieren und sogar wieder reduzieren. Als Beispiel sei angeführt: Der Erstprozess mit Grobaufschluss erfolgt in Forstnähe in kleineren Prozesseinheiten und der Hauptprozess an zentralen, größeren Standorten mit Bahnanschluss und der Zusammenführung mehrerer vorgelagerter Erstprozesse.

5.6 Energetische Nutzung von Holz

Der Begriff „Biomasse" beinhaltet sämtliche Stoffe organischer Herkunft, die zur kohlenstoffhaltigen Materie gehören (Kaltschmitt und Stampfer 2024). Biomasse umfasst die in der Natur lebende Masse an pflanzlichem und tierischem Gewebe sowie die daraus resultierenden Rückstände, Ausscheidungen (z. B. tierische Exkremente) und abgestorbenen Gewebeteile (z. B. Stroh). Im weiteren Sinne steht Biomasse auch für Stoffe biogenen Ursprungs, die durch technische Umwandlung und/oder stoffliche Nutzung anfallen, wozu beispielsweise Schwarzlauge aus der Zellstoffproduktion, Schlachthofabfälle, organischer Hausmüll, Pflanzenöl oder Alkohol gehören. Weiter ist auch aufbereitetes Altholz ein Teil der energetisch nutzbaren Biomasse. Die Abgrenzung der Biomasse gegenüber den fossilen Energieträgern beginnt beim Torf, das durch die Zersetzung und Humifizierung von Pflanzengeweben unter anaeroben Bedingungen entsteht. Torf wird teilweise als fossiles Material betrachtet, womit es streng genommen nicht zur Biomasse gehörte, es gilt aber in den nordischen Ländern als Biomasse.

5.6.1 Wandlungsmöglichkeiten von Biomasse in Energie

Es gibt unterschiedliche Versorgungsketten, um Biomasse zu verarbeiten und in die jeweils gewünschte End- bzw. Nutzenergie umzuwandeln (Kaltschmitt und Stampfer 2024). Im einfachsten Fall wird Holz (lignocellulosehaltige Biomasse) auf einfache Art mechanisch zu Stückholz, Holzpellets oder Briketts aufgearbeitet und danach direkt in einer (Klein-)Feuerungsanlage verbrannt. Aus Sicht einer effizienten Verbrennung ist es bei der Aufbereitung sinnvoll, den Brennstoff entsprechend zu trocknen (vgl. Hartmann et al. 2023).

Für zahlreiche Anwendungen (z. B. mobile Kraftbereitstellung bei Verbrennungsmotoren, Stromerzeugung mit einer Gasturbine) ist es aber sinnvoll oder notwendig, aus der primären Biomasse flüssige oder gasförmige Sekundärenergieträger herzustellen. Der Umwandlung in Nutzenergie werden somit Aufbereitungs- und/oder Veredelungsprozesse vorgeschaltet, bei denen die Energieträger hinsichtlich einer oder mehrerer der folgenden Eigenschaften aufgewertet werden wie Energiedichte, Handhabung, Speicher- und Transporteigenschaften, Umweltverträglichkeit der energetischen Nutzung, Potenzial zur Substitution fossiler Energieträger, Verwertbarkeit von Nebenprodukten und/oder Rückständen.

Zur Umwandlung organischer Stoffe als primäre Energieträger in feste, flüssige oder gasförmige Sekundärenergieträger, die letztlich zur Umwandlung in die gewünschte End- bzw. Nutzenergie dienen, unterscheidet man folgende Veredelungsverfahren:

- thermochemisch (z. B. Gaserzeugung, Holzkohleherstellung);
- physikalisch-chemisch, meist zur Trennung der Ölphase von der restlichen Biomasse und gegebenenfalls weiteren Aufbereitung;
- biochemisch mithilfe von Mikroorganismen, worunter die alkoholische Gärung und anschließende Destillation zu verstehen ist (z. B. für die Herstellung von Methanol) oder die anaerobe Fermentation organischer Stoffe, wo durch bakteriellen Abbau der Biomasse ein Biogas abgesondert wird.

5.6.2 Quellen und Bedeutung von Bioenergie

Es gibt eine Vielzahl von Biomassefraktionen, die für die Nutzung von Bioenergie genutzt werden. Dabei wird zwischen 1) holzartiger Biomasse, 2) Rückständen und Nebenprodukten aus der landwirtschaftlichen Primärproduktion (Stroh, Exkremente), 3) sonstigen Rückständen, Nebenprodukten und Abfällen (Stoffe aus der Verarbeitung landwirtschaftlicher Produkte und unterschiedliche Bioabfallfraktionen) und 4) Energiepflanzen aus landwirtschaftlicher Produktion unterschieden (Kaltschmitt und Stampfer 2024).

Die holzartigen Bioenergieträger lassen sich aus Sortimenten wie Waldholz, Schlagrückständen (z. B aufbereitet als Waldhackgut) sowie aus Rinde, Nebenprodukten der Holzverarbeitung wie Säge- und Hobelspäne, Kappabschnitten und anderen Produktionsrückständen gewinnen. Weitere Anteile kommen durch die aus dem Nutzungsprozess ausscheidenden Holzfraktionen wie Altholz, Abbruchholz, Verpackungsholz sowie Anteile von Flurgehölzen, von Baum- und Strauchschnitten aus Parks und Gärten, Rodungen von Obstplantagen und Ähnlichem. Viele dieser Sortimente sind statistisch nicht erfasst, weil sie in Selbstwerbung gesammelt und energetisch genutzt werden.

Bei Kaltschmitt und Stampfer (2024) werden die globale Nutzung bzw. das technisch nutzbare Brennstoffpotenzial einzelner Biomassefraktionen wie folgt zusammengefasst, wobei bei diesen Annahmen auf die Problematik der Abgrenzung von technisch nutzbarem Brennstoffpotenzial zu möglicher stofflicher Nutzung (z. B. bei Sägeresthölzern und Altholz) hingewiesen wird:

- Das globale Potenzial der Biomassefraktion Waldrestholz liegt zwischen 12 und 74 EJ a^{-1} (Exajoule pro Jahr) (technisches Potenzial).
- In Europa liegt das Waldrestholzpotenzial (z. B. Ernteverlust aus der Rohholzernte, Anteil Kronen- und Astderbholz, Reisig) und Industrierestpotenzial zusammen bei rund 1,5 EJ a^{-1}.
- Das globale Potenzial für Industrierestholz liegt bei ungefähr 0,7–1,5 EJ a^{-1} (technisches Brennstoffpotenzial, 2003–2005).
- Das weltweite Potenzial an Altholz als Teil der insgesamt anfallenden Siedlungsabfälle wird mit etwa 1,7 EJ a^{-1} angegeben.

5.6.3 Brennstoffzusammensetzung und Umwandlung

Der Ablauf thermochemischer Umwandlungsprozesse biogener Festbrennstoffe wird wesentlich durch die chemisch-stofflichen und – eingeschränkter – physikalisch-mechanischen Eigenschaften beeinflusst, durch die Festbrennstoffe gekennzeichnet sind. Bei der Verbrennung von Holz sind das die das Holz bildenden Elemente Kohlenstoff, Wasserstoff und Sauerstoff in einem mittleren Elementverhältnis von $CH_{1,4}O_{0,7}$ und die Asche bildenden Neben- und Spurenelemente. Die wesentliche elementare Komponente biogener Festbrennstoffe, durch deren Oxidation die bei der thermochemischen Umsetzung freigesetzte Energie weitgehend bestimmt wird, ist dabei der Kohlenstoff (C). Daneben liefert der Wasserstoff bei der Oxidation ebenfalls Energie, während der Sauerstoff lediglich den Oxidationsvorgang unterstützt (Baumbach et al. 2016).

Für wasserfreies Holz resultiert ein Heizwert von 18,4–18,9 MJ kg^{-1} und ein Brennwert von 19,7–20,2 MJ kg^{-1} (Baumbach et al. 2016). Je nach Einbeziehung oder Abzug der bei der vollständigen Oxidation eines Brennstoffs freigesetzten Kondensationswärme (Verdampfungswärme) des im Abgas befindlichen Wasserdampfs wird zwischen dem Heizwert und dem Brennwert unterschieden. Beim zahlenmäßig höheren Brennwert (Abb. 5.38) wird auch die Kondensationswärme des bei der Verbrennung gebildeten Wasserdampfs nutzbar gemacht (Brennwertkessel). Heizwert und Brennwert sind sehr stark vom Wassergehalt des Brennstoffs Holz beeinflusst, sodass dieser bei brennstofftechnischen Kennwerten immer anzugeben ist Abb. 5.38.

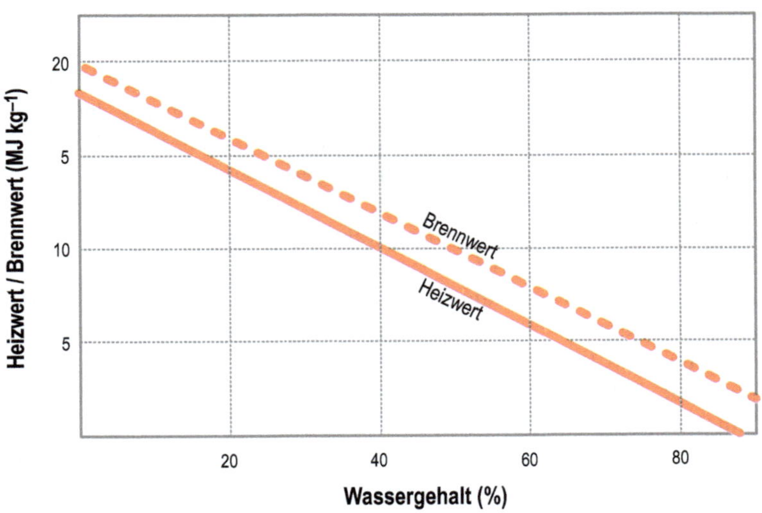

Abb. 5.38 Heizwert und Brennwert von Holz in Abhängigkeit des Wassergehalts. Nach Baumbach et al. (2016), verändert

Je nach Holzart und der Beschaffenheit der Rinde gibt es bei der Verbrennung von Holz einen Ascheanteil von 0,3–2 % und für Rinde von 2,5–5 % (Baumbach et al. 2016; Wagenführ und Wagenführ 2021) mit unterschiedlicher Schadstoffbelastung und Beschaffenheit. Die Entsorgung bzw. Verbringung von Holzaschen, in Deutschland immerhin etwa 1,3 Mio. t pro Jahr, ist nach wie vor eine Herausforderung und neue Lösungen der Verwertung und Verbringung von (unbelasteten) Holzaschen, beispielsweise in der Düngemittelproduktion stehen aktuell in Diskussion.

Für die energetische Nutzung von Holz hat die direkte Verbrennung in Feuerungen bis heute die weitaus größte Bedeutung unter den Energiewandlungsprozessen und -verfahren. Die in den Verbrennungsanlagen erzeugte Wärme bzw. thermische Energie kann vielfältig genutzt werden als Nutzenergie (z. B. Strahlungswärme eines Kachelofens), als Sekundärenergie (z. B. Dampf, der dann weiter in elektrische Energie umgewandelt werden kann) oder als Endenergie (z. B. Fernwärme). Unter einer Verbrennung wird dabei die vollständige Oxidation eines (biogenen) (Fest-)Brennstoffs wie Holz unter Energiefreisetzung verstanden, wobei Abgase entstehen und Asche aus anorganischen Nebenelementen des Brennstoffs entsteht (vgl. Gaderer et al. 2016).

Neben der „klassischen" Verbrennung kann feste Biomasse auch über eine thermochemische Umwandlung zunächst in einen Sekundärenergieträger umgewandelt werden, der bezüglich der Handhabung und der weitergehenden Konversionsmöglichkeiten in End- bzw. Nutzenergie (z. B. Wärme, Strom, Brenn- oder Kraftstoffe) Vorteile aufweisen kann (Hofbauer et al. 2016). Die einzelnen Phasen der thermochemischen Umwandlung werden jedoch – im Unterschied zu der Verbrennung – räumlich und zeitlich getrennt realisiert und mit geänderten Prozessparametern z. B. hinsichtlich des Sauerstoffangebots durchgeführt. Erfolgt die thermische Zersetzung des Holzes weitgehend unter Ausschluss von Sauerstoff (Pyrolyse), erfolgt ein direkter Übergang in überwiegend flüssige (d. h. Pyrolyse- oder Bioöle) oder feste Produkte (d. h. Biomassekoks, Holzkohle).

In einer kurzen Zusammenstellung sind bei Pfemeter (2020) die Historie der Holzvergasung und vor allem neue Optionen der Holzvergasung mit der entsprechenden Technologie zusammengefasst. Dabei werden die Bereiche Kraft-Wärme-Kraft-Kopplung über die Holzvergasung, die Erzeugung von Holzdiesel (Fischer–Tropsch-Kraftstoff) sowie synthetisches Erdgas (SNG) aus Holz in ihrem technologischen Grundprinzip, mit ihren bevorzugten und vorteilhaften Einsatzgebieten (z. B. zur Netzstabilisierung), den Investitions- und Produktionskosten sowie anhand von ausgewählten Projekten beschrieben.

Bei einer hydrothermalen Umwandlung von Biomasse entstehen in einem hydrothermalen Medium in sehr komplexen Prozessen zahlreiche feste (z. B. HTC-Kohle), flüssige oder gasförmige Stoffe (HTL-Öle, HTG-Gase) als Zwischen- oder Endprodukte. Sie bilden mit dem Wasser Lösungen, Emulsionen oder Suspensionen oder liegen als separate feste, flüssige oder gasförmige Phase vor. Alle drei hydrothermalen Umwandlungspfade – die hydrothermale Karbonisierung (HTC), die hydrothermale Verflüssigung (HTL) und die hydrothermale Vergasung (HTG) – haben zum Ziel, die Molekülgröße der eingesetzten Biomasse zu reduzieren und/oder einen möglichst geringen Sauerstoffgehalt im Endprodukt zu realisieren, was gleichzeitig eine Erhöhung des Brennwerts der Produkte zur Folge hat (VOGEL 2016).

Die Holzverzuckerung ist ein hydrolytischer Prozess, bei dem Glucose aus Holz durch Kürzung der Cellulosemoleküle bzw. durch Abspaltung gewonnen wird, die in weiterer Folge zu Bioethanol fermentiert und destilliert werden kann. Grundsätzlich ist der Prozess der Holzverzuckerung sehr aufwendig und energieintensiv, weshalb viele Forschungen und Pilotversuche in Richtung neuer und umweltfreundlicher Lösemittel wie ionische Flüssigkeit abzielen (VIELL et al. 2020).

Bei Austrocell in Hallein (Österreich) werden in Verbindung mit der Produktion von Textilzellstoff glucosidische Bestandteile (Holzzucker) in der sogenannten Braunlauge vor deren Verbrennung mittels Hefe zu Alkohol fermentiert. Anschließend wird der Alkohol durch Destillation von der Braunlauge getrennt, die in der Folge energetisch als Produktionsdampf, Strom, Fernwärme und Biogas genutzt wird. Die Anlage ist weltweit die größte dieser Art und produziert bis zu 30 Mio. l Bioethanol pro Jahr, der als Treibstoffzusatz eingesetzt wird (AUSTROCELL 2024).

5.6.4 Herkunft und Nutzungsformen von Holz für energetische Zwecke

Holz und Rinde für die energetische Nutzung kommen aus verschiedenen Quellen wie in Abb. 5.39 angeführt. Zum einen sind das Sortimente, die direkt bei der Holzernte entstehen, oder Fraktionen, die im Zuge der Holze- und Verarbeitung anfallen, wie Säge- und Hobelspäne, Kappabschnitte usw. Ein wesentlicher Energieträger ist zudem die bei der Zellstoffherstellung anfallende, ligninhaltige Schwarzlauge, die innerbetrieblich einer Verbrennung im Zuge des Chemikalien-

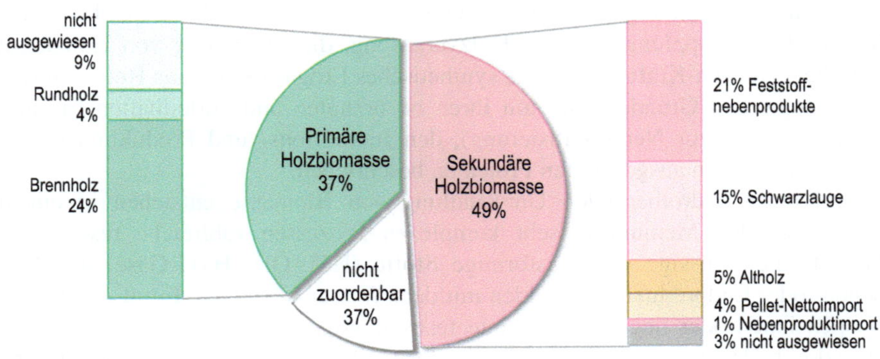

Abb. 5.39 Herkunft von Holzbiomasse für die Bereitstellung von Bioenergie in der EU. 2020 Nach CAMIA et al. (), verändert

kreislaufs zugeführt wird. Eine weitere Quelle ist das Altholz, soweit es nicht einem stofflichen Recycling zugeführt wird. Die jeweiligen Sortimente werden dabei unterschiedlich genutzt wie in Heizanlagen für Wärmenetze, als Stückholz oder Pellets in privaten Einzelöfen oder zentralen Heizanlagen bzw. in industriellen Anlagen zur innerbetrieblichen Bereitstellung von Prozessenergie in Form von thermischer und über die Wärme-Kraft-Kopplung auch elektrischer Energie. Überschüssige Energie wird in das öffentliche Netz eingespeist.

Bedingt durch sozioökonomische Entwicklungen in Europa sowie die Suche nach alternativen Energieträgern als Antwort auf die Erdölkrise der 1970er-Jahre gewann die Energie aus Biomasse zunehmend an Bedeutung. Nach unterschiedlichen Entwicklungen zur Nutzung von Holz als Energieträger in kleineren und mittleren Heizkraftwerken sowie Heizanlagen im privaten Bereich zeigt sich für die letzten zwei Jahrzehnte ein deutlicher Anstieg der energetischen Nutzung von Holz gegenüber der stofflichen Nutzung (Camia et al. 2020). In den einzelnen Ländern gab es dazu aufgrund der Ressourcenverfügbarkeit und des Markpotenzials für Energie aus Biomasse unterschiedliche Ausprägungen und Entwicklungen bei der Nutzung von Energieholz und Waldhackgut sowie Briketts und Pellets aus Reststoffen der Holze- und Verarbeitung (DEPI 2024).

- In Ländern mit einer leistungsfähigen Sägereiindustrie und Holzweiterverarbeitung hat sich mit einem ersten Pelletboom in Schweden in den 1990er-Jahren und ab 2000 auch in der DACH-Region eine namhafte Pelletproduktion in Verbindung mit einer Marktentwicklung für Pelletheizungen entwickelt.
- Pellets werden sowohl für Heizungen im privaten und öffentlichen Bereich als auch im industriellen Bereich für Heizkraftwerke als Industriepellets eingesetzt.
- Die Entwicklung von Pelletheizungen war und ist stark an die Entwicklung innovativer Lösungen für die Heizsysteme an sich, wie auch an den Transport und Lagerlogistik gebunden.
- Die Entwicklung von Qualitätssiegeln für Pellets wie beispielsweise die EN-plus-Zertifizierung nach einschlägigen CEN- bzw. ISO-Normen sowie auch für Briketts und Hackschnitzel wurde zu einer wichtigen Maßnahme zur Qualitätssicherung und Vergleichbarkeit der einzelnen Produkte.
- In mehreren Ländern, insbesondere in England, wurden im Zuge des Ausstiegs aus der Kohle einzelne Kohlekraftwerke auf Pelletheizung umgestellt (DBFZ 2021), wobei die riesigen damit verbundenen Holzmengen in kritischen Medienberichten zunehmend zur Diskussion gestellt werden (z. B. Philip 2020; Biber-Freudenberger 2024). Selbst das Deutsche Biomasseforschungszentrum (DBFZ) setzt sich mit dieser Entwicklung in einem Positionspapier kritisch auseinander.
- Investitionen in innerbetriebliche Kesselanlagen und Blockheizkraftanlagen sowie als eigene Unternehmen geführte Blockheizkraftwerke zur Erzeugung von Wärme (innerbetriebliche Prozesswärme bzw. für Wärmenetze) in Verbindung mit Erzeugung von elektrischem Strom. Diese Blockheizkraftwerke werden je nach Zielsetzung wärmegeführt oder stromgeführt.

Nach Angaben von Bioenergy Europe (Europe 2024) wurden im Jahr 2022 global 46,4 Mio. t Pellets produziert, wobei Europa mit fast 25 Mio. t (EU27 mit 20,4 Mio. t) zu Buche schlägt. Innerhalb Europas ist Deutschland mit 3,6 Mio. t (entspricht einem Rohholzäquivalent von 7,2 Mio. m^3) der größte Pelletproduzent, gefolgt von Frankreich, Polen, Schweden, Lettland und Österreich mit 2 Mio. t bzw. knapp darunter. Ein Großteil der weltweit genutzten Pelletmenge wird für die Produktion von Wärme zur Beheizung von Gebäuden genutzt und ein Drittel wird in Kraftwerken und Heizkraftwerken zur Erzeugung von Strom und Wärme verwendet.

Mit dem vermehrten Bedarf an Energieholz bzw. den dafür aufbereiteten Energieholzprodukten wie Briketts und Pellets ist es speziell für den Bereich der Sägenebenprodukte und im Bereich des Altholzes zu Marktverschiebungen und brancheninternen Diskussionen über die anteilsmäßige stoffliche bzw. energetische Nutzung dieser Sortimente gekommen. Unter dem Stichwort „kaskadische Nutzung von Holz" werden dabei auch innerhalb der Branche immer wieder Handlungsempfehlungen und Positionspapiere publiziert, die eine Priorisierung der stofflichen Nutzung vor der energetischen Nutzung zum Ziel haben (acatech 2022). Dies geschieht vor dem Hintergrund, gegenüber Politik, Entscheidungsträgern und der Gesellschaft bei aller Problematik des Konflikts von stofflicher Nutzung vs. energetische Nutzung von Holz ein möglichst geschlossenes Bild der Forst-Holz-Branche zu abzugeben. Allerdings wird der Begriff der kaskadischen Holznutzung in den einzelnen Schriften und Positionen nicht immer einheitlich ausgelegt.

5.7 Transformation der Produktionsprozesse als Chance

Die Herstellung von Gütern ist eine grundlegende Tätigkeit, welche die Menschheit vor allem seit der neolithischen Revolution begleitet hat. Über Jahrtausende bildete dabei das Handwerk das Rückgrat. Es gab kaum Arbeitsteilung und jede arbeitende Person stellte jeweils ein komplettes Produkt her, das primär für den lokalen Bedarf bestimmt war. Im Mittelalter entstanden handwerkliche Großbetriebe, Manufakturen, bei denen es eine gewisse Arbeitsteilung gab, wobei die einzelnen Arbeitsaufgaben handwerklich erledigt wurden. Ein bekanntes Beispiel einer Manufaktur, die große Mengen von Holz verarbeitete, war das „Arsenal" in Venedig, das für die Herstellung von Handels- und Kriegsschiffen verantwortlich war und das um 1420 rund 6000 Angestellte hatte (Appuhn 2009). Die industrielle Revolution brachte einen grundlegenden Umbruch der handwerklichen Tradition, indem sie menschliche und tierische durch mechanische Energie ablöste, eine Arbeitsteilung einführte und die Produktion in Form von Fabriken hochskalierte. Derzeit ist der Begriff der vierten industriellen Revolution in der Produktionswirtschaft allgegenwärtig, womit sich die Frage stellt, wie dieses Konzept in die längere Gesamtentwicklung einzuordnen ist.

Die **erste industrielle Revolution** ist in der historischen Literatur ausführlich beschrieben (Hobsbawm und Wrigley 1999). Sie begann im späten 18. Jahrhundert in der englischen Textilindustrie, wo es gelang, den Spinnprozess zu mechanisieren. Die mechanische Energie wurde durch Wasser- und zu einem geringeren Anteil Dampfmaschinenenergie bereitgestellt (Uhl 2015). Es entstand dabei auch der Maschinenbau als neues Fachgebiet, der Geräte und Maschinen herstellte, die für einen mechanisierten Produktionsprozess unabdingbar waren. Die Betriebsorganisation basierte allerdings nach wie vor auf persönlichen Beziehungen und mündlichen Anweisungen (Uhl 2015).

Die **zweite industrielle Revolution** begann ab etwa der Mitte des 19. Jahrhunderts (Hobsbawm und Wrigley 1999) und wurde unter anderem durch weit verfügbare Eisenbahnnetze ermöglicht. Die Produktion und der Konsum von Gütern waren damit nicht mehr an den kleinräumigen, lokalen Bedarf gebunden, sondern ließen sich auf größere Raumeinheiten verteilen. Die elektrische Energie ermöglichte es, die Riemenantriebe der frühen Fabriken mit Elektromotoren zu ersetzen, was Flexibilität bei der Gestaltung von Produktionssystemen und auch die Massenproduktion (Fließbandfertigung) ermöglichte. Die Arbeitsgestaltung erfolgte nach wissenschaftlich-rationalen Prinzipien, was zu einer größtmöglichen Arbeitsteilung und der Einführung des Akkordlohns führte, was unter dem Begriff Taylorismus bekannt ist (Taylor 1895). Parallel dazu verbreitete sich auch eine Bürokratisierung des Produktionsmanagements, das persönliche Beziehungen und mündliche Anweisungen durch die Schriftlichkeit ersetzte. Die Entwicklung von Verbrennungsmotoren war eine weitere treibende Kraft, die, als Ergänzung zum Eisenbahnnetz, zu einem Umbruch der Versorgungs- und Distributionslogistik führte. Die Forst- und Holzwirtschaft nahm die wissenschaftlich-rationale Arbeitsgestaltung schon früh auf (Braniff 1912) und es wurden Stellen in Verwaltung und Wissenschaft geschaffen, die das Gedankengut umsetzten.

Die **dritte industrielle Revolution** entstand in den 1950er-Jahren, als Computer für kommerzielle Anwendungen verfügbar wurden. Die Leitidee war, Maschinen und Produktionsabläufe mithilfe der Elektronik und der Informationstechnologie zu steuern und zu automatisieren. Am bekanntesten ist das Konzept der computerintegrierten Produktion (*computer integrated manufacturing,* CIM), das anfangs der 1970er-Jahre vorgestellt wurde (Harrington 1973). Die technisch orientierten Aufgaben – Konstruktion, Arbeitsplanung, Steuerung von NC-, CNC-, DMC-Maschinen und Robotern – werden dabei durch eine Reihe von Informatikwerkzeugen unterstützt, worunter CAD und CAM die bekanntesten sein dürften (Scheer 1990). Die Holzverarbeitungs- und Möbelbranche übernahm wichtige Komponenten der computerintegrierten Produktion, insbesondere CAD und die computergestützte nummerische Steuerung von Bearbeitungs- und Fertigungsmaschinen, rasch, womit eine grundlegende Veränderung der Branche eingeleitet wurde (Laika 1990). Die betriebswirtschaftlichen Aufgaben, die unter dem Begriff „Produktionsplanung und -steuerung" bekannt sind, erfolgten ab etwa 1980 mit Standardsoftwarepaketen, die unter anderem von der Firma SAP angeboten werden. Die computerunterstützte Produktionsplanung und -steuerung hielt zuerst in der industriellen Forstwirtschaft Einzug, insbesondere in Chile (Epstein et al. 1999). An der Schnittstelle zwischen Forst- und Holzwirtschaft ließ sich auch das Problem der optimalen Ausformung mathematisch lösen (Glück und

Koch 1973; Pnevmaticos und Mann 1972), was bis zur Einführung des Personal Computers allerdings nur auf stationären Rechenanlagen möglich war. Viele Veränderungsprojekte scheiterten, weil man Technologie der fünften Generation auf Organisationsstrukturen der ersten Generation aufpfropfte, die sich durch hierarchische Strukturen und minimal ausgebildete Kommunikationskanäle auszeichnen (Brewer und Hsiang 2002).

Den **Weg zur vierten industriellen Revolution** haben wir eingeschlagen, aber es gibt keine einheitliche Sichtweise, wohin dieser führt. 2011 trat die deutsche Initiative „Industrie 4.0" an die Öffentlichkeit (Kagermann et al. 2011). Die Autoren skizzierten, wie ein Paradigmenwechsel in der Produktionsplanung und -steuerung sowie im Produktionsbetrieb aussehen könnte. Sie gingen davon aus, dass Produktionssysteme der Zukunft cyberphysikalische Systeme (CPS) sind, d. h., über Sensoren und Steuerungssoftware verfügen, welche den Zustand des Systems und der Umwelt feststellen und Handlungen einleiten können, um das System in einen gewünschten Zustand zu bringen, was mit Aktuatoren geschieht, welche den physischen Systemzustand verändern können. Dadurch erlangen die Produktionssysteme lokale Autonomie, die durch Koordination gelenkt wird. Zudem sollen Erzeugnisse digitale Produktgedächtnisse erhalten, die es ermöglichen, Information durch Maschine-zu-Maschine-Kommunikation eigenständig auszutauschen, Aktionen auszulösen und sich wechselseitig zu steuern. Zentralgesteuerte Robotersysteme werden dadurch abgelöst durch Systeme mit lokaler Autonomie, die in einem Netzwerk kommunizieren, koordinieren und kollektiv handeln. Die Autoren waren überzeugt, dass es damit möglich wird, ganze Wertschöpfungsnetzwerke in Beinahe-Echtzeit zu steuern, d. h. an sich verändernde Kundenanforderungen und Systemzustände anzupassen und auf Störungen rasch zu reagieren. Diese umfassende Vision ist in der Praxis mancherorts verloren gegangen und der Begriff der „Digitalisierung" steht in der Praxis und teilweise auch in der Wissenschaft für den Weg zur vierten industriellen Revolution.

5.7.1 Konzept der digitalen Transformation

Der Begriff „Digitalisierung" ist allgegenwärtig, aber es gibt keine scharfe Definition, was er bedeutet. Digitalisierung *(digitization)* meint in ihrer Grundbedeutung das Konvertieren von Informationen und Dokumenten von analogen in digitale Formate (SAP, online). In seiner erweiterten Bedeutung *(digitalization)* steht er für die Integration digitaler Technologien in bestehende Geschäftsprozesse. Digitale Transformation bedeutet dagegen eine grundlegende Transformation von Produktionsprozessen, Geschäftsprozessen, Geschäftsmodellen und Unternehmenskulturen, um Produktionssysteme innerhalb eines gesamten Wertschöpfungsnetzwerks zu integrieren und in Beinahe-Echtzeit zu koordinieren und zu steuern (SAP, online). Digitalisierung ist ein soziales Konstrukt, welches das Denken und Handeln nur leiten kann, wenn ein klarer Bezugsrahmen vorliegt, der mithilft, ein gemeinsames Verständnis zu entwickeln. Abb. 5.40 illustriert das Konzept der digitalen Transformation, inspiriert von Ross et al. (2019).

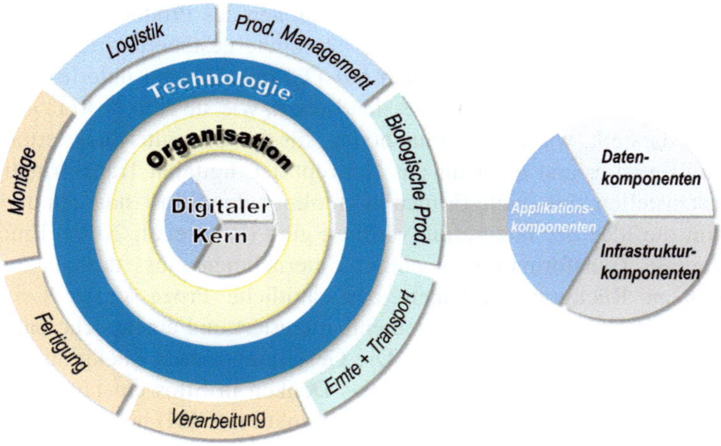

Abb. 5.40 Konzept der digitalen Transformation. Die Leitidee besteht darin, die leistungserstellenden Prozesse mit Technologie, organisatorischen Prozessen und einem digitalen Kern derart zu integrieren, dass voll integrierte, adaptive Produktionsökosysteme entstehen, welche das gesamte Versorgungsnetzwerk umfassen und in Echtzeit oder Beinahe-Echtzeit auf sich verändernde Systemzustände reagieren

Das Konzept besteht aus vier Schichten, die integriert sind. Die äußerste Schicht besteht aus den **leistungserstellenden Prozessen,** die in der Forstwirtschaft aus der biologischen Produktion sowie der Ernte und dem Transport des Rohholzes bestehen, während sie in der Holzwirtschaft Verarbeitungs-, Fertigungs- und Montageprozesse umfassen, mit welchen Holzprodukte, Holzwerkstoffe und Holzsysteme erzeugt werden. Es gibt zwei übergreifende Prozessgruppen, welche eine integrierende Funktion haben, einerseits die Logistik und andererseits das Produktionsmanagement. Aufgabe der Logistik ist es, Material- und Informationsflüsse sowie die Lagerung/Speicherung effizient und wirksam zu gestalten und zu lenken (CSCMP 2013). Während Logistik ursprünglich einen innerbetrieblichen Fokus hatte, entwickelte sie sich zum *supply chain*-Management, bei dem die Koordination auf sämtliche in einem Versorgungsnetzwerk aktiven Partner ausgeweitet wurde. Dabei ging es darum, Daten in Beinahe-Echtzeit zu erfassen, sie zum Gemeineigentum aller zu machen sowie die Beschaffung, Produktion und Logistik zu koppeln. Das Produktionsmanagement begleitet den Prozess der physischen Leistungserstellung mit dem Definieren von Anforderungen und der zielkonformen Lenkung der Produktionsvorgänge. Am Anfang steht die Festlegung, welche Kundenaufträge angenommen und welche Aufträge für den anonymen Markt festgelegt werden sollen. Danach geht es darum, die erforderlichen Materialien und Produktionsfaktoren zu beschaffen oder bereitzustellen sowie die Auftragsreihenfolge festzulegen. Während des Produktionsprozesses können sich System- und Umweltzustände ändern sowie sich Abweichungen von den Produktionsanforderungen ergeben. Das Produktionsmanagement muss in der Lage sein, diese Abweichungen zu erkennen und korrigierende Maßnahmen einzuleiten. Die Funktionen des Produktionsmanagements wurden im Rahmen des Konzepts des computergesteuerten Industriebetriebs (SCHEER 1990) systematisiert und auch mit IT-Komponenten unterlegt. Das Denken im Sinne einer integrierten Prozesslandschaft, wie sie Abb. 5.40 in der äußersten Schicht darstellt, war eine Voraussetzung für den computerintegrierten Betrieb (CIM) und sie ist es erst recht für das Konzept der digitalen Transformation. Leider ist festzustellen, dass viele Firmen in „funktionalen Silos“ handeln und operieren, womit die Idee der Integration verloren ging (ROSS et al. 2019). Eine erfolgreiche digitale Transformation in einem Unternehmen muss deshalb auf einem „operationalen Rückgrat“ aufbauen, das sämtliche Prozesse der Leistungserstellung und des Produktionsmanagements integriert und einen sicheren, robusten Betrieb garantiert (ROSS et al. 2019). Die Gestaltung dieses Rückgrats muss auch die Komplexität reduzieren, die durch das Denken in Silos entstanden ist, wofür die Erfahrungen der computerintegrierten Produktion (CIM) hilfreich sind (SCHEER 1990). Empirische Untersuchungen kamen zum Schluss, dass Firmen, die ein operationales Rückgrat haben, wie es hier beschrieben ist, wesentlich agiler und innovativer sind (ROSS et al. 2019).

Die **Technologie** ist die zweite Schicht des Konzepts der digitalen Transformation (Abb. 5.40). Die dritte industrielle Revolution integrierte die Daten- und Informationstechnologie in die Produktionssysteme, womit sich das Konzept der computerintegrierten Produktion (CIM) entwickelte. Einerseits waren es Softwaresysteme zur Produktionsplanung und -steuerung und andererseits waren es CA-Technologien *(computer-aided)* für die Konstruktion (CAD), die Programmierung des Produktionsablaufs (CAP) sowie die Steuerung der Produktion (CAM). Neben Softwarekomponenten waren es auch computersteuerbare Hardwarekomponenten wie CNC-Maschinen, Roboter oder automatisierte Lager, welche die Produktion und Distribution von Sachgütern veränderten. Die Forstwirtschaft gehörte nicht zu den „First Movern“ bei dieser Entwicklung und insbesondere in Gebieten, die durch Kleinwaldbesitzer geprägt sind, ist diese industrielle Denkweise nur wenig ausgeprägt. Die digitale Transformation bringt neue Technologiekomponenten ein, die mit dem Akronym SMACIT charakterisiert werden (ROSS et al. 2019) – S steht für soziale Plattformen, M für mobile Geräte, A für Datenanalytik, C für Cloud und IT für das Internet der Dinge. Die digitale Transformation fügt den Produktionsanlagen, Erzeugnissen und auch Alltagsprodukten die Cyberkomponente hinzu, d. h. integrierte Sensoren, Kommunikationsfähigkeiten, intelligente Softwaresysteme mit Entscheidungsautonomie, was auch als digitale Veredelung bezeichnet wurde (KAGERMANN et al. 2011). Zentrale Steuerungssysteme werden abgelöst durch dezentrale, autonome Systeme, die sich in einem Netzwerk selbst koordinieren. Einzelne Technologien, welche die digitale Transformation ermöglichen, werden weiter unten im Detail besprochen.

Organisationsstrukturen und -funktionen bilden die dritte Schicht des Konzepts der digitalen Transformation (Abb. 5.40). Organisation bedeutet, das Zusammenwirken von Individuen und Gruppen von Individuen mit Strukturen, Abläufen und Technologie derart zu gestalten und zu entwickeln, dass sie einen gemeinsamen Zweck möglichst gut erfüllen können. Solange die Technologie in einfachen Werkzeugen und Hilfsmitteln bestand, ging die Gestaltung rein von den menschlichen Interaktionen aus. Das sollte sich ändern, als Informationssysteme begannen, Organisationen zu durchdringen. Dies führte zur Erkenntnis, dass Organisationen und Informationssysteme aufeinander abzustimmen sind, um gemeinsam erfolgreich zu sein (Leifer 1988), oder anders formuliert: Das „Aufpfropfen" von Informationssystemen auf vorhandene Organisationsstrukturen, die meist aus einer mechanistische Perspektive gestaltet waren, führte oft zum Scheitern. Es setzte sich die Erkenntnis durch, dass Organisation und Technologie interagieren und sich gegenseitig beeinflussen (Orlikowski 1992) und deshalb gemeinsam zu gestalten und zu entwickeln seien. Um das volle Potenzial der digitalen Transformation zu mobilisieren, braucht es deshalb Organisationsstrukturen, welche das kontinuierliche gemeinsame Weiterentwickeln, Experimentieren und Lernen fördern. Im Zentrum steht dabei das innovative Identifizieren, Gestalten und Weiterentwickeln digitaler Dienste und Angebote, die auf einer Organisationskultur basieren, welche Start-up-ähnlich ist (Ross et al. 2019). Dabei sind standardisierte, hierarchische Strukturen und Prozesse eher hinderlich und es gilt hingegen, individuelle Talente in Teams zusammenzubringen und auf eine gemeinsame Zielsetzung auszurichten. Um das Gemeinsame immer im Auge zu behalten, braucht es allerdings einen Verantwortlichkeitsbezugsrahmen (Ross et al. 2019), um Autonomie und Ausrichtung zu balancieren, was damit beginnt, dass jedes Team eine klar formulierte Vision und Mission erhält. Dazu gehört auch eine Ausstattung mit den erforderlichen Ressourcen, welche die Teams in eigener Verantwortung nutzen können. Gesamthaft ist festzuhalten, dass unser Wissen über die Wechselwirkungen zwischen Organisation und Technologie noch immer lückenhaft ist, woraus sich ergibt, dass auch in diesem Feld experimentelles Lernen angesagt ist.

Die **digitale Plattform,** auch digitaler Kern genannt, ist das Herzstück des Konzepts der digitalen Transformation (Abb. 5.40). Es stellt ein „digitales Gedächtnis" der produktionsrelevanten Aspekte bereit, aber auch „digitalen Verstand", der über die klassischen Verfahren der Datenanalyse hinausgeht. Die Plattform ist vollständig cloudbasiert und die Dienste, welche sie zur Verfügung stellt, sind somit überall verfügbar, wo Zugang zum Internet besteht. Eine digitale Plattform besteht aus drei Komponenten: 1) Daten-, 2) Applikations- und 3) Infrastrukturkomponenten (Ross et al. 2019). Die digitale Plattform interagiert mit dem operationalen Rückgrat, d. h. mit den Prozessen der Leistungserstellung (Abb. 5.40, äußerste Schicht) und den Geschäftsprozessen, insbesondere der Auftragsabwicklung und der damit verbundenen Transaktionen. Die Datenkomponente ist über Datenströme mit dem operationalen Rückgrat – den Prozessen der Leistungserstellung und der Auftragsabwicklung – vernetzt und idealerweise erfolgt die Datenerfassung automatisch mit Sensoren. Die Datenverwaltung erfolgt in logisch strukturierten Datenbanken, die es ermöglichen, betriebliche Vorgänge standardisiert zu erfassen und anspruchsvolle Abfragen durchzuführen. Das Verhältnis von strukturierter zu nicht strukturierter Information hat sich Richtung nicht strukturiert verschoben und dieser Trend dürfte weiter ansteigen. Erfahrungen der Firma SAP zeigen, dass uneinheitliche

Stammdaten durch isolierte Datensilos, papiergestützte Prozesse oder ineffizient voneinander getrennte Systeme das größtes Hindernis einer erfolgreichen Digitalisierung von Produktionsprozessen darstellen (Hildebrandt und Kaufmann 2021). Applikationskomponenten sind wiederverwendbare Softwareeinheiten, die API-fähig und wiederverwendbar sind. API-Fähigkeit beschreibt ein Softwaresystem, das eine Anbindung an andere Softwaresysteme über Standardschnittstellen ermöglicht. Webservices sind derartige Maschine-Maschine- oder Anwendungs-Kommunikations-Schnittstellen, die es ermöglichen, Daten auszutauschen und auf entfernten Computern Softwaredienste aufzurufen. Infrastrukturkomponenten stellen die Brücke zwischen Applikationskomponenten und den Clouddiensten zur Verfügung. Es sind somit technische Dienste, um Clouddienste in die digitale Plattform einzubetten. Sie regeln Datenflüsse und Zugangsberechtigungen und stellen den Zugang zu mobilen Geräten und zu Finanzdienstleistern sicher. Empirische Untersuchungen kamen zum Schluss, dass die Innovationskraft von Firmen, welche über eine digitale Plattform verfügen, wie sie hier beschrieben ist, eine etwa dreifach höhere Innovationskraft haben (Ross et al. 2019).

5.7.2 Schlüsseltechnologien

Fachleute sind sich einig, dass die tiefgreifenden Veränderungen, welche im Rahmen der Digitalisierung und der digitalen Transformation geschehen, durch neue Technologien ausgelöst und geprägt werden. Man verwendet dafür auch den Begriff der „disruptiven Technologien“, wofür es keine griffige deutsche Übersetzung gibt. Am ehesten dürfte die Bedeutung „umwälzend“ zutreffen (DWDS 1993), welche dem Begriff der „schöpferischen Zerstörung“ des österreichischen Ökonomen Joseph Schumpeter nahekommt. Es gibt keine abschließende Aufzählung, welches diese umwälzenden Technologien sind, aber grundsätzlich geht es einerseits um digitale Infrastruktur und andererseits um digitale Dienste, von denen die folgenden die typischsten sind (in Anlehnung an Hanif 2023):

- Eine Vielzahl von **Sensoren,** eingebettet in Maschinen, Anlagen, mobile Geräte und Produkte, die Systemzustände automatisch feststellen und kommunizieren können. Sensoren sind eingebettet in das Internet der Dinge (IoT), das aus einem riesigen Netzwerk verbundener Systeme besteht und Sensordaten ohne manuellen Input erfassen und an Softwarekomponenten übermitteln kann, welche sie verarbeiten und allenfalls Handlungen auslösen.
- Die **Robotik** entwickelt Maschinen, die gewisse menschliche Tätigkeiten autonom ausführen können. Während die erste Generation von Robotern ortsfest war, werden zunehmend auch mobile Roboter entwickelt, die ihre Umgebung wahrnehmen, Handlungen planen und ausführen können. Ortsfeste Roboter waren eine essenzielle Komponente für das Entstehen der dritten industriellen Revolution (siehe oben).
- **Mobile Geräte** erhöhen die Geschwindigkeit und Häufigkeit der Interaktionen zwischen Kunden und Firmen sowie zwischen Firmenmitarbeitern. Die un-

glaublich große Anzahl mobiler Geräte ermöglicht es, auf Echtzeitdaten zuzugreifen, die sich mit anderen Mitteln kaum beschaffen ließen. Die Nutzung von QR-Codes ermöglicht es zudem, Daten zuverlässig zu ermitteln.

- **Künstliche Intelligenz** umschreibt die Fähigkeit von Computersystemen, Prozesse der menschlichen Kognition zu imitieren oder zu ersetzen (Copeland, online). Dazu gehören beispielsweise das Erkennen von Merkmalen von Objekten oder Systemen, das Entdecken der Bedeutung von Merkmalsclustern, das Erkennen von Handlungsbedarf oder das kontinuierliche Lernen. Der Begriff entstand in den 1950er-Jahren und wird John McCartey zugeschrieben, der auch als Vater der künstlichen Intelligenz bezeichnet wird. **Maschinelles Lernen** gilt als ein Teilgebiet der künstlichen Intelligenz (Manning 2022), bei der es darum geht, kognitive Prozesse, die auf Erfahrung basieren, durch systematisches Lernen kontinuierlich zu verbessern.
- **Echtzeitanalyse** verarbeitet und analysiert Daten unmittelbar nach deren Erfassung, d. h. ohne wesentliche Zeitverzögerung (intel, online). Die massive Verbreitung von Sensoren und der einfache Austausch von Daten über das Internet führen zu einer schier fast unvorstellbaren Flut von Daten, die sich mit traditionellen Analysetechniken nicht mehr auswerten lassen. Herkömmliche Analysen basieren im Wesentlichen auf Stapelverarbeitung, bei der stichprobenweise erhobene historische Daten gespeichert und bei Bedarf abgefragt werden. Es gibt fünf Kategorien von Analysen (intel, online): 1) deskriptiv, um zu beschreiben, was in der Vergangenheit geschah, 2) diagnostisch, um zu verstehen, warum Vorfälle stattgefunden haben, 3) vorausschauend, um abzuschätzen, was passieren könnte, 4) präskriptiv, um Maßnahmen vorzuschlagen, 5) kognitiv, um menschliche Prozesse des Erkennens von Eigenschaften und ihrer Bedeutung und zielführende Maßnahmen besser und rascher zu machen. Es sind vor allem die Kategorien (3), (4) und (5), die von der Echtzeitdatenanalyse profitieren können. Die erfolgreiche Umsetzung von Echtzeitanalysen erfordert eine IT-Infrastruktur, strukturierte Datenbanken sowie Analyse- und Anwendungstools.
- Das **Konzept der „digitalen Zwillinge"** *(digital twins)* steht einerseits für die Datenerfassung und -verarbeitung sowie den Informationsaustausch innerhalb gesamter Organisationen und Versorgungsnetzwerken und andererseits für die objektorientierte Organisation und Verwaltung der Daten und der Information mit virtuellen „Kopien" realer Objekte. Das Konzept entstand nach der Jahrtausendwende (Grieves 2018) und war zuerst als „Informations-Spiegelungs-Modell" bekannt, bis es mit der NASA-Technologie-Roadmap (Piascik et al. 2012) den Namen *„digital twins"* erhielt. Traditionelle Datenverwaltung ist mit beträchtlichen Nachteilen verbunden. Einerseits ist sie in funktionalen Silos organisiert, die wenig durchlässig sind. Andererseits werden Daten oft ad hoc erfasst, was zur Duplikation und Inkonsistenz führt (Grieves 2005). Die Organisation der Informationsverwaltung und -verarbeitung, die sich an realen Objekten orientiert, geht von der Feststellung aus, dass Information ursprünglich immer an physikalische Objekte gebunden war, da es keine Schriftlichkeit gab. Objekte – im Forst- und Holzbereich beispielsweise Bestände, Lose

von Stammabschnitten, Brettschichtholzträger, Holztragwerke usw. – haben als digitale Zwillinge ein elektronisches Gedächtnis (Kagermann et al. 2011), standardisierte elektronische Kommunikationskanäle sowie gewisse künstliche kognitive Fähigkeiten (Grieves 2022), um diagnostische, prognostische und zielsuchende Aufgaben zu erledigen. Der Austausch von Daten und Informationen erfolgt in einem virtuellen Raum, womit physische, organisatorische und zeitliche Grenzen wegfallen. Die Kommunikation ist klassisch als Austausch von Mensch zu Maschine oder in Zukunft vermehrt von Maschine zu Maschine möglich, was allerdings spezielle Anforderungen an die Infrastrukturkomponenten (Abb. 5.40) stellt.

- **Schnittstellen zur Programmierung von Anwendungen** (*application programming interfaces,* APIs) ermöglicht es verschiedenen Softwarediensten, untereinander zu kommunizieren. Sie bestehen aus Protokollen und einem Set von Definitionen, die erforderlich sind, um Softwaresysteme nahtlos zu integrieren (Jamble 2024). Mit der Verbreitung von Computernetzwerken erlangten APIs große Bedeutung und mit dem Entstehen des Internets in den 1990er-Jahren entstanden auch Webservices, die wir heute breit nutzen, beispielsweise um online einzukaufen, Zeitung zu lesen usw. APIs ermöglichten es, dass ein digitales Ökosystem entstand, das Firmen und Kunden in einem riesigen digitalen Transaktionsraum zusammenbringt. Die Entwicklung schreitet rasant voran, indem auch Geräte und Maschinen in die Cloud integriert werden, womit ein schier unvorstellbarer digitaler Transaktionsraum entsteht (Jamble 2024).
- **Erweiterte Realität** *(augmented reality)* ist die computergestützte Erweiterung menschlicher Wahrnehmung, wobei sämtliche menschlichen Sinne unterstützen kann (Hosch, online). Am bekanntesten sind sogenannte „Heads-up-Displays" (HUDs), bei denen Information von Sensoren ins menschliche Gesichtsfeld projiziert werden. Es ist davon auszugehen, dass die Anwendungen im Bereich erweiterter Realität verschiedenste Bereiche durchdringen werden. Man sagt nicht umsonst „vor lauter Bäumen den Wald nicht sehen". Es ist denkbar, dass die Arbeit im Wald mit visueller und numerischer Information, die von Drohnen gewonnen wird, erweitert wird, welche direkt ins Gesichtsfeld der Fachleute projiziert wird.

5.7.3 Potenziale für die Wald- und Forstwirtschaft

Die Forst- und Holzwirtschaft nimmt bei der digitalen Transformation keine Vorreiterrolle ein, im Gegenteil, sie liegt beträchtlich zurück. Eine schwedische Studie (Holmström 2020) untersuchte deshalb, welche Engpässe und Hindernisse im Forst- und Holzsektor einen rascheren digitalen Wandel hemmen. Sie stellte generell fest, dass ein wichtiges Problem darin bestehe, dass man die Rolle der digitalen Technologien viel zu eng sehe, d. h. als einzelne Komponenten, die in bestehende Prozesse eingebettet wird anstelle einer ganzheitlichen Sichtweise. Dies äußert sich auch in einem kleinen Anteil der Wechselwirkungen innerhalb der Versorgungsnetzwerke, die digitalisiert sind. Die Studie identifizierte vier Engpässe, welche eine digitale Transformation dämpfen: 1) eine große Variabilität des digitalen Reifegrads der beteiligten Firmen, 2) unterbrochene Versorgungsnetzwerke mit dem Fehlen von Daten, welche durch ganze Netzwerke fließen, 3) ein niedriges digitales Kompetenzniveau der Mitarbeitenden, 4) fehlendes Dienstleistungsinnovationsdenken. Der Autor entwarf einen Aktionsplan für die digitale Transformation des schwedischen Forst- und Holznetzwerks, das aus vier Komponenten besteht. Als Erstes geht es darum, dem digitalen Reifegrad aller im Netzwerk beteiligten Firmen Auftrieb zu geben, was auch beinhaltet, den derzeitigen Reifegrad nachvollziehbar einzuschätzen. Zweitens soll das Netzwerk vom Versorgungskettendenken in Richtung eines digitalen Ökosystems entwickelt werden, indem Zellen mit hoher Autonomie durch Material- und Informationsflüsse gekoppelt sind, dabei aber einen hohen Grad an Selbstorganisation aufweisen. Drittens müssen das digitale Wissen und die digitalen Fertigkeiten der mitarbeitenden Personen durch systematische Aus- und Weiterbildung weiterentwickelt werden. Und viertens geht es darum, die beteiligten Organisationen vom Holzprodukt- zum Dienstleistungsinnovationsdenken zu bewegen.

Die finnische Forst- und Holzindustrie weist einen ansehnlichen digitalen Reifegrad auf (Varis 2018). Dies beginnt bei der hochmechanisierten Holzernte im Wald, bei der Daten und Informationen drahtlos übertragen werden, wobei der StanForD2010-Datenstandard weit verbreitet und akzeptiert ist. Die Verarbeitung von Rohholz in Sägereien ist automatisiert (Pakarinen 2018), wobei die Produktionslinien aus Abfolgen von Maschinen, Scannern und Sensoren bestehen. Regelsysteme empfangen die Daten von Scannern und Sensoren, analysieren, welche Art von Bearbeitung am besten zur Gesamtzielsetzung beiträgt, und leiten die Steuerinformationen an die Bearbeitungswerkzeuge zurück. Die Automatisierung ist allerdings komplex, da die Produktionslinien aus Maschinen und Software verschiedener Hersteller bestehen, die unterschiedliche Lebenszyklen aufweisen. Gemäß der Philosophie der computerintegrierten Fertigung (CIM) wird die Gesamtproduktion mit einem ERP-System *(enterprise resource planning)* unterstützt. ERP-Systeme sind jedoch firmenspezifisch ausgerichtet und die Koordination von Güter- und Datenflüssen in Versorgungsnetzwerken erfolgt dabei flussabwärts. Der finnische Holwirtschaftssektor hat auch klare Vorstellungen, in welche Richtung sich die „Sägerei der Zukunft" entwickeln soll (Miettunen 2018). Die wesentlichste Änderung besteht darin, die verschiedenen ERP-Systeme durch objektorientierte Systeme abzulösen, die – ganz im Sinne des Konzepts der „digitalen Zwillinge" – Daten rund um reale Objekte erfassen und verwalten. „Produktfamilien" sind dabei essenzielle Objekte, die mit anderen Objekten – „Stammabschnitte", „Stammabschnittslose", „geerntete Bäume", „Bestände" usw. – interagieren. Die Steuerung der Produktion erfolgt dabei flussaufwärts, d. h. Nachfrage und Verkaufsprognosen steuern letztendlich die Auswahl der zu erntenden Bestände und die Holzernte (Miettunen 2018). Die Realisierung einer derartigen Vision erfordert, dass Sägereiprodukte bis zum geernteten Baum im Wald rückverfolgbar sind.

Exponenten der digitalen Transformation sind überzeugt, dass die Entwicklung digitalisierter Produktionssysteme nicht zufällig oder durch Selbstorganisation entsteht, aber eine systematische Gestaltung der Systemarchitektur bedingt, welche Technologie-, Prozess- und Organisationskomponenten aufeinander abstimmt (Ross et al. 2019). Man sagt nicht umsonst, dass die Zukunft im Kopf beginne. Peter Senge entwickelte das Konzept der lernenden Organisation (Senge 1994), welche die Fragmentierung der Überzeugungen, Einstellungen und Wahrnehmungen von Mitarbeitenden einer Organisation auf eine gemeinsame Vision auszurichten, die das Bild eines anzustrebenden zukünftigen Systemzustands beinhaltet, sowie die Prinzipien und Praktiken, die es ermöglichen, diesen zu verwirklichen. Senge betont, dass man Personen nicht mit Anweisungen dazu bewegen kann, ihre Überzeugungen, Einstellungen, Fertigkeiten und ihr Engagement zu ändern. Er plädiert für einen aktiven Einbezug betroffener Personen in die Entwicklung einer Vision und einer Systemarchitektur. Am Anfang einer digitalen Transformation stehen somit das gemeinsame Festhalten der vorhandenen Systemarchitektur sowie eine Beurteilung des vorhandenen digitalen Reifegrads (Holmström 2020). Das gemeinsame Festhalten des Status quo ist der erste Schritt eines gemeinsamen Lernprozesses. Die anzustrebende Systemarchitektur identifiziert die realen Objekte entlang der Versorgungsnetzwerke – Produktgruppen, Stammabschnitte, geerntete Bäume, beerntete Bestände usw. –, die maßgebenden Zustandsattribute der Objekte, die damit verbundenen Sensoren sowie die Daten und Informationsflüsse zwischen den Objekten. Die Systemarchitektur ist ein essenzieller Schritt der konzeptionellen Systemgestaltung (Walden et al. 2015), die dazu dient, das System als Ganzes einer abstrakten Ebene zu beschreiben. Ein Blick in die Praxis zeigt, dass die Einbettung digitaler Technologien in vorhandene Produktionssysteme oft geschieht, ohne dass eine Gesamtschau des anzustrebenden Systems vorhanden ist. Bei der konkreten Umsetzung ist ein schrittweises Vorgehen angebracht, bei dem einzelne Projekte realisiert werden, die in die Systemarchitektur eingebettet sind. Oft sind es progressiv denkende und früh adaptierende Personen, welche in derartige Projekte eingebunden sind. Das schrittweise Vorgehen hat den Vorteil, kontinuierlich zu lernen und anzupassen, und verhindert Misserfolge, die einer erfolgreichen digitalen Transformation im Wege stehen.

Literatur

Aber, J., et al. 2000. *Applying Ecological Principles to Management of the U.S. National Forests.* Ecological Society of America. Washington, DC. Issues in Ecology, 6. 20 p.

acatech. 2022. *Holzbasierte Bioökonomie. Nachhaltig, zirkulär, klimaresilient.* acatech POSITION. München. 80 p.

Al-Rumaihi, A., M. Shahbaz, G. McKay, H. Mackey, und T. Al-Ansari. 2022. *A review of pyrolysis technologies and feedstock: A blending approach for plastic and biomass towards optimum biochar yield.* Renewable and Sustainable Energy Reviews. **167**: 112715. https://doi.org/10.1016/j.rser.2022.112715.

Allner, L., C. Kaltenbrunner, D. Kröhnert, und P. Reinsberg. 2021. *Conceptual Joining: Wood Structures from Detail to Utopia/Holzstrukturen im Experiment,* de Gruyter

Alston, L.J. 2008. *New Institutional Economics.* In *The New Palgrave Dictionary of Economics Online,* eds. S.N. Durlauf und L.E. Blume. [Accessed May-03–2016]. Palgrave Macmillan. Available from: [http://www.dictionaryofeconomics.com/article?id=pde2008_N000170]

Amore, A., P.N. Ciesielski, C.-Y. Lin, D. Salvachúa, und V.S. i Nogué. 2016. *Development of lignocellulosic biorefinery technologies: recent advances and current challenges.* Australian Journal of Chemistry. **69** (11): 1201–1218

Anonymous. 1966. *Citizen Participation in Urban Renewal.* Columbia Law Review. **66** (3): 485-607. https://doi.org/10.2307/1120961.

Anonymous. 2023. *What is deliberative Polling?* Stanford Center on Democracy, Development and the Rule of Law. Accessed [Dec-12–2023]. Available from: [https://deliberation.stanford.edu/what-deliberative-pollingr#1]

Appuhn, K.R. 2009. *A forest on the sea: environmental expertise in Renaissance Venice.* Baltimore: Johns Hopkins University Press. 361 p

Arnstein, S.R. 1969. *A ladder of citizen participation.* Journal of the American Institute of Planners. **35** (4): 216-224

Arpin, M., 2015. *Circular Economy: A Critical Review of Concepts.* International Reference Centre for the Life Cycle of Products, Processes and … International Reference Centre for the Life Cycle of Products, Processes and …

Aufmkolk, T. 2022. *Frankfurter Küche.* [Accessed 01.04.2024]. WDR – Westdeutscher Rundfunk. Available from: [https://www.planet-wissen.de/gesellschaft/wohnen/kuechen/pwiefrankfurter-kueche-100.html]

AUMA, 2022. *Trendpapier: Sechs Thesen zur Zukunft der Messe.* Bundesverband Industrie Kommunikation e.V., Augsburg Bundesverband Industrie Kommunikation e.V.

Austrocell. 2024. *Bio-Ethanol, der Bio-Treibstoff aus Hallein.* [Accessed 14.04.2024]. Austrocell GmbH. Available from: [https://www.austrocel.com/bio-ethanol/]

Austropapier. 2023. *Branchenbericht der österreichischen Papierindustrie, 2022.* Vereinigung der Österreichischen Papierindustrie. Wien.

BAFU. 2010. *Sturmschadeninventar LOTHAR 1999.* opendata.swiss. Accessed [Aug-10–2017]. Available from: [https://opendata.swiss/de/dataset/sturmschadeninventar-lothar-1999/resource/9d9fd935-3d05-487c-9791-42e9ca428522]

valiga, S., und T. Sjöström. 2008. *Mechanism Design (New Developments).* In *The New Palgrave Dictionary of Economics Online,* eds. vurlauf und L.E. Blume. [Accessed May-03–2016]. Palgrave Macmillan. Available from: [https://link.springer.com/content/pdf/https://doi.org/10.1057/978-1-349-95121-5_2134-1.pdf?pdf=core]

Balser, T.C. 2005. *Humification.* In *Encyclopedia of Soils in the Environment,* D. Hillel, Editor. Elsevier Ltd: p. 195–207. https://doi.org/10.1097/01.ss.0000178203.51170.63.

Barrette, J., A. Achim, und D. Auty. 2023. *Impact of intensive forest management practices on wood quality from conifers: literature review and reflection on future challenges.* Current Forestry Reports. **9** (2): 101–130

Bartuska, B., A. Teischinger, und M. Riegler. 2023. *Effects of spatial augmented reality assistance on the efficiency of prefabricating timber frame walls.* Wood Material Science & Engineering. **18** (3): 860–869

Bauer, J., J. Rahm, und S. Torno, 2020. *Holzbasierte Bioökonomie. Potenziale und aktuelle Entwicklungen.* Cluster Forst und Holz in Bayern, Freising Cluster Forst und Holz in Bayern

Bauhus, J., et al. 2021. *Die Anpassung von Wäldern und Waldwirtschaft an den Klimawandel. Gutachten des Wissenschaftlichen Beirates für Waldpolitik.* Wissenschaftlicher Beirat für Waldpolitik beim Bundesministerium für Ernährung und Landwirtschaft (WBW). Berlin. 192 p.

Baumbach, G., et al. 2016. *Grundlagen der thermo-chemischen Umwandlung biogener Festbrennstoffe.* In *Energie aus Biomasse: Grundlagen, Techniken und Verfahren.* Springer: p. 579–814

Baumgarten, M., und K. von Teuffel. 2005. *Nachhaltige Waldwirtschaft in Deutschland.* In *Waldumbau: für eine zukunftsorientierte Waldwirtschaft Ergebnisse aus dem Südschwarzwald,* K. von Teuffel, et al., Editors. Springer Berlin Heidelberg: Berlin, Heidelberg: p. 1–10. https://doi.org/10.1007/3-540-27247-x_2.

Bäurich, C., et al. 2021. *Taschenbuch der Papiertechnik,* Carl Hanser Verlag GmbH Co KG

Beech, E., M. Rivers, S. Oldfield, und P. Smith. 2017. *GlobalTreeSearch: The first complete global database of tree species and country distributions.* Journal of Sustainable Forestry. **36** (5): 454-489

Biber-Freudenberger, L., 2024. *Biomasse: Eine begrenzte Ressource.* Spektrum der Wissenschaft, Spektrum Spezial PMT, Heidelberg Spektrum der Wissenschaft. 48–53 pp

Blechschmidt, J. 2010a. *Begriffe und Papiersorten.* Taschenbuch der Papiertechnik. **3**:

Blechschmidt, J. 2010b. *Einführung – Historischer Abriss.* Papiertechnik: 18

Bliem, P., S. Frömel-Frybort, H. van Herwijnen, R. Mauritz, U. Müller, A. Teischinger, und J. Konnerth. 2020. *Holzwerkstoff basierend auf Partikeln hergestellt mittels einer neuartigen, nicht schneidenden Zerteilungstechnologie.* Holztechnologie. **61**: 30–38

BMELV. 2011. *Waldstrategie 2020. Nachhaltige Waldbewirtschaftung – eine gesellschaftliche Chance und Herausforderung.* Bundesministerium für Ernährung, Landwirtschaft und Verbraucherschutz. Bonn. 35 p.

BMJ, 2020. *Altholzverordnung vom 15. August 2002 (BGBL I S. 3302), Verordnung v. 19. Juni 2020 (BGBL I S. 1328).* Bundesministerium der Justiz und für Verbraucherschutz, Bonn Bundesministerium der Justiz und für Verbraucherschutz

BMLRT, 2022. *Holzeinschlagsmeldung über das Kalenderjahr 2021.* Bundesministerium für Landwirtschaft, Regionen und Tourismus, Wien Bundesministerium für Landwirtschaft, Regionen und Tourismus

BMNT. 2018. *Österreichische Waldstrategie 2020+.* Bundesministerium für Nachhaltigkeit und Tourismus. Wien. 114 p.

Bobbio, L. 2019. *Designing effective public participation.* Policy and Society. **38** (1): 41–57

Bohman, J. 2021. *Critical Theory.* In *Stanford Encyclopedia of Philosophy,* eds. E.N. Zalta, et al. [Accessed Dec-06–2023]. The Metaphysica Research Lab. Stanford University. Available from: [https://plato.stanford.edu/entries/critical-theory/]

Braniff, E.A. 1912. *Scientific management and the lumber business. A possible field for foresters.* Forestry Quaterly. **10** (1): 7–14

Breschan, J.R., und H.R. Heinimann. 2013. *EcoForest: Automatic design of forest patterns attractive to wildlife in an artificial landscape.* Journal of Applied Operational Research. **5** (4): 125–134

Brewer, J.D., und S.M. Hsiang. 2002. *The ‹ergonomics paradigm›: foundations, challenges and future directions.* Theoretical Issues in Ergonomic Sciences. **3** (3): 285–305

Brinkmann, K. 2019. *Wirtschafts- und Sozialgeschichte,* Walter de Gruyter GmbH & Co KG

Brundtland, G.H., und The World Commission on Environment and Development. 1987. *Our Common Future.* Oxford, New York: Oxford University Press. 400 p

Budzinski, M., und R. Nitzsche. 2016. *Comparative economic and environmental assessment of four beech wood based biorefinery concepts.* Bioresource Technology. **216**: 613–621

BUND, und Misereor. 1996. *Zukunftsfähiges Deutschland. Ein Beitrag zu einer global nachhaltigen Entwicklung. Studie des Wuppertal Instituts für Klima, Umwelt, Energie,* Springer. 466 p

Buras, A., und A. Menzel. 2019. *Projecting tree species composition changes of European forests for 2061–2090 under RCP 4.5 and RCP 8.5 scenarios.* Frontiers in Plant Science. **9**: 1986

Camia, A., et al., 2020. *The use of woody biomass for energy production in the EU.* European Commission, Luxemburg European Commission

CAMS. 2022. *Europe›s summer wildfire emissions highest in 15 years.* Copernicus Atmosphere Monitoring Service (CAMS). Accessed [Aug-08–2023]. Available from: [https://atmosphere.copernicus.eu/europes-summer-wildfire-emissions-highest-15-years]

CAMS. 2023. *July 2023 sees multiple global temperature records broken.* Copernicus Atmosphere Monitoring Service (CAMS). Accessed [Aug-08–2023]. Available from: [https://climate.copernicus.eu/july-2023-sees-multiple-global-temperature-records-broken]

CANADELL, J.G., et al. 2021. *Global Carbon and other Biogeochemical Cycles and Feedbacks.* In *Climate Change 2021: The Physical Science Basis. Contribution of Working Group I to the Sixth Assessment Report of the Intergovernmental Panel on Climate Change,* eds. V. MASSON-DELMOTTE, et al. [Accessed Mar-24–2023]. Cambridge University Press. Available from: https://doi.org/10.1017/9781009157896.007]

CARPENTER, S.R., et al. 2012. *General resilience to cope with extreme events.* Sustainability. **4** (12): 3248-3259

CARUS, M., UND A. PARTANEN. 2017. *Bioverbundwerkstoffe. Naturfaserverstärkte Kunststoffe (NFK) und Holz-Polymer-Werkstoffe (WPC).* Fachagentur Nachwachsende Rohstoffe e.V. (FNR). Gülzow-Prüzen, 227. 52 p.

CARUS, M, A. Partanen. 2019 Bioverbundwerkstoffe. Fachagentur Nachwachsende Rohstoffe e.V. (FNR) Gülzov-Prüzen.

CAZZANIGA, N., G. JASINEVICIUS, UND S. MUBAREKA, 2022. *Sankey diagrams of woody biomass flows in the EU – Release 2021.* European Commission, Brussels European Commission

CEMAT. 1983. *European Regional / Spatial Planning Charter. „Torremolinos Charter".* The European Conference of Ministers Responsible for Regional/Spatial Planning (CEMAT). Accessed [Sep-21–2012]. Available from: [http://www.coe.int/t/dg4/cultureheritage/heritage/cemat/VersionCharte/Charte_bil.pdf]

CHALLEN, B., UND R. BARANESCU. 1999. *Diesel engine reference book,* 2nd Ed. Oxford, England; Woburn, MA: Butterworth-Heinemann. 682 p

CHEMIE.DE. online. *Pyrolyse.* In *chemie.de Lexikon.* Lumitos AG. Available from: [https://www.chemie.de/lexikon/Pyrolyse.html]

CHEN, C., et al. 2020. *Structure – property – function relationships of natural and engineered wood.* Nature Reviews Materials. **5** (9): 642-666

VHEN, Y., UND J.O. LEDYARD. 2010. *Mechanism Design Experiments.* In *Behavioural and Experimental Economics,* S.N. DURLAUF UND L.E. BLUME, Editors. Palgrave Macmillan UK: London: p. 191–205. https://doi.org/10.1057/9780230280786_25.

CHURKINA, G., et al. 2020. *Buildings as a global carbon sink.* Nature Sustainability. **3** (4): 269–276

COPELAND, B.J. online. *Artificial Intelligence (AI).* In *Britannica Academic.* [Accessed Mar-22–2024]. Encyclopædia Britannica. Available from: [https://academic.eb.com/levels/collegiate/article/artificial-intelligence/9711]

COSTANZA, R., et al. 1997. *The value of the world's ecosystem services and natural capital.* Nature. **387**: 253

CRISTESCU, C., D. HONFI, K. SANDBERG, E. SHOTTON, UND S.J. WALSH. 2020. *Design for deconstruction and reuse of timber structures – state of the art review.* InFutUReWood, 9189167678.

CSCMP. 2013. *Supply Chain Management Terms and Glossary.* Council of Supply Chain Management Professionals. Accessed [Jul-10–2018]. Available from: [http://cscmp.org/CSCMP/Educate/SCM_Definitions_and_Glossary_of_Terms/CSCMP/Educate/SCM_Definitions_and_Glossary_of_Terms.aspx?hkey=60879588-f65f-4ab5-8c4b-6878815ef921]

DAS, A.K., D.A. AGAR, M. RUDOLFSSON, UND S.H. LARSSON. 2021. *A review on wood powders in 3D printing: Processes, properties and potential applications.* Journal of Materials Research and Technology. **15**: 241–255

DAVIS, S.J., et al. 2018. *Net-zero emissions energy systems.* Science. **360** (6396): eaas9793. https://doi.org/10.1126/science.aas9793.

DBFZ, 2021. *Umrüstung von Kohlekraftwerken auf Biomasse.* Deutsches Biomasseforschungszentrum (DBFZ), Leipzig Deutsches Biomasseforschungszentrum (DBFZ)

DEPI. 2024. *Geschichtliche Entwicklung der Holzpellets.* [Accessed 14.04.2024]. Deutsches Pelletsinstitut (DPI). Available from: [https://depi.de/de/historie]

DERBAS, M., A. JAQUEMOD, S. FRÖMEL-FRYBORT, K. GÜZEL, H.-C. MOEHRING, UND M. RIEGLER. 2023. *Multisensor data fusion and machine learning to classify wood products and predict workpiece characteristics during milling.* CIRP Journal of Manufacturing Science and Technology. **47**: 103–115

DESTATIS, 2024. *Wald und Holz. Holzeinschlag nach Holzartengruppen, Holzsorten, ausgewählten Besitzarten.* Statistisches Bundesamt, Wiesbaden Statistisches Bundesamt

DIENEL, P.C. 2002. *Die Planungszelle: der Bürger als Chance*, 5th Ed. Opladen: Westdeutscher Verlag. 295 p

DING, Y., et al. 2022. *Emerging engineered wood for building applications.* Chemical Reviews. **123** (5): 1843–1888

DISPAN, J. 2023. *Branchenanalyse Holzbearbeitungsmaschinenbau: Strukturen, Entwicklungstrends, digitale Transformation, Beschäftigung und Perspektiven für die Branche.* Working Paper Forschungsförderung. Düsseldorf.

DREBENSTEDT, C. 2021. *Reise in die Welt der Rohstoffe,* Technische Universität Bergakademie Freiberg

DREW, D.M., G.M. DOWNES, T. SEIFERT, A. ECKES-SHEPARD, UND A. ACHIM. 2022. *A review of progress and applications in wood quality modelling.* Current Forestry Reports. **8** (4): 317–332

DUNKY, M. 2021a. *Wood Adhesives Based on Natural Resources: A Critical Review: Part I. Protein-Based Adhesives.* Progress in Adhesion and Adhesives. **6**: 203–336

DUNKY, M. 2021b. *Wood Adhesives Based on Natural Resources: A Critical Review: Part II. Carbohydrate-Based Adhesives.* Progress in Adhesion and Adhesives. **6**: 337–382

DUNKY, M. 2021c. *Wood adhesives based on natural resources: a critical review: Part III. Tannin- and Lignin-based Adhesives.* Progress in Adhesion and Adhesives. **6**: 383–529

DWDS. 1993. *„disruptiv".* In *Digitales Wörterbuch der deutschen Sprache (DWDS),* ed. W. PFEIFER. Berlin-Brandenburgische Akademie der Wissenschaften. Available from: [https://www.dwds.de/wb/disruptiv]

DYKSTRA, D.P. 2010. *Forest Growth and Timber Quality: Crown Models and Simulation Methods for Sustainable Forest Management: Proceedings of an International Conference,* Vol. 791. Collingdale: DIANE Publishing

EASAC. 2018. *Commentary by the European Academies› Science Advisory Council (EASAC) on Forest Bioenergy and Carbon Neutrality.* Reports & Statements. European Academies Science Advisory Council. Accessed [Aug-04–2023]. Available from: [https://easac.eu/publications/details/commentary-on-forest-bioenergy-and-carbon-neutrality/]

ECONIVENT. 2022. *ecoinvent Database V 3.9.* ecoinvent. Accessed [Mar-03–2023]. Available from: [https://ecoinvent.org/the-ecoinvent-database/]

EEB. 2022. *RED III – EEB Policy Brief. Taking the Paris Agreement Compatible (PAC) energy scenario to the next level.* European Environmental Bureau (EEB). Brussels. 11 p.

ENGLISCH, A. 2001. *Das Geheimnis der Stuhlspezialisten.* [Accessed 01.04.2024]. Welt am Sonntag. Available from: [https://www.welt.de/print-wams/article611027/Das-Geheimnis-der-Stuhlspezialisten.html]

EPAL. 2024. *EPAL Europalette.* [Accessed 25.03.2024]. Available from: [https://www.epal-pallets.org/eu-de/ladungstraeger/epal-europalette]

EPSTEIN, R., R. MORALES, J. SERON, UND A. WEINTRAUB. 1999. *Use of OR systems in the Chilean forest industries.* Interfaces. **29** (1): 7–29

EU. 2009. *Richtlinie 2009/28/EG des Europäischen Parlaments und des Rates vom 23. April 2009 zur Förderung der Nutzung von Energie aus erneuerbaren Quellen und zur anschließenden Aufhebung der Richtlinien 2001/77/EG und 2003/30/EG.* Amtsblatt der Europäischen Union. **L 140**: 16–62

EU, 2011. *EU Verordnung Nr. 305/2011 zur Festlegung harmonisierter Bedingungen für die Vermarktung von Bauprodukten und zur Aufhebung der Richtlinie 89/106/EWG des Rates. Straßburg 2011.* Europäisches Parlament und Rat, Brüssel Europäisches Parlament und Rat

EU. 2020. *Kreislaufwirtschaft.* [Accessed 03.04.2024]. Europäischer Rat. Available from: [https://www.consilium.europa.eu/de/policies/circular-economy/]

EUROPE, B. 2024. *Policy Brief: Pellets. Bioenergy Europe Statistical Report 2023.* [Accessed 13.04.2024]. Bioenergy Europe. Available from: [https://bioenergyeurope.org/]

FAHMY, T.Y.A., Y. FAHMY, F. MOBARAK, M. EL-SAKHAWY, UND R.E. ABOU-ZEID. 2020. *Biomass pyrolysis: past, present, and future.* Environment, Development and Sustainability. **22** (1): 17–32. https://doi.org/10.1007/s10668-018-0200-5.

FAO, 2022. *FAO Yearbook of Forest Products 2020.* Food and Agriculture Organisation of the United Nations (FAO), Rome Food and Agriculture Organisation of the United Nations (FAO)

FARR, A. 2021. *Herbert Marcuse.* In *Stanford Encyclopedia of Philosophy,* eds. E.N. ZALTA, et al. [Accessed Dec-06–2023]. The Metaphysica Research Lab. Stanford University. Available from: [https://plato.stanford.edu/entries/marcuse/]

FINGERLOS, B. 2020. *Wird illegales Holz legalisiert?* Holzkurier.com:

FINGERLOS, B. 2024. *Laminatboden auf Allzeittief.* Holzkurier. **78** (12): 12

FISCHER, H., M. AICHHOLZER, UND A. KORJENIC. 2023. *Ecological Potential of Building Components in Multi-Storey Residential Construction: A Comparative Case Study between an Existing Concrete and a Timber Building in Austria.* Sustainability. **15** (8): 6349

FISHER, R., W. URY, UND B. PATTON. 2011. *Getting to yes: negotiating agreement without giving in*, 3rd Ed. New York: Penguin. 204 p

FISHKIN, J. 1995. *Bringing deliberation to democracy: The British experiment.* The Good Society. **5** (3): 45–49

FNR. 2022. *Möbel aus Holz.* [Accessed 01.04.2024]. Fachagentur für Nachwachsende Rohstoffe (FNR). Available from: [https://holz.fnr.de/holzkanndas/leben-mit-holz/moebel-aus-holz]

FOLKE, C., S. CARPENTER, T. ELMQVIST, L. GUNDERSON, C.S. HOLLING, UND B. WALKER. 2002a. *Resilience and sustainable development: building adaptive capacity in a world of transformations.* AMBIO: A Journal of the Human Environment. **31** (5): 437–440

FOLKE, C., et al. 2002b. *Resilience and Sustainable Development: Building Adaptive Capacity in a World of Transformations.* Series on Science for Sustainable Devlopment. 3. International Council for Science, ICSU. Paris. 37 p.

FONSECA, M.S. 2008. *Edge Effect.* In *Encyclopedia of Ecology,* S.E. JØRGENSEN UND B.D. FATH, Editors. Academic Press: Oxford: p. 1207–1211. https://doi.org/10.1016/B978-008045405-4.00486-9.

FORESTER, J. 1989. *Planning in the face of power.* Berkeley, Calif. etc.: University of California Press. 283 p

FORESTER, J. 1993. *Critical theory, public policy, and planning practice toward a critical pragmatism.* SUNY series in political theory Contemporary issues. Albany, N.Y.: State University of New York Press. 214 p

FRANKLIN, J.F., D.R. BERG, D.A. THORNBURGH, UND J.C. TAPPEINER. 1997. *Alternative Silvicultural Approaches to Timber Harvesting: Variable Retention Harvest Systems.* In *Creating a Forestry for the 21stCentury: The Science of Ecosystem Management,* K.A. KOHM UND J.F. FRANKLIN, Editors. Island Press: Washington, DC, Covelo, CA: p. 475

FRIEDMAN, J. 1987. *Planning in the Public Domain: From Knowledge to Action.* Princeton NJ: Princeton University Press. 501 p

FTP. 2023. *Forest-based Sector Technology Platform.* [Accessed 09.10.2023]. Available from: [https://www.forestplatform.org/]

FUNG, A. 2006. *Varieties of participation in complex governance.* Public Administration Review. **66**: 66–75

FUNG,A. 2015. *Putting the public back into governance: The challenges of citizen participation and its future.* Public Administration Review. **75** (4): 513–522

GADERER, M., et al. 2016. *Direkte thermo-chemische Umwandlung (Verbrennung).* In *Energie aus Biomasse: Grundlagen, Techniken und Verfahren.* Springer: p. 815–1058

GARDNER, D.J., Y. HAN, UND L. WANG. 2015. *Wood-Plastic Composite Technology.* Current Forestry Reports. **1** (3): 139-150. https://doi.org/10.1007/s40725-015-0016-6.

GLANZMANN, J., 2021. *Was kostet ein Holzbau?* LIGNUM Holzwirtschaft Schweiz, LIGNUM Magazin, Zürich. April 2021. LIGNUM Holzwirtschaft Schweiz

Gliemeroth, A.K. 1997. *Holozäne Einwanderungsgeschichte der Baumgattungen* Picea *und* Quercus *unter paläoökologischen Aspekten nach Europa.* E&G Quaternary Science Journal. **47** (1): 28–41

Global CSS Institute. 2023. *Global Status of CCS 2023.* Scaling Up Through 2030. Melbourne: Global CCS Institute. 98 p. Available from

Glück, P., und W. Koch. 1973. *Optimale Rohholzausformung.* Centralblatt für das gesamte Forstwesen. **90** (4): 193–228

Gnacy, N., und S. Werbińska-Wojciechowska. 2023. *Supply Chain Digital Maturity Modeling – A Case Study of a Wood-Based Supply Chain.* In *International Conference TRANSBALTICA: Transportation Science and Technology,* Vol. 476–485 pp. Springer.

Grabner, M. 2017. *Werkholz: Eigenschaften und historische Nutzung 60 mitteleuropäischer Baum- und Straucharten.* Remagen-Oberwinter: Verlag Dr. Kessel

Grieves, M. 2005. *Product Lifecycle Management: Driving the Next Generation of Lean Thinking.* New York, etc.: McGraw-Hill. 288 p

Grieves, M. 2018. *The Evolution of the Digital Twin: A Visionary Product Concept Brings Big Changes for the Future.* IM+io Best & Next Practices aus Digitalisierung | Management | Wissenschaft. **2018** (1): 66–69

Grieves, M. 2022. *Intelligent digital twins and the development and management of complex systems.* Digital Twin. **2** (8): 1–24. https://doi.org/10.12688/digitaltwin.17574.1.

Gustafsson, L., M. Hannerz, M. Koivula, E. Shorohova, I. Vanha-Majamaa, und J. Weslien. 2020. *Research on retention forestry in Northern Europe.* Ecological Processes. **9** (1): 1–13

Habermas, J. 1987. *Theorie des kommunikativen Handelns. Band 1: Handlungsrationalität und gesellschaftliche Rationalisierung.* Edition Suhrkamp. Frankfurt am Main: Suhrkamp. 534 p

Habermas, J. 1988. *Theorie des kommunikativen Handelns Band 2: zur Kritik der funktionalistischen Vernunft.* Edition Suhrkamp. Frankfurt am Main: Suhrkamp. 641 p

Hambi, D. 2021. *Waldbesetzungen in ganz Deutschland. Baumhäuser fürs Klima.* taz.de. **2021** (May-02):

Hämmerle, F.M. 2011. *The Cellulose Gap – The Future of Cellulose Fibres.* In *Lenzinger Berichte.* Lenzing AG: Lenzing. Vol. 89: p. 12–21

Handler, S., C. Pike, B. St. Clair, H. Abbotts, und M. Janowiak. 2018. *Assisted Migration.* USDA Forest Service Climate Change Resource Center. 13 p.

Hanif, B. 2023. *Top 10 Digital Transformation Technologies for Member-based Organizations [with definition and examples].* GlueUp Blog. GlueUp. Accessed [Mar-21–2024]. Available from: [https://www.glueup.com/blog/digital-transformation-technologies#what]

Harms, H. 2006a. *Das Konzept der HOLZ „RAFFINERIE ".* Lenzinger Berichte. **86** (2006): 1–8

Harms, H., 2006b. *Hochleistungsmaterialien aus der chemischen Verarbeitung von Holz: Die Holzraffinerie.* Universität für Bodenkultur, Wien, Wien Universität für Bodenkultur, Wien. 27–34 pp

Harrington, J. 1973. *Computer integrated manufacturing.* New York: Industrial Press. 321 p

Harrington, J.J. 2002. *Hierarchical modeling of softwood hygroelastic properties.* University of Canterbury. Canterbury, NZ

Hartmann, H., J.B. Ressel, K. Richter, und A. Teischinger. 2023. *Trocknungsprozesse für biogene Festbrennstoffe.* In *Energie aus Biomasse: Ressourcen und Bereitstellung* Springer: p. 619–660

Hein, S., 2007. *Wertholzproduktion mit Buche, Eiche, Esche und Ahorn.* FVA, FVA-einblick, Freiburg i.B. FVA

Heinimann, H.R. 2010. *A concept in adaptive ecosystem management – an engineering perspective.* Forest Ecology and Management. **259** (4): 848–856

Heinimann, H.R. 2016. *A Generic Framework for Resilience Assessment.* In *Resource Guide on Resilience,* ed. IRGC. [Accessed Nov-02–2016]. EPFL International Risk Governance Center. Available from: [https://www.irgc.org/wp-content/uploads/2016/04/Heinimann-A-Generic-Framework-for-Resilience-Assessment.pdf]

HEINIMANN, H.R. 2018. *Robustness and reconfigurability – key concepts to build resilience.* In *IRGC Resource Guide on Resilience (vol. 2): Domains of resilience for complex interconnected systems,* eds. B.D. TRUMP, M.V. FLORIN, UND I. LINKOV. [Accessed Nov-02–2016]. EPFL International Risk Governance Center. Available from: [https://irgc.org/wp-content/uploads/2018/12/Heinimann-for-IRGC-Resilience-Guide-Vol-2-2018.pdf]

HELLER, A. 2019. *Wir alle meinten, mit unserem Denken die Welt erlösen zu können.* Die Zeit. **74** (25): 39

HERZOG, H., UND E. DRAKE. 1996. *Carbon dioxide recovery and disposal from large energy systems.* Annual Review of Energy and the Environment. **21** (1): 145–166

HESSER, F., UND M. BRAUN. 2023. *Waldbewirtschaftung in der Klimakrise: Herausforderungen für Forstpflanzenproduktion und Holzwirtschaft.* Wiesbaden: Springer Gabler

HILDEBRANDT, B., UND T. KAUFMANN. 2021. *Intelligente Dienste: Wie Digitalisierung die Produktion verändert.* SAP Intelligente Geschäftsprozesse. SAP. Accessed [Mar-18–2023]. Available from: [https://news.sap.com/germany/2021/08/digitalisierung-produktion-digitalisieren/]

HOBSBAWM, E.J., UND C. WRIGLEY. 1999. *Industry and empire: from 1750 to the present day*, Rev. Ed. London: Penguin. 411 p

HOFBAUER, H., et al. 2016. *Vergasung in der Gasatmosphäre.* In *Energie aus Biomasse: Grundlagen, Techniken und Verfahren.* Springer: p. 1059–1182

HOLLAND, J.H. 1992. *Adaptation in natural and artificial systems: an introductory analysis with applications to biology, control, and artificial intelligence,* 1st Ed. Complex adaptive systems. Cambridge, Mass.: MIT Press. 211 p

HOLLING, C.S. 1973. *Resilience and Stability of Ecological Systems.* Annual Review of Ecology and Systematics. **4** (1–23):

HOLLING, C.S. 2001. *Understanding the complexity of economic, ecological, and social systems.* Ecosystems. **4** (5): 390–405

HOLMSTRÖM, J. 2020. *Digital Transformation of the Swedish Forestry Value Chain: Key Bottlenecks and Pathways Forward.* Mistra Digital Forest. Stockholm. 24 p.

HÖLTING, L., M. BECKMANN, M. VOLK, UND A.F. CORD. 2019. *Multifunctionality assessments – More than assessing multiple ecosystem functions and services? A quantitative literature review.* Ecological Indicators. **103**: 226–235

HÖLTING, L., M.R. FELIPE-LUCIA, UND A.F. CORD. 2020. *Multifunctional Landscapes.* In *Encyclopedia of the World›s Biomes,* M.I.GOLDSTEIN UND D. DELLASALA, A., Editors. Elsevier Inc. Vol. 5: p. 128–134

HORKHEIMER, M. 2007. *Zur Kritik der instrumentellen Vernunft. 1947 erschienen unter dem Titel „Eclipse of Reason"*, 2nd Ed. Frankfurt am Main: Fischer Taschenbuch Verlag. 206 p

HOSCH, W.L. online. *Augmented Reality.* In *Britannica Academic.* [Accessed Apr-04–2024]. Encyclopædia Britannica. Available from: [https://academic.eb.com/levels/collegiate/article/augmented-reality/476768]

IEA. 2023. *Net Zero Roadmap. A Global Pathway to Keep the 1.5° Goal in Reach.* 2023 Update. Paris: International Energy Agency (IEA). 224 p. [‚Accessed' Jan-10–2024]. Available from: [https://www.iea.org/reports/net-zero-roadmap-a-global-pathway-to-keep-the-15-0c-goal-in-reach]

IKONEN, V.-P., S. KELLOMÄKI, UND H. PELTOLA. 2009. *Sawn timber properties of Scots pine as affected by initial stand density, thinning and pruning: a simulation based approach.* Silva Fennica. **43** (3): 411–431

INTEL. online. *Wie Echtzeitanalysen Ihnen helfen, Ihre Daten schneller zu nutzen.* Intel Deutschland GmbH. Accessed [Apr-02–2024]. Available from: [https://www.intel.de/content/www/de/de/artificial-intelligence/]

ISAAA. 2008. *Biotechnology for the Development of Drought Tolerant Crops.* Pocket K. 32. International Service for the Acquisition of Agri-biotech Applications (ISAAA). Metro Manila, The Philippines.

ISO. 2021. *ISO 14031 – Environmental performance evaluation. Guidelines.* Geneva: International Standard Organization. 44 p.

IVC. 2024. *Wasserverbrauch* [Accessed 04.04.2024]. Industrievereinigung Chemiefaser e.V. Available from: [https://www.ivc-ev.de/de/wasserverbrauch]

Jamble, R. 2024. *What is An API? A Comprehensive Guide.* SelectHub. Accessed [Apr-04–2024]. Available from: [https://www.selecthub.com/resources/what-is-an-api/]

Jelonek, T., et al. 2022. *How wood quality can be shaped: Results of 70 years of experience.* Forests. **13** (12): 2103

Jones, D.D. 1973. *Boundaries of Stability: A Potpourri of Dynamic Properties – Is Resilience Resilient?* IIASA, International Institute for Applied Systems Analysis. Laxenburg, Austria. IIASA Working Paper. 15 p.

Joshi, R.K., S.S. Bharat, und R. Mishra. 2020. *Engineering drought tolerance in plants through CRISPR/Cas genome editing.* 3 Biotech. **10** (9): 400

Kafsack, H., und A. Kokenbrink. 2023. *Neue Züchtungstechniken. Die Gen-Schere in den Köpfen.* Frankfurter Allgemeine Zeitung, (2. Juli 2023):

Kagermann, H., W.-D. Lukas, und W. Wahlster. 2011. *Industrie 4.0: Mit dem Internet der Dinge auf dem Weg zur 4. industriellen Revolution.* VDI nachrichten. **65** (13): 2

Kalcher, J., G. Praxmarer, und A. Teischinger. 2017. *Quantification of future availabilities of recovered wood from Austrian residential buildings.* Resources, Conservation and Recycling. **123**: 143–152

Kaltschmitt, M., und K. Stampfer. 2024. *Energie aus Biomasse: Ressourcen und Bereitstellung,* Springer Vieweg. in Springer Fachmedien Wiesbaden GmbH

Kaplan, S., und B.J. Garrick. 1981. *On the Quantitative Definition of Risk.* Risk Analysis. **1** (1): 11–27

Kaufmann, H., S. Krötsch, und S. Winter. 2021. *Atlas Mehrgeschossiger Holzbau: Grundlagen – Konstruktionen –Beispiele,* DETAIL

Kaufmann, H., und W. Nerdinger. 2012. *Bauen mit Holz – Wege in die Zukunft.* München: Prestel

Kehl, C., und C. Revermann. 2021. *Naturgemäßer Waldumbau in Zeiten des Klimawandels.* Büro für Technikfolgen-Abschätzung beim Deutschen Bundestag (TAB). Accessed [Aug-10–2023]. Available from: [https://www.tab-beim-bundestag.de/projekte_naturgemaesser-waldumbau-in-zeiten-des-klimawandels.php]

Kellomäki, S. 2002. *New methods for tailoring wood properties.* In *Wood Wisdom Closing seminar,* Vol. Dipoli,

Kimmins, J.P. 2004. *Forest ecology: a foundation for sustainable forest management and environmental ethics in forestry,* 3rd Ed. Upper Saddle River, N.J.: Pearson Prentice Hall. 611+app p

Knaus, U. 2019. *Ressourceneffizienz in der Holzwirtschaft. Analyse ausgewählter Prozessketten,* Universität für Bodenkultur. Wien. Master

Kohm, K.A., und J.F. Franklin, eds. 1997. *Creating a Forestry for the 21st Century: The Science of Ecosystem Management.* Island Press: Washington, DC, Covelo, CA. 475 p

Kosmol, J., und J. Kanthak, 2012. *Glossar zum Ressourcenschutz.* Umweltbundesamt, Dessau-Roßlau Umweltbundesamt

Krammer, M. 2016. *Individual serialism through the use of robotics in the production of large-scale building components.* Robotic Fabrication in Architecture, Art and Design 2016: 460–467

Krapež Tomec, D., und M. Kariž. 2022. *Use of wood in additive manufacturing: review and future prospects.* Polymers. **14** (6): 1174

Krejcar, O., et al. 2019. *Smart furniture as a component of a smart city – definition based on key technologies specification.* IEEE Access. **7**: 94822-94839

Kromoser, B., S. Reichenbach, R. Hellmayr, R. Myna, und R. Wimmer. 2022. *Circular economy in wood construction – Additive manufacturing of fully recyclable walls made from renewables: Proof of concept and preliminary data.* Construction and Building Materials. **344**: 128219

Kurz, W.A., et al. 2008. *Mountain pine beetle and forest carbon feedback to climate change.* Nature. **452** (7190): 987–990

Laika, A. 1990. *Innovationen in der Holzverarbeitung.* Holz als Roh- und Werkstoff. **48** (1): 1–4. https://doi.org/10.1007/BF02607842.

Lal, R. 2018. *Digging deeper: A holistic perspective of factors affecting soil organic carbon sequestration in agroecosystems.* Global Change Biology. **24** (8): 3285–3301

Lauk, C., H. Haberl, K.-H. Erb, S. Gingrich, und F. Krausmann. 2012. *Global socioeconomic carbon stocks in long-lived products 1900–2008.* Environmental Research Letters. **7** (3): 034023. https://doi.org/10.1088/1748-9326/7/3/034023.

Lee, H., et al. 2023. *Synthesis Report | Summary for Policymakers.* In *Climate Change 2023 – Contribution of Working Groups I, II and III to the 6th Assessment Report of the Intergovernmental Panel on Climate Change,* eds. Core Writing Team, H. Lee, und J. Romero. [Accessed Mar-24–3023]. Intergovernmental Panel on Climate Change (IPCC). Available from: [https://www.ipcc.ch/report/ar6/syr/downloads/report/IPCC_AR6_SYR_SPM.pdf]

Leibundgut, H. 1981. *Die natürliche Waldverjüngung.* Bern, Stuttgart: Verlag Paul Haupt. 107 p

Leifer, R. 1988. *Matching computer-based information systems with organizational structures.* MIS Quarterly: 63–73

Levin, S.A. 1998. *Ecosystems and the biosphere as complex adaptive systems.* Ecosystems. **1**: 431–436

LENZING AG 2023. Geschäftsbericht 2022. Lenzing, https://reports.lenzing.com/geschaeftsbericht/2022/

Levin, S.A., und R.T. Paine. 1974. *Disturbance, patch formation, and community structure.* Proceedings of the National Academy of Sciences. **71** (7): 2744–2747

LIGNA. 2024. *Linking people – driving innovation, 50 Jahre LIGNA.* Available from: [https://www.ligna.de/]

Lo, V., und N. Jang. 2022. *The Global Biodiversity Framework›s „30x30" Target: Catchy slogan or effecitve conservation goal?* Insight. International Institute for Sustainable Development (IISD). Accessed [May-25–2023]. Available from: [https://www.iisd.org/articles/insight/global-biodiversity-framework-30x30-target]

Lohmann, U. 1998. *Holz Handbuch,* 5. Auflage Ed. ed. D. Verlag. Stuttgart:

Mäkelä, A., J.C. Grace, G. Deckmyn, A. Kantola, und M. Campioli. 2010. *Simulating wood quality in forest management models.* Forest systems. Madrid, 2010, currens. **19** (SI): 48–68

Manning, C. 2022. *Artificial Intelligence Definitions.* HAI Stanford University Human-Centered Artificial Intelligence. Accessed [Apr-02–2024]. Available from: [https://hai.stanford.edu/sites/default/files/2023-03/AI-Key-Terms-Glossary-Definition.pdf]

Marchetti, C. 1977. *On geoengineering and the CO_2 problem.* Climatic Change. **1** (1): 59–68

Matthews, J.B.R., et al. 2021. *Annex VII: Glossary.* In *Climate Change 2021: The Physical Science Basis. Contribution of Working Group I to the Sixth Assessment Report of the Intergovernmental Panel on Climate Change (IPCC),* V. Masson-Delmotte, et al., Editors. Cambridge University Press: Cambridge, UK and New York: p. 2215–2256

Maurer, S., und H.R. Heinimann. 2020. *Framework for assessing the windthrow risk to Norway spruce forests in Switzerland.* European Journal of Forest Research. **139** (2): 259–272

Mazzotti, M., A. Steinfeld, G. Siddiqi, und E. Verrecchia. 2009. *Technischer Klimaschutz: Wo steht die CCS-Technologie?* Climate Press. Hintergründe der Klima- und Global Change-Forschung. **27**. Akademie der Naturwissenschaften Schweiz (SCNAT). Accessed [Jan-12–2023]. Available from: [https://scnat.ch/de/uuid/i/d95bae01-2456-5919-ad19-308cd869da4d-Technischer_Klimaschutz_Wo_steht_die_CCS-Technologie]

Merriman, H. 2023. *Civil Resistance.* In *Oxford Research Encyclopedia of International Studies,* N. Sandal, Editor. Oxford University Press. https://doi.org/10.1093/acrefore/9780190846626.013.737.

Merz, K., A. Niemann, und S. Torno. 2020. *Bauen mit Laubholz: Laubholz in der Tragkonstruktion.* München: Detail Business Information GmbH

Metz, B., O. Davidson, H.C. de Coninck, M. Loos, und L.A. Meyer. 2005. *IPCC Special Report on Carbon Dioxide Capture and Storage.* In *Prepared by Working Group III of the Intergo-*

vernmental Panel on Climate Change. Cambridge University Press: Cambridge, New York: p. 442

MIETTUNEN, A. 2018. *Using Information Systems*. In *The Sawmill Industry Handbook*, R. VARIS, Editor. Suomen Sahateollisuusmiesten Yhdistys ry: Keuruu

MORETTI, M., B. WERMELINGER, M.M. GOSSNER, UND M.K. OBRIST. 2018. *Wiederbesiedlung der Waldbrandfläche von Leuk durch Gliederfüsser*. Schweizerische Zeitschrift für Forstwesen. **169** (5): 290–298

MÜLLER, D., D. OEHLER, UND P. BACCINI. 1995. *Regionale Bewirtschaftung von Biomasse: Eine stoffliche und energetische Beurteilung der Nutzung von Agrarflächen mit Energiepflanzen*. Zürich: vdf. 67+A44 p

MÜLLER, D.B. 1998. *Modellierung, Simulation und Bewertung des regionalen Holzhaushaltes*, ETH Zürich. Zürich. Dr sc techn. 134+a p. https://doi.org/10.3929/ethz-a-002056770

MÜLLER, U., F. FEIST, UND T. JOST. 2019. *Holzverbundwerkstoffe im Automobilbau der Zukunft*. Holztechnologie. **1**: 5–15

MÜLLER, U., UND A. TEISCHINGER. 2011. *Entwicklung von Leichtbauwerkstoffen – Technology Push oder Technology bzw. Market Pull*. Holztechnologie. **52** (1): 22–26

NATTER, A., UND D. MERRILL. 2023. *Carbon Capture Needs Enough Pipelines to Circle Earth Fourth Times*. Europe Edition, (Dec-14–2023). Bloomberg. Accessed. Available from: [https://www.bloomberg.com/graphics/2023-green-revolution-needs-96000-miles-of-new-pipeline/]

NAUJOCK, H.-J., UND J. BLECHSCHMIDT. 2021. *Taschenbuch der Papiertechnik*, Hanser

NICKL, P. 1996. *Parkett. Historische Holzfußböden und zeitgenössische Parkettkultur*, 2. Auflage Ed. München: Klinkhardt & Biermann, Verlagsbuchhandlung

NORTON, M., et al. 2019. *Serious mismatches continue between science and policy in forest bioenergy*. GCB Bioenergy. **11** (11): 1256–1263. https://doi.org/10.1111/gcbb.12643.

NUSSBAUMER, T. 2003. *Combustion and co-combustion of biomass: fundamentals, technologies, and primary measures for emission reduction*. Energy & Fuels. **17** (6): 1510–1521. https://doi.org/10.1021/ef030031q.

OGUNWUSI, A. 2013. *Potentials of industrial utilization of bark*. J. Nat. Sci. Res. **3** (2225): e2921

ORLIKOWSKI, W.J. 1992. *The duality of technology: Rethinking the concept of technology in organizations*. Organization Science. **3** (3): 398–427

OSBORNE, J., UND L. CECCO. 2021. *Anti-logging protest becomes Canada›s biggest ever act of civil disobedience*. The Guardian. **2021** (Sep-08):

PAKARINEN, J. 2018. *Sawmill Process Automation*. In *The Sawmill Industry Handbook*, R. VARIS, Editor. Suomen Sahateollisuusmiesten Yhdistys ry: Keuruu

PAPIERINDUSTRIE. 2024. *Die Papierindustrie*. [Accessed 04.04.2020]. Die Papierindustrie e.V. Available from: [https://www.papierindustrie.de/]

PENG, L., T.D. SEARCHINGER, J. ZIONTS, UND R. WAITE. 2023. *The carbon costs of global wood harvests*. Nature. https://doi.org/10.1038/s41586-023-06187-1.

PERRY, D.A., UND AMARANTHUS, M.P. 1997. *Disturbance, Recovery, and Stability*. In *Creating a Forestry for the 21st Century: The Science of Ecosystem Management*, K.A. KOHM UND J.F. FRANKLIN, Editors. Island Press: Washington, DC, Covelo, CA

PETIT, R.J., F.S. HU, UND C.W. DICK. 2008. *Forests of the past: a window to future changes*. Science. **320** (5882): 1450–1452

PFEMETER, C., 2020. *Holzgas: Strom – Kraftstoffe – Erdgasersatz*. Österreichischer Biomasseverband, Wien Österreichischer Biomasseverband

PHILIP, B., 2020. *Der Ökoschwindel mit dem Strom aus Holz*, Der Spiegel

PIASCIK, B., J. VICKERS, D. LOWRY, S. SCOTTI, J. STEWART, UND A. CALOMINO. 2012. *Materials, Structures, Mechanical Systems, and Manufacturing Roadmap*. NASA Headquarters. Washington. 34 p.

PNEVMATICOS, S., UND S. MANN. 1972. *Dynamic programming in tree bucking*. Forest Products Journal. **22**: 26–30

POLLE, A., S.L. CHEN, C. ECKERT, UND A. HARFOUCHE. 2019. *Engineering drought resistance in forest trees.* Frontiers in Plant Science. **9**: 1875

POSTELL, J. 2012. *Furniture design*, John Wiley & Sons

PRAMREITER, M., T. NENNING, C. HUBER, U. MÜLLER, B. KROMOSER, P. MAYENCOURT, UND J. KONNERTH. 2023. *A review of the resource efficiency and mechanical performance of commercial wood-based building materials.* Sustainable Materials and Technologies: e00728

PRENTICE, I.C., et al. 2001. *The Carbon Cycle and Atmospheric Dioxide.* In *Climate Change 2001: The Scientific Basis. Contribution of Working Group I to the Third Assessment Report of the Intergovernmental Panel on Climate Change,* J.T. HOUGHTON, et al., Editors. Cambridge University Press: Cambridge, UK: p. 183–237

PRETZSCH, H., UND A. RAIS. 2016. *Wood quality in complex forests versus even-aged monocultures: review and perspectives.* Wood Science and Technology. **50**: 845–880

PWC. 2019. *Die deutsche Möbelbranche. Struktur, Trends und Herausforderungen.* PWC Deals. Frankfurt/Main.

RAIS, A., W. POSCHENRIEDER, H. PRETZSCH, UND J.-W.G. VAN DE KUILEN. 2014. *Influence of initial plant density on sawn timber properties for Douglas-fir (*Pseudotsuga menziesii *(Mirb.) Franco).* Annals of Forest Science. **71**: 617–626

RAWLS, J. 1971. *A theory of justice.* Cambridge, Mass.: Belknap Press of Harvard University Press. 607 p

RAWLS, J. 1994. *Die Idee des politischen Liberalismus. Aufsätze 1978–1989.* suhrkamp taschenbuch wissenschaft. ed. W. HINSCH. Frankfurt am Main: Suhrkamp. 420 p

REID, W.V., J. SARUKHÁN, UND MILLENNIUM ECOSYSTEM ASSESSMENT. 2005. *Ecosystems and human well-being synthesis a report of the Millennium Ecosystem Assessment.* Millennium Ecosystem Assessment. Washington: Island Press. 137 S. p

RORTY, R. 1991. *Part III: The priority of democracy to philosophy.* In *Objectivity, relativism, and truth,* R. RORTY, Editor. Cambridge University Press: Cambridge; New York: p. 226

ROSS, J.W., C.M. BEATH, UND M. MOCKER. 2019. *Designed for Digital: How to Architect Your Business for Sustained Success.* Cambridge, MA; London: MIT Press. 208 p

SALO A, UTUNEN P, LIEVONEN J, GUSTAFSSON T, UND MILD P. 2002. *Wood Wisdom. Reports from the Self-Evaluation Process.* Tekes, the National Technology Agency. Helsinki

SANDBERG, D., G. GORBACHEVA, H. LICHTENEGGER, P. NIEMZ, UND A. TEISCHINGER. 2023. *Advanced Engineered Wood-Material Concepts.* In *Springer Handbook of Wood Science and Technology*. Springer: Cham: p. 1835–1888

SANDBERG, D., M. KITEK KUZMANN, UND M. GAFF. 2018. *Engineered Wood Products.* Prague: Czech University of Life Sciences Prague. 184 p

SANDBERG, D., A. KUTNAR, O. KARLSSON, UND D. JONES. 2021. *Wood modification technologies: principles, sustainability, and the need for innovation*, CRC Press

SANDMAN, P.M. 2006. *The Outrage Industries: The Role of Journalists and Activists in Risk Controversies.* The Peter Sandman Risk Communication Website. Accessed [Dec-22–2023]. Available from: [https://www.psandman.com/col/outrage.htm]

SANDMAN, P.M. 2012. *Responding to Community Outrage: Strategies for Effective Risk Communication,* AIHA Press (Creative Commons License). 142 p

SAP. online. *Was ist digitale Transformation?* SAP Insights. SAP. Accessed [Mar-18–2023]. Available from: [https://www.sap.com/swiss/insights/what-is-digital-transformation.html]

SAUTER, U.H., S.M. STÄNGLE, F. BRÜCHERT, UND L.F. BREINIG. 2013. *Forschung mit dem Computertomographen an der FVA.* FVAeinblick, (1): 20–24

SAVIN, M.C. 2017. *Fauna.* In *Encyclopedia of Soil Science,* R. LAL, Editor, 3rd Ed. Taylor & Francis: Boca Raton: p. 871–876

SCARLAT, N., J. DALLEMAND, N. TAYLOR, UND M. BANJA. 2019. *Brief on biomass for energy in the European Union.* Publications Office of the European Union. Luxembourg, JRC109354. 8 p, https://doi.org/10.2760/49052.

SCHEER, A.-W. 1990. *CIM Computer Integrated Manufacturing – Der computergesteuerte Industriebetrieb,* Vierte, neu bearbeitete und erweiterte Aufl. Ed. Berlin etc.: Springer. 293 p

Schimleck, L., et al. 2019. *Non-destructive evaluation techniques and what they tell us about wood property variation.* Forests. **10** (9): 728

Schmidheiny, S., und Business Council for Sustainable Development. 1992. *Kurswechsel globale unternehmerische Perspektiven für Entwicklung und Umwelt.* München: Artemis & Winkler. 448 p

Schmitt, U., G. Koch, U. Kohnle, und F. Brüchert. 2016. *Einfluss der Wuchsbedingungen auf die Qualität von Douglasienholz aus Standraumversuchen in Baden-Württemberg.* Gülzow-Prüzen.

Schmitz, N., et al. 2022. *Charta für Holz 2.0 – Kennzahlenbericht 2021 Forst & Holz.* Fachagentur Nachwachsende Rohstoffe e.V. (FNR). Gülzow-Prüzen. 48 p.

Schneider, D.C. 2001. *The rise of the concept of scale in ecology: The concept of scale is evolving from verbal expression to quantitative expression.* BioScience. **51** (7): 545–553

Schubert, M., G. Panzarasa, und I. Burgert. 2022. *Sustainability in wood products: a new perspective for handling natural diversity.* Chemical Reviews. **123** (5): 1889–1924

Schuh, G., und S. Klappert. 2011. *Technologiemanagement*, 2. Auflage Ed. Heidelberg: Springer

Schüler, S., H. Konrad, T. Geburek, C. Trujillo-Moya, M. Grabner, E.M. Molin, und S. Fluch. 2016. *Fichte im Trockenstress: Genetische Variation als Schlüssel für zukünftigen Anbau.* Österreichische Forstzeitung. **127** (6): 16–17

Seifert, T. 2003. *Integration von Holzqualität und Holzsortierung in behandlungsintensive Waldwachstumsmodelle*, Technische Universität München. München

Seifert, T., J. Breibeck, M. Nickel, H.-J. Klemmt, und H. Pretzsch. 2009. *Holzeigenschaften der Fichte bei unterschiedlicher Bestandesdichte.* AFZ-Der Wald. **2**: 89–91

Seneviratne, S.I., et al. 2021. *Weather and Climate Extreme Events in a Changing Climate.* In *Climate Change 2021: The Physical Science Basis. Contribution of Working Group I to the Sixth Assessment Report of the Intergovernmental Panel on Climate Change,* eds. V. Masson-Delmotte, et al. Cambridge University Press. Available from: [https://www.ipcc.ch/report/ar6/wg1/downloads/report/IPCC_AR6_WGI_Chapter11.pdf]

Senge, P.M. 1994. *The Fifth discipline: The Art and Practice of The Learning Organization.* New York: Currency, Doubleday. 423 p

Senn, J., G. Reinhardt, und S. Gärtner. *Ökologische Fußabdrücke von Baumwolle und Baumwollfasern.*

Shen, L., und M.K. Patel. 2010. *Life cycle assessment of man-made cellulose fibres.* Lenzinger Berichte. **88**: 1–59

Siebert, D. 2013. *Fenster aus Holz – Quo vadis?* BM – Innenausbau/Möbel/Bauelemente, (5): 136–139

Simon, H.A. 1960. *The new science of management decision,* 1st Ed. The Ford distinguished lectures, Vol. 3. New York,: Harper. 50 p

Smardzewski, J. 2015. *Furniture design,* Vol. 6 Springer

Solt, P., J. Konnerth, W. Gindl-Altmutter, W. Kantner, J. Moser, R. Mitter, und H.W. van Herwijnen. 2019. *Technological performance of formaldehyde-free adhesive alternatives for particleboard industry.* International Journal of Adhesion and Adhesives. **94**: 99–131

Sornette, D. 2017. *Why Stock Markets Crash: Critical Events in Complex Financial Systems.* Princeton, NJ: Princeton University Press. 448 p

Soyka, T. 2023. *Weihnachten vor 20 Jahren: Die Stürme Lothar und Martin richten verheerende Schäden in ganz Europa an.* [Accessed Aug-22–2023]. Swiss Re. Available from: [https://www.swissre.com/risk-knowledge/mitigating-climate-risk/winter-storms-in-europe/weihnachten-vor-20-jahren-die-sturme-lothar-martin.html]

Spiecker, H., 1991. *Zur Steuerung des Dickenwachstums und der Astreinigung von Trauben- und Stieleichen (*Quercus petrea *(Matt.) Liebl. und* Quercus robur *L.).* Landesforstverwaltung Baden-Württemberg, Freiburg Landesforstverwaltung Baden-Württemberg. 150 p

Spiecker, H., S. Hein, K. Makkonen-Spiecker, und M. Thies. 2009. *Valuable broadleaved forests in Europe.* In *Valuable Broadleaved Forests in Europe.* Brill: Leiden

Springmann, S., C. Morhart, und H. Spiecker. 2011. *Astung von Edellaubbaumarten zur Wertholzproduktion.* AFZ (6): 4–7

Steinfeld, F., und T. Steinfeld. 2019. *Ikea, 100 Seiten.* Ditzingen: Philipp Reclam jun.

Sterman, J.D., L. Siegel, und J.N. Rooney-Varga. 2018. *Does replacing coal with wood lower CO_2emissions? Dynamic lifecycle analysis of wood bioenergy.* Environmental Research Letters. **13** (1): 015007. https://doi.org/10.1088/1748-9326/aaa512.

Taylor, F.W. 1895. *A piece-rate system being a step toward partial solution of the labor problem.* Transactions of the American Society of Mechanical Engineers. **16** (647): 865–903

Teischinger, A. 2017. *Möglichkeiten und Grenzen von Holz im Bauwesen.* Österreichische Ingenieur- und Architektenzeitschrift. **162** (1): 75–80

Teischinger, A., 2019. *Zur Laubholzfrage in Österreich. Eine Zusammenstellung aktueller Entwicklungen und Aktivitäten in Österreich und im benachbarten Ausland.* Universität für Bodenkultur, Wien Universität für Bodenkultur

Teischinger, A. 2023. *Introduction to Wood Technology and Basic Processes.* In *Springer Handbook of Wood Science and Technology.* Springer: p. 571–593

Teischinger, A., M. Gronalt, und D. Sandberg. 2023a. *Introduction to Wood Industries.* In *Springer Handbook of Wood Science and Technology.* Springer: p. 1077–1095

veischinger, A., A. Isopp, und J. Fellner. 2023b. *Holzarten: Ansichten, Kennwerte und Beschreibungen.* München: Edition Detail

Tierney, K., und M. Bruneau. 2007. *Conceptualizing and measuring resilience: A key to disaster loss reduction.* TR news, (250): 14–17

TLH. 2023. *Technikum Laubholz.* [Accessed 21.04.2024]. Technikum Laubholz GmbH. Available from: [https://technikumlaubholz.de/]

Tudor, E.M., und H. Huber. 2022. *Bauprodukte aus Rinde.* Bauphysik Kalender 2022: Holzbau: 139–169

Uhl, K. 2015. *Räume der Arbeit: Von der frühneuzeitlichen Werkstatt zur modernen Fabrik.* In *Europäische Geschichte Online (EGO).* [Accessed Mar-18–2023]. Leibnitz-Institut für Europäische Geschichte (IEG). Available from: [http://www.ieg-ego.eu/uhlk-2015-de]

Unkelbach, G., und M. Fritsch. 2016. *Vom Holz zum Biopolymer – Theorie und Praxis.* Chemie, Ingenieur, Technik. **88** (9): 1233. https://doi.org/10.1002/cite.201650461.

UPM. 2023. *Grüne Chemie mit holzbasierten Biochemikalien. UPM treibt Schaffung einer Kreislaufwirtschaft durch nachwachsende Rohstoffe auf Holzbasis voran.* CHEManager, (12): 9

Varis, R., ed. 2018. *The Sawmill Industry Handbook.* Suomen Sahateollisuusmiesten Yhdistys ry: Keuruu. 277 p

VEH, 2016. *Qualitätsrichtlinien für Hobelware.* Verband Europäischer Hobelwaren (VEH), Wien Verband Europäischer Hobelwaren (VEH)

Viell, J., N.K. Szekely, G. Mangiapia, C. Hövelmann, C. Marks, und H. Frielinghaus. 2020. *In operando monitoring of wood transformation during pretreatment with ionic liquids.* Cellulose. **27**: 4889–4907

vis, M., U. Mantau, und B. Allen. 2016. *Study on the optimised cascading use of wood.* European Commission. Brussels.

Vogel, F. 2016. *Hydrothermale Verfahren.* Energie aus Biomasse: Grundlagen, Techniken und Verfahren: 1267–1337

Wagenführ, R., und A. Wagenführ. 2021. *Holzatlas,* Carl Hanser Verlag GmbH Co KG

Walden, D.D., G.J. Roedler, K. Forsberg, R.D. Hamelin, T.M. Shortell, und International Council on Systems Engineering. 2015. *Systems engineering handbook: a guide for system life cycle processes and activities*, 4th Ed. Hoboken, New Jersey: Wiley. 290 p

Wang, L., und P. D'Odorico. 2013. *Decomposition and Mineralization.* In *Encyclopedia of Ecology*, B. Fath, Editor. Elsevier. Vol. 2: p. 280–285

WBCSD. 2020. *Forest Sector SDG Roadmap. Implementation Report*. World Business Council for Sustainable Development. Geneva. 36 p.

Werner, C., W. Lucht, D. Gerten, und C. Kammann. 2022. *Potential of Land-Neutral Negative Emissions Through Biochar Sequestration.* Earth's Future. **10** (7): 1–15

Wiesbaden, S.F.S.F., und E. Winter. 2018. *Gabler Wirtschaftslexikon*, Springer

Wohlgemuth, T., und B. Moser. 2018. *Zehn Jahre Vegetationsdynamik auf der Waldbrandfläche von Leuk (Wallis)*. Schweizerische Zeitschrift für Forstwesen. **169** (5): 279–289

Zatschek, H. 1958. *550 Jahre jung sein: Die Geschichte eines Handwerks. Nach einem Manuskript. über das Wiener Tischlerhandwerk*. Wien: Verlag f. Geschichte d. Politik

Zimmermann, N.E., et al. 2022. *Baumartenverbreitung und Standorteignung*. In *Wald im Klimawandel. Grundlagen für Adaptionsstrategien,* A.R. Pluess, S. Augustin, und P. Brang, Editors. Haupt: Bern: p. 199–221

Ausblick

6

Inhaltsverzeichnis

Wir leben in einem Zeitabschnitt, der durch einen grundlegenden Wandel geprägt ist, den man auch mit dem Begriff „Zeitenwende" charakterisiert. Der Wandel ist ein Verbundeffekt von mehreren Wenden, unter denen die Klima-, die Nachhaltigkeits-, die Politik-, die Gesellschafts- und die geopolitische Wende zu nennen sind, von denen jede ein Kraftfeld erzeugt, das auf Individuen und soziale Organisationen einwirkt. Die Forst- und Holzwirtschaft ist in diese Wenden eingebettet und nimmt einen wichtigen Platz in der Bioökonomie ein, die dazu beitragen soll, die Nachhaltigkeits- und Klimawende mitzugestalten. Der Wendenverbund hat aber auch ein Tummelfeld entstehen lassen, in dem Ideen und Leitbilder erscheinen, wie wir mit diesem Wandel umgehen sollen. Das liberale, aufgeklärte Ideal geht davon aus, dass kollektive Entscheidungen und Handlungen sich aus einem rationalen Diskurs ergeben, der auf überprüf- und reproduzierbaren Erkenntnissen beruht und Wissenschaft und Technologie zur Problemlösung nutzt (Fukuyama 2022). Die Rolle der Rationalität wird zunehmend infrage gestellt und zurückgewiesen, womit – wie es Fukuyama bezeichnet – ein „kognitives Ödland" entstanden ist, in dem Erkenntnisse und Bekenntnisse nebeneinander existieren.

Auch die Forst- und Holzwirtschaft befindet sich in diesem Spannungsfeld, das auf der einen Seite durch Ideologien begrenzt ist, die ihre Ideen und Überzeugungen mit Narrativen verbreiten. Auf der anderen Seite stehen wissenschaftliche Erkenntnisse, die in homöopathischer Dosis auf unzählige Beiträge in Fachzeitschriften verteilt sind, die den Laien verborgen bleiben. Das vorliegende Buch

H. R. Heinimann und A. Teischinger, *Forst- und Holzwirtschaft im Wandel,*
https://doi.org/10.1007/978-3-662-69164-9_6

wollte dieses Spannungsfeld aus einer breiten Perspektive beleuchten und folgte der Leitidee, Optionen für den Umgang mit dem Nachhaltigkeits- und Klimawandel darzustellen in der Absicht, die Vielfalt des Denkens und Handelns zu inspirieren und Licht auf das kognitive Ödland zu werfen, in dem wir uns befinden. Nachfolgend geht es darum, die wichtigsten Einsichten, die sich aus der Auslegeordnung ergeben haben, festzuhalten, ihre Folgen für das kollektive Handeln zu skizzieren sowie einige offenen Fragen anzusprechen.

6.1 Wichtigste Einsichten

Aus der Auslegeordnung in den vorherigen Kapiteln lässt sich eine Reihe von Einsichten erkennen, die nachfolgend diskutiert wird. Dabei beleuchten wir vier Bereiche: die Denkweisen, die unser Denken und Handeln prägen, die institutionellen Rahmenbedingungen, die Spannungsfelder, in denen sich die Forstwirtschaft befindet, sowie die Holzwirtschaft.

Erstens sind **Leitbilder, welche den Wandel in eine bestimmte Richtung lenken sollen, vage, vieldeutig und in ihrer Wirksamkeit beschränkt.** In Forst- und Holzwirtschaftskreisen ist es oft nicht klar, dass „forstliche Nachhaltigkeit" und „nachhaltige Entwicklung nach Rio 1992" zwei unterschiedliche Konzepte sind, für die im deutschen Sprachraum der Begriff „Nachhaltigkeit" verwendet wird, während beispielsweise im Englischen und im Französischen unterschiedliche Begriffe in Gebrauch sind. Zudem ist die Wirksamkeit der Leitbilder begrenzt. Ein kritischer Rückblick 20 Jahre nach dem Rio-Gipfel kam zum Schluss, dass einige Bereiche der Agenda 21 weitgehend erfolglos gewesen und sogar als Misserfolge zu sehen seien (Dodds et al. 2012). Ein Hauptgrund dafür dürfte sein, dass das Gesamtanliegen in rund 40 voneinander unabhängige Zielbereiche segmentiert wurde, welche ein Eigenleben entwickelten und untereinander kaum interagierten. Auch der Klimaschutz zeigt eine gewaltige Lücke zwischen dem aktuell eingeschlagenen Entwicklungspfad und den Zielpfaden, welche die Erwärmung auf 1,5 und 2,0°C beschränken wollen. Die Lücke wird laufend größer (Lee et al. 2023) und das Risiko, dass wir diese Zielpfade nicht erreichen, ist beträchtlich. Es braucht eine kritische Reflexion, ob sich die Ziele, welche die Leitbilder verkörpern, mit einem Set von alternativen Entwicklungspfaden – nicht mit einem einzigen Pfad – erreichen lassen. Zudem ist es auch angebracht, sich auf Krisen einzustellen und vorzubereiten, die beim Verfehlen der Entwicklungsziele eintreten könnten.

Zweitens haben sich die **Rahmenbedingungen für die Holznutzung und die Waldeigentümer in eine Richtung verändert, die wesentlich mehr Unsicherheit erzeugt.** Ein Grund dafür ist die Entstaatlichung, d. h. die teilweise Übertragung staatlicher Verfügungsgewalt auf Personen, soziale Gruppen oder Firmen. So sind unter anderem pseudolegale Regeln entstanden, die unter anderem umschreiben, was „gute Waldbewirtschaftung" ist. Dazu gehören die FSC-Kriterien für eine verantwortungsvolle, nachhaltige Waldbewirtschaftung (FSC 2023) oder auch die Grundsätze für naturgemäße Waldwirtschaft (ANW 2013), die mit etablierten, staatlichen Regeln in Konkurrenz stehen oder diese sogar verdrängen. Ein weiterer Grund sind die Mitwirkungsmöglichkeiten und -mechanismen, die verschiedenste Interessengruppen formell oder informell ermächtigen, das Nutzungshandeln der Waldeigentümer zu verzögern oder zu verhindern. Ein weiterer Grund liegt darin, dass verschiedenste Interessengruppen Ansprüche an immaterielle Leistungen stellen, welche die Wälder erbringen sollen. Die meisten dieser Leistungen sind Kollektivgüter, bei denen niemand von der Nutzung ausgeschlossen werden kann, was dazu führt, dass Wald in entwickelten Industrieländern zum Gemeingut geworden ist, selbst wenn er im privaten oder öffentlichen Besitz ist. Das „Faktum des Pluralismus" erschwert das kollektive Handeln, da unterschiedliche Weltanschauungen, Ideen und Überzeugungen aufeinandertreffen, die unvereinbar scheinen und bei denen dem Staat keine besondere Souveränität mehr zukommt. Die Waldeigentümer wissen somit nie, wann und wo Widerstand gegen oder Restriktionen für die Waldbewirtschaftung geltend gemacht werden, was einer Minderung ihres erwarteten Nutzens gleichkommt und dazu tendiert, die Intensität der Bewirtschaftung zu reduzieren.

Drittens befindet sich die **Forstwirtschaft in einem konfliktreichen Spannungsfeld, das sich mit vier Eckpunkten charakterisieren lässt.** Die Anforderung, mehr biologische Kapazität bereitzustellen, um CO_2 abzuscheiden und zu speichern, bildet einen ersten Eckpunkt. Um ein globales Potenzial zu schaffen, das CO_2 wirksam abscheidet und speichert, wären über 7 Mio. km^2 zusätzliche Waldfläche nötig, was etwa der Größe von Australien oder der 20-fachen Fläche Deutschlands entspricht (Roebroek et al. 2023). Damit ist klar, dass diese Option unrealistisch ist, da neben einer außerordentlich großen Fläche auch sehr viel Zeit benötigt würde, was für das Kohlenstoffmanagement der Atmosphäre zu langsam wäre. Der Zusatzbedarf an Holz für die stoffliche und energetische Nutzung ist ein zweiter Eckpunkt. Prognosen schätzen, dass der Bedarf im Zeitraum von 2010–2050 um mindestens 50 % zunehmen dürfte (Peng et al. 2023). Berücksichtigt man zusätzlich, dass die Bioökonomiestrategien darauf abzielen, CO_2-intensive Baustoffe (Beton, Stahl) und erdölbasierte Stoffe und Materialien (Kunststoffe, Bitumen) durch biobasierte Stoffe zu ersetzen, so dürfte dieser Zusatzbedarf auf über 100 % ansteigen, womit sich die Frage stellt, wie dies sichergestellt werden könnte. Der globale Biodiversitätsrahmen von Kunming und Montreal (UNEP 2022) bildet den dritten Eckpunkt. Er bezweckt unter anderem, mindestens 30 % der Land- und Binnengewässergebiete sowie Meeres- und Küstengebiete durch ökologisch repräsentative, gut vernetzte Schutzgebietssysteme zu erhalten und zu managen. Eine strenge Auslegung dieses Zieles bedeutet „Reservate" oder „Nutzung mit strengen Auflagen". Es ist zu erwarten, dass dieser Rahmen unterschiedlich streng ausgelegt wird, aber entwickelte Industrieländer tendieren dazu, eine Vorbildfunktion einzunehmen und eine strenge Umsetzung anzustreben. Die bedeutend höheren Risiken, denen Waldlandschaften als Folge der sich verändernden Umweltbedingungen ausgesetzt sind, bilden den vierten Eckpunkt. Eine Untersuchung über die Veränderung der Wetterextreme als Folge der Klimaveränderungen (Seneviratne et al. 2021) kam zum Schluss, dass vor allem mit einer Zunahme der Temperaturextreme und Starkniederschläge zu rechnen ist.

Zudem lässt sich eine Verschiebung der Sturmbänder vom Äquator Richtung Pole beobachten. Dürre wird damit zu einer Hauptgefahr, die meist von Kalamitäten begleitet ist, was zu einem Anfall von Schadholzmengen führen kann, die es in der bisherigen Erfahrung der Forstwirtschaft nicht gegeben hat. Damit stellt sich die Frage, mit welchen Strategien man diesen Risiken am besten begegnen kann.

Viertens hat die **Holzwirtschaft ein großes Potenzial, zu einer Bioökonomie beizutragen.** Sie kann das tun mit 1) der Substitution von Stoffen und Stoffgemischen, die aus fossilbasierten Rohstoffen erzeugt werden (Kunststoffe, Kunstfasern), 2) der Substitution von Werkstoffen, die CO_2-intensiv sind (Beton, Stahl), sowie 3) der Speicherung von Kohlenstoff in langlebigen Infrastrukturanlagen (Infrastruktur-C-Speicher). Allerdings trägt sie mit der Verbrennung von Holz auch zum CO_2-Eintrag in die Atmosphäre bei. Eine erste Beobachtung dazu ist, dass weltweit über 50 % und europaweit rund 40 % des bereitgestellten Rohholzes direkt energetisch verwertet werden, womit dieser Anteil vom Potenzial der Wiederverwendung und -verwertung ausgeschlossen ist. Eine zweite Beobachtung ist, dass der derzeitige Holzhaushalt lediglich zwei stoffliche Rückführschleifen aufweist: 1) Altholz, soweit zulässig, als Sekundärrohstoff für die Holzwerkstoffindustrie sowie 2) Altpapier mit bis zu 20 Zyklen. Eine Verbesserung der Ressourceneffizienz bedingt eine Mehrfachwiederverwendung und -verwertung, wofür sich der Begriff „Kaskadennutzung" eingebürgert hat, dessen konsequente Umsetzung sich aber noch nicht durchgesetzt hat. Dabei gilt es allerdings zu beachten, dass sich bei Holz mit jedem Rückführungszyklus eine gewisse Degradierung der ursprünglichen Materialeigenschaften ergibt. Eine dritte Beobachtung betrifft den Eintrag von CO_2 in die Atmosphäre durch die Verbrennung von Holz. Damit geht Kohlenstoff, der in einem Festkörper gespeichert ist, als CO_2 zurück in die Atmosphäre, wo es genau dieselbe Wirkung hat wie CO_2, das aus der Verbrennung fossiler Brennstoffe stammt. Damit ist die CO_2-Neutralität, bei welcher der Eintrag und die Abscheidung von CO_2 in die bzw. aus der Atmosphäre für einen Zeitraum von wenigen Jahren ausgeglichen sind, verletzt. Dies ist auch der Grund, warum der IPPC im Rahmen des 6. Sachstandsberichts empfiehlt, bei der Verbrennung von Holz technische Maßnahmen zur Abscheidung und Speicherung von CO_2 zu ergreifen, was als BECCS (Bioenergy with Carbon Capture and Storage) bezeichnet wird. Derzeit ist unklar, ob und in welcher Form sich diese Forderung realisieren lässt.

6.2 Folgen fürs kollektive Handeln

Einsichten sind zahnlos, wenn sie nicht zu Handlungen führen, und erst der Handlungserfolg zeigt, was sinnvoll und wirksam ist. Die nachfolgende Beschreibung von Handlungsfeldern erfolgt für dieselben Bereiche, aufgrund derer oben die Einsichten organisiert sind: 1) die Denkweisen, die unsere Gedankenarbeit prägen, 2) die institutionellen Arrangements, 3) Konzepte und Strategien für die Waldbewirtschaftung, 4) die Gestaltung des Holzhaushaltssystems. Eine Beschreibung von

Handlungsfeldern kann nicht vollständig sein, da mit der Auseinandersetzung mit der Problematik und mit der Zeit emergent neue Aspekte dazukommen.

Die **reduktionistischen Denkweisen, mit denen wir dem Klima- und Nachhaltigkeitswandel begegnen,** sind in einen größeren Kontext einzubetten.

- Die Klimawende wird auf den CO_2-Anstieg in der Atmosphäre und die damit verbundene Erwärmung reduziert, was der britische Klimawissenschaftler Mike Hulme als „Klimareduktionismus" bezeichnet (Hulme 2023). Unter Klima verstehen wir jedoch die Variabilität von Temperatur, Niederschlägen und Windverteilung. Es ist sehr wahrscheinlich, dass die Veränderung der Niederschlagsverteilung und damit der Wasserhaushalt von Einzugsgebieten das größte Risiko darstellen, die jedoch in der Klimadiskussion kaum zuoberst auf der Agenda erscheinen. Sichtweisen, welche den Fokus alleine darauf legen, den Klimawandel zu stoppen, sind problematisch. Mike Hulme plädiert deshalb für einen pragmatischen Ansatz, der den Klimawandel mit anderen politischen Anliegen integriert und ihn nicht als Leitproblem sieht, dem sich alles andere unterzuordnen hat (Hulme 2023). Er plädiert für eine Vielfalt der Werte, Ideen sowie praktische Ergebnisse anstelle von utopischen Idealen und warnt vor einfachen Rezepten nach dem Prinzip *„one size fits all"*. Dies entspricht einer pragmatischen Vorgehensweise, bei der sich die gesellschaftliche Problemlösung aus einer Vielzahl von kollektiven Handlungsexperimenten ergibt, aus denen sich die Nützlichkeit aus dem Handlungserfolg ergibt. Vergleichbares gilt für den Nachhaltigkeitswandel, bei dem eine Vielzahl von Interessengruppen für sich in Anspruch nimmt, nachhaltig zu sein.
- Eine breitere Denkweise besteht unter anderem darin, den Klima- und Nachhaltigkeitswandel aus einer Risikoperspektive zu betrachten, bei der ein ganzes Portfolio von Risiken, die damit verbunden sind, einzubeziehen ist. Die Folgen von Dürre- und Sturmschäden sind ein großes Risiko für die Forst- und Holzwirtschaft, der von Folgekalamitäten begleitet ist. Krisenmanagement ist ein zyklischer Prozess, der mit der 1) Identifikation und Beurteilung von Risiken beginnt, 2) präventive Maßnahmen trifft, 3) für den Krisenfall Ressourcen und organisatorische Strukturen bereithält, 4) Maßnahmen für die Bewältigung vorbereitet und im Krisenfall auslöst, 5) kritische Systemfunktionen stabilisiert und 6) die Mittel für den Wiederaufbau und die Systemrekonfiguration bereitstellt. Konzepte wie „Climate Smart Forestry" fokussieren primär auf die Prävention, während sie die Bewältigung von Krisenfällen ausblenden. Denkweisen werden aber auch durch Anreize geformt. So erfolgte der beträchtliche Ausbau von Bioenergieanlagen innerhalb der EU im Jahre 2009 durch die „Renewable Energy Directive" (RED I), wodurch sich die Energie, die aus Holzbiomasse erzeugt wurde, im Zeitraum von 2000–2018 verdoppelte.

Es braucht neue institutionelle Arrangements, um die Unsicherheiten der Waldbesitzer, die durch den Interessenpluralismus und die zunehmenden Vetoaktivitäten entstanden sind, einzuschränken.

- Insbesondere braucht es Instrumente, welche die zulässige Waldnutzung für die Waldbesitzer räumlich explizit festlegen, was nicht flächendeckend geschehen muss. Ein Waldbesitzer muss wissen, in welchen räumlichen Einheiten seines Waldes eine Nutzung untersagt ist und wo eine Nutzung mit Auflagen möglich ist und worin diese Auflagen bestehen. Auf allen anderen Flächen ist eine Bewirtschaftung im Rahmen der gesetzlichen Vorgaben frei möglich. Die Raumplanung kennt entsprechende Instrumente, die unterschiedlich bezeichnet sind: Flächenwidmungsplan in Österreich, Bebauungsplan in Deutschland und Nutzungsplan in der Schweiz.
- Es braucht auch einen Mechanismus, um die zulässige Waldnutzung zu bestimmen und festzusetzen, was im Rahmen eines Mitwirkungsverfahrens geschehen kann, das systematisch zu gestalten ist. Die Auswahl der Organisationen und Personen, die in derartigen Verfahren heute mitwirken, erfolgt durch Selbstselektion und führt zu einer nicht repräsentativen Vertretung der Interessen und zudem zu Macht- und Wissensvorteilen, die zu verzerrten Ergebnissen führen können. Das Verfahren beginnt damit, dass die Interessenvertreter ihre Entwicklungsabsichten für ein Waldgebiet kartografisch explizit festzuhalten haben. Aus der Überlagerung der verschiedenen Entwicklungsabsichten gehen jene räumlichen Gebiete hervor, in denen es Konflikte gibt. Das Ausdiskutieren und Lösen der Konflikte wäre danach das Herzstück des Mitwirkungsverfahrens, wofür die heutigen Waldentwicklungspläne weiterentwickelt werden könnten.
- Für den Umgang mit Vetoaktivismus, worunter man Formen des Widerstands gegen Handlungen von politischen Behörden, Gebietskörperschaften oder auch privaten Unternehmen unter bewusster Verletzung institutioneller Regeln versteht, stellt Waldbesitzer und Wahlbehörden vor die Herausforderung, wie damit am besten umzugehen ist. Es braucht neue Mechanismen, um dem Vetoaktivismus zu begegnen, wobei Erfahrungen aus der Risikokommunikation hilfreich sein können. Die Probleme lassen sich dabei nicht mit mehr wissenschaftlichen Fakten und juristischen Regeln bewältigen, sondern müssen darauf ausgerichtet sein, die „öffentliche Empörung“ zu dämpfen und eine Vertrauensbasis zu schaffen, auf deren Basis sich die Anliegen diskutieren lassen.

Es braucht **neue, risikoorientierte Konzepte und Strategien für die Waldbewirtschaftung und die Bewältigung von Waldschadenskrisen,** was sich mit vier Handlungslinien charakterisieren lässt.

- Eine erste Handlungslinie besteht darin, den zu erwartenden, erhöhten Gefahren, welchen die Wälder ausgesetzt sind, mit einem systematischen Risikomanagement zu begegnen, welches das plangemäße Handeln abzulösen hat, das sich unter anderem in der Zielsetzung äußert „klimaresiliente, stresstolerante Wälder zu gestalten“ (FTP 2019). Risikomanagement ist ein zyklischer Prozess, der mit dem Identifizieren und Beurteilen von Risiken beginnt, Präventionsmaßnahmen evaluiert und umsetzt, Taktiken für die Krisenbewältigung vorbereitet und entsprechende Mittel bereitstellt und den Wiederaufbau benutzt, um Robustheit und Resilienz in die Systementwicklung zu integrieren. Wie beim Klimawandel als Ganzes ist der Fokus auch bei der Waldbewirtschaftung auf Prävention ausgerichtet, während die anderen Phasen des Risikozyklus nur am Rande Beachtung finden. Bei der Prävention geht es unter anderem darum, den „Value at Risk" zu reduzieren, was einer Reduktion der Vorräte, der Bestandshöhen und der Umtriebszeiten bedeutet.

- Eine zweite Handlungslinie betrifft die Erhaltung und allenfalls Erweiterung der CO_2-Abscheidungs- und Speicherungskapazität der Wälder. Wie bereits erwähnt, wären weltweit rund 7 Mio. km^2 Aufforstungen erforderlich, um einen maßgebenden Beitrag zur Erhöhung der CO_2-Senken-Kapazität zu erreichen (Roebroek et al. 2023). Da die Erreichung dieses Zieles unrealistisch ist, muss die nächstbeste Strategie in den Fokus rücken, das Verhindern, dass die vorhandenen Wälder CO_2-Abscheidungs- und Speicherkapazität verlieren, was vor allem bei Waldschadenskrisen (Dürren, Stürmen, Kalamitäten) der Fall ist. Es sind Interventionsstrategien und -taktiken zu entwickeln, wie verhindert werden kann, dass Wälder nach Schadensereignissen zu CO_2-Quellen werden.
- Eine dritte Handlungslinie betrifft die Anforderung, für die Realisierung einer Bioökonomie und für den Ersatz kohlenstoff- und energieintensiver Materialien und Werkstoffe (Stahlbeton, Stahl, Aluminium, Kunststoffe) beträchtliche zusätzliche Holzmengen bereitzustellen. Die Erschließung nicht genutzter Zuwachspotenziale wäre eine Option, die sich allerdings im Spannungsfeld „Nutzen-Schützen" in den industrialisierten Ländern realisieren lässt. Eine weitere Möglichkeit besteht darin, die Kapazität von Holzplantagen massiv auszubauen, was den Vertretern naturgemäßer und naturnaher Wirtschaftssysteme mehr als nur ein großer Dorn im Auge ist. Die Plantagenoption ist in eine globale Perspektive einzubetten und daran zu beurteilen, wie sie zur Befriedigung von Bedürfnissen beiträgt. Der Trend, dass vor allem die Plantagenflächen der Subtropen weiter zunehmen werden, dürfte noch eine Weile anhalten. Im Plantagenbetrieb spielen Selektion und Züchtung von Baumarten eine wichtige Rolle, wobei biotechnologiebasierte Techniken an Bedeutung gewinnen dürften. Plantagen zeichnen sich zudem dadurch aus, dass die Expositionszeiten, während derer bestehende Bestandeswerte Gefahren ausgesetzt sind, die wesentlich kürzer sind als bei der traditionellen Waldbewirtschaftung.
- Eine vierte Handlungslinie spricht den Biodiversitätsschutz an, welcher mit dem globalen Biodiversitätsrahmen von Kunming und Montreal im Jahre 2022 (UNEP 2022) das Ziel erfolgt, 30 % der terrestrischen Ökosysteme zu konservieren und mit Schutzmaßnahmen zu managen. Bei dieser Zielsetzung schimmert das Denken in „Naturschutzfestungen" durch, bei dem „hier geschützt" und „dort genutzt" wird. Die Erkenntnisse der Störungsökologie ergeben ein differenzierteres Bild, dem die Erkenntnis zugrunde liegt, dass Störungen auf Landschaftsebene ein Muster von Bestandslücken generieren, das für das Erzeugen und den Erhalt der Diversität von ganz entscheidender Bedeutung ist (Levin 1992). Das Ökosystemmanagementkonzept integriert die Erkenntnisse der Störungsökologie und schafft damit einen Rahmen, um Biodiversitätsförderung auch bei bewirtschafteten Waldökosystemen und Waldlandschaften

zu fördern und um den Druck vor dem Schutz von 30 % der Waldflächen für Biodiversitätszwecke wegzunehmen. Auch hier lässt sich feststellen, dass man Biodiversität nicht mit legalen Absichtserklärungen fördern kann, sondern dass der Handlungserfolg verschiedener Maßnahmen die Richtung weisen sollte.

Die Holzwirtschaft braucht **Konzepte und Strategien, um die Effizienz der Holzverwendung zu verbessern, den anthropogenen Kohlenstoffspeicher (Infrastruktur-C-Speicher) zu vergrößern und zu erhalten sowie die CO_2-Emissionen aus der Verbrennung von Holz zu reduzieren.**

- **Die Umgestaltung des Holzstoffhaushalts muss auf der Makroebene ansetzen,** d. h. auf der Ebene der Sankey-Diagramme, mit dem Ziel, mehr Rückführungsschleifen einzubauen. Peter Baccini hat in seinen Büchern zum Stoffwechsel der Anthroposphäre (Baccini und Bader 1996; Baccini und Brunner 2012) immer betont, dass eine Umgestaltung auf der Ebene der Systemarchitektur ansetzen sollte, um nicht in das „Joghurtdeckelproblem" zu geraten, bei dem alle Beteiligten ein sehr gutes Gefühl haben, aber am Schluss praktisch nichts bewirken. Die Systems-Engineering-Gemeinschaft verfolgt dieselbe Philosophie: Man muss sich Systeme top-down gestalten respektive umgestalten. Sobald man mögliche Umgestaltungsmaßnahmen identifiziert hat, geht es darum, die richtigen An- und Abreize zu schaffen.
- **Die kreislaufmäßige Bewirtschaftung von Holz und Holzprodukten erfordert eine Gestaltung von Holzwerkstoffen, -bauteilen und –tragwerken, welche eine maximale Wiederverwend- und Wiederwertbarkeit ermöglicht.** Kreislaufförmige Holzbewirtschaftungsmodelle erfordern, dass sich Bauteile, Tragwerke und Produkte vorausschauend in möglichst homogene Sekundärrohstoffe zerlegen lassen, und dies ohne nennenswerte Degradierung der Materialeigenschaften. Der Erhalt der Materialeigenschaften ist eine Voraussetzung, damit sich mehrere Nutzungszyklen realisieren lassen. Während eine kreislaufmäßige Bewirtschaftung bei Papier und Karton einen ansehnlichen Stand erreicht hat, folgt die feststoffmäßige Nutzung von Holz einem linearen Modell, bei welchem aus dem Rohstoff eine Erstnutzung erfolgt, die danach meist direkt in die energetische Nutzung oder die Entsorgung mündet. Noch ausgeprägter ist die Situation beim Energieholz, bei dem der Rohstoff direkt energetisch genutzt wird, was aus der Sicht der Kreislaufbewirtschaftung die schlechteste aller Möglichkeiten darstellt.
- **Die vermehrte Speicherung von Kohlenstoff in der Gebäudeinfrastruktur und in langlebigen Produkten bedingt, sofern sie wirksam sein soll, einen massiv größeren Bedarf an Rohholz und dies sowohl für die Produktion von Schnittholz als auch von Bauprodukten mit alternativen Aufschlussmethoden.** Dies läuft den Bestrebungen, im Rahmen des Biodiversitätsschutzes vermehrt Waldflächen unter Schutz zu stellen, zuwider. Dieses Phänomen wird verstärkt durch den angestrebten Umbau in Richtung Laubholzmischwälder, womit der durchschnittliche Anteil an sägefähigem Rundholz massiv zurückgeht. Es braucht Offenheit, nach Lösungen zu suchen, mit denen die

Forstwirtschaft den erhöhten Bedarf an sägefähigem und stofflich nutzbarem Rundholz bereitstellen kann. International sieht man eine Lösung in Plantagen, die relativ wenig Fläche beanspruchen und ein hohes Wachstum aufweisen. Plantagen sind dabei als Option nicht zu verwerfen, da sie eine Möglichkeit sind, die durch den Beitrag der Holzwirtschaft zur Bioökonomie massive höhere Nachfrage nach sägefähigem und stofflich nutzbarem Rundholz zu decken.

- **Es sind technische Lösungen zu suchen, wie sich der Anteil an direkt energetisch verwendetem Holz reduzieren lässt und welche Wege es gibt, um die Freisetzung von CO_2, das durch Verbrennung von Holz entsteht, zu reduzieren.** Die energetische Nutzung von Waldholz, Holzkoppelprodukten und Altholz stößt beträchtliche Mengen von CO_2 in die Atmosphäre aus, das genau denselben Effekt hat wie CO_2, das aus fossiler Verbrennung stammt. Nimmt man eine Waldfläche, die für die Bereitstellung von Energieholz vollständig genutzt wird, so braucht es auf derselben Fläche einen langen Zeitraum, bis wieder gleich viel CO_2 abgeschöpft und in den Bäumen gespeichert wird, wie mit der Verbrennung freigesetzt wird. CO_2-Neutralität verlangt, dass ausgestoßene Mengen im Idealfall ohne Zeitverzug durch anthropogene Maßnahmen kompensiert werden müssen, was entweder durch eine Vergrößerung der Gesamtwaldfläche oder durch technische Maßnahmen erfolgen muss. Der IPCC schlug deshalb vor, bei großen Holzenergieanlagen CO_2 abzuscheiden und zu speichern, was als BECCS „Bioenergy Carbon Capture and Storage" bezeichnet wird. Schätzungen gehen davon aus, dass die derzeitige Holznutzung bis ins Jahr 2050 um rund 50 % zunehmen wird (Peng et al. 2023) und dass dabei rund zwei Drittel in Form von Waldholz und Industrierestholz direkt energetisch verwertet werden, was aus der Optik der Netto-Null-CO_2-Zielsetzung problematisch ist.
- **Es sind Ver- und Bearbeitungsverfahren zu entwickeln, welche das mikroskopische Netzwerk der Holzfasern, das den mechanischen Tragwiderstand von Holz erzeugt, möglichst wenig stören.** Die Zerlegung von Rundholz erfolgt einerseits in geometrische Formen, deren Längskanten parallel zur Stammlängsachse verlaufen. Andererseits erfolgt sie durch zufällige Schnittführung in Späne und Hackschnitzel. Dies führt dazu, dass Holzfasernetzwerke schräg zur Schaftachse durchtrennt und Fasern gekürzt werden, womit ein Teil des Tragwiderstands verloren geht. Es existieren Ansätze, um die Holzfaserstruktur zu schonen und damit einen größeren Tragwiderstand zu erzielen. Beim Furnierschälen lässt sich das Messer parallel zum Mantel eines Stammabschnitts führen, der die Form eines Kegelstumpfs einnimmt. Die gewonnenen Furnierblätter lassen sich zu Furnierschichtholz *(laminated veneer lumber)* verleimen, das eine Alternative zum herkömmlichen Brettschichtholz ist und sich durch bessere mechanische Eigenschaften auszeichnet. Der Ersatz von zufällig verteilten Spänen bei der Spanplattenherstellung mit Langspänen, die in Richtung der Schaftachse abgetrennt wurden, ergibt OSB-Platten, die ebenfalls bessere mechanische Kennwerte ausweisen. Auch auf der molekularen Ebene gilt es, Strukturen möglichst wenig zu stören. Die Bausteine des Lignins sind Phenolderivate, aus denen sich bei der Spaltung des Polymers die Phenole Guajacol, Catechol,

Vanillin, Syringol und Phenol gewinnen lassen, deren aromatisches Grundgerüst für zahlreiche chemische Stoffe zentral ist (Tang 2024a). Hingegen macht es keinen Sinn, diese weiter aufzuspalten, um Lösemittel wie Benzol oder Phenol herzustellen. Zerlegung von Holz auf verschiedenen Raumskalen macht zudem nur Sinn, wenn die Werkstoffeffizienz gegeben ist. Dies lässt sich mit mehreren Kennzahlen ausdrücken, beispielsweise als Verhältnis von mechanischer Leistungsfähigkeit zu Parametern des Herstellungsprozesses (Kosten, Energieinput, Rohholzinput, Emissionen, Abfälle).

- **Es sind neue Nutzungspfade für Holz als Massenrohstoff zu entwickeln, die eine höhere Leistungsfähigkeit bei geringerem Materialbedarf und höherer Wertschöpfung ermöglichen.** Die Holzmodifikation bietet dazu zwei Pfade, einerseits den „Einbau" von Mikroelementen in die Zellwand, womit sich beispielsweise die Brandhemmung verbessern lässt. Andererseits ermöglicht sie das selektive Herauslösen von Lignin aus der Zellwand und das anschließende Verdichten, womit ein hochfestes Material resultiert, das neue Nutzungsmöglichkeiten ergibt. Schließlich ist die selektive Erzeugung von Mikro- und Nanocellulosefibrillen zu nennen, die als Verstärkungselemente im Verbund mit Harzen oder als Träger für Funktionsstoffe dienen können (Berglund 2021; Schubert et al. 2022). Daneben gibt es traditionelle Nischen für Holz, insbesondere in Form von Resonanzholz aus Fichte, die lokal im Val di Fiemme und in Tälern der nördlichen Kalkalpen (Nordtirol, Mittenwald) eine spezielle Bedeutung haben. Die Potenziale traditioneller Nischen der Holzverwendung und regionaler Besonderheiten des Rohstoffangebots sind weiter zu entwickeln und in moderne Produktions- und Logistiksysteme zu integrieren.
- **Der Forst- und Holzsektor ist gefordert, die Forschungs-, Entwicklungs- und Markteinführungsaktivitäten systematischer und wirksamer zu gestalten.** Einerseits bedeutet dies, Mechanismen zu implementieren, welche den Übergang von Inventionen (Erfindungen) zu Innovationen (Entwicklung eines hohen Technologiereifegrads, Markteinführung) effizient und wirksam gestalten. Dazu gehört eine Kultur, die auf Spin-offs, Inkubatoren und Risikokapital beruht, wie sie in führenden Forschungsinstitutionen bereits heute üblich sind. Andererseits geht es darum, die Forschungs- und Entwicklungsaktivitäten (F&E) von Unternehmungen der Holzwirtschaft und der Maschinen-, Anlagen- und Zulieferindustrie zu erhöhen. Während die F&E-Intensität – Verhältnis von F&E-Ausgaben zu Umsatz – im IT-Bereich etwa 7 % beträgt, liegt sie im Bausektor, in der Chemie und der Industrie bei etwa 3 % (statista 2024). Die F&E-Intensität von Holz, Möbeln und Papier liegt bei etwa 1,5 % (Schmitz et al. 2022), was etwa der Hälfte der konkurrierenden Werkstoffe beträgt.

6.3 Ein Blick nach vorne

Ideen und Vorschläge, wie wir den Wandel beeinflussen oder mitgestalten wollen, sind ein Teil, der in die Richtung führt, die wir mit Leitbildern für verschiedene Wenden umschreiben. Ein anderer Teil liegt jedoch in den Personen, die diesen

Wandel in privaten und öffentlichen Organisationen mittragen und mitprägen. Man sagt nicht umsonst, die Zukunft beginne im Kopf und bedinge, übliche Denkmuster zu hinterfragen und neue Denkmuster zu entdecken. An dieser Stelle soll der Blick voraus zwei wichtige Handlungsfelder ansprechen, einerseits wie man Organisationen bewegen kann, den Wandel mitzutragen und mitzudenken, und andererseits wie Problemlösungen über den eigenen Fachhorizont hinaus Sinn machen können.

In der Wirtschaftswelt gibt es einen beträchtlichen Erfahrungsschatz, wie sich Veränderungsprozesse gestalten und entwickeln lassen. Der Wandel der Forst- und Holzwirtschaft, der im vorliegenden Buch thematisiert wird, kann und muss von diesen Erfahrungen profitieren. Studien Anfang der 1990er-Jahre ergaben, dass viele Veränderungsinitiativen fehlschlugen. In seinem Buch über lernende Organisationen berichtet Peter Senge (Senge 1994), dass etwa zwei Drittel der von Unternehmen initiierten Veränderungsprozesse, mit denen sie Qualitätsmanagement einführen oder Reengineeringvorhaben durchführen wollten, scheiterten. Senge kommt zum Schluss, dass es grundlegende Einstellungen sind, welche dazu führten. Damals dominierte die Annahme, dass Veränderungen einen „heldenhaften" Geschäftsführer brauchen, der einen Wandel nach dem Top-down-Prinzip herbeiführen kann. Weiter stellt er fest, dass Mitglieder einer Organisation oft denken, die Veränderung betreffe die anderen, und sich an die eigenen Gewohnheiten klammern. Er verwendet eine Metapher, mit der er die Problematik treffend zusammenfasst: Es fällt keinem Gärtner ein, eine Pflanze zu überzeugen, dass sie wachsen soll, was völlig obsolet ist, denn es kommt lediglich darauf an, ob Samen und Jungpflanzen das Potenzial besitzen, um zu wachsen. Senge formuliert vier Leitlinien, die das Denken und Handeln im Rahmen von Veränderungsprozessen leiten. Erstens ist zu beachten, dass Organisationen das Ergebnis sind, wie Mitarbeitende denken und interagieren. Zweitens ergibt sich daraus, dass Veränderungen in einer Organisation nur erfolgen, wenn Mitarbeitende Möglichkeiten haben, ihre Art zu denken und zu interagieren zu verändern. Drittens lässt sich eine derartige Veränderung nicht durch Anweisungen nach dem Befehl- und Kontrollprinzip, mit auf Hochglanzpapier gedruckten Leitbildern und auch nicht durch Ausbildung erreichen, da es darum geht, Überzeugungen, Verhaltensweisen, Fertigkeiten und Engagement zu entwickeln. Viertens lässt sich die Art zu denken und zu interagieren entwickeln und verändern, indem man an gemeinsamen, handfesten Aktivitäten lernt und wächst.

Damit stellt sich die Frage, wie derartige handfeste Aktivitäten aussehen könnten, um die Nachhaltigkeits- und Klimawende in der Forst- und Holzwirtschaft in den privaten und öffentlichen Organisationen zu verankern. Baccini stellte in seinem Buch „Metabolismus der Anthroposphäre" (Baccini und Brunner 2012) fest, dass dafür eine Umgestaltung des Gesamtsystems notwendig sei, was auf der Ebene der Systemarchitektur geschehen muss (Walden et al. 2015). Ein erster Schritt könnte darin bestehen, dass einzelne Betriebe der Holzwirtschaft gemeinsam mit ihren wichtigsten forstlichen Zulieferern Workshops mit Mitarbeitern organisieren. Die gemeinsame handfeste Aktivität besteht darin, den Ist-Zustand des Holzhaushalts festzuhalten mit zwei Konzepten: 1) Lagern, in denen Holz eine bestimmte Zeit verweilt, 2) Material- und Energieflüssen zwischen diesen Lagern. Erfahrungen aus dem Qualitätsmanagement zeigen, dass derartige Dokumentationsaufgaben einerseits das gemeinsame Verständnis fördern und andererseits Vorschläge auf den Tisch bringen, wo Verbesserungspotenziale liegen. In Folgeworkshops ließen sich danach gemeinsam Vorschläge für eine Umgestaltung des Systems entwickeln, die darin bestehen, die Material- und Energieflüsse zu rekonfigurieren. Nachdem auf der Ebene der Betriebe die alternative Sicht auf den Holzhaushalt entwickelt sind, geht es darum, diese Aktivitäten auf die Ebene von Regionen hochzuskalieren, die nach Baccini Flächen von 100–1000 km^2 umfassen sollten, was in Österreich etwa der Größe eines durchschnittlichen Bundeslands entspricht. Es wäre auf jeden Fall ein Versuch wert, derartige neue Wege auszuprobieren und daraus gemeinsam zu lernen.

Probleme, die scheinbar innerhalb des Problemhorizonts der Forst- und Holzwirtschaft liegen, lassen sich möglicherweise wirksamer lösen, wenn der Blick klar über den Problemhorizont hinausgeht. Weiter oben haben wir erwähnt, dass eine große Herausforderung des globalen Holzhaushalts darin liege, dass über die Hälfte des Rohholzes direkt energetisch genutzt wird, womit ein wertvoller Kohlenstoffspeicher chemisch umgewandelt wird und beträchtliche CO_2-Mengen direkt in die Atmosphäre eingespeist werden, wo sie dieselbe Wirkung haben wie CO_2, das aus fossilen Quellen stammt. Mike Hulme, Mitglied des IPCC, hat in seinem Buch „Climate Change isn't Everything" (Hulme 2023) das Problem aufgegriffen, dass etwa 2,5 Mrd. Menschen, entsprechend rund 30 % der Weltbevölkerung, in ihren Haushalten über offenen Feuern oder auf Öfen, die unter anderem mit Biomasse befeuert werden, kochen. Die unvollständige Verbrennung führt zu örtlich starker Luftverschmutzung, vor allem in Räumen. Schätzungen gehen davon aus, dass dadurch jährlich etwa 3,8 Mio. Menschen durch verschiedene Lungenkrankheiten ihr Leben verlieren. Hulme schlägt deshalb vor, die mehreren 100 Mio. Haushalte, die von dieser Problematik betroffen sind, auf LPG-Gas-Öfen umzustellen. LPG-Gas, auch Flüssiggas oder Autogas genannt, bezeichnet Gase, die bei Raumtemperatur und vergleichsweise geringem Druck flüssig bleiben, beispielsweise Propan oder Butan. Gemäß den IPCC-Richtlinien für Ökoinventare (Eggleston et al. 2006) entstehen bei der Erzeugung von 1 GJ Energie mit LPG-Gas 63 kg CO_2, bei Holz 112 kg CO_2, womit bei gleicher Wärmeleistung eine Einsparung von 44 % erreicht werden kann. Die Gründe für diese Differenz liegen einerseits im mehr oder weniger optimalen Verbrennungsprozess bei Gas und beim während der Verbrennung von Holz zu verdampfenden Wasser. Hulme erwähnt, dass die engstirnige Fokussierung auf „Stoppt den Klimawandel" dazu führe, dass wir die Sicht auf ein ganzes Set von Wohlfahrts- und Gesundheitszielen verlieren, wofür das LPG-Beispiel ein guter Beleg ist.

Die Nachhaltigkeits- und die Klimawende sind globale Herausforderungen, die ein kollektives Handeln von öffentlichen Körperschaften, Industriesektoren und Individualpersonen bedingen. Der Forst- und Holzwirtschaftssektor muss dabei seine Rolle immer als Teil des gesamten globalen Systems verstehen. Im Jahr 2022 betrug der globale CO_2-Ausstoß schätzungsweise 38,5 Mt pro Jahr, wovon 38 % auf den Energiesektor, 25 % auf den Industriesektor, 21 % auf den

Verkehr und 9 % auf die Gebäudeinfrastruktur entfielen (STATISTA 2024). Stahl, Zement und Chemie sind für rund drei Viertel der industriellen CO_2-Emissionen verantwortlich, womit sie für knapp 20 % des globalen Ausstoßes verantwortlich sind. Diese Industriesektoren stehen vor zwei großen Herausforderungen, einerseits der Deckung des Energiebedarfs aus nicht fossilen Quellen und andererseits der Reduktion des prozessbezogenen CO_2-Ausstoßes (TANG 2024b). Sie unternehmen große Anstrengungen, die Energiebereitstellung zu elektrifizieren und Wasserstoff als Energieträger und als Reduktionsmittel anstelle von Kohlenstoff zu verwenden. Während sich für die Stahlherstellung (CASETLVECCHI 2024) und für die Herstellung von Primärchemikalien (TANG 2024a) klimafreundliche Verfahren abzeichnen, ist die Umgestaltung der Zementherstellung eine große Herausforderung (WALDROP 2024), da 60 % des CO_2-Ausstoßes aus der chemischen Reaktion (Kalzination, „Kalkbrennen") von Kalkstein in Branntkalk entsteht. Das Bioökonomiekonzept sieht vor, dass der Forst- und Holzwirtschaftssektor zum Umbau des Energiesektors, des Industriesektors und der Gebäudeinfrastruktur beiträgt. Wie bereits dargelegt, macht es wenig Sinn, Rohholz direkt energetisch zu nutzen, da damit Kohlenstoff, der in einem Festkörper gespeichert ist, als CO_2 in die Atmosphäre eingespeist wird, wo es genau dieselbe Wirkung hat wie CO_2 aus fossiler Verbrennung. Der Zeitraum, um das CO_2 aus der Atmosphäre wieder in einem Holzkörper zu binden, ist auf jeden Fall länger als der angestrebte Zeitraum für die Reduktion des atmosphärischen CO_2. Weiter soll der Forst- und Holzsektor mit Bioraffinerien zur Herstellung von Stoffen und Stoffgemischen beitragen, wobei das Potenzial wegen der beschränkt verfügbaren Biomasse limitiert ist und die chemische Verwertung auf spezialisierte Materialien beschränkt werden sollte (TANG 2024a), welche die intrinsischen Eigenschaften von Cellulose, Hemicellulose und Lignin nutzen. Es braucht eine realistische Vorstellung, welchen Beitrag Holz für die Klima- und Nachhaltigkeitswende leisten kann. Die Autorin eines Beitrags zur Biomasse in der Umweltpolitik schreibt: „Biomasse wächst zwar nach, ist aber trotzdem nicht unbegrenzt verfügbar. Sie kann fossile Brennstoffe daher nur bedingt ersetzen. Die Politik sollte das deutlicher artikulieren" (BIBER-FREUDENBERGER 2024).

Was Denkmuster für Personen und Organisationen sind, sind Weltbilder für die Ebenen der Gesellschaft und der Politik. Wissenschaftliche Theorien und Erkenntnisse erfahren eine zunehmende Ablehnung, womit auch das Fundament, welches das politische, ökonomische und soziale System seit der Aufklärung stützte, Risse bekommt (FRANK et al. 2024). Die Autoren sehen den Grund dafür in einem Bruch zwischen den Wissenschaften und der Lebenswelt, welche von Erfahrungen geprägt sind, und nennen dies den „blinden Fleck". Wissenschaft nimmt noch immer eine „triumphalistische" Rolle ein, bei welcher der Glaube an die Überlegenheit mitschwingt (FRANK et al. 2024, HULME 2023) und der sich alles andere unterzuordnen hat. Auch wenn die Autoren des „blinden Flecks" keinen Entwurf vorlegen, wie sich der Bruch zwischen Wissenschaft und Lebenswelt kitten ließe, so betonen sie, dass Lösungen zu suchen seien, welche die Überlegenheitshaltung der Wissenschaft überwinden müssen. Dazu gehört auch, dass die Wissenschaft und Wissenschaftler keine „überlegenen" Werturteile vornehmen und dabei annehmen, dass lediglich naive und ungebildete Personen diese infrage stellen. Der Blick nach vorne wird aus einer Vielzahl kleiner, sozialer Experimente bestehen, aus denen man lernen und die Praktiken weiterentwickeln kann, oder, um es mit den Worten von Georg Christoph Lichtenberg zu sagen: „Ich weiß nicht, ob es besser wird, wenn es anders wird. Aber es muss anders werden, wenn es besser werden soll."

Literatur

ANW. 2013. *Grundsätze der ANW für Naturgemäße Waldwirtschaft.* Arbeitsgemeinschaft für Naturgemäße Waldwirtschaft. Accessed. Available from: [https://www.anw-deutschland.de/eip/eip_media.php?f=Grundsaetze+13+12+13.pdf&m=134&i=0&fl=27238212]

Baccini, P., und H.-P. Bader. 1996. *Regionaler Stoffhaushalt. Erfassung, Bewertung und Steuerung.* Heidelberg: Spektrum Akademischer Verlag. 420 p

Baccini, P., und P.H. Brunner. 2012. *Metabolism of the Anthroposphere. Analysis, Evaluation, Design*, 2nd Ed. Cambridge MA: MIT Press. 408 p

Berglund, L. 2021. *12 Wood biocomposites and structural fibre materials.* In *Mechanics of Paper Products*, Ö. Sören und N. Kaarlo, Editors. De Gruyter: Berlin, Boston: p. 281–310. https://doi.org/10.1515/9783110619386-012.

Biber-Freudenberger, L. 2024. *Biomasse: Eine begrenzte Ressource.* Spektrum Spezial PMT. **24** (1): 48–53

Casetlvecchi, D. 2024. *Mit Wasserstoff zu sauberem Stahl.* Spektrum Spezial PMT. **24** (1): 11–17

Dodds, F., K. Schneeberger, und F. Ullah. 2012. *Review of implementation of Agenda 21 and the Rio Principles. Study prepared by the Stakeholder Forum for a Sustainable Future.* Sustainalbe Development in the 21st century (SD21). Division for Sustainable Development of the United Nations Department of Economic and Social Affairs (UNDESA). New York. 51 p.

Eggleston, S., L. Buendia, K. Miwa, T. Ngara, und K. Tanabe, eds. 2006. *2006 IPCC Guidelines for National Greenhouse Gas Inventories, Prepared by the National Greenhouse Gas Inventories Programme.* IPCC National Greenhouse Gas Inventories Programme: Kanagawa, Japan

Frank, A., M. Gleiser, und E. Thompson. 2024. *The blind spot: why science cannot ignore human experience*, 1st Ed. Cambridge, Massachusetts: The MIT Press. 305 p

FSC. 2023. *FSC Principles and Criteria for Forest Stewardship.* Bonn: Forest Stewardship Council (FSC). 33 p. Available from: [https://connect.fsc.org/document-centre/documents/retrieve/0e2f50a2-bb15-4697-aa39-42d878506bbd]

FTP. 2019. *Vision 2040 of the European Forest-Based Sector.* Forest-based Sector Technology Platform. Brussels. 10 p.

Fukuyama, F. 2022. *Liberalism and its discontents*, First American edition Ed. New York: Farrar, Straus and Giroux. 178 p. 40031209745.

Hulme, M. 2023. *Climate change isn't everything: liberating climate politics from alarmism.* Climate change is not everything. Cambridge, UK: Polity. 200 p

Lee, H., et al. 2023. *Synthesis Report | Summary for Policymakers.* In *Climate Change 2023 – Contribution of Working Groups I, II and III to the 6th Assessment Report of the Intergovernmental Panel on Climate Change*, eds. Core Writing Team, H. Lee, und J. Romero. [Accessed Mar-24-3023]. Intergovernmental Panel on Climate Change (IPCC). Available from: [https://www.ipcc.ch/report/ar6/syr/downloads/report/IPCC_AR6_SYR_SPM.pdf]

Levin, S.A. 1992. *The problem of pattern and scale in ecology: the Robert H. MacArthur award lecture.* Ecology. **73** (6): 1943–1967

Peng, L., T.D. Searchinger, J. Zionts, und R. Waite. 2023. *The carbon costs of global wood harvests.* Nature. https://doi.org/10.1038/s41586-023-06187-1.

Roebroek, C.T.J., G. Duveiller, S.I. Seneviratne, E.L. Davin, und A. Cescatti. 2023. *Releasing global forests from human management: How much more carbon could be stored?* Science. **380** (6646): 749–753. https://doi.org/10.1126/science.add5878.

Schmitz, N., et al. 2022. *Charta für Holz 2.0. Kennzahlenbericht 2021 Forst & Holz.* Fachagentur für Nachwachsende Rohstoffe e.V. (FNR). Gülzow-Prüzen. 52 p.

Schubert, M., G. Panzarasa, und I. Burgert. 2022. *Sustainability in wood products: a new perspective for handling natural diversity.* Chemical Reviews. **123** (5): 1889–1924

Seneviratne, S.I., et al. 2021. *Weather and Climate Extreme Events in a Changing Climate.* In *Climate Change 2021: The Physical Science Basis. Contribution of Working Group I to the Sixth Assessment Report of the Intergovernmental Panel on Climate Change*, eds. V. Masson-Delmotte, et al. Cambridge University Press. Available from: [https://www.ipcc.ch/report/ar6/wg1/downloads/report/IPCC_AR6_WGI_Chapter11.pdf]

Senge, P.M. 1994. *The Fifth Discipline: The Art and Practice of The Learning Organization.* New York: Currency, Doubleday. 423 p

statista. 2024. *Anteil der Ausgaben für Forschung und Entwicklung am Gesamtumsatz nach weltweiten Industriesektoren im Jahr 2021.* statista. statista GmbH. Accessed [Jun-04-2024]. Available from: [https://de.statista.com/statistik/daten/studie/167137/umfrage/ausgaben-fuer-forschung-und-entwicklung-nach-industriesektor/]

Tang, V. 2024a. *CO_2-Neutralität. Der Umbau der Chemieindustrie.* Spektrum Spezial PMT. **24** (1): 26–33

Tang, V. 2024b. *Kraftakt für die Industrie.* Spektrum Spezial PMT. 24 (1): 6–10

UNEP. 2022. *Post-2020 Global Biodiversity Framework.* UN Environment Programme (UNEP). Nairobi. 12 p.

Walden, D.D., G.J. Roedler, K. Forsberg, R.D. Hamelin, T.M. Shortell, und International Council on Systems Engineering. 2015. *Systems engineering handbook: a guide for system life cycle processes and activities*, 4th Ed. Hoboken, New Jersey: Wiley. 290 p

Waldrop, M.M. 2024. *Neuerfindung eines alten Baumaterials.* Spektrum Spezial PMT. **24** (1): 18–25

Erratum zu: Forst- und Holzwirtschaft im Wandel

Erratum zu:
H. R. Heinimann und A. Teischinger,
Forst- und Holzwirtschaft im Wandel,
https://doi.org/10.1007/978-3-662-69164-9

In der Originalversion des Werks wurde das Glossar im Buch nicht mitaufgenommen. Nachträglich wurde es nun in der Titelei eingefügt, um eine Übersicht über zentrale Begriffe zu bieten und die bestehenden Inhalte zu ergänzen.

Die aktualisierte Version dieses Buches finden Sie unter
https://doi.org/10.1007/978-3-662-69164-9

H. R. Heinimann und A. Teischinger, *Forst- und Holzwirtschaft im Wandel,*
https://doi.org/10.1007/978-3-662-69164-9_7

MIX
Papier aus verantwortungsvollen Quellen
Paper from responsible sources
FSC® C105338

If you have any concerns about our products,
you can contact us on
ProductSafety@springernature.com

In case Publisher is established outside the EU,
the EU authorized representative is:
Springer Nature Customer Service Center GmbH
Europaplatz 3, 69115 Heidelberg, Germany

Printed by Libri Plureos GmbH
in Hamburg, Germany